目 录

○ **高等数学篇**

○ 线性代数篇

○ 概率论篇

2026版

396经济类综合能力数学

800题

周洋鑫 — 编著

试题分册

各个击破

一本分级训练冲刺高分的精品习题书

2026版800题全新改编 更新率超百分之40

严格依据经济类综合能力数学新大纲编写

396经济类综合能力考试专业

金融／税务／保险／应用统计／国际商务／资产评估

800道 精编习题冲刺高分　　**8套** 阶段测试卷查漏补缺

中国教育出版传媒集团

高等教育出版社·北京

图书在版编目（CIP）数据

396 经济类综合能力数学 800 题. 试题分册／周洋鑫编著. --北京:高等教育出版社,2025.2. -- ISBN 978－7－04－064288－9

Ⅰ.O13－44

中国国家版本馆 CIP 数据核字第 2025SR0920 号

396 经济类综合能力数学 800 题(试题分册)

396 JINGJILEI ZONGHE NENGLI SHUXUE 800 TI(SHITI FENCE)

策划编辑	王 蓉	责任编辑 殷力鹰	版式设计 徐艳妮	责任绘图	于 博
责任校对	胡美萍	责任印制 刘弘远			

出版发行	高等教育出版社		网 址	http://www.hep.edu.cn
社 址	北京市西城区德外大街 4 号			http://www.hep.com.cn
邮政编码	100120		网上订购	http://www.hepmall.com.cn
印 刷	唐山市润丰印务有限公司			http://www.hepmall.com
开 本	787mm×1092mm 1/16			http://www.hepmall.cn
本册印张	13			
本册字数	310 千字		版 次	2025 年 2 月第 1 版
购书热线	010-58581118		印 次	2025 年 7 月第 3 次印刷
咨询电话	400-810-0598		总 定 价	87.00 元

本书如有缺页、倒页、脱页等质量问题，请到所购图书销售部门联系调换

版权所有 侵权必究

物 料 号 64288-00

附录篇

高等数学篇

第一章　函数极限与连续

高等数学篇

1.1　函数的概念与性质

📑 题组 A 得分 _____ /16 分　　📑 题组 B 得分 _____ /12 分

题组 A · 基础通关题

1.（考题难度系数 ☆ · 建议用时 1-2 min）

设函数 $f(x-1)$ 的定义域为 $\left[0,\dfrac{1}{2}\right]$，则函数 $f(\sin x)$ 的定义域为（　　）.

A. $\left[0,\dfrac{\pi}{6}\right]$

B. $\left[2k\pi,2k\pi+\dfrac{\pi}{6}\right]$，　$k\in\mathbf{Z}$

C. $\left[-\dfrac{\pi}{6},0\right]$

D. $\left[2k\pi-\dfrac{5\pi}{6},2k\pi-\dfrac{\pi}{6}\right]$，　$k\in\mathbf{Z}$

E. $\left[-\dfrac{\pi}{2},-\dfrac{\pi}{6}\right]$

2.（考题难度系数 ☆ · 建议用时 1-2 min）

给出下列四对函数

① $f(x)=\sqrt{(x-1)^2}$，$g(x)=x-1$；

② $f(x)=e^{\ln 3x}$，$g(x)=3x$；

③ $f(x)=x$，$g(x)=\sin(\arcsin x)$；

④ $f(x)=\sec^2 x-\tan^2 x$，$g(x)=1$，

其中是相同函数的有（　　）对.

A. 0

B. 1

C. 2

D. 3

E. 4

3.（考题难度系数 ☆☆ · 建议用时 2-3 min）

给出下列四个函数

① $f(x)=\ln\dfrac{1+x}{1-x}$；

② $f(x)=\sqrt[3]{(1-x)^2}+\sqrt[3]{(1+x)^2}$；

③ $f(x)=\dfrac{\sqrt[3]{x}}{\sqrt{1+x^2+x^4}}$；

④ $f(x)=\dfrac{1}{2^x+1}-\dfrac{1}{2}$，

其中是奇函数的个数是(　　).

A. 0　　　　　　　　　　　　　　B. 1

C. 2　　　　　　　　　　　　　　D. 3

E. 4

4. (考题难度系数 ☆☆·建议用时 1-2 min)

设函数 $f(x)=\tan x$,且 $f[\varphi(x)]=x^2-2$,且 $|\varphi(x)|\leqslant\dfrac{\pi}{4}$,则 $\varphi(x)$ 的表达式及定义域分别为(　　).

A. $\arctan(x^2-2)$,$[-\sqrt{3},\sqrt{3}]$　　　　B. $\tan x^2-2$,$[-1,1]$

C. $\arctan(x^2-2)$,$[-1,1]$　　　　　　D. $\tan x^2-2$,$[-\sqrt{3},-1]\cup[1,\sqrt{3}]$

E. $\arctan(x^2-2)$,$[-\sqrt{3},-1]\cup[1,\sqrt{3}]$

5. (考题难度系数 ☆☆☆·建议用时 2-3 min)

设 $f(x)=\dfrac{1}{2}(x+|x|)$,$g(x)=\begin{cases}x, & x<0, \\ x^2, & x\geqslant0,\end{cases}$ 则(　　).

A. $f[g(x)]=\begin{cases}x^2, & x\geqslant0, \\ x, & x<0\end{cases}$　　　　B. $f[g(x)]=\begin{cases}x^2, & x\geqslant0, \\ 1, & x<0\end{cases}$

C. $f[g(x)]=\begin{cases}x^2, & x\geqslant0, \\ 0, & x<0\end{cases}$　　　　D. $f[g(x)]=\begin{cases}x, & x\geqslant0, \\ 0, & x<0\end{cases}$

E. $f[g(x)]=\begin{cases}x, & x\geqslant0, \\ 1, & x<0\end{cases}$

6. (考题难度系数 ☆☆☆·建议用时 2-3 min)

设函数 $f(x)=\begin{cases}x+1, & x\leqslant1, \\ 2, & x>1,\end{cases}$ 则(　　).

A. $f[f(x)]=\begin{cases}x+1, & x\leqslant0, \\ 2, & x>0\end{cases}$　　　　B. $f[f(x)]=\begin{cases}x+1, & x\leqslant1, \\ 2, & x>1\end{cases}$

C. $f[f(x)]=\begin{cases}x+2, & x\leqslant0, \\ 2, & x>0\end{cases}$　　　　D. $f[f(x)]=\begin{cases}x+2, & x\leqslant1, \\ 2, & x>1\end{cases}$

E. $f[f(x)]=\begin{cases}x-2, & x\leqslant0, \\ 2, & x>0\end{cases}$

7. (考题难度系数 ☆☆·建议用时 1-2 min)

设函数 $f\left(\sin\dfrac{x}{2}\right)=\cos x+1$,则 $f\left(\sin\dfrac{x}{2}\right)+f\left(\cos\dfrac{x}{2}\right)=$(　　).

A. 0　　　　　　　　　　　　　　B. 2

C. 4　　　　　　　　　　　　　　D. $4-2\cos x$

E. $4-2\sin x$

8. （考题难度系数 ☆☆·建议用时 1~2 min）

设函数 $f\left(x+\dfrac{1}{x}\right)=\dfrac{x+x^3}{x^4+1}$，则 $\lim\limits_{x\to 2^+} f(x)=$ (　　).

A. 0

B. 1

C. 2

D. $\dfrac{1}{2}$

E. 不存在

题组 B·强化通关题

9. （考题难度系数 ☆☆☆·建议用时 2~3 min）

设函数 $f(x)=(e^x-e^{-x})\ln(x+\sqrt{1+x^2})$，给出以下四条结论：

① $f(x)$ 是奇函数；　　　　　② 当 $x\to 0$ 时，$f(x)$ 是与 x^2 同阶的无穷小量；

③ $f(x)$ 是偶函数；　　　　　④ 当 $x\to 0$ 时，$f(x)$ 是比 x^2 高阶的无穷小量.

其中正确的是(　　).

A. ①②

B. ①④

C. ②③

D. ③④

E. ③

10. （考题难度系数 ☆☆☆·建议用时 2~3 min）

设函数 $f(x)=(\sin x+\tan x)\ln\dfrac{1-x}{1+x}$，给出以下四条结论：

① $f(x)$ 是奇函数；　　　　　② 当 $x\to 0$ 时，$f(x)$ 是与 x^2 同阶的无穷小量；

③ $f(x)$ 是偶函数；　　　　　④ 当 $x\to 0$ 时，$f(x)$ 是比 x^2 高阶的无穷小量.

其中正确的是(　　).

A. ①②

B. ①④

C. ②③

D. ③④

E. ③

11. （考题难度系数 ☆☆☆·建议用时 2~3 min）

设 $f(x)$ 是 $(-\infty,+\infty)$ 内的可导奇函数，则下列函数中也是奇函数的是(　　).

A. $\sin f'(x)$

B. $\displaystyle\int_0^x \sin t\cdot f(t)\,\mathrm{d}t$

C. $\cos f'(x)$

D. $\displaystyle\int_0^x f(\sin t)\,\mathrm{d}t$

E. $\displaystyle\int_0^x [\sin t+f(t)]\,\mathrm{d}t$

12. （考题难度系数 ☆☆☆·建议用时 2~3 min）

设函数 $f(x)$ 在 $(-\infty,+\infty)$ 上连续，且为奇函数，则(　　).

A. $\displaystyle\int_0^x (e^{\sin t}+e^{-\sin t})\,\mathrm{d}t$ 为偶函数

B. $\displaystyle\int_0^x \ln\dfrac{1-t}{1+t}\,\mathrm{d}t$ 为奇函数

C. $\int_0^x [\sin t \cdot f(t)] \, dt$ 为偶函数 　　　　D. $\int_0^x [\sin t + f(t)] \, dt$ 为偶函数

E. $\int_a^x [f'(t)\cos t] \, dt$ 为奇函数，其中 a 为常数

13. (考题难度系数 ☆☆☆·建议用时 2-3 min)

设函数 $f(x) = \dfrac{x\sin x}{1+x^2}$，则（　　　　）.

A. $f(x)$ 有界，$\int_0^x f(t) \, dt$ 为偶函数 　　　　B. $f(x)$ 有界，$\int_0^x f(t) \, dt$ 为奇函数

C. $f(x)$ 无界，$\int_0^x f(t) \, dt$ 为偶函数 　　　　D. $f(x)$ 无界，$\int_0^x f(t) \, dt$ 为奇函数

E. $f(x)$ 有界，$\int_0^x f(t) \, dt$ 为非奇非偶函数

14. (考题难度系数 ☆☆☆·建议用时 2-3 min)

下列函数在 $[1, +\infty)$ 上无界的是（　　　　）.

A. $f(x) = x^2 \sin \dfrac{1}{x^2}$ 　　　　B. $f(x) = \sin x^2 + \dfrac{\ln^2 x}{\sqrt{x}}$

C. $f(x) = x^2 \arctan \dfrac{1}{x}$ 　　　　D. $f(x) = \dfrac{1}{x^2} \arctan \dfrac{1}{x}$

E. $f(x) = x^2 e^{-x}$

1.2　无穷小量及其阶的比较

　题组 A 得分 ＿＿＿＿＿／22 分　　　题组 B 得分 ＿＿＿＿＿／22 分

题组 A · 基础通关题

15. (考题难度系数 ☆·建议用时 1-2 min)

当 $x \to 0^+$ 时，$\sqrt{1-2x}-1$ 与 $a\sin x\cos x$ 互为等价无穷小，则常数 $a = $（　　　　）.

A. -1 　　　　B. $-\dfrac{1}{2}$

C. 1 　　　　D. 2

E. $\dfrac{1}{2}$

16. (考题难度系数 ☆☆·建议用时 1-2 min)

当 $x \to 0$ 时，$e^{\tan x} - e^{\sin x}$ 与 $x^n \ln(1+x)$ 是同阶的无穷小，则正整数 $n = $（　　　　）.

A. 0 　　　　B. 1

C. 2 　　　　D. 3

E. 4

17. (考题难度系数 ☆☆·建议用时 1-2 min)

当 $x \to 0^+$ 时，给出以下四个函数：

① $f(x) = \sqrt{1 - \sqrt{x}} - 1$；　　　② $g(x) = 3^{\sqrt{x}} - 1$；

③ $h(x) = \ln \dfrac{1-x}{1-\sqrt{x}}$；　　　④ $w(x) = 1 - \cos \sqrt{x}$.

其中与 $\sqrt{x}$ 互为同阶的无穷小量的个数为(　　　).

A. 0　　　　　　　　　　　　　B. 1

C. 2　　　　　　　　　　　　　D. 3

E. 4

18. (考题难度系数 ☆☆·建议用时 1-2 min)

当 $x \to 0$ 时，$\ln \cos x$ 与 $a(1 - \sqrt{\cos x})$ 互为等价无穷小量，则常数 $a = ($　　　).

A. -1　　　　　　　　　　　　B. -2

C. 1　　　　　　　　　　　　　D. 2

E. $\dfrac{1}{2}$

19. (考题难度系数 ☆☆☆·建议用时 2-3 min)

当 $x \to 0^+$ 时，给出以下四个函数：

① $\sqrt{1-2x} - 1$；　② $\ln(x + \sqrt{1+x^2})$；　③ $\dfrac{e^x - e^{-\sin x}}{2}$；　④ $\sqrt{x + x^2}$.

其中与 x 互为等价无穷小量的个数为(　　　).

A. 0　　　　　　　　　　　　　B. 1

C. 2　　　　　　　　　　　　　D. 3

E. 4

20. (考题难度系数 ☆☆☆·建议用时 2-3 min)

当 $x \to 0^+$ 时，下列无穷小量中最高阶的是(　　　).

A. $(1 - \cos x) \arctan x$　　　　　　　B. $\sqrt{1 - x + x^3} - 1$

C. $(e^x - 1) \ln \dfrac{1+x}{1-x}$　　　　　　　D. $2\tan x - \tan 3x$

E. $2^x - 2^{\ln(1+x)}$

21. (考题难度系数 ☆☆☆·建议用时 2-3 min)

当 $x \to 0^+$ 时，下列无穷小量中比其他四个都高阶的是(　　　).

A. $x \ln x$　　　　　　　　　　　B. $1 - \cos^2 x$

C. $\sqrt[3]{1 + x^2} - 1$　　　　　　　　　D. $\tan x - \sin x$

E. $(1 + \tan x)^{\ln(1+x^3)} - 1$

22. （考题难度系数 ☆☆·建议用时 1-2 min）

当 $x \to 0$ 时，$f(x)$ 与 $g(x)$ 均为 x 的同阶无穷小量，则当 $x \to 0$ 时（　　）.

A. $f(x)-g(x)$ 一定是 x 的高阶无穷小量　　B. $f(x)+g(x)$ 一定是 x 的高阶无穷小量

C. $f(x)-g(x)$ 一定是 x 的低阶无穷小量　　D. $f(x)g(x)$ 一定是 x 的高阶无穷小量

E. $\dfrac{f(x)}{g(x)}$ 一定是 x 的高阶无穷小量

23. （考题难度系数 ☆☆☆·建议用时 2-3 min）

设函数 $f(x)=\mathrm{e}^{x^2}-\cos x$，$g(x)=\ln\left(1+x^2\right)^a$，$h(x)=\sqrt{1+x^b}-1$. 当 $x \to 0$ 时，$f(x)$ 与 $g(x)$ 是等价无穷小量，$g(x)$ 与 $h(x)$ 是同阶但不等价的无穷小量，则（　　）.

A. $a=1,b=2$

B. $a=\dfrac{3}{2},b=1$

C. $a=\dfrac{1}{2},b=1$

D. $a=\dfrac{1}{2},b=2$

E. $a=\dfrac{3}{2},b=2$

24. （考题难度系数 ☆☆☆·建议用时 2-3 min）

设函数 $f(x)=\mathrm{e}^x-\mathrm{e}^a$，$g(x)=b\arcsin(x^2-1)$. 当 $x \to 1$ 时，$f(x)$ 与 $g(x)$ 是等价无穷小量，则（　　）.

A. $a=0,b=\mathrm{e}$

B. $a=0,b=1$

C. $a=1,b=2$

D. $a=1,b=\mathrm{e}$

E. $a=1,b=\dfrac{\mathrm{e}}{2}$

25. （考题难度系数 ☆☆☆·建议用时 2-3 min）

设当 $x \to 0$ 时，$\ln(1+x)-(ax^2+bx)$ 是比 $x\arcsin x$ 高阶的无穷小量，则（　　）.

A. $a=-\dfrac{1}{2},b=1$

B. $a=\dfrac{1}{2},b=1$

C. $a=\dfrac{1}{2},b=-1$

D. $a=-\dfrac{1}{2},b=-1$

E. $a=-\dfrac{1}{2},b=-\dfrac{1}{2}$

题组 B·强化通关题

26. （考题难度系数 ☆☆☆·建议用时 1-2 min）

当 $x \to 0$ 时，$\mathrm{e}^x-1-\ln(1+x)$ 与 ax^b 互为等价无穷小量，则（　　）.

A. $a=1,b=2$　　　　　　　　　　B. $a=1,b=3$

C. $a=-1,b=3$　　　　　　　　　D. $a=-1,b=2$

E. $a=-\dfrac{1}{6},b=3$

27.（考题难度系数 ☆☆☆·建议用时 1—2 min）

当 $x \to 0$ 时，$\ln(1+x^2) - \ln(1+\sin^2 x)$ 与 ax^b 互为等价无穷小量，则（　　）.

A. $a = \dfrac{1}{3}, b = 3$ 　　　　　　　　B. $a = \dfrac{1}{3}, b = 4$

C. $a = \dfrac{1}{6}, b = 3$ 　　　　　　　　D. $a = -\dfrac{1}{3}, b = 4$

E. $a = -\dfrac{1}{6}, b = 3$

28.（考题难度系数 ☆☆☆·建议用时 1—2 min）

当 $x \to 0$ 时，$(1+\sin x - x)^{\frac{1}{x}} - 1$ 与 $x^n \arcsin x$ 是同阶无穷小量，则正整数 $n =$（　　）.

A. 0 　　　　　　　　B. 1

C. 2 　　　　　　　　D. 3

E. 4

29.（考题难度系数 ☆☆☆·建议用时 2—3 min）

当 $x \to 0^+$ 时，下列无穷小量中最高阶的是（　　）.

A. $\sin x \cdot \ln(1+\sqrt{x})$ 　　　　　　B. $e^{-x^2} + x^2 - 1$

C. $e^{x^2} - 1 + \ln \cos x$ 　　　　　　D. $1 - \sqrt[3]{1-\sqrt{x}}$

E. $\sqrt{1+\tan x} - \sqrt{1+\sin x}$

30.（考题难度系数 ☆☆☆·建议用时 2—3 min）

当 $x \to 0^+$ 时，下列无穷小量中最低阶的是（　　）.

A. $\sqrt{1+x^2} - \sqrt{1-x^2}$ 　　　　　B. $\cos x - \cos 2x$

C. $\sqrt{\ln(x+\sqrt{x^2+1})}$ 　　　　　D. $\sqrt{\sqrt{x} + \sin x}$

E. $\ln \dfrac{1-x}{1-\sqrt{x}}$

31.（考题难度系数 ☆☆☆☆·建议用时 3—4 min）

当 $x \to \dfrac{\pi}{2}$ 时，$f(x) = a \ln \sin x$ 与 $g(x) = (b-2x)^c$ 互为等价无穷小量，则（　　）.

A. $a = -8, b = \pi, c = 2$ 　　　　　　B. $a = -8, b = 0, c = 2$

C. $a = -8, b = \pi, c = 3$ 　　　　　　D. $a = 8, b = \pi, c = 2$

E. $a = 8, b = \pi, c = 3$

32.（考题难度系数 ☆☆☆·建议用时 2—3 min）

设 $\cos x - 1 = x \sin \alpha(x)$，其中 $|\alpha(x)| < \dfrac{\pi}{2}$，则当 $x \to 0$ 时，$\alpha(x)$ 是（　　）.

A. 比 x 低阶的无穷小量 　　　　　B. 与 x 等价的无穷小量

C. 与 x 同阶但不等价的无穷小量 　　D. x 的 2 阶无穷小量

E. x 的 3 阶无穷小量

33. (考题难度系数 ☆☆☆·建议用时 2-3 min)

当 $x \to 1$ 时, $1 - \dfrac{k}{1+x+x^2+\cdots+x^{k-1}}$ 与 $x-1$ 互为等价无穷小量,则 $k = ($ $)$.

A. 1   B. 2

C. 3   D. 4

E. 5

34. (考题难度系数 ☆☆☆·建议用时 2-3 min)

设函数 $f(x) = x^3, g(x) = x^2$. 当 $x \to 0^+$ 时,下列结论中正确的是(   ).

A. $g(x)^{f(x)} - 1$ 是 x^2 的低阶无穷小量, $f(x)^{g(x)} - 1$ 是 x^2 的低阶无穷小量

B. $g(x)^{f(x)} - 1$ 是 x^2 的高阶无穷小量, $f(x)^{g(x)} - 1$ 是 x^2 的低阶无穷小量

C. $g(x)^{f(x)} - 1$ 是 x^2 的低阶无穷小量, $f(x)^{g(x)} - 1$ 是 x^2 的高阶无穷小量

D. $g(x)^{f(x)} - 1$ 是 x^2 的高阶无穷小量, $f(x)^{g(x)} - 1$ 是 x^2 的高阶无穷小量

E. $g(x)^{f(x)} - 1$ 是 x^2 的高阶无穷小量, $f(x)^{g(x)} - 1$ 是 x^2 的同阶无穷小量

35. (考题难度系数 ☆☆☆·建议用时 2-3 min)

当 $x \to 0^+$ 时,下列无穷小量中最高阶的是(   ).

A. $\displaystyle\int_0^x (e^{t^2} - 1)\,\mathrm{d}t$ B. $\displaystyle\int_0^x \ln(1 + \sqrt{t^3})\,\mathrm{d}t$

C. $\displaystyle\int_0^x (1 - \cos t)\,\mathrm{d}t$ D. $\displaystyle\int_0^{x^2} \sin^2 t\,\mathrm{d}t$

E. $\displaystyle\int_0^{x^2} (\sqrt{1+t} - 1)\,\mathrm{d}t$

36. (考题难度系数 ☆☆☆·建议用时 2-3 min)

当 $x \to 0^+$ 时,下列无穷小量中阶数最高的是(   ).

A. $\displaystyle\int_0^{\sin x} \sqrt{\tan t}\,\mathrm{d}t$ B. $\displaystyle\int_0^{\sqrt{\sin x}} \tan t\,\mathrm{d}t$

C. $\displaystyle\int_0^{\ln(1+\sqrt{x})} (e^t - 1)\,\mathrm{d}t$ D. $\displaystyle\int_0^{e^{\sqrt{x}} - 1} \ln\cos t\,\mathrm{d}t$

E. $\displaystyle\int_0^{\arctan x^2} (1 - \sqrt{1 - \sqrt{t}}\,)\,\mathrm{d}t$

1.3 极限的定义与性质

题组 A 得分 _____ /16 分   题组 B 得分 _____ /14 分

题组 A·基础通关题

37. (考题难度系数 ☆☆·建议用时 1-2 min)

设 $\lim\limits_{x \to 0} f(x) = 2$,则下列结论一定错误的是(   ).

A. $f(x)$ 在 $x=0$ 某去心邻域内 $f(x)>1$

B. $f(0)$ 无定义

C. $f(x)$ 在 $x=0$ 某去心邻域内 $f(x)>\dfrac{3}{2}$

D. $f(0)=2\ 026$

E. $f(x)$ 在 $x=0$ 某去心邻域内可能无定义

38. （考题难度系数 ☆☆ · 建议用时 1–2 min）

设 $\lim\limits_{x\to 0}f(x)=2,\lim\limits_{x\to 0}g(x)=+\infty$，则下列结论一定错误的是（　　）.

A. 在 $x=0$ 某去心邻域内有 $f(x)<g(x)$

B. $f(x)$ 在 $x=0$ 某去心邻域内一定有界

C. $g(x)$ 在 $x=0$ 某去心邻域内一定无界

D. $f(x)g(x)$ 在 $x=0$ 某去心邻域内一定无界

E. 在 $x=0$ 某去心邻域内 $f(x)$ 一定不等于 2

39. （考题难度系数 ☆☆ · 建议用时 1–2 min）

设函数 $f(x)=\dfrac{1-x}{1+x^2}\cos\dfrac{1}{x},g(x)=x^2\left(1-\cos\dfrac{1}{x}\right)$，则当 x 充分大时，有（　　）.

A. $f(x)>g(x)$ B. $f(x)\geqslant g(x)$

C. $f(x)<g(x)$ D. $f(x)\leqslant g(x)$

E. $f(x)=g(x)$

40. （考题难度系数 ☆☆☆ · 建议用时 2–3 min）

设函数 $f(x)=\dfrac{\sqrt[3]{1-4x}-1}{2\sin x},g(x)=\dfrac{x^3-\tan^3 x}{x^5}$，则在 $x=0$ 的某去心邻域内有（　　）.

A. $f(x)>g(x)$ B. $f(x)\geqslant g(x)$

C. $f(x)<g(x)$ D. $f(x)\leqslant g(x)$

E. $f(x)=g(x)$

41. （考题难度系数 ☆☆☆ · 建议用时 2–3 min）

函数 $f(x)=\dfrac{\sin \pi x}{x^2(x-1)^2(x+1)}$ 在区间（　　）内有界.

A. $(-2,-1)$ B. $(-1,0)$

C. $(0,1)$ D. $(1,2)$

E. $(0,2)$

42. （考题难度系数 ☆☆ · 建议用时 1–2 min）

下列命题正确的是（　　）.

A. 若 $\lim\limits_{x\to x_0}[f(x)+g(x)]$ 存在，则 $\lim\limits_{x\to x_0}[f(x)+g(x)]=\lim\limits_{x\to x_0}f(x)+\lim\limits_{x\to x_0}g(x)$

B. 若 $\lim\limits_{x\to x_0}f(x)g(x)$ 存在，则 $\lim\limits_{x\to x_0}f(x)g(x)=\lim\limits_{x\to x_0}f(x)\lim\limits_{x\to x_0}g(x)$

C. 若 $\lim\limits_{x \to x_0}[f(x)+g(x)]$ 与 $\lim\limits_{x \to x_0}f(x)$ 都存在,则 $\lim\limits_{x \to x_0}g(x)$ 存在

D. 若 $\lim\limits_{x \to x_0}f(x)g(x)$ 与 $\lim\limits_{x \to x_0}f(x)$ 都存在,则 $\lim\limits_{x \to x_0}g(x)$ 存在

E. 若 $\lim\limits_{x \to x_0}f(x)g(x)$ 与 $\lim\limits_{x \to x_0}f(x)$ 都存在,则 $\lim\limits_{x \to x_0}g(x)$ 不存在

43. (考题难度系数 ☆☆☆·建议用时 2-3 min)

设 $\lim\limits_{n \to \infty}x_n$ 与 $\lim\limits_{n \to \infty}y_n$ 均不存在,那么下列命题正确的是(   ).

A. 若 $\lim\limits_{n \to \infty}(x_n+y_n)$ 不存在,则 $\lim\limits_{n \to \infty}(x_n-y_n)$ 必也不存在

B. 若 $\lim\limits_{n \to \infty}(x_n+y_n)$ 存在,则 $\lim\limits_{n \to \infty}(x_n-y_n)$ 必也存在

C. 若 $\lim\limits_{n \to \infty}(x_n+y_n)$ 存在,则 $\lim\limits_{n \to \infty}(x_n-y_n)$ 无法确定存在与否

D. 若 $\lim\limits_{n \to \infty}(x_n+y_n)$ 与 $\lim\limits_{n \to \infty}(x_n-y_n)$ 中只要有一个存在,另一个必定不存在

E. 若 $\lim\limits_{n \to \infty}(x_n+y_n)$ 与 $\lim\limits_{n \to \infty}(x_n-y_n)$ 中只要有一个存在,另一个必定存在

44. (考题难度系数 ☆☆·建议用时 1-2 min)

下列数列中收敛的是(   ).

A. $f(n) = \begin{cases} \dfrac{1}{n}+1, & n\text{ 为奇数}, \\ \dfrac{1}{n}-1, & n\text{ 为偶数} \end{cases}$

B. $f(n) = \begin{cases} \dfrac{1+3^n}{3^n}, & n\text{ 为奇数}, \\ \dfrac{1-3^n}{3^n}, & n\text{ 为偶数} \end{cases}$

C. $f(n) - (-1)^{n-1}\dfrac{3n^2}{n^2+1}$

D. $f(n) = \begin{cases} \dfrac{1}{2n}, & n\text{ 为奇数}, \\ \dfrac{1}{n-1}, & n\text{ 为偶数} \end{cases}$

E. $f(n) = \begin{cases} \dfrac{1+n}{n}, & n\text{ 为奇数}, \\ \dfrac{1-n}{n}, & n\text{ 为偶数} \end{cases}$

题组 B·强化通关题

45. (考题难度系数 ☆☆☆·建议用时 2-3 min)

设函数 $f(x) = [x+\ln(1-x)+\mathrm{e}^x]^{\frac{1}{x}}$,且 $\lim\limits_{x \to 0}f(x) = a$,则下列结论中一定不可能成立的是(   ).

A. 若补充 $f(0)$,$f(0)$ 可能等于 e

B. 若补充 $f(0)$,$f(0)$ 可能等于 e^{-1}

C. 在 $x=0$ 附近恒有 $f(x)>2$

D. 在 $x=0$ 附近恒有 $f(x)<3$

E. 在 $x=0$ 附近恒有 $f(x)<\dfrac{3}{2}$

46. (考题难度系数 ☆☆·建议用时 1-2 min)

设数列 $\{x_n\}$,$\{y_n\}$,$\{z_n\}$ 满足 $x_n \leqslant y_n \leqslant z_n$,且 $\lim\limits_{n \to \infty}(z_n-x_n) = 0$,则 $\lim\limits_{n \to \infty}y_n$(   ).

A. 存在且等于 0   B. 等于 ∞

C. 不存在且不为 ∞   D. 不一定存在

E. 存在且不等于 0

47.（考题难度系数 ☆ ☆ ☆ ☆ · 建议用时 2−3 min）

设 $\{x_n\}$ 是数列，则 "$\lim\limits_{n \to \infty} \dfrac{x_{n+1}}{x_n} = 1$" 是 "$\{x_n\}$ 收敛" 的（   ）.

A. 充分必要条件   B. 充分非必要条件

C. 必要非充分条件   D. 既非充分也非必要条件

E. 充分条件，但无法判定是否为必要条件

48.（考题难度系数 ☆ ☆ ☆ ☆ · 建议用时 2−3 min）

设数列 $\{x_n\}$ 与 $\{y_n\}$ 满足 $\lim\limits_{n \to \infty} x_n y_n = 0$，给出以下四条结论：

① 若 $\lim\limits_{n \to \infty} x_n$ 为无穷小量，则 $\lim\limits_{n \to \infty} y_n$ 为无穷大量；

② 若 $\{x_n\}$ 收敛，则 $\{y_n\}$ 收敛；

③ 若 $\lim\limits_{n \to \infty} x_n$ 为无穷小量，则 $\lim\limits_{n \to \infty} y_n$ 也为无穷小量；

④ 若 $\{x_n\}$ 发散，则 $\{y_n\}$ 发散，

其中正确结论的个数是（   ）.

A. 0   B. 1

C. 2   D. 3

E. 4

49.（考题难度系数 ☆ ☆ ☆ · 建议用时 1−2 min）

设数列 $\{x_n\}$ 收敛，给出下列四个命题：

① 当 $\lim\limits_{n \to \infty} \sin x_n = 0$ 时，$\lim\limits_{n \to \infty} x_n = 0$；   ② 当 $\lim\limits_{n \to \infty} (x_n + \sqrt{|x_n|}) = 0$ 时，$\lim\limits_{n \to \infty} x_n = 0$；

③ 当 $\lim\limits_{n \to \infty} (x_n + x_n^2) = 0$ 时，$\lim\limits_{n \to \infty} x_n = 0$；   ④ 当 $\lim\limits_{n \to \infty} (x_n + \sin x_n) = 0$ 时，$\lim\limits_{n \to \infty} x_n = 0$，

其中真命题的个数是（   ）.

A. 0   B. 1

C. 2   D. 3

E. 4

50.（考题难度系数 ☆ ☆ ☆ ☆ · 建议用时 2−3 min）

设 $\{a_n\}$ 为数列，给出以下四个命题：

① 若 $\{a_n\}$ 收敛，则 $\{\cos a_n\}$ 收敛；   ② 若 $\{\cos a_n\}$ 收敛，则 $\{a_n\}$ 收敛；

③ 若 $\{a_n\}$ 收敛，则 $\{\arctan a_n\}$ 收敛；   ④ 若 $\{\arctan a_n\}$ 收敛，则 $\{a_n\}$ 收敛.

其中正确的是（   ）.

A. ①③   B. ①③④

C. ②④   D. ②③④

E. ①②③④

51. (考题难度系数 ☆☆☆☆☆ · 建议用时 2-3 min)

给出以下四条结论:

① 数列 $\{a_n\}$ 的子数列 $\{a_{2n}\}$ 和 $\{a_{2n+1}\}$ 收敛,则 $\{a_n\}$ 收敛;

② 如果 $\lim\limits_{n\to\infty} a_n b_n = 0$,则 a_n 和 b_n 中至少有一个为无穷小量;

③ 对于数列 $\{a_n\}$ 与前 n 项和 S_n,若 $\{S_n\}$ 为有界数列,则 $\{a_n\}$ 也为有界数列;

④ 数列 $\{a_n\}$ 收敛,则数列 $\{|a_n|\}$ 收敛.其逆命题也成立,

其中正确的是(　　).

A. 0

B. 1

C. 2

D. 3

E. 4

1.4　函数极限计算

> 📋 题组 A 得分 _____/70 分　　📋 题组 B 得分 _____/28 分

题组 A · 基础通关题

52. (考题难度系数 ☆☆ · 建议用时 1-2 min)

$$\lim_{x\to 0} \frac{(\sqrt{1-x}-1)(e^{-x^2}-1)}{\arctan^2 x \ln(1+x)} = (\quad).$$

A. 2

B. 0

C. -2

D. $\dfrac{1}{2}$

E. $-\dfrac{1}{2}$

53. (考题难度系数 ☆☆ · 建议用时 1-2 min)

$$\lim_{x\to 0} \frac{e^x - e^{-x} - 2x}{x - \sin x} = (\quad).$$

A. -1

B. -2

C. 1

D. 2

E. ∞

54. (考题难度系数 ☆☆ · 建议用时 1-2 min)

$$\lim_{x\to 0} \frac{1 - \cos\sqrt{\tan x - \sin x}}{\sqrt[3]{1+x^3} - 1} = (\quad).$$

A. $\dfrac{1}{2}$

B. $\dfrac{1}{3}$

C. $\dfrac{3}{4}$

D. $\dfrac{1}{12}$

E. 0

55.（考题难度系数 ☆☆·建议用时 1-2 min）

$$\lim_{x\to 0}\frac{x^2-\sin^2 x}{x^2-\tan^2 x}=(\qquad).$$

A. 2

B. 1

C. -2

D. $\dfrac{1}{2}$

E. $-\dfrac{1}{2}$

56.（考题难度系数 ☆☆·建议用时 1-2 min）

$$\lim_{x\to 0}\frac{\arcsin x-\sin x}{\left(\sqrt[3]{1+x^2}-1\right)\left(\sqrt{1+\sin x}-1\right)}=(\qquad).$$

A. 1

B. 2

C. -1

D. -2

E. 0

57.（考题难度系数 ☆☆☆·建议用时 1-2 min）

$$\lim_{x\to 0}\frac{\sqrt{1+\tan x}-\sqrt{1+\sin x}}{x\sqrt{1+\sin^2 x}-x}=(\qquad).$$

A. $\dfrac{1}{2}$

B. 2

C. $-\dfrac{1}{2}$

D. -2

E. 0

58.（考题难度系数 ☆☆☆·建议用时 1-2 min）

$$\lim_{x\to 0}\frac{\left[\tan x-\tan(\tan x)\right]\tan x}{1-\cos x^2}=(\qquad).$$

A. $\dfrac{4}{3}$

B. $\dfrac{1}{3}$

C. $\dfrac{2}{3}$

D. $-\dfrac{1}{3}$

E. $-\dfrac{2}{3}$

59.（考题难度系数 ☆☆·建议用时 1-2 min）

$$\lim_{x\to 0}\frac{xe^x-\ln(1+x)}{x^2}=(\qquad).$$

A. $\dfrac{1}{2}$

B. 3

C. $\dfrac{3}{2}$　　　　　　　　　　　　　D. $-\dfrac{1}{2}$

E. -3

60. (考题难度系数☆☆·建议用时 1-2 min)

$$\lim_{x\to 0}\dfrac{1-(\cos x)^{\sin x}}{x-\sin x}=(\qquad).$$

A. 3　　　　　　　　　　　　　　B. $\dfrac{1}{3}$

C. -3　　　　　　　　　　　　　D. $-\dfrac{1}{3}$

E. ∞

61. (考题难度系数☆☆·建议用时 1-2 min)

$$\lim_{x\to 0}\dfrac{(1+x)^x-1}{x^2}=(\qquad).$$

A. 0　　　　　　　　　　　　　　B. 1

C. 3　　　　　　　　　　　　　　D. 5

E. ∞

62. (考题难度系数☆☆·建议用时 1-2 min)

$$\lim_{x\to 0^+}\dfrac{x^{\sin x}-1}{x^x-1}=(\qquad).$$

A. 0　　　　　　　　　　　　　　B. 1

C. 2　　　　　　　　　　　　　　D. 3

E. 4

63. (考题难度系数☆☆☆·建议用时 2-3 min)

$$\lim_{x\to 0}\dfrac{e^{x^2}-e^{2-2\cos x}}{x^4}=(\qquad).$$

A. $-\dfrac{1}{6}$　　　　　　　　　　　B. $-\dfrac{1}{12}$

C. $\dfrac{1}{3}$　　　　　　　　　　　　D. $\dfrac{1}{12}$

E. 0

64. (考题难度系数☆☆☆·建议用时 2-3 min)

$$\lim_{x\to 0}\dfrac{\sqrt{1+\ln(\cos x+\sin x)}-1}{\sin x}=(\qquad).$$

A. $\dfrac{1}{2}$　　　　　　　　　　　　B. 1

C. 3　　　　　　　　　　　　　　D. $-\dfrac{1}{2}$

E. -3

65. （考题难度系数 ☆☆☆·建议用时 2-3 min）

$$\lim_{x \to 0} \frac{1 - \cos x \cos 2x}{x^2} = (\quad).$$

A. 0 B. $\dfrac{1}{2}$

C. 2 D. $\dfrac{3}{2}$

E. $\dfrac{5}{2}$

66. （考题难度系数 ☆☆☆·建议用时 2-3 min）

极限 $\lim\limits_{x \to 0} \dfrac{e^x - 1 - x}{\sqrt{1-x} - \cos\sqrt{x}} = (\quad).$

A. -6 B. -3

C. 6 D. 2

E. 0

67. （考题难度系数 ☆☆·建议用时 1-2 min）

极限 $\lim\limits_{x \to 0} \dfrac{x + \arcsin x}{x + \arctan x} + \lim\limits_{x \to \infty} \dfrac{x + \operatorname{arccot} x}{x + \arctan x} = (\quad).$

A. 0 B. 1

C. 2 D. 4

E. ∞

68. （考题难度系数 ☆☆☆·建议用时 2-3 min）

极限 $\lim\limits_{x \to -\infty} \dfrac{\sqrt{9x^2 + 3x + 4} - x + \sin x}{\sqrt{x^2 + 1}} = (\quad).$

A. 2 B. 3

C. 4 D. -3

E. -4

69. （考题难度系数 ☆☆☆·建议用时 1-2 min）

极限 $\lim\limits_{x \to +\infty} \dfrac{x^2 - x + 3}{e^x + x^2 + 4}\left(\arctan\dfrac{1}{x} + \sin x\right) = (\quad).$

A. 0 B. 1

C. 2 D. ∞

E. -1

70. （考题难度系数 ☆☆·建议用时 1-2 min）

极限 $\lim\limits_{x \to \infty} x \tan \dfrac{2x+1}{x^2 + 2x + 1} = (\quad).$

A. 0　　　　　　　　　　　　　　　B. 1

C. 2　　　　　　　　　　　　　　　D. ∞

E. $\dfrac{1}{2}$

71. (考题难度系数 ☆☆ · 建议用时 1−2 min)

极限 $\lim\limits_{x\to+\infty}\ln(1+6^{x})\ln\left(1+\dfrac{3}{x}\right)$ (　　　).

A. 0　　　　　　　　　　　　　　　B. 1

C. ∞　　　　　　　　　　　　　　　D. 6ln 3

E. 3ln 6

72. (考题难度系数 ☆☆☆ · 建议用时 1−2 min)

$\lim\limits_{x\to\infty}x\left[\sin\ln\left(1+\dfrac{3}{x}\right)+\sin\dfrac{1}{x}\right]=$ (　　　).

A. 0　　　　　　　　　　　　　　　B. 1

C. 2　　　　　　　　　　　　　　　D. 3

E. 4

73. (考题难度系数 ☆☆ · 建议用时 1−2 min)

$\lim\limits_{x\to0}\left[\dfrac{1}{e^{x}-1}-\dfrac{1}{\ln(1+x)}\right]=$ (　　　).

A. 0　　　　　　　　　　　　　　　B. 1

C. 2　　　　　　　　　　　　　　　D. −1

E. −2

74. (考题难度系数 ☆☆ · 建议用时 1−2 min)

$\lim\limits_{x\to0}(x^{2}+x+e^{x})^{\frac{1}{x}}=$ (　　　).

A. 1　　　　　　　　　　　　　　　B. 2

C. e　　　　　　　　　　　　　　　D. e^{2}

E. 0

75. (考题难度系数 ☆☆ · 建议用时 1−2 min)

$\lim\limits_{x\to\infty}\left(\dfrac{2x+1}{2x+2}\right)^{x}=$ (　　　).

A. 1　　　　　　　　　　　　　　　B. $e^{-\frac{1}{2}}$

C. e　　　　　　　　　　　　　　　D. $e^{\frac{1}{2}}$

E. 0

76. (考题难度系数 ☆☆ · 建议用时 1−2 min)

$\lim\limits_{x\to0^{+}}\sqrt[x]{\cos\sqrt{x}}=$ (　　　).

A. 1

B. $e^{-\frac{1}{2}}$

C. $e^{\frac{1}{4}}$

D. $e^{\frac{1}{2}}$

E. $e^{-\frac{1}{4}}$

77. （考题难度系数 ☆☆ · 建议用时 1-2 min）

$$\lim_{x \to 0}\left(2e^{\frac{x}{1+x}} - 1\right)^{\frac{x^2+1}{x}} = (\qquad).$$

A. 1

B. 2

C. e

D. e^2

E. e^{-2}

78. （考题难度系数 ☆☆☆ · 建议用时 1-2 min）

$$\lim_{x \to 0}\left(\frac{1+\tan x}{1+\sin x}\right)^{\frac{1}{\tan^3 x}} = (\qquad).$$

A. 1

B. $e^{-\frac{1}{2}}$

C. $e^{\frac{1}{4}}$

D. $e^{\frac{1}{2}}$

E. $e^{-\frac{1}{4}}$

79. （考题难度系数 ☆☆☆ · 建议用时 1-2 min）

$$\lim_{x \to 0}\left[\frac{\ln(1+x)}{x}\right]^{\frac{1}{\arctan x}} = (\qquad).$$

A. 1

B. $e^{-\frac{1}{2}}$

C. $e^{\frac{1}{4}}$

D. $e^{\frac{1}{2}}$

E. $e^{-\frac{1}{4}}$

80. （考题难度系数 ☆☆☆ · 建议用时 1-2 min）

$$\lim_{x \to \infty}\left(\sin \frac{1}{x} + \cos \frac{1}{x}\right)^{x} = (\qquad).$$

A. 1

B. e^{-1}

C. e

D. e^2

E. ∞

81. （考题难度系数 ☆☆☆ · 建议用时 2-3 min）

若 n 为正整数,则极限 $\lim\limits_{x \to 0}\left(\dfrac{e^x + e^{2x} + \cdots + e^{nx}}{n}\right)^{\frac{1}{x}} = (\qquad).$

A. 1

B. $e^{\frac{n+1}{2}}$

C. $e^{\frac{n+1}{2n}}$

D. e^{n+1}

E. e^n

82. (考题难度系数 ☆☆☆·建议用时 2-3 min)

$$\lim_{x \to 0} \left[\tan\left(\frac{\pi}{4} - x \right) \right]^{\cot x} = (\quad).$$

A. $e^{-\frac{1}{2}}$

B. $-\frac{1}{2}$

C. e^{-2}

D. -2

E. e^2

83. (考题难度系数 ☆☆☆·建议用时 2-3 min)

$$\lim_{x \to 0} (\cos 2x + 2x \sin x)^{\frac{1}{x^4}} = (\quad).$$

A. $e^{\frac{1}{3}}$

B. $-\frac{1}{3}$

C. $\frac{1}{3}$

D. $e^{\frac{1}{6}}$

E. $e^{-\frac{1}{3}}$

84. (考题难度系数 ☆☆☆·建议用时 1-2 min)

给出以下四条结论:

① 若 $0 < a < 1$, $\lim\limits_{x \to +\infty} \dfrac{a^x - 1}{a^x + 1} = 0$;

② 若 $a > 1$, $\lim\limits_{x \to +\infty} \dfrac{a^x - 1}{a^x + 1} = 1$;

③ 若 $a > 0$, $\lim\limits_{x \to +\infty} \dfrac{e^{ax} - 1}{e^{ax} + 1} = 1$;

④ 若 $a < 0$, $\lim\limits_{x \to +\infty} \dfrac{e^{ax} - 1}{e^{ax} + 1} - 0$;

其中正确的个数是(\quad).

A. 0

B. 1

C. 2

D. 3

E. 4

85. (考题难度系数 ☆☆☆·建议用时 1-2 min)

给出以下四条结论:

① $\lim\limits_{x \to 0^+} \dfrac{e^{\frac{1}{x}} + 1}{e^{\frac{1}{x}} - 1} = 1$;   ② $\lim\limits_{x \to 0^-} \dfrac{e^{\frac{1}{x}}}{e^{\frac{1}{x}} + 1} = 0$;   ③ $\lim\limits_{x \to 0^+} \dfrac{e^{-\frac{1}{x}} + 1}{e^{-\frac{1}{x}} - 1} = 0$;   ④ $\lim\limits_{x \to 0^-} \dfrac{e^{-\frac{1}{x}}}{e^{-\frac{1}{x}} + 1} = 1$,

其中正确的个数是(\quad).

A. 0

B. 1

C. 2

D. 3

E. 4

86. (考题难度系数 ☆☆☆·建议用时 1-2 min)

若 $\lim\limits_{x \to \infty} \dfrac{ax + 2|x|}{bx - |x|} \arctan x = -\dfrac{\pi}{2}$,则(\quad).

A. $a = 1, b = -2$

B. $a = -1, b = -2$

C. $a = -1, b = -1$ D. $a = 1, b = 2$

E. $a = -1, b = 2$

题组 B·强化通关题

87. （考题难度系数 ☆☆☆·建议用时 2-3 min）

$$\lim_{x \to 0} \frac{1 - \cos x}{\sqrt{1 + x \sin x} - \sqrt{\cos x}} = (\quad).$$

A. $\frac{1}{3}$ B. $\frac{1}{2}$

C. $\frac{2}{3}$ D. $\frac{4}{3}$

E. ∞

88. （考题难度系数 ☆☆☆·建议用时 2-3 min）

$$\lim_{x \to 0} \frac{\sqrt{\cos x} - \sqrt[3]{\cos x}}{\ln^2(1 + x)} = (\quad).$$

A. $-\frac{1}{6}$ B. $-\frac{1}{12}$

C. $\frac{1}{3}$ D. $\frac{1}{12}$

E. $\frac{1}{6}$

89. （考题难度系数 ☆☆☆·建议用时 2-3 min）

$$\lim_{x \to \infty} \left(\sqrt[3]{x^3 + 1} - x e^{\frac{1}{x}} \right) = (\quad).$$

A. $-\frac{2}{3}$ B. $-\frac{1}{3}$

C. -1 D. 1

E. 0

90. （考题难度系数 ☆☆☆·建议用时 2-3 min）

$$\lim_{x \to 0} \frac{1}{x^3} \left[\left(\frac{2 + \cos x}{3} \right)^x - 1 \right] = (\quad).$$

A. 1 B. -1

C. $-\frac{1}{6}$ D. $\frac{1}{6}$

E. $\frac{2}{3}$

91. (考题难度系数 ☆☆☆・建议用时 2-3 min)

$$\lim_{x \to 0} \frac{\int_0^{\sin^2 x} \ln(1+t)\, dt}{\sqrt[4]{1-x^4}-1} = (\qquad).$$

A. 0 B. −2

C. −1 D. 2

E. 3

92. (考题难度系数 ☆☆☆・建议用时 2-3 min)

$$\lim_{x \to 0} \frac{\int_1^x \sin(xt)\, dt}{x} = (\qquad).$$

A. 0 B. $\dfrac{1}{2}$

C. 1 D. $-\dfrac{1}{2}$

E. −1

93. (考题难度系数 ☆☆☆・建议用时 2-3 min)

$$\lim_{x \to 0} \frac{\int_0^x \sin(x-t)\, dt}{(1-2\cos x) \cdot \ln(1+x^2)} = (\qquad).$$

A. −1 B. 1

C. $-\dfrac{1}{2}$ D. $\dfrac{1}{2}$

E. ∞

94. (考题难度系数 ☆☆☆・建议用时 2-3 min)

$$\lim_{x \to 0} \frac{\int_0^x (1-\sin 2t)^{\frac{1}{t}}\, dt}{\arcsin x} = (\qquad).$$

A. 2 B. −2

C. e^2 D. e^{-2}

E. 1

95. (考题难度系数 ☆☆☆・建议用时 2-3 min)

极限 $\lim_{x \to 0} \dfrac{1}{x} \int_0^x (2+t^2) e^{t^2-x^2}\, dt = (\qquad).$

A. 2 B. −2

C. 0 D. 1

E. ∞

96.（考题难度系数 ☆☆☆ · 建议用时 2-3 min）

极限 $\lim\limits_{x \to -\infty}(\sqrt{x^2+x+2}-\sqrt{x^2-x+1}) = ($　　$)$.

A. 0 　　　　　　　　　　B. 1

C. 3 　　　　　　　　　　D. -1

E. -3

97.（考题难度系数 ☆☆☆ · 建议用时 2-3 min）

极限 $\lim\limits_{x \to 0}[\,\mathrm{e}^{x+1}(1+\mathrm{e}^x\sin^2 x)^{\frac{1}{\sqrt{1+x^2}-1}}] = ($　　$)$.

A. e^2 　　　　　　　　B. e^3

C. $\mathrm{e}^{\frac{3}{2}}$ 　　　　　　　　D. $\mathrm{e}^{\frac{5}{2}}$

E. ∞

98.（考题难度系数 ☆☆☆ · 建议用时 2-3 min）

设函数 $f(x)$ 可导，且 $\lim\limits_{x \to \infty}f'(x)=\mathrm{e}$，$\lim\limits_{x \to \infty}\left(\dfrac{x+c}{x-c}\right)^x=\lim\limits_{x \to \infty}[f(x)-f(x-1)]$，则 $c=($　　$)$.

A. 2 　　　　　　　　　　B. $\dfrac{1}{2}$

C. -1 　　　　　　　　　D. 1

E. -2

99.（考题难度系数 ☆☆☆ · 建议用时 2-3 min）

$\lim\limits_{x \to 0^+}\left(\dfrac{1}{\sqrt{1-x^2}-1}\cdot\int_x^{x^2}\dfrac{\sin xt}{t}\mathrm{d}t\right) = ($　　$)$.

A. 1 　　　　　　　　　　B. -1

C. 0 　　　　　　　　　　D. 2

E. -2

100.（考题难度系数 ☆☆☆ · 建议用时 1-2 min）

设函数 $f(x)$ 连续，且 $f(0)=0$，$f'(0)=1$，则极限 $\lim\limits_{x \to 0}\dfrac{\int_0^x f(x-t)\mathrm{d}t}{x^2} = ($　　$)$.

A. ∞ 　　　　　　　　B. $\dfrac{1}{2}$

C. 1 　　　　　　　　　　D. $-\dfrac{1}{2}$

E. -1

1.5 函数极限相关考题

📋 题组A得分 _____/14分   📋 题组B得分 _____/18分

题组 A · 基础通关题

101. (考题难度系数 ☆☆·建议用时 1−2 min)

设 $\lim\limits_{x \to 2} \dfrac{x^3 + ax^2 + b}{x - 2} = 8$,则( ).

A. $a = 1, b = -4$ B. $a = -1, b = 4$

C. $a = -1, b = 1$ D. $a = 1, b = 4$

E. $a = -1, b = -4$

102. (考题难度系数 ☆☆·建议用时 1−2 min)

设 $\lim\limits_{x \to 0} \dfrac{e^{\tan x} - e^x}{x^k} = \lim\limits_{x \to 0} \dfrac{e^{cx} - 1}{\tan x}$,其中 $c \neq 0$,则( ).

A. $k = 3, c = \dfrac{1}{3}$ B. $k = 2, c = \dfrac{1}{3}$

C. $k = 1, c = \dfrac{1}{3}$ D. $k = 3, c = -\dfrac{1}{3}$

E. $k = -2, c = \dfrac{1}{3}$

103. (考题难度系数 ☆☆·建议用时 1−2 min)

设 $\lim\limits_{x \to \infty} \left(\dfrac{x+c}{x-c} \right)^x = \lim\limits_{x \to 0} \dfrac{e^{2x} - 1}{1 - \sqrt{1-x}}$,则常数 $c = ($).

A. 0   B. 1

C. $-\ln 2$ D. $\dfrac{1}{2}$

E. $\ln 2$

104. (考题难度系数 ☆☆·建议用时 1−2 min)

设 $\lim\limits_{x \to \infty} \left(ax + b - \dfrac{x^3 + 1}{x^2 + 1} \right) = 1$,则( ).

A. $a = 1, b = 1$ B. $a = -1, b = 1$

C. $a = -1, b = -1$ D. $a = 1, b = -1$

E. $a = -1, b = 0$

105. (考题难度系数 ☆☆·建议用时 1−2 min)

若 $\lim\limits_{x \to 0} \left[\dfrac{1}{x} - \left(\dfrac{1}{x} - a \right) e^x \right] = 1$,则 $a = ($).

A. 1
B. 2

C. -1
D. -2

E. 0

106. (考题难度系数 ☆☆☆·建议用时 2-3 min)

若 $\lim\limits_{x \to 0} \dfrac{a_1 \sin x + b_1 \ln(1-x^2) + c_1 \tan^3 x}{a_2(e^{x^2}-1) + b_2 \ln(1-x) + c_2 x^3} = 1$，其中常数 $a_1, a_2, b_1, b_2, c_1, c_2$ 均不为零，则（　　）.

A. $a_1 + b_1 = 0$
B. $a_1 - b_1 = 0$

C. $a_1 + b_2 = 0$
D. $a_1 - b_2 = 0$

E. $a_1 + c_2 = 0$

107. (考题难度系数 ☆☆☆·建议用时 2-3 min)

若 $\lim\limits_{x \to 0} \dfrac{x}{f(2x)} = \lim\limits_{x \to \infty} x \ln \dfrac{x+1}{x-1}$，则 $\lim\limits_{x \to 0} \dfrac{f(x)}{x} = $（　　）.

A. 1
B. 2

C. 4
D. $\dfrac{1}{4}$

E. $\dfrac{1}{2}$

题组 B·强化通关题

108. (考题难度系数 ☆☆☆·建议用时 2-3 min)

设 $\lim\limits_{x \to 0} \left[\dfrac{b}{x^2} - \left(\dfrac{1}{x^2} - a \right) \cos x \right] = 1$，则（　　）.

A. $a = \dfrac{1}{2}, b = 1$
B. $a = -\dfrac{1}{2}, b = 1$

C. $a = \dfrac{1}{2}, b = -1$
D. $a = -\dfrac{1}{2}, b = -1$

E. $a = -\dfrac{1}{2}, b = -\dfrac{1}{2}$

109. (考题难度系数 ☆☆☆·建议用时 2-3 min)

已知 $\lim\limits_{x \to 0} \left(\dfrac{\arctan x}{x} \right)^{\frac{1}{ax^2}} = e^{\frac{1}{6}}$，则 $a = $（　　）.

A. 1
B. 2

C. -1
D. -2

E. $\dfrac{1}{2}$

110. (考题难度系数 ☆☆☆·建议用时 2-3 min)

若 $\lim\limits_{x \to 0} \dfrac{1}{e^x - bx + a} \int_0^x \dfrac{\sin t}{\sqrt{t+c}} \mathrm{d}t = 1$，则 $a + b + c = $（　　）.

A. -1 B. 1

C. -2 D. 2

E. 0

111.（考题难度系数 ☆☆☆·建议用时 2-3 min）

设 $\lim\limits_{x\to-\infty}(3x+\sqrt{ax^2-bx+1})=\dfrac{1}{2}$，则 $a+b=($　　　$)$.

A. 6 B. 7

C. 9 D. 12

E. -6

112.（考题难度系数 ☆☆☆·建议用时 2-3 min）

当 $x\to0$ 时，$ax-\ln(1-x)+bx^2$ 与 $\dfrac{3}{2}x^2$ 互为等价无穷小量，则（　　）

A. $a=1,b=1$ B. $a=-1,b=-\dfrac{1}{2}$

C. $a=1,b=2$ D. $a=-1,b=1$

E. $a=-1,b=2$

113.（考题难度系数 ☆☆☆·建议用时 2-3 min）

已知 $\lim\limits_{x\to0}\dfrac{\ln\left[1+\dfrac{f(x)}{\tan x}\right]}{2^x-1}=2$，则 $\lim\limits_{x\to0}\dfrac{f(x)+\tan^2 x}{x^2}=($　　　$)$.

A. $2\ln 2$ B. $-2\ln 2$

C. 2 D. $2\ln 2+1$

E. 0

114.（考题难度系数 ☆☆☆·建议用时 2-3 min）

设函数 $f(x)$ 为三次多项式 ax^3+bx^2+cx+d，且 $\lim\limits_{x\to\infty}\dfrac{f(x)-x^3}{x^2}=2,\lim\limits_{x\to0}\dfrac{f(x)}{x}=4$，则 $a+b+c+d=($　　　$)$.

A. 5 B. 6

C. 7 D. 8

E. 10

115.（考题难度系数 ☆☆☆·建议用时 2-3 min）

若 $\lim\limits_{x\to0}(1+a\sin x)^{\frac{1}{\ln(1+2x)}}=\int_{-a}^{+\infty}x\mathrm{e}^{-\frac{1}{2}x}\mathrm{d}x$，则 $a=($　　　$)$.

A. -3 B. $-\dfrac{3}{2}$

C. 3 D. $\dfrac{3}{2}$

E. 0

116.（考题难度系数 ☆ ☆ ☆ · 建议用时 2−3 min）

设 $\lim\limits_{x \to 0} \dfrac{\ln(1+x)-(ax+bx^2)}{\int_0^{x^2} e^{t^2} dt} = \int_e^{+\infty} \dfrac{1}{x(\ln x)^2} dx$，则（　　）.

A. $a=1, b=-\dfrac{3}{2}$ 　　　　　　　B. $a=-1, b=-\dfrac{3}{2}$

C. $a=-1, b=1$ 　　　　　　　D. $a=1, b=\dfrac{3}{2}$

E. $a=-1, b=\dfrac{3}{2}$

1.6　数列极限计算

📄 题组 A 得分 _____ /24 分　　📄 题组 B 得分 _____ /22 分

题组 A · 基础通关题

117.（考题难度系数 ☆ ☆ · 建议用时 1−2 min）

$\lim\limits_{n \to \infty} n \arctan \dfrac{2n}{n^2+1} = ($ 　　$)$.

A. 0 　　　　　　　　　　B. 1

C. 2 　　　　　　　　　　D. $\dfrac{1}{2}$

E. ∞

118.（考题难度系数 ☆ ☆ · 建议用时 1−2 min）

$\lim\limits_{n \to \infty} n(\sqrt[n]{2}-1) = ($ 　　$)$.

A. 0 　　　　　　　　　　B. $\ln 2$

C. $-\ln 2$ 　　　　　　　　D. 1

E. ∞

119.（考题难度系数 ☆ ☆ · 建议用时 1−2 min）

$\lim\limits_{n \to \infty} (\sqrt{n+5\sqrt{n}} - \sqrt{n-\sqrt{n}}) = ($ 　　$)$.

A. 0 　　　　　　　　　　B. 1

C. 2 　　　　　　　　　　D. 3

E. 4

120.（考题难度系数 ☆ ☆ · 建议用时 1−2 min）

$\lim\limits_{n \to \infty} \left(1+\sin\dfrac{1}{n}-\sin\dfrac{2}{n}\right)^n = ($ 　　$)$.

A. 0   B. e

C. e^2 D. e^{-1}

E. e^{-2}

121. (考题难度系数 ☆☆☆ · 建议用时 2-3 min)

$$\lim_{n \to \infty} \left[\frac{1}{1 \cdot 2} + \frac{1}{2 \cdot 3} + \cdots + \frac{1}{n(n+1)} \right]^n = (\qquad).$$

A. 1   B. -1

C. e   D. e^{-1}

E. e^{-2}

122. (考题难度系数 ☆☆☆ · 建议用时 2-3 min)

$$\lim_{n \to \infty} \frac{n^3 \sqrt[n]{2} \left(1 - \cos \frac{1}{n^2}\right)}{\sqrt{n^2 + 1} - n} = (\qquad).$$

A. 0   B. 1

C. 2   D. 3

E. 4

123. (考题难度系数 ☆☆☆ · 建议用时 2-3 min)

$$\lim_{n \to \infty} \tan^n \left(\frac{\pi}{4} + \frac{1}{n} \right) = (\qquad).$$

A. 1   B. e

C. e^2 D. $e^{\frac{1}{2}}$

E. $e^{\frac{1}{3}}$

124. (考题难度系数 ☆☆☆ · 建议用时 1-2 min)

$$\lim_{n \to \infty} \left(\frac{1}{3n^2 + 2n - 1} + \frac{2}{3n^2 + 2n - 2} + \cdots + \frac{n}{3n^2 + n} \right) = (\qquad).$$

A. $\frac{1}{2}$ B. $\frac{1}{3}$

C. $\frac{1}{6}$ D. 1

E. -1

125. (考题难度系数 ☆☆☆ · 建议用时 1-2 min)

$$\lim_{n \to \infty} \left(\frac{1}{n+1} + \frac{1}{n+\sqrt{2}} + \frac{1}{n+\sqrt{3}} + \cdots + \frac{1}{n+\sqrt{n}} \right) = (\qquad).$$

A. ∞ B. 0

C. 1   D. 2

E. 3

126.（考题难度系数 ☆☆ · 建议用时 1-2 min）

$$\lim_{n \to \infty} \sqrt[n]{1+2^n+3^n+4^n+5^n} = (\quad).$$

A. ∞ B. 1

C. 0   D. 5

E. 4

127.（考题难度系数 ☆☆☆☆ · 建议用时 2-3 min）

设 $|x| < 1$，则 $\lim_{n \to \infty} (1+x)(1+x^2)(1+x^4)\cdots(1+x^{2^n}) = (\quad).$

A. 1   B. ∞

C. $\dfrac{1}{x}$ D. $\dfrac{1}{1-x}$

E. $\dfrac{1}{1+x}$

128.（考题难度系数 ☆☆☆☆ · 建议用时 2-3 min）

设 $\lim_{n \to \infty} \dfrac{n^k-(n-1)^k}{n^{2\,025}} = c \neq 0$，则（ ）.

A. $k = 2\,025, c = 2\,025$ B. $k = 2\,024, c = 2\,025$

C. $k = 2\,026, c = 2\,026$ D. $k = 2\,025, c = 2\,026$

E. $k = 2\,024, c = 2\,024$

题组 B · 强化通关题

129.（考题难度系数 ☆☆☆ · 建议用时 2-3 min）

$$\lim_{n \to \infty} \sin \frac{\pi}{n} \left(\frac{1}{n} \cos \frac{1}{n} + \frac{2}{n} \cos \frac{2}{n} + \cdots + \frac{n}{n} \cos \frac{n}{n} \right) = (\quad).$$

A. $\pi(\sin 1 - 1)$ B. $\pi(\cos 1 - 1)$

C. $\pi(2\cos 1 + \sin 1 - 1)$ D. $\pi(\cos 1 + \sin 1 - 1)$

E. $\pi(\cos 1 + 2\sin 1 - 1)$

130.（考题难度系数 ☆☆☆ · 建议用时 2-3 min）

$$\lim_{n \to \infty} \frac{1}{n} \left[\ln\left(1+\frac{1}{n}\right) + \ln\left(1+\frac{2}{n}\right) + \cdots + \ln\left(1+\frac{2n}{n}\right) \right] = (\quad).$$

A. $3\ln 3 - 2$ B. 1

C. $3\ln 3 - 1$ D. 0

E. $3\ln 3$

131.（考题难度系数 ☆☆☆ · 建议用时 2-3 min）

$$\lim_{n \to \infty} \sum_{k=1}^{2n} \frac{2n+1}{n^2+nk} = (\quad).$$

A. 1

B. ln 3

C. 2

D. 2ln 3

E. 0

132. (考题难度系数 ☆☆☆·建议用时 2-3 min)

$$\lim_{n \to \infty}\left[\frac{1}{n+1}+\frac{1}{n+3}+\cdots+\frac{1}{n+(2n-1)}\right]=(\qquad).$$

A. ln 2

B. ln 3

C. $\frac{1}{2}$ln 2

D. $\frac{1}{2}$ln 3

E. 1

133. (考题难度系数 ☆☆☆☆·建议用时 2-3 min)

$$\lim_{n \to \infty}\frac{1}{n}\sqrt[n]{(n+1)\cdots(2n-1)(n+n)}=(\qquad).$$

A. 1

B. 0

C. $\frac{2}{e}$

D. $\frac{3}{e}$

E. $\frac{4}{e}$

134. (考题难度系数 ☆☆☆☆·建议用时 2-3 min)

$$\lim_{n \to \infty}\left(\frac{2^{\frac{1}{n}}}{n+1}+\frac{2^{\frac{2}{n}}}{n+\frac{1}{2}}+\cdots+\frac{2^{\frac{n}{n}}}{n+\frac{1}{n}}\right)=(\qquad).$$

A. 1

B. ln 2

C. $\frac{1}{\ln 2}$

D. $\frac{1}{2}$

E. 2

135. (考题难度系数 ☆☆☆·建议用时 2-3 min)

$$\lim_{n \to \infty}n\left(\frac{1}{n^2+\pi}+\frac{1}{n^2+2\pi}+\cdots+\frac{1}{n^2+n\pi}\right)=(\qquad).$$

A. 1

B. 0

C. ∞

D. 2

E. 4

136. (考题难度系数 ☆☆☆·建议用时 2-3 min)

$$\lim_{n \to \infty}\left(\frac{1}{n^2+1}+\frac{2}{n^2+\frac{1}{2}}+\cdots+\frac{n}{n^2+\frac{1}{n}}\right)=(\qquad).$$

A. ∞

B. 0

C. $\dfrac{1}{2}$ D. 1

E. 2

137.（考题难度系数 ☆ ☆ ☆ · 建议用时 1−2 min）

$$\lim_{n \to \infty} \sqrt[n]{2^{-n} + 3^{-n} + 4^{-n}} = (\quad\quad).$$

A. $\dfrac{1}{2}$ B. $\dfrac{1}{3}$

C. $\dfrac{1}{4}$ D. 1

E. ∞

138.（考题难度系数 ☆ ☆ ☆ · 建议用时 2−3 min）

$$\lim_{n \to \infty} \sqrt[n]{1 + \frac{1}{2} + \cdots + \frac{1}{n}} = (\quad\quad).$$

A. ∞ B. 0

C. 1   D. 2

E. 3

139.（考题难度系数 ☆ ☆ ☆ · 建议用时 2−3 min）

已知 a, b 为常数，若 $\left(1 + \dfrac{1}{n}\right)^n - e$ 与 $\dfrac{b}{n^a}$ 在 $n \to \infty$ 时是等价无穷小量，则（   ）.

A. $a = 1, b = -\dfrac{e}{2}$ B. $a = 1, b = \dfrac{e}{2}$

C. $a = 2, b = -\dfrac{e}{2}$ D. $a = 2, b = \dfrac{e}{2}$

E. $a = 3, b = -\dfrac{e}{2}$

1.7   函数的连续与间断

📝 题组 A 得分 _____ /18 分   📝 题组 B 得分 _____ /14 分

题组 A · 基础通关题

140.（考题难度系数 ☆ ☆ · 建议用时 1−2 min）

设函数 $f(x) = \begin{cases} \dfrac{2}{x} \sin \dfrac{x}{\pi} + x \sin \dfrac{1}{x}, & x \neq 0, \\ a, & x = 0 \end{cases}$ 在 $x = 0$ 处连续,则 $a = (\quad\quad)$.

A. $\dfrac{2}{\pi}$ B. 0

C. 2

D. π

E. $\dfrac{\pi}{2}$

141. (考题难度系数 ☆☆ · 建议用时 1-2 min)

设 $f(x) = \begin{cases} \dfrac{\arctan 2x + e^{2ax} - 1}{\sqrt{1+x} - 1}, & x \neq 0 \\ a, & x = 0 \end{cases}$ 在 $x = 0$ 处连续,则 $a = ($).

A. $\dfrac{2}{3}$

B. $\dfrac{4}{3}$

C. $-\dfrac{2}{3}$

D. $-\dfrac{4}{3}$

E. π

142. (考题难度系数 ☆☆☆ · 建议用时 1-2 min)

函数 $f(x) = \begin{cases} \dfrac{2 + e^{\frac{1}{x}}}{1 - e^{\frac{1}{x}}} + \dfrac{\sin x}{|x|}, & x \neq 0 \\ 1, & x = 0 \end{cases}$ 在 $x = 0$ 处( ).

A. 极限存在

B. 极限为 ∞

C. 仅右连续

D. 仅左连续

E. 连续

143. (考题难度系数 ☆☆☆ · 建议用时 1-2 min)

设函数 $f(x) = \begin{cases} -1, & x < 0, \\ 1, & x \geq 0, \end{cases}$ $g(x) = \begin{cases} 2 - ax, & x \leq -1, \\ x, & -1 < x < 0, \\ x - b, & x \geq 0. \end{cases}$ 若 $f(x) + g(x)$ 在 **R** 上连续,则

( ).

A. $a = 3, b = 1$

B. $a = 3, b = 2$

C. $a = -3, b = 1$

D. $a = -3, b = -1$

E. $a = -3, b = 2$

144. (考题难度系数 ☆☆☆ · 建议用时 1-2 min)

设函数 $f(x) = \begin{cases} \dfrac{x^4 + ax + b}{x - 1}, & x \neq 1, \\ 2, & x = 1 \end{cases}$ 在 $x = 1$ 处连续,则( ).

A. $a = -2, b = 1$

B. $a = 1, b = -2$

C. $a = -2, b = 0$

D. $a = 1, b = 1$

E. $a = -1, b = 0$

145. (考题难度系数 ☆☆☆·建议用时 2-3 min)

设函数 $f(x)$ 在 $x=0$ 的某邻域内有定义，则 $f(x)$ 在 $x=0$ 处连续的充要条件是（　　）.

A. $\lim\limits_{x\to 0^-} f(-x) = \lim\limits_{x\to 0^+} f(x) = f(0)$

B. $\lim\limits_{x\to 0^-} f(x^2) = \lim\limits_{x\to 0^+} f(x) = f(0)$

C. $\lim\limits_{x\to 0^-} f(\sin x) = \lim\limits_{x\to 0^+} f(1-\cos x) = f(0)$

D. $\lim\limits_{x\to 0^-} f(x^2) = \lim\limits_{x\to 0^+} f(\sin x) = f(0)$

E. $\lim\limits_{x\to 0^-} f(x^2) = \lim\limits_{x\to 0^+} f(x^4) = f(0)$

146. (考题难度系数 ☆☆☆·建议用时 1-2 min)

给出下列四个函数：

① $f(x) = \begin{cases} \dfrac{\sin x}{x}, & x \neq 0, \\ 1, & x = 0 \end{cases}$　　② $f(x) = \begin{cases} e^{\frac{1}{x}}, & x \neq 0, \\ 0, & x = 0 \end{cases}$

③ $f(x) = \begin{cases} \arctan \dfrac{1}{x}, & x \neq 0, \\ 1, & x = 0 \end{cases}$　　④ $f(x) = \begin{cases} x\sin \dfrac{1}{x}, & x \neq 0, \\ 0, & x = 0 \end{cases}$

其中 $x=0$ 为第一类间断点的个数是（　　）.

A. 0　　　　　　　　　　　　　　B. 1

C. 2　　　　　　　　　　　　　　D. 3

E. 4

147. (考题难度系数 ☆☆☆·建议用时 2-3 min)

设函数 $f(x) = \dfrac{\ln|x|}{|x-1|}\sin x$，则 $f(x)$ 有（　　）.

A. 2 个无穷间断点　　　　　　　　B. 1 个可去间断点, 1 个无穷间断点

C. 2 个跳跃间断点　　　　　　　　D. 1 个可去间断点, 1 个跳跃间断点

E. 2 个可去间断点

148. (考题难度系数 ☆☆☆·建议用时 2-3 min)

函数 $f(x) = \dfrac{x^2-x}{x^2-1}\sqrt{1+\dfrac{1}{x^2}}$ 的第一类间断点个数为（　　）.

A. 0　　　　　　　　　　　　　　B. 1

C. 2　　　　　　　　　　　　　　D. 3

E. 4

题组 B·强化通关题

149. (考题难度系数 ☆☆☆·建议用时 2-3 min)

已知函数 $f(x) = \begin{cases} \left(\dfrac{1+\tan x}{1+\sin x}\right)^{\frac{1}{x^3}}, & x \neq 0, \\ a, & x = 0 \end{cases}$ 在 $x=0$ 处连续，则 $a=$（　　）.

A. $e^{-\frac{1}{2}}$　　　　　　　　　　　　B. $e^{\frac{1}{2}}$

C. $e^{\frac{1}{3}}$　　　　　　　　　　　　D. $e^{\frac{1}{6}}$

E. $e^{-\frac{1}{3}}$

150. (考题难度系数☆☆☆·建议用时 1-2 min)

设函数 $F(x)=\begin{cases}\dfrac{f(x)}{x}, & x\neq 0, \\ 0, & x=0,\end{cases}$ 其中 $f(x)$ 在 $x=0$ 处可导，$f'(0)\neq 0$，$f(0)=0$，则 $x=0$ 是

函数 $F(x)$ 的(　　).

A. 连续点　　　　　　　　　　B. 可去间断点

C. 跳跃间断点　　　　　　　　D. 第二类间断点

E. 间断点类型不能确定

151. (考题难度系数☆☆☆·建议用时 2-3 min)

函数 $f(x)=\dfrac{x^2-x}{|x|(x^2-1)}$ 的第二类间断点个数为(　　).

A. 0　　　　　　　　　　　　B. 1

C. 2　　　　　　　　　　　　D. 3

E. 4

152. (考题难度系数☆☆☆·建议用时 2-3 min)

函数 $f(x)=\dfrac{\ln|x|}{|x-1|}\sin x$ 的第一类间断点个数为(　　).

A. 0　　　　　　　　　　　　B. 1

C. 2　　　　　　　　　　　　D. 3

E. 4

153. (考题难度系数☆☆☆·建议用时 2-3 min)

函数 $f(x)=\dfrac{1-x^2}{\sin \pi x}$ 的可去间断点的个数为(　　).

A. 0　　　　　　　　　　　　B. 1

C. 2　　　　　　　　　　　　D. 3

E. 无穷多个

154. (考题难度系数☆☆☆☆·建议用时 2-3 min)

设函数 $f(x)=\lim\limits_{n\to\infty}\dfrac{1-x^{2n}}{1+x^{2n}}x$，则 $f(x)$ 的第一类间断点个数是(　　).

A. 0　　　　　　　　　　　　B. 1

C. 2　　　　　　　　　　　　D. 3

E. 4

155. （考题难度系数 ☆☆☆☆ · 建议用时 2-3 min）

设函数 $f(x) = \lim\limits_{n \to \infty} \dfrac{x^{2n+1} - 1}{x^{2n} + 1}$，则 $x = -1$ 与 $x = 1$ 分别是函数的（　　　）.

A. 连续点,第一类间断点

B. 连续点,连续点

C. 第一类间断点,第一类间断点

D. 第一类间断点,连续点

E. 第二类间断点,连续点

高等数学篇

第二章　一元函数微分学

📋 题组 A 得分 ＿＿＿＿/26 分　　📋 题组 B 得分 ＿＿＿＿/30 分

题组 A · 基础通关题

156. （考题难度系数 ☆☆ · 建议用时 1-2 min）

设函数 $f(x) = \begin{cases} \dfrac{\sin x}{x}, & x \neq 0, \\ 1, & x = 0, \end{cases}$ 则 $f'(0) = ($ 　　$)$.

A. 0

B. $\dfrac{1}{6}$

C. 6

D. $-\dfrac{1}{6}$

E. -6

157. （考题难度系数 ☆☆ · 建议用时 1-2 min）

设函数 $f(x) = \begin{cases} \ln(x + \sqrt{1+x^2}), & x \neq 0, \\ 0, & x = 0, \end{cases}$ 则 $f'(0) = ($ 　　$)$.

A. 0

B. 1

C. -1

D. ∞

E. $\dfrac{1}{2}$

158. （考题难度系数 ☆☆ · 建议用时 1-2 min）

设函数 $f(x) = \max\{e^x, 1\}$，则 $f'(0) = ($ 　　$)$.

A. 1

B. -1

C. 0

D. ∞

E. 不存在，且不是 ∞

159.（考题难度系数 ☆☆☆ · 建议用时 1-2 min）

函数 $f(x)=\begin{cases} x^2\sin\dfrac{1}{1+x^2}, & x\leqslant 0, \\ \dfrac{1-\cos x}{\sqrt{x}}, & x>0 \end{cases}$ 在 $x=0$ 处（　　）.

A. 极限不存在　　　　　　　　　　B. 极限存在但不连续

C. 连续但不可导　　　　　　　　　D. 可导，且 $f'(0)\neq 0$

E. 可导，且 $f'(0)=0$

高等数学篇

160.（考题难度系数 ☆☆☆ · 建议用时 2-3 min）

设 $f'(a)$ 存在，则 $\lim\limits_{x\to a}\dfrac{xf(a)-af(x)}{x-a}=$（　　）.

A. $f'(a)$　　　　　　　　　　　　B. $af'(a)$

C. $f(a)-af'(a)$　　　　　　　　　D. $f(a)+af'(a)$

E. $af'(a)-f(a)$

161.（考题难度系数 ☆☆☆ · 建议用时 2-3 min）

若函数 $f(x)=\begin{cases} e^x(\sin x+\cos x), & x\leqslant 0, \\ x^2+ax+b, & x>0 \end{cases}$ 在 $x=0$ 处可导，则（　　）.

A. $a=1,b=1$　　　　　　　　　　B. $a=1,b=2$

C. $a=2,b=1$　　　　　　　　　　D. $a=0,b=1$

E. $a=0,b=2$

162.（考题难度系数 ☆☆ · 建议用时 1-2 min）

设函数 $f(x)$ 在 $x=0$ 处连续，且 $\lim\limits_{x\to 0}\dfrac{f(2x)-2}{x}=4$，则 $f'(0)=$（　　）.

A. 0　　　　　　　　　　　　　　B. 2

C. -2　　　　　　　　　　　　　D. 4

E. -4

163.（考题难度系数 ☆☆☆ · 建议用时 2-3 min）

设函数 $f(x)$ 满足 $f'(a)=1$，则 $\lim\limits_{h\to 0}\dfrac{f(a+2h)-f(a+h)}{h}=$（　　）.

A. 0　　　　　　　　　　　　　　B. 1

C. 2　　　　　　　　　　　　　　D. -1

E. -2

164.（考题难度系数 ☆☆☆ · 建议用时 2-3 min）

设函数 $f(x)$ 在 $x=0$ 处可导，且 $f(0)=0$，则 $\lim\limits_{x\to 0}\dfrac{xf(\sin x)-f(\cos x-1)}{x^2}=$（　　）.

A. $\dfrac{1}{2}f'(0)$ 　　　　　　　　　　　B. $f'(0)$

C. $\dfrac{3}{2}f'(0)$ 　　　　　　　　　　　D. $2f'(0)$

E. $\dfrac{5}{2}f'(0)$

165.（考题难度系数 ☆☆☆・建议用时 2-3 min）

设 $f(x)$ 在 $x=a$ 的某个邻域内有定义,则 $f(x)$ 在点 $x=a$ 处可导的充分条件是(　　　).

A. $\lim\limits_{h\to+\infty} h\left[f\left(a+\dfrac{1}{h}\right)-f(a)\right]$ 存在　　　B. $\lim\limits_{h\to0}\dfrac{f(a+2h)-f(a+h)}{h}$ 存在

C. $\lim\limits_{h\to0}\dfrac{f(a+h)-f(a-h)}{2h}$ 存在　　　D. $\lim\limits_{h\to0}\dfrac{f(a)-f(a-h)}{h}$ 存在

E. $\lim\limits_{h\to0}\dfrac{f(a+h^2)-f(a)}{h^2}$ 存在

166.（考题难度系数 ☆☆・建议用时 1-2 min）

给出以下四个命题:

① 函数 $f(x),g(x)$ 在点 $x=x_0$ 处连续,则 $f(x)g(x)$ 在点 $x=x_0$ 处也连续;

② 函数 $f(x),g(x)$ 在点 $x=x_0$ 处间断,则 $f(x)g(x)$ 在点 $x=x_0$ 处也间断;

③ 函数 $f(x),g(x)$ 在点 $x=x_0$ 处不可导,则 $f(x)g(x)$ 在点 $x=x_0$ 处也不可导;

④ 函数 $f(x),g(x)$ 在点 $x=x_0$ 处可导,则 $f(x)g(x)$ 在点 $x=x_0$ 处也可导,

以上命题中正确的个数是(　　　).

A. 0　　　　　　　　　　　　　　B. 1

C. 2　　　　　　　　　　　　　　D. 3

E. 4

167.（考题难度系数 ☆☆☆・建议用时 1-2 min）

设函数 $y=y(x)$ 在 x 处的增量 $\Delta y=\dfrac{1}{1+x^2}\Delta x+o(\Delta x)$ $(\Delta x\to0)$,且 $y(0)=\dfrac{\pi}{4}$,则 $y(1)=$

(　　　).

A. 1　　　　　　　　　　　　　　B. π

C. $\dfrac{\pi}{8}$ 　　　　　　　　　　　　D. $\dfrac{\pi}{4}$

E. $\dfrac{\pi}{2}$

168.（考题难度系数 ☆☆・建议用时 1-2 min）

设函数 $f(u)$ 可导,$y=f(x^2)$ 当自变量 x 在 $x=-1$ 处取得增量 $\Delta x=-0.1$ 时,相应的函数增量 Δy 的线性主部为 0.1,则 $f'(1)=$ (　　　).

A. 0.1　　　　　　　　　　　　　B. 1

C. -0.1 D. 0.5

E. -0.5

题组 B·强化通关题

169. (考题难度系数 ☆☆☆·建议用时 2-3 min)

设函数 $\varphi(x)$ 在 $x=0$ 处连续，若 $f(x)=\begin{cases} \dfrac{\varphi(x)(e^{x^2}-1)}{\tan x-\sin x}, & x\neq 0, \\ 1, & x=0, \end{cases}$ 且 $f(x)$ 在 $x=0$ 处连续，

则有(　　).

    A. $\varphi(0)=0, \varphi'(0)$ 未必存在   B. $\varphi(0)=1, \varphi'(0)$ 未必存在

    C. $\varphi(0)=0, \varphi'(0)=1$ D. $\varphi(0)=0, \varphi'(0)=\dfrac{1}{2}$

    E. $\varphi(0)=0, \varphi'(0)=-1$

170. (考题难度系数 ☆☆☆·建议用时 2-3 min)

设函数 $f(x)$ 连续，在 $x=0$ 处可导，且 $f(0)=0$. 记 $g(x)=\begin{cases} \dfrac{1}{x^2}\displaystyle\int_0^x tf(t)\,\mathrm{d}t, & x\neq 0, \\ 0, & x=0, \end{cases}$ 则

$g'(0)$ 等于(　　).

    A. $f'(0)$ B. $\dfrac{1}{3}f'(0)$

    C. $3f'(0)$ D. $-f'(0)$

    E. 0

171. (考题难度系数 ☆☆☆·建议用时 2-3 min)

已知函数 $f(x)=\begin{cases} e^{-\frac{1}{x}}+\sqrt{1-x}, & x>0, \\ ax+b, & x\leqslant 0. \end{cases}$ 若 $f(x)$ 在 $x=0$ 处可导，则(　　).

    A. $a=1, b=1$ B. $a=-1, b=1$

    C. $a=-2, b=1$ D. $a=-\dfrac{1}{2}, b=1$

    E. $a=-\dfrac{1}{2}, b=-1$

172. (考题难度系数 ☆☆☆·建议用时 2-3 min)

设函数 $f(x)$ 满足 $f(1)=0, f'(1)=2$，则 $\lim\limits_{x\to 0}\dfrac{f(\sin^2 x+\cos x)}{x^2+x\tan x}=$ (　　).

    A. 1 B. 0

    C. 2 D. 3

    E. $\dfrac{1}{2}$

173. (考题难度系数 ☆☆☆·建议用时 2-3 min)

设函数 $f(x)$ 在 $x=0$ 处连续，且满足 $\lim\limits_{x\to 0}\dfrac{x-\sin 2x}{\ln[f(x)+3]}=\dfrac{1}{2}$，则 $f'(0)=($ 　　).

A. 2 　　　　　　　　　　　　　　B. $\dfrac{1}{2}$

C. 0 　　　　　　　　　　　　　　D. -2

E. $-\dfrac{1}{2}$

174. (考题难度系数 ☆☆☆·建议用时 2-3 min)

设函数 $f(x)$ 在 $x=0$ 处可导，且 $f(0)=0$，则极限 $\lim\limits_{h\to 0}\dfrac{hf(\sin 2h)-f[\ln(1-h^2)]}{h^2}=($ 　　).

A. $-f'(0)$ 　　　　　　　　　　B. $f'(0)$

C. $2f'(0)$ 　　　　　　　　　　D. $3f'(0)$

E. $-2f'(0)$

175. (考题难度系数 ☆☆☆·建议用时 2-3 min)

设函数 $f(x)$ 在 $x=0$ 处可导，且 $f'(0)=\dfrac{1}{3}$，又对任意的 x，有 $f(3+x)=3f(x)$，则 $f'(3)=$

(　　).

A. 1 　　　　　　　　　　　　　　B. 2

C. 3 　　　　　　　　　　　　　　D. $\dfrac{1}{2}$

E. $\dfrac{1}{3}$

176. (考题难度系数 ☆☆☆·建议用时 2-3 min)

已知函数 $f(x)$ 为可导奇函数，且 $f'(0)=1$，则 $\lim\limits_{x\to 0}\left[e^{x^2}+\int_0^x f(t)\,dt\right]^{\frac{1}{x^2}}=($ 　　).

A. $e^{\frac{1}{2}}$ 　　　　　　　　　　B. e

C. $e^{\frac{3}{2}}$ 　　　　　　　　　　D. $e^{-\frac{1}{2}}$

E. 1

177. (考题难度系数 ☆☆☆·建议用时 2-3 min)

设函数 $f(x)$ 在 $x=0$ 处连续，且 $\lim\limits_{x\to 0}\dfrac{f(x)}{\ln(1+x)}=1$，给出结论：

① $f(0)=0$；　　　② $f'(0)=1$；　　　③ $\lim\limits_{x\to 0}f'(x)=1$；　　　④ $\lim\limits_{x\to 0}\dfrac{f(x)}{x^2}=\infty$，

其中正确结论的个数是(　　).

A. 0 　　　　　　　　　　　　　　B. 1

C. 2   D. 3

E. 4

178. (考题难度系数 ☆ ☆ ☆·建议用时 2-3 min)

设函数 $f(x)$ 满足 $\lim\limits_{x \to 1} \dfrac{f(x)}{\ln x} = 1$，则给出结论：

① $f(1) = 0$;   ② $\lim\limits_{x \to 1} f(x) = 0$;   ③ $f'(1) = 1$;   ④ $\lim\limits_{x \to 1} f'(x) = 1$.

其中正确的结论个数是（   ）.

A. 0   B. 1

C. 2   D. 3

E. 4

179. (考题难度系数 ☆ ☆ ☆ ☆·建议用时 2-3 min)

设 $f(x)$ 在 x_0 处二阶导数存在，则 $\lim\limits_{h \to 0} \dfrac{2f(x_0) - f(x_0 + h) - f(x_0 - h)}{h^2} = ($ $)$.

A. $f''(x_0)$ B. $2f''(x_0)$

C. $-2f''(x_0)$ D. $-f''(x_0)$

E. $-\dfrac{1}{2}f''(x_0)$

180. (考题难度系数 ☆ ☆ ☆·建议用时 2-3 min)

函数 $f(x) = (x^2 - 2x - 3)|x^2 - 1|\sin|x|$ 的不可导点的个数为（   ）.

A. 0   B. 1

C. 2   D. 3

E. 4

181. (考题难度系数 ☆ ☆ ☆·建议用时 1-2 min)

设函数 $y = f(x)$ 具有二阶导数，且 $f'(x) < 0$，$f''(x) < 0$，Δx 为自变量 x 在点 x_0 处的增量，Δy 与 $\mathrm{d}y$ 分别为 $f(x)$ 在点 x_0 处对应的增量与微分，若 $\Delta x > 0$，则（   ）.

A. $0 > \mathrm{d}y > \Delta y$ B. $0 < \Delta y < \mathrm{d}y$

C. $0 > \Delta y > \mathrm{d}y$ D. $\mathrm{d}y < \Delta y < 0$

E. $\Delta y > \mathrm{d}y > 0$

182. (考题难度系数 ☆ ☆ ☆·建议用时 2-3 min)

设 $f(x)$ 定义在 $x \in [0, 2]$ 上，对于任意的 $x \in (0, 2)$ 和 $x + \Delta x \in (0, 2)$，当 $\Delta x \to 0$ 时均有

$f(x + \Delta x) - f(x) = \dfrac{1 - x}{\sqrt{2x - x^2}}\Delta x + o(\Delta x)$，且 $f(0) = \dfrac{\pi}{4}$，则 $\displaystyle\int_0^2 f(x)\,\mathrm{d}x = ($ $)$.

A. π B. 2π

C. 3π D. 4π

E. 5π

183. (考题难度系数 ☆☆☆·建议用时 2-3 min)

设 $f(u)$ 为可导函数,曲线 $y=f\left(\dfrac{x+1}{x-1}\right)$ 过点 $\left(\dfrac{1}{2},4\right)$,且在该点处切线过原点 $(0,0)$,则函数 $f(u)$ 在 $u=-3$ 处当 u 取得增量 $\Delta u=-0.1$ 时相应的函数值增量的线性主部是(　　).

A. 0.1

B. -0.1

C. 0.2

D. -0.2

E. 0.4

2.2　导数与微分的计算

☐ 题组 A 得分 _____/42 分　　☐ 题组 B 得分 _____/22 分

题组 A·基础通关题

184. (考题难度系数 ☆·建议用时 1-2 min)

设函数 $y=\cos \mathrm{e}^{-\sqrt{x}}$,则 $\dfrac{\mathrm{d}y}{\mathrm{d}x}\bigg|_{x=1}=$(　　).

A. $\sin \mathrm{e}^{-1}$

B. $\dfrac{\sin \mathrm{e}^{-1}}{2\mathrm{e}}$

C. $\dfrac{\sin \mathrm{e}^{-1}}{\mathrm{e}}$

D. $-\sin \mathrm{e}^{-1}$

E. $2\sin \mathrm{e}^{-1}$

185. (考题难度系数 ☆☆·建议用时 1-2 min)

设函数 $y=\ln \dfrac{x^4\cos^2 x}{\sqrt{x^2+1}}$,则 $\dfrac{\mathrm{d}y}{\mathrm{d}x}\bigg|_{x=\pi}=$(　　).

A. $\dfrac{4}{\pi}-\dfrac{\pi}{\pi^2+1}$

B. $\dfrac{2}{\pi}-\dfrac{\pi}{\pi^2+1}$

C. $\dfrac{4}{\pi}+\dfrac{\pi}{\pi^2+1}$

D. $\dfrac{2}{\pi}+\dfrac{\pi}{\pi^2+1}$

E. $\dfrac{4}{\pi}-\dfrac{\pi}{\pi^2+1}-1$

186. (考题难度系数 ☆☆·建议用时 1-2 min)

设函数 $f(x)=\left(1+\dfrac{1}{2x}\right)^x$,则 $\mathrm{d}f(x)\bigg|_{x=\frac{1}{2}}=$(　　).

A. $\sqrt{2}\left(\ln 2+\dfrac{1}{2}\right)\mathrm{d}x$

B. $\sqrt{2}\left(\ln 2+2\right)\mathrm{d}x$

C. $\sqrt{2}\ln 2\mathrm{d}x$

D. $\sqrt{2}\left(\ln 2-\dfrac{1}{2}\right)\mathrm{d}x$

高等数学篇

E. $\sqrt{2}(\ln 2-2)\mathrm{d}x$

187. (考题难度系数 ☆☆ · 建议用时 1-2 min)

设函数 $f(x)=\lim\limits_{t\to\infty}x\left(1+\dfrac{1}{t}\right)^{2tx}$，则 $f'(x)=($).

A. $(2x-1)\mathrm{e}^{2x}$ B. e^{2x}

C. $(1-2x)\mathrm{e}^{2x}$ D. 1

E. $(2x+1)\mathrm{e}^{2x}$

188. (考题难度系数 ☆☆ · 建议用时 1-2 min)

设函数 $f(x)$ 可导，且 $f(1)=1$，$f'(1)=2$. 若 $g(x)=f[f(1+3x)]$，则 $g'(0)=($).

A. 6   B. 3

C. 4   D. 2

E. 12

189. (考题难度系数 ☆☆ · 建议用时 1-2 min)

设可导函数 f,g,h 满足 $f(x)=g[h(x)]$，且 $f'(2)=2$，$g'(2)=2$，$h(2)=2$，则 $h'(2)=$
( ).

A. $\dfrac{1}{4}$ B. $\dfrac{1}{2}$

C. 1   D. 2

E. 4

190. (考题难度系数 ☆☆ · 建议用时 1-2 min)

设函数 $f(x),g(x)$ 可导，且 $f'(1)=1$，$f'(2)=2$，$g(1)=a$，$g'(1)=4$. 记 $b=\dfrac{\mathrm{d}f[g(x)]}{\mathrm{d}x}\bigg|_{x=1}$，则( ).

A. 当 $a=1$ 时，$b=4$ B. 当 $a=1$ 时，$b=5$

C. 当 $a=1$ 时，$b=8$ D. 当 $a=2$ 时，$b=6$

E. 当 $a=2$ 时，$b=7$

191. (考题难度系数 ☆☆ · 建议用时 1-2 min)

设函数 $y=f\left(\dfrac{2x-1}{x+1}\right)$，且 $f'(x)=\ln x^{\frac{1}{3}}$，则 $\dfrac{\mathrm{d}y}{\mathrm{d}x}\bigg|_{x=1}=($).

A. $\dfrac{1}{4}\ln 2$ B. $-\dfrac{1}{4}\ln 2$

C. $\dfrac{1}{2}\ln 2$ D. $-\dfrac{1}{2}\ln 2$

E. 1

192. (考题难度系数 ☆☆ · 建议用时 1-2 min)

设 $y=y(x)$ 是由方程 $x^2-y+1=\mathrm{e}^y$ 所确定的隐函数，$\dfrac{\mathrm{d}^2y}{\mathrm{d}x^2}\bigg|_{x=0}=($).

A. 1 　　　　　　　　　　　　　B. -1

C. 2 　　　　　　　　　　　　　D. -2

E. 0

193.（考题难度系数 ☆☆·建议用时 1-2 min）

设函数 $y=f(x)$ 由方程 $x^y=y^x$ 确定，则 $\left.\dfrac{\mathrm{d}y}{\mathrm{d}x}\right|_{\substack{x=1\\y=1}}=$（ 　　　 ）.

A. 1 　　　　　　　　　　　　　B. -1

C. 2 　　　　　　　　　　　　　D. -2

E. 0

194.（考题难度系数 ☆☆☆·建议用时 2-3 min）

设函数 $y=f(x)$ 由方程 $\sin(xy)+\ln(y-x+1)=x$ 确定，则 $\lim\limits_{x\to+\infty}xf\left(\dfrac{1}{4x+3}\right)=$（ 　　　 ）.

A. $\dfrac{1}{2}$ 　　　　　　　　　　　B. 0

C. $\dfrac{1}{3}$ 　　　　　　　　　　　D. $\dfrac{3}{4}$

E. $\dfrac{1}{4}$

195.（考题难度系数 ☆☆☆·建议用时 2-3 min）

设函数 $y=f(x)$ 由方程 $y-x=\mathrm{e}^{x(1-y)}$ 确定，则 $\lim\limits_{x\to\infty}x\left[f\left(\dfrac{2}{x}\right)-1\right]=$（ 　　　 ）.

A. $\dfrac{1}{2}$ 　　　　　　　　　　　B. 1

C. 2 　　　　　　　　　　　　　D. -2

E. -1

196.（考题难度系数 ☆☆·建议用时 1-2 min）

设参数方程为 $\begin{cases}x=\arctan t,\\ y=3t+t^3,\end{cases}$ 则 $\left.\dfrac{\mathrm{d}^2y}{\mathrm{d}x^2}\right|_{t=1}=$（ 　　　 ）.

A. 12 　　　　　　　　　　　　B. 24

C. -24 　　　　　　　　　　　D. 48

E. -48

197.（考题难度系数 ☆☆☆·建议用时 2-3 min）

设函数 $y=x-\sin x-\dfrac{\pi}{2}$，则 $\left.\dfrac{\mathrm{d}x}{\mathrm{d}y}\right|_{y=-1}$ 与 $\left.\dfrac{\mathrm{d}^2x}{\mathrm{d}y^2}\right|_{y=-1}$ 分别为（ 　　　 ）.

A. 1，-1 　　　　　　　　　　B. -1，-1

C. 1，1 　　　　　　　　　　　D. $\dfrac{1}{1-\cos 1}$，$-\dfrac{\sin 1}{(1-\cos 1)^3}$

E. $\dfrac{1}{1-\cos 1}, \dfrac{\sin 1}{(1-\cos 1)^3}$

198. (考题难度系数 ☆☆☆·建议用时 2-3 min)

设函数 $f(u)$ 二阶可导且 $f'(u) \neq 0$. 若 $y = f(\ln x)$，则反函数的导数 $\dfrac{d^2 x}{d y^2} = ($　　$)$.

A. $\dfrac{f'(\ln x) - f''(\ln x)}{[f'(\ln x)]^2}$　　　　B. $\dfrac{f'(\ln x) - x f''(\ln x)}{[f'(\ln x)]^2}$

C. $\dfrac{x[f'(\ln x) - f''(\ln x)]}{[f'(\ln x)]^3}$　　　　D. $\dfrac{x[f'(\ln x) - x f''(\ln x)]}{[f'(\ln x)]^3}$

E. $\dfrac{x[f'(\ln x) - x f''(\ln x)]}{[f'(\ln x)]^2}$

199. (考题难度系数 ☆☆☆·建议用时 2-3 min)

设函数 $f(x) = \begin{cases} \dfrac{\sin x}{x}, & x \neq 0 \\ 1, & x = 0, \end{cases}$ 则 $f''(0) = ($　　$)$.

A. 1　　　　　　　　　　　　B. $\dfrac{2}{3}$

C. $\dfrac{1}{3}$　　　　　　　　　　　D. $-\dfrac{2}{3}$

E. $-\dfrac{1}{3}$

200. (考题难度系数 ☆☆☆·建议用时 2-3 min)

设函数 $f(x) = \begin{cases} x \arctan \dfrac{1}{x^2}, & x \neq 0, \\ 0, & x = 0, \end{cases}$ 则($　　$).

A. $f(x)$ 在 $x = 0$ 处极限不存在　　　　B. $f(x)$ 在 $x = 0$ 处极限存在但不连续

C. $f(x)$ 在 $x = 0$ 处连续但不可导　　　　D. $f'(x)$ 在 $x = 0$ 处不连续

E. $f'(x)$ 在 $x = 0$ 处连续

201. (考题难度系数 ☆☆☆·建议用时 2-3 min)

设函数 $f(x) = \begin{cases} \ln(1+x^2)^{\frac{2}{x}}, & x \neq 0, \\ 0, & x = 0, \end{cases}$ 则($　　$).

A. $f(x)$ 在 $x = 0$ 处极限不存在　　　　B. $f(x)$ 在 $x = 0$ 处极限存在但不连续

C. $f(x)$ 在 $x = 0$ 处连续但不可导　　　　D. $f'(x)$ 在 $x = 0$ 处不连续

E. $f'(x)$ 在 $x = 0$ 处连续

202. (考题难度系数 ☆☆☆·建议用时 2-3 min)

设函数 $f(x) = \dfrac{1}{x^2 - 3x + 2}$，则 $f^{(100)}(3) = ($　　$)$.

A. $100!\left(1-\dfrac{1}{2^{100}}\right)$ B. $100!\left(1+\dfrac{1}{2^{100}}\right)$

C. $100!\left(1-\dfrac{1}{2^{101}}\right)$ D. $100!\left(1+\dfrac{1}{2^{101}}\right)$

E. $100!\left(1-\dfrac{1}{2^{102}}\right)$

203. (考题难度系数 ☆☆☆·建议用时 2−3 min)

设函数 $y=(x^2+x)\cos x$，则 $y^{(20)}(0)=($).

A. 20   B. −20

C. 380   D. −380

E. 400

204. (考题难度系数 ☆☆☆·建议用时 2−3 min)

设函数 $f(x)=\ln(3x^2+5x-2)$，则 $f^{(n)}(x)=($).

A. $(n-1)!(-1)^n\left[\dfrac{3^n}{(3x-1)^n}+\dfrac{1}{(x+2)^n}\right]$ B. $(-1)^n\left[\dfrac{3^n}{(3x-1)^n}+\dfrac{1}{(x+2)^n}\right]$

C. $(n+1)!(-1)^{n-1}\left[\dfrac{3^n}{(3x-1)^n}+\dfrac{1}{(x+2)^n}\right]$ D. $(-1)^{n-1}\left[\dfrac{3^n}{(3x-1)^n}+\dfrac{1}{(x+2)^n}\right]$

E. $(n-1)!(-1)^{n-1}\left[\dfrac{3^n}{(3x-1)^n}+\dfrac{1}{(x+2)^n}\right]$

题组 B·强化通关题

205. (考题难度系数 ☆☆·建议用时 1−2 min)

设函数 $f(x)$ 可导，且 $f(1)=1$，$f'(1)=2$，设 $g(x)=f(f(f(x)))$，则 $g'(1)=($).

A. 2   B. 4

C. 6   D. 8

E. 10

206. (考题难度系数 ☆☆☆·建议用时 2−3 min)

设函数 $f(x)=\sqrt[3]{\dfrac{(x+1)(x^2+6)}{(x+2)(x^2+3)}}$，则极限 $\lim\limits_{x\to 0}\dfrac{f(x)-f(-x)}{x}=($).

A. 1   B. 2

C. $\dfrac{1}{2}$ D. $\dfrac{1}{3}$

E. 3

207. (考题难度系数 ☆☆☆·建议用时 2−3 min)

设函数 $f(x)=(x-1)(x-2)^2(x-3)^3(x-4)^4$，则 $f''(2)=($).

A. 16   B. −16

C. 32   D. −32

E. 0

208. (考题难度系数 ☆☆☆·建议用时 2−3 min)

设函数 $f(x)$ 与 $g(x)$ 可导，$g(0)=0$，$g'(0)=1$，$f'(0)=2$. 若 $u=f[g(x)+\arctan y]$，其中 y 与 x 满足方程 $x^3+y^3-\sin 3x+6y=0$，则 $\left.\dfrac{\mathrm{d}u}{\mathrm{d}x}\right|_{x=0}=($).

A. $\dfrac{1}{2}$ B. 0

C. 1   D. 2

E. 3

209. (考题难度系数 ☆☆☆·建议用时 2−3 min)

设函数 $y=y(x)$ 由方程 $x^2-\displaystyle\int_1^{x+y}\mathrm{e}^{-t^2}\mathrm{d}t=0$ 所确定，则 $y''(0)=($).

A. 1   B. e

C. 2e   D. 3e

E. 4e

210. (考题难度系数 ☆☆☆·建议用时 2−3 min)

设 $y=y(x)$ 是由方程 $y^2+xy+x^2+x=0$ 所确定的满足 $y(-1)=1$ 的隐函数，则 $\displaystyle\lim_{x\to(-1)}\dfrac{y(x)-1}{(x+1)^2}=($).

A. 1   B. 2

C. −2   D. −1

E. 0

211. (考题难度系数 ☆☆☆·建议用时 2−3 min)

若 $y=y(x)$ 由参数方程 $\begin{cases} x+t(1-t)=0, \\ t\mathrm{e}^y+y+1=0 \end{cases}$ 确定，则 $\left.\dfrac{\mathrm{d}y}{\mathrm{d}x}\right|_{t=0}=($).

A. 1   B. −1

C. e^{-1} D. $-\mathrm{e}^{-1}$

E. e

212. (考题难度系数 ☆☆☆·建议用时 2−3 min)

设函数 $f(x)=x^2\sin|x|$，则(   ).

A. $f''(0)$ 不存在   B. $f''(0)=0$

C. $f''(0)=\pi$ D. $f''(0)=-\pi$

E. $f''(0)=2\pi$

213. (考题难度系数 ☆☆☆·建议用时 2−3 min)

设 $f(x)$ 具有二阶连续导数，且 $f(0)=0$，记 $g(x)=\begin{cases} \dfrac{f(x)}{x}, & x\neq 0, \\ f'(0), & x=0, \end{cases}$ 则 $g(x)($).

A. 在 $x=0$ 处不连续

B. 在 $x=0$ 处连续,但不可导

C. 在 $x=0$ 处可导,但 $g'(x)$ 在 $x=0$ 处不连续

D. 在 $x=0$ 处可导,且 $g'(x)$ 在 $x=0$ 处连续

E. 无法判定 $g'(x)$ 在 $x=0$ 处是否连续

214. (考题难度系数 ☆☆☆ · 建议用时 2-3 min)

设 $f(x)=\begin{cases} ax^2+bx+c, & x<0 \\ \ln(1+x), & x\geqslant 0 \end{cases}$ 在点 $x=0$ 处二阶可导,则常数 $a+b+c=($ 　　).

A. 1　　　　　　　　　　　　　　　　B. -1

C. $\dfrac{1}{2}$　　　　　　　　　　　　　　D. -2

E. 0

215. (考题难度系数 ☆☆☆ · 建议用时 2-3 min)

设函数 $f(x)=\ln\dfrac{1-x}{1+x}$,则 $f^{(4)}(0)=($ 　　).

A. 12　　　　　　　　　　　　　　　　B. -12

C. 0　　　　　　　　　　　　　　　　D. 4

E. -4

2.3　导数的几何意义与切线、法线方程

📄 题组 A 得分 _____ /32 分　　📄 题组 B 得分 _____ /16 分

题组 A · 基础通关题

216. (难度系数 ☆☆ · 建议用时 1-2 min)

曲线 $\tan\left(x+y+\dfrac{\pi}{4}\right)=e^y$ 在点 $(0,0)$ 处的切线方程为(　　).

A. $y=-2x$　　　　　　　　　　　　　B. $y=2x$

C. $y=-\dfrac{1}{2}x$　　　　　　　　　　D. $y=\dfrac{1}{2}x$

E. $y=-x$

217. (难度系数 ☆☆ · 建议用时 1-2 min)

设函数 $y=f(x)$ 由方程 $e^{2x+y}-\cos(xy)=e-1$ 所确定,则曲线 $y=f(x)$ 在点 $(0,1)$ 处的法线方程为(　　).

A. $y=2x+1$　　　　　　　　　　　　B. $y=-\dfrac{1}{2}x-1$

C. $y = \dfrac{1}{2}x - 1$ D. $y = -\dfrac{1}{2}x + 1$

E. $y = \dfrac{1}{2}x + 1$

218.（考题难度系数 ☆☆☆·建议用时 2–3 min）

设可导函数 $f(x)$ 满足 $\lim\limits_{x \to 0} \dfrac{f(x) + 2}{\sin x + x^2} = 1$，则曲线 $y = f(x)$ 在 $(0, f(0))$ 处的切线方程为（　　）.

A. $y = x - 1$ B. $y = x - 3$

C. $y = -x - 1$ D. $y = -x - 3$

E. $y = x - 2$

219.（考题难度系数 ☆☆☆·建议用时 2–3 min）

若曲线 $y = x^2 + ax + b$ 和 $2y = -1 + xy^3$ 在点 $(1, -1)$ 处相切，其中 a, b 是常数，则（　　）.

A. $a = 0, b = -2$ B. $a = 2, b = -4$

C. $a = 1, b = -3$ D. $a = -1, b = -1$

E. $a = 1, b = -1$

220.（考题难度系数 ☆☆·建议用时 1–2 min）

曲线 $\begin{cases} x = e^t \sin 2t, \\ y = e^t \cos t \end{cases}$ 在点 $(0, 1)$ 处的法线方程为（　　）.

A. $y - 2x - 1 = 0$ B. $y - 2x + 1 = 0$

C. $y + x - 1 = 0$ D. $y + 2x + 1 = 0$

E. $y + 2x - 1 = 0$

221.（考题难度系数 ☆☆·建议用时 1–2 min）

曲线 $\begin{cases} x = t^2, \\ y = 2t^3 \end{cases}$ 在点 $\left(\dfrac{1}{4}, \dfrac{1}{4} \right)$ 处的切线方程与法线方程分别为（　　）.

A. $12x - 8y - 1 = 0, 8x + 12y - 5 = 0$ B. $12x - 8y - 1 = 0, 8x - 12y + 1 = 0$

C. $3x - 2y - 1 = 0, 8x + 12y - 7 = 0$ D. $12x + 8y - 5 = 0, 8x - 12y + 1 = 0$

E. $12x + 8y - 5 = 0, 8x + 12y - 5 = 0$

222.（考题难度系数 ☆☆☆·建议用时 2–3 min）

设 n 为正整数，曲线 $y = \dfrac{2}{5 - x^n}$ 在点 $\left(1, \dfrac{1}{2} \right)$ 处的切线与 x 轴的交点为 $(x_n, 0)$，则极限 $\lim\limits_{n \to \infty} n \ln x_n = ($　　$)$.

A. -2 B. 2

C. -4 D. 4

E. 1

223.（考题难度系数☆☆☆·建议用时 2-3 min）

设函数 $f(x)$ 在 $x=0$ 处连续，且 $\lim\limits_{x\to 0}\dfrac{f(2x)}{x}=\lim\limits_{x\to 0}\left(\dfrac{1-\tan x}{1+\tan x}\right)^{\frac{1}{\sin x}}$，则曲线 $y=f(x)$ 在 $x=0$ 处的切线方程是（　　）.

A. $y=\dfrac{x}{e}$ 　　　　　　　　B. $y=\dfrac{x}{2e}$

C. $y=\dfrac{2x}{e}$ 　　　　　　　　D. $y=\dfrac{x}{2e^2}$

E. $y=\dfrac{2x}{e^2}$

题组 B·强化通关题

224.（考题难度系数☆☆☆·建议用时 2-3 min）

曲线 $y=\dfrac{e^x}{1+x}$ 与 $y=e^x$ 在其交点处的切线的夹角 $\theta=$（　　）.

A. $0°$ 　　　　　　　　B. $30°$

C. $45°$ 　　　　　　　　D. $60°$

E. $90°$

225.（考题难度系数☆☆☆·建议用时 2-3 min）

设周期为 4 的函数 $f(x)$ 在 $(-\infty,+\infty)$ 内可导，且 $\lim\limits_{x\to 0}\dfrac{2x}{f(1)-f(1-x)}=-1$，则曲线 $y=f(x)$ 在点 $(5,f(5))$ 处的切线斜率为（　　）.

A. -2 　　　　　　　　B. -1

C. 0 　　　　　　　　D. 2

E. 1

226.（考题难度系数☆☆☆·建议用时 2-3 min）

设 n 为正整数，曲线 $f(x)=x^n$ 在点 $(1,1)$ 处的切线与 x 轴的交点为 $(\xi_n,0)$，则极限 $\lim\limits_{n\to\infty}f(\xi_n)=$（　　）.

A. 1 　　　　　　　　B. e

C. e^{-1} 　　　　　　　　D. $\dfrac{1}{2}e^{-1}$

E. $\dfrac{1}{2}e$

227.（考题难度系数☆☆☆·建议用时 2-3 min）

设函数 $f(x)$ 可导，且满足关系式 $f(1+x)-2f(1-x)=3x+o(x)$，其中 $o(x)$ 是当 $x\to 0$ 时比

x 高阶的无穷小量,则曲线 $y=f(x)$ 在 $x=1$ 相应点处的切线方程为(　　).

    A. $y=-x-1$ B. $y=-x$

    C. $y=-x+1$ D. $y=2x-1$

    E. $y=x-1$

228.（考题难度系数 ☆☆☆ · 建议用时 2–3 min）

设三次曲线 $y=x^3+ax+b$ 与 x 轴相切,则 a,b 满足的关系式为(　　).

    A. $\dfrac{a^3}{27}+\dfrac{b^2}{4}=0$ B. $\dfrac{a^3}{4}+\dfrac{b^2}{27}=0$

    C. $2a=3b^2$ D. $2b=3a^2$

    E. $a^3+b^2=0$

229.（考题难度系数 ☆☆☆ · 建议用时 2–3 min）

设曲线 $y=f(x)$ 与 $y=\displaystyle\int_0^{\arctan x} e^{-t^2}\mathrm{d}t$ 在点 $(0,0)$ 处的切线相同,则 $\displaystyle\lim_{n\to\infty}\sqrt{nf\left(\dfrac{2}{n}\right)}=$(　　).

    A. ∞ B. 1

    C. $\sqrt{2}$ D. 0

    E. $-\sqrt{2}$

230.（考题难度系数 ☆☆☆ · 建议用时 2–3 min）

设 $x=-2$ 为函数 $f(x)=ax^3+\dfrac{1}{2}x^2+1$ 的极值点,则曲线 $y=f(x)$ 在其拐点处的切线方程为(　　).

    A. $y=-\dfrac{1}{2}x+\dfrac{5}{6}$ B. $y=\dfrac{1}{2}x+\dfrac{5}{6}$

    C. $y=-\dfrac{1}{2}x-\dfrac{5}{6}$ D. $y=\dfrac{1}{2}x+\dfrac{11}{6}$

    E. $y=-\dfrac{1}{2}x+\dfrac{11}{6}$

231.（考题难度系数 ☆☆☆ · 建议用时 2–3 min）

设曲线的极坐标方程为 $r=1+\cos\theta$,则曲线在点 $(\theta,r)=\left(\dfrac{\pi}{2},1\right)$ 处的切线的直角坐标方程为(　　).

    A. $y=x+1$ B. $y=2x+1$

    C. $y=-x+1$ D. $y=-2x+1$

    E. $y=\dfrac{1}{2}x+1$

2.4 函数的单调性、极值与最值

📄题组 A 得分 _____/22 分 📄题组 B 得分 _____/18 分

题组 A·基础通关题

232.（考题难度系数 ☆☆·建议用时 1-2 min）

设函数 $f(x)$ 可导，且 $f(x)f'(x)>0$，则（　　）.

　A. $f(1)<f(0)<f(-1)$ B. $f(1)>f(0)>f(-1)$

　C. $|f(1)|<|f(0)|<|f(-1)|$ D. $|f(1)|>|f(0)|>|f(-1)|$

　E. $|f(1)|<|f(-1)|<|f(0)|$

233.（考题难度系数 ☆☆☆·建议用时 2-3 min）

设函数 $f(x)$ 与 $g(x)$ 为恒大于零的可导函数，且 $f'(x)g(x)-f(x)g'(x)<0$. 若 $f(x)$ 与 $g(x)$ 的导函数均大于零，则当 $a<x<b$ 时，有（　　）.

　A. $f(x)g(b)>f(b)g(x)$ B. $f(x)g(a)>f(a)g(x)$

　C. $f(x)g(x)>f(b)g(b)$ D. $f(a)g(a)>f(b)g(b)$

　E. $f(x)g(b)<f(b)g(x)$

234.（考题难度系数 ☆☆☆·建议用时 2-3 min）

设函数 $f(x)$ 在 $(-\infty,+\infty)$ 内有定义，且 $x_0\neq0$ 是 $f(x)$ 的极大值点，则（　　）.

　A. $x=-x_0$ 必是 $f(-x)$ 的极小值点   B. $x=-x_0$ 必是 $-f(-x)$ 的极小值点

　C. $x=-x_0$ 必是 $-f(x)$ 的极小值点   D. 对一切 x 都有 $f(x)\leqslant f(x_0)$

　E. $x=-x_0$ 必是 $-f(-x)$ 的极大值点

235.（考题难度系数 ☆☆·建议用时 1-2 min）

设函数 $y=y(x)$ 由方程 $x^3-ax^2y^2+by^3=0$ 所确定，要使 $x=1$ 是 $y=y(x)$ 的驻点，且曲线 $y=y(x)$ 通过点 $(1,1)$，则（　　）.

　A. $a=0,b=-1$ B. $a=1,b=0$

　C. $a=\dfrac{3}{2},b=-\dfrac{1}{2}$ D. $a=-\dfrac{3}{2},b=\dfrac{1}{2}$

　E. $a=\dfrac{3}{2},b=\dfrac{1}{2}$

236.（考题难度系数 ☆☆·建议用时 1-2 min）

设函数 $f(x)=a\ln x+bx^2+x$ 在 $x=1$ 与 $x=2$ 处都取得极值，则 $a+b=$（　　）.

　A. $\dfrac{1}{2}$ B. $-\dfrac{1}{6}$

　C. $\dfrac{1}{3}$ D. $-\dfrac{5}{6}$

E. $\dfrac{5}{6}$

237. （考题难度系数 ☆☆☆·建议用时 2-3 min）

设函数 $y = 4x^2 - \ln x^2$，给出下列四个结论：

① 单调增区间为 $\left(-\infty, -\dfrac{1}{2}\right)$，$\left(\dfrac{1}{2}, +\infty\right)$；　② 单调减区间为 $\left(-\dfrac{1}{2}, \dfrac{1}{2}\right)$；

③ 只有 1 个极小值点；　　　　　　　　④ 有 2 个极大值点，

其中正确的个数是（　　）.

A. 0　　　　　　　　　　　　　　　B. 1

C. 2　　　　　　　　　　　　　　　D. 3

E. 4

238. （考题难度系数 ☆☆☆·建议用时 2-3 min）

函数 $f(x) = (x-1)x^{\frac{2}{3}}$ 有（　　）.

A. 1 个极大值点与 1 个极小值点　　　B. 1 个极大值点与 0 个极小值点

C. 2 个极大值点与 0 个极小值点　　　D. 2 个极小值点与 0 个极大值点

E. 0 个极大值点与 0 个极小值点

239. （考题难度系数 ☆☆☆·建议用时 2-3 min）

函数 $f(x) = x - \dfrac{3}{2}x^{\frac{2}{3}}$ 有（　　）.

A. 1 个极大值点与 1 个极小值点　　　B. 1 个极大值点与 0 个极小值点

C. 2 个极大值点与 0 个极小值点　　　D. 2 个极小值点与 0 个极大值点

E. 0 个极大值点与 0 个极小值点

240. （考题难度系数 ☆☆☆·建议用时 2-3 min）

设函数 $f(x), g(x)$ 具有二阶导数，且 $g''(x) < 0$，$g(x_0) = a$ 是 $g(x)$ 的极值，则 $f[g(x)]$ 在 $x = x_0$ 处取极大值的一个充分条件是（　　）.

　A. $f'(a) < 0$　　　　　　　　　　　B. $f'(a) > 0$

　C. $f'(a) = 0$　　　　　　　　　　　D. $f''(a) < 0$

　E. $f''(a) > 0$

241. （考题难度系数 ☆☆☆·建议用时 2-3 min）

设函数 $f(x)$ 在 $x = 0$ 的某邻域内连续，且 $\lim\limits_{x \to 0} \dfrac{f(x)}{\ln(1+x^2)} = 2$. 给出以下四条结论：

① $f(0) = 0$；　　　　　　　　　　② $f'(0) = 0$；

③ $x = 0$ 是函数 $f(x)$ 的极大值点；　④ $\lim\limits_{x \to 0} \dfrac{f(x)}{x} = 0$，

其中正确结论的个数是（　　）.

A. 0   B. 1

C. 2   D. 3

E. 4

242. (考题难度系数 ☆☆☆☆☆·建议用时 3-4 min)

设函数 $f(x)$ 可导, 且满足 $f'(-x) = x[f'(x)-1]$, 则( ).

A. $x = -1, x = 0$ 均是 $f(x)$ 的极大值点

B. $x = -1, x = 0$ 均是 $f(x)$ 的极小值点

C. $x = -1$ 是 $f(x)$ 的极大值点, $x = 0$ 是 $f(x)$ 的极小值点

D. $x = -1$ 是 $f(x)$ 的极小值点, $x = 0$ 是 $f(x)$ 的极大值点

E. $x = -1$ 是 $f(x)$ 的极大值点, $x = 0$ 不是 $f(x)$ 的极值点

题组 B·强化通关题

243. (考题难度系数 ☆☆☆·建议用时 2-3 min)

设函数 $f(x) = \cos x + \dfrac{1}{2}\cos 2x$, 则 $f(x)$( ).

A. $x = \pi, x = \pm\dfrac{2}{3}\pi$ 均是 $f(x)$ 的极大值点

B. $x = \pi, x = \pm\dfrac{2}{3}\pi$ 均是 $f(x)$ 的极小值点

C. $x = \pi$ 是 $f(x)$ 的极大值点, $x = \pm\dfrac{2}{3}\pi$ 是 $f(x)$ 的极小值点

D. $x = \pi$ 是 $f(x)$ 的极小值点, $x = \pm\dfrac{2}{3}\pi$ 是 $f(x)$ 的极大值点

E. $x = \pi$ 是 $f(x)$ 的极大值点, $x = \pm\dfrac{2}{3}\pi$ 不是 $f(x)$ 的极值点

244. (考题难度系数 ☆☆☆·建议用时 3-4 min)

设函数 $y(x)$ 由方程 $x^3 + y^3 - 3x + 3y - 2 = 0$ 确定, 则 $y(x)$ 有( ).

A. 1 个极大值点与 1 个极小值点   B. 1 个极大值点与 0 个极小值点

C. 2 个极大值点与 0 个极小值点   D. 2 个极小值点与 0 个极大值点

E. 0 个极大值点与 0 个极小值点

245. (考题难度系数 ☆☆☆☆·建议用时 3-4 min)

设函数 $f(x) = x\sin x + (1+\lambda)\cos x$, 给出下列四个结论:

① $x = 0$ 是 $f(x)$ 的驻点;   ② 当 $\lambda > 1$ 时, $x = 0$ 是 $f(x)$ 的极大值点;

③ 当 $\lambda < 1$ 时, $x = 0$ 是 $f(x)$ 的极小值点;   ④ 当 $\lambda = 1$ 时, $x = 0$ 是 $f(x)$ 的极小值点,

其中正确的个数是( ).

A. 0   B. 1

C. 2   D. 3

E. 4

246.（考题难度系数 ☆☆☆·建议用时 2−3 min）

设函数 $f(x)=\begin{cases} x|x|, & x\leqslant 0, \\ x\ln x, & x>0, \end{cases}$ 则 $x=0$ 是 $f(x)$ 的（　　）.

A. 驻点，极值点   B. 不可导点，极值点

C. 驻点，非极值点   D. 不可导点，非极值点

E. 可导点但非驻点，极值点

247.（考题难度系数 ☆☆☆·建议用时 2−3 min）

设函数 $f(x)=xe^x$，则 $f^{(n)}(x)$ 的（　　）.

A. 极大值为 $-e^{-n-1}$ B. 极小值为 $-e^{-n-1}$

C. 极大值为 ne^{-n} D. 极大值为 ne^n

E. 极小值为 ne^n

248.（考题难度系数 ☆☆☆·建议用时 2−3 min）

函数 $f(x)=\int_0^{x^2}(2-t)e^{-t}\mathrm{d}t$ 的极大值为（　　）.

A. $1+e^{-2}$ B. $\sqrt{2}$

C. $1-e^{-2}$ D. 1

E. 0

249.（考题难度系数 ☆☆☆·建议用时 2−3 min）

设函数 $f(x)=\begin{cases} \dfrac{e^x-1}{x}, & x\neq 0, \\ 1, & x=0, \end{cases}$ 则以下结论中不正确的是（　　）.

A. $\lim\limits_{x\to 0}f(x)=1$ B. $f'(0)=\dfrac{1}{2}$

C. $\lim\limits_{x\to 0}f'(x)=\dfrac{1}{2}$ D. $f(x)$ 在 $x=0$ 处连续

E. $f(x)$ 在 $x=0$ 处取极值

250.（考题难度系数 ☆☆☆·建议用时 2−3 min）

设函数 $f(x)=(x^2+a)e^x$. 若 $f(x)$ 没有极值点，但曲线 $y=f(x)$ 有拐点，则 a 的取值范围是（　　）.

A. $[0,1)$ B. $[1,+\infty)$

C. $[1,2)$ D. $[2,+\infty)$

E. $(0,2)$

251. (考题难度系数 ☆☆☆·建议用时 2-3 min)

设 $f(x) = \dfrac{x+1}{1+x^2}(0 \leq x < +\infty)$，则 $f(x)$ 在 $[0, +\infty)$ 上（　　）.

A. 有最大值和最小值，也有零点　　　B. 有最大值和最小值，但没有零点

C. 有最大值和零点，但没有最小值　　D. 有最大值，但没有最小值和零点

E. 有最小值和零点，但没有最大值

2.5　曲线的凹凸性与拐点

📖 题组 A 得分 ＿＿＿＿/18 分　　📖 题组 B 得分 ＿＿＿＿/18 分

题组 A·基础通关题

252. (考题难度系数 ☆☆☆·建议用时 1-2 min)

设 $f(x)$ 在 $(-\infty, +\infty)$ 内具有二阶导数，且 $f'(x) \neq 0$，$f^{-1}(x)$ 是 $f(x)$ 的反函数，则当 $[f^{-1}(x)]' > 0$，$[f^{-1}(x)]'' > 0$ 时，在 $(-\infty, +\infty)$ 内必有（　　）.

A. $f(x)$ 单调减少，曲线 $y = f(x)$ 是凸的　　B. $f(x)$ 单调减少，曲线 $y = f(x)$ 是凹的

C. $f(x)$ 单调增加，曲线 $y = f(x)$ 是凹的　　D. $f(-x)$ 单调增加，曲线 $y = f(x)$ 是凸的

E. $f(-x)$ 单调递减，曲线 $y = f(x)$ 是凸的

253. (考题难度系数 ☆☆☆·建议用时 1-2 min)

若 $f(x) = -f(-x)$，在 $(0, +\infty)$ 内 $f'(x) > 0$，$f''(x) > 0$，则 $f(x)$ 在 $(-\infty, 0)$ 内（　　）.

A. $f'(x) < 0$，$f''(x) < 0$　　　　　　B. $f'(x) < 0$，$f''(x) > 0$

C. $f'(x) > 0$，$f''(x) < 0$　　　　　　D. $f'(x) > 0$，$f''(x) > 0$

E. $f'(x) = 0$，$f''(x) > 0$

254. (考题难度系数 ☆☆☆·建议用时 2-3 min)

设函数 $f(x)$ 的二阶导数小于零且 $f(0) = f(2) = 0$，$f(1) = 1$，给出以下四个结论：

① 当 $x \in (0, 2)$ 时，$f(x) < 0$；　　　　② 当 $x \in (0, 2)$ 时，$f(x) > x$；

③ 当 $x \in (0, 2)$ 时，$f(x) > f'(0)x$；　　④ 当 $x \in (0, 2)$ 时，$f(x) < f'(2)(x-2)$.

其中正确结论的个数是（　　）.

A. 0　　　　　　　　　　　　　　　　B. 1

C. 2　　　　　　　　　　　　　　　　D. 3

E. 4

255. (考题难度系数 ☆☆☆·建议用时 2-3 min)

设函数 $y(x)$ 由参数方程 $\begin{cases} x = t^3 + 3t + 1, \\ y = t^3 - 3t + 1 \end{cases}$ 确定，则曲线 $y = y(x)$ 为凸曲线的 x 的取值范围是

（　　）.

A. $(-\infty, 1)$　　　　　　　　　　　B. $(-\infty, 0)$

C. $(0,1)$ D. $(-1,0)$

E. $(1,+\infty)$

256.（考题难度系数 ☆☆☆☆☆·建议用时 3-4 min）

设 $0<a<2,0<b<2$ 且 $a\neq b$，给出以下四个结论：

① $a\ln a+b\ln b>(a+b)\ln\dfrac{a+b}{2}$；   ② $\dfrac{a+b}{\mathrm{e}^{\frac{a+b}{2}}}<\dfrac{a}{\mathrm{e}^a}+\dfrac{b}{\mathrm{e}^b}$；

③ $a\ln a+b\ln b<(a+b)\ln\dfrac{a+b}{2}$；   ④ $\dfrac{a+b}{\mathrm{e}^{\frac{a+b}{2}}}>\dfrac{a}{\mathrm{e}^a}+\dfrac{b}{\mathrm{e}^b}$.

其中正确结论的是（　　）.

A. ①②   B. ①④

C. ②③   D. ③④

E. ①

257.（考题难度系数 ☆☆☆·建议用时 2-3 min）

设函数 $f(x)=\ln(x^2+1)$.给出以下四条结论：

① 曲线 $y=f(x)$ 的凸区间为 $(-\infty,-1)$；   ② 曲线 $y=f(x)$ 的凹区间为 $(-1,1)$；

③ 曲线 $y=f(x)$ 有 2 个拐点；   ④ $(1,\ln 2)$ 是曲线 $y=f(x)$ 的拐点.

其中正确结论的个数是（　　）.

A. 0   B. 1

C. 2   D. 3

E. 4

258.（考题难度系数 ☆☆·建议用时 1-2 min）

若曲线 $y=x^3+ax^2+bx+1$ 有拐点 $(-1,0)$，则（　　）.

A. $a=1,b=-1$ B. $a=1,b=1$

C. $a=3,b=0$ D. $a=0,b=0$

E. $a=3,b=3$

259.（考题难度系数 ☆☆☆·建议用时 2-3 min）

设函数 $f(x)$ 具有连续的二阶导数,点 $(0,f(0))$ 是曲线 $y=f(x)$ 的拐点,则极限 $\lim\limits_{x\to 0}\dfrac{f(x)-2f(0)+f(-x)}{x^2}=$（　　）.

A. 0   B. 2

C. $f'(0)$ D. $2f'(0)$

E. $-2f'(0)$

260.（考题难度系数 ☆☆☆·建议用时 2-3 min）

设函数 $f(x)$ 的导函数在 $x=a$ 处连续,$\lim\limits_{x\to a}\dfrac{f'(x)}{x-a}=-1$,则（　　）.

A. $x=a$ 是 $f(x)$ 的驻点,但不是 $f(x)$ 的极值点

B. $x=a$ 是 $f(x)$ 的极小值点

C. $x=a$ 是 $f(x)$ 的极大值点

D. $(a,f(a))$ 是曲线 $y=f(x)$ 的拐点

E. $x=a$ 不是 $f(x)$ 的极值点，$(a,f(a))$ 也不是曲线 $y=f(x)$ 的拐点

题组 B·强化通关题

261.（考题难度系数 ☆☆☆☆·建议用时 2-3 min）

设 $a<x_1<x_2<x_3<b$，$y=f(x)$ 在 (a,b) 内二阶可导且 $f''(x)<0$，又 $k_1=\dfrac{f(x_2)-f(x_1)}{x_2-x_1}$，$k_2=\dfrac{f(x_3)-f(x_2)}{x_3-x_2}$，$k_3=\dfrac{f(x_3)-f(x_1)}{x_3-x_1}$，则有（　　）

A. $k_1>k_2>k_3$ 　　　　　　　　　　B. $k_1>k_3>k_2$

C. $k_2>k_1>k_3$ 　　　　　　　　　　D. $k_3>k_1>k_2$

E. $k_3>k_2>k_1$

262.（考题难度系数 ☆☆☆☆·建议用时 2-3 min）

已知 $f(x)$ 在 $[0,1]$ 内均有 $f''(x)>0$，且 $g(x)=f(0)+[f(1)-f(0)]x$，$h(x)=f(0)+f'(0)x$，则在区间 $[0,1]$ 上必有（　　）.

A. $g(x)\geqslant f(x)\geqslant h(x)$ 　　　　　B. $h(x)\geqslant g(x)\geqslant f(x)$

C. $g(x)\geqslant h(x)\geqslant f(x)$ 　　　　　D. $h(x)\geqslant f(x)\geqslant g(x)$

E. $f(x)\geqslant g(x)\geqslant h(x)$

263.（考题难度系数 ☆☆☆☆☆·建议用时 3-4 min）

设函数 $f(x)$ 二阶可导，且 $f(x)>0$. 若 $f''(x)f(x)-[f'(x)]^2>0$，对于任意的 $a<b$，给出以下四个结论：

① $f(a)f(b)>f^2\left(\dfrac{a+b}{2}\right)$；　　　　② $f(a)f(b)<f^2\left(\dfrac{a+b}{2}\right)$；

③ $\dfrac{f'(a)}{f(a)}<\dfrac{f'(b)}{f(b)}$；　　　　　　④ $\dfrac{f'(a)}{f(a)}>\dfrac{f'(b)}{f(b)}$.

其中正确的结论是（　　）.

A. ①③ 　　　　　　　　　　　　B. ②③

C. ①④ 　　　　　　　　　　　　D. ②④

E. ③

264.（考题难度系数 ☆☆☆☆·建议用时 2-3 min）

若 $f(x)$ 是非负函数，且 $f''(x)>0$，给出以下四个结论：

① $f(-1)+f(1)<2f(0)$；　　　　② $f(-1)+f(1)<\displaystyle\int_{-1}^{1}f(x)\,\mathrm{d}x$；

③ $f(-1)+f(1)>2f(0)$；　　　　④ $f(-1)+f(1)>\displaystyle\int_{-1}^{1}f(x)\,\mathrm{d}x$.

其中正确的结论是(　　).

A. ①②　　　　　　　　　　B. ②③

C. ①④　　　　　　　　　　D. ③④

E. ③

265.（考题难度系数 ☆☆☆☆☆ · 建议用时 2-3 min）

若 $a>0,b>0$,且 $a\neq b$,给出以下四个结论:

① $a\ln a+b\ln b>(a+b)\ln\dfrac{a+b}{2}$;　　② $\dfrac{1}{b-a}\displaystyle\int_a^b x\ln x\mathrm{d}x>\dfrac{a\ln a+b\ln b}{2}$;

③ $a\ln a+b\ln b<(a+b)\ln\dfrac{a+b}{2}$;　　④ $\dfrac{1}{b-a}\displaystyle\int_a^b x\ln x\mathrm{d}x<\dfrac{a\ln a+b\ln b}{2}$.

其中正确的结论是(　　).

A. ①②　　　　　　　　　　B. ②③

C. ①④　　　　　　　　　　D. ③④

E. ①

266.（考题难度系数 ☆☆☆☆☆ · 建议用时 2-3 min）

已知 $f(x)$ 在 $(-\infty,+\infty)$ 内连续,且 $f'(x)$ 图像如右图所示,则(　　).

A. $f(x)$ 有 2 个极值点,曲线 $y=f(x)$ 有 2 个拐点

B. $f(x)$ 有 2 个极值点,曲线 $y=f(x)$ 有 3 个拐点

C. $f(x)$ 有 2 个极值点,曲线 $y=f(x)$ 有 4 个拐点

D. $f(x)$ 有 3 个极值点,曲线 $y=f(x)$ 有 2 个拐点

E. $f(x)$ 有 3 个极值点,曲线 $y=f(x)$ 有 3 个拐点

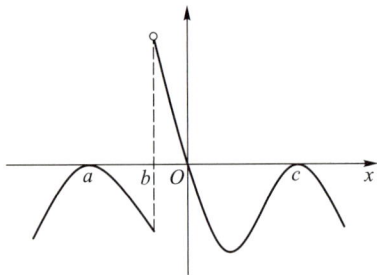

267.（考题难度系数 ☆☆☆ · 建议用时 2-3 min）

设函数 $f(x)=x\mathrm{e}^{-\frac{1}{2}x^2}$,则(　　).

A. 曲线 $y=f(x)$ 的凹区间为 $(-\sqrt{3},1)$　　B. 曲线 $y=f(x)$ 的凸区间为 $(-\infty,0)$

C. 曲线 $y=f(x)$ 有 1 个拐点　　D. 曲线 $y=f(x)$ 有 2 个拐点

E. 曲线 $y=f(x)$ 有 3 个拐点

268.（考题难度系数 ☆☆☆☆ · 建议用时 2-3 min）

设函数 $f(x)=\displaystyle\int_0^x \mathrm{e}^t\cos t\mathrm{d}t$,则(　　).

A. $x=0$ 是函数 $f(x)$ 的极值点,$(0,f(0))$ 是曲线 $y=f(x)$ 的拐点

B. $x=\dfrac{\pi}{2}$ 是函数 $f(x)$ 的极值点,$\left(\dfrac{\pi}{2},f\left(\dfrac{\pi}{2}\right)\right)$ 是曲线 $y=f(x)$ 的拐点

C. $x=\dfrac{\pi}{2}$ 不是函数 $f(x)$ 的极值点,$\left(\dfrac{\pi}{2},f\left(\dfrac{\pi}{2}\right)\right)$ 不是曲线 $y=f(x)$ 的拐点

D. $x=\dfrac{\pi}{4}$ 是函数 $f(x)$ 的极值点,$\left(\dfrac{\pi}{4},f\left(\dfrac{\pi}{4}\right)\right)$ 是曲线 $y=f(x)$ 的拐点

E. $x=\dfrac{\pi}{4}$ 不是函数 $f(x)$ 的极值点，$\left(\dfrac{\pi}{4},f\left(\dfrac{\pi}{4}\right)\right)$ 是曲线 $y=f(x)$ 的拐点

269.（考题难度系数 ☆☆☆☆☆·建议用时 2-3 min）

设函数 $f(x)$ 具有二阶连续导数，且 $f'(0)=0$，$\lim\limits_{x\to 0}\dfrac{f''(x)}{|x|}=1$. 给出以下四个结论：

① $f''(0)=0$；
② $x=0$ 是 $f(x)$ 的极大值点；

③ $(0,f(0))$ 是曲线 $y=f(x)$ 的拐点；
④ $y=f(x)$ 在 $x=0$ 的某邻域内为凹曲线.

其中正确结论的个数是（　　）.

A. 0
B. 1

C. 2
D. 3

E. 4

2.6　一元微分学相关考点

题组 A 得分 _____/12 分　　题组 B 得分 _____/16 分

题组 A · 基础通关题

270.（考题难度系数 ☆☆·建议用时 1-2 min）

曲线 $y=\dfrac{1+e^{-x^2}}{1-e^{-x^2}}$（　　）.

A. 没有渐近线
B. 仅有水平渐近线

C. 仅有垂直渐近线
D. 仅有斜渐近线

E. 既有水平渐近线又有垂直渐近线

271.（考题难度系数 ☆☆☆·建议用时 2-3 min）

曲线 $y=(3x+4)e^{-\frac{1}{x}}$ 的斜渐近线方程是（　　）.

A. $y=3x+1$
B. $y=-3x+1$

C. $y=3x-1$
D. $y=3x+5$

E. $y=3x+7$

272.（考题难度系数 ☆☆☆·建议用时 2-3 min）

设 $y=x+\dfrac{x}{x^2-1}$，考虑以下命题：

① 曲线有水平渐近线 $y=0$；
② 曲线有垂直渐近线 $x=\pm 1$；

③ 曲线有斜渐近线 $y=x$；
④ 曲线有斜渐近线 $y=-x$.

其中正确的个数为（　　）.

A. ①③
B. ②③

C. ①④
D. ②④

E. ①②③

273.（考题难度系数 ☆☆☆·建议用时 2-3 min）

曲线 $y = x\ln\left(e + \dfrac{1}{x-1}\right)$ 的斜渐近线方程为（ ）.

A. $y = x + e$

B. $y = x + \dfrac{1}{e}$

C. $y = x$

D. $y = x - \dfrac{1}{e}$

E. $y = x - e$

274.（考题难度系数 ☆☆·建议用时 1-2 min）

曲线 $y = x^2 + x (x < 0)$ 上的曲率为 $\dfrac{\sqrt{2}}{2}$ 的点的坐标是（ ）.

A. $(-2, 2)$

B. $(-3, 6)$

C. $\left(-\dfrac{1}{2}, -\dfrac{1}{4}\right)$

D. $\left(-\dfrac{1}{3}, -\dfrac{2}{9}\right)$

E. $(-1, 0)$

275.（考题难度系数 ☆☆·建议用时 1-2 min）

曲线 $y = x^2$ 在点 $(0, 0)$ 处的曲率圆方程为（ ）.

A. $x^2 + \left(y - \dfrac{1}{2}\right)^2 = \dfrac{1}{4}$

B. $x^2 + \left(y - \dfrac{1}{2}\right)^2 = 1$

C. $x^2 + (y - 1)^2 = \dfrac{1}{4}$

D. $x^2 + (y + 1)^2 = 1$

E. $x^2 + (y + 1)^2 = \dfrac{1}{4}$

题组 B · 强化通关题

276.（考题难度系数 ☆☆☆·建议用时 2-3 min）

曲线 $y = \dfrac{x}{x-1} + \ln(1 + e^x)$ 的渐近线条数是（ ）.

A. 0

B. 1

C. 2

D. 3

E. 4

277.（考题难度系数 ☆☆☆·建议用时 2-3 min）

曲线 $y = |x + 2| e^{\frac{1}{x}}$ 的渐近线条数为（ ）.

A. 0

B. 1

C. 2

D. 3

E. 4

278. (考题难度系数 ☆☆☆·建议用时 2-3 min)

曲线 $\begin{cases} x = e^{-t}, \\ y = \int_0^t \ln(1+u)\,du \end{cases}$ 上对应于 $t=0$ 的点处的曲率半径为( ).

A. 1

B. 2

C. 4

D. $\sqrt{2}$

E. $\sqrt[3]{2}$

279. (考题难度系数 ☆☆☆☆·建议用时 2-3 min)

设函数 $y=f(x)$ 由参数方程 $\begin{cases} x = \sin t, \\ y = t + e^t \end{cases}$ 确定,且 $g(x) = ax^2 + bx + c$. 若曲线 $y=f(x)$ 与 $y = g(x)$ 在点 $(0,1)$ 处相切,且具有相同的曲率圆,则 $abc = ($).

A. 0

B. 1

C. 2

D. 4

E. 8

280. (考题难度系数 ☆☆☆·建议用时 2-3 min)

设 ξ 为 $f(x) = \arctan x$ 在区间 $[0, a]$ 上使用拉格朗日中值定理的中值点,则极限 $\lim_{a \to 0} \dfrac{\xi^2}{a^2} = $

( ).

A. $\dfrac{1}{3}$

B. $\dfrac{1}{6}$

C. 0

D. 1

E. ∞

281. (考题难度系数 ☆☆☆·建议用时 2-3 min)

设函数 $f(x) = \arctan x - \dfrac{1}{2}\arccos\dfrac{2x}{1+x^2}$,则在 $x \geq 1$ 时( ).

A. $f(x)$ 恒小于 0

B. $f(x)$ 恒等于 0

C. $f(x)$ 恒大于 $\dfrac{\pi}{4}$

D. $f(x)$ 恒等于 $\dfrac{\pi}{2}$

E. $f(x)$ 恒等于 $\dfrac{\pi}{4}$

282. (考题难度系数 ☆☆☆·建议用时 2-3 min)

设 p_A, p_B 分别表示 A, B 两种商品的价格,且商品 A 的需求函数为

$$Q_A = 500 - p_A^2 - p_A p_B + 2p_B^2,$$

则当 $p_A = 10, p_B = 20$ 时,商品 A 的需求量对自身价格的弹性 $\eta_{AA}\ (\eta_{AA} > 0)$ 为( ).

A. 0.1

B. 0.2

C. 0.4　　　　　　　　　　　　　　D. 0.6

E. 0.75

283.（考题难度系数 ☆☆☆·建议用时 2-3 min）

设某厂家生产某产品的单价为 p，需求量为 $Q(p)=\dfrac{800}{p+3}-2$，成本 $C(Q)=100+13Q$，则该厂家获得最大利润时的需求量为（　　）.

A. 4　　　　　　　　　　　　　　　B. 6

C. 8　　　　　　　　　　　　　　　D. 10

E. 12

2.7　方程根与函数的零点问题

📝题组 A 得分 _____/10 分　　📝题组 B 得分 _____/10 分

题组 A · 基础通关题

284.（考题难度系数 ☆☆☆·建议用时 2-3 min）

方程 $3x^4-4x^3-6x^2+12x-20=0$ 的实根个数为（　　）.

A. 0　　　　　　　　　　　　　　　B. 1

C. 2　　　　　　　　　　　　　　　D. 3

E. 4

285.（考题难度系数 ☆☆☆·建议用时 2-3 min）

若方程 $x^5-5x+k=0$ 有 3 个不同的实根，则 k 的取值范围是（　　）.

A. $(-\infty,-4)$　　　　　　　　　B. $(4,+\infty)$

C. $\{-4,4\}$　　　　　　　　　　D. $(-4,4)$

E. $\varnothing$

286.（考题难度系数 ☆☆☆·建议用时 2-3 min）

方程 $\dfrac{x}{e}-\ln x-\sqrt{2}=0$ 在 $(0,+\infty)$ 内的实根个数为（　　）.

A. 0　　　　　　　　　　　　　　　B. 1

C. 2　　　　　　　　　　　　　　　D. 3

E. 4

287.（考题难度系数 ☆☆☆·建议用时 2-3 min）

设 $0<a<\dfrac{1}{2e}$，则曲线 $y=ax^2$ 与 $y=\ln x$ 的交点个数为（　　）.

A. 0　　　　　　　　　　　　　　　B. 1

C. 2 　　　　　　　　　　　　D. 3

E. 4

288. (考题难度系数 ☆☆☆·建议用时 2-3 min)

方程 $e^x - |x+2| = 0$ 的实根个数为(　　).

A. 0 　　　　　　　　　　　　B. 1

C. 2 　　　　　　　　　　　　D. 3

E. 4

题组 B·强化通关题

289. (考题难度系数 ☆☆☆·建议用时 2-3 min)

若常数 a,b,c 满足 $a^2 - 3b < 0$,则方程 $x^3 + ax^2 + bx + c = 0$ 的实根个数为(　　).

A. 0 　　　　　　　　　　　　B. 1

C. 2 　　　　　　　　　　　　D. 3

E. 4

290. (考题难度系数 ☆☆☆·建议用时 2-3 min)

若曲线 $y = x^2 - \cos x$ 与 $y = x\sin x + k$ 有两个交点,则(　　).

A. $k = -1$ 　　　　　　　　　B. $k \geqslant -1$

C. $k > -1$ 　　　　　　　　　D. $k \leqslant -1$

E. $k < -1$

291. (考题难度系数 ☆☆☆·建议用时 2-3 min)

若方程 $(x^2 - 3) - k e^{-x} = 0$ 有且仅有一个实根,则(　　).

A. $k < -2e$ 　　　　　　　　　B. $k > 6e^{-3}$ 或 $k = -2e$

C. $k > 6e^{-3}$ 　　　　　　　　D. $-2e < k \leqslant 0$ 或 $k = 6e^{-3}$

E. $-2e < k \leqslant 0$

292. (考题难度系数 ☆☆☆☆·建议用时 2-3 min)

设函数 $f(x)$ 在 $(-\infty, +\infty)$ 内具有二阶导数,且 $f''(x) < 0$,$f(1) = f'(1) = 1$,则(　　).

A. $f(x)$ 在 $(-\infty, +\infty)$ 内有 $f(x) \leqslant x$

B. $f(x)$ 在 $(-\infty, +\infty)$ 内有 $f(x) \geqslant x$

C. $f(x)$ 在 $(-\infty, 1)$ 内有 $f(x) \leqslant x$,在 $(1, +\infty)$ 内有 $f(x) \geqslant x$

D. $f(x)$ 在 $(-\infty, 1)$ 内有 $f(x) \geqslant x$,在 $(1, +\infty)$ 内有 $f(x) \leqslant x$

E. $f(x)$ 在 $(-\infty, 0)$ 内有 $f(x) \geqslant x$,在 $(0, +\infty)$ 内有 $f(x) \leqslant x$

293. (考题难度系数 ☆☆☆☆·建议用时 2-3 min)

已知函数 $f(x) = \left(1 + x + \dfrac{1}{2!}x^2 + \dfrac{1}{3!}x^3 + \dfrac{1}{4!}x^4 + \dfrac{1}{5!}x^5\right)e^{-x}$,给出以下四个结论:

① $x = 0$ 为 $f(x)$ 的驻点；

② $f(x)$ 的单调递增区间为 $(0, +\infty)$；

③ $x = 0$ 为 $f(x)$ 的极大值点；

④ $f(x)$ 仅有一个零点.

其中正确结论的个数是（　　）.

A. 0

B. 1

C. 2

D. 3

E. 4

第三章　一元函数积分学

3.1 不定积分

📋 题组 A 得分 _____ /16 分　　📋 题组 B 得分 _____ /10 分

题组 A · 基础通关题

294. （本题是附加的不定积分计算训练习题，非真题考题形式）

（1）$\int (1+2x)^{15}\,\mathrm{d}x$.

（2）$\int \dfrac{\mathrm{d}x}{(2x-5)^5}$.

（3）$\int \dfrac{\mathrm{d}x}{\sqrt{3-2x^2}}$.

（4）$\int \dfrac{\mathrm{d}x}{9+2x^2}$.

（5）$\int \dfrac{x}{1+x^2}\,\mathrm{d}x$.

（6）$\int \dfrac{\mathrm{e}^x}{1+\mathrm{e}^x}\,\mathrm{d}x$.

（7）$\int \dfrac{x^3}{\sqrt[3]{1+x^4}}\,\mathrm{d}x$.

（8）$\int \dfrac{\mathrm{e}^x}{1+\mathrm{e}^{2x}}\,\mathrm{d}x$.

（9）$\int \dfrac{\sqrt{\ln x}}{x}\,\mathrm{d}x$.

（10）$\int \dfrac{\arctan x}{1+x^2}\,\mathrm{d}x$.

（11）$\int \dfrac{\mathrm{d}x}{\cos^2\left(2x-\dfrac{\pi}{4}\right)}$.

（12）$\int \dfrac{\mathrm{d}x}{\cos^2 x\sqrt{1+\tan x}}$.

（13）$\int \dfrac{\cos x}{\sqrt[3]{\sin x}}\mathrm{d}x$.

（14）$\int \dfrac{\mathrm{d}x}{(2-x)\sqrt{1-x}}$.

（15）$\int \dfrac{x^2}{\sqrt{1+x^3}}\mathrm{d}x$.

（16）$\int \dfrac{x^2}{4+x^6}\mathrm{d}x$.

（17）$\int \cos^3 x\mathrm{d}x$.

（18）$\int \dfrac{x^2}{\sqrt{1-x^2}}\mathrm{d}x$.

（19）$\int x\sin 2x\mathrm{d}x$.

（20）$\int x^2\ln x\mathrm{d}x$.

（21）$\int x\mathrm{e}^{-3x}\mathrm{d}x$.

（22）$\int x\arctan x\mathrm{d}x$.

（23）$\int \mathrm{e}^x\left(1-\dfrac{\mathrm{e}^{-x}}{\sqrt{x}}\right)\mathrm{d}x$.

（24）$\int 3^x\mathrm{e}^x\mathrm{d}x$.

（25）$\int \dfrac{2\cdot 3^x-5\cdot 2^x}{3^x}\mathrm{d}x$.

（26）$\int \cos^2\dfrac{x}{2}\mathrm{d}x$.

（27）$\int \dfrac{\cos 2x}{\cos x-\sin x}\mathrm{d}x$.

（28）$\int \dfrac{\cos 2x}{\cos^2 x\sin^2 x}\mathrm{d}x$.

（29）$\int \tan^2 x\sec^2 x\mathrm{d}x$.

（30）$\int \dfrac{1}{\arcsin^2 x\cdot\sqrt{1-x^2}}\mathrm{d}x$.

（31）$\int \cos^2(\omega t+\varphi) \sin(\omega t+\varphi) dt.$

（32）$\int \dfrac{x^3}{9+x^2} dx.$

（33）$\int \dfrac{dx}{(x+1)(x-2)}.$

（34）$\int \dfrac{\sqrt{x^2-9}}{x} dx.$

（35）$\int x\ln(1+x) dx.$

（36）$\int x^2 \cos x dx.$

（37）$\int \ln^2 x dx.$

（38）$\int x\sin x\cos x dx.$

（39）$\int x\cos \dfrac{x}{2} dx.$

（40）$\int (x^2-1)\sin 2x dx.$

（41）$\int \left(\sqrt{x\sqrt{x\sqrt{x}}} +3^x e^x\right) dx.$

（42）$\int \dfrac{\cos 2x}{\cos^2 x\sin^2 x} dx.$

（43）$\int \dfrac{dx}{\sin^2 x\cos^2 x}.$

（44）$\int \tan^2 x dx.$

（45）$\int \dfrac{x^2}{x^2+1} dx.$

（46）$\int \dfrac{(1-x)^2}{\sqrt{x}} dx.$

（47）$\int (3-2x)^3 dx.$

（48）$\int \dfrac{1}{\sqrt[3]{2-3x}} dx.$

（49）$\int x\sqrt{1-x^2} dx.$

（50）$\int \dfrac{x}{\sqrt{1+x^2}} dx.$

高等数学篇

（51）$\int \dfrac{x^3}{\sqrt{1+x^2}}\mathrm{d}x$.

（52）$\int \dfrac{\mathrm{d}x}{x\ln^2 x}$.

（53）$\int \dfrac{x}{\sqrt{1-x^4}}\mathrm{d}x$.

（54）$\int \dfrac{\mathrm{d}x}{\sqrt{3+2x-x^2}}$.

（55）$\int \dfrac{1}{x^2}\mathrm{e}^{-\frac{1}{x}}\mathrm{d}x$.

（56）$\int \tan^{10} x \cdot \sec^2 x\mathrm{d}x$.

（57）$\int \dfrac{\mathrm{d}x}{(\arcsin x)^2 \sqrt{1-x^2}}$.

（58）$\int \tan\sqrt{1+x^2} \cdot \dfrac{x}{\sqrt{1+x^2}}\mathrm{d}x$.

（59）$\int \dfrac{1+\ln x}{(x\ln x)^2}\mathrm{d}x$.

（60）$\int (x\ln x)^{\frac{3}{2}}(\ln x+1)\mathrm{d}x$.

（61）$\int \dfrac{\ln\tan x}{\cos x\sin x}\mathrm{d}x$.

（62）$\int \sin^2 x\mathrm{d}x,\ \int \cos^3 x\mathrm{d}x,\ \int \cos^4 x\mathrm{d}x$.

（63）$\int \dfrac{1}{\mathrm{e}^x+\mathrm{e}^{-x}}\mathrm{d}x$.

（64）$\int \dfrac{1}{1+\mathrm{e}^x}\mathrm{d}x$.

（65）$\int \tan^3 x\sec x\mathrm{d}x$.

（66）$\int x\tan^2 x\mathrm{d}x$.

（67）$\int \dfrac{\sqrt{\ln(x+\sqrt{x^2+1})+3}}{\sqrt{x^2+1}}\mathrm{d}x$.

（68）$\int \dfrac{\sin(\ln x)\cos(\ln x)}{x}\mathrm{d}x$.

（69）$\int \dfrac{e^{\arctan x}+x\ln\left(1+x^2\right)}{1+x^2}dx.$

（70）$\int \dfrac{\sin x}{\sin x+\cos x}dx.$

（71）$\int \dfrac{7\cos x-3\sin x}{5\cos x+2\sin x}dx.$

（72）$\int \dfrac{x^2}{\sqrt{a^2-x^2}}dx\,(a>0).$

（73）$\int \dfrac{\sqrt{x^2-a^2}}{x}dx\,(a>0).$

（74）$\int \dfrac{dx}{x^2\sqrt{x^2+1}}.$

（75）$\int \dfrac{x^3dx}{(x^2+a^2)^{\frac{3}{2}}}\,(a>0).$

（76）$\int \dfrac{1+\sqrt{x+1}}{1-\sqrt{x+1}}dx.$

（77）$\int \dfrac{xe^x}{\sqrt{e^x-1}}dx.$

（78）$\int e^{\sqrt{2x-1}}dx.$

（79）$\int x^2e^{-2x}dx.$

（80）$\int x\tan^2 xdx.$

（81）$\int \dfrac{\ln\left(1+x\right)}{\sqrt{x}}dx.$

（82）$\int x^2\cos^2 xdx.$

（83）$\int \sin\left(\ln x\right)dx.$

（84）$\int \dfrac{\ln^2 x}{x^2}dx.$

（85）$\int \left(\ln x+\dfrac{1}{x}\right)e^xdx.$

（86）$\int \dfrac{e^x\left(1+\sin x\right)}{1+\cos x}dx.$

（87）$\int e^{2x}\left(\tan x+1\right)^2dx.$

（88）$\int \dfrac{x^2}{1+x^2}\arctan x \, \mathrm{d}x.$

（89）$\int \dfrac{\arctan \mathrm{e}^x}{\mathrm{e}^x}\mathrm{d}x.$

（90）$\int \dfrac{\ln \sin x}{\sin^2 x}\mathrm{d}x.$

（91）$\int \dfrac{1}{x^3}\arctan x \, \mathrm{d}x.$

（92）$\int \dfrac{\ln x}{(1-x)^2}\mathrm{d}x.$

（93）$\int \sec^3 x \, \mathrm{d}x.$

（94）$\int \sec^4 x \, \mathrm{d}x.$

（95）$\int \dfrac{\cos x}{1+\cos x}\mathrm{d}x.$

（96）$\int \dfrac{1}{x^2+4x+6}\mathrm{d}x.$

（97）$\int \dfrac{x^3}{x+2}\mathrm{d}x.$

（98）$\int \dfrac{x+1}{x^2+4x+13}\mathrm{d}x.$

（99）$\int \dfrac{x^2+1}{(x+1)^2(x-1)}\mathrm{d}x.$

（100）$\int \dfrac{x^2\arccos x}{\sqrt{1-x^2}}\mathrm{d}x$

295.（考题难度系数 ☆☆☆·建议用时 2-3 min）

设函数 $F(x)$ 与 $G(x)$ 均为 $f(x)$ 的原函数，若 $\int f(x)\mathrm{d}x = aF(x)+bG(x)+C$，且 $\int f(x)\mathrm{d}x = \dfrac{1}{2}aF(x)+\dfrac{3}{4}bG(x)+C$，则（   ）.

    A. $a=0, b=1$ B. $a=1, b=0$

    C. $a=-1, b=2$ D. $a=2, b=1$

    E. $a=-2, b=3$

296.（考题难度系数 ☆☆·建议用时 1-2 min）

$\int \dfrac{x\cos x}{\sin^3 x}\mathrm{d}x = ($ $).$

A. $-\dfrac{1}{2}\dfrac{x}{\sin^2 x}+\dfrac{1}{2}\cot x+C$ 　　　　 B. $\dfrac{1}{2}\dfrac{x}{\sin^2 x}-\dfrac{1}{2}\cot x+C$

C. $-\dfrac{1}{2}\dfrac{x}{\sin^2 x}-\dfrac{1}{2}\tan x+C$ 　　　　 D. $\dfrac{1}{2}\dfrac{x}{\sin^2 x}+\dfrac{1}{2}\cot x+C$

E. $-\dfrac{1}{2}\dfrac{x}{\sin^2 x}-\dfrac{1}{2}\cot x+C$

297. (考题难度系数 ☆☆·建议用时 1−2 min)

$\displaystyle\int\dfrac{2x-3}{x^2+2x+5}\mathrm{d}x=(\qquad)$.

A. $\ln(x^2+2x+5)-\dfrac{5}{2}\arctan\dfrac{x-1}{2}+C$ 　　 B. $\dfrac{1}{2}\ln(x^2+2x+5)-\dfrac{5}{2}\arctan\dfrac{x+1}{2}+C$

C. $\ln(x^2+2x+5)-\dfrac{5}{2}\arcsin\dfrac{x+1}{2}+C$ 　　 D. $\dfrac{1}{2}\ln(x^2+2x+5)-\dfrac{5}{2}\arcsin\dfrac{x+1}{2}+C$

E. $\ln(x^2+2x+5)-\dfrac{5}{2}\arctan\dfrac{x+1}{2}+C$

298. (考题难度系数 ☆☆·建议用时 1−2 min)

设 a,b 为常数,且 $a\neq 1$,则下列等式中正确的是(　　　).

A. $\displaystyle\int f'(ax+b)\mathrm{d}x=f(ax+b)+C$ 　　　 B. $\displaystyle\int \mathrm{d}f(ax+b)=af(ax+b)+C$

C. $\dfrac{\mathrm{d}}{\mathrm{d}x}\displaystyle\int f(ax+b)\mathrm{d}x=f(ax+b)$ 　　　 D. $\mathrm{d}\displaystyle\int f(ax+b)\mathrm{d}x=af(ax+b)\mathrm{d}x$

E. $\mathrm{d}\displaystyle\int f'(ax)\mathrm{d}x=f(ax)\mathrm{d}x$

299. (考题难度系数 ☆☆·建议用时 1−2 min)

设 $\displaystyle\int xf(x)\mathrm{d}x=\arcsin x+C$,则 $\displaystyle\int\dfrac{1}{f(x)}\mathrm{d}x=(\qquad)$.

A. $\sqrt{1-x^2}+C$ 　　　　　 B. $2\sqrt{1-x^2}+C$

C. $\dfrac{1}{3}(1-x^2)^{\frac{3}{2}}+C$ 　　　　 D. $-\dfrac{1}{3}(1-x^2)^{\frac{3}{2}}+C$

E. $2\sqrt{1+x^2}+C$

300. (考题难度系数 ☆☆·建议用时 1−2 min)

设 $f'(\ln x)=1+x$,则 $f(1)-f(0)=(\qquad)$.

A. e 　　　　　　　　 B. 1

C. e^2 　　　　　　　 D. e^{-1}

E. e^{-2}

301. (考题难度系数 ☆☆☆ · 建议用时 2-3 min)

设函数 $f(x^2-1)=\ln\dfrac{x^2}{x^2-2}$，且 $f[\varphi(x)]=\ln x$，则 $\displaystyle\int\varphi(x)\mathrm{d}x=($).

A. $\ln|x-1|+C$

B. $x+2\ln|x-1|+C$

C. $2x+2\ln|x-1|+C$

D. $\ln|x+1|+C$

E. $x+2\ln|x+1|+C$

题组 B · 强化通关题

302. (考题难度系数 ☆☆☆ · 建议用时 2-3 min)

设曲线 $y=f(x)$ 过点 $\left(0,-\dfrac{1}{2}\right)$，且其上任意一点 (x,y) 处的切线斜率为 $x\ln(1+x^2)$，则 $f(1)=($).

A. $\ln 2-1$

B. $\ln 2+1$

C. $2\ln 2-1$

D. $2\ln 2+1$

E. $2\ln 2+2$

303. (考题难度系数 ☆☆☆ · 建议用时 2-3 min)

设函数 $\ln(x+\sqrt{x^2+1})$ 为 $f(x)$ 的一个原函数. 若记 $F(x)=\displaystyle\int xf'(x)\mathrm{d}x$，则 $F(1)-F(0)=$

( ).

A. $\dfrac{\sqrt{2}}{2}+\ln(1+\sqrt{2})$

B. $\dfrac{\sqrt{2}}{2}-\ln(1+\sqrt{2})$

C. $2+\ln(1+\sqrt{2})$

D. $2-\ln(1+\sqrt{2})$

E. $1-\ln(1+\sqrt{2})$

304. (考题难度系数 ☆☆☆ · 建议用时 2-3 min)

设函数 $f(\ln x)=\dfrac{\ln(1+x)}{x}$，则 $\displaystyle\int f(x)\mathrm{d}x=($).

A. $x-\ln(1+e^x)+C$

B. $-\ln(1+e^x)\cdot e^{-x}+x+\ln(1+e^x)+C$

C. $x+\ln(1+e^x)+C$

D. $-\ln(1+e^x)\cdot e^{-x}+x-\ln(1+e^x)+C$

E. $x-\ln(1+e^{-x})+C$

305. (考题难度系数 ☆☆☆ · 建议用时 2-3 min)

设连续函数 $f(x)$ 满足 $\displaystyle\int e^x f(e^x)\mathrm{d}x=\dfrac{1}{1+e^x}+C$，则 $\displaystyle\int_0^1 f(x)\mathrm{d}x=($).

A. 1

B. 0

C. 2

D. -2

E. $-\dfrac{1}{2}$

306.（考题难度系数 ☆☆☆ · 建议用时 2-3 min）

函数 $f(x) = \begin{cases} \dfrac{1}{\sqrt{1+x^2}}, & x \leq 0, \\ (x+1)\cos x, & x > 0 \end{cases}$ 的一个原函数为（　　）.

A. $F(x) = \begin{cases} \ln(\sqrt{1+x^2}-x), & x \leq 0, \\ (x+1)\cos x - \sin x, & x > 0 \end{cases}$

B. $F(x) = \begin{cases} \ln(\sqrt{1+x^2}-x)+1, & x \leq 0, \\ (x+1)\cos x - \sin x, & x > 0 \end{cases}$

C. $F(x) = \begin{cases} \ln(\sqrt{1+x^2}+x), & x \leq 0, \\ (x+1)\sin x + \cos x, & x > 0 \end{cases}$

D. $F(x) = \begin{cases} \ln(\sqrt{1+x^2}+x)+1, & x \leq 0, \\ (x+1)\sin x + \cos x, & x > 0 \end{cases}$

E. $F(x) = \begin{cases} \ln(\sqrt{1+x^2}+x)-1, & x \leq 0, \\ (x+1)\sin x + \cos x, & x > 0 \end{cases}$

3.2　定积分定义与性质

📄 题组 A 得分 _____ /38分　📄 题组 B 得分 _____ /16分

题组 A · 基础通关题

307.（考题难度系数 ☆☆ · 建议用时 1-2 min）

极限 $\lim\limits_{n \to \infty} n\left(\dfrac{1}{1+n^2} + \dfrac{1}{2^2+n^2} + \cdots + \dfrac{1}{n^2+n^2}\right) = $（　　）.

A. $\dfrac{1}{2}$ 　　　　　　　　　　　B. $\dfrac{1}{4}$

C. $\dfrac{\pi}{2}$ 　　　　　　　　　　　D. $\dfrac{\pi}{4}$

E. $\ln 2$

308.（考题难度系数 ☆☆ · 建议用时 1-2 min）

极限 $\lim\limits_{n \to \infty} \dfrac{1}{n^2}\left(\sin\dfrac{1}{n} + 2\sin\dfrac{2}{n} + \cdots + n\sin\dfrac{n}{n}\right) = $（　　）.

A. 0 　　　　　　　　　　　B. $\sin 1 - \cos 1$

C. 1 　　　　　　　　　　　D. $\sin 1 + \cos 1$

E. -1

309.（考题难度系数 ☆☆ · 建议用时 1-2 min）

极限 $\lim\limits_{n \to \infty} \dfrac{1}{n}\left(e^{\sqrt{\frac{1}{n}}} + e^{\sqrt{\frac{2}{n}}} + \cdots + e^{\sqrt{\frac{n-1}{n}}} + e\right) = $（　　）.

A. e 　　　　　　　　　　　B. 1

C. e^2 　　　　　　　　　　　D. 2

E. e^{-1}

310.（考题难度系数 ☆ ☆ ☆ · 建议用时 2-3 min）

$$\lim_{n \to \infty} \ln \sqrt[n]{\left(1+\frac{1}{n}\right)^2 \left(1+\frac{2}{n}\right)^2 \cdots \left(1+\frac{n}{n}\right)^2} = (\qquad).$$

A. $4\ln 2 - 1$ B. $4\ln 2 - 4$

C. $4\ln 2 + 1$ D. $4\ln 2 + 2$

E. $4\ln 2 - 2$

311.（考题难度系数 ☆ ☆ ☆ · 建议用时 1-2 min）

$$\lim_{n \to \infty} \sum_{k=1}^{n} \frac{1}{2n+1} \sin \frac{(2k-1)\pi}{2n} = (\qquad).$$

A. $\dfrac{1}{\pi}$ B. $\dfrac{2}{\pi}$

C. π D. 2π

E. 4π

312.（考题难度系数 ☆ ☆ · 建议用时 1-2 min）

如右图所示，曲线方程为 $y = f(x)$，函数 $f(x)$ 在区间 $[0, a]$

上有连续的导数，则定积分 $\int_0^a x f'(x) \mathrm{d}x = (\qquad).$

A. 曲边梯形 $ABOD$ 的面积

B. 梯形 $ABOD$ 的面积

C. 曲边三角形 ACD 的面积

D. 三角形 ABD 的面积

E. 三角形 ACD 的面积

313.（考题难度系数 ☆ ☆ · 建议用时 1-2 min）

曲线 $y = x(x-1)(2-x)$ 与 x 轴所围图形的面积可表示为（　　）.

A. $\int_0^1 x(x-1)(2-x)\mathrm{d}x + \int_1^2 x(x-1)(2-x)\mathrm{d}x$

B. $\int_0^1 x(x-1)(2-x)\mathrm{d}x - \int_1^2 x(x-1)(2-x)\mathrm{d}x$

C. $-\int_0^1 x(x-1)(2-x)\mathrm{d}x + \int_1^2 x(x-1)(2-x)\mathrm{d}x$

D. $-\int_0^1 x(x-1)(2-x)\mathrm{d}x - \int_1^2 x(x-1)(2-x)\mathrm{d}x$

E. $\int_0^2 x(x-1)(2-x)\mathrm{d}x$

314.（考题难度系数 ☆ ☆ ☆ · 建议用时 1-2 min）

设在 $[a, b]$ 上 $f(x) > 0$，$f'(x) < 0$，$f''(x) > 0$. 设 $S_1 = \int_a^b f(x)\mathrm{d}x$，$S_2 = f(b)(b-a)$，$S_3 = \dfrac{1}{2}[f(a) + f(b)](b-a)$，则（　　）.

A. $S_1 < S_2 < S_3$ B. $S_2 < S_1 < S_3$

C. $S_1 < S_3 < S_2$ D. $S_3 < S_1 < S_2$

E. $S_2 < S_3 < S_1$

315.（考题难度系数 ☆☆☆·建议用时 1-2 min）

设函数 $f(x)$ 与 $g(x)$ 在区间 $[0,1]$ 上满足 $f''(x) > 0, g''(x) < 0$，且 $f(0) = g(0) = 0, f(1) = g(1) = 2$. 令 $I_1 = \int_0^1 f(x)\mathrm{d}x, I_2 = \int_0^1 g(x)\mathrm{d}x, I_3 = \int_0^1 2x\mathrm{d}x$，则（   ）.

A. $I_1 > I_2 > I_3$ B. $I_3 > I_2 > I_1$

C. $I_2 > I_3 > I_1$ D. $I_2 > I_1 > I_3$

E. $I_1 > I_3 > I_2$

316.（考题难度系数 ☆☆·建议用时 1-2 min）

设 $I = \int_0^1 \arctan\sqrt{x}\,\mathrm{d}x, J = \int_0^1 \arctan\sqrt[3]{x}\,\mathrm{d}x, K = \int_0^1 \arctan x^2\,\mathrm{d}x$，则（   ）.

A. $I > J > K$ B. $J > K > I$

C. $I > K > J$ D. $J > I > K$

E. $K > J > I$

317.（考题难度系数 ☆☆·建议用时 1-2 min）

设 $I = \int_0^{\frac{\pi}{4}} \ln \sin x\,\mathrm{d}x, J = \int_0^{\frac{\pi}{4}} \ln \cos x\,\mathrm{d}x, K = \int_0^{\frac{\pi}{4}} \ln \cot x\,\mathrm{d}x$，则（   ）.

A. $I > J > K$ B. $J > K > I$

C. $I > K > J$ D. $J > I > K$

E. $K > J > I$

318.（考题难度系数 ☆☆☆·建议用时 2-3 min）

设 $I = \int_0^1 \cos x\,\mathrm{d}x, J = \int_0^1 \dfrac{\sin x}{x}\,\mathrm{d}x, K = \int_0^1 \dfrac{\sin x}{\ln(1+x)}\,\mathrm{d}x$，则（   ）.

A. $I > J > K$ B. $J > K > I$

C. $I > K > J$ D. $J > I > K$

E. $K > J > I$

319.（考题难度系数 ☆☆☆·建议用时 2-3 min）

设 $P = \int_{-1}^1 (\mathrm{e}^{2x} - \mathrm{e}^{-2x})\mathrm{d}x, Q = \int_{-1}^1 (x-1)\ln(1+x^2)\mathrm{d}x, R = \int_{-1}^1 (x+1)\mathrm{e}^{-x^2}\mathrm{d}x$，则（   ）.

A. $P < Q < R$ B. $Q < P < R$

C. $P < R < Q$ D. $Q < R < P$

E. $R < P < Q$

320.（考题难度系数 ☆☆☆·建议用时 2-3 min）

设 $I = \int_0^{\frac{\pi}{2}} \dfrac{\mathrm{e}^x - 1}{x}\mathrm{d}x, J = \int_0^{\frac{\pi}{2}} \dfrac{\sin x}{x}\mathrm{d}x$，则（   ）.

A. $1 < J < I$ B. $1 < I < J$

C. $J < 1 < I$ D. $I < J < 1$

E. $J < I < 1$

321. (考题难度系数 ☆☆☆ · 建议用时 2-3 min)

设函数 $f(x)$ 与 $g(x)$ 在区间 $(-\infty, +\infty)$ 内都可导，且 $f(x) < g(x)$，则必有（   ）.

A. $f(-x) > g(-x)$ B. $f'(x) < g'(x)$

C. $\lim\limits_{x \to x_0} f(x) < \lim\limits_{x \to x_0} g(x)$ D. $\int_0^x f(t)\,\mathrm{d}t < \int_0^x g(t)\,\mathrm{d}t$

E. $\int_0^x f(t)\,\mathrm{d}t > \int_0^x g(t)\,\mathrm{d}t$

322. (考题难度系数 ☆☆ · 建议用时 1-2 min)

设 $f(x)$ 为连续函数，且 $f(x) = \dfrac{1}{1+x^2} + \sqrt{1-x^2}\displaystyle\int_0^1 f(x)\,\mathrm{d}x$，则 $f(0) = $（   ）.

A. $\dfrac{\pi}{4-\pi}$ B. $1 + \dfrac{\pi}{4-\pi}$

C. $\dfrac{\pi}{4+\pi}$ D. $1 + \dfrac{\pi}{4+\pi}$

E. $4 - \pi$

323. (考题难度系数 ☆☆ · 建议用时 1-2 min)

$\displaystyle\int_{-2}^{2} \left(x^3 \cos\dfrac{x}{2} + \dfrac{1}{2} \right)\sqrt{4-x^2}\,\mathrm{d}x = $（   ）.

A. π B. $\dfrac{1}{4}\pi$

C. $\dfrac{1}{2}\pi$ D. 4π

E. 2π

324. (考题难度系数 ☆☆ · 建议用时 1-2 min)

$\displaystyle\int_{-1}^{1} x^2 \left(\mathrm{e}^{x^3} - \ln\dfrac{\mathrm{e}+x}{\mathrm{e}-x} \right)\mathrm{d}x = $（   ）.

A. $\dfrac{1}{3}\mathrm{e}$ B. $\dfrac{1}{3}(\mathrm{e}-\mathrm{e}^{-1})$

C. $\dfrac{1}{3}\mathrm{e}^{-1}$ D. $\dfrac{1}{3}(\mathrm{e}+\mathrm{e}^{-1})$

E. $\dfrac{1}{3}$

325. (考题难度系数 ☆☆☆ · 建议用时 2-3 min)

$\displaystyle\int_{-\frac{\pi}{2}}^{\frac{3}{2}\pi} (1 + \sin 2x) |\cos x|\,\mathrm{d}x = $（   ）.

A. 1   B. -1

高等数学篇

C. 4   D. -4

E. 0

题组 B·强化通关题

326. (考题难度系数 ☆☆☆·建议用时 2-3 min)

设函数 $f(x)$ 满足 $f(x) = 3x - \sqrt{1-x^2} \int_0^1 f^2(x) \mathrm{d}x$，则 $\int_0^1 f^2(x) \mathrm{d}x = ($ $)$.

A. 3   B. $\dfrac{3}{2}$

C. 2   D. $\dfrac{3}{2}$ 或 3

E. $\dfrac{3}{2}$ 或 2

327. (考题难度系数 ☆☆☆·建议用时 2-3 min)

设 $I = \int_0^{\frac{\pi}{2}} \cos(\sin x) \mathrm{d}x, J = \int_0^{\frac{\pi}{2}} \cos x \mathrm{d}x, K = \int_0^{\frac{\pi}{2}} \cos(1-\cos x) \mathrm{d}x$，则 $($ $)$.

A. $I < J < K$ B. $K < J < I$

C. $K < I < J$ D. $J < I < K$

E. $J < K < I$

328. (考题难度系数 ☆☆·建议用时 2-3 min)

设 $I = \int_0^1 \dfrac{\arctan x}{1+x^2} \mathrm{d}x, J = \dfrac{\pi}{4} \int_0^1 \dfrac{x}{1+x^2} \mathrm{d}x, K = \int_0^1 \dfrac{\arcsin x}{1+x^2} \mathrm{d}x$，则 $($ $)$.

A. $I < J < K$ B. $I < K < J$

C. $K < I < J$ D. $K < J < I$

E. $J < I < K$

329. (考题难度系数 ☆☆·建议用时 2-3 min)

已知 $I_1 = \int_0^1 \dfrac{\mathrm{e}^x}{\ln(1+x)} \mathrm{d}x, I_2 = \int_0^1 \dfrac{1+x}{\ln(1+x)} \mathrm{d}x, I_3 = \int_0^1 \dfrac{\mathrm{e}^x}{\ln(1+x^2)} \mathrm{d}x$，则 $($ $)$.

A. $I_1 > I_2 > I_3$ B. $I_1 > I_3 > I_2$

C. $I_3 > I_1 > I_2$ D. $I_3 > I_2 > I_1$

E. $I_2 > I_3 > I_1$

330. (考题难度系数 ☆☆·建议用时 2-3 min)

设数列 $a_n = \int_0^1 |\ln x| \ln^n(1+x) \mathrm{d}x, b_n = \int_0^1 x^n |\ln x| \mathrm{d}x$，其中 $n = 1, 2, 3 \cdots$，则 $($ $)$.

A. $a_n > b_n > 0$ B. $a_n < b_n < 0$

C. $b_n < a_n < 0$ D. $b_n > a_n > 0$

E. $b_n > a_n = 0$

331.（考题难度系数 ☆ ☆ · 建议用时 2−3 min）

设 $f(x)$ 是正值连续函数，且 $I = \int_0^{\frac{\pi}{4}} f(x)\,dx$，$J = \int_0^{\frac{\sqrt{2}}{2}} f(\arcsin x)\,dx$，$K = \int_0^1 f(\arctan x)\,dx$，则（　　）

A. $I < J < K$

B. $J < K < I$

C. $K < I < J$

D. $J < I < K$

E. $I < K < J$

332.（考题难度系数 ☆ ☆ · 建议用时 2−3 min）

设 $s > 0, t > 0$，则 $I = t\int_{\frac{s}{t}}^{\frac{s+\pi}{t}} e^{|\cos(tx)|}\,dx$ 的值（　　）.

A. 依赖于 s 和 t

B. 依赖于 s, t, x

C. 依赖于 t，不依赖于 s

D. 依赖于 s，不依赖于 t

E. 不依赖于 s, t

333.（考题难度系数 ☆ ☆ · 建议用时 2−3 min）

下列定积分大于零的是（　　）.

A. $\int_{-\frac{1}{2}}^{\frac{1}{2}} x(1-\cos x)\,dx$

B. $\int_{-\frac{1}{2}}^{\frac{1}{2}} x(1-\sin x)\,dx$

C. $\int_{-\frac{1}{2}}^{\frac{1}{2}} x\ln\frac{1+x}{1-x}\,dx$

D. $\int_{-\frac{1}{2}}^{\frac{1}{2}} x^2\ln\frac{1+x}{1-x}\,dx$

E. $\int_{-\frac{1}{2}}^{\frac{1}{2}} |x|\ln\frac{1+x}{1-x}\,dx$

3.3　定积分计算

📋 题组 A 得分 _____ /40 分　　📋 题组 B 得分 _____ /36 分

题组 A · 基础通关题

334.（考题难度系数 ☆ ☆ · 建议用时 1−2 min）

$\int_0^1 \frac{1}{\sqrt{x(1-x)}}\,dx = (\quad)$.

A. $\dfrac{\pi}{8}$

B. $\dfrac{\pi}{4}$

C. $\dfrac{\pi}{2}$

D. π

E. 2π

335. (考题难度系数 ☆☆·建议用时 1-2 min)

$$\int_0^{\pi^2} \sqrt{x} \cos\sqrt{x}\, dx = (\qquad).$$

A. π

B. 4π

C. 2π

D. -4π

E. -2π

336. (考题难度系数 ☆☆·建议用时 1-2 min)

$$\int_0^1 x^2 \sqrt{1-x^2}\, dx = (\qquad).$$

A. $\dfrac{\pi}{4}$

B. $\dfrac{1}{8}$

C. $\dfrac{\pi}{8}$

D. $\dfrac{1}{16}$

E. $\dfrac{\pi}{16}$

337. (考题难度系数 ☆☆·建议用时 1-2 min)

$$\int_0^1 x(1-x^4)^{\frac{3}{2}}\, dx = (\qquad).$$

A. $\dfrac{\pi}{2}$

B. $\dfrac{3\pi}{16}$

C. $\dfrac{\pi}{3}$

D. $\dfrac{3\pi}{32}$

E. $\dfrac{2}{3}\pi$

338. (考题难度系数 ☆☆·建议用时 1-2 min)

$$\int_{-1}^1 \left(x+\sqrt{1-x^2}\right)^2\, dx = (\qquad).$$

A. 0

B. 1

C. 2

D. 4

E. π

339. (考题难度系数 ☆☆·建议用时 1-2 min)

$$\int_{-1}^1 \frac{x-\sqrt{1+x^2}}{x+\sqrt{1+x^2}}\, dx = (\qquad).$$

A. $\dfrac{5}{3}$

B. $-\dfrac{5}{3}$

C. $\dfrac{8}{3}$

D. $-\dfrac{10}{3}$

E. 0

高等数学篇

340.（考题难度系数 ☆☆·建议用时 1-2 min）

$$\int_0^1 \frac{x-2}{x^2+x+1}\,\mathrm{d}x = (\qquad).$$

A. $\ln 3 - \dfrac{5}{9}\sqrt{3}\,\pi$

B. $\ln 3 + \sqrt{3}\,\pi$

C. $\dfrac{1}{2}\ln 3 - \dfrac{5}{18}\sqrt{3}\,\pi$

D. $\sqrt{3}\,\pi$

E. $3\sqrt{3} + \pi$

341.（考题难度系数 ☆☆·建议用时 1-2 min）

$$\int_{-1}^1 \left[\arctan^3 x + \sqrt{(1-x^2)^3} \right]\mathrm{d}x = (\qquad).$$

A. $\dfrac{1}{4}\pi$

B. $\dfrac{3}{4}\pi$

C. $\dfrac{1}{8}\pi$

D. $\dfrac{3}{8}\pi$

E. $\dfrac{1}{16}\pi$

342.（考题难度系数 ☆☆☆·建议用时 2-3 min）

$$\int_0^1 \frac{\arctan x}{(1+x^2)^2}\,\mathrm{d}x = (\qquad).$$

A. $\dfrac{\pi^2}{64} + \dfrac{\pi}{16} - \dfrac{1}{8}$

B. $\dfrac{\pi^2}{64} + \dfrac{\pi}{16} + \dfrac{1}{8}$

C. $\dfrac{\pi^2}{32} + \dfrac{\pi}{16} - \dfrac{1}{4}$

D. $\dfrac{\pi^2}{32} + \dfrac{\pi}{4} - \dfrac{1}{4}$

E. $\dfrac{\pi^2}{32} + \dfrac{\pi}{16} - \dfrac{1}{16}$

343.（考题难度系数 ☆☆☆·建议用时 2-3 min）

$$\int_0^2 x\sqrt{2x-x^2}\,\mathrm{d}x = (\qquad).$$

A. $\dfrac{\pi}{2}$

B. $\dfrac{\pi}{4}$

C. π

D. 2π

E. 0

344.（考题难度系数 ☆☆☆·建议用时 2-3 min）

$$\int_0^\pi \sqrt{\sin x - \sin^3 x}\,\mathrm{d}x = (\qquad).$$

A. $\dfrac{2}{3}$

B. $\dfrac{4}{3}$

C. 2

D. 3

E. 0

345. (考题难度系数 ☆☆☆☆☆·建议用时 2–3 min)

$\int_0^\pi \sqrt{1-\sin x}\, \mathrm{d}x = (\qquad)$.

A. $\sqrt{2}-1$

B. $4(\sqrt{2}-1)$

C. $\sqrt{2}+1$

D. $4(\sqrt{2}+1)$

E. 0

346. (考题难度系数 ☆☆·建议用时 1–2 min)

$\int_{\frac{1}{e}}^{e} |\ln x|\, \mathrm{d}x = (\qquad)$.

A. 1

B. 2

C. $2+\dfrac{2}{e}$

D. $2-\dfrac{2}{e}$

E. e

347. (考题难度系数 ☆☆☆☆·建议用时 2–3 min)

$\int_0^2 |x(x^2-1)|\, \mathrm{d}x = (\qquad)$.

A. $\dfrac{1}{2}$

B. $-\dfrac{1}{2}$

C. $\dfrac{5}{2}$

D. $-\dfrac{5}{2}$

E. 0

348. (考题难度系数 ☆☆·建议用时 1–2 min)

设 $f(x)=\begin{cases} 1+x^2, & x\leqslant 0, \\ e^{-x}, & x>0, \end{cases}$ 则 $\int_1^3 f(x-2)\, \mathrm{d}x = (\qquad)$.

A. $1-e^{-1}$

B. $1+e^{-1}$

C. $\dfrac{7}{3}-e^{-1}$

D. $\dfrac{7}{3}+e^{-1}$

E. $3+e^{-1}$

349. (考题难度系数 ☆☆☆☆☆·建议用时 2–3 min)

函数 $y=\dfrac{x^2}{\sqrt{1-x^2}}$ 在区间 $\left[\dfrac{1}{2},\dfrac{\sqrt{3}}{2}\right]$ 上的平均值为(　　).

A. $(\sqrt{3}+1)\pi$

B. $(\sqrt{3}-1)\pi$

C. $\dfrac{\sqrt{3}+1}{12}\pi$

D. $\dfrac{\sqrt{3}-1}{12}\pi$

E. $\dfrac{\sqrt{3}+1}{6}\pi$

350.（考题难度系数 ☆☆☆☆☆ · 建议用时 2-3 min）

设函数 $F(x)$ 为 $f(x)$ 的一个原函数，则 $\displaystyle\int_a^x f(2t+a)\,\mathrm{d}t = ($ $)$.

A. $F(2x+a)-F(3a)$ B. $F(2x+a)+F(3a)$

C. $\dfrac{1}{2}F(2x+a)-\dfrac{1}{2}F(3a)$ D. $\dfrac{1}{2}F(2x+a)+\dfrac{1}{2}F(3a)$

E. $\dfrac{1}{2}F(x+a)-\dfrac{1}{2}F(a)$

351.（考题难度系数 ☆☆☆☆☆ · 建议用时 2-3 min）

设函数 $f(x)$ 的一个原函数为 $\arctan x$，则 $\displaystyle\int_0^1 xf(1-x^2)\,\mathrm{d}x = ($ $)$.

A. 0 B. $\dfrac{\pi}{4}$

C. $-\dfrac{\pi}{4}$ D. $\dfrac{\pi}{8}$

E. $-\dfrac{\pi}{8}$

352.（考题难度系数 ☆☆☆☆☆ · 建议用时 2-3 min）

设 $f(x)$ 有一个原函数 $\dfrac{\sin x}{x}$，则 $\displaystyle\int_{\frac{\pi}{2}}^{\pi} xf'(x)\,\mathrm{d}x = ($ $)$.

A. $\dfrac{4}{\pi}-1$ B. $\dfrac{2}{\pi}-2$

C. $\dfrac{4}{\pi}+1$ D. $\dfrac{2}{\pi}-1$

E. $\dfrac{4}{\pi}-\dfrac{1}{2}$

353.（本题是附加的基础运算训练习题，非真题考题形式）

（1）求 $\displaystyle\int_0^{\frac{\pi}{2}}\cos^{10}x\,\mathrm{d}x$，$\displaystyle\int_0^{\pi}\cos^{10}x\,\mathrm{d}x$，$\displaystyle\int_0^{2\pi}\cos^{10}x\,\mathrm{d}x$.

（2）求 $\displaystyle\int_0^{\frac{\pi}{2}}\cos^3 x\,\mathrm{d}x$，$\displaystyle\int_0^{\pi}\cos^3 x\,\mathrm{d}x$，$\displaystyle\int_0^{2\pi}\cos^3 x\,\mathrm{d}x$.

（3）求 $\displaystyle\int_0^{\frac{\pi}{2}}\sin^4 x\,\mathrm{d}x$，$\displaystyle\int_0^{\pi}\sin^4 x\,\mathrm{d}x$，$\displaystyle\int_0^{2\pi}\sin^4 x\,\mathrm{d}x$.

（4）求 $\displaystyle\int_0^{\frac{\pi}{2}}\sin^5 x\,\mathrm{d}x$，$\displaystyle\int_0^{\pi}\sin^5 x\,\mathrm{d}x$，$\displaystyle\int_0^{2\pi}\sin^5 x\,\mathrm{d}x$.

题组 B·强化通关题

354. (考题难度系数 ☆☆☆☆ · 建议用时 2-3 min)

设函数 $f\left(x+\dfrac{1}{x}\right)=\dfrac{x+x^3}{1+x^4}$，则 $\displaystyle\int_2^{2\sqrt{2}} f(x)\,\mathrm{d}x=$ (　　).

A. $\sqrt{2}$

B. $2\sqrt{2}$

C. $\dfrac{1}{2}\ln 3$

D. $\ln 3$

E. $2\ln 3$

355. (考题难度系数 ☆☆☆ · 建议用时 2-3 min)

$\displaystyle\int_{-\frac{\pi}{2}}^{\frac{\pi}{2}} (\,|\sin^3 x|+\sin x)\dfrac{1}{1+\cos^2 x}\,\mathrm{d}x=$ (　　).

A. $\pi-1$

B. $\pi+2$

C. $\pi+1$

D. $\pi-2$

E. $2\pi-1$

356. (考题难度系数 ☆☆☆☆ · 建议用时 2-3 min)

$\displaystyle\int_0^1 \ln\left(x+\sqrt{x^2+1}\right)\,\mathrm{d}x=$ (　　).

A. $\ln(1+\sqrt{2})-1$

B. $\ln(1+\sqrt{2})-\sqrt{2}+1$

C. $\ln(1+\sqrt{2})+1$

D. $\ln(1+\sqrt{2})+\sqrt{2}+1$

E. 0

357. (考题难度系数 ☆☆☆☆ · 建议用时 2-3 min)

$\displaystyle\int_0^{\frac{\pi}{4}} \dfrac{x}{1+\cos 2x}\,\mathrm{d}x=$ (　　).

A. $\dfrac{\pi}{8}+\dfrac{1}{4}\ln 2$

B. $\dfrac{\pi}{8}-\dfrac{1}{4}\ln 2$

C. $\dfrac{\pi}{8}+\dfrac{1}{2}\ln 2$

D. $\dfrac{\pi}{8}-\dfrac{1}{2}\ln 2$

E. $\dfrac{\pi}{8}-2\ln 2$

358. (考题难度系数 ☆☆☆☆ · 建议用时 3-4 min)

$\displaystyle\int_0^1 \dfrac{\arctan x}{(1+x)^2}\,\mathrm{d}x=$ (　　).

A. $\dfrac{1}{2}\ln 2$

B. $\dfrac{1}{4}\ln 2$

C. $2\ln 2$

D. $4\ln 2$

高等数学篇

E. $2\ln 2+1$

359.（考题难度系数 ☆☆☆☆☆·建议用时 3-4 min）

$\displaystyle\int_0^{\frac{\pi}{4}} \frac{1-\tan x}{1+\tan x}\,\mathrm{d}x = (\qquad)$.

A. $\sqrt{\ln 2}$

B. $\dfrac{1}{2}\ln 2$

C. $\ln 2$

D. $\dfrac{3}{2}\ln 2$

E. 0

360.（考题难度系数 ☆☆☆·建议用时 2-3 min）

$\displaystyle\int_{-\pi}^{\pi} \left[\sin^2 x \ln\left(x+\sqrt{x^2+1}\right)+\sqrt{\pi^2-x^2}\right]\mathrm{d}x = (\qquad)$.

A. π^3

B. $\dfrac{1}{4}\pi^3$

C. $2\pi^3$

D. $\dfrac{1}{2}\pi^3$

E. $3\pi^3$

361.（考题难度系数 ☆☆☆·建议用时 2-3 min）

$\displaystyle\int_{-\frac{\pi}{4}}^{\frac{\pi}{4}} \frac{\cos^2 x}{1+\mathrm{e}^{-x}}\,\mathrm{d}x = (\qquad)$.

A. $\dfrac{\pi}{2}$

B. $\dfrac{\pi}{4}+\dfrac{1}{2}$

C. $\dfrac{\pi}{4}$

D. $\dfrac{\pi}{8}+\dfrac{1}{4}$

E. $\dfrac{\pi}{8}$

362.（考题难度系数 ☆☆☆·建议用时 2-3 min）

设函数 $f(x) = \displaystyle\int_1^x \frac{\ln t}{1+t}\,\mathrm{d}t$，则 $f(2)+f\left(\dfrac{1}{2}\right) = (\qquad)$.

A. 1

B. $\dfrac{1}{2}\ln^2 2$

C. 2

D. $\ln^2 2$

E. 0

363.（考题难度系数 ☆☆☆☆·建议用时 3-4 min）

设函数 $f(x)$ 满足 $\displaystyle\int f(x)\,\mathrm{d}x = \mathrm{e}^{x^2}+C$，则 $\displaystyle\int_0^1 x f'(2x)\,\mathrm{d}x = (\qquad)$.

A. $\dfrac{1}{4}(7\mathrm{e}^4+1)$

B. $\dfrac{7}{4}\mathrm{e}^4$

C. $\dfrac{1}{4}(3e^4+1)$ D. $\dfrac{3}{4}e^4$

E. e^4

364. (考题难度系数 ☆☆☆☆☆ · 建议用时 3-4 min)

设函数 $f(x)$ 满足 $\displaystyle\int_0^\pi [f(x)+f''(x)]\sin x\,dx=8$, $f(0)=3$, 则 $f(\pi)=($).

A. 2   B. 3

C. 5   D. 8

E. 11

365. (考题难度系数 ☆☆☆☆☆ · 建议用时 3-4 min)

设 $f'(\ln x)=\begin{cases}1, & 0<x\leqslant 1, \\ x, & x>1,\end{cases}$ 且 $f(0)=1$, 则 $\displaystyle\int_0^2 f(x-1)\,dx=($).

A. $-\dfrac{1}{2}$ B. $\dfrac{1}{2}$

C. e D. $-e$

E. $e-\dfrac{1}{2}$

366. (考题难度系数 ☆☆☆☆☆☆ · 建议用时 3-4 min)

设导函数 $f'(x)=\arcsin(x-1)^2$, 且 $f(0)=0$, 则 $\displaystyle\int_0^1 f(x)\,dx=($).

A. $\dfrac{\pi}{4}-\dfrac{1}{2}$ B. $\dfrac{\pi}{4}+\dfrac{1}{2}$

C. $\dfrac{\pi}{4}-1$ D. $\dfrac{\pi}{2}-\dfrac{1}{2}$

E. $\dfrac{\pi}{2}+\dfrac{1}{2}$

367. (考题难度系数 ☆☆☆☆☆ · 建议用时 3-4 min)

设 $f(x)$ 满足等式 $xf'(x)-f(x)=\sqrt{2x-x^2}$, 且 $f(1)=4$, 则 $\displaystyle\int_0^1 f(x)\,dx=($).

A. $2-\dfrac{\pi}{8}$ B. $2-\pi$

C. $1-\dfrac{\pi}{8}$ D. $4-\pi$

E. $2+\dfrac{\pi}{8}$

368. (考题难度系数 ☆☆☆☆☆☆ · 建议用时 3-4 min)

积分 $\displaystyle\int_a^{a+2\pi}\cos x\ln(2+\cos x)\,dx$ 的值(   ).

A. 与 a 无关，且恒大于 0   B. 与 a 无关，且恒小于 0

C. 与 a 无关，且恒等于 0   D. 与 a 有关，但恒小于 0

E. 与 a 有关，但恒大于 0

369.（考题难度系数 ☆☆☆☆☆·建议用时 3–4 min）

设函数 $f(x) = \int_{-\pi}^{\pi} (t - x\sin t)^2 \mathrm{d}t$，则（   ）.

A. $x = 1$ 为函数 $f(x)$ 极小值点   B. $x = 1$ 为函数 $f(x)$ 极大值点

C. $x = 2$ 为函数 $f(x)$ 极小值点   D. $x = 2$ 为函数 $f(x)$ 极大值点

E. $x = 0$ 为函数 $f(x)$ 极小值点

3.4 变限函数

📝 题组 A 得分 _____/24 分   📝 题组 B 得分 _____/12 分

题组 A · 基础通关题

370.（考题难度系数 ☆·建议用时 1–2 min）

设 $f(x)$ 为连续函数，且 $F(x) = \int_{\frac{1}{x}}^{\ln x} f(t)\,\mathrm{d}t$，则 $F'(x) = ($ $)$.

A. $\dfrac{1}{x} f(\ln x) + \dfrac{1}{x^2} f\left(\dfrac{1}{x}\right)$ B. $f(\ln x) + f\left(\dfrac{1}{x}\right)$

C. $\dfrac{1}{x} f(\ln x) - f\left(\dfrac{1}{x}\right)$ D. $\dfrac{1}{x} f(\ln x) - \dfrac{1}{x^2} f\left(\dfrac{1}{x}\right)$

E. $f(\ln x) - f\left(\dfrac{1}{x}\right)$

371.（考题难度系数 ☆☆·建议用时 1–2 min）

设 $f(x)$ 连续，$F(x) = \int_0^{x^2} x f(t)\,\mathrm{d}t$，若 $F(1) = 1$，$F'(1) = 5$，则 $f(1) = ($ $)$.

A. 1   B. 2

C. 3   D. -1

E. -2

372.（考题难度系数 ☆☆·建议用时 1–2 min）

设 $f(x)$ 为连续函数，若 $F(x) = \int_0^x t f(x^2 - t^2)\,\mathrm{d}t$，则 $F'(x) = ($ $)$.

A. $x f(x^2)$ B. $-x f(x^2)$

C. $2x f(x^2)$ D. $-2x f(x^2)$

E. $2 f(x^2)$

373. (考题难度系数 ☆☆·建议用时 1-2 min)

设 $f(x)=\int_0^{g(x)}\dfrac{1}{\sqrt{1+t^3}}\mathrm{d}t$，其中 $g(x)=\int_0^{\cos x}(1+\sin t^2)\mathrm{d}t$，则 $f'\left(\dfrac{\pi}{2}\right)=$（　　）.

A．1　　　　　　　　　　　　　B．2

C．3　　　　　　　　　　　　　D．-1

E．-2

374. (考题难度系数 ☆☆·建议用时 1-2 min)

$\lim\limits_{x\to 0}\dfrac{\displaystyle\int_0^x t\ln(1+t\sin t)\mathrm{d}t}{1-\cos x^2}=$（　　）.

A．1　　　　　　　　　　　　　B．2

C．$\dfrac{1}{2}$　　　　　　　　　　　　D．3

E．$\dfrac{1}{3}$

375. (考题难度系数 ☆☆·建议用时 1-2 min)

设函数 $f(x)=\int_0^{1-\cos x}\sin t^2\mathrm{d}t$，$g(x)=\dfrac{x^5}{5}+\dfrac{x^6}{6}$，则当 $x\to 0$ 时，$f(x)$ 是 $g(x)$ 的（　　）.

A．低阶无穷小量　　　　　　　B．高阶无穷小量

C．等价无穷小量　　　　　　　D．同阶但不等价无穷小量

E．无法确定两者关系

376. (考题难度系数 ☆☆·建议用时 1-2 min)

设函数 $f(x)=\int_0^1\sin(tx)^2\mathrm{d}t$，当 $x\to 0$ 时，$f(x)$ 是 x 的（　　）.

A．高阶无穷小量　　　　　　　B．低阶无穷小量

C．等价无穷小量　　　　　　　D．同阶但非等价无穷小量

E．无法确定两者关系

377. (考题难度系数 ☆☆☆·建议用时 2-3 min)

设函数 $f(x)$ 具有一阶导数，$f(0)=0$，$f'(0)\neq 0$. 若 $F(x)=\int_0^x(x^2-t^2)f(t)\mathrm{d}t$，且当 $x\to 0$ 时，$F'(x)$ 与 x^k 是同阶无穷小，则 $k=$（　　）.

A．1　　　　　　　　　　　　　B．2

C．3　　　　　　　　　　　　　D．4

E．5

378. (考题难度系数 ☆☆☆·建议用时 2-3 min)

设函数 $y=y(x)$ 由方程 $x=\int_1^{y-x}\sin^2\left(\dfrac{\pi t}{4}\right)\mathrm{d}t$ 所确定，求 $\dfrac{\mathrm{d}y}{\mathrm{d}x}\bigg|_{x=0}=$（　　）.

A. 1

B. 2

C. 3

D. 4

E. 5

379.（考题难度系数 ☆☆☆·建议用时 2-3 min）

设函数 $f(x)$ 连续，且 $\int_0^x tf(2x-t)\,\mathrm{d}t = \frac{1}{2}\arctan x^2$. 若 $f(1)=1$，则 $\int_1^2 f(x)\,\mathrm{d}x = ($　　$)$.

A. $\dfrac{1}{4}$

B. $\dfrac{3}{4}$

C. $\dfrac{3}{8}$

D. $\dfrac{5}{8}$

E. 0

380.（考题难度系数 ☆☆☆·建议用时 2-3 min）

设函数 $f(x) = \dfrac{1}{2}\int_0^x (x-t)^2 g(t)\,\mathrm{d}t$. 若 $\int_0^1 g(x)\,\mathrm{d}x = 1$，则 $f''(1) = ($　　$)$.

A. 0

B. 1

C. 2

D. 4

E. 6

381.（考题难度系数 ☆☆☆·建议用时 2-3 min）

设函数 $f(x) = \begin{cases} x^2, & 0 \leqslant x < 1, \\ 1, & 1 \leqslant x \leqslant 2. \end{cases}$ 若 $F(x) = \int_1^x f(t)\,\mathrm{d}t\ (0 \leqslant x \leqslant 2)$，则 $F(x) = ($　　$)$.

A. $F(x) = \begin{cases} \dfrac{x^3-1}{3}, & 0 \leqslant x < 1, \\ x-1, & 1 \leqslant x \leqslant 2 \end{cases}$

B. $F(x) = \begin{cases} \dfrac{x^3-1}{3}, & 0 \leqslant x < 1, \\ 1-x, & 1 \leqslant x \leqslant 2 \end{cases}$

C. $F(x) = \begin{cases} x^3-1, & 0 \leqslant x < 1, \\ x-1, & 1 \leqslant x \leqslant 2 \end{cases}$

D. $F(x) = \begin{cases} x^3-1, & 0 \leqslant x < 1, \\ 1-x, & 1 \leqslant x \leqslant 2 \end{cases}$

E. $F(x) = \begin{cases} \dfrac{1-x^3}{3}, & 0 \leqslant x < 1, \\ x-1, & 1 \leqslant x \leqslant 2 \end{cases}$

题组 B·强化通关题

382.（考题难度系数 ☆☆☆·建议用时 2-3 min）

设 a 为正实数，令 $I_a = \int_{\frac{1}{a}}^{a} \dfrac{\ln x}{1+x^2}\,\mathrm{d}x$，则

A. $I_a = 0$

B. $I_a = 1$

C. $I_a = -1$

D. $I_a = 2$

E. I_a 的值与 a 有关

383. (考题难度系数 ☆☆☆ · 建议用时 2−3 min)

设 $f(x) = \begin{cases} 1, & 0 \leqslant x \leqslant 1, \\ 2, & 1 < x < 2, \\ x, & 2 \leqslant x \leqslant 3, \end{cases}$ $F(x) = \int_0^x f(t)\mathrm{d}t, x \in [0, 3]$，则 $F(x)$（　　）

A. 在 $x = 1$ 处可导，在 $x = 2$ 处可导

B. 在 $x = 1$ 处可导，在 $x = 2$ 处不可导

C. 在 $x = 1$ 处不可导，在 $x = 2$ 处可导

D. 在 $x = 1$ 处不可导，在 $x = 2$ 处不可导

E. 在 $x = 1$ 处不连续，在 $x = 2$ 处不可导

384. (考题难度系数 ☆☆☆ · 建议用时 2−3 min)

设函数 $f(x)$ 在 $[0, +\infty)$ 上单调可导，$f(0) = 1$，且 f^{-1} 为 f 的反函数，若满足等式 $\int_{x^2}^{x^2+f(x)} f^{-1}(t-x^2)\mathrm{d}t = x^2\mathrm{e}^x$，则 $f(x) = $（　　）.

A. e^x 　　　　　　　　　　　　 B. $x\mathrm{e}^x$

C. $(x+1)\mathrm{e}^x$ 　　　　　　　　　 D. $(x+2)\mathrm{e}^x$

E. $(x+3)\mathrm{e}^x$

385. (考题难度系数 ☆☆☆ · 建议用时 2−3 min)

设 $f(x) = \int_1^{x^2} \dfrac{\sin t}{t}\mathrm{d}t$，则 $\int_0^1 xf(x)\mathrm{d}x = $（　　）.

A. $\cos 1 - 1$ 　　　　　　　　　　 B. $\cos 1 + 1$

C. $\dfrac{1}{2}(\cos 1 + 1)$ 　　　　　　 D. -1

E. $\dfrac{1}{2}(\cos 1 - 1)$

386. (考题难度系数 ☆☆☆ · 建议用时 2−3 min)

设函数 $f(x) = \int_1^x \sqrt{1+t^4}\,\mathrm{d}t$，则 $\int_0^1 x^2 f(x)\mathrm{d}x = $（　　）.

A. $\dfrac{1-2\sqrt{2}}{18}$ 　　　　　　　　 B. $\dfrac{2\sqrt{2}-1}{18}$

C. $\dfrac{1-2\sqrt{2}}{6}$ 　　　　　　　　 D. $\dfrac{2\sqrt{2}-1}{6}$

E. $1-2\sqrt{2}$

387. (考题难度系数 ☆☆☆☆ · 建议用时 2−3 min)

设 $f(x)$ 是区间 $\left[0, \dfrac{\pi}{4}\right]$ 上的单调可导函数，且满足 $\int_0^{f(x)} f^{-1}(t)\mathrm{d}t = \int_0^x t\,\dfrac{\cos t - \sin t}{\sin t + \cos t}\mathrm{d}t$，其中 f^{-1} 是 f 的反函数，则 $f\left(\dfrac{\pi}{4}\right) = $（　　）.

A. 0

B. $\dfrac{1}{2}\ln 2$

C. 1

D. $\ln 2$

E. 2

3.5 反常积分

📋 题组 A 得分 _____ /20 分　　📋 题组 B 得分 _____ /14 分

题组 A · 基础通关题

388.（考题难度系数 ☆☆☆ · 建议用时 2−3 min）

$$\int_{-\infty}^{1} \frac{1}{x^2+2x+5}\mathrm{d}x = (\quad).$$

A. $\dfrac{1}{8}\pi$

B. $\dfrac{3}{4}\pi$

C. $\dfrac{1}{4}\pi$

D. $\dfrac{3}{8}\pi$

E. $\dfrac{1}{2}\pi$

389.（考题难度系数 ☆☆☆ · 建议用时 2−3 min）

$$\int_{0}^{+\infty} \frac{x}{(1+x^2)^2}\mathrm{d}x = (\quad).$$

A. $\dfrac{1}{4}$

B. $\dfrac{1}{2}$

C. 4

D. 2

E. 1

390.（考题难度系数 ☆☆☆ · 建议用时 2−3 min）

$$\int_{1}^{+\infty} \frac{1}{e^x+e^{2-x}}\mathrm{d}x = (\quad).$$

A. $\dfrac{\pi}{4e}$

B. $\dfrac{1}{4\pi e}$

C. $\dfrac{\pi}{8e}$

D. $\dfrac{1}{8\pi e}$

E. $\dfrac{\pi}{16e}$

391.（考题难度系数 ☆☆☆ · 建议用时 2−3 min）

$$\int_{0}^{1} \frac{x}{(2-x^2)\sqrt{1-x^2}}\mathrm{d}x = (\quad).$$

A. $\dfrac{\pi}{2}$　　　　　　　　　　　B. $\dfrac{\pi}{4}$

C. $\dfrac{\pi}{6}$　　　　　　　　　　　D. $\dfrac{\pi}{8}$

E. $\dfrac{\pi}{16}$

392.（考题难度系数 ☆☆☆・建议用时 2-3 min）

$\displaystyle\int_{1}^{+\infty}\dfrac{1}{x\sqrt{x^2-1}}\mathrm{d}x=(\quad)$.

A. $\dfrac{\pi}{2}$　　　　　　　　　　　B. $\dfrac{\pi}{4}$

C. 2π　　　　　　　　　　　D. 4π

E. 6π

393.（考题难度系数 ☆☆☆・建议用时 2-3 min）

$\displaystyle\int_{2}^{+\infty}\dfrac{1}{(x+7)\sqrt{x-2}}\mathrm{d}x=(\quad)$.

A. $\dfrac{\pi}{3}$　　　　　　　　　　　B. $\dfrac{\pi}{4}$

C. $\dfrac{\pi}{2}$　　　　　　　　　　　D. π

E. 2π

394.（考题难度系数 ☆☆☆・建议用时 2-3 min）

$\displaystyle\int_{0}^{+\infty}\dfrac{x}{(1+x)^3}\mathrm{d}x=(\quad)$.

A. $\dfrac{1}{4}$　　　　　　　　　　　B. $\dfrac{1}{2}$

C. $\dfrac{3}{4}$　　　　　　　　　　　D. $\dfrac{3}{8}$

E. $\dfrac{3}{2}$

395.（考题难度系数 ☆☆☆・建议用时 2-3 min）

$\displaystyle\int_{1}^{+\infty}\dfrac{1}{x(x^2+1)}\mathrm{d}x=(\quad)$.

A. $\ln 2$　　　　　　　　　　　B. $2\ln 2$

C. $4\ln 2$　　　　　　　　　　　D. $\dfrac{1}{2}\ln 2$

E. $\dfrac{1}{4}\ln 2$

396.（考题难度系数 ☆☆☆·建议用时 2-3 min）

若 n 为自然数，则 $I_n = \int_0^{+\infty} x^n e^{-x} dx = ($ ___ $)$.

A. n B. $n!$

C. $n-1$ D. $(n-1)!$

E. $n+1$

397.（考题难度系数 ☆☆☆·建议用时 2-3 min）

$\int_0^{+\infty} x^7 e^{-x^2} dx = ($ ___ $)$.

A. 1   B. 2

C. 3   D. 4

E. 5

题组 B·强化通关题

398.（考题难度系数 ☆☆☆·建议用时 2-3 min）

$\int_{\sqrt{5}}^5 \dfrac{x}{\sqrt{|x^2-9|}} dx = ($ ___ $)$.

A. 4   B. 6

C. 8   D. 10

E. 12

399.（考题难度系数 ☆☆☆·建议用时 2-3 min）

给出反常积分：① $\int_0^{+\infty} x e^{-x} dx$；② $\int_0^{+\infty} x e^{-x^2} dx$；③ $\int_0^{+\infty} \dfrac{\arctan x}{1+x^2} dx$；④ $\int_0^{+\infty} \dfrac{x}{1+x^2} dx$，其中收敛的个数是（ ___ ）.

A. 0   B. 1

C. 2   D. 3

E. 4

400.（考题难度系数 ☆☆☆☆·建议用时 2-3 min）

设反常积分 $I = \int_{-\infty}^{+\infty} \dfrac{\sqrt[3]{x}}{\sqrt{x^4-x^2+1}} dx$，$J = \int_{-1}^1 \dfrac{e^{x^2}}{\sin x} dx$，则（ ___ ）.

A. I, J 结果为零   B. I 结果为零，J 发散

C. I 发散，J 结果为零   D. I 发散，J 收敛但结果不为零

E. I, J 均发散

401.（考题难度系数 ☆☆☆☆·建议用时 2-3 min）

给出反常积分：① $\int_{-1}^1 \dfrac{1}{\sin x} dx$；② $\int_2^{+\infty} \dfrac{1}{x \ln^2 x} dx$；③ $\int_0^{+\infty} e^{-x^2} dx$；④ $\int_{-\infty}^{+\infty} \dfrac{x}{1+x^2} dx$，其中收敛

的个数是(　　　).

A. 0　　　　　　　　　　　　　　　　B. 1

C. 2　　　　　　　　　　　　　　　　D. 3

E. 4

402. (考题难度系数 ☆☆☆☆ · 建议用时 2-3 min)

设反常积分 $\displaystyle\int_0^{+\infty} \frac{x^a \arctan x}{x^b+2}\mathrm{d}x\,(b>0)$ 收敛,则(　　　).

A. $a>-2$ 且 $b-a>1$　　　　　　　B. $a<0$ 且 $b-a>1$

C. $a>-2$ 且 $b-a<1$　　　　　　　D. $a<0$ 且 $b-a<1$

E. $a>-2$ 且 $b-a<0$

403. (考题难度系数 ☆☆☆☆ · 建议用时 2-3 min)

若 $\displaystyle\int_0^{+\infty} \frac{1}{x^p+x^q}\mathrm{d}x$ 收敛,则常数 p,q 应满足(　　　).

A. $\min(p,q)<0$ 且 $\max(p,q)>2$　　　　　B. $\min(p,q)<1$ 且 $\max(p,q)>2$

C. $\min(p,q)<0$ 且 $\max(p,q)>1$　　　　　D. $\min(p,q)<-1$ 且 $\max(p,q)>1$

E. $\min(p,q)<1$ 且 $\max(p,q)>1$

404. (考题难度系数 ☆☆☆☆ · 建议用时 2-3 min)

已知反常积分 $\displaystyle\int_1^{+\infty} \frac{kx+a}{2x^2+ax}\mathrm{d}x=0$,则(　　　).

A. $k=0,u=0$　　　　　　　　　　　B. $k=1,a=0$

C. $k=1,a=1$　　　　　　　　　　　D. $k=0,a=-1$

E. $k=1,a=-1$

3.6　定积分应用

📄 题组 A 得分 _____ /28 分　　📄 题组 B 得分 _____ /28 分

题组 A · 基础通关题

405. (考题难度系数 ☆☆ · 建议用时 1-2 min)

由曲线 $y=\dfrac{4}{x}$ 和直线 $y=x$ 及 $y=4x$ 在第一象限中围成的平面图形的面积为(　　　).

A. 1　　　　　　　　　　　　　　　　B. $2\ln 2$

C. 2　　　　　　　　　　　　　　　　D. $4\ln 2$

E. 4

406. (考题难度系数 ☆☆ · 建议用时 2-3 min)

曲线 $x^2+(y-1)^2=1$ 与 $y=\dfrac{1}{2}x^2$ 及直线 $y=2$ 所围图形面积为(　　　).

A. $\dfrac{1}{3}-\pi$ B. 2π

C. $\dfrac{8}{3}-\pi$ D. π

E. $\dfrac{16}{3}-\pi$

407. （考题难度系数 ☆☆☆·建议用时 2-3 min）

设平面有界区域 D 由曲线 $y=\ln(1+x)$ 与其在点 $(1,\ln 2)$ 处的法线和 x 轴围成，则 D 的面积为（　　）.

A. $2\ln 2-1$ B. $\dfrac{1}{4}\ln^2 2+2\ln 2$

C. $2\ln 2+1$ D. $\dfrac{1}{4}\ln^2 2+2\ln 2-1$

E. $\dfrac{1}{4}\ln^2 2+2\ln 2+1$

408. （考题难度系数 ☆☆☆·建议用时 2-3 min）

已知双纽线的方程为 $(x^2+y^2)^2=x^2-y^2$，则双纽线所围成的区域面积为（　　）.

A. 1   B. π

C. 2   D. 2π

E. 4

409. （考题难度系数 ☆☆☆·建议用时 2-3 min）

设 $a>0$，则心形线 $r=a(1+\cos\theta)$ 所围图形面积为（　　）.

A. $\dfrac{1}{2}\pi a^2$ B. πa

C. πa^2 D. $2\pi a$

E. $\dfrac{3}{2}\pi a^2$

410. （考题难度系数 ☆☆☆·建议用时 2-3 min）

设平面区域 $D=\left\{(x,y)\,\middle|\,0<y\leqslant\dfrac{1}{x\sqrt{1+x^2}},x\geqslant 1\right\}$，则平面区域 D 的面积为（　　）.

A. $\ln 2$ B. $\ln(\sqrt{2}+1)$

C. 1   D. $\ln(2\sqrt{2}+1)$

E. 2

411. （考题难度系数 ☆☆☆·建议用时 2-3 min）

设区域 D 是由曲线 $y=x^{\frac{1}{3}}$，直线 $x=a(a>0)$ 及 x 轴所围成的平面图形，且 V_x，V_y 分别是 D 绕 x 轴和 y 轴旋转一周所得旋转体的体积. 若 $V_y=10V_x$，则 $a=$（　　）.

A. $2\sqrt{2}$

B. 2

C. $7\sqrt{7}$

D. 5

E. $10\sqrt{10}$

412. *(考题难度系数 ☆☆☆·建议用时 2-3 min)*

曲线 $y=\mathrm{e}^x,y=\sin x$ 与直线 $x=0,x=\dfrac{\pi}{2}$ 所围成区域绕 x 轴旋转一周所得旋转体体积为

( ).

A. $\dfrac{1}{4}\pi^2$

B. $\mathrm{e}^\pi-1$

C. $\dfrac{\pi}{2}(\mathrm{e}^\pi-1)+\dfrac{1}{4}\pi^2$

D. $\pi(\mathrm{e}^\pi-1)+\dfrac{1}{4}\pi^2$

E. $\dfrac{\pi}{2}(\mathrm{e}^\pi-1)-\dfrac{1}{4}\pi^2$

413. *(考题难度系数 ☆☆☆·建议用时 2-3 min)*

设平面区域 D 由曲线段 $y=\sqrt{x}\sin\pi x(0\le x\le 1)$ 与 X 轴围成,则 D 绕 x 轴旋转一周所得旋转体的体积为( ).

A. $\dfrac{\pi}{4}$

B. $\dfrac{\pi}{2}$

C. $\dfrac{1}{4}$

D. $\dfrac{1}{2}$

E. π

414. *(考题难度系数 ☆☆☆·建议用时 2-3 min)*

设平面区域 $D=\left\{(x,y)\ \middle|\ 0<y\le\dfrac{1}{x\sqrt{1+x^2}},x\ge 1\right\}$,则平面区域 D 绕 x 轴旋转一周的旋转体体积为( ).

A. π

B. $\pi+\dfrac{\pi^2}{4}$

C. 2π

D. $\pi-\dfrac{\pi^2}{4}$

E. 4π

415. *(考题难度系数 ☆☆☆·建议用时 2-3 min)*

设极坐标曲线 $r=\theta(0\le\theta\le\lambda)$ 的弧长为 $s(\lambda)$,则极限 $\lim\limits_{\lambda\to+\infty}\dfrac{s(\lambda)}{\lambda^2}=($).

A. $\sqrt{2}$

B. 2

C. $\dfrac{\sqrt{2}}{2}$

D. $\dfrac{1}{2}$

E. $2\sqrt{2}$

416. *(考题难度系数 ☆☆☆·建议用时 2-3 min)*

设 $a>0$,则心型线 $r=a(1+\cos\theta)$ 的全长为（　　）.

A. a　　　　　　　　　　　　　B. $2a$

C. $4a$　　　　　　　　　　　　　D. $8a$

E. $16a$

417. *(考题难度系数 ☆☆☆·建议用时 2-3 min)*

曲线 $y=\ln\cos x\left(0\leqslant x\leqslant\dfrac{\pi}{6}\right)$ 的弧长为（　　）.

A. 1　　　　　　　　　　　　　　B. 2

C. $\dfrac{1}{2}\ln 3$　　　　　　　　　　　D. $\dfrac{3}{2}\ln 3$

E. $2\ln 3$

418. *(考题难度系数 ☆☆☆·建议用时 2-3 min)*

曲线 $y=2\sqrt{x}\,(0\leqslant x\leqslant 3)$ 绕 x 旋转一周所得侧表面积为（　　）.

A. $\dfrac{7}{5}\pi$　　　　　　　　　　　B. $\dfrac{8\pi}{3}$

C. $\dfrac{56}{3}\pi$　　　　　　　　　　　D. $\dfrac{28}{3}\pi$

E. 9π

题组 B·强化通关题

419. *(考题难度系数 ☆☆☆·建议用时 2-3 min)*

设平面有界区域 D 由曲线 $y=\dfrac{1}{x(1+\sqrt{x})}$ 与直线 $y=\dfrac{1}{2}x$,$x=4$ 所围成,则 D 的面积为

（　　）.

A. $\dfrac{15}{4}-\ln 3$　　　　　　　　　B. $\dfrac{15}{4}+2\ln\dfrac{4}{3}$

C. $\dfrac{15}{4}+\ln 3$　　　　　　　　　D. $\dfrac{15}{4}-2\ln\dfrac{4}{3}$

E. $\dfrac{15}{4}+2\ln 3$

420. *(考题难度系数 ☆☆☆·建议用时 2-3 min)*

设曲线 $y=a\sqrt{x}\,(a>0)$ 与 $y=\ln\sqrt{x}$ 在点 (x_0,y_0) 处有公共切线,则两曲线与 x 轴围成的平面图形的面积为（　　）.

A. $\dfrac{1}{6}e^2-\dfrac{1}{2}$　　　　　　　　　B. $\dfrac{1}{6}e^2-1$

高等数学篇

C. e^2-2 D. $e-1$

E. $2e^2-3$

421. (考题难度系数 ☆☆☆☆·建议用时 2-3 min)

曲线 $y=\sqrt{x}(0\leqslant x\leqslant 2)$ 在 $x=a$ 处的切线为 L,若使得 L 与该曲线及直线 $x=0,x=2$ 所围成的平面图形 D 面积最小,则切线方程 L 为( ).

A. $y=\dfrac{1}{2\sqrt{2}}x-\sqrt{2}+\dfrac{1}{2}$ B. $y=\dfrac{1}{2}x-\dfrac{1}{2}$

C. $y=\dfrac{1}{2\sqrt{2}}x+\sqrt{2}+\dfrac{1}{2}$ D. $y=\dfrac{1}{2}x+\dfrac{1}{2}$

E. $y=\dfrac{1}{2\sqrt{2}}x+\sqrt{2}-\dfrac{1}{2}$

422. (考题难度系数 ☆☆☆·建议用时 2-3 min)

设位于曲线 $y=xe^{-2x}(x\geqslant 0)$ 下方,x 轴上方的无界区域为 D,则 D 绕 y 轴一周所得空间区域体积为( ).

A. $\dfrac{1}{4}\pi$ B. $\dfrac{1}{2}\pi$

C. π D. 2π

E. 4π

423. (考题难度系数 ☆☆☆·建议用时 2-3 min)

曲线 $r=2(1+\cos\theta)(0\leqslant\theta\leqslant\pi)$ 与 $y=-\sqrt{4x-x^2}$ 所围成的平面图形的面积为( ).

A. 3π B. 4π

C. 5π D. 7π

E. 9π

424. (考题难度系数 ☆☆☆·建议用时 2-3 min)

曲线 $y=\dfrac{1}{1+x^2}$ 绕其渐近线旋转一周所得旋转体体积为( ).

A. $\dfrac{\pi^2}{4}$ B. $\dfrac{\pi^2}{2}$

C. $2\pi^2$ D. $8\pi^2$

E. $4\pi^2$

425. (考题难度系数 ☆☆☆·建议用时 2-3 min)

设平面区域 $D=\left\{(x,y)\left|\dfrac{x}{2}\leqslant y\leqslant\dfrac{1}{1+x^2},0\leqslant x\leqslant 1\right.\right\}$,则 D 绕 y 轴旋转所成的旋转体的体积为( ).

A. $\pi\ln 2$ B. $\dfrac{1}{3}\pi$

C. $\pi\left(\dfrac{1}{3}-\ln 2\right)$ D. $\pi\left(\ln 2+\dfrac{1}{3}\right)$

E. $\pi\left(\ln 2-\dfrac{1}{3}\right)$

426. （考题难度系数 ☆☆☆·建议用时 2-3 min）

设平面有界区域 D 由曲线 $y=x^2$ 与 $y=\sqrt{2-x^2}$ 围成，则 D 绕 x 轴旋转所成旋转体的体积为（   ）.

A. $\dfrac{2\pi}{5}$ B. $\dfrac{5\pi}{3}$

C. $\dfrac{10\pi}{3}$ D. $\dfrac{22\pi}{15}$

E. $\dfrac{44\pi}{15}$

427. （考题难度系数 ☆☆☆·建议用时 2-3 min）

曲线 $y=\ln x$ 与三条直线 $x=\mathrm{e}^{-1}$，$x=\mathrm{e}$ 及 x 轴所围的平面区域绕 y 轴的旋转体体积 $V_y=$（   ）.

A. π B. $\pi\left(1+\dfrac{\mathrm{e}^2-3\mathrm{e}^{-2}}{2}\right)$

C. $\mathrm{e}^2\pi$ D. $\pi\left(1+\dfrac{\mathrm{e}^2+3\mathrm{e}^{-2}}{2}\right)$

E. $2\mathrm{e}^2\pi$

428. （考题难度系数 ☆☆☆☆·建议用时 3-4 min）

设平面区域 D 由曲线 $y=\cos x\left(-\dfrac{\pi}{2}\leqslant x\leqslant\dfrac{\pi}{2}\right)$ 与 x 轴所围成，D 分别绕着 x 轴和直线 $x=\pi$ 旋转一周所得的旋转体的体积为 V_1 和 V_2，则 $\dfrac{V_2}{V_1}=$（   ）.

A. 2 B. 4

C. $\dfrac{1}{2}$ D. $\dfrac{1}{4}$

E. 8

429. （考题难度系数 ☆☆☆·建议用时 2-3 min）

极坐标系下曲线 $r=2(1+\cos\theta)(0\leqslant\theta\leqslant 2\pi)$ 的长度为（   ）

A. 8 B. 4π

C. 8π D. 16

E. 12

430. （考题难度系数 ☆☆☆·建议用时 2-3 min）

曲线 $y=\displaystyle\int_0^x\sqrt{\sin t}\,\mathrm{d}t$ 在区间 $[0,\pi]$ 的弧长为（   ）.

A. 1　　　　　　　　　　　　　　B. 2

C. 3　　　　　　　　　　　　　　D. 4

E. 8

431.（考题难度系数☆☆·建议用时 1−2 min）

设曲线 L 的参数方程为 $\begin{cases} x = 2(t - \sin t), \\ y = 2(1 - \cos t), \end{cases}$ $(0 \leqslant t \leqslant 2\pi)$，则 L 的长度为（　　）.

A. 2　　　　　　　　　　　　　　B. 4

C. 8　　　　　　　　　　　　　　D. 16

E. 32

432.（考题难度系数☆☆☆☆·建议用时 2−3 min）

已知曲线 L 的参数方程为 $\begin{cases} x = \sqrt{2} \cos^3 t, \\ y = \sqrt{2} \sin^3 t, \end{cases}$ 则 L 绕着 x 轴旋转一周所得旋转体的侧表面积

为（　　）.

A. 4π　　　　　　　　　　　　B. 5π

C. 3π　　　　　　　　　　　　D. $\dfrac{7}{5}\pi$

E. $\dfrac{12}{5}\pi$

第四章　多元函数微分学

4.1　多元微分学的基本概念

📖 题组 A 得分 _____ /18 分　　📖 题组 B 得分 _____ /12 分

题组 A · 基础通关题

433.（考题难度系数 ☆☆·建议用时 1-2 min）

设 $f\left(x+y,\dfrac{y}{x}\right)=x^2-y^2$，则 $f(x,y)=$（　　）.

A. $\dfrac{x^2(1+y)}{y+1}$　　　　　　　　　　　B. $\dfrac{x^2(1-y)}{y+1}$

C. $\dfrac{x^2(1-y)}{y-1}$　　　　　　　　　　　D. $\dfrac{x^2(1-y)}{1-y}$

E. $\dfrac{x^2y}{y+1}$

434.（考题难度系数 ☆☆☆·建议用时 2-3 min）

给出以下四个二重极限：

① $\lim\limits_{\substack{x\to 0\\y\to 0}}\dfrac{xy}{\sqrt{x^2+y^2}}$；　　　　　　② $\lim\limits_{\substack{x\to 0\\y\to 0}}\dfrac{x^2y^2}{x^2y^2+(x-y)^2}$；

③ $\lim\limits_{\substack{x\to 0\\y\to 0}}\dfrac{\arctan(x^3+y^3)}{x^2+y^2}$；　　　　④ $\lim\limits_{\substack{x\to 0\\y\to 0}}\dfrac{x^3y}{x^6+y^2}$.

其中极限存在的个数是（　　）.

A. 0　　　　　　　　　　　　　　B. 1

C. 2　　　　　　　　　　　　　　D. 3

E. 4

435.（考题难度系数 ☆☆☆·建议用时 2-3 min）

设函数 $f(x,y)=e^{\sqrt{x^2+y^4}}$，则（　　）.

A. $f'_x(0,0)$ 与 $f'_y(0,0)$ 都存在且为 0　　B. $f'_x(0,0)$ 与 $f'_y(0,0)$ 都存在且为 1

C. $f'_x(0,0)$ 存在，但 $f'_y(0,0)$ 不存在　　D. $f'_x(0,0)$ 不存在，但 $f'_y(0,0)$ 存在

E. $f'_x(0,0)$ 与 $f'_y(0,0)$ 都不存在

436. (考题难度系数 ☆☆☆·建议用时 2-3 min)

设函数 $f(x,y)=\sqrt{\sin^2 x+y^4}$，则（　　）.

A. $\left.\dfrac{\partial f}{\partial x}\right|_{(0,0)}$ 与 $\left.\dfrac{\partial f}{\partial y}\right|_{(0,0)}$ 都不存在

B. $\left.\dfrac{\partial f}{\partial x}\right|_{(0,0)}$ 存在且等于 1，$\left.\dfrac{\partial f}{\partial y}\right|_{(0,0)}$ 不存在

C. $\left.\dfrac{\partial f}{\partial x}\right|_{(0,0)}$ 不存在，$\left.\dfrac{\partial f}{\partial y}\right|_{(0,0)}$ 存在且等于 0

D. $\left.\dfrac{\partial f}{\partial x}\right|_{(0,0)}$ 存在且等于 1，$\left.\dfrac{\partial f}{\partial y}\right|_{(0,0)}$ 存在且等于 0

E. $\left.\dfrac{\partial f}{\partial x}\right|_{(0,0)}$ 不存在，$\left.\dfrac{\partial f}{\partial y}\right|_{(0,0)}$ 存在且等于 1

437. (考题难度系数 ☆☆☆·建议用时 2-3 min)

设函数 $f(x,y)=\begin{cases}\dfrac{\sin x^2\cos y^2}{\sqrt{x^2+y^2}}, & (x,y)\neq(0,0)\\ 0, & (x,y)=(0,0)\end{cases}$，则在点 $(0,0)$ 处（　　）.

A. $f'_x(0,0)$ 不存在，$f'_y(0,0)$ 不存在

B. $f'_x(0,0)$ 存在且等于 1，$f'_y(0,0)$ 不存在

C. $f'_x(0,0)$ 不存在，$f'_y(0,0)$ 存在且等于 0

D. $f'_x(0,0)$ 存在且等于 1，$f'_y(0,0)$ 存在且等于 0

E. $f'_x(0,0)$ 不存在，$f'_y(0,0)$ 存在且等于 1

438. (考题难度系数 ☆☆☆·建议用时 2-3 min)

设 $f(x,y)=\begin{cases}\dfrac{\sqrt{|x|}}{x^2+y^2}\sin(x^2+y^2), & (x,y)\neq(0,0)\\ 0, & (x,y)=(0,0)\end{cases}$，则（　　）.

A. $f'_x(0,0)=0,\ f'_y(0,0)$ 不存在　　　　B. $f'_x(0,0)$ 不存在，$f'_y(0,0)=0$

C. $f'_x(0,0)=1,\ f'_y(0,0)$ 不存在　　　　D. $f'_x(0,0)$ 不存在，$f'_y(0,0)=1$

E. $f'_x(0,0)$ 不存在，$f'_y(0,0)$ 不存在

439. (考题难度系数 ☆☆☆·建议用时 2-3 min)

设二元函数 $f(x,y)$ 在 (x_0,y_0) 处有以下四个结论：

① $\lim\limits_{\substack{x\to x_0\\y\to y_0}}[f(x,y)-f(x_0,y_0)]=0$；

② $\lim\limits_{\substack{x\to x_0\\y\to y_0}}[f'_x(x,y)-f'_x(x_0,y_0)]=0,\ \lim\limits_{\substack{x\to x_0\\y\to y_0}}[f'_x(x,y)-f'_y(x_0,y_0)]=0$；

③ $f(x_0+\Delta x,y_0+\Delta y)-f(x_0,y_0)=A\Delta x+B\Delta y+o(\rho)$，其中 $\rho=\sqrt{(\Delta x)^2+(\Delta y)^2}$；

④ $\lim\limits_{x \to x_0} \dfrac{f(x,y_0)-f(x_0,y_0)}{x-x_0}$ 与 $\lim\limits_{y \to y_0} \dfrac{f(x_0,y)-f(x_0,y_0)}{y-y_0}$ 都存在.

则下列结论之间关系正确的是（　　）.

A．②⇒③⇒①　　　　　　　　　　B．②⇒④⇒①

C．④⇒③⇒①　　　　　　　　　　D．④⇒②⇒③

E．①⇒③⇒④

高等数学篇

440.（考题难度系数 ☆☆☆☆☆·建议用时 2-3 min）

设函数 $f(x,y)=\sqrt[3]{xy}$，在点 $(0,0)$ 处给出以下四条结论：

① $f(x,y)$ 连续；　　　　　　　　② $\left.\dfrac{\partial f}{\partial x}\right|_{(0,0)}=0,\left.\dfrac{\partial f}{\partial y}\right|_{(0,0)}=0$；

③ $\left.\dfrac{\partial f}{\partial x}\right|_{(0,0)}=1,\left.\dfrac{\partial f}{\partial y}\right|_{(0,0)}=1$；　　④ $\left.\mathrm{d}f\right|_{(0,0)}=0$，

其中正确的结论是（　　）.

A．①②　　　　　　　　　　　　　B．①

C．①③　　　　　　　　　　　　　D．③

E．①②④

441.（考题难度系数 ☆☆☆☆☆·建议用时 3-4 min）

设 $f(x,y)=\begin{cases}\dfrac{x^3}{x^2+y^2}, & (x,y)\neq(0,0),\\ 0, & (x,y)=(0,0),\end{cases}$ 在点 $(0,0)$ 处给出以下四条结论：

① $f(x,y)$ 连续；　　　　　　　　② $\left.\dfrac{\partial f}{\partial x}\right|_{(0,0)}=0,\left.\dfrac{\partial f}{\partial y}\right|_{(0,0)}=0$；

③ $\left.\dfrac{\partial f}{\partial x}\right|_{(0,0)}=1,\left.\dfrac{\partial f}{\partial y}\right|_{(0,0)}=0$；　　④ $\left.\mathrm{d}f\right|_{(0,0)}=0$.

其中正确的结论是（　　）.

A．①②　　　　　　　　　　　　　B．①

C．①③　　　　　　　　　　　　　D．③

E．①③④

题组 B·强化通关题

442.（考题难度系数 ☆☆☆·建议用时 2-3 min）

设函数 $f(x,y)=\ln(1+\sqrt{x^2+y^4})$. 在点 $(0,0)$ 处，给出以下四条结论：

① $\left.\dfrac{\partial f}{\partial x}\right|_{(0,0)}=0,\left.\dfrac{\partial f}{\partial y}\right|_{(0,0)}=0$，　　② $\left.\dfrac{\partial f}{\partial x}\right.$ 不存在，$\left.\dfrac{\partial f}{\partial y}\right|_{(0,0)}=0$，

③ $\left.\dfrac{\partial f}{\partial x}\right|_{(0,0)}=1,\left.\dfrac{\partial f}{\partial y}\right|_{(0,0)}=0$，　　④ $\left.\mathrm{d}f\right|_{(0,0)}=0$.

其中正确的结论是(　　).

A. ①　　　　　　　　　　　　　B. ②

C. ③　　　　　　　　　　　　　D. ①④

E. ④

443. (考题难度系数 ☆☆☆·建议用时 2-3 min)

设函数 $f(x,y)=\begin{cases}(x^2+y^2)\sin\dfrac{1}{\sqrt{x^2+y^2}}, & x^2+y^2\neq0,\\[2mm] 0, & x^2+y^2=0,\end{cases}$ 则(　　).

① $f(x,y)$ 连续;　　　　　　② $f'_x(0,0)=0$ 且 $f'_y(0,0)=0$;

③ $f'_x(0,0)$ 与 $f'_y(0,0)$ 都不存在;　　④ $\mathrm{d}f\big|_{(0,0)}=0$.

其中正确的结论是(　　).

A. ①　　　　　　　　　　　　　B. ①②

C. ③　　　　　　　　　　　　　D. ①②④

E. ①③

444. (考题难度系数 ☆☆☆☆·建议用时 3-4 min)

设函数 $f(x,y)=\begin{cases}x-y+\dfrac{xy}{\sqrt{x^2+y^2}}, & (x,y)\neq(0,0)\\[2mm] 0, & (x,y)=(0,0)\end{cases}$,在点$(0,0)$处给出以下四条结论:

① $f(x,y)$ 连续;　　　　　　② $\dfrac{\partial f}{\partial x}\bigg|_{(0,0)}=1,\dfrac{\partial f}{\partial y}\bigg|_{(0,0)}=-1$;

③ $\dfrac{\partial f}{\partial x}\bigg|_{(0,0)}=0,\dfrac{\partial f}{\partial y}\bigg|_{(0,0)}=0$;　　④ $\mathrm{d}f\big|_{(0,0)}=\mathrm{d}x-\mathrm{d}y$,

其中正确的结论是(　　).

A. ①　　　　　　　　　　　　　B. ①②

C. ①③　　　　　　　　　　　　D. ③

E. ①②④

445. (考题难度系数 ☆☆☆☆·建议用时 2-3 min)

设 $f'_x(x_0,y_0)=0$, $f'_y(x_0,y_0)=0$,给出以下四条结论:

① $\lim\limits_{(x,y)\to(x_0,y_0)}f(x,y)$ 存在;

② $f(x,y_0)$ 在点 $x=x_0$ 连续, $f(x_0,y)$ 在点 $y=y_0$ 连续;

③ $\mathrm{d}f(x,y)\big|_{(x_0,y_0)}=0$;

④ $f(x,y)$ 在点 (x_0,y_0) 处连续,

其中正确的结论是(　　).

A. 0　　　　　　　　　　　　　B. 1

C. 2　　　　　　　　　　　　　D. 3

E. 4

446.（考题难度系数 ☆☆☆☆·建议用时 3-4 min）

设 $z=f(x,y)$ 在（1,1）可微，且 $\lim\limits_{\substack{x\to 1\\ y\to 1}}\dfrac{f(x,y)-f(1,1)+2x-3y+1}{\sqrt{(x-1)^2+(y-1)^2}}=0$，则极限

$\lim\limits_{t\to 0}\dfrac{f(1+t,1)-f(1,1-2t)}{t}=(\quad)$.

A. 1   B. 2

C. -3   D. 4

E. -5

447.（考题难度系数 ☆☆☆☆☆·建议用时 3-4 min）

设二元函数 $f(x,y)=\begin{cases}\dfrac{1-e^{x(x^2+y^2)}}{x^2+y^2}, & x^2+y^2\neq 0,\\ 0, & x^2+y^2=0,\end{cases}$，在点 (0,0) 处给出以下四条结论：

① $f(x,y)$ 连续；

② $\left.\dfrac{\partial f}{\partial x}\right|_{(0,0)}=-1,\left.\dfrac{\partial f}{\partial y}\right|_{(0,0)}$ 不存在；

③ $\left.\dfrac{\partial f}{\partial x}\right|_{(0,0)}=-1,\left.\dfrac{\partial f}{\partial y}\right|_{(0,0)}=0$；

④ $\left.df\right|_{(0,0)}=-dx$，

其中正确的结论是（ ）.

A. ①②   B. ①

C. ①③   D. ③

E. ①③④

4.2 显函数与复合函数的偏导数与全微分计算

题组 A 得分 _____ /26 分   题组 B 得分 _____ /24 分

题组 A·基础通关题

448.（考题难度系数 ☆☆·建议用时 2-3 min）

设 $f(x,y)=\dfrac{x\cos(y-1)-(y-1)\cos x}{1+\sin x+\sin(y-1)}$，则 $\left.\dfrac{\partial f}{\partial x}\right|_{(0,1)}$ 与 $\left.\dfrac{\partial f}{\partial y}\right|_{(0,1)}$ 分别为（ ）.

A. 0,-1   B. 0,0

C. 0,1   D. 1,1

E. 1,-1

449.（考题难度系数 ☆☆·建议用时 2-3 min）

设函数 $f(x,y)=x^2\arctan\dfrac{y}{x}-y^2\arctan\dfrac{y}{x}$，则 $\left.\dfrac{\partial f}{\partial x}\right|_{(1,1)}=(\quad)$.

A. π

B. $\dfrac{\pi}{4}$

C. 2π

D. $\dfrac{\pi}{2}$

E. 4π

450.（考题难度系数☆☆·建议用时 2-3 min）

设 $z=\arctan\left[xy+\sin(x+y)\right]$，则 $\left.\mathrm{d}z\right|_{(0,\pi)}=(\qquad)$.

A. $\pi\mathrm{d}x-\mathrm{d}y$

B. $(\pi+1)\mathrm{d}x-\mathrm{d}y$

C. $\pi\mathrm{d}x+\mathrm{d}y$

D. $(\pi-1)\mathrm{d}x-\mathrm{d}y$

E. $(\pi-1)\mathrm{d}x+\mathrm{d}y$

451.（考题难度系数☆☆·建议用时 2-3 min）

设 $z=(x^2+y^2)\mathrm{e}^{-\arctan\frac{y}{x}}$，则 $\left.\mathrm{d}z\right|_{(1,1)}=(\qquad)$.

A. $\mathrm{e}^{-\frac{\pi}{4}}(3\mathrm{d}x+\mathrm{d}y)$

B. $3\mathrm{d}x-\mathrm{d}y$

C. $\mathrm{e}^{-\frac{\pi}{4}}(3\mathrm{d}x-\mathrm{d}y)$

D. $\mathrm{d}x-\mathrm{d}y$

E. $\mathrm{d}x+\mathrm{d}y$

452.（考题难度系数☆☆·建议用时 2-3 min）

设 $z=\mathrm{e}^{-x}\sin\dfrac{x}{y}$，则 $\left.\dfrac{\partial^2 z}{\partial x\partial y}\right|_{\left(2,\frac{1}{\pi}\right)}=(\qquad)$.

A. $\mathrm{e}^{-2}\pi^2$

B. $\mathrm{e}^2\pi^2$

C. $2\mathrm{e}^{-2}\pi^2$

D. $2\mathrm{e}^2\pi^2$

E. $4\mathrm{e}^{-2}\pi^2$

453.（考题难度系数☆☆·建议用时 2-3 min）

设函数 $z=\dfrac{y^2}{3x}+f(xy)$，其中 f 为可微函数，则（$\qquad$）.

A. $x^2\dfrac{\partial z}{\partial x}-xy\dfrac{\partial z}{\partial y}=y^2$

B. $x^2\dfrac{\partial z}{\partial x}-xy\dfrac{\partial z}{\partial y}=-y^2$

C. $x^2\dfrac{\partial z}{\partial x}+xy\dfrac{\partial z}{\partial y}=y^2$

D. $x^2\dfrac{\partial z}{\partial x}+xy\dfrac{\partial z}{\partial y}=-y^2$

E. $x^2\dfrac{\partial z}{\partial x}-y^2\dfrac{\partial z}{\partial y}=y^2$

454.（考题难度系数☆☆·建议用时 2-3 min）

设函数 $z=\sin y+f(\sin x-\sin y)$，其中 f 为可微函数，则（$\qquad$）.

A. $\sec y\dfrac{\partial z}{\partial x}-\sec y\dfrac{\partial z}{\partial y}=-1$

B. $\sec x\dfrac{\partial z}{\partial x}+\sec y\dfrac{\partial z}{\partial y}=-1$

C. $\sec x\dfrac{\partial z}{\partial x}-\sec y\dfrac{\partial z}{\partial y}=1$

D. $\sec x\dfrac{\partial z}{\partial x}+\sec y\dfrac{\partial z}{\partial y}=1$

E. $\sec y \dfrac{\partial z}{\partial x} + \sec x \dfrac{\partial z}{\partial y} = 1$

455.（考题难度系数 ☆☆·建议用时 2-3 min）

设 f,g 为连续可微函数，$u = f(x, xy)$，$v = g(x+xy)$，则 $\dfrac{\partial u}{\partial x} \cdot \dfrac{\partial v}{\partial x} = ($ $)$.

A. $x(f_1' + yf_2')g'$ B. $y(f_1' + yf_2')g_1'$

C. $y(f_1' + yf_2')g'$ D. $(1+y)(f_1' + yf_2')g_1'$

E. $(1+y)(f_1' + yf_2')g'$

456.（考题难度系数 ☆☆·建议用时 2-3 min）

设函数 f 一阶可导，且 $z = xy + xf\left(\dfrac{y}{x}\right)$，则 $x\dfrac{\partial z}{\partial x} + y\dfrac{\partial z}{\partial y} = ($ $)$.

A. $2xz$ B. $2xy$

C. $xy + z$ D. $xy + y - z$

E. $xy + 2z$

457.（考题难度系数 ☆☆·建议用时 2-3 min）

设函数 $\varphi(t), \psi(t)$ 都具有二阶连续的导数，且 $z = \varphi(x+y) + \psi(x-y)$，则（   ）.

A. $\dfrac{\partial^2 z}{\partial x^2} + \dfrac{\partial^2 z}{\partial y^2} = 2$ B. $\dfrac{\partial^2 z}{\partial x^2} - \dfrac{\partial^2 z}{\partial y^2} = -2$

C. $\dfrac{\partial^2 z}{\partial x^2} + \dfrac{\partial^2 z}{\partial y^2} = -1$ D. $\dfrac{\partial^2 z}{\partial x^2} - \dfrac{\partial^2 z}{\partial y^2} = 0$

E. $\dfrac{\partial^2 z}{\partial x^2} - \dfrac{\partial^2 z}{\partial y^2} = 1$

458.（考题难度系数 ☆☆·建议用时 2-3 min）

设函数 f,g 均可微，且 $z = f[xy, \ln x + g(xy)]$，则 $x\dfrac{\partial z}{\partial x} - y\dfrac{\partial z}{\partial y} = ($ $)$.

A. f_2' B. xf_2'

C. yf_2' D. xf_1'

E. yf_1'

459.（考题难度系数 ☆☆☆·建议用时 2-3 min）

设函数 $f(u,v)$ 具有 2 阶连续偏导数，$y = f(e^x, \cos x)$，且 $\left.\dfrac{\partial f}{\partial u}\right|_{(0,0)} = 2$，$\left.\dfrac{\partial f}{\partial v}\right|_{(0,0)} = 3$，

$\left.\dfrac{\partial f}{\partial u}\right|_{(1,1)} = -2$，$\left.\dfrac{\partial f}{\partial v}\right|_{(1,1)} = -3$，$\left.\dfrac{\partial^2 f}{\partial u^2}\right|_{(1,1)} = 1$，则 $\left.\dfrac{d^2 y}{dx^2}\right|_{x=0} = ($ $)$.

A. 0   B. 1

C. 2   D. -1

E. -2

460. (考题难度系数 ☆☆☆·建议用时 2-3 min)

设函数 $f(u,v)$ 具有 2 阶连续偏导数，$y=f(e^x, \cos x)$，且 $\dfrac{\partial f}{\partial u}\bigg|_{(0,0)}=2$，$\dfrac{\partial f}{\partial v}\bigg|_{(0,0)}=3$. 若函数

$z=f(e^x\sin y, x^2+y^2)$，则 $\dfrac{\partial^2 z}{\partial x\partial y}\bigg|_{\substack{x=0\\y=0}}=($).

A. 2   B. 4

C. 6   D. -2

E. -4

题组 B·强化通关题

461. (考题难度系数 ☆☆·建议用时 2-3 min)

设函数 $f(x,y)=\arctan\dfrac{x+y}{x-y}$，则 $\dfrac{\partial f(x,y)}{\partial x}\bigg|_{(1,0)}$ 与 $\dfrac{\partial f(x,y)}{\partial y}\bigg|_{(1,0)}$ 分别为(   ).

A. 0,1   B. 0,0

C. $\dfrac{1}{2},\dfrac{1}{2}$ D. 1,1

E. $-1,-1$

462. (考题难度系数 ☆☆·建议用时 2-3 min)

已知函数 $f(x,y)=\dfrac{x^2+y^2}{x^2+y^2-xy}$，则 $x\dfrac{\partial f(x,y)}{\partial x}+y\dfrac{\partial f(x,y)}{\partial y}=($).

A. 0   B. 1

C. 2   D. 3

E. 4

463. (考题难度系数 ☆☆☆·建议用时 2-3 min)

已知函数 $u(x,y)=(xy)^3 f^2\left(\dfrac{x+y}{xy}\right)$，且 $f(u)$ 可微，满足方程 $x^2\dfrac{\partial u}{\partial x}-y^2\dfrac{\partial u}{\partial y}=n(x-y)u$，则 $n=$

(   ).

A. 0   B. 2

C. 3   D. 4

E. 6

464. (考题难度系数 ☆☆·建议用时 2-3 min)

设 $z=\sqrt{xy+f\left(\dfrac{y}{x}\right)}$，其中 f 可导，则 $xz\dfrac{\partial z}{\partial x}+yz\dfrac{\partial z}{\partial y}=($).

A. z B. xy

C. yz D. xz

E. z^2

465.（考题难度系数 ☆☆ · 建议用时 2-3 min）

设函数 $z = e^y f\left(y e^{\frac{x^2}{2y^2}}\right)$，则 $(x^2 - y^2)\dfrac{\partial z}{\partial x} + xy\dfrac{\partial z}{\partial y} = ($).

A. xyz 　　　　　　　　　　　B. $-xyz$

C. yz 　　　　　　　　　　　D. $-yz$

E. z

466.（考题难度系数 ☆☆☆ · 建议用时 2-3 min）

设 $f(u,v,w)$ 是可微函数，且 $\left.\dfrac{\partial f}{\partial u}\right|_{(1,1,1)} = 1$，$\left.\dfrac{\partial f}{\partial v}\right|_{(1,1,1)} = 2$. 若令函数 $u = f\left(\dfrac{x}{y}, x^y, x^{\frac{1}{y}}\right)$，则

$\left.\dfrac{\partial u}{\partial y}\right|_{\substack{x=1 \\ y=1}} = ($).

A. 1 　　　　　　　　　　　B. 2

C. 0 　　　　　　　　　　　D. -1

E. -2

467.（考题难度系数 ☆☆☆☆ · 建议用时 2-3 min）

设函数 $f(u,v)$ 是可微函数，令 $y = f[x, f(x, x^2)]$，若 $f(0,0) = 0$，$\left.\dfrac{\partial f}{\partial u}\right|_{(0,0)} = 2$，$\left.\dfrac{\partial f}{\partial v}\right|_{(0,0)} = 3$，

则 $\left.\dfrac{dy}{dx}\right|_{x=0} = ($).

A. 2 　　　　　　　　　　　B. 3

C. 4 　　　　　　　　　　　D. 6

E. 8

468.（考题难度系数 ☆☆☆☆ · 建议用时 2-3 min）

设函数 $f(u,v)$ 可微，且 $\left.\dfrac{\partial f}{\partial u}\right|_{(0,0)} = 0$，$\left.\dfrac{\partial f}{\partial v}\right|_{(0,0)} = 2$，$\left.\dfrac{\partial f}{\partial v}\right|_{(0,1)} = 3$，且 $f(0,1) = 0$，若 $y = f[f(x, e^{-x}),$

$f(x^2, e^{-2x})]$，则 $\left.\dfrac{dy}{dx}\right|_{x=0} = ($).

A. 6 　　　　　　　　　　　B. -6

C. 12 　　　　　　　　　　　D. -12

E. 0

469.（考题难度系数 ☆☆☆☆ · 建议用时 2-3 min）

设函数 $f(u,v)$ 具有二阶连续偏导数，$g(x,y) = f\left[xy, \dfrac{1}{2}(x^2 - y^2)\right]$，且 $\dfrac{\partial^2 f}{\partial u^2} + \dfrac{\partial^2 f}{\partial v^2} = 1$，则 $\dfrac{\partial^2 g}{\partial x^2} +$

$\dfrac{\partial^2 g}{\partial y^2} = ($).

A. $x^2 + y^2$ 　　　　　　　　　　　B. $x^2 - y^2$

C. $-x^2 - y^2$ 　　　　　　　　　　　D. 1

E. 0

470. (考题难度系数 ☆☆ · 建议用时 1-3 min)

已知 $(x^2+axy-y^2)\mathrm{d}x+(x^2-bxy-y^2)\mathrm{d}y$ 是某函数 $f(x,y)$ 的全微分,则( ).

A. $a=1,b=1$ B. $a=-1,b=-1$

C. $a=2,b=2$ D. $a=-2,b=-2$

E. $a=2,b=1$

471. (考题难度系数 ☆☆☆ · 建议用时 2-3 min)

设函数 $f(x,y)$ 满足 $\mathrm{d}f(x,y)=\dfrac{x\mathrm{d}y-y\mathrm{d}x}{x^2+y^2}$,$f(1,1)=\dfrac{\pi}{4}$,则 $f(\sqrt{3},3)=($).

A. $\dfrac{\pi}{3}$ B. $\dfrac{\pi}{6}$

C. π D. 3π

E. 6π

472. (考题难度系数 ☆☆☆ · 建议用时 2-3 min)

已知函数 $f(x,y)$ 的全微分 $\mathrm{d}f(x,y)=(2xy+\sin y)\mathrm{d}x+(x^2+x\cos y)\mathrm{d}y$,且 $f(0,0)=0$,则 $f(1,\pi)=($).

A. 0   B. 1

C. π D. 2π

E. $\pi+1$

4.3 二元隐函数的偏导数与全微分计算

题组 A 得分 _____ /14分   题组 B 得分 _____ /12分

题组 A · 基础通关题

473. (考题难度系数 ☆☆ · 建议用时 2-3 min)

设函数 $z=z(x,y)$ 由方程 $\mathrm{e}^z+xyz+x+\cos x=2$ 确定,则 $\mathrm{d}z|_{(0,1)}=($).

A. $-\mathrm{d}x$ B. $-\mathrm{d}y$

C. $-\mathrm{d}x-\mathrm{d}y$ D. $\mathrm{d}x+\mathrm{d}y$

E. $-\mathrm{d}x+\mathrm{d}y$

474. (考题难度系数 ☆☆ · 建议用时 2-3 min)

设函数 $z=z(x,y)$ 由方程 $(x+1)z+y\ln z-\arctan 2xy=1$ 确定,则 $\dfrac{\partial z}{\partial x}\bigg|_{(0,2)}($).

A. -1 B. 1

C. -2 D. 2

E. 0

475.（考题难度系数 ☆ ☆ · 建议用时 2−3 min）

设 $z = z(x, y)$ 是由方程 $e^{2yz} + x + y^2 + z = \dfrac{7}{4}$ 确定的函数，则 $dz\big|_{\left(\frac{1}{2}, \frac{1}{2}\right)} = ($ $)$.

A. $-dx - \dfrac{1}{2}dy$ 　　　　　　　　　　B. $dx + dy$

C. $-\dfrac{1}{2}dx - dy$ 　　　　　　　　　　D. $\dfrac{1}{2}dx + \dfrac{1}{2}dy$

E. $-\dfrac{1}{2}dx - \dfrac{1}{2}dy$

476.（考题难度系数 ☆ ☆ ☆ · 建议用时 2−3 min）

设函数 $z = z(x, y)$ 由方程 $F(x - 2z, y - 3z) = 0$ 所确定，则（   ）.

A. $2\dfrac{\partial z}{\partial x} + 3\dfrac{\partial z}{\partial y} = 1$ 　　　　　　　B. $2\dfrac{\partial z}{\partial x} - 3\dfrac{\partial z}{\partial y} = 1$

C. $-2\dfrac{\partial z}{\partial x} + 3\dfrac{\partial z}{\partial y} = 1$ 　　　　　　D. $3\dfrac{\partial z}{\partial x} + 2\dfrac{\partial z}{\partial y} = 1$

E. $3\dfrac{\partial z}{\partial x} + 3\dfrac{\partial z}{\partial y} = 1$

477.（考题难度系数 ☆ ☆ ☆ · 建议用时 2−3 min）

设 $x + z = yf(x^2 - z^2)$，其中 f 具有连续导数，则 $z\dfrac{\partial z}{\partial x} + y\dfrac{\partial z}{\partial y} = ($ $)$.

A. x 　　　　　　　　　　　　　　　　B. y

C. z 　　　　　　　　　　　　　　　　D. $-x$

E. $-z$

478.（考题难度系数 ☆ ☆ ☆ · 建议用时 2−3 min）

设函数 $z = z(x, y)$ 是由方程 $x + y - z = e^z$ 所确定的函数，则 $\dfrac{\partial^2 z}{\partial x \partial y}\bigg|_{(0,1)} = ($ $)$.

A. 4 　　　　　　　　　　　　　　　　B. 8

C. $\dfrac{1}{4}$ 　　　　　　　　　　　　　　D. $-\dfrac{1}{8}$

E. $-\dfrac{1}{16}$

479.（考题难度系数 ☆ ☆ ☆ · 建议用时 2−3 min）

设三元方程 $e^{xy} + yz + \ln(1 + x^2 + y^2) - \cos(z - 1) = 0$，则在点 $(0, 0, 1)$ 的某邻域内该方程（   ）.

A. 只能确定一个具有连续偏导数的函数 $x = x(y, z)$

B. 只能确定一个具有连续偏导数的函数 $y = y(x, z)$

C. 只能确定一个具有连续偏导数的函数 $z = z(x, y)$

D. 能确定两个具有连续偏导数的函数 $x = x(y, z)$ 与 $y = y(x, z)$

E. 能确定两个具有连续偏导数的函数 $y = y(x, z)$ 与 $z = z(x, y)$

题组 B·强化通关题

480.（考题难度系数 ☆☆☆·建议用时 2-3 min）

设函数 $z=z(x,y)$ 由方程 $(y+z)^x=xy$ 确定，则 $\dfrac{\partial z}{\partial x}\bigg|_{(1,2)}=$（　　）.

A. $2-2\ln 2$　　　　　　　　　　B. 1

C. $2-4\ln 2$　　　　　　　　　　D. 0

E. $4-4\ln 2$

481.（考题难度系数 ☆☆☆·建议用时 2-3 min）

设函数 $z=z(x,y)$ 由方程 $\dfrac{1}{z}-\dfrac{1}{x}=f\left(\dfrac{1}{y}-\dfrac{1}{x}\right)$ 所确定，其中 f 可导，则 $x^2\dfrac{\partial z}{\partial x}+y^2\dfrac{\partial z}{\partial y}=$（　　）.

A. x　　　　　　　　　　　　　B. xy

C. z　　　　　　　　　　　　　D. z^2

E. xz

482.（考题难度系数 ☆☆☆·建议用时 2-3 min）

设函数 $z=z(x,y)$ 由 $\mathrm{e}^z+xz=2x-y$ 确定，则 $\dfrac{\partial^2 z}{\partial x^2}\bigg|_{(1,1)}=$（　　）.

A. $-\dfrac{1}{2}$　　　　　　　　　　B. 1

C. $-\dfrac{3}{2}$　　　　　　　　　　D. -1

E. -2

483.（考题难度系数 ☆☆☆·建议用时 2-3 min）

设 $F(x,y,z)$ 可微，$x=x(y,z)$，$y=y(x,z)$，$z=z(x,y)$ 都是方程 $F(x,y,z)=0$ 所确定的隐函数，则 $\dfrac{\partial x}{\partial y}\cdot\dfrac{\partial y}{\partial z}\cdot\dfrac{\partial z}{\partial x}=$（　　）.

A. 1　　　　　　　　　　　　　B. -1

C. 0　　　　　　　　　　　　　D. x

E. z

484.（考题难度系数 ☆☆☆☆·建议用时 2-3 min）

设函数 $u=f(x,y,z)$，$\varphi(x^2,\mathrm{e}^y,z)=0$，$y=\sin x$，其中 f 与 φ 都具有一阶连续偏导数，且 $\dfrac{\partial u}{\partial z}\neq 0$. 若 $\varphi(0,1,0)=0$，$f_1'(0,0,0)=1$，$f_2'(0,0,0)=0$，$f_3'(0,0,0)=1$，$\varphi_2'(0,1,0)=2$，$\varphi_3'(0,1,0)=1$，则 $\dfrac{\mathrm{d}u}{\mathrm{d}x}\bigg|_{x=0}=$（　　）.

A. 1　　　　　　　　　　　　　B. 2

C. −1   D. −2

E. 0

485.（考题难度系数 ☆ ☆ ☆ ☆ · 建议用时 2–3 min）

设 $f(u,v,w)$ 是可微函数,且 $\dfrac{\partial f}{\partial u}\Big|_{(0,0,1)}=1$,$\dfrac{\partial f}{\partial v}\Big|_{(0,0,1)}=1$,$\dfrac{\partial f}{\partial w}\Big|_{(0,0,1)}=2$. 函数 $z=z(x,y)$ 由方

程 $f(x,x+y,x+y+z)=0$ 确定,若 $z(0,0)=1$,则 $\left(\dfrac{\partial z}{\partial x}+\dfrac{\partial z}{\partial y}\right)\Big|_{(0,0)}=(\quad)$.

A. −2   B. $-\dfrac{3}{2}$

C. 2   D. $-\dfrac{7}{2}$

E. $\dfrac{7}{2}$

高等数学篇

4.4 多元函数极值与最值

题组 A 得分 ＿＿＿＿＿ /16 分   题组 B 得分 ＿＿＿＿＿ /14 分

题组 A · 基础通关题

486.（考题难度系数 ☆ ☆ ☆ · 建议用时 2–3 min）

设函数 $f(x,y)=x^2+xy+y^2+x-y+1$,则（　）.

A. $(0,0)$ 是 $f(x,y)$ 的极大值点   B. $(1,1)$ 是 $f(x,y)$ 的极小值点

C. $(1,-1)$ 是 $f(x,y)$ 的极大值点   D. $(1,-1)$ 是 $f(x,y)$ 的极小值点

E. $(-1,1)$ 是 $f(x,y)$ 的极小值点

487.（考题难度系数 ☆ ☆ ☆ · 建议用时 2–3 min）

设函数 $f(x,y)=-x^4-y^4+4xy-1$,则（　）.

A. $f(x,y)$ 在 $(0,0)$ 处取极大值,在 $(1,1)$ 处取极小值

B. $f(x,y)$ 在 $(1,1)$ 处取极小值,在 $(-1,-1)$ 处取极大值

C. $f(x,y)$ 在 $(0,0)$ 处取极小值,在 $(-1,-1)$ 处取极大值

D. $f(x,y)$ 在 $(1,1)$ 处取极小值,在 $(-1,-1)$ 处取极小值

E. $f(x,y)$ 在 $(1,1)$ 处取极大值,在 $(-1,-1)$ 处取极大值

488.（考题难度系数 ☆ ☆ ☆ · 建议用时 2–3 min）

设函数 $f(x,y)=x^4+y^4-x^2-2xy-y^2$,则（　）.

A. $(1,-1)$ 是 $f(x,y)$ 的极大值点   B. $(1,1)$ 是 $f(x,y)$ 的极大值点

C. $(1,-1)$ 是 $f(x,y)$ 的极小值点   D. $(-1,-1)$ 是 $f(x,y)$ 的极大值点

E. $(-1,-1)$ 是 $f(x,y)$ 的极小值点

489. (考题难度系数 ☆☆☆ · 建议用时 2-3 min)

设函数 $f(x,y)=x^2(2+y^2)+y\ln y$,则(　　).

　　A. $(0,1)$ 是 $f(x,y)$ 的极大值点　　　　　B. $(0,e)$ 是 $f(x,y)$ 的极大值点

　　C. $(0,1)$ 是 $f(x,y)$ 的极小值点　　　　　D. $(0,e^{-1})$ 是 $f(x,y)$ 的极大值点

　　E. $(0,e^{-1})$ 是 $f(x,y)$ 的极小值点

490. (考题难度系数 ☆☆☆ · 建议用时 2-3 min)

设函数 $f(x)$ 具有二阶连续导数,且 $f(x)>0$,$f'(0)=0$,则函数 $z=f(x)\ln f(y)$ 在点 $(0,0)$ 处取得极小值的一个充分条件是(　　).

　　A. $f(0)>1$,$f''(0)>0$　　　　　　　B. $f(0)>1$,$f''(0)<0$

　　C. $f(0)<1$,$f''(0)>0$　　　　　　　D. $f(0)<1$,$f''(0)<0$

　　E. $f(0)<0$,$f''(0)<0$

491. (考题难度系数 ☆☆☆☆ · 建议用时 2-3 min)

设函数 $f(x,y)=(x+y)e^{-x^2-y^2}$,则(　　).

　　A. $(0,0)$ 是 $f(x,y)$ 的极大值点　　　　　B. $(0,0)$ 是 $f(x,y)$ 的极大值点

　　C. $\left(\dfrac{1}{2},\dfrac{1}{2}\right)$ 是 $f(x,y)$ 的极小值点　　　　D. $\left(-\dfrac{1}{2},-\dfrac{1}{2}\right)$ 是 $f(x,y)$ 的极大值点

　　E. $\left(-\dfrac{1}{2},-\dfrac{1}{2}\right)$ 是 $f(x,y)$ 的极小值点

492. (考题难度系数 ☆☆☆ · 建议用时 2-3 min)

函数 $f(x,y)=2x-y+5$ 在 $x^2+y^2=5$ 的条件下(　　).

　　A. 最大值为 6,最小值为 2　　　　　　B. 最大值为 4,最小值为 2

　　C. 最大值为 6,最小值为 0　　　　　　D. 最大值为 10,最小值为 2

　　E. 最大值为 10,最小值为 0

493. (考题难度系数 ☆☆☆ · 建议用时 2-3 min)

在所有斜边长为 1 的直角三角形中,最大周长的直角三角形的周长为(　　).

　　A. $\sqrt{2}+1$　　　　　　　　　　　B. 2

　　C. $\sqrt{2}-1$　　　　　　　　　　　D. $2\sqrt{2}+1$

　　E. $2+\sqrt{2}$

题组 B · 强化通关题

494. (考题难度系数 ☆☆☆ · 建议用时 2-3 min)

对于二元函数 $z=3axy-x^3-y^3(a\neq 0)$,下列说法正确的是(　　).

　　A. $(0,0)$ 一定是该函数的极大值点

B. $(0,0)$ 一定是该函数的极小值点

C. (a,a) 一定是该函数的极大值点

D. (a,a) 一定是该函数的极小值点

E. (a,a) 是该函数的极大值点还是极小值点与 a 有关

495.（考题难度系数 ☆☆☆☆ · 建议用时 2-3 min）

设函数 $f(x,y)=e^{2x}(x+y^2+2y)$，则（　　）.

A. $(0,0)$ 是 $f(x,y)$ 的极大值点　　　　B. $\left(\dfrac{1}{2},-1\right)$ 是 $f(x,y)$ 的极大值点

C. $(0,0)$ 是 $f(x,y)$ 的极小值点　　　　D. $(1,-1)$ 是 $f(x,y)$ 的极大值点

E. $\left(\dfrac{1}{2},-1\right)$ 是 $f(x,y)$ 的极小值点

496.（考题难度系数 ☆☆ · 建议用时 1-2 min）

设可微函数 $f(x,y)$ 在点 (x_0,y_0) 取得极小值，给出下列四个结论：

① $f(x_0,y)$ 在 $y=y_0$ 处的导数大于零. 　　② $f(x_0,y)$ 在 $y=y_0$ 处的导数等于零.

③ $f(x,y_0)$ 在 $x=x_0$ 处的导数小于零. 　　④ $f(x,y_0)$ 在 $x=x_0$ 处的导数等于零.

其中正确的结论为（　　）.

A. ①③　　　　　　　　　　　　　　B. ②③

C. ①④　　　　　　　　　　　　　　D. ②④

E. ④

497.（考题难度系数 ☆☆☆☆☆ · 建议用时 2-3 min）

已知函数 $f(x,y)=x^4+y^4-(x+y)^2$，则

A. $(1,1)$ 是 $f(x,y)$ 的极大值点　　　　B. $(-1,-1)$ 是 $f(x,y)$ 的极大值点

C. $(1,1)$ 不是 $f(x,y)$ 的极值点　　　　D. $(0,0)$ 是 $f(x,y)$ 的极大值点

E. $(0,0)$ 不是 $f(x,y)$ 的极值点

498.（考题难度系数 ☆☆☆☆ · 建议用时 2-3 min）

设连续函数 $f(x,y)$ 满足 $\lim\limits_{\substack{x\to 0\\ y\to 0}}\dfrac{f(x,y)}{\ln(1+x^2+y^2)}=-1$，则给出以下四条结论：

① $\left.\dfrac{\partial f}{\partial x}\right|_{(0,0)}=0,\left.\dfrac{\partial f}{\partial y}\right|_{(0,0)}=0$；　　② $\left.\dfrac{\partial f}{\partial x}\right|_{(0,0)}=-1,\left.\dfrac{\partial f}{\partial y}\right|_{(0,0)}=-1$；

③ $\left.\mathrm{d}f\right|_{(0,0)}=0$；　　④ $f(x,y)$ 在 $(0,0)$ 处取极小值.

其中正确结论的个数是（　　）.

A. ①　　　　　　　　　　　　　　　B. ②

C. ①③　　　　　　　　　　　　　　D. ②④

E. ①③④

499.（考题难度系数 ☆☆☆☆ · 建议用时 2-3 min）

函数 $z = x^2 + y^2$ 在有界闭区域 $D = \{(x,y) \mid (x-1)^2 + y^2 \le 4\}$ 上（ ）.

A. 最大值为 9，最小值为 0　　　　B. 最大值为 1，最小值为 0

C. 最大值为 3，最小值为 -1　　　　D. 最大值为 1，最小值为 -1

E. 最大值为 0，最小值为 -1

500.（考题难度系数 ☆☆☆☆☆ · 建议用时 3-4 min）

当 $x \ge 0, y \ge 0$ 时，$x^2 + y^2 \le k\mathrm{e}^{x+y}$ 恒成立，则 k 的取值范围是（ ）.

A. $k \ge 2\mathrm{e}^{-2}$　　　　B. $k < 4\mathrm{e}^{-2}$

C. $k \ge 4\mathrm{e}^{-2}$　　　　D. $k < 6\mathrm{e}^{-2}$

E. $k \ge 6\mathrm{e}^{-2}$

线性代数篇

第一章　行列式与矩阵

1.1　行　列　式

📋 题组 A 得分 _____ /28 分　　📋 题组 B 得分 _____ /30 分

题组 A · 基础通关题

501. （考题难度系数 ☆ ☆ · 建议用时 1−2 min）

已知 $\begin{vmatrix} x & x & 1 & 2x \\ 1 & x & 2 & -1 \\ 2 & 1 & x & 1 \\ 2 & -1 & 1 & x \end{vmatrix} = a_4 x^4 + a_3 x^3 + a_2 x^2 + a_1 x + a_0$，则 $a_3 = ($　　$)$.

A. 5

B. 3

C. −3

D. −4

E. −5

502. （考题难度系数 ☆ ☆ · 建议用时 1−2 min）

已知 $\begin{vmatrix} x & -1 & 0 & x \\ 2 & 2 & 3 & x \\ -7 & 10 & 4 & 4 \\ 1 & -7 & 1 & x \end{vmatrix} = a_4 x^4 + a_3 x^3 + a_2 x^2 + a_1 x + a_0$，则 $a_0 = ($　　$)$.

A. −4

B. 4

C. 8

D. 12

E. 16

503. （考题难度系数 ☆ ☆ · 建议用时 1−2 min）

设 $\begin{vmatrix} a_{11} & a_{12} \\ a_{21} & a_{22} \end{vmatrix} = M$，$\begin{vmatrix} b_{11} & b_{12} \\ b_{21} & b_{22} \end{vmatrix} = N$，则（　　）.

A. 当 $a_{ij} = 2b_{ij}(i,j=1,2)$ 时，$M = 2N$

B. 当 $a_{ij} = 2b_{ij}(i,j=1,2)$ 时，$M = 4N$

C. 当 $M = N$ 时，$a_{ij} = b_{ij}(i,j=1,2)$

D. 当 $M = 2N$ 时，$a_{ij} = 2b_{ij}(i,j=1,2)$

E. 当 $M = 4N$ 时，$a_{ij} = 2b_{ij}(i,j=1,2)$

504. (考题难度系数 ☆☆ · 建议用时 1−2 min)

已知 $\begin{vmatrix} a_{11} & a_{12} & a_{13} \\ a_{21} & a_{22} & a_{23} \\ a_{31} & a_{32} & a_{33} \end{vmatrix} = 2$，则 $\begin{vmatrix} a_{31} & 5a_{31}-2a_{32} & 4a_{33}-a_{31} \\ -3a_{21} & -15a_{21}+6a_{22} & -12a_{23}+3a_{21} \\ a_{11} & 5a_{11}-2a_{12} & 4a_{13}-a_{11} \end{vmatrix} = ($　　$)$.

A. −48　　　　　　　　　　　B. −24

C. −12　　　　　　　　　　　D. 24

E. 48

505. (考题难度系数 ☆☆ · 建议用时 1−2 min)

已知 $f(x) = \begin{vmatrix} 1 & -2 & 1 \\ -1 & 4 & x \\ 1 & -8 & x^2 \end{vmatrix}$，则 $f(x)=0$ 的根为($　　$).

A. $x_1 = -1, x_2 = 1$　　　　　B. $x_1 = 1, x_2 = -2$

C. $x_1 = 1, x_2 = 2$　　　　　D. $x_1 = -1, x_2 = 2$

E. $x_1 = -1, x_2 = -2$

506. (考题难度系数 ☆☆ · 建议用时 2−3 min)

行列式 $\begin{vmatrix} 2 & 1 & -5 & 1 \\ 1 & -3 & 0 & -6 \\ 0 & 2 & -1 & 2 \\ 1 & 4 & -7 & 6 \end{vmatrix} = ($　　$)$.

A. 3　　　　　　　　　　　　B. 9

C. 18　　　　　　　　　　　　D. 27

E. 36

507. (考题难度系数 ☆☆ · 建议用时 2−3 min)

行列式 $\begin{vmatrix} 1 & a & 0 & 0 \\ 0 & 1 & a & 0 \\ 0 & 0 & 1 & a \\ a & 0 & 0 & 1 \end{vmatrix} = ($　　$)$.

A. $1+a^4$　　　　　　　　　　B. 1

C. a^4　　　　　　　　　　　D. $1-a^4$

E. $1-a$

508. (考题难度系数 ☆☆ · 建议用时 1−2 min)

行列式 $\begin{vmatrix} 1 & 1 & 1 & 1 \\ 1 & 2 & 0 & 0 \\ 1 & 0 & 3 & 0 \\ 1 & 0 & 0 & 4 \end{vmatrix} = ($　　$)$.

A. 2 B. 1

C. 0 D. −1

E. −2

509.（考题难度系数 ☆☆☆·建议用时 2−3 min）

已知 $\begin{vmatrix} 3 & -5 & 2 & 1 \\ 1 & 1 & 0 & -5 \\ -1 & 3 & 1 & 3 \\ 2 & -4 & -1 & -3 \end{vmatrix}$ 的 (i,j) 元代数余子式为 A_{ij}，则 $A_{11}+A_{12}+A_{13}+A_{14}=($).

A. −4 B. 4

C. 8 D. 12

E. 16

510.（考题难度系数 ☆☆☆·建议用时 2−3 min）

设 $\begin{vmatrix} 3 & -5 & 2 & 1 \\ 1 & 1 & 0 & -5 \\ -1 & 3 & 1 & 3 \\ 2 & -4 & -1 & -3 \end{vmatrix}$ 的 (i,j) 元的余子式为 M_{ij}，则 $M_{11}+M_{21}+M_{31}+M_{41}=($).

A. −4 B. 4

C. 0 D. 8

E. −8

511.（考题难度系数 ☆☆☆·建议用时 2−3 min）

设行列式 $D=\begin{vmatrix} 1 & 2 & 3 & 4 & 5 \\ 2 & 1 & 0 & 0 & 0 \\ 3 & 0 & 1 & 0 & 0 \\ 4 & 0 & 0 & 1 & 0 \\ 5 & 0 & 0 & 0 & 1 \end{vmatrix}$，则代数余子式 $2A_{11}-A_{12}+3A_{13}-A_{14}=($).

A. 2 B. −2

C. 4 D. −4

E. −1

512.（考题难度系数 ☆☆☆☆·建议用时 2−3 min）

已知行列式 $D=\begin{vmatrix} 1 & 2 & 3 & 4 & 5 \\ 2 & 2 & 2 & 1 & 1 \\ 3 & 1 & 2 & 4 & 5 \\ 1 & 1 & 1 & 2 & 2 \\ 4 & 4 & 4 & 3 & 3 \end{vmatrix}$，$A_{ij}$ 表示 D 中 (i,j) 元的代数余子式，则 $A_{41}+A_{42}+A_{43}$ 与

$A_{44}+A_{45}$ 分别为（ ）.

A. 1,1　　　　　　　　　　　　　B. 0,1

C. -1,1　　　　　　　　　　　　D. 0,0

E. 1,0

513. (考题难度系数 ☆☆☆☆・建议用时 2-3 min)

$$行列式 D_n = \begin{vmatrix} 2 & 0 & \cdots & 0 & 2 \\ -1 & 2 & \cdots & 0 & 2 \\ \vdots & \vdots & & \vdots & \vdots \\ 0 & 0 & \cdots & 2 & 2 \\ 0 & 0 & \cdots & -1 & 2 \end{vmatrix} = (\quad).$$

A. $2^n - 2$　　　　　　　　　　B. $2^{n+1} - 2$

C. 2^n　　　　　　　　　　　　D. $2^{n-1} - 2$

E. 2^{n+1}

题组 B・强化通关题

514. (考题难度系数 ☆☆☆・建议用时 2-3 min)

已知四阶行列式 $D_4 = (a_{ij})_{4 \times 4}$，且 $a_{ij} = |i - j|$，则 $D_4 = (\quad)$.

A. 4　　　　　　　　　　　　　　B. -4

C. 12　　　　　　　　　　　　　D. -12

E. 16

515. (考题难度系数 ☆☆☆・建议用时 2-3 min)

设函数 $f(x) = \begin{vmatrix} x & 1 & 2 & 3 \\ 3 & x & 1 & 2 \\ 2 & 3 & x & 1 \\ 1 & 2 & 3 & x \end{vmatrix}$，则 $f(4) = (\quad)$.

A. 10　　　　　　　　　　　　　B. 40

C. 80　　　　　　　　　　　　　D. 160

E. 320

516. (考题难度系数 ☆☆☆・建议用时 2-3 min)

已知 $\begin{vmatrix} x & -m & -1 & 0 \\ 0 & -x & m & 1 \\ -1 & 0 & x & -m \\ m & 1 & 0 & -x \end{vmatrix} = a_4 x^4 + a_3 x^3 + a_2 x^2 + a_1 x + a_0$，则 $a_4 + a_3 + a_2 + a_1 + a_0 = (\quad)$.

A. $-m^4 + 4m^2$　　　　　　　　B. $m^4 + 4m^2$

C. $-m^4 + 2m^2$　　　　　　　　D. $m^4 - 4m^2$

E. $-m^4 - 4m^2$

517.（考题难度系数 ☆☆☆ · 建议用时 2-3 min）

若向量 $\boldsymbol{\alpha} = (x, y)$ 满足 $\begin{vmatrix} x & 2 & 2 \\ 2 & y & 2 \\ 2 & 2 & 1 \end{vmatrix} = \begin{vmatrix} 2 & y & 2 \\ x & 2 & 2 \\ 2 & 2 & 1 \end{vmatrix}$，且 $|x - y| = 3$，则这样的向量有（　　）.

A. 1 个   B. 2 个

C. 3 个   D. 4 个

E. 6 个

518.（考题难度系数 ☆☆☆ · 建议用时 2-3 min）

设 $f(x) = \begin{vmatrix} 1 & -1 & 1 & x-1 \\ 1 & -1 & x+1 & -1 \\ 1 & x-1 & 1 & -1 \\ x+1 & -1 & 1 & -1 \end{vmatrix}$，则方程 $f(x) = 0$ 的实根个数为（　　）.

A. 1 个   B. 2 个

C. 3 个   D. 4 个

E. 5 个

519.（考题难度系数 ☆☆☆ · 建议用时 2-3 min）

设函数 $f(x, y) = \begin{vmatrix} a & b & c & d \\ x & 0 & 0 & y \\ y & 0 & 0 & x \\ d & c & b & a \end{vmatrix}$，其中 a, b, c, d 为常数，则有（　　）.

A. $f(1, 1) = 0$ B. $f(1, a) = 0$

C. $f(a, 1) = 0$ D. $f(a, b) = 0$

E. $f(b, a) = 0$

520.（考题难度系数 ☆☆☆ · 建议用时 2-3 min）

设 $\boldsymbol{\alpha}_1, \boldsymbol{\alpha}_2, \boldsymbol{\alpha}_3$ 是 3 维列向量，则与 3 阶行列式 $|\boldsymbol{\alpha}_1, \boldsymbol{\alpha}_2, \boldsymbol{\alpha}_3|$ 相等的行列式为（　　）.

A. $|\boldsymbol{\alpha}_2, -\boldsymbol{\alpha}_1, -\boldsymbol{\alpha}_3|$ B. $|\boldsymbol{\alpha}_3, \boldsymbol{\alpha}_2, \boldsymbol{\alpha}_1|$

C. $|\boldsymbol{\alpha}_1 + \boldsymbol{\alpha}_2, \boldsymbol{\alpha}_2 + \boldsymbol{\alpha}_3, \boldsymbol{\alpha}_3 + \boldsymbol{\alpha}_1|$ D. $|\boldsymbol{\alpha}_3, \boldsymbol{\alpha}_1, -\boldsymbol{\alpha}_2|$

E. $|\boldsymbol{\alpha}_1, \boldsymbol{\alpha}_1 + \boldsymbol{\alpha}_2, \boldsymbol{\alpha}_1 + \boldsymbol{\alpha}_2 + \boldsymbol{\alpha}_3|$

521.（考题难度系数 ☆☆☆ · 建议用时 2-3 min）

设行列式 $D = \begin{vmatrix} 1 & 1 & 1 & 1 & 1 \\ 2 & 1 & 1 & 1 & 1 \\ 1 & 2 & 1 & 1 & 1 \\ 1 & 1 & 2 & 1 & 1 \\ 1 & 1 & 1 & 2 & 1 \end{vmatrix}$，则其所有元素的代数余子式之和为（　　）.

A. 0   B. 1

C. 2   D. 3

E. 4

线性代数篇

522. （考题难度系数☆☆☆☆·建议用时 2-3 min）

设 4 阶行列式 $D = \begin{vmatrix} 1 & 0 & 2 & 0 \\ -1 & 4 & 3 & 6 \\ 0 & -2 & 5 & -3 \\ \frac{1}{2} & 1 & \frac{1}{3} & 2 \end{vmatrix}$，$A_{ij}$ 为 a_{ij} 的代数余子式，则 $2A_{31} + 4A_{33} + 3A_{41} + A_{42} +$

$A_{43} = ($　　$)$.

　　A. 24　　　　　　　　　　　　　B. 0

　　C. -1　　　　　　　　　　　　D. 9

　　E. -45

523. （考题难度系数☆☆☆·建议用时 2-3 min）

设 $\boldsymbol{\alpha}, \boldsymbol{\beta}, \boldsymbol{\gamma}, \boldsymbol{\delta}$ 均为 3 维列向量，矩阵 $\boldsymbol{A} = (\boldsymbol{\alpha}, \boldsymbol{\beta}, \boldsymbol{\gamma})$，$\boldsymbol{B} = (\boldsymbol{\alpha}, \boldsymbol{\beta}, \boldsymbol{\delta})$，且 $|\boldsymbol{A}| = 2$，$|\boldsymbol{B}| = 3$，则行列式 $|\boldsymbol{A} + \boldsymbol{B}| = ($　　$)$.

　　A. 5　　　　　　　　　　　　　　B. 10

　　C. 6　　　　　　　　　　　　　　D. 15

　　E. 20

524. （考题难度系数☆☆·建议用时 1-2 min）

设 $\boldsymbol{A}$ 是 n 阶可逆矩阵，则行列式 $\left| |\boldsymbol{A}^*| \boldsymbol{A}^{-1} \right| = ($　　$)$.

　　A. $|\boldsymbol{A}|^{n^2-n+1}$　　　　　　　　　B. $|\boldsymbol{A}|^{n^2-n-1}$

　　C. $|\boldsymbol{A}|^{n^2-n}$　　　　　　　　　　D. $|\boldsymbol{A}|^{n^2+n}$

　　E. $|\boldsymbol{A}|^{n^2+n+2}$

525. （考题难度系数☆☆☆·建议用时 2-3 min）

设 $\boldsymbol{A}, \boldsymbol{B}$ 均为 n 阶矩阵，且 $|\boldsymbol{A}| = a$，$|\boldsymbol{B}| = b$，则 $\begin{vmatrix} 5\boldsymbol{A} & -3\boldsymbol{A}^* \\ \left(\dfrac{\boldsymbol{B}}{2}\right)^{-1} & \boldsymbol{O} \end{vmatrix} = ($　　$)$.

　　A. $(-1)^{n^2-1} \dfrac{6a^{n-1}}{b}$　　　　　　B. $(-1)^{n^2}\left(\dfrac{3}{2}\right)^n \dfrac{a^{n-1}}{b}$

　　C. $(-1)^{n^2+n} 6^n \dfrac{a^{n-1}}{b}$　　　　　D. $(-1)^{n^2+n}\left(\dfrac{3}{2}\right)^n \dfrac{a^{n-1}}{b}$

　　E. $(-1)^{n^2+n}\left(\dfrac{5}{2}\right)^n \dfrac{a^{n-1}}{b}$

526. （考题难度系数☆☆·建议用时 1-2 min）

设矩阵 $\boldsymbol{A} = \begin{pmatrix} 1 & 2 & 3 \\ 0 & -1 & 0 \\ 3 & 1 & 5 \end{pmatrix}$，则 $\left| \left(\dfrac{\boldsymbol{A}}{2}\right)^* \right| = ($　　$)$.

　　A. 4　　　　　　　　　　　　　　B. 16

C. $\dfrac{1}{4}$ D. $\dfrac{1}{16}$

E. $\dfrac{1}{64}$

527.（考题难度系数 ☆☆·建议用时 1-2 min）

已知矩阵 $A = \begin{pmatrix} 3 & 2 & 1 \\ 3 & 1 & 5 \\ 3 & 2 & 3 \end{pmatrix}$，则行列式 $\left| 2A^{-1} + A^* \right| = ($ $)$.

A. $\dfrac{16}{3}$ B. $\dfrac{32}{3}$

C. -6 D. 6

E. -12

528.（考题难度系数 ☆☆☆·建议用时 2-3 min）

设 A,B 是三阶可逆矩阵，A^* 是 A 的伴随矩阵，若 $|A|=2$，则 $\left| (2A)^* \cdot \left(\dfrac{1}{2} A \right)^T \right| = ($ $)$.

A. 2   B. 8

C. 16   D. 64

E. 128

1.2 矩阵的基本运算

📖 题组 A 得分 _____ /40 分   📖 题组 B 得分 _____ /22 分

题组 A·基础通关题

529.（考题难度系数 ☆☆·建议用时 1-2 min）

设 A 与 B 为 n 阶方阵，且 $AB = O$，则一定有(   ).

A. $A = O, B = O$ B. $AB = BA$

C. $|A| = 0$ 或 $|B| = 0$ D. $|A| + |B| = 0$

E. $|A - B| = 0$

530.（考题难度系数 ☆☆·建议用时 1-2 min）

设 A 和 B 均为 $n \times n$ 矩阵，则一定有(   ).

A. $|A + B| = |A| + |B|$ B. $(A + B)^2 = A^2 + 2AB + B^2$

C. $|AB| = |BA|$ D. $(A + B)^{-1} = A^{-1} + B^{-1}$

E. $(A + B)(A - B) = A^2 - B^2$

531.（考题难度系数 ☆☆·建议用时 1-2 min）

设 A 和 B 均为 n 阶可逆矩阵 $(n \geq 2)$，m 是大于 1 的整数，则一定有(   ).

A. $(AB)^{T}=A^{T}B^{T}$　　　　　　　　　　B. $(AB)^{m}=A^{m}B^{m}$

C. $|AB^{T}|=|B^{T}A^{T}|$　　　　　　　　　　D. $(AB)^{-1}=A^{-1}B^{-1}$

E. $(AB)^{*}=A^{*}B^{*}$

532.（考题难度系数☆☆☆·建议用时 2-3 min）

设 n 维行向量 $\alpha=\left(\dfrac{1}{2},0,\cdots,0,\dfrac{1}{2}\right)$，矩阵 $A=E-\alpha^{T}\alpha,B=E+2\alpha^{T}\alpha$，其中 E 为 n 阶单位矩阵，则 AB 等于（　　）．

A. 0　　　　　　　　　　　　　　　B. $-E$

C. E　　　　　　　　　　　　　　　D. $E+\alpha^{T}\alpha$

E. $E-\alpha^{T}\alpha$

533.（考题难度系数☆☆·建议用时 1-2 min）

设 A 为 n 阶矩阵，下列命题成立的是（　　）．

A. 若 $A^{2}=O$，则 $A=O$　　　　　　　B. 若 $A^{2}=A$，则 $A=O$ 或 $A=E$

C. 若 $A^{2}=-A$，则 $A=O$ 或 $A=-E$　　D. 若 $A\neq O$，则 $|A|\neq0$

E. 若 $|A|\neq0$，则 $A\neq O$

534.（考题难度系数☆☆·建议用时 1-2 min）

已知 AB 为 3 阶方阵，且 $|A|=-1$，$|B|=2$，则 $|2(A^{T}B^{-1})^{2}|=$（　　）．

A. -1　　　　　　　　　　　　　　B. 1

C. -2　　　　　　　　　　　　　　D. 2

E. 0

535.（本题是基础运算能力训练习题，非真题考题形式）

（1）设矩阵 $A=\begin{pmatrix}2&-1\\1&1\end{pmatrix}$，求逆矩阵 A^{-1}．

（2）设矩阵 $A=\begin{pmatrix}4&-6\\3&6\end{pmatrix}$，求逆矩阵 A^{-1}．

（3）设矩阵 $A=\begin{pmatrix}\cos\theta&-\sin\theta\\\sin\theta&\cos\theta\end{pmatrix}$，求逆矩阵 A^{-1}

536.（本题是基础运算能力训练习题，非真题考题形式）

（1）设矩阵 $A=\begin{pmatrix}1&-1&-1\\2&-1&-3\\3&2&-5\end{pmatrix}$，求逆矩阵 A^{-1}．

（2）设矩阵 $A=\begin{pmatrix}1&0&1\\0&0&-2\\2&1&-1\end{pmatrix}$，求逆矩阵 A^{-1}

537.（本题是基础运算能力训练习题,非真题考题形式）

（1）设矩阵 $A = \begin{pmatrix} 5 & 2 & 0 & 0 \\ 2 & 1 & 0 & 0 \\ 0 & 0 & 1 & -2 \\ 0 & 0 & 1 & 1 \end{pmatrix}$，求逆矩阵 A^{-1}.

（2）设矩阵 $A = \begin{pmatrix} 0 & a_1 & 0 & \cdots & 0 \\ 0 & 0 & a_2 & \cdots & 0 \\ \vdots & \vdots & \vdots & & \vdots \\ 0 & 0 & 0 & \cdots & a_{n-1} \\ a_n & 0 & 0 & \cdots & 0 \end{pmatrix}$，其中 $a_i \neq 0, i = 1, 2, \cdots, n$，求逆矩阵 A^{-1}.

538.（本题是基础运算能力训练习题,非真题考题形式）

（1）设矩阵 A 满足 $A^2 - A - 2E = O$，其中 E 为单位矩阵，求逆矩阵 A^{-1}.

（2）设矩阵 A 满足 $A^2 + A - 4E = O$，其中 E 为单位矩阵，求逆矩阵 $(A-E)^{-1}$.

539.（考题难度系数 ☆☆・建议用时 1-2 min）

设 n 阶方阵 A、B、C 满足关系式 $BAC = E$，其中 E 是 n 阶单位阵，则（ ）.

A. $ACB = E$，且 $CBA = E$
B. $ACB = E$，且 $BCA = E$

C. $CBA = E$，且 $BCA = E$
D. $ACB = E$，且 $BA = E$

E. $ACB = E$，且 $CB = E$

540.（考题难度系数 ☆☆・建议用时 1-2 min）

已知矩阵 $A = \begin{pmatrix} 1 & 2 & 3 \\ 0 & t & 0 \\ 3 & 1 & 5 \end{pmatrix}$. 若行列式 $|-2A^{-1}| = -2$，则 $t = $（ ）.

A. -1
B. 1

C. -2
D. 2

E. -4

541.（考题难度系数 ☆☆・建议用时 1-2 min）

设 A 为 n 阶可逆矩阵$(n \geq 3)$，k 为常数，且 $k \neq 0, \pm 1$，则 $(kA^{-1})^* = $（ ）.

A. $\dfrac{A}{k^{n-1}|A|}$
B. $\dfrac{A}{k^n|A|}$

C. $k^{n-1}\dfrac{A}{|A|}$
D. $k^n\dfrac{A}{|A|}$

E. $k^{n+1}\dfrac{A}{|A|}$

542.（考题难度系数 ☆☆・建议用时 1-2 min）

设 n 阶矩阵 A 可逆 $(n \geq 2)$，A^* 是矩阵 A 的伴随矩阵，则（ ）.

A. $(A^*)^* = |A|^{n-1}A$
B. $(A^*)^* = |A|^{n+1}A$

C. $(A^*)^* = |A|^{n-2}A$　　　　　　　　　　D. $(A^*)^* = |A|^{n+2}A$

E. $(A^*)^* = |A|^n A$

543. (考题难度系数☆☆·建议用时 1-2 min)

已知 $A = \begin{pmatrix} 1 & -1 & -1 \\ 2 & -1 & -3 \\ 3 & 2 & -5 \end{pmatrix}$，$A^*$ 是 A 的伴随矩阵，则 $(A^*)^* = ($　　$)$.

A. $\dfrac{1}{3}A^{\mathrm{T}}$　　　　　　　　　　B. $-\dfrac{1}{3}A$

C. $\dfrac{1}{3}A$　　　　　　　　　　D. $-3A$

E. $3A$

544. (考题难度系数☆☆·建议用时 1-2 min)

已知 A 为 3 阶矩阵，且 $|A| = 2$. 若行列式 $|(aA)^{-1} - A^*| = -\dfrac{27}{16}$，则 $a = ($　　$)$.

A. 1　　　　　　　　　　B. -1

C. 2　　　　　　　　　　D. 0

E. -2

545. (考题难度系数☆☆☆·建议用时 2-3 min)

设 A，B 为 n 阶可逆矩阵，A^*，B^* 分别为 A，B 对应的伴随矩阵，则 $\begin{pmatrix} A & O \\ O & B \end{pmatrix}^* = ($　　$)$.

A. $\begin{pmatrix} |B|A^* & O \\ O & |A|B^* \end{pmatrix}$　　　　　　B. $\begin{pmatrix} |A|A^* & O \\ O & |A|B^* \end{pmatrix}$

C. $\begin{pmatrix} |B|A^* & O \\ O & |B|B^* \end{pmatrix}$　　　　　　D. $\begin{pmatrix} |A|A^* & O \\ O & |B|B^* \end{pmatrix}$

E. $\begin{pmatrix} |B|A^* & B \\ O & |A|B^* \end{pmatrix}$

546. (考题难度系数☆☆☆☆·建议用时 2-3 min)

已知非零实矩阵 $A = (a_{ij})_{3 \times 3}$ 满足条件 $A_{ij} = a_{ij}(i,j = 1,2,3)$，其中 A_{ij} 是 a_{ij} 的代数余子式，则行列式 $|A| = ($　　$)$.

A. 1　　　　　　　　　　B. 1 或 0

C. -1　　　　　　　　　　D. -1 或 0

E. 0

547. (考题难度系数☆☆☆·建议用时 2-3 min)

设矩阵 $A = \begin{pmatrix} 1 & 0 & 1 \\ 0 & 2 & 0 \\ 1 & 0 & 1 \end{pmatrix}$，且矩阵 X 满足 $AX + E = A^2 + X$，则 $X = ($　　$)$.

A. $\begin{pmatrix} 2 & 0 & 1 \\ 0 & 3 & 0 \\ 1 & 0 & 2 \end{pmatrix}$ B. $\begin{pmatrix} 1 & 0 & 1 \\ 0 & 2 & 0 \\ 1 & 0 & 1 \end{pmatrix}$

C. $\begin{pmatrix} 3 & 0 & 1 \\ 0 & 4 & 0 \\ 1 & 0 & 3 \end{pmatrix}$ D. $\begin{pmatrix} 0 & 0 & 1 \\ 0 & 1 & 0 \\ 1 & 0 & 0 \end{pmatrix}$

E. $\begin{pmatrix} 1 & 0 & 0 \\ 0 & 1 & 0 \\ 0 & 0 & 1 \end{pmatrix}$

548. （考题难度系数 ☆☆☆·建议用时 2–3 min）

已知 A, B 为 3 阶矩阵，且满足 $2A^{-1}B = B - 4E$，其中 E 是 3 阶单位矩阵. 若 $B = \begin{pmatrix} 1 & -2 & 0 \\ 1 & 2 & 0 \\ 0 & 0 & 2 \end{pmatrix}$，则 $A = ($　　$)$.

A. $\begin{pmatrix} 0 & -2 & 0 \\ -1 & -1 & 0 \\ 0 & 0 & -2 \end{pmatrix}$ B. $\begin{pmatrix} 0 & 2 & 0 \\ 1 & 1 & 0 \\ 0 & 0 & -2 \end{pmatrix}$

C. $\begin{pmatrix} 2 & 2 & 0 \\ -1 & -1 & 0 \\ 0 & 0 & -2 \end{pmatrix}$ D. $\begin{pmatrix} 0 & 2 & 0 \\ -1 & -1 & 0 \\ 0 & 0 & -2 \end{pmatrix}$

E. $\begin{pmatrix} 1 & 1 & 0 \\ -1 & -1 & 0 \\ 0 & 0 & -2 \end{pmatrix}$

题组 B·强化通关题

549. （考题难度系数 ☆☆☆·建议用时 2–3 min）

设 $A = \begin{pmatrix} 1 & -1 & 2 \\ -2 & -1 & -2 \\ 4 & 3 & 3 \end{pmatrix}$，则 $[(-2A)^*]^{-1} = ($　　$)$.

A. A B. $2A$

C. $\dfrac{1}{2}A$ D. $\dfrac{1}{3}A$

E. $\dfrac{1}{4}A$

550. （考题难度系数 ☆☆☆·建议用时 2–3 min）

已知矩阵 $A = \begin{pmatrix} 1 & 2 \\ 2 & 3 \end{pmatrix}$，$E$ 为 2 阶单位矩阵，则 $A^4 - 2A^3 - 9A^2 = ($　　$)$.

A. $2\boldsymbol{E}$

B. $-2\boldsymbol{E}$

C. $-\boldsymbol{A}$

D. $-2\boldsymbol{A}$

E. $2\boldsymbol{A}$

551. (考题难度系数☆☆☆·建议用时 2-3 min)

设 $\boldsymbol{A},\boldsymbol{B}$ 是 3 阶可逆矩阵，$\boldsymbol{A}^*$ 是 $\boldsymbol{A}$ 的伴随矩阵，若 $|\boldsymbol{A}|=2$，则 $(\boldsymbol{A}^*\boldsymbol{B}^{-1}\boldsymbol{A})^{-1}=(\quad)$.

A. $\dfrac{1}{2}\boldsymbol{A}^{-1}\boldsymbol{B}\boldsymbol{A}$

B. $\dfrac{1}{8}\boldsymbol{A}^{-1}\boldsymbol{B}\boldsymbol{A}$

C. $2\boldsymbol{A}^{-1}\boldsymbol{B}\boldsymbol{A}$

D. $\dfrac{1}{2}\boldsymbol{A}\boldsymbol{B}\boldsymbol{A}^{-1}$

E. $2\boldsymbol{A}\boldsymbol{B}\boldsymbol{A}^{-1}$

552. (考题难度系数☆☆☆·建议用时 2-3 min)

已知 $\boldsymbol{A}=\begin{pmatrix} 2 & 3 & 0 & 0 \\ 1 & 1 & 0 & 0 \\ 0 & 0 & 2 & 0 \\ 0 & 0 & 0 & 1 \end{pmatrix}$，$\boldsymbol{A}^*$ 是 $\boldsymbol{A}$ 的伴随矩阵，则 $\left(\dfrac{1}{4}\boldsymbol{A}^*\boldsymbol{A}^2\right)^{-1}=(\quad)$.

A. $\begin{pmatrix} 2 & -6 & 0 & 0 \\ -2 & 4 & 0 & 0 \\ 0 & 0 & -1 & 0 \\ 0 & 0 & 0 & -2 \end{pmatrix}$

B. $\begin{pmatrix} -1 & 0 & 0 & 0 \\ 0 & -2 & 0 & 0 \\ 0 & 0 & 2 & -6 \\ 0 & 0 & -2 & 4 \end{pmatrix}$

C. $\begin{pmatrix} 2 & 6 & 0 & 0 \\ -2 & 4 & 0 & 0 \\ 0 & 0 & 1 & 0 \\ 0 & 0 & 0 & -2 \end{pmatrix}$

D. $\begin{pmatrix} 2 & -6 & 0 & 0 \\ 2 & -4 & 0 & 0 \\ 0 & 0 & -1 & 0 \\ 0 & 0 & 0 & -2 \end{pmatrix}$

E. $\begin{pmatrix} -2 & -6 & 0 & 0 \\ 2 & 4 & 0 & 0 \\ 0 & 0 & -1 & 0 \\ 0 & 0 & 0 & -2 \end{pmatrix}$

553. (考题难度系数☆☆☆·建议用时 2-3 min)

设矩阵 $\boldsymbol{A}=\begin{pmatrix} 4 & 2 \\ 4 & 1 \end{pmatrix}$，则 $(\boldsymbol{A}+2\boldsymbol{E})^{-1}(\boldsymbol{A}^*-2\boldsymbol{E})=(\quad)$.

A. $\begin{pmatrix} \dfrac{1}{2} & -1 \\ -2 & 2 \end{pmatrix}$

B. $\begin{pmatrix} 1 & -2 \\ -4 & 4 \end{pmatrix}$

C. $\begin{pmatrix} 1 & 2 \\ 4 & 4 \end{pmatrix}$

D. $\begin{pmatrix} \dfrac{1}{8} & 4 \\ 4 & \dfrac{1}{2} \end{pmatrix}$

E. $\begin{pmatrix} 2 & -4 \\ -8 & 8 \end{pmatrix}$

554.（考题难度系数 ☆☆☆·建议用时 2−3 min）

矩阵 $A = \begin{pmatrix} 1 & 4 & 0 & 2 \\ 0 & 1 & -1 & x \\ 3 & 10 & y & 4 \\ 2 & 7 & 1 & 3 \end{pmatrix}$ 可逆的充分必要条件是（　　）.

A. $x \neq 1$ 或 $y \neq 2$ 　　　　　　B. $x \neq 1$ 且 $y \neq 2$

C. $x = 1$ 或 $y = 2$ 　　　　　　　D. $x = 1$ 且 $y \neq 1$

E. $x = 1$ 且 $y \neq 2$

555.（考题难度系数 ☆☆☆·建议用时 2−3 min）

设 A, B 是 n 阶矩阵，考虑下列命题：

① 若 $AB = E$，则 A, B 都可逆. 　　　② 若 $(AB)^2 = E$，则 $(BA)^2 = E$.

③ 若 A 或 B 不可逆，则 AB 必不可逆. 　　④ 若 A, B 均不可逆，则 $A+B$ 必不可逆.

其中正确的个数为（　　）.

A. 0 个 　　　　　　　　　　　　B. 1 个

C. 2 个 　　　　　　　　　　　　D. 3 个

E. 4 个

556.（考题难度系数 ☆☆☆☆·建议用时 2−3 min）

设 A, B, C 均为 n 阶矩阵，且 $AB = BC = CA = E$，则 $A^2 + B^2 + C^2 = $（　　）.

A. O 　　　　　　　　　　　　B. E

C. $2E$ 　　　　　　　　　　　　D. $3E$

E. $4E$

557.（考题难度系数 ☆☆☆☆·建议用时 2−3 min）

设 A, B 均为可逆矩阵，且 $AB = BA$，则下列选项中错误的是（　　）.

A. $A^2 - B^2 = (A+B)(A-B)$ 　　　　B. $AB^{-1} = B^{-1}A$

C. $(A-B)^2 = A^2 - 2AB + B^2$ 　　　　D. $A^{-1}B = B^{-1}A$

E. $A^{-1}B^{-1} = B^{-1}A^{-1}$

558.（考题难度系数 ☆☆☆·建议用时 2−3 min）

已知矩阵 $A = \begin{pmatrix} 1 & -2 & 2 \\ -2 & 1 & 2 \\ 2 & 2 & 1 \end{pmatrix}$，则 $A^{2024} = $（　　）.

A. $3^{1012}A$ 　　　　　　　　　　B. $3^{1012}E$

C. $9^{1012}A$ 　　　　　　　　　　D. $9^{1012}E$

E. $9^{1012}A^2$

559. (考题难度系数 ☆☆☆·建议用时 2-3 min)

已知矩阵 A，B，P 满足 $PA = BP$，其中 $P = \begin{pmatrix} 0 & 1 \\ 1 & 0 \end{pmatrix}$，$B = \begin{pmatrix} 1 & -1 \\ -1 & 1 \end{pmatrix}$，则 $A^{2024} = ($ 　　$)$．

A. $2^{2024}\begin{pmatrix} -1 & 1 \\ 1 & -1 \end{pmatrix}$　　　　　　　　B. $2^{2024}\begin{pmatrix} 1 & 0 \\ 0 & 1 \end{pmatrix}$

C. $2^{2023}\begin{pmatrix} -1 & 1 \\ 1 & -1 \end{pmatrix}$　　　　　　　　D. $2^{2024}\begin{pmatrix} 1 & -1 \\ -1 & 1 \end{pmatrix}$

E. $2^{2023}\begin{pmatrix} 1 & -1 \\ -1 & 1 \end{pmatrix}$

560. (考题难度系数 ☆☆☆·建议用时 2-3 min)

设 A，B 均为 2 阶矩阵，$A = \begin{pmatrix} 2 & 1 \\ 2 & 2 \end{pmatrix}$，且满足 $\frac{1}{2}(A^*)^* BA^* = AB + A$，则 $B = ($ 　　$)$．

A. $\begin{pmatrix} 0 & -1 \\ 2 & 0 \end{pmatrix}$　　　　　　　　B. $\begin{pmatrix} 0 & -1 \\ -2 & 0 \end{pmatrix}$

C. $\begin{pmatrix} 0 & 1 \\ 2 & 0 \end{pmatrix}$　　　　　　　　D. $\begin{pmatrix} 1 & -1 \\ -2 & 1 \end{pmatrix}$

E. $\begin{pmatrix} 1 & 1 \\ 2 & 1 \end{pmatrix}$

1.3　初等变换与初等矩阵

📖题组 A 得分 ＿＿＿＿＿／12 分　　📖题组 B 得分 ＿＿＿＿＿／12 分

题组 A·基础通关题

561. (考题难度系数 ☆☆·建议用时 1-2 min)

已知 $A\begin{pmatrix} a_{11} & a_{12} & a_{13} \\ a_{21} & a_{22} & a_{23} \\ a_{31} & a_{32} & a_{33} \end{pmatrix} = \begin{pmatrix} a_{11}-3a_{31} & a_{12}-3a_{32} & a_{13}-3a_{33} \\ a_{21} & a_{22} & a_{23} \\ a_{31} & a_{32} & a_{33} \end{pmatrix}$，则 $A = ($ 　　$)$．

A. $\begin{pmatrix} 1 & 0 & 0 \\ 0 & 0 & 1 \\ -3 & 0 & 1 \end{pmatrix}$　　　　　　　　B. $\begin{pmatrix} 1 & 0 & -3 \\ 0 & 1 & 0 \\ 0 & 0 & 1 \end{pmatrix}$

C. $\begin{pmatrix} 0 & 0 & -3 \\ 0 & 1 & 0 \\ 1 & 0 & 1 \end{pmatrix}$　　　　　　　　D. $\begin{pmatrix} 1 & 0 & 0 \\ 0 & 1 & 0 \\ 0 & 0 & -3 \end{pmatrix}$

$$E. \begin{pmatrix} 1 & 0 & 0 \\ -3 & 0 & 1 \\ 0 & 0 & 1 \end{pmatrix}$$

562.（考题难度系数 ☆☆·建议用时 1-2 min）

设矩阵 $P_1 = \begin{pmatrix} 0 & 1 & 0 \\ 1 & 0 & 0 \\ 0 & 0 & 1 \end{pmatrix}$，$P_2 = \begin{pmatrix} 0 & 0 & 1 \\ 0 & 1 & 0 \\ 1 & 0 & 0 \end{pmatrix}$. 若 $A = \begin{pmatrix} a_{11} & a_{12} & a_{13} \\ a_{21} & a_{22} & a_{23} \\ a_{31} & a_{32} & a_{33} \end{pmatrix}$，且 $P_1^m A P_2^n =$

$\begin{pmatrix} a_{23} & a_{22} & a_{21} \\ a_{13} & a_{12} & a_{11} \\ a_{33} & a_{32} & a_{31} \end{pmatrix}$，则 m, n 的取值可能为（　　）.

　　A. 2 025,2 024　　　　　　　　　　B. 2 024,2 024

　　C. 2 024,2 025　　　　　　　　　　D. 2 025,2 025

　　E. 2 024,2 026

563.（考题难度系数 ☆☆☆·建议用时 2-3 min）

设 $P_1 = \begin{pmatrix} 0 & 1 & 0 \\ 1 & 0 & 0 \\ 0 & 0 & 1 \end{pmatrix}$，$P_2 = \begin{pmatrix} 1 & 0 & 0 \\ 0 & 1 & 0 \\ 1 & 0 & 1 \end{pmatrix}$，$A = \begin{pmatrix} a_{11} & a_{12} & a_{13} \\ a_{21} & a_{22} & a_{23} \\ a_{31} & a_{32} & a_{33} \end{pmatrix}$，$B = \begin{pmatrix} a_{21} & a_{22} & a_{23} \\ a_{11} & a_{12} & a_{13} \\ a_{31}+a_{11} & a_{32}+a_{12} & a_{33}+a_{13} \end{pmatrix}$，

则必有（　　）.

　　A. $AP_1P_2 = B$　　　　　　　　　　B. $AP_2P_1 = B$

　　C. $P_1P_2A = B$　　　　　　　　　　D. $P_2P_1A = B$

　　E. $P_2AP_1 = B$

564.（考题难度系数 ☆☆☆·建议用时 2-3 min）

设 A 为 3 阶矩阵，将 A 的第 2 行加到第 1 行得 B，再将 B 的第 1 列的 -1 倍加到第 2 列

得 C，记 $P = \begin{pmatrix} 1 & 1 & 0 \\ 0 & 1 & 0 \\ 0 & 0 & 1 \end{pmatrix}$，则（　　）.

　　A. $C = P^{-1}AP$　　　　　　　　　　B. $C = PAP^{-1}$

　　C. $C = P^{\mathrm{T}}AP$　　　　　　　　　　D. $C = PAP^{\mathrm{T}}$

　　E. $C = PAP$

565.（考题难度系数 ☆☆☆·建议用时 2-3 min）

设 A 为 2 阶可逆矩阵，$A^{-1} = \begin{pmatrix} a_{11} & a_{12} \\ a_{21} & a_{22} \end{pmatrix}$. 将 A 第一行的 2 倍加到第二行上，得到矩阵 B，

则 $B^{-1} =$

A. $\begin{pmatrix} a_{11}-\dfrac{1}{2}a_{12} & a_{12} \\ a_{21}-\dfrac{1}{2}a_{22} & a_{22} \end{pmatrix}$ B. $\begin{pmatrix} a_{11} & a_{12}+\dfrac{1}{2}a_{11} \\ a_{21} & a_{22}+\dfrac{1}{2}a_{21} \end{pmatrix}$

C. $\begin{pmatrix} a_{11}-2a_{12} & a_{12} \\ a_{21}-2a_{22} & a_{22} \end{pmatrix}$ D. $\begin{pmatrix} a_{11}+2a_{12} & a_{12} \\ a_{21}+2a_{22} & a_{22} \end{pmatrix}$

E. $\begin{pmatrix} a_{11} & a_{12} \\ a_{21}+2a_{11} & a_{22}+2a_{12} \end{pmatrix}$

566. (本题是基础运算能力训练习题,非真题考题形式)

对下列矩阵分别施以初等行变换将其化为行阶梯矩阵.

(1) $\begin{pmatrix} 1 & -8 & 10 & 2 \\ 2 & 4 & 5 & -1 \\ 3 & 8 & 6 & -2 \end{pmatrix}$. (2) $\begin{pmatrix} 0 & 1 & -1 & 1 & 3 \\ 1 & 1 & 0 & 2 & 2 \\ 1 & 0 & 1 & 1 & -1 \end{pmatrix}$.

(3) $\begin{pmatrix} 1 & -1 & -1 & 2 \\ 2 & -1 & -3 & 1 \\ 3 & 2 & -5 & 0 \end{pmatrix}$. (4) $\begin{pmatrix} 1 & -2 & 2 & -1 & 1 \\ 2 & -4 & 8 & 0 & 2 \\ -2 & 4 & -2 & 3 & 3 \\ 3 & -6 & 0 & -6 & 4 \end{pmatrix}$.

(5) $\begin{pmatrix} 1 & 1 & -3 & -1 & 1 \\ 3 & -1 & -3 & 4 & 4 \\ 1 & 5 & -9 & -8 & 0 \end{pmatrix}$. (6) $\begin{pmatrix} -2 & 1 & 1 & 0 \\ 1 & -2 & 1 & 3 \\ 1 & 1 & -2 & -3 \end{pmatrix}$.

题组 B · 强化通关题

567. (考题难度系数 ☆☆☆ · 建议用时 2-3 min)

设 A 为 $n(n \geq 2)$ 阶可逆矩阵,交换 A 的第 1 行与第 2 行得矩阵 B,A^*,B^* 分别为 A,B 的伴随矩阵,则 ( ).

A. 交换 A^* 的第 1 列与第 2 列得 B^* B. 交换 A^* 的第 1 行与第 2 行得 B^*

C. 交换 A^* 的第 1 列与第 2 列得 $-B^*$ D. 交换 A^* 的第 1 行与第 2 行得 $-B^*$

E. 交换 A^* 的第 1 行与第 2 行得 $|A|B^*$

568. (考题难度系数 ☆☆☆ · 建议用时 2-3 min)

设 A 与 P 均为 3 阶矩阵,且 $P = (\alpha, \beta, \gamma)$. 若 $P^{-1}AP = \begin{pmatrix} 1 & 0 & 0 \\ 0 & 2 & 0 \\ 0 & 0 & 3 \end{pmatrix}$,$Q = (\alpha, 2\beta, \gamma)$,则

$Q^{-1}AQ = ($).

A. $\begin{pmatrix} 1 & 0 & 0 \\ 0 & 1 & 0 \\ 0 & 0 & 3 \end{pmatrix}$ B. $\begin{pmatrix} 1 & 0 & 0 \\ 0 & 2 & 0 \\ 0 & 0 & 3 \end{pmatrix}$

C. $\begin{pmatrix} 1 & 0 & 0 \\ 0 & 8 & 0 \\ 0 & 0 & 3 \end{pmatrix}$　　　　　　　　D. $\begin{pmatrix} 1 & 0 & 0 \\ 0 & 4 & 0 \\ 0 & 0 & 3 \end{pmatrix}$

E. $\begin{pmatrix} 1 & 1 & 0 \\ 0 & -2 & 0 \\ 0 & 0 & 1 \end{pmatrix}$

569.（考题难度系数 ☆☆☆・建议用时 2–3 min）

若矩阵 $A = \begin{pmatrix} 0 & 1 & 0 \\ 1 & 0 & 0 \\ 0 & 0 & 1 \end{pmatrix} \begin{pmatrix} 0 & 0 & \dfrac{1}{2} \\ 0 & \dfrac{1}{3} & 0 \\ \dfrac{1}{4} & 0 & 0 \end{pmatrix} \begin{pmatrix} 1 & 0 & 0 \\ 0 & 1 & 0 \\ 2 & 0 & 1 \end{pmatrix}$，则 $A^{-1} = ($　　$)$.

A. $\begin{pmatrix} 0 & 0 & 4 \\ 3 & 0 & 0 \\ 0 & 2 & -8 \end{pmatrix}$　　　　　　　　B. $\begin{pmatrix} 0 & 0 & 4 \\ 0 & 3 & 0 \\ 2 & 0 & -4 \end{pmatrix}$

C. $\begin{pmatrix} 0 & 0 & 2 \\ 3 & 0 & 0 \\ 0 & 4 & -4 \end{pmatrix}$　　　　　　　　D. $\begin{pmatrix} 0 & 0 & 2 \\ 0 & 3 & 0 \\ 4 & 0 & -4 \end{pmatrix}$

E. $\begin{pmatrix} 0 & 0 & 4 \\ 3 & 0 & 0 \\ 0 & 2 & -4 \end{pmatrix}$

570.（考题难度系数 ☆☆☆・建议用时 2–3 min）

设将矩阵 A 的第 3 行加到第 2 行得到 C，将矩阵 B 的第 1 列乘以 2 倍加至第 2 列得到 D.

若 $CD = \begin{pmatrix} 1 & 4 & 2 \\ 2 & 12 & 7 \\ 0 & 7 & 0 \end{pmatrix}$，则 $AB = ($　　$)$.

A. $\begin{pmatrix} 1 & 2 & 2 \\ 2 & 8 & 7 \\ 0 & 7 & 0 \end{pmatrix}$　　　　　　　　B. $\begin{pmatrix} 1 & 2 & 2 \\ 2 & 1 & 7 \\ 0 & 7 & 0 \end{pmatrix}$

C. $\begin{pmatrix} 1 & 4 & 2 \\ 2 & 19 & 7 \\ 0 & 7 & 0 \end{pmatrix}$　　　　　　　　D. $\begin{pmatrix} 1 & 5 & 2 \\ 2 & 14 & 7 \\ 0 & 7 & 0 \end{pmatrix}$

E. $\begin{pmatrix} 1 & 4 & 2 \\ 0 & 4 & 3 \\ 0 & 7 & 0 \end{pmatrix}$

571. (考题难度系数 ☆ ☆ ☆ · 建议用时 2-3 min)

设矩阵 $A = \begin{pmatrix} a_{11} & a_{12} & a_{13} & a_{14} \\ a_{21} & a_{22} & a_{23} & a_{24} \\ a_{31} & a_{32} & a_{33} & a_{34} \\ a_{41} & a_{42} & a_{43} & a_{44} \end{pmatrix}$, $B = \begin{pmatrix} a_{14} & a_{13} & a_{12} & a_{11} \\ a_{24} & a_{23} & a_{22} & a_{21} \\ a_{34} & a_{33} & a_{32} & a_{31} \\ a_{44} & a_{43} & a_{42} & a_{41} \end{pmatrix}$, $P_1 = \begin{pmatrix} 0 & 0 & 0 & 1 \\ 0 & 1 & 0 & 0 \\ 0 & 0 & 1 & 0 \\ 1 & 0 & 0 & 0 \end{pmatrix}$, $P_2 =$

$\begin{pmatrix} 1 & 0 & 0 & 0 \\ 0 & 0 & 1 & 0 \\ 0 & 1 & 0 & 0 \\ 0 & 0 & 0 & 1 \end{pmatrix}$, 其中 A 可逆, 则 $B^{-1} = ($　　$)$.

A. $A^{-1} P_1 P_2$

B. $P_1 A^{-1} P_2$

C. $A^{-1} P_2 P_1$

D. $P_1 P_2 A^{-1}$

E. $P_2 A^{-1} P_1$

572. (考题难度系数 ☆ ☆ ☆ ☆ · 建议用时 2-3 min)

设 A 为 3 阶矩阵, 将 A 的第 2 列加到第 1 列得到矩阵 B, 再交换 B 的第 2 行与第 3 行得到单位矩阵, 则 $A = ($　　$)$.

A. $\begin{pmatrix} 1 & 0 & 0 \\ 0 & 1 & 0 \\ 0 & 0 & -1 \end{pmatrix}$

B. $\begin{pmatrix} 1 & 0 & 0 \\ 0 & 1 & 0 \\ 0 & -1 & 1 \end{pmatrix}$

C. $\begin{pmatrix} 1 & 0 & 0 \\ 0 & 0 & 1 \\ 1 & 0 & 0 \end{pmatrix}$

D. $\begin{pmatrix} 1 & 0 & 0 \\ 0 & 0 & 1 \\ 1 & 1 & 0 \end{pmatrix}$

E. $\begin{pmatrix} 1 & 0 & 0 \\ 0 & 0 & 1 \\ -1 & 1 & 0 \end{pmatrix}$

1.4　矩阵的秩

📝 题组 A 得分 _____ /26 分　　📝 题组 B 得分 _____ /12 分

题组 A · 基础通关题

573. (考题难度系数 ☆ ☆ · 建议用时 1-2 min)

设矩阵 $A = \begin{pmatrix} 1 & 0 & 1 \\ -2 & 2 & a \\ 1 & 0 & 1 \end{pmatrix}$, 且秩 $r(2E - A) = 1$, 则 $a = ($　　$)$.

A. 2

B. 1

C. 0

D. −1

E. −2

574.（考题难度系数 ☆☆·建议用时 1−2 min）

设矩阵 $A = \begin{pmatrix} 1 & 0 & 1 \\ 0 & 1 & 1 \\ -1 & 0 & a \\ 0 & a & -1 \end{pmatrix}$，且秩 $r(A^T) = 2$，则 $a = ($ $)$.

A. 2

B. 1

C. 0

D. −1

E. −2

575.（考题难度系数 ☆☆·建议用时 2−3 min）

设矩阵 $A = \begin{pmatrix} k & 1 & 1 & 1 \\ 1 & k & 1 & 1 \\ 1 & 1 & k & 1 \\ 1 & 1 & 1 & k \end{pmatrix}$，且秩 $r(A) = 3$，则 $k = ($ $)$.

A. 0

B. 3

C. −3

D. 1

E. 1 或 −3

576.（考题难度系数 ☆☆·建议用时 1−2 min）

设增广矩阵 $(A, b) = \begin{pmatrix} 1 & 1 & 1 & 1 & \vdots & -1 \\ 4 & 3 & 5 & -1 & \vdots & -1 \\ a & 1 & 3 & b & \vdots & 1 \end{pmatrix}$，且秩 $r(A) = r(A, b) < 3$，则（ ）.

A. $a = 2, b = -3$

B. $a = -2, b = 3$

C. $a = 2, b = 3$

D. $a = -2, b = -3$

E. $a = 2, b = 2$

577.（考题难度系数 ☆☆·建议用时 2−3 min）

已知矩阵 $A = \begin{pmatrix} 1 & 1 & 2 & k & 3 \\ 2 & 3 & 5 & 5 & 4 \\ 2 & 2 & 3 & 1 & 4 \\ 1 & 0 & 1 & 1 & 5 \end{pmatrix}$，且秩 $r(A) = 3$，则常数 $k = ($ $)$.

A. 2

B. −2

C. 1

D. −1

E. 0

578.（考题难度系数 ☆☆·建议用时 1−2 min）

设 A 为 $m \times n$ 矩阵，B 为 $n \times m$ 矩阵，C 为 m 阶矩阵，E 为 m 阶单位矩阵，若 $ABC = E$，则 $r(C) = ($ $)$.

线性代数篇

A. 0

B. n

C. m

D. $m+n$

E. $m-n$

579. (考题难度系数 ☆☆☆·建议用时 2-3 min)

设 A 为 $m \times n$ 矩阵，B 为 $n \times m$ 矩阵，E 为 m 阶单位矩阵，若 $AB = E$，则（　　）.

A. $r(A) = m, r(B) = m$

B. $r(A) = m, r(B) = n$

C. $r(A) = n, r(B) = 0$

D. $r(A) = n, r(B) = n$

E. $r(A) = n, r(B) = m$

580. (考题难度系数 ☆☆·建议用时 1-2 min)

设 A, B 都是 n 阶非零矩阵，且 $AB = O$，则 A 和 B 的秩（　　）.

A. 必有一个等于零

B. 都小于 n

C. 一个小于 n，一个等于 n

D. 都等于 n

E. 都等于 $n-1$

581. (考题难度系数 ☆☆☆·建议用时 2-3 min)

设 A, B 均为三阶非零矩阵，$r(A^*) = 1$ 且 $AB = O$，则 $r(B) = （　　）$.

A. 0

B. 1

C. 2

D. 3

E. 4

582. (考题难度系数 ☆☆·建议用时 1-2 min)

已知 $\alpha_4 = 2\alpha_1 + \alpha_3$，$r(\alpha_1, \alpha_2, \alpha_3, \alpha_5) = 4$，则 $r(\alpha_1, \alpha_2, \alpha_3, \alpha_5 - \alpha_4) = （　　）$.

A. 0

B. 1

C. 2

D. 3

E. 4

583. (考题难度系数 ☆☆·建议用时 2-3 min)

矩阵 $A = \begin{pmatrix} 1 & 2 & a \\ 1 & 3 & 0 \\ 2 & 7 & -a \end{pmatrix}$ 可经初等变换化为矩阵 $B = \begin{pmatrix} 1 & a & 2 \\ 0 & 1 & 1 \\ -1 & 1 & 1 \end{pmatrix}$，则 $a = （　　）$.

A. 0

B. 1

C. 2

D. 3

E. 4

584. (考题难度系数 ☆☆☆·建议用时 2-3 min)

设 n 阶矩阵 A 与 B 等价，则必有（　　）.

A. 当 $|A| = a (a \neq 0)$ 时，$|B| = a$

B. 当 $|A| = a (a \neq 0)$ 时，$|B| = -a$

C. 当 $|A| \neq 0$ 时，$|B| = 0$

D. 当 $|A| = 0$ 时，$|B| = 0$

E. 当 $|A| = 0$ 时，$|B| \neq 0$

585.（考题难度系数 ☆ ☆ · 建议用时 1—2 min）

设 $A = \begin{pmatrix} a & -1 & -1 \\ -1 & a & -1 \\ -1 & -1 & a \end{pmatrix}$ 与 $B = \begin{pmatrix} 1 & 1 & 0 \\ 0 & -1 & 1 \\ 1 & 0 & 1 \end{pmatrix}$ 等价，则 $a = ($ $)$.

A. 0   B. 1

C. 2   D. 3

E. 4

题组 B·强化通关题

586.（考题难度系数 ☆ ☆ ☆ · 建议用时 2—3 min）

已知 $Q = \begin{pmatrix} 1 & 2 & 3 \\ 2 & 4 & t \\ 3 & 6 & 9 \end{pmatrix}$，$P$ 为三阶非零矩阵，且满足 $PQ = O$，则（   ）.

A. $t = 6$ 时 P 的秩必为 1   B. $t = 6$ 时 P 的秩必为 2

C. $t \neq 6$ 时 P 的秩必为 1   D. $t \neq 6$ 时 P 的秩必为 2

E. $t \neq 6$ 时 P 的秩必为 0

587.（考题难度系数 ☆ ☆ ☆ · 建议用时 2—3 min）

设 A, B 是三阶矩阵，A 是非零矩阵，且满足 $AB = O$，且 $B = \begin{pmatrix} 1 & -1 & 1 \\ 2a & 1-a & 2a \\ a & -a & a^2-2 \end{pmatrix}$，则（   ）

A. 当 $a = -1$ 时，$r(A) = 1$ B. 当 $a = 2$ 时，$r(A) = 2$

C. 当 $a = -1$ 时，$r(A) = 2$ D. 当 $a = 2$ 时，$r(A) = 1$

E. 当 $a = -1$ 时，$r(A) = 0$

588.（考题难度系数 ☆ ☆ ☆ · 建议用时 2—3 min）

设三阶矩阵 $A = \begin{pmatrix} a & b & b \\ b & a & b \\ b & b & a \end{pmatrix}$，若 A 的伴随矩阵 A^* 的秩为 1，则必有（   ）.

A. $a = b$ 或 $a + 2b = 0$ B. $a = b$ 或 $a + 2b \neq 0$

C. $a \neq b$ 且 $a + 2b = 0$ D. $a \neq b$ 且 $a + 2b \neq 0$

E. $a \neq b$

589.（考题难度系数 ☆ ☆ ☆ · 建议用时 2—3 min）

设矩阵 $A_{3 \times 4}$ 的秩为 $r(A) = 3$，E_3 为 3 阶单位矩阵，则下述结论中正确的是（   ）.

A. 矩阵 A 的任意 3 个列向量必线性无关

B. 矩阵 A 的任意一个 3 阶子式不等于零

C. 矩阵 A 的所有 2 阶子式不等于零

D. 若矩阵 B 满足 $BA = O$，则 $B = O$

E. A 通过初等行变换,必可以化为 $(E_m, 0)$ 的形式

590. (考题难度系数 ☆☆☆·建议用时 2-3 min)

设矩阵 $A = \begin{pmatrix} 2 & 3 & 4 \\ 6 & k & 2 \\ 4 & 6 & 3 \end{pmatrix}, B = \begin{pmatrix} 1 \\ 3 \\ 0 \end{pmatrix} (2,3,4)$.若秩 $r(A+AB) = 2$,则 $k = ($).

A. 3   B. 6

C. 9   D. 12

E. 15

591. (考题难度系数 ☆☆☆·建议用时 2-3 min)

设 A, B, C, D 都是四阶非零矩阵,且 $ABCD = O$,若 $|CD| \neq 0$,记 $r(A) + r(B) + r(C) + r(D) = a$,则 a 的最大值为( ).

A. 11   B. 12

C. 13   D. 14

E. 16

第二章 向量与线性方程组

2.1 线性相关与线性无关

📋 题组 A 得分 _____/20 分   📋 题组 B 得分 _____/10 分

题组 A · 基础通关题

592.（考题难度系数 ☆☆ · 建议用时 1-2 min）

向量组 $\boldsymbol{\alpha}_1, \boldsymbol{\alpha}_2, \cdots, \boldsymbol{\alpha}_s$ 线性无关的充分条件是（   ）.

A. $\boldsymbol{\alpha}_1, \boldsymbol{\alpha}_2, \cdots, \boldsymbol{\alpha}_s$ 均不为零向量

B. $\boldsymbol{\alpha}_1, \boldsymbol{\alpha}_2, \cdots, \boldsymbol{\alpha}_s$ 中任意两个向量的分量不成比例

C. $\boldsymbol{\alpha}_1, \boldsymbol{\alpha}_2, \cdots, \boldsymbol{\alpha}_s$ 中任意一个向量均不能由其余 $s-1$ 个向量线性表示

D. $\boldsymbol{\alpha}_1, \boldsymbol{\alpha}_2, \cdots, \boldsymbol{\alpha}_s$ 中部分向量线性无关

E. $\boldsymbol{\alpha}_1, \boldsymbol{\alpha}_2, \cdots, \boldsymbol{\alpha}_s$ 中部分向量线性相关

593.（考题难度系数 ☆☆ · 建议用时 1-2 min）

设 $\boldsymbol{\alpha}_1, \boldsymbol{\alpha}_2, \cdots, \boldsymbol{\alpha}_m$ 均为 n 维向量，则结论正确的是（   ）.

A. 若 $k_1\boldsymbol{\alpha}_1 + k_2\boldsymbol{\alpha}_2 + \cdots + k_m\boldsymbol{\alpha}_m = \boldsymbol{0}$，则 $\boldsymbol{\alpha}_1, \boldsymbol{\alpha}_2, \cdots, \boldsymbol{\alpha}_m$ 线性相关

B. 若对任意一组不全为零的数 $k_1, k_2, \cdots, k_m$，都有 $k_1\boldsymbol{\alpha}_1 + k_2\boldsymbol{\alpha}_2 + \cdots + k_m\boldsymbol{\alpha}_m \neq \boldsymbol{0}$，则 $\boldsymbol{\alpha}_1, \boldsymbol{\alpha}_2, \cdots, \boldsymbol{\alpha}_m$ 线性无关

C. 若 $\boldsymbol{\alpha}_1, \boldsymbol{\alpha}_2, \cdots, \boldsymbol{\alpha}_m$ 线性相关，则对任意一组不全为零的数 $k_1, k_2, \cdots, k_m$，都有 $k_1\boldsymbol{\alpha}_1 + k_2\boldsymbol{\alpha}_2 + \cdots + k_m\boldsymbol{\alpha}_m = \boldsymbol{0}$

D. 若 $0\boldsymbol{\alpha}_1 + 0\boldsymbol{\alpha}_2 + \cdots + 0\boldsymbol{\alpha}_m = \boldsymbol{0}$，则 $\boldsymbol{\alpha}_1, \boldsymbol{\alpha}_2, \cdots, \boldsymbol{\alpha}_m$ 线性无关

E. 若 $\boldsymbol{\alpha}_1, \boldsymbol{\alpha}_2, \cdots, \boldsymbol{\alpha}_s$ 线性相关，则其中任意两个向量也线性相关

594.（考题难度系数 ☆☆☆ · 建议用时 2-3 min）

设向量组 $\boldsymbol{\alpha}_1, \boldsymbol{\alpha}_2, \boldsymbol{\alpha}_3$ 线性无关，则下列向量组中，线性无关的是（   ）.

A. $\boldsymbol{\alpha}_1 + \boldsymbol{\alpha}_2, \boldsymbol{\alpha}_2 + \boldsymbol{\alpha}_3, \boldsymbol{\alpha}_3 - \boldsymbol{\alpha}_1$

B. $\boldsymbol{\alpha}_1 + \boldsymbol{\alpha}_2, \boldsymbol{\alpha}_2 + \boldsymbol{\alpha}_3, \boldsymbol{\alpha}_1 + 2\boldsymbol{\alpha}_2 + \boldsymbol{\alpha}_3$

C. $\boldsymbol{\alpha}_1 + 2\boldsymbol{\alpha}_2, 2\boldsymbol{\alpha}_2 + 3\boldsymbol{\alpha}_3, 3\boldsymbol{\alpha}_3 + \boldsymbol{\alpha}_1$

D. $\boldsymbol{\alpha}_1 + \boldsymbol{\alpha}_2 + \boldsymbol{\alpha}_3, 2\boldsymbol{\alpha}_1 - 3\boldsymbol{\alpha}_2 - \boldsymbol{\alpha}_3, 3\boldsymbol{\alpha}_1 - 2\boldsymbol{\alpha}_2$

E. $\boldsymbol{\alpha}_1 - \boldsymbol{\alpha}_2, \boldsymbol{\alpha}_2 + \boldsymbol{\alpha}_3, -\boldsymbol{\alpha}_3 - \boldsymbol{\alpha}_1$

595. (考题难度系数 ☆☆☆·建议用时 2-3 min)

设向量组 $\boldsymbol{\alpha}_1, \boldsymbol{\alpha}_2, \boldsymbol{\alpha}_3, \boldsymbol{\alpha}_4$ 线性无关,则向量组(　　).

A. $\boldsymbol{\alpha}_1+\boldsymbol{\alpha}_2, \boldsymbol{\alpha}_2+\boldsymbol{\alpha}_3, \boldsymbol{\alpha}_3+\boldsymbol{\alpha}_4, \boldsymbol{\alpha}_4+\boldsymbol{\alpha}_1$ 线性无关

B. $\boldsymbol{\alpha}_1-\boldsymbol{\alpha}_2, \boldsymbol{\alpha}_2-\boldsymbol{\alpha}_3, \boldsymbol{\alpha}_3-\boldsymbol{\alpha}_4, \boldsymbol{\alpha}_4-\boldsymbol{\alpha}_1$ 线性无关

C. $\boldsymbol{\alpha}_1+\boldsymbol{\alpha}_2, \boldsymbol{\alpha}_2+\boldsymbol{\alpha}_3, \boldsymbol{\alpha}_3+\boldsymbol{\alpha}_4, \boldsymbol{\alpha}_4-\boldsymbol{\alpha}_1$ 线性无关

D. $\boldsymbol{\alpha}_1+\boldsymbol{\alpha}_2, \boldsymbol{\alpha}_2+\boldsymbol{\alpha}_3, \boldsymbol{\alpha}_3-\boldsymbol{\alpha}_4, \boldsymbol{\alpha}_4-\boldsymbol{\alpha}_1$ 线性无关

E. $\boldsymbol{\alpha}_1-\boldsymbol{\alpha}_2, \boldsymbol{\alpha}_2+\boldsymbol{\alpha}_3, -\boldsymbol{\alpha}_3+\boldsymbol{\alpha}_4, -\boldsymbol{\alpha}_4-\boldsymbol{\alpha}_1$ 线性无关

596. (考题难度系数 ☆☆·建议用时 1-2 min)

设 $\boldsymbol{\alpha}_1=(1,1,1)^{\mathrm{T}}, \boldsymbol{\alpha}_2=(1,2,3)^{\mathrm{T}}, \boldsymbol{\alpha}_3=(1,3,t)^{\mathrm{T}}$ 线性相关,则(　　).

A. $t=5$　　　　　　　　　　　B. $t\neq 5$

C. $t=2$　　　　　　　　　　　D. $t\neq 2$

E. $t=3$

597. (考题难度系数 ☆☆·建议用时 1-2 min)

设矩阵 $\boldsymbol{A}=\begin{pmatrix} 1 & 2 & -2 \\ 2 & 1 & 2 \\ 3 & 0 & 4 \end{pmatrix}$,向量 $\boldsymbol{\alpha}=(a,1,1)^{\mathrm{T}}$. 已知 $\boldsymbol{A}\boldsymbol{\alpha}$ 与 $\boldsymbol{\alpha}$ 线性相关,则 $a=$(　　).

A. 2　　　　　　　　　　　　　B. 1

C. 0　　　　　　　　　　　　　D. -1

E. -2

598. (考题难度系数 ☆☆☆·建议用时 2-3 min)

向量组 $\boldsymbol{\alpha}_1=(1+k,1,1,1)^{\mathrm{T}}, \boldsymbol{\alpha}_2=(2,2+k,2,2)^{\mathrm{T}}, \boldsymbol{\alpha}_3=(3,3,3+k,3)^{\mathrm{T}}, \boldsymbol{\alpha}_4=(4,4,4,4+k)^{\mathrm{T}}$ 线性相关的充分必要条件为(　　).

A. $k=0$ 或 $k=-10$　　　　　B. $k=0$

C. $k\neq 0$　　　　　　　　　　D. $k=-10$

E. $k\neq -10$

599. (考题难度系数 ☆☆·建议用时 1-2 min)

设向量组 $\boldsymbol{\alpha}_1=(a,0,c), \boldsymbol{\alpha}_2=(b,c,0), \boldsymbol{\alpha}_3=(0,a,b)$ 线性无关,则 a,b,c 必满足关系式(　　).

A. $abc=0$　　　　　　　　　　B. $bc\neq 0$

C. $ab\neq 0$　　　　　　　　　　D. $ac\neq 0$

E. $abc\neq 0$

600. (考题难度系数 ☆☆☆·建议用时 2-3 min)

设向量组 $\boldsymbol{\alpha}_1=(2,1,1,1), \boldsymbol{\alpha}_2=(2,1,a,a), \boldsymbol{\alpha}_3=(3,2,1,a), \boldsymbol{\alpha}_4=(4,3,2,1)$ 线性相关,则 $a=$(　　).

A. $\dfrac{1}{2}$　　　　　　　　　　B. 1 或 $\dfrac{1}{2}$

C. 1　　　　　　　　　　　　　　　D. -1 或 $\dfrac{1}{2}$

E. $-\dfrac{1}{2}$

601.（考题难度系数 ☆☆☆·建议用时 2-3 min）

设矩阵 $A=\begin{pmatrix} 1 & 2 & 1 \\ 0 & t & 1 \\ 2 & 2 & 0 \\ 1 & 3 & 2 \end{pmatrix}$，3 维列向量 $\boldsymbol{\alpha}_1,\boldsymbol{\alpha}_2,\boldsymbol{\alpha}_3$ 线性无关. 若秩 $r(A\boldsymbol{\alpha}_1,A\boldsymbol{\alpha}_2,A\boldsymbol{\alpha}_3)<3$，则

（　　）.

A. $t=0$　　　　　　　　　　　　　B. $t=1$

C. $t\neq 0$　　　　　　　　　　　　D. $t\neq 1$

E. $t=-1$

题组 B·强化通关题

602.（考题难度系数 ☆☆·建议用时 1-2 min）

设向量组 $\boldsymbol{\alpha}_1,\boldsymbol{\alpha}_2,\boldsymbol{\alpha}_3$ 线性无关，$\boldsymbol{\beta}_1=\boldsymbol{\alpha}_1-\boldsymbol{\alpha}_2,\boldsymbol{\beta}_2=\boldsymbol{\alpha}_2-\boldsymbol{\alpha}_3,\boldsymbol{\beta}_3=\boldsymbol{\alpha}_3+k\boldsymbol{\alpha}_1$ 线性相关，则（　　）.

A. 0　　　　　　　　　　　　　　　B. 1

C. -1　　　　　　　　　　　　　　D. 2

E. -3

603.（考题难度系数 ☆☆☆·建议用时 2-3 min）

设向量组 $\boldsymbol{\alpha}_1=(1,-1,2,4),\boldsymbol{\alpha}_2=(0,3,1,2),\boldsymbol{\alpha}_3=(3,0,7,14),\boldsymbol{\alpha}_4=(1,-2,2,0),\boldsymbol{\alpha}_5=(2,1,5,10)$，则下列向量组中线性相关的是（　　）.

A. $\boldsymbol{\alpha}_1,\boldsymbol{\alpha}_2,\boldsymbol{\alpha}_4$　　　　　　　　　B. $\boldsymbol{\alpha}_1,\boldsymbol{\alpha}_3,\boldsymbol{\alpha}_4$

C. $\boldsymbol{\alpha}_2,\boldsymbol{\alpha}_3,\boldsymbol{\alpha}_4$　　　　　　　　　D. $\boldsymbol{\alpha}_2,\boldsymbol{\alpha}_3,\boldsymbol{\alpha}_5$

E. $\boldsymbol{\alpha}_3,\boldsymbol{\alpha}_4,\boldsymbol{\alpha}_5$

604.（考题难度系数 ☆☆☆·建议用时 2-3 min）

设 $\boldsymbol{\alpha}_1=(1,-1,3,0)^{\mathrm{T}},\boldsymbol{\alpha}_2=(-1,2,2,1)^{\mathrm{T}},\boldsymbol{\alpha}_3=(2,-1,0,3)^{\mathrm{T}},\boldsymbol{\alpha}_4=(0,1,3,-2)^{\mathrm{T}},\boldsymbol{\alpha}_5=(5,-7,-4,3)^{\mathrm{T}}$. 若 $\boldsymbol{\alpha}_1,\boldsymbol{\alpha}_2,\boldsymbol{\alpha}_3$ 线性无关，$\boldsymbol{\alpha}_1,\boldsymbol{\alpha}_2,\boldsymbol{\alpha}_3,k\boldsymbol{\alpha}_4+\boldsymbol{\alpha}_5$ 线性相关，则（　　）.

A. $k=1$　　　　　　　　　　　　　B. $k=2$

C. $k=0$　　　　　　　　　　　　　D. $k=1$ 或 2

E. $k=0$ 或 1

605.（考题难度系数 ☆☆☆·建议用时 2-3 min）

已知 $\boldsymbol{\alpha}_1,\boldsymbol{\alpha}_2,\boldsymbol{\alpha}_3,\boldsymbol{\alpha}_4$ 是 3 维向量组. 若向量组 $\boldsymbol{\alpha}_1+\boldsymbol{\alpha}_2,\boldsymbol{\alpha}_2+\boldsymbol{\alpha}_3,\boldsymbol{\alpha}_3+\boldsymbol{\alpha}_4$ 线性无关，则向量组 $\boldsymbol{\alpha}_1,\boldsymbol{\alpha}_2,\boldsymbol{\alpha}_3,\boldsymbol{\alpha}_4$ 的秩为（　　）.

A. 0　　　　　　　　　　　　　　　B. 1

C. 2

D. 3

E. 4

606. (考题难度系数☆☆☆·建议用时 2-3 min)

设向量组 $\boldsymbol{\alpha}_1,\boldsymbol{\alpha}_2,\boldsymbol{\alpha}_3$ 线性无关,向量 $\boldsymbol{\beta}_1,\boldsymbol{\beta}_2,\boldsymbol{\beta}_3$ 线性相关但相互不成比例.若 $\boldsymbol{\beta}_1=k\boldsymbol{\alpha}_1+\boldsymbol{\alpha}_2+\boldsymbol{\alpha}_3$, $\boldsymbol{\beta}_2=\boldsymbol{\alpha}_1+k\boldsymbol{\alpha}_2+\boldsymbol{\alpha}_3$,$\boldsymbol{\beta}_3=\boldsymbol{\alpha}_1+\boldsymbol{\alpha}_2+k\boldsymbol{\alpha}_3$,则( ).

A. $k=-2$

B. $k=-2$ 或 $k=1$

C. $k=1$

D. $k=-1$ 或 $k=1$

E. $k=0$

2.2　向量组的秩与极大无关组

题组 A 得分 _____/8 分　　题组 B 得分 _____/10 分

题组 A·基础通关题

607. (考题难度系数☆☆·建议用时 1-2 min)

设向量组 $\boldsymbol{\alpha}_1=(1,2,3,4)$,$\boldsymbol{\alpha}_2=(2,3,4,5)$,$\boldsymbol{\alpha}_3=(3,4,5,6)$,$\boldsymbol{\alpha}_4=(4,5,6,7)$,则该向量的秩是( ).

A. 0

B. 1

C. 2

D. 3

E. 4

608. (考题难度系数☆☆·建议用时 1-2 min)

已知 $\boldsymbol{\alpha}_1=(1,2,-1,1)$,$\boldsymbol{\alpha}_2=(2,0,t,0)$,$\boldsymbol{\alpha}_3=(0,-4,5,-2)$ 的秩为 2,则 $t=($).

A. 0

B. 1

C. 2

D. 3

E. 4

609. (考题难度系数☆☆☆·建议用时 2-3 min)

设向量组 $\boldsymbol{\alpha}_1=(1,-1,2,4)^{\mathrm{T}}$,$\boldsymbol{\alpha}_2=(0,3,1,2)^{\mathrm{T}}$,$\boldsymbol{\alpha}_3=(3,0,7,14)^{\mathrm{T}}$,$\boldsymbol{\alpha}_4=(1,-2,2,4)^{\mathrm{T}}$, $\boldsymbol{\alpha}_5=(2,1,5,10)^{\mathrm{T}}$,则该向量组的极大线性无关组可以是( ).

A. $\boldsymbol{\alpha}_1,\boldsymbol{\alpha}_2,\boldsymbol{\alpha}_3$

B. $\boldsymbol{\alpha}_1,\boldsymbol{\alpha}_2,\boldsymbol{\alpha}_4$

C. $\boldsymbol{\alpha}_1,\boldsymbol{\alpha}_2,\boldsymbol{\alpha}_5$

D. $\boldsymbol{\alpha}_1,\boldsymbol{\alpha}_2,\boldsymbol{\alpha}_4,\boldsymbol{\alpha}_5$

E. $\boldsymbol{\alpha}_1,\boldsymbol{\alpha}_2,\boldsymbol{\alpha}_3,\boldsymbol{\alpha}_4$

610. (考题难度系数☆☆☆·建议用时 2-3 min)

设向量组 $\boldsymbol{\alpha}_1=(1,1,1,3)^{\mathrm{T}}$,$\boldsymbol{\alpha}_2=(-1,-3,5,1)^{\mathrm{T}}$,$\boldsymbol{\alpha}_3=(3,2,-1,p+2)^{\mathrm{T}}$,$\boldsymbol{\alpha}_4=(-2,-6,10,p)^{\mathrm{T}}$, 则( ).

A. 当 $p\neq0$ 时,$\boldsymbol{\alpha}_1,\boldsymbol{\alpha}_2,\boldsymbol{\alpha}_3,\boldsymbol{\alpha}_4$ 线性无关

B. 当 $p \neq 1$ 时, $\boldsymbol{\alpha}_1, \boldsymbol{\alpha}_2, \boldsymbol{\alpha}_3, \boldsymbol{\alpha}_4$ 线性无关

C. 当 $p = 2$ 时, $\boldsymbol{\alpha}_1, \boldsymbol{\alpha}_2, \boldsymbol{\alpha}_3, \boldsymbol{\alpha}_4$ 线性无关

D. 当 $p = 2$ 时, $\boldsymbol{\alpha}_1, \boldsymbol{\alpha}_2, \boldsymbol{\alpha}_3, \boldsymbol{\alpha}_4$ 线性相关, 且 $\boldsymbol{\alpha}_1, \boldsymbol{\alpha}_2, \boldsymbol{\alpha}_3$ 是极大无关组

E. 当 $p = 2$ 时, $\boldsymbol{\alpha}_1, \boldsymbol{\alpha}_2, \boldsymbol{\alpha}_3, \boldsymbol{\alpha}_4$ 线性相关, 且 $\boldsymbol{\alpha}_1, \boldsymbol{\alpha}_2, \boldsymbol{\alpha}_4$ 是极大无关组

题组 B · 强化通关题

611. (考题难度系数 ☆☆☆ · 建议用时 2-3 min)

已知向量组 $\boldsymbol{\alpha}_1 = (1, -1, 2, 4)^{\mathrm{T}}$, $\boldsymbol{\alpha}_2 = (0, 3, 1, 2)^{\mathrm{T}}$, $\boldsymbol{\alpha}_3 = (3, 0, 7, 14)^{\mathrm{T}}$, $\boldsymbol{\alpha}_4 = (1, -2, 2, 0)^{\mathrm{T}}$, $\boldsymbol{\alpha}_5 = (2, 1, 5, 10)^{\mathrm{T}}$, 下列可作为该向量组的极大无关组的是(　　).

A. $\boldsymbol{\alpha}_2, \boldsymbol{\alpha}_3, \boldsymbol{\alpha}_4, \boldsymbol{\alpha}_5$ B. $\boldsymbol{\alpha}_1, \boldsymbol{\alpha}_2, \boldsymbol{\alpha}_3$

C. $\boldsymbol{\alpha}_1, \boldsymbol{\alpha}_3, \boldsymbol{\alpha}_4, \boldsymbol{\alpha}_5$ D. $\boldsymbol{\alpha}_2, \boldsymbol{\alpha}_3, \boldsymbol{\alpha}_4$

E. $\boldsymbol{\alpha}_1, \boldsymbol{\alpha}_2, \boldsymbol{\alpha}_3, \boldsymbol{\alpha}_4$

612. (考题难度系数 ☆☆☆ · 建议用时 2-3 min)

已知 $\boldsymbol{\alpha}_1 = (1, -1, 2, 4)^{\mathrm{T}}$, $\boldsymbol{\alpha}_2 = (0, 3, 1, 2)^{\mathrm{T}}$, $\boldsymbol{\alpha}_3 = (3, 0, 7, 14)^{\mathrm{T}}$, $\boldsymbol{\alpha}_4 = (1, -2, 2, 0)^{\mathrm{T}}$, $\boldsymbol{\alpha}_5 = (2, 1, 5, 10)^{\mathrm{T}}$. 下列向量组中不是 $\boldsymbol{\alpha}_1, \boldsymbol{\alpha}_2, \boldsymbol{\alpha}_3, \boldsymbol{\alpha}_4, \boldsymbol{\alpha}_5$ 的极大无关组的是(　　).

A. $\boldsymbol{\alpha}_1, \boldsymbol{\alpha}_2, \boldsymbol{\alpha}_3$ B. $\boldsymbol{\alpha}_1, \boldsymbol{\alpha}_2, \boldsymbol{\alpha}_4$

C. $\boldsymbol{\alpha}_1, \boldsymbol{\alpha}_3, \boldsymbol{\alpha}_4$ D. $\boldsymbol{\alpha}_2, \boldsymbol{\alpha}_3, \boldsymbol{\alpha}_4$

E. $\boldsymbol{\alpha}_1, \boldsymbol{\alpha}_4, \boldsymbol{\alpha}_5$

613. (考题难度系数 ☆☆☆ · 建议用时 2-3 min)

已知向量组 $\boldsymbol{\alpha}_1 = (1, 0, 0, 1)^{\mathrm{T}}$, $\boldsymbol{\alpha}_2 = (0, 1, a, -1)^{\mathrm{T}}$, $\boldsymbol{\alpha}_3 = (0, b, 1, -1)^{\mathrm{T}}$, $\boldsymbol{\alpha}_4 = (2, -1, 2, 3)^{\mathrm{T}}$ 线性相关, 且向量组 $\boldsymbol{\alpha}_1, \boldsymbol{\alpha}_2, \boldsymbol{\alpha}_3$ 不是 $\boldsymbol{\alpha}_1, \boldsymbol{\alpha}_2, \boldsymbol{\alpha}_3, \boldsymbol{\alpha}_4$ 的极大无关组, 则(　　).

A. $a = 1, b = 1$ B. $a = 0, b = 1$

C. $a = 1, b = 2$ D. $a = 2, b = 1$

E. $a = 1, b = 0$

614. (考题难度系数 ☆☆☆ · 建议用时 2-3 min)

设向量 $\boldsymbol{\alpha}_1, \boldsymbol{\alpha}_2, \boldsymbol{\alpha}_3, \boldsymbol{\beta}$ 线性无关, 而 $\boldsymbol{\alpha}_1, \boldsymbol{\alpha}_2, \boldsymbol{\alpha}_3, \boldsymbol{\gamma}$ 线性相关, 则对任意常数 k 必有(　　).

A. $r(\boldsymbol{\alpha}_1, \boldsymbol{\alpha}_2, \boldsymbol{\alpha}_3, k\boldsymbol{\beta} + \boldsymbol{\gamma}) = 3$ B. $r(\boldsymbol{\alpha}_1, \boldsymbol{\alpha}_2, \boldsymbol{\alpha}_3, k\boldsymbol{\beta} + \boldsymbol{\gamma}) = 4$

C. $r(\boldsymbol{\alpha}_1, \boldsymbol{\alpha}_2, \boldsymbol{\alpha}_3, k\boldsymbol{\beta} + \boldsymbol{\gamma}) = 2$ D. $r(\boldsymbol{\alpha}_1, \boldsymbol{\alpha}_2, \boldsymbol{\alpha}_3, \boldsymbol{\beta} + k\boldsymbol{\gamma}) = 3$

E. $r(\boldsymbol{\alpha}_1, \boldsymbol{\alpha}_2, \boldsymbol{\alpha}_3, \boldsymbol{\beta} + k\boldsymbol{\gamma}) = 4$

615. (考题难度系数 ☆☆☆ · 建议用时 2-3 min)

已知向量组的秩 $r(\boldsymbol{\alpha}_1, \boldsymbol{\alpha}_2, \boldsymbol{\alpha}_3) = 3$, 且 $\boldsymbol{\beta}_1 = \boldsymbol{\alpha}_2 + \boldsymbol{\alpha}_3$, $\boldsymbol{\beta}_2 = 2\boldsymbol{\alpha}_1 + \boldsymbol{\alpha}_2 + 3\boldsymbol{\alpha}_3$, $\boldsymbol{\beta}_3 = \boldsymbol{\alpha}_1 + \boldsymbol{\alpha}_3$, 则 $r(\boldsymbol{\beta}_1, \boldsymbol{\beta}_2, \boldsymbol{\beta}_3) = ($　　$)$.

A. 0   B. 1

C. 2   D. 3

E. 4

2.3　齐次线性方程组

题组 A 得分 _____ /16 分　　题组 B 得分 _____ /10 分

题组 A · 基础通关题

616.（本题是基础运算能力训练习题, 非真题考题形式）

（1）设系数矩阵 $A = \begin{pmatrix} 1 & -1 & -1 \\ -1 & 1 & 1 \\ 0 & -4 & -2 \end{pmatrix}$，求线性方程组 $Ax = 0$ 的通解.

（2）求 $\begin{cases} -2x_2 - 2x_3 = 0 \\ x_1 + 2x_2 + 2x_3 = 0 \\ x_1 + x_2 + 3x_3 = 0 \end{cases}$ 的通解.

（3）求 $\begin{cases} x_1 + 2x_2 + 2x_3 + x_4 = 0 \\ 2x_1 + x_2 - 2x_3 - 2x_4 = 0 \\ x_1 - x_2 - 4x_3 - 3x_4 = 0 \end{cases}$ 的通解.

（4）求 $\begin{cases} x_1 - 8x_2 + 10x_3 + 2x_4 = 0 \\ 2x_1 + 4x_2 + 5x_3 - x_4 = 0 \\ 3x_1 + 8x_2 + 6x_3 - 2x_4 = 0 \end{cases}$ 的通解

617.（考题难度系数 ☆☆☆ · 建议用时 2-3 min）

若齐次线性方程组 $\begin{cases} \lambda x_1 + x_2 + x_3 = 0, \\ x_1 + \lambda x_2 + x_3 = 0, \\ x_1 + x_2 + \lambda x_3 = 0 \end{cases}$ 只有零解,则 λ 应满足的条件是（　　）.

A. $\lambda = 1$ 　　　　　　　　　　B. $\lambda \neq 1$ 或 $\lambda \neq -2$

C. $\lambda \neq 1$ 　　　　　　　　　　D. $\lambda \neq 1$ 且 $\lambda \neq -2$

E. $\lambda \neq -2$

618.（考题难度系数 ☆☆ · 建议用时 1-2 min）

设 A 为 $m \times n$ 矩阵,齐次线性方程组 $Ax = 0$ 仅有零解的充分条件是（　　）.

A. A 的列向量线性无关　　　　　B. A 的列向量线性相关

C. A 的行向量线性无关　　　　　D. A 的行向量线性相关

E. A 的行向量线性相关无法确定

619.（考题难度系数 ☆☆☆ · 建议用时 2-3 min）

设 A,B 分别为 $m \times n$、$n \times m$ 矩阵,且 $AB = 0$,则齐次方程组 $Ax = 0$（　　）.

A. 当 $A \neq 0$ 时,仅有零解　　　　B. 当 $A \neq 0$ 时,必有非零解

C. 当 $B = 0$ 时，仅有零解
D. 当 $B \neq 0$ 时，必有非零解

E. 当 $B = 0$ 时，必有非零解

620. (考题难度系数 ☆ ☆ ☆ · 建议用时 2-3 min)

设线性方程组 $\begin{cases} x_1 + 2x_2 - 2x_3 = 0, \\ 2x_1 - x_2 + \lambda x_3 = 0, \\ 3x_1 + x_2 - x_3 = 0. \end{cases}$ 的系数矩阵为 A，三阶矩阵 $B \neq 0$，且 $AB = 0$，则 $\lambda = ($).

A. 0
B. 1

C. 2
D. 3

E. 4

621. (考题难度系数 ☆ ☆ ☆ · 建议用时 2-3 min)

若齐次线性方程组 $\begin{cases} x_1 + 3x_2 + 2x_3 + x_4 = 0, \\ x_2 + ax_3 - ax_4 = 0, \\ x_1 + 2x_2 + 3x_4 = 0, \end{cases}$ 则( ).

A. 当 $a = 2$ 时，方程组至多有 0 个线性无关的解向量

B. 当 $a = 2$ 时，方程组至多有 1 个线性无关的解向量

C. 当 $a \neq 2$ 时，方程组至多有 0 个线性无关的解向量

D. 当 $a \neq 2$ 时，方程组至多有 1 个线性无关的解向量

E. 当 $a \neq 2$ 时，方程组至多有 2 个线性无关的解向量

622. (考题难度系数 ☆ ☆ ☆ · 建议用时 2-3 min)

已知矩阵 $A = \begin{pmatrix} a & -1 & -1 \\ -1 & a & -1 \\ -1 & -1 & a \end{pmatrix}$，则( ).

A. 当 $a = -1$ 时，方程组 $A^* x = 0$ 最多有 2 个线性无关的解向量

B. 当 $a = -1$ 时，方程组 $Ax = 0$ 最多有 3 个线性无关的解向量

C. 当 $a = -1$ 时，方程组 $A^* x = 0$ 最多有 1 个线性无关的解向量

D. 当 $a = 2$ 时，方程组 $Ax = 0$ 最多有 2 个线性无关的解向量

E. 当 $a = 2$ 时，方程组 $A^* x = 0$ 最多有 2 个线性无关的解向量

623. (考题难度系数 ☆ ☆ ☆ · 建议用时 2-3 min)

设 $A = (\boldsymbol{\alpha}_1, \boldsymbol{\alpha}_2, \boldsymbol{\alpha}_3)$ 为 3 阶矩阵. 若 $\boldsymbol{\alpha}_1, \boldsymbol{\alpha}_2$ 线性无关，且 $\boldsymbol{\alpha}_3 = -\boldsymbol{\alpha}_1 + 2\boldsymbol{\alpha}_2$，则线性方程组 $A\boldsymbol{x} = \boldsymbol{0}$ 的基础解系可为( ).

A. $(1, -2, 1)^T$
B. $(1, -2, 1)^T, (1, 1, 1)^T$

C. $(1, 2, 1)^T$
D. $(1, -2, 1)^T, (-1, -2, 1)^T$

E. $(-1, -2, 1)^T$.

题组 B·强化通关题

624. (考题难度系数 ☆☆·建议用时 2-3 min)

若齐次线性方程组 $\begin{cases} x_1+x_2+\lambda x_3=0, \\ x_1+\lambda x_2+x_2=0, \\ \lambda x_1+x_2+x_3=0 \end{cases}$ 有非零解, 则( ).

A. $\lambda \neq 1$ 且 $\lambda \neq -2$ 　　　　B. $\lambda=1$ 或 $\lambda=-2$

C. $\lambda=1$ 　　　　D. $\lambda=-2$

E. $\lambda=-5$

625. (考题难度系数 ☆☆·建议用时 2-3 min)

设齐次线性方程组 $\begin{pmatrix} 1 & k & 1 \\ 2 & 1 & 1 \\ 0 & k & 3 \end{pmatrix}\begin{pmatrix} x_1 \\ x_2 \\ x_3 \end{pmatrix}=\mathbf{0}$ 只有零解, 则 k 应满足的条件是( ).

A. $k \neq 1$ 　　　　B. $k=1$

C. $k \neq \dfrac{2}{5}$ 　　　　D. $k=\dfrac{3}{5}$

E. $k \neq \dfrac{3}{5}$

626. (考题难度系数 ☆☆·建议用时 2-3 min)

设 A 是 $m\times n$ 矩阵, B 是 $s\times m$ 矩阵, 且 $r(A)=r, r(B)=m$, 则齐次线性方程组 $BAx=\mathbf{0}$ 的基础解系包含线性无关解向量的个数为( ).

A. $n-r$ 　　　　B. $n-m$

C. $s-r$ 　　　　D. $m-r$

E. $m+n$

627. (考题难度系数 ☆☆☆·建议用时 2-3 min)

已知矩阵 $A=\begin{pmatrix} 2 & a & 2 \\ 2 & 2 & a \\ a & 2 & 2 \end{pmatrix}$, 且其伴随矩阵 $A^* \neq \mathbf{0}, A^*x=\mathbf{0}$ 有非零解, 则 $a=$ ( ).

A. 2 　　　　B. -4

C. 2 或 -4 　　　　D. 4

E. 2 或 4

628. (考题难度系数 ☆☆☆·建议用时 2-3 min)

设 A 为 n 阶矩阵, $r(A)=n-3$, 且 $\alpha_1, \alpha_2, \alpha_3$ 是 $Ax=\mathbf{0}$ 的三个线性无关的解向量, 则下列各组中为 $Ax=\mathbf{0}$ 的基础解系的是( ).

A. $\alpha_1-\alpha_2, \alpha_2-\alpha_3, \alpha_3-\alpha_1$

B. $\alpha_1+\alpha_2, \alpha_2+\alpha_3, \alpha_1+2\alpha_2+\alpha_3$

C. $\boldsymbol{\alpha}_1-\boldsymbol{\alpha}_2,3\boldsymbol{\alpha}_2+\boldsymbol{\alpha}_3,-\boldsymbol{\alpha}_1-2\boldsymbol{\alpha}_2-\boldsymbol{\alpha}_3$

D. $\boldsymbol{\alpha}_1+\boldsymbol{\alpha}_2,\boldsymbol{\alpha}_2+\boldsymbol{\alpha}_3,\boldsymbol{\alpha}_3-\boldsymbol{\alpha}_1$

E. $\boldsymbol{\alpha}_1+2\boldsymbol{\alpha}_2,2\boldsymbol{\alpha}_2+3\boldsymbol{\alpha}_3,3\boldsymbol{\alpha}_3+\boldsymbol{\alpha}_1$

2.4 非齐次线性方程组

📄 题组 A 得分 _____/18 分　📄 题组 B 得分 _____/30 分

题组 A · 基础通关题

629.（本题是基础运算能力训练习题,非真题考题形式）

（1）设 $A=\begin{pmatrix} 1 & -1 & -1 \\ -1 & 1 & 1 \\ 0 & -4 & -2 \end{pmatrix},b=\begin{pmatrix} -1 \\ 1 \\ -2 \end{pmatrix}$,求线性方程组 $Ax=b$ 的通解.

（2）求线性方程组 $\begin{cases} x_1-2x_2+2x_3-x_4=1, \\ 2x_1-4x_2+8x_3=2, \\ -2x_1+4x_2-2x_3+3x_4=3, \\ 3x_1-6x_2-6x_4=4 \end{cases}$ 的通解.

（3）求线性方程组 $\begin{cases} x_1-x_2-x_3=2, \\ 2x_1-x_2-3x_3=1, \\ 3x_1+2x_2-5x_3=0 \end{cases}$ 的通解.

（4）求线性方程组 $\begin{cases} x_1+x_2=5, \\ 2x_1+x_2+x_3+2x_4=1, \\ 5x_1+3x_2+2x_3+2x_4=3 \end{cases}$ 的通解.

（5）求线性方程组 $\begin{cases} x_1-x_2-x_3+x_4=0, \\ x_1-x_2+x_3-3x_4=1, \\ x_1-x_2-2x_3+3x_4=-\dfrac{1}{2} \end{cases}$ 的通解.

630.（考题难度系数 ☆☆ · 建议用时 1-2 min）

设 A 是 $m\times n$ 矩阵,$Ax=0$ 是非齐次线性方程组 $Ax=b$ 所对应的齐次线性方程组,则下列结论正确的是(　　).

A. 若 $Ax=0$ 仅有零解,则 $Ax=b$ 有唯一解

B. 若 $Ax=0$ 有非零解,则 $Ax=b$ 有无穷多解

C. 若 $Ax=0$ 仅有零解,则 $Ax=b$ 有无穷多解

D. 若 $Ax=b$ 有无穷多解,则 $Ax=0$ 仅有零解

E. 若 $Ax=b$ 有无穷多解,则 $Ax=0$ 有非零解

631. (考题难度系数 ☆☆·建议用时 1-2 min)

已知线性方程组 $\begin{pmatrix} 1 & 2 & 1 \\ 2 & 3 & a+2 \\ 1 & a & -2 \end{pmatrix}\begin{pmatrix} x_1 \\ x_2 \\ x_3 \end{pmatrix} = \begin{pmatrix} 1 \\ 3 \\ 0 \end{pmatrix}$，若方程组有唯一解，则（　　）.

A. $a=-1$ 或 3
B. $a\neq-1$ 且 $a\neq3$

C. $a=3$ 或 3
D. $a\neq3$

E. $a=-1$

632. (考题难度系数 ☆☆·建议用时 1-2 min)

已知线性方程组 $\begin{cases} x_1-x_3=0, \\ x_1+x_2-x_3=1, \\ x_2+(a^2-1)x_3=a, \end{cases}$　有无穷多解，则 $a=$（　　）.

A. $a=-1$
B. $a=-1$ 或 1

C. $a=1$
D. $a\neq1$

E. $a\neq-1$

633. (考题难度系数 ☆☆·建议用时 1-2 min)

已知方程组 $\begin{pmatrix} 1 & 2 & 1 \\ 2 & 3 & a+2 \\ 1 & a & -2 \end{pmatrix}\begin{pmatrix} x_1 \\ x_2 \\ x_3 \end{pmatrix} = \begin{pmatrix} 1 \\ 3 \\ 0 \end{pmatrix}$ 无解，则 $a=$（　　）.

A. 2
B. 1

C. 0
D. -1

E. -2

634. (考题难度系数 ☆☆·建议用时 1-2 min)

设 $\begin{pmatrix} a & 1 & 1 \\ 1 & a & 1 \\ 1 & 1 & a \end{pmatrix}\begin{pmatrix} x_1 \\ x_2 \\ x_3 \end{pmatrix} = \begin{pmatrix} 1 \\ 1 \\ -2 \end{pmatrix}$ 有无穷多解，则 $a=$（　　）.

A. 2
B. 1

C. 0
D. -1

E. -2

635. (考题难度系数 ☆☆☆·建议用时 2-3 min)

已知线性方程组 $Ax=k\boldsymbol{\beta}_1+\boldsymbol{\beta}_2$ 有解，其中 $A=\begin{pmatrix} 1 & 1 & -1 \\ -1 & -2 & 1 \\ 1 & -1 & -1 \end{pmatrix}$，$\boldsymbol{\beta}_1=\begin{pmatrix} 2 \\ 1 \\ 3 \end{pmatrix}$，$\boldsymbol{\beta}_2=\begin{pmatrix} 1 \\ 3 \\ -1 \end{pmatrix}$，则 k

等于（　　）.

A. 1
B. -1

C. 2
D. -2

E. 0

线
性
代
数
篇

636.（考题难度系数 ☆☆☆·建议用时 2-3 min）

设矩阵 $A = \begin{pmatrix} 1 & 1 & 1 \\ 1 & 2 & a \\ 1 & 4 & a^2 \end{pmatrix}, x = \begin{pmatrix} x_1 \\ x_2 \\ x_3 \end{pmatrix}, b = \begin{pmatrix} 1 \\ d \\ d^2 \end{pmatrix}$，则（　　）.

A. 当 $a \neq 1$ 时，$Ax = b$ 有无穷多解

B. 当 $a \neq 2$ 时，$Ax = b$ 有无穷多解

C. 当 $a = 1$ 时，$Ax = b$ 有唯一解，且 $x_1 = \dfrac{(2-d)(a-d)}{a-1}$

D. 当 $a = 2$ 时，$Ax = b$ 有唯一解，且 $x_1 = \dfrac{(2-d)(a-d)}{a-1}$

E. 当 $a \neq 1$ 且 $a \neq 2$ 时，$Ax = b$ 有唯一解，且 $x_1 = \dfrac{(2-d)(a-d)}{a-1}$

637.（考题难度系数 ☆☆☆☆·建议用时 2-3 min）

设 $A = \begin{pmatrix} 1 & 1 & 1 & 1 & 1 \\ a_1 & a_2 & a_3 & a_4 & a_5 \\ a_1^2 & a_2^2 & a_3^2 & a_4^2 & a_5^2 \\ a_1^3 & a_2^3 & a_3^3 & a_4^3 & a_5^3 \\ a_1^{n-1} & a_2^{n-1} & a_3^{n-1} & a_4^4 & a_5^4 \end{pmatrix}, x = \begin{pmatrix} x_1 \\ x_2 \\ x_3 \\ \vdots \\ x_n \end{pmatrix}, b = \begin{pmatrix} 1 \\ 1 \\ 1 \\ \vdots \\ 1 \end{pmatrix}$，其中 $a_1, a_2, \cdots, a_5$ 互不相等，则

（　　）.

A. $A^{\mathrm{T}} x = b$ 无解

B. $A^{\mathrm{T}} x = b$ 有无穷多解

C. $A^{\mathrm{T}} x = b$ 有唯一解，且解为 $x = (1,1,1,\cdots,1)^{\mathrm{T}}$

D. $A^{\mathrm{T}} x = b$ 有唯一解，且解为 $x = (0,0,0,\cdots,0)^{\mathrm{T}}$

E. $A^{\mathrm{T}} x = b$ 有唯一解，且解为 $x = (1,0,0,\cdots,0)^{\mathrm{T}}$

题组 B·强化通关题

638.（考题难度系数 ☆☆☆·建议用时 2-3 min）

非齐次线性方程组 $Ax = b$ 中未知量个数为 n，方程个数为 m，系数矩阵 A 的秩为 r，则
（　　）.

A. 当 $r = m$ 时，方程组 $Ax = b$ 有解　　　B. 当 $r = n$ 时，方程组 $Ax = b$ 有唯一解

C. 当 $m = n$ 时，方程组 $Ax = b$ 有唯一解　　D. 当 $r < n$ 时，方程组 $Ax = b$ 有无穷多解

E. 当 $r < n$ 时，方程组 $Ax = b$ 有唯一解

639.（考题难度系数 ☆☆☆·建议用时 2-3 min）

设有非齐次线性方程组 $Ax = b$，其中 A 是 $m \times n$ 矩阵. 考虑下列命题

① 当 $Ax = b$ 有唯一解时,有 $r(A) = n$;

② 当 $Ax = b$ 有无穷多解时,有 $r(A) < m$;

③ 当 $Ax = b$ 有无穷多解时,有 A 的列向量组线性相关;

④ 当 $Ax = b$ 无解时,有 A 的列向量组线性无关.

其中正确的个数为(　　).

A. 0 　　　　　　　　　　B. 1

C. 2 　　　　　　　　　　D. 3

E. 4

640.（考题难度系数 ☆☆·建议用时 1-2 min）

线性方程组 $\begin{cases} x_1 + \quad x_3 = \lambda, \\ 4x_1 + x_2 + 2x_3 = \lambda + 2, \\ 6x_1 + x_2 + 4x_3 = 2\lambda + 3 \end{cases}$ 有解,则 $\lambda = ($ 　　$).$

A. 0 　　　　　　　　　　B. 1

C. 2 　　　　　　　　　　D. 3

E. 4

641.（考题难度系数 ☆☆☆☆·建议用时 2-3 min）

已知线性方程组为 $\begin{cases} x_1 + a_1 x_2 + a_1^2 x_3 = a_1^3, \\ x_1 + a_2 x_2 + a_2^2 x_3 = a_2^3, \\ x_1 + a_3 x_2 + a_3^2 x_3 = a_3^3, \\ x_1 + a_4 x_2 + a_4^2 x_3 = a_4^3. \end{cases}$ 若 a_1, a_2, a_3, a_4 两两不相等,则此线性方程组

(　　).

A. 无解

B. 有唯一解,且解为 $(a_1, a_2, a_3)^{\mathrm{T}}$

C. 有唯一解,且解为 $(a_2, a_3, a_4)^{\mathrm{T}}$

D. 无穷多解,且解为 $k(1,1,1)^{\mathrm{T}} + (a_2, a_3, a_4)^{\mathrm{T}}$（$k$ 为任意常数）

E. 无穷多解,且解为 $k(1,1,1)^{\mathrm{T}} + (a_1, a_2, a_3)^{\mathrm{T}}$（$k$ 为任意常数）

642.（考题难度系数 ☆☆☆☆·建议用时 2-3 min）

设 $A = \begin{pmatrix} 1 & 1 & 1 & 1 \\ a & b & c & d \\ a^2 & b^2 & c^2 & d^2 \end{pmatrix}$,其中 a, b, c, d 互不相等,则(　　).

A. $Ax = 0$ 有唯一零解 　　　　　B. $A^{\mathrm{T}}x = 0$ 有非零解

C. $A^{\mathrm{T}}Ax = 0$ 有非零解 　　　　D. $AA^{\mathrm{T}}x = 0$ 有非零解

E. $Ax = 0$ 无解

643.（考题难度系数 ☆☆☆·建议用时 2-3 min）

设 $\alpha_1, \alpha_2, \alpha_3$ 是 $Ax = b$ 的解向量,若 $\eta_1 = 2\alpha_1 - a\alpha_2 + 3b\alpha_3$,$\eta_2 = 2a\alpha_1 - b\alpha_2 - \alpha_3$,$\eta_3 = 3b\alpha_1 - $

$3a\boldsymbol{\alpha}_2+4\boldsymbol{\alpha}_3$ 也是 $\boldsymbol{A}\boldsymbol{x}=\boldsymbol{b}$ 的解向量,则(　　).

A. $a=1,b=1$

B. $a=0,b=1$

C. $a=1,b=0$

D. $a=0,b=-1$

E. $a=-1,b=0$

644. (考题难度系数 ☆☆☆·建议用时 2-3 min)

线性非齐次方程组 $\boldsymbol{A}_{4\times 4}\boldsymbol{x}=\boldsymbol{b}$ 有通解

$$k_1(1,2,0,-2)^{\mathrm{T}}+k_2(4,-1-1-1)^{\mathrm{T}}+(1,0,-1,1)^{\mathrm{T}}$$

则方程组满足条件 $x_1=x_2$,且 $x_3=x_4$ 的解是(　　).

A. $(2,2,1,1)^{\mathrm{T}}$

B. $(1,1,2,2)^{\mathrm{T}}$

C. $(-2,-2,1,1)^{\mathrm{T}}$

D. $(2,2,-1,-1)^{\mathrm{T}}$

E. $(-2,-2,-1,1)^{\mathrm{T}}$

645. (考题难度系数 ☆☆☆·建议用时 2-3 min)

设 $\boldsymbol{\alpha}_1=(0,1,0)^{\mathrm{T}},\boldsymbol{\alpha}_2=(-3,2,2)^{\mathrm{T}}$ 是线性方程组 $\begin{cases}x_1-x_2+2x_3=-1,\\3x_1+x_2+4x_3=1,\\ax_1+bx_2+cx_3=d\end{cases}$ 的两个解,且线性方程组系数矩阵为 $\boldsymbol{A}$,则秩 $r(\boldsymbol{A})=($　　$)$.

A. 0

B. 1

C. 2

D. 1 或 2

E. 0 或 1

646. (考题难度系数 ☆☆☆☆·建议用时 2-3 min)

已知 $\boldsymbol{A}$ 为 3 阶矩阵,$\boldsymbol{\alpha}_1=(1,2,3)^{\mathrm{T}},\boldsymbol{\alpha}_2=(0,2,1)^{\mathrm{T}},\boldsymbol{\alpha}_3=(0,t,1)^{\mathrm{T}}$ 是非齐次线性方程组 $\boldsymbol{A}\boldsymbol{x}=\boldsymbol{b}$ 的解向量,其中 $\boldsymbol{b}=(1,0,0)^{\mathrm{T}}$,则(　　).

A. 当 $t=2$ 时,秩 $r(\boldsymbol{A})=1$

B. 当 $t=2$ 时,秩 $r(\boldsymbol{A})=2$

C. 当 $t\neq 2$ 时,秩 $r(\boldsymbol{A})=1$

D. 当 $t\neq 2$ 时,秩 $r(\boldsymbol{A})=2$

E. 当 $t\neq 2$ 时,秩 $r(\boldsymbol{A})=3$

647. (考题难度系数 ☆☆☆☆·建议用时 2-3 min)

设 $\boldsymbol{\alpha}_1,\boldsymbol{\alpha}_2,\boldsymbol{\alpha}_3$ 均为四元线性方程组 $\boldsymbol{A}\boldsymbol{x}=\boldsymbol{b}$ 的解,$\boldsymbol{\alpha}_1+\boldsymbol{\alpha}_2=(2,2,4,6)^{\mathrm{T}},\boldsymbol{\alpha}_1+2\boldsymbol{\alpha}_3=(0,3,0,6)^{\mathrm{T}}$,且 $\boldsymbol{A}$ 的秩等于 3. 若 k_1,k_2 为任意常数,则该方程组的通解可以为(　　).

A. $k_1(1,0,2,1)^{\mathrm{T}}+(1,1,2,3)^{\mathrm{T}}$

B. $k_1(1,0,2,1)^{\mathrm{T}}+k_2(1,1,2,3)^{\mathrm{T}}+(0,1,0,2)^{\mathrm{T}}$

C. $k_1(1,0,2,1)^{\mathrm{T}}+(2,2,4,6)^{\mathrm{T}}$

D. $k_1(1,0,2,1)^{\mathrm{T}}+k_2(0,1,0,2)^{\mathrm{T}}+(1,1,2,3)^{\mathrm{T}}$

E. $k_1(1,0,2,1)^{\mathrm{T}}+(0,3,0,6)^{\mathrm{T}}$

648. (考题难度系数 ☆☆☆☆·建议用时 2-3 min)

已知矩阵 $\boldsymbol{A}=\begin{pmatrix}2&2\\2&a\end{pmatrix},\boldsymbol{B}=\begin{pmatrix}4&b\\3&1\end{pmatrix}$,其中 a,b 为常数.若矩阵方程 $\boldsymbol{A}\boldsymbol{X}=\boldsymbol{B}$ 有解,但 $\boldsymbol{B}\boldsymbol{Y}=\boldsymbol{A}$ 无解,则(　　).

A. $a \neq 2, b \neq \dfrac{4}{3}$

B. $a = 2, b = \dfrac{4}{3}$

C. $a \neq 2, b = \dfrac{4}{3}$

D. $a = 2, b \neq \dfrac{4}{3}$

E. $a \neq 2, b = 4$

649. (考题难度系数 ☆☆☆·建议用时 2−3 min)

设 A, B 为 3 阶矩阵,其中 $A = \begin{pmatrix} 1 & 1 & 2 \\ -1 & 2 & 1 \\ 0 & 1 & 1 \end{pmatrix}, B = \begin{pmatrix} 4 & -1 & 3 \\ 2 & n & 0 \\ m & -1 & p \end{pmatrix}$.若存在 3 阶矩阵 X,使得

$AX = B$,则( ).

A. $m = 2, n = -2, p = 0$

B. $m = -2, n = -2, p = -1$

C. $m = 2, n = 2, p = -1$

D. $m = -2, n = 2, p = -1$

E. $m = 2, n = -2, p = 1$

650. (考题难度系数 ☆☆☆☆·建议用时 2−3 min)

设方程组(Ⅰ): $\begin{cases} x_1 + 2x_2 + x_3 = 0, \\ 2x_1 + 3x_2 + x_3 = -1, \end{cases}$ 方程组(Ⅱ): $ax_1 + bx_2 + 2x_3 = 2$,若方程组(Ⅰ)的解均

为(Ⅱ)的解,则( ).

A. $a = 0, b = 2$

B. $a = 2, b = 1$

C. $a = 0, b = 1$

D. $a = 2, b = 2$

E. $a = 2, b = 0$

651. (考题难度系数 ☆☆☆·建议用时 2−3 min)

已知线性方程组(Ⅰ) $\begin{cases} x_1 + x_2 + x_3 + x_4 = 0, \\ 2x_3 + x_4 = a. \end{cases}$ (Ⅱ) $\begin{cases} x_1 + x_2 + 3x_3 + 2x_4 = -1, \\ 2x_1 + 2x_2 + x_4 = 1. \end{cases}$

若方程组(Ⅰ)与(Ⅱ)有公共解,则 $a = ($).

A. 0

B. −1

C. 1

D. −2

E. 2

652. (考题难度系数 ☆☆☆☆·建议用时 2−3 min)

已知方程组(Ⅰ) $\begin{cases} x_1 - 2x_2 + x_3 = k, \\ -2x_1 + x_2 + x_3 = -2 \end{cases}$ 和方程(Ⅱ) $x_1 + x_2 - 2x_3 = k^2$ 有公共解,且所有公共解

中最多有两个线性无关的解向量,则 $k = ($).

A. 1

B. −2

C. 0

D. 1 或 −2

E. 0 或 1

2.5 向量的线性表示

📋题组 A 得分 _____/10 分　　📋题组 B 得分 _____/10 分

题组 A · 基础通关题

653.（考题难度系数 ☆☆·建议用时 1-2 min）

设 A 是 4 阶矩阵，且 A 的行列式 $|A|=0$，则 A 中(　　).

A. 必有一列元素全为 0

B. 必有两列元素对应成比例

C. 必有一列向量是其余列向量的线性组合

D. 任一列向量是其余列向量的线性组合

E. 任一列向量均不是其余列向量的线性组合

654.（考题难度系数 ☆☆☆·建议用时 2-3 min）

已知 $\boldsymbol{\alpha}_1=(1,4,0,2)^{\mathrm{T}},\boldsymbol{\alpha}_2=(3,1,7,2)^{\mathrm{T}},\boldsymbol{\alpha}_3=(0,-1,1,0)^{\mathrm{T}},\boldsymbol{\beta}=(4,b,10,3)^{\mathrm{T}}.$ 若 $\boldsymbol{\beta}$ 不能由 $\boldsymbol{\alpha}_1,\boldsymbol{\alpha}_2,\boldsymbol{\alpha}_3$ 线性表出，则 b 满足的条件为(　　).

A. $b=1$　　　　　　　　　　　B. $b=2$

C. $b\neq 0$　　　　　　　　　　D. $b\neq 1$

E. $b\neq 2$

655.（考题难度系数 ☆☆☆·建议用时 2-3 min）

设 $\boldsymbol{\alpha}_1=(1,2,0)^{\mathrm{T}},\boldsymbol{\alpha}_2=(-3a,a+2,1)^{\mathrm{T}},\boldsymbol{\alpha}_3=(a,-2,-1)^{\mathrm{T}},\boldsymbol{\beta}=(-3,3,1)^{\mathrm{T}}$，若 $\boldsymbol{\beta}$ 不能由 $\boldsymbol{\alpha}_1,\boldsymbol{\alpha}_2,\boldsymbol{\alpha}_3$ 线性表示，则(　　).

A. $a=1$　　　　　　　　　　　B. $a=2$

C. $a=0$　　　　　　　　　　　D. $a=-1$

E. $a=-2$

656.（考题难度系数 ☆☆☆·建议用时 2-3 min）

设 $\boldsymbol{\alpha}_1=(1,2,0)^{\mathrm{T}},\boldsymbol{\alpha}_2=(1,3,-3)^{\mathrm{T}},\boldsymbol{\alpha}_3=(-1,-b-2,1+2b)^{\mathrm{T}},\boldsymbol{\beta}=(1,3,-3)^{\mathrm{T}}$，若 $\boldsymbol{\beta}$ 能由 $\boldsymbol{\alpha}_1,\boldsymbol{\alpha}_2,\boldsymbol{\alpha}_3$ 线性表示，则(　　).

A. $b=1$　　　　　　　　　　　B. $b=2$

C. $b=0$　　　　　　　　　　　D. $b=-1$

E. b 为任意常数

657.（考题难度系数 ☆☆☆·建议用时 2-3 min）

设 $\boldsymbol{\alpha}_1=(1,1,1,3)^{\mathrm{T}},\boldsymbol{\alpha}_2=(-1,-3,5,1)^{\mathrm{T}},\boldsymbol{\alpha}_3=(3,2,-1,p+2)^{\mathrm{T}},\boldsymbol{\alpha}_4=(-2,-6,10,p)^{\mathrm{T}}$，若向量 $\boldsymbol{\beta}=(4,1,6,10)^{\mathrm{T}}$ 可由 $\boldsymbol{\alpha}_1,\boldsymbol{\alpha}_2,\boldsymbol{\alpha}_3,\boldsymbol{\alpha}_4$ 线性表示，则(　　).

线性代数篇

A. $p = 2$ B. $p \neq 2$

C. $p = 1$ D. $p \neq 1$

E. $p = 2$ 或 $p = 1$

题组 B·强化通关题

658. (考题难度系数 ☆☆☆·建议用时 2-3 min)

设向量组 $\boldsymbol{\beta}_1, \boldsymbol{\beta}_2, \cdots, \boldsymbol{\beta}_t$ 可由 $\boldsymbol{\alpha}_1, \boldsymbol{\alpha}_2, \cdots, \boldsymbol{\alpha}_s$ 线性表示,且秩 $r(\boldsymbol{\beta}_1, \boldsymbol{\beta}_2, \cdots, \boldsymbol{\beta}_t) = p, r(\boldsymbol{\alpha}_1, \boldsymbol{\alpha}_2, \cdots, \boldsymbol{\alpha}_s) = q$,则秩 $r(\boldsymbol{\alpha}_1, \boldsymbol{\alpha}_2, \cdots, \boldsymbol{\alpha}_s, \boldsymbol{\beta}_1, \boldsymbol{\beta}_2, \cdots, \boldsymbol{\beta}_t)$ 等于(　　).

A. p B. q

C. $\min\{p, q\}$ D. $p + q$

E. $s + t$

659. (考题难度系数 ☆☆☆·建议用时 2-3 min)

设向量组 $\boldsymbol{\alpha}_1 = (1, 0, 1)^{\mathrm{T}}, \boldsymbol{\alpha}_2 = (0, 1, 1)^{\mathrm{T}}, \boldsymbol{\alpha}_3 = (1, 3, 5)^{\mathrm{T}}$ 不能由向量组 $\boldsymbol{\beta}_1 = (1, 1, 1)^{\mathrm{T}}, \boldsymbol{\beta}_2 = (1, 2, 3)^{\mathrm{T}}, \boldsymbol{\beta}_3 = (2, 3, a)^{\mathrm{T}}$ 线性表示,则 $a = ($　　$)$.

A. -4 B. -1

C. -2 D. 2

E. 4

660. (考题难度系数 ☆☆☆☆·建议用时 3-4 min)

已知向量组 $\boldsymbol{\alpha}_1 = \begin{pmatrix} 1 \\ -1 \\ 2 \end{pmatrix}, \boldsymbol{\alpha}_2 = \begin{pmatrix} 0 \\ 3 \\ 1 \end{pmatrix}, \boldsymbol{\alpha}_3 = \begin{pmatrix} 3 \\ 0 \\ y \end{pmatrix}$ 与向量组 $\boldsymbol{\beta}_1 = \begin{pmatrix} 1 \\ -2 \\ 2 \end{pmatrix}, \boldsymbol{\beta}_2 = \begin{pmatrix} 2 \\ 1 \\ 5 \end{pmatrix}, \boldsymbol{\beta}_3 = \begin{pmatrix} x \\ 3 \\ 3 \end{pmatrix}$ 等价,则

(　　).

A. $x = 1, y = 7$ B. $x \neq 1, y = 7$

C. $x \neq 1, y \neq 7$ D. $y \neq 7, x$ 为任意常数

E. $x \neq 1, y$ 为任意常数

661. (考题难度系数 ☆☆☆·建议用时 2-3 min)

设有维向量组 Ⅰ:$\boldsymbol{\alpha}_1, \boldsymbol{\alpha}_2, \mathrm{L}, \boldsymbol{\alpha}_s$ 和 Ⅱ:$\boldsymbol{\beta}_1, \boldsymbol{\beta}_2, \mathrm{L}, \boldsymbol{\beta}_t$,考虑下列命题:

① 若秩 $r(\boldsymbol{\alpha}_1, \boldsymbol{\alpha}_2, \mathrm{L}, \boldsymbol{\alpha}_s) = r(\boldsymbol{\beta}_1, \boldsymbol{\beta}_2, \mathrm{L}, \boldsymbol{\beta}_t)$,则向量组 Ⅰ 与 Ⅱ 等价.

② 若向量组 Ⅰ 与 Ⅱ 等价,且向量组 Ⅰ 与 Ⅱ 都线性无关,则必有 $s = t$.

③ 若向量组 Ⅰ 可由 Ⅱ 线性表示,则 $s \leqslant t$.

④ 若向量组 Ⅰ 可由 Ⅱ 线性表示,且 $s > t$,则向量组 Ⅰ 线性相关.

其中正确的个数为(　　).

A. 0   B. 1

C. 2   D. 3

E. 4

662.（考题难度系数 ☆ ☆ ☆ · 建议用时 2-3 min）

已知向量组 I：$\boldsymbol{\alpha}_1, \boldsymbol{\alpha}_2, \boldsymbol{\alpha}_3, \boldsymbol{\alpha}_4$ 线性无关，则与 I 等价的向量组是（　　）.

A. $\boldsymbol{\alpha}_1 + \boldsymbol{\alpha}_2, \boldsymbol{\alpha}_2 + \boldsymbol{\alpha}_3, \boldsymbol{\alpha}_3 + \boldsymbol{\alpha}_4, \boldsymbol{\alpha}_4 + \boldsymbol{\alpha}_1$

B. $\boldsymbol{\alpha}_1 - \boldsymbol{\alpha}_2, \boldsymbol{\alpha}_2 - \boldsymbol{\alpha}_3, \boldsymbol{\alpha}_3 - \boldsymbol{\alpha}_4, \boldsymbol{\alpha}_4 - \boldsymbol{\alpha}_1$

C. $\boldsymbol{\alpha}_1 + \boldsymbol{\alpha}_2, \boldsymbol{\alpha}_2 - \boldsymbol{\alpha}_3, \boldsymbol{\alpha}_3 + \boldsymbol{\alpha}_4, \boldsymbol{\alpha}_4 - \boldsymbol{\alpha}_1$

D. $\boldsymbol{\alpha}_1 + \boldsymbol{\alpha}_2, \boldsymbol{\alpha}_2 - \boldsymbol{\alpha}_3, \boldsymbol{\alpha}_3 - \boldsymbol{\alpha}_4, \boldsymbol{\alpha}_4 - \boldsymbol{\alpha}_1$

E. $\boldsymbol{\alpha}_1 - 2\boldsymbol{\alpha}_2, 2\boldsymbol{\alpha}_2 - 3\boldsymbol{\alpha}_3, 3\boldsymbol{\alpha}_3 - 4\boldsymbol{\alpha}_4, 4\boldsymbol{\alpha}_4 - \boldsymbol{\alpha}_1$

线性代数篇

概率论篇

第一章　随机事件及其概率

1.1　随机事件的关系与概率计算

📝题组 A 得分 _____/30 分　📝题组 B 得分 _____/18 分

题组 A · 基础通关题

663.（考题难度系数 ☆☆ · 建议用时 1-2 min）

以 A 表示事件"甲种产品畅销,乙种产品滞销",则其对立事件 $\bar{A}$ 为(　　).

A. 甲种产品滞销,乙种产品畅销　　　　B. 甲、乙两种产品均畅销

C. 甲种产品畅销,乙种产品滞销　　　　D. 甲种产品滞销或乙种产品畅销

E. 甲种产品滞销

664.（考题难度系数 ☆☆ · 建议用时 1-2 min）

设事件 A 和 B 满足 $P(AB)=0$,给出以下四个结论:

① A 和 B 互不相容;　　　　　　　② AB 是不可能发生事件;

③ $P(A)=0$ 或 $P(B)=0$;　　　　　④ A 和 B 独立.

其中正确的个数为(　　).

A. 0　　　　　　　　　　　　　　　B. 1

C. 2　　　　　　　　　　　　　　　D. 3

E. 4

665.（考题难度系数 ☆☆ · 建议用时 1-2 min）

设事件 A 和 B 满足 $A\cup B=B$,给出以下四个结论:

① $A\subset B$;　　　② $\bar{B}\subset\bar{A}$;　　　③ $\bar{A}B=\varnothing$;　　　④ $AB=A$.

其中与 $A\cup B=B$ 等价的个数为(　　).

A. 0　　　　　　　　　　　　　　　B. 1

C. 2　　　　　　　　　　　　　　　D. 3

E. 4

666.（考题难度系数 ☆☆ · 建议用时 1-2 min）

设 A 和 B 是两个概率不为零的互不相容事件,给出以下四个结论:

① $\overline{A}$ 与 $\overline{B}$ 不相容；　② $\overline{A}$ 与 $\overline{B}$ 相容；　③ A 和 B 不独立；　④ $P(A-B)=P(A)$.

其中正确的个数为(　　).

A. 0

B. 1

C. 2

D. 3

E. 4

667.（考题难度系数 ☆☆☆·建议用时 2-3 min）

设 A,B 为两随机事件，且 $B\subset A$，则下列式子正确的是 (　　).

A. $P(A+B)=P(A)$

B. $P(AB)=P(A)$

C. $P(B\mid A)=P(B)$

D. $P(B-A)=P(B)-P(A)$

E. $P(AB)=P(\overline{B})$

668.（考题难度系数 ☆☆·建议用时 1-2 min）

设随机事件 A 与 B 相互独立，且 $P(B)=0.5$，$P(A-B)=0.3$，则 $P(B-A)=$ (　　).

A. 0.1

B. 0.2

C. 0.3

D. 0.4

E. 0.5

669.（考题难度系数 ☆☆·建议用时 1-2 min）

设 A,B 为随机事件，且 $P(B)>0$，$P(A\mid B)=1$，则必有(　　).

A. $P(A\cup B)>P(A)$

B. $P(A\cup B)>P(B)$

C. $P(A\cup B)=P(A)$

D. $P(A\cup B)=P(B)$

E. $P(A\cup B)=P(\overline{A})$

670.（考题难度系数 ☆☆·建议用时 1-2 min）

设 A,B 为随机事件，且 $P(A)=0.5$，$P(B)=0.6$ 及条件概率 $P(B\mid A)=0.8$，则 $P(A\cup B)=$ (　　).

A. 0.5

B. 0.6

C. 0.7

D. 0.8

E. 0.9

671.（考题难度系数 ☆☆·建议用时 1-2 min）

已知两个事件 A、B 满足条件 $P(AB)=P(\overline{AB})$，且 $P(A)=p$，则 $P(B)=$ (　　).

A. $1-p$

B. $1-2p$

C. $1-3p$

D. p

E. $2p$

672.（考题难度系数 ☆☆·建议用时 1-2 min）

设 A,B 为随机事件，$P(A)=0.7$，$P(A-B)=0.3$，则 $P(\overline{AB})=$ (　　).

A. 0.5

B. 0.6

C. 0.7

D. 0.8

E. 0.9

673.（考题难度系数 ☆☆·建议用时 1-2 min）

设 $P(A)=0.4, P(A \cup B)=0.7$，若 A 与 B 相互独立，则 $P(B)=($).

A. 0.5   B. 0.6

C. 0.7   D. 0.8

E. 0.9

674.（考题难度系数 ☆☆☆·建议用时 2-3 min）

设随机事件 A 与 B 相互独立，A 与 C 相互独立，$BC=\varnothing$，若 $P(A)=P(B)=\dfrac{1}{2}$，

$P(AC|AB \cup C)=\dfrac{1}{4}$，则 $P(C)=($).

A. $\dfrac{1}{4}$ B. $\dfrac{1}{2}$

C. $\dfrac{1}{3}$ D. $\dfrac{3}{4}$

E. $\dfrac{1}{5}$

675.（考题难度系数 ☆☆·建议用时 1-2 min）

设两个相互独立的事件 A 和 B 都不发生的概率为 $\dfrac{1}{9}$，A 发生 B 不发生的概率与 B 发生 A 不发生的概率相等，则 $P(A)=($).

A. $\dfrac{1}{4}$ B. $\dfrac{2}{3}$

C. $\dfrac{1}{3}$ D. $\dfrac{1}{2}$

E. $\dfrac{4}{5}$

676.（考题难度系数 ☆☆☆·建议用时 2-3 min）

已知 $P(A)=0.3, P(B)=0.4, P(A|B)=0.5$，则 $P(B|A \cup B)=($).

A. $\dfrac{3}{4}$ B. $\dfrac{2}{3}$

C. $\dfrac{1}{3}$ D. $\dfrac{1}{2}$

E. $\dfrac{4}{5}$

677.（考题难度系数 ☆☆☆·建议用时 2-3 min）

设 A,B 为随机事件，则 $P(A)=P(B)$ 的充分必要条件是( ).

A. $P(A \cup B)=P(A)+P(B)$ B. $P(AB)=P(A)P(B)$

C. $P(A\overline{B}) = P(B\overline{A})$ 　　　　　　　 D. $P(AB) = P(\overline{A}\overline{B})$

E. $P(A-B) = P(A)$.

题组 B · 强化通关题

678. (考题难度系数 ☆☆☆ · 建议用时 2-3 min)

设 A,B 为两个随机事件,且 $P(A) = P(B) = \dfrac{1}{3}$,$P(AB) = \dfrac{1}{6}$,则 A,B 中恰有一个事件发生的概率为(　　).

A. $\dfrac{2}{3}$ 　　　　　　　　　　　　　 B. $\dfrac{1}{2}$

C. $\dfrac{1}{3}$ 　　　　　　　　　　　　　 D. $\dfrac{1}{4}$

E. $\dfrac{3}{4}$

679. (考题难度系数 ☆☆☆ · 建议用时 2-3 min)

设随机事件 A,B,C 两两独立,$ABC = \varnothing$,且 $P(A) = \dfrac{1}{3}$,$P(B) = \dfrac{1}{4}$,$P(A \cup B \cup C) = \dfrac{7}{12}$,则 $P(C) = (\quad)$.

A. $\dfrac{1}{2}$ 　　　　　　　　　　　　　 B. $\dfrac{1}{3}$

C. $\dfrac{1}{5}$ 　　　　　　　　　　　　　 D. $\dfrac{5}{12}$

E. $\dfrac{7}{12}$

680. (考题难度系数 ☆☆☆ · 建议用时 2-3 min)

设有随机事件 A,B,C,A 与 $B \cup C$ 互不相容,若 $P(A) = P(B) = P(C) = \dfrac{1}{4}$,$P(BC) = \dfrac{1}{8}$,则事件 A,B,C 都不发生的概率是(　　).

A. $\dfrac{1}{8}$ 　　　　　　　　　　　　　 B. $\dfrac{1}{4}$

C. $\dfrac{3}{8}$ 　　　　　　　　　　　　　 D. $\dfrac{1}{2}$

E. $\dfrac{5}{8}$

681. (考题难度系数 ☆☆☆ · 建议用时 2-3 min)

设 10 件产品中有 4 件一等品 6 件二等品. 现随机从中取出两件,已知其中至少有一件一等品,则两件都是一等品的概率是(　　).

A. $\dfrac{1}{2}$ B. $\dfrac{1}{3}$

C. $\dfrac{1}{4}$ D. $\dfrac{1}{5}$

E. $\dfrac{1}{6}$

682.（考题难度系数 ☆☆☆ · 建议用时 2-3 min）

设随机事件 A,B,C 两两独立，且 $P(A)=P(B)=P(C)=a$，$ABC=\varnothing$，若使得概率 $P(A\cup B\cup C)$ 最大，则 $a=(\qquad)$.

A. $\dfrac{1}{4}$ B. $\dfrac{1}{3}$

C. $\dfrac{1}{2}$ D. $\dfrac{1}{6}$

E. 1

683.（考题难度系数 ☆☆☆ · 建议用时 2-3 min）

某同学向同一个篮筐独立地进行 3 次投篮，第 i 次投丢篮球的概率 $p_i=\dfrac{1}{1+i}(i=1,2,3)$，以 X 表示 3 次中投篮命中的次数，则 $P\{X=2\}=(\qquad)$.

A. $\dfrac{1}{8}$ B. $\dfrac{11}{12}$

C. $\dfrac{11}{24}$ D. $\dfrac{17}{24}$

E. $\dfrac{11}{32}$

684.（考题难度系数 ☆☆☆ · 建议用时 2-3 min）

设 A,B 为随机事件，$\bar{B}$ 表示 B 的对立事件. 若 $P(A)=\dfrac{1}{3}$，$P(A|B)=\dfrac{1}{2}$，$P(A|\bar{B})=\dfrac{1}{5}$，则 $P(B|A)=(\qquad)$.

A. $\dfrac{2}{9}$ B. $\dfrac{1}{3}$

C. $\dfrac{4}{9}$ D. $\dfrac{5}{9}$

E. $\dfrac{2}{3}$

685.（考题难度系数 ☆☆☆ · 建议用时 2-3 min）

设 A,B,C 为随机事件，$\bar{C}$ 表示 C 的对立事件. 若 $P(A)=P(B)=P(C)=\dfrac{1}{4}$，$P(AB)=P(BC)=P(AC)=\dfrac{1}{6}$，$P(A\cup B\cup C)=\dfrac{3}{8}$，则 $P(\bar{C}|AB)=(\qquad)$.

A. $\dfrac{1}{16}$

B. $\dfrac{1}{4}$

C. $\dfrac{1}{2}$

D. $\dfrac{2}{3}$

E. $\dfrac{3}{4}$

686. (考题难度系数 ☆☆☆·建议用时 2-3 min)

设 A,B 为随机事件,且 $P(B)>0,P(A\,|\,B)=1$,则必有( ).

A. $P(A\cup B)>P(A)$

B. $P(A\,|\,A\cup B)=0$

C. $P(A\cup B)>P(B)$

D. $P(A\,|\,A\cup B)=1$

E. $P(A\cup B)=P(B)$

1.2　三大概型、全概率公式及贝叶斯公式

题组 A 得分 _____ /20 分　　题组 B 得分 _____ /14 分

题组 A·基础通关题

687. (考题难度系数 ☆☆☆·建议用时 2-3 min)

三个箱子,第一个箱子中有 4 个黑球 1 个白球,第二个箱子中有 3 个黑球 3 个白球,第三个箱子中有 3 个黑球 5 个白球.现随机地取一个箱子,再从这个箱子中取出 1 个球,这个球为白球的概率等于( ).

A. $\dfrac{53}{120}$

B. $\dfrac{1}{12}$

C. $\dfrac{56}{120}$

D. $\dfrac{3}{10}$

E. $\dfrac{51}{120}$

688. (考题难度系数 ☆☆☆·建议用时 2-3 min)

三个箱子,第一个箱子中有 4 个黑球 1 个白球,第二个箱子中有 3 个黑球 3 个白球,第三个箱子中有 3 个黑球 5 个白球.现随机地取一个箱子,再从这个箱子中取出 1 个球,若已知取出的球是白球,此球属于第二个箱子的概率为( ).

A. $\dfrac{7}{53}$

B. $\dfrac{19}{53}$

C. $\dfrac{21}{53}$

D. $\dfrac{2}{53}$

E. $\dfrac{20}{53}$

689.（考题难度系数 ☆ ☆ ☆ · 建议用时 2−3 min）

一批产品共有 10 个正品和 2 个次品，任意抽取两次，每次抽一个，抽出后不再放回，则第二次抽出的是次品的概率为（   ）.

A. $\dfrac{1}{6}$　　　　　　　　　　　　B. $\dfrac{1}{5}$

C. $\dfrac{1}{4}$　　　　　　　　　　　　D. $\dfrac{1}{3}$

E. $\dfrac{1}{2}$

690.（考题难度系数 ☆ ☆ ☆ · 建议用时 2−3 min）

袋中有 50 个乒乓球，其中 20 个是黄球，30 个是白球，今有两人依次随机地从袋中各取一球，取后不放回，则第二个人取得黄球的概率是（   ）.

A. $\dfrac{1}{5}$　　　　　　　　　　　　B. $\dfrac{2}{5}$

C. $\dfrac{3}{5}$　　　　　　　　　　　　D. $\dfrac{4}{5}$

E. $\dfrac{2}{3}$

691.（考题难度系数 ☆ ☆ ☆ · 建议用时 2−3 min）

有一个箱子和一个袋子，箱子中装有两个白球和一个黑球，袋子中装有一个白球和两个黑球，现由箱子任取一球放入袋子，再从袋子中取出一球，则从袋子中取到白球的概率为（   ）.

A. $\dfrac{1}{4}$　　　　　　　　　　　　B. $\dfrac{1}{8}$

C. $\dfrac{1}{12}$　　　　　　　　　　　D. $\dfrac{1}{16}$

E. $\dfrac{5}{12}$

692.（考题难度系数 ☆ ☆ ☆ · 建议用时 2−3 min）

从数 1,2,3,4 中任取一个数，记为 X，再从 $1,2,\cdots,X$ 中任取一个数，记为 Y，则 $P\{Y=2\}=$（   ）.

A. $\dfrac{1}{48}$　　　　　　　　　　　B. $\dfrac{5}{48}$

C. $\dfrac{1}{12}$　　　　　　　　　　　D. $\dfrac{1}{10}$

E. $\dfrac{13}{48}$

693. (考题难度系数 ☆☆☆·建议用时 2-3 min)

有一名学生参加学术会议,他乘火车、轮船、汽车、飞机来的可能性分别是 0.3,0.2,0.1,0.4.如果他乘火车、轮船、汽车来,迟到的概率分别为 $\frac{1}{4}$,$\frac{1}{3}$,$\frac{1}{12}$,而乘飞机不会迟到,结果他迟到了.则他乘火车来的概率是(　　).

A. $\frac{1}{4}$

B. $\frac{3}{8}$

C. $\frac{1}{2}$

D. $\frac{3}{20}$

E. $\frac{3}{40}$

694. (考题难度系数 ☆☆☆·建议用时 2-3 min)

设在三次独立试验中,事件 A 出现的概率相等,若已知 A 至少出现一次的概率等于 $\frac{19}{27}$,则事件 A 在一次试验中出现的概率是(　　).

A. $\frac{1}{6}$

B. $\frac{1}{5}$

C. $\frac{1}{4}$

D. $\frac{1}{3}$

E. $\frac{1}{2}$

695. (考题难度系数 ☆☆☆·建议用时 2-3 min)

一射手对同一目标独立地进行 4 次射击,若至少命中一次的概率为 $\frac{80}{81}$,则该射手的命中率为(　　).

A. $\frac{1}{3}$

B. $\frac{1}{4}$

C. $\frac{2}{3}$

D. $\frac{1}{2}$

E. $\frac{3}{4}$

696. (考题难度系数 ☆☆☆·建议用时 2-3 min)

随机的向半圆 $0<y<\sqrt{2ax-x^2}$(a 为正常数)内掷一点,点落在半圆内任何区域的概率与区域的面积成正比.则原点和该点的连线与 x 轴的夹角小于 $\frac{\pi}{4}$ 的概率为(　　).

A. $\frac{1}{2}+\frac{1}{\pi}$

B. $\frac{1}{\pi}$

C. $\dfrac{1}{2}$

D. $\dfrac{1}{2}+\dfrac{2}{\pi}$

E. $\dfrac{1}{2}+\dfrac{3}{\pi}$

题组 B · 强化通关题

697.（考题难度系数 ☆☆☆·建议用时 2-3 min）

箱子内装有 4 个球，2 个白球，2 个红球，现从中每次取出 1 个球后放回，共取 5 次，则既摸到红球也摸到白球的概率为（　　）.

A. $\dfrac{1}{16}$

B. $\dfrac{3}{16}$

C. $\dfrac{7}{16}$

D. $\dfrac{13}{16}$

E. $\dfrac{15}{16}$

698.（考题难度系数 ☆☆☆·建议用时 2-3 min）

三人独立地去破译一份密码，已知各人能译出的概率分别为 $\dfrac{1}{5}$，$\dfrac{1}{3}$，$\dfrac{1}{4}$，问三人中至少有一个能将此密码译出的概率是（　　）.

A. 0.1

B. 0.2

C. 0.4

D. 0.45

E. 0.6

699.（考题难度系数 ☆☆☆·建议用时 2-3 min）

玻璃杯成箱出售，每箱 20 只，假设各箱含 0，1，2 只残次品的概率相应为 0.8，0.1 和 0.1，一顾客欲购一箱玻璃杯，在购买时售货员随意取一箱，而顾客开箱随机地查看 4 只，若无残次品，则买下该箱玻璃杯，否则退回，则顾客买下该箱的概率为（　　）.

A. 0.10

B. 0.90

C. 0.87

D. 0.94

E. 0.92

700.（考题难度系数 ☆☆☆·建议用时 2-3 min）

设有来自三个地区的各 10 名，15 名和 25 名考生的报名表，其中女生的报名表分别为 3 份、7 份和 5 份.随机地取一个地区的报名表，从中先后抽出两份，则先抽到的一份是女生的报名表的概率（　　）.

A. $\dfrac{7}{15}$

B. $\dfrac{4}{25}$

C. $\dfrac{29}{30}$

D. $\dfrac{29}{90}$

E. $\dfrac{3}{10}$

701.（考题难度系数 ☆☆☆·建议用时 2-3 min）

在区间 $[0,\pi]$ 上随机取两个数 x 与 y，则 $\cos(x+y)<0$ 的概率为（　　）.

A. $\dfrac{1}{2}$　　　　　　　　　　　B. $\dfrac{3}{4}$

C. $\dfrac{1}{4}$　　　　　　　　　　　D. $\dfrac{1}{8}$

E. $\dfrac{7}{8}$

702.（考题难度系数 ☆☆☆·建议用时 2-3 min）

有一根长 l 的木棒，任意折成三段，恰好能构成一个三角形的概率为（　　）.

A. $\dfrac{1}{3}$　　　　　　　　　　　B. $\dfrac{2}{3}$

C. $\dfrac{1}{4}$　　　　　　　　　　　D. $\dfrac{3}{4}$

E. $\dfrac{1}{8}$

703.（考题难度系数 ☆☆☆·建议用时 2-3 min）

抽检一批产品，设每次取到 1 个次品的概率为 $p(0<p<1)$，则在取到 2 个次品之前已经取到 3 个正品的概率为（　　）.

A. $(1-p)^3$　　　　　　　　　　B. $4p(1-p)^3$

C. $4p^2(1-p)^3$　　　　　　　　D. $C_5^2 p^2(1-p)^3$

E. $C_5^3 p^3(1-p)^2$.

第二章　随机变量的分布及数字特征

2.1　分布函数、分布律与概率密度函数

题组 A · 基础通关题

704.（考题难度系数 ☆ ☆ · 建议用时 2-3 min）

设有以下 4 个函数：

① $F(x) = \dfrac{1}{\pi}\arctan x + \dfrac{1}{2}$;

② $F(x) = \begin{cases} 1 - e^{-2x}, & x > 0, \\ 0, & x \leqslant 0; \end{cases}$

③ $F(x) = \begin{cases} 0, & x < 0, \\ \dfrac{1}{4}x^2, & 0 \leqslant x < 2, \\ 1, & x \geqslant 2; \end{cases}$

④ $F(x) = \begin{cases} 0, & x < 0, \\ \dfrac{1}{3}, & 0 \leqslant x < 1, \\ \dfrac{1}{2}, & 1 \leqslant x < 2, \\ 1, & x \geqslant 2. \end{cases}$

其中可作为随机变量分布函数的个数为（　　　）.

A. 0　　　　　　　　　　　B. 1

C. 2　　　　　　　　　　　D. 3

E. 4

705.（考题难度系数 ☆ ☆ · 建议用时 2-3 min）

设有以下 4 个函数：

① $F_1(x) = \begin{cases} 0, & x < 0, \\ \dfrac{x^2}{4}, & 0 \leqslant x < 2, \\ 1, & x \geqslant 2; \end{cases}$

② $F_2(x) = \begin{cases} 0, & x < 0, \\ \dfrac{1}{3}, & 0 \leqslant x < 4, \\ 1, & x \geqslant 4; \end{cases}$

③ $F_3(x) = \begin{cases} 1 - e^{-x}, & x \geqslant 0, \\ 0, & x < 0; \end{cases}$

④ $F_4(x) = \begin{cases} 0, & x < 0, \\ \dfrac{\ln(1+x)}{1+x}, & x \geqslant 0. \end{cases}$

其中可作为随机变量分布函数的个数为(　　).

A. 0　　　　　　　　　　　　　　　B. 1

C. 2　　　　　　　　　　　　　　　D. 3

E. 4

706. (考题难度系数 ☆☆·建议用时 1-2 min)

设随机变量 X 的分布函数为 $F(x)=\begin{cases} B-1, & x<0, \\ 2-Ae^{-(x-2)}, & 0\le x\le 2, \\ 1, & x>2, \end{cases}$ 则(　　).

A. $A=1,B=1$　　　　　　　　　　B. $A=2,B=1$

C. $A=-1,B=1$　　　　　　　　　　D. $A=1,B=2$

E. $A=-1,B=2$

707. (考题难度系数 ☆☆·建议用时 1-2 min)

设函数 $F_1(x)$ 与 $F_2(x)$ 分别为随机变量 X_1 和 X_2 的分布函数,则下列函数一定是分布函数的是(　　).

A. $F_1(x)+F_2(x)$　　　　　　　　B. $\dfrac{1}{2}F_1(x)+\dfrac{1}{2}F_2(x)$

C. $F_1(x)-F_2(x)$　　　　　　　　D. $F_1(x)+2F_2(x)$

E. $F_1(x)-2F_2(x)$

708. (考题难度系数 ☆☆·建议用时 1-2 min)

设随机变量 X 的分布函数 $F(x)=\begin{cases} 0, & x<0 \\ \dfrac{1}{2}, & 0\le x<1, \\ 1-e^{-x}, & x\ge 1 \end{cases}$ 则 $P\{1\le X<2\}$ 与 $P\{X=1\}$ 分别等

于(　　).

A. $\dfrac{1}{2}-e^{-2},1-e^{-1}$　　　　　　　　B. $0,1-e^{-1}$

C. $\dfrac{1}{2}-e^{-2},\dfrac{1}{2}-e^{-1}$　　　　　　　D. $0,\dfrac{1}{2}-e^{-1}$

E. $\dfrac{1}{2}-e^{-1},\dfrac{1}{2}-e^{-1}$

709. (考题难度系数 ☆☆·建议用时 1-2 min)

设随机变量 X 的分布函数为 $F(x)=\begin{cases} 0, & x<0, \\ A\sin x, & 0\le x\le \dfrac{\pi}{2}, \\ 1, & x>\dfrac{\pi}{2}, \end{cases}$ 则 $P\left\{|X|<\dfrac{\pi}{6}\right\}=(\ \ )$.

A. $\dfrac{1}{2}$

B. $\dfrac{\sqrt{3}}{2}$

C. $\dfrac{1}{3}$

D. $\dfrac{\sqrt{3}}{4}$

E. $\dfrac{1}{4}$

710.（考题难度系数 ☆☆☆·建议用时 2-3 min）

设随机变量 X 的概率分布为：$P\{X=k\}=2a^{k}(k=1,2,\cdots)$，其中 $0<a<1$，则 $P\{X\geqslant 3\}=$（　　）.

A. $\dfrac{1}{2}$

B. $\dfrac{1}{6}$

C. $\dfrac{1}{3}$

D. $\dfrac{1}{9}$

E. $\dfrac{1}{8}$

711.（考题难度系数 ☆☆☆·建议用时 2-3 min）

设连续型随机变量 X 的概率密度函数为 $f(x)=\begin{cases} x, & 0\leqslant x<1, \\ 2-x, & 1\leqslant x<a, \\ 0, & \text{其他,} \end{cases}$ 则 $P\left\{\dfrac{1}{2}<X<3\right\}=$（　　）.

A. $\dfrac{2}{3}$

B. $\dfrac{5}{8}$

C. $\dfrac{3}{4}$

D. $\dfrac{7}{8}$

E. $\dfrac{3}{8}$

712.（考题难度系数 ☆☆☆☆·建议用时 2-3 min）

设随机变量 X 的概率密度函数为 $f(x)=\begin{cases} \dfrac{1}{3}, & x\in[0,1], \\ \dfrac{2}{9}, & x\in[3,6], \\ 0 & \text{其他,} \end{cases}$ 若 k 满足 $P\{X\geqslant k\}=\dfrac{2}{3}$，则 k 的取值范围为（　　）.

A. $0\leqslant k\leqslant 1$

B. $1\leqslant k\leqslant 2$

C. $k\leqslant 0$

D. $1\leqslant k\leqslant 3$

E. $k\geqslant 3$

713.（考题难度系数 ☆☆☆·建议用时 2-3 min）

已知随机变量 X 的概率密度函数为 $f(x)=\begin{cases} c\lambda e^{-\lambda x}, & x>a, \\ 0, & x\leqslant a, \end{cases}$ 其中 a 为常数,$\lambda>0$，则

$P\{a-1<X\leqslant a+1\}=(\qquad)$.

A. $e^{-\lambda}$

B. $1-e^{-a\lambda}$

C. $e^{-a\lambda}$

D. $1-e^{-(a+1)\lambda}$

E. $1-e^{-\lambda}$

714. (考题难度系数 ☆ ☆ · 建议用时 1－2 min)

已知连续型随机变量 X 的概率密度函数为 $f(x)=\begin{cases}x, & 0\leqslant x<1, \\ 2-x, & 1\leqslant x<a, \\ 0, & 其他.\end{cases}$ 且分布函数为 F

(x),则 $F\left(\dfrac{3}{2}\right)=(\qquad)$.

A. $\dfrac{2}{3}$

B. $\dfrac{5}{8}$

C. $\dfrac{3}{4}$

D. $\dfrac{7}{8}$

E. $\dfrac{3}{8}$

715. (考题难度系数 ☆ ☆ · 建议用时 1－2 min)

连续型随机变量 X 的分布函数为 $F(x)=\begin{cases}0, & x<-1, \\ a+b\arcsin x, & -1\leqslant x<1, \\ 1, & x\geqslant 1,\end{cases}$ 则($\qquad$).

A. $a=\dfrac{1}{2},b=\dfrac{1}{\pi}$

B. $a=\dfrac{1}{\pi},b=\dfrac{1}{\pi}$

C. $a=\dfrac{1}{\pi},b=\dfrac{1}{2}$

D. $a=\dfrac{1}{2},b=\dfrac{1}{2}$

E. $a=\dfrac{1}{2},b=\dfrac{1}{2\pi}$

716. (考题难度系数 ☆ ☆ · 建议用时 1－2 min)

设 $f_1(x)$ 与 $f_2(x)$ 分别为随机变量 X_1 与 X_2 的概率密度函数,若 $f(x)=af_1(x)-bf_2(x)$ 是某一变量的概率密度函数,则 a,b 的取值可以为($\qquad$).

A. $a=\dfrac{3}{2},b=\dfrac{1}{2}$

B. $a=\dfrac{3}{2},b=\dfrac{3}{2}$

C. $a=\dfrac{1}{2},b=-\dfrac{1}{2}$

D. $a=\dfrac{1}{2},b=\dfrac{1}{2}$

E. $a=\dfrac{1}{2},b=-\dfrac{3}{2}$

717. (考题难度系数 ☆ ☆ · 建议用时 1－2 min)

随机变量 X 的概率密度函数为 $\varphi(x)$,且 $\varphi(-x)=\varphi(x)$,$F(x)$ 是 X 的分布函数,则对任

意实数 a，都满足（　　）.

A. $F(-a) = 1 - \int_0^a \varphi(x)\,\mathrm{d}x$

B. $F(-a) = \dfrac{1}{2} - \int_0^a \varphi(x)\,\mathrm{d}x$

C. $F(-a) = F(a)$

D. $F(-a) = 2F(a) - 1$

E. $F(-a) = 1 - \dfrac{1}{2}F(a)$

718.（考题难度系数 ☆☆☆ · 建议用时 2-3 min）

已知随机变量 X 的概率密度函数 $f(x) = \dfrac{1}{2}\mathrm{e}^{-|x|}$，$-\infty < x < +\infty$，则 X 的概率分布函数 $F(x) = （　　）$.

A. $F(x) = 1 - \dfrac{1}{2}\mathrm{e}^{-x}$

B. $F(x) = \begin{cases} \dfrac{1}{2}\mathrm{e}^{x}, & x < 0, \\ \dfrac{1}{2}\mathrm{e}^{-x}, & x \geqslant 0 \end{cases}$

C. $F(x) = \begin{cases} \dfrac{1}{2}\mathrm{e}^{x}, & x < 0, \\ \dfrac{3}{2} - \mathrm{e}^{x}, & x \geqslant 0 \end{cases}$

D. $F(x) = \begin{cases} \dfrac{1}{2}\mathrm{e}^{x}, & x < 0, \\ 1 - \dfrac{1}{2}\mathrm{e}^{-x}, & x \geqslant 0 \end{cases}$

E. $F(x) = \begin{cases} 1 - \dfrac{1}{2}\mathrm{e}^{x}, & x < 0, \\ 1 - \dfrac{1}{2}\mathrm{e}^{-x}, & x \geqslant 0 \end{cases}$

题组 B · 强化通关题

719.（考题难度系数 ☆☆☆☆ · 建议用时 2-3 min）

已知圆的半径为 2，现向圆内抛一点，则此点距离圆心距离 X 的分布函数为（　　）.

A. $F(x) = \begin{cases} 1, & x \geqslant 2, \\ \dfrac{1}{2}x, & 0 \leqslant x < 2, \\ 0, & x < 0 \end{cases}$

B. $F(x) = \begin{cases} 1, & x \geqslant 2, \\ \dfrac{1}{2}x^2, & 0 \leqslant x < 2, \\ 0, & x < 0 \end{cases}$

C. $F(x) = \begin{cases} 1, & x \geqslant 2, \\ \dfrac{1}{4}x, & 0 \leqslant x < 2, \\ 0, & x < 0 \end{cases}$

D. $F(x) = \begin{cases} 1, & x \geqslant 2, \\ \dfrac{1}{4}x^2, & 0 \leqslant x < 2, \\ 0, & x < 0 \end{cases}$

E. $F(x) = \begin{cases} 1, & x \geqslant 2, \\ \dfrac{1}{4x^2}, & 0 \leqslant x < 2, \\ 0, & x < 0 \end{cases}$

720.（考题难度系数☆☆☆·建议用时 2-3 min）

设随机变量 X 的分布函数为 $F(x)=\begin{cases} a, & x\leqslant 1, \\ bx\ln x+cx+d, & 1<x\leqslant e, \\ d, & x>e, \end{cases}$ 则 $a^2+b^2+c^2+d^2=(\quad)$.

A. 1   B. 2

C. 3   D. 4

E. 5

721.（考题难度系数☆☆☆·建议用时 2-3 min）

设随机变量 X 的分布函数为 $F(x)=\begin{cases} 0, & x<-1, \\ \frac{1}{8}, & x=-1, \\ ax+b, & -1<x<1, \\ 1, & x\geqslant 1, \end{cases}$ 且 $P\{X=1\}=\frac{1}{4}$，则（ ）.

A. $a=\frac{5}{16}, b=\frac{7}{16}$ B. $a=\frac{1}{8}, b=\frac{1}{4}$

C. $a=\frac{5}{16}, b=\frac{5}{16}$ D. $a=\frac{1}{8}, b=\frac{1}{8}$

E. $a=\frac{3}{8}, b=\frac{1}{2}$

722.（考题难度系数☆☆☆·建议用时 2-3 min）

设随机变量 X 的分布函数为 $F(x)=A+B\arctan x(-\infty<x<\infty)$，则 X 落在 $(-1,1)$ 内的概率为（ ）.

A. $\frac{1}{2}$ B. $\frac{1}{4}$

C. $\frac{1}{6}$ D. $\frac{13}{4}$

E. $\frac{5}{6}$

723.（考题难度系数☆☆☆·建议用时 2-3 min）

设随机变量 X 的概率密度函数为 $f(x)=\begin{cases} ax, & 1<x<2, \\ b, & 2\leqslant x<3, \\ 0, & 其他, \end{cases}$ $F(x)$ 是随机变量 X 的分布函数，且 $F(2)=P\{2<X<3\}$，则（ ）.

A. $a=\frac{1}{3}, b=\frac{2}{3}$ B. $a=\frac{1}{2}, b=\frac{1}{3}$

C. $a=\frac{1}{3}, b=\frac{1}{2}$ D. $a=\frac{2}{3}, b=\frac{1}{3}$

E. $a=\dfrac{2}{3}, b=\dfrac{2}{3}$

724.（考题难度系数 ☆ ☆ ☆ ☆ ☆ · 建议用时 2-3 min）

设随机变量 X 的概率密度函数为 $f(x)=\begin{cases}\dfrac{x}{2}, & 0<x<2, \\ 0, & 其他,\end{cases}$ $F(x)$ 为 X 的分布函数，EX 为 X

的数学期望，若 $F(X)>EX-1$，则（　　）．

A. $X>\dfrac{2}{\sqrt{3}}$

B. $X<\dfrac{2}{\sqrt{3}}$

C. $X>\dfrac{2}{3}$

D. $X<\dfrac{2}{3}$

E. $X>\dfrac{1}{3}$

725.（考题难度系数 ☆ ☆ ☆ · 建议用时 2-3 min）

设随机变量 X 服从标准正态分布 $N(0,1)$，其分布函数记为 $\Phi(x)$．令随机变量 $Y=\begin{cases}-1, & X<1, \\ 1, & X\geqslant 1,\end{cases}$ 则 Y 的分布函数为（　　）．

A. $F(y)=\begin{cases}0, & y<-1, \\ \Phi(1), & -1\leqslant y<1, \\ 1, & y\geqslant 1\end{cases}$

B. $F(y)=\begin{cases}0, & y<-1, \\ 2\Phi(-1), & -1\leqslant y<1, \\ 1, & y\geqslant 1\end{cases}$

C. $F(y)=\begin{cases}0, & y<-1, \\ 1-\Phi(1), & -1\leqslant y<1, \\ 1, & y\geqslant 1\end{cases}$

D. $F(y)=\begin{cases}0, & y<-1, \\ 1-\Phi(-1), & -1\leqslant y<1, \\ 1, & y\geqslant 1\end{cases}$

E. $F(y)=\begin{cases}0, & y<-1, \\ \dfrac{1}{2}-\Phi(-1), & -1\leqslant y<1, \\ 1, & y\geqslant 1\end{cases}$

726.（考题难度系数 ☆ ☆ ☆ · 建议用时 2-3 min）

设函数 $F(x)=\begin{cases}0, & x<0, \\ \dfrac{1}{2}, & 0\leqslant x<1, \\ 1-\mathrm{e}^{-x}, & x\geqslant 1,\end{cases}$ 则 $F(x)$（　　）．

A. 不是某随机变量 X 的分布函数

B. 是某连续型随机变量 X 的分布函数，且 $P\{0\leqslant X\leqslant 1\}=1-\mathrm{e}^{-1}$

C. 是某连续型随机变量 X 的分布函数，且 $P\{0 \leqslant X \leqslant 1\} = \dfrac{1}{2} - e^{-1}$

D. 是某既非离散型也非连续型随机变量 X 的分布函数，且 $P\{0 \leqslant X \leqslant 1\} = 1 - e^{-1}$

E. 是某既非离散型也非连续型随机变量 X 的分布函数，且 $P\{0 \leqslant X \leqslant 1\} = \dfrac{1}{2} - e^{-1}$

2.2 常见分布

题组 A 得分 _____ /26 分　　题组 B 得分 _____ /16 分

题组 A · 基础通关题

727.（考题难度系数 ☆☆ · 建议用时 1-2 min）

设随机变量 X 服从参数为 1 的泊松分布，则二次方程 $y^2 + y + X = 0$ 无实根的概率为（　　）.

A. $1 - e^{-1}$ 　　　　　　　　　　B. $1 - 2e^{-1}$

C. $\dfrac{1}{e}$ 　　　　　　　　　　D. $\dfrac{2}{e}$

E. $1 - 3e^{-1}$

728.（考题难度系数 ☆☆ · 建议用时 1-2 min）

若随机变量 ξ 在 $(1, 6)$ 上服从均匀分布，则方程 $x^2 + \xi x + 1 = 0$ 有实根的概率是（　　）.

A. $\dfrac{1}{5}$ 　　　　　　　　　　B. $\dfrac{2}{5}$

C. $\dfrac{3}{5}$ 　　　　　　　　　　D. $\dfrac{4}{5}$

E. $\dfrac{2}{3}$

729.（考题难度系数 ☆☆ · 建议用时 1-2 min）

已知随机变量 X 与 Y 分别服从参数为 λ 和 2λ 的泊松分布，且相互独立，若 $P\{X+Y \geqslant 1\} = 1 - e^{-1}$，则 $\lambda = $（　　）.

A. $\dfrac{1}{2}$ 　　　　　　　　　　B. $\dfrac{1}{3}$

C. $\dfrac{1}{4}$ 　　　　　　　　　　D. $\dfrac{1}{5}$

E. $\dfrac{1}{6}$

730.（考题难度系数 ☆☆ · 建议用时 1-2 min）

设随机变量 X 服从参数为 $(2, p)$ 的二项分布，随机变量 Y 服从参数为 $(3, p)$ 的二项分布. 若 $P\{X \geqslant 1\} = \dfrac{5}{9}$，则 $P\{Y \geqslant 1\} = $（　　）.

A. $\dfrac{1}{3}$

B. $\dfrac{2}{3}$

C. $\dfrac{8}{27}$

D. $\dfrac{19}{27}$

E. $\dfrac{26}{27}$

731.（考题难度系数 ☆☆·建议用时 1-2 min）

设随机变量 X 在 $[2,5]$ 上服从均匀分布,现在对 X 进行三次独立观测,则至少有两次观测值大于 3 的概率为(　　).

A. $\dfrac{1}{3}$

B. $\dfrac{2}{3}$

C. $\dfrac{8}{27}$

D. $\dfrac{12}{27}$

E. $\dfrac{20}{27}$

732.（考题难度系数 ☆☆·建议用时 1-2 min）

已知随机变量 X 的概率密度函数为 $f(x)=\begin{cases}6e^{-6x}, & x\geqslant 0,\\ 0, & x<0,\end{cases}$ 记 $p_1=P\{X>20\,|\,X>10\}$, $p_2=P\{X>60\,|\,X>50\}$, $p_3=P\{X>100\,|\,X>90\}$,则(　　).

A. $p_1=p_2=p_3$

B. $p_3>p_2>p_1$

C. $p_1>p_2>p_3$

D. $p_1=p_3<p_2$

E. $p_1=p_2<p_3$

733.（考题难度系数 ☆☆·建议用时 1-2 min）

设 X 服从正态分布 $N(1,\sigma^2)$,且分布函数为 $F(x)$,则对任意实数 x,有(　　).

A. $F(x+1)=F(x-1)$

B. $F(1+x)=F(1-x)$

C. $F(x+1)+F(x-1)=1$

D. $F(1+x)+F(1-x)=1$

E. $F(1+x)+F(1-x)=\dfrac{1}{2}$

734.（考题难度系数 ☆☆·建议用时 1-2 min）

设随机变量 X 服从均值为 2,方差为 σ^2 的正态分布,且 $P\{2<x<4\}=0.3$,则 $P\{X<0\}=$(　　).

A. 0.2

B. 0.3

C. 0.35

D. 0.65

E. 0.8

735.（考题难度系数 ☆☆·建议用时 1-2 min）

已知随机变量 X,Y 分别服从正态分布 $N(\mu_1,\sigma_1^2)$ 与 $N(\mu_2,\sigma_2^2)$,如下图所示,曲线①、②分别表示 X,Y 的概率密度函数,则(　　).

　　A. $\mu_1 < \mu_2, \sigma_1 < \sigma_2$　　　　　　　　　　　B. $\mu_1 < \mu_2, \sigma_1 > \sigma_2$

　　C. $\mu_1 > \mu_2, \sigma_1 < \sigma_2$　　　　　　　　　　　D. $\mu_1 > \mu_2, \sigma_1 > \sigma_2$

　　E. $\mu_1 < \mu_2, \sigma_1 = \sigma_2$

736. (考题难度系数☆☆☆·建议用时 2-3 min)

　　设随机变量 X 服从正态分布 $N(\mu, \sigma^2)$,则随 σ 的增大,概率 $P\{|X-\mu| < \sigma\}$ (　　　).

　　A. 单调增大　　　　　　　　　　　　　B. 单调减少

　　C. 保持不变　　　　　　　　　　　　　D. 增减不定

　　E. 与 μ 取值有关

737. (考题难度系数☆☆☆·建议用时 2-3 min)

　　设随机变量 X 服从正态分布 $N(\mu_1, \sigma_1^2)$,Y 服从正态分布 $N(\mu_2, \sigma_2^2)$,且 $P\{|X-\mu_1| < 1\} >$ $P\{|X-\mu_2| < 1\}$,则必有(　　　).

　　A. $\sigma_1 < \sigma_2$　　　　　　　　　　　　B. $\sigma_1 > \sigma_2$

　　C. $\mu_1 < \mu_2$　　　　　　　　　　　　D. $\mu_1 > \mu_2$

　　E. 无法判断

738. (考题难度系数☆☆☆·建议用时 2-3 min)

　　设随机变量 X 与 Y 均服从正态分布,$X \sim N(\mu, 4^2)$,$Y \sim N(\mu, 5^2)$,记 $p_1 = P\{X \leqslant \mu - 4\}$, $p_2 = P\{Y \geqslant \mu + 5\}$,则(　　　).

　　A. 对任何实数 μ,都有 $p_1 = p_2$　　　　B. 对任何实数 μ,都有 $p_1 < p_2$

　　C. 只对 μ 的个别值,才有 $p_1 = p_2$　　　D. 对任何实数 μ,都有 $p_1 > p_2$

　　E. 对任何实数 μ,都有 $p_1 \neq p_2$

739. (考题难度系数☆☆☆·建议用时 2-3 min)

　　设随机变量 X, Y 与 Z 均服从正态分布,$X \sim N(1, \sigma^2)$,$Y \sim N(-1, \sigma^2)$,$Z \sim N(2, \sigma^2)$,记 $p_1 = p\{X \leqslant -1\}$,$p_2 = p\{Y \geqslant 1\}$,$p_3 = p\{Z \leqslant 0\}$,则(　　　).

　　A. $p_1 = p_2 = p_3$　　　　　　　　　　　B. $p_1 = p_3 > p_2$

　　C. $p_1 > p_2 > p_3$　　　　　　　　　　　D. $p_1 = p_3 < p_2$

　　E. $p_1 > p_3 > p_2$

题组 B·强化通关题

740. (考题难度系数☆☆☆·建议用时 2-3 min)

　　某地区一个月内发生交通事故的次数 X 服从参数 λ 的泊松分布,即 $X \sim P(\lambda)$.据统计资料知,一个月内发生 8 次交通事故的概率是发生 10 次事故概率的 2.5 倍,则 1 个月内至少发生 1 次交通事故的概率(   ).

  A. $1-e^{-1}$ B. $1-e^{-3}$

  C. $1-e^{-6}$ D. $1-e^{-9}$

  E. $1-e^{-36}$

741. (考题难度系数 ☆ ☆ ☆ · 建议用时 2-3 min)

  设随机变量 X 服从参数为 $\lambda>0$ 的指数分布，且 X 的数学期望 $E(X)=\dfrac{1}{2}$，对 X 进行独立

观察，则第三次观察时事件 $\left\{X>\dfrac{1}{2}\right\}$ 第二次出现的概率 (   ).

  A. $\dfrac{2}{e^2}\left(1-\dfrac{1}{e}\right)$ B. $1-\dfrac{1}{e}\left(1-\dfrac{1}{e}\right)^2$

  C. $\dfrac{2}{e}\left(1-\dfrac{1}{e}\right)^2$ D. $\dfrac{1}{e}\left(1-\dfrac{1}{e}\right)^2$

  E. $\dfrac{3}{e^2}\left(1-\dfrac{1}{e}\right)$

742. (考题难度系数 ☆ ☆ ☆ · 建议用时 2-3 min)

  若设随机变量 X 的概率密度函数 $f(x)=\dfrac{a}{e^x+e^{-x}}(-\infty<x<+\infty)$，对 X 进行两次独立的观

测，观测后分别为 X_1 与 X_2，则两次观测值第一次大于 0 且第二次小于 0 的概率为(   ).

  A. $\dfrac{1}{2}$ B. $\dfrac{1}{4}$

  C. $\dfrac{1}{8}$ D. $\dfrac{1}{12}$

  E. $\dfrac{1}{16}$

743. (考题难度系数 ☆ ☆ ☆ · 建议用时 2-3 min)

  设随机变量 X 和 Y 独立，且都在区间 $[1,3]$ 上服从均匀分布. 引进事件 $A=\{X\leqslant a\}$，$B=$ $\{Y>a\}$. 已知 $P\{A\cup B\}=\dfrac{7}{9}$，则常数 $a=($).

  A. $\dfrac{5}{3}$ B. $\dfrac{5}{3}$ 或 $\dfrac{7}{3}$

  C. $\dfrac{7}{3}$ D. $\dfrac{2}{3}$ 或 $\dfrac{5}{3}$

  E. $\dfrac{2}{3}$

744. (考题难度系数 ☆ ☆ ☆ · 建议用时 2-3 min)

  设随机变量 X 服从区间 $[a,b]$ 的均匀分布，且 $EX=\dfrac{5}{2}$，$DX=\dfrac{25}{12}$，则关于 t 的方程 $4t^2+$

$4Xt+X+2=0$ 有实根的概率为(   ).

A. 0. 2　　　　　　　　　　　　　B. 0. 4

C. 0. 6　　　　　　　　　　　　　D. 0. 7

E. 0. 9

745. (考题难度系数 ☆☆☆·建议用时 2-3 min)

设随机变量 $X \sim N(\mu, \sigma^2)$，且其概率密度函数 $f(x)$ 在 $x=1$ 处取得最大值 $f(1) = \dfrac{1}{\sqrt{\pi}}$，则

概率 $P\{1-\sqrt{2} < X < 1+\sqrt{2}\} = ($ 　　$).$

A. $2\Phi(1)$　　　　　　　　　　　B. $2\Phi(1)-1$

C. $2\Phi(2)$　　　　　　　　　　　D. $2\Phi(2)-1$

E. $\dfrac{1}{2}$

746. (考题难度系数 ☆☆☆·建议用时 2-3 min)

设随机变量 $X \sim N(1,9)$，$Y \sim N(2,4)$。记 $p_1 = P\{X>4\}$，$p_2 = P\{Y>4\}$，$p_3 = P\{X<0\}$，$p_4 = P\{Y<0\}$，则

A. $p_1 = p_2 = p_4 < p_3$　　　　　　　B. $p_1 = p_2 = p_3 < p_4$

C. $p_1 = p_3 < p_2 = p_4$　　　　　　　D. $p_1 = p_2 < p_3 = p_4$

E. $p_1 < p_2 = p_3 = p_4$

747. (考题难度系数 ☆☆☆·建议用时 2-3 min)

若随机变量 X 的概率密度函数为 $f(x) = ce^{-x^2+x}$，则 $P\left\{X > \dfrac{1}{2}\right\} = ($ 　　$).$

A. $\dfrac{1}{4}$　　　　　　　　　　　　B. $\dfrac{1}{8}$

C. $\dfrac{1}{2}$　　　　　　　　　　　　D. $\dfrac{1}{3}$

E. 1

2.3　随机变量函数的分布

📄 题组 A 得分 _____/8 分　　📄 题组 B 得分 _____/6 分

题组 A · 基础通关题

748. (考题难度系数 ☆☆·建议用时 1-2 min)

随机变量 X 的分布律为

X	-1	0	1	2
p	$\dfrac{1}{3}$	$\dfrac{1}{4}$	$\dfrac{1}{4}$	$\dfrac{1}{6}$

则 $Y=\mathrm{e}^{X^2+1}$ 的分布律为（　　）.

A. $Y \sim \begin{pmatrix} \mathrm{e} & \mathrm{e}^2 & \mathrm{e}^5 \\ \dfrac{1}{4} & \dfrac{7}{12} & \dfrac{1}{6} \end{pmatrix}$
B. $Y \sim \begin{pmatrix} 1 & \mathrm{e}^2 & \mathrm{e}^5 \\ \dfrac{1}{4} & \dfrac{7}{12} & \dfrac{1}{6} \end{pmatrix}$

C. $Y \sim \begin{pmatrix} \mathrm{e} & \mathrm{e}^2 & \mathrm{e}^5 \\ \dfrac{1}{3} & \dfrac{1}{2} & \dfrac{1}{6} \end{pmatrix}$
D. $Y \sim \begin{pmatrix} 1 & \mathrm{e}^2 & \mathrm{e}^5 \\ \dfrac{1}{4} & \dfrac{1}{2} & \dfrac{1}{4} \end{pmatrix}$

E. $Y \sim \begin{pmatrix} 1 & \mathrm{e}^3 & \mathrm{e}^5 \\ \dfrac{1}{4} & \dfrac{7}{12} & \dfrac{1}{6} \end{pmatrix}$

749. （考题难度系数 ☆☆☆☆ · 建议用时 2-3 min）

随机变量 X 服从 $(0,2)$ 上的均匀分布，当 $0<y<4$ 时，随机变量 $Y=X^2$ 的概率密度函数 $f_Y(y)$ 为（　　）.

A. $\dfrac{1}{\sqrt{y}}$
B. $\dfrac{1}{4\sqrt{y}}+1$

C. $\dfrac{1}{2\sqrt{y}}$
D. $\dfrac{1}{2\sqrt{y}}+1$

E. $\dfrac{1}{4\sqrt{y}}$

750. （考题难度系数 ☆☆☆☆ · 建议用时 2-3 min）

随机变量 X 在区间 $(1,2)$ 上服从均匀分布，当 $\mathrm{e}^2<y<\mathrm{e}^4$ 时，随机变量 $Y=\mathrm{e}^{2X}$ 的概率密度 $f_Y(y)$ 为（　　）.

A. $\dfrac{1}{y}$
B. $\dfrac{1}{2\sqrt{y}}$

C. $\dfrac{1}{2y}$
D. $\dfrac{1}{4\sqrt{y}}$

E. $\dfrac{1}{4y}$

751. （考题难度系数 ☆☆☆☆ · 建议用时 2-3 min）

已知随机变量 X 概率密度函数为 $f_X(x)=\begin{cases} 1+x, & -1 \leqslant x<0, \\ 1-x, & 0 \leqslant x \leqslant 1, \\ 0, & \text{其他} \end{cases}$

且 $Y=X^2+1$，当 $1<y<2$ 时，随机变量 Y 的概率密度函数 $f_Y(y)$ 为（　　）.

A. $\dfrac{1}{\sqrt{y-1}}$
B. $\dfrac{1}{\sqrt{y-1}}-1$

C. $\dfrac{1}{2\sqrt{y-1}}$ D. $\dfrac{1}{2\sqrt{y-1}}-1$

E. $\dfrac{1}{4\sqrt{y-1}}$

题组 B·强化通关题

752. (考题难度系数 ☆☆☆·建议用时 2-3 min)

设 $X\sim\begin{pmatrix}0&1\\\dfrac{1}{4}&\dfrac{3}{4}\end{pmatrix}$, $P\left\{Y=-\dfrac{1}{2}\right\}=1$, 又 n 维向量 $\alpha_1,\alpha_2,\alpha_3$ 线性无关,则 $\alpha_1+\alpha_2,\alpha_2+2\alpha_3$,

$X\alpha_3+Y\alpha_1$ 线性相关的概率为(　　).

A. $\dfrac{1}{4}$ B. $\dfrac{1}{2}$

C. $\dfrac{3}{4}$ D. $\dfrac{2}{3}$

E. 1

753. (考题难度系数 ☆☆☆☆·建议用时 2-3 min)

设随机变量 X 的概率密度为 $f(x)=\begin{cases}\cos x,&0<x<\dfrac{\pi}{2},\\0,&\text{其他},\end{cases}$ 记 X 的分布函数为 $F(x)$,令 $Y=$

$F(X)$,则 Y 的概率密度(　　).

A. $g(y)=\begin{cases}\cos y,&0<y<\dfrac{\pi}{2},\\0,&\text{其他}\end{cases}$ B. $g(y)=\begin{cases}\dfrac{1}{2},&0<y<2,\\0,&\text{其他}\end{cases}$

C. $g(y)=\begin{cases}\sin y,&0<y<\dfrac{\pi}{2},\\0,&\text{其他}\end{cases}$ D. $g(y)=\begin{cases}1,&0<y<1,\\0,&\text{其他}\end{cases}$

E. $g(y)=\begin{cases}\dfrac{2}{\pi},&0<y<\dfrac{\pi}{2},\\0,&\text{其他}\end{cases}$

754. (考题难度系数 ☆☆☆☆·建议用时 2-3 min)

若随机变量 X 服从 $[0,3]$ 上的均匀分布,且 $Y=|X-3|$,则(　　).

A. Y 服从区间 $[0,1]$ 的均匀分布

B. Y 服从区间 $[-3,3]$ 的均匀分布

C. Y 服从区间 $[0,3]$ 的均匀分布

D. Y 服从区间 $[-3,0]$ 的均匀分布

E. Y 是一个既非离散型也非连续型的随机变量

2.4 二维离散型随机变量及其分布

📋 题组 A 得分 _____/10 分　📋 题组 B 得分 _____/12 分

题组 A · 基础通关题

755.（考题难度系数 ☆☆ · 建议用时 1-2 min）

设随机变量 X 与 Y 的概率分布分别为

X	0	1
P	$\dfrac{1}{3}$	$\dfrac{2}{3}$

Y	-1	0	1
P	$\dfrac{1}{3}$	$\dfrac{1}{3}$	$\dfrac{1}{3}$

且 $P\{X^2 = Y^2\} = 1$，则 $P\{X+Y=0\} = ($ 　　　$)$.

A. $\dfrac{1}{5}$ 　　　　　　　　　　　　B. $\dfrac{2}{5}$

C. $\dfrac{3}{5}$ 　　　　　　　　　　　　D. $\dfrac{4}{5}$

E. $\dfrac{2}{3}$

756.（考题难度系数 ☆☆ · 建议用时 1-2 min）

设随机变量 X 和 Y 相互独立，且 X、Y 概率分布分别为

X	0	1	2	3
P	$\dfrac{1}{2}$	$\dfrac{1}{4}$	$\dfrac{1}{8}$	$\dfrac{1}{8}$

Y	-1	0	1
P	$\dfrac{1}{3}$	$\dfrac{1}{3}$	$\dfrac{1}{3}$

则 $P\{X+Y=2\} = ($ 　　　$)$.

A. $\dfrac{1}{12}$ 　　　　　　　　　　　　B. $\dfrac{1}{8}$

C. $\dfrac{1}{6}$ 　　　　　　　　　　　　D. $\dfrac{1}{4}$

E. $\dfrac{1}{2}$

757.（考题难度系数 ☆☆ · 建议用时 1-2 min）

设两个随机变量 X 和 Y 相互独立且同分布，分布律为

$$P\{X=-1\} = P\{Y=-1\} = \frac{1}{2}, \quad P\{X=1\} = P\{Y=1\} = \frac{1}{2},$$

则下列各式中成立的是（　　　）.

A. $P\{X=Y\}=\dfrac{1}{2}$　　　　　　　　　B. $P\{X=Y\}=1$

C. $P\{X+Y=0\}=\dfrac{1}{4}$　　　　　　　D. $P\{XY=1\}=\dfrac{1}{4}$

E. $P\{XY=-1\}=\dfrac{1}{4}$

758. (考题难度系数☆☆☆·建议用时 2-3 min)

设二维随机变量 (X,Y) 的概率分布为

X	Y	
	0	1
0	0.4	a
1	b	0.1

已知随机事件 $\{X=0\}$ 与 $\{X+Y=1\}$ 相互独立,则(　　).

　A. $a=0.2,b=0.3$　　　　　　　B. $a=0.4,b=0.1$

　C. $a=0.3,b=0.2$　　　　　　　D. $a=0.1,b=0.4$

　E. $a=0.05,b=0.45$

759. (考题难度系数☆☆☆·建议用时 2-3 min)

设二维离散型随机变量 (X,Y) 的概率分布为

X	Y		
	1	2	3
1	0.2	0.1	a
2	b	c	0.1

且 $P\{Y=1\}=0.5,P\{X=1\mid Y=2\}=0.5$,则 $P\{X\geqslant Y\}=(\quad)$.

　A. 0.2　　　　　　　　　　B. 0.3

　C. 0.5　　　　　　　　　　D. 0.6

　E. 0.8

题组 B·强化通关题

760. (考题难度系数☆☆·建议用时 1-2 min)

设随机变量 X_1,X_2 的分布律均为

X_i	-1	0	1
p	$\dfrac{1}{4}$	$\dfrac{1}{2}$	$\dfrac{1}{4}$

$,i=1,2,$

且 $P\{X_1X_2=0\}=1$，则 $P\{X_1<X_2\}=($ $)$.

A. 1

B. $\dfrac{1}{4}$

C. $\dfrac{1}{2}$

D. $\dfrac{3}{4}$

E. $\dfrac{1}{6}$

761.（考题难度系数 ☆☆☆·建议用时 2-3 min）

设二维离散型随机变量 (X,Y) 的概率分布为

\	Y	
X	0	1
0	a	b
1	c	$\dfrac{1}{2}$

且 $P\{Y=1\mid X=0\}=\dfrac{1}{2}$，$P\{X=1\mid Y=0\}=\dfrac{1}{3}$，则 $a-b+c=($ $)$.

A. 1

B. $\dfrac{1}{4}$

C. $\dfrac{1}{2}$

D. $\dfrac{1}{10}$

E. $\dfrac{1}{6}$

762.（考题难度系数 ☆☆☆·建议用时 2-3 min）

设相互独立的两个随机变量 X 和 Y，且 $X\sim B\left(1,\dfrac{1}{2}\right)$，$Y\sim B\left(2,\dfrac{1}{2}\right)$，则 $P\{X=Y\}=($ $)$.

A. $\dfrac{1}{2}$

B. $\dfrac{1}{4}$

C. $\dfrac{1}{6}$

D. $\dfrac{3}{8}$

E. $\dfrac{1}{8}$

763.（考题难度系数 ☆☆☆·建议用时 2-3 min）

设随机变量 X 与 Y 的概率分布相同，且 $X\sim\begin{pmatrix}0 & 1\\[2pt]\dfrac{1}{4} & \dfrac{3}{4}\end{pmatrix}$，若 $E(XY)=\dfrac{5}{8}$，则 $P\{X=Y\}=($ $)$.

A. $\dfrac{1}{2}$

B. $\dfrac{1}{4}$

$$C. \frac{3}{4} \qquad\qquad D. \frac{3}{8}$$

$$E. \frac{5}{8}$$

764. (考题难度系数☆☆☆·建议用时 2-3 min)

若随机变量 X 与 Y 均服从同一 $(0-1)$ 分布，$P\{X=1\}=\frac{1}{4}$，若数学期望 $E(XY)=0$，则 $P\{X+Y=1\}=(\quad)$.

$$A. \frac{1}{4} \qquad\qquad B. \frac{1}{8}$$

$$C. \frac{1}{2} \qquad\qquad D. \frac{1}{6}$$

$$E. \frac{1}{12}$$

765. (考题难度系数☆☆☆☆·建议用时 2-3 min)

假设随机变量 Y 服从参数为 1 的指数分布，随机变量 $X_k = \begin{cases} 0, & 若 Y \leqslant k, \\ 1, & 若 Y > k \end{cases}$ $(k=1,2)$，则 $P\{X_1 \leqslant X_2\} = (\quad)$.

$$A. 1-e^{-1} \qquad\qquad B. e^{-1}$$

$$C. 1-e^{-2} \qquad\qquad D. e^{-2}$$

$$E. 1-e^{-1}-e^{-2}$$

2.5　随机变量的期望与方差

📖 题组 A 得分 _____/34 分　　📖 题组 B 得分 _____/36 分

题组 A · 基础通关题

766. (考题难度系数☆☆·建议用时 1-2 min)

设随机变量 X 的概率密度函数为 $f(x) = \begin{cases} x, & 0 < x \leqslant 1, \\ 2-x, & 1 < x \leqslant 2, \\ 0, & 其他, \end{cases}$ 则 $E(X) = (\quad)$.

A. 1 　　　　　　　　　　B. 2

C. 3 　　　　　　　　　　D. -1

E. -2

767.（考题难度系数 ☆☆·建议用时 1-2 min）

设随机变量 X 分布函数 $F(x)=\begin{cases}0, & x\leqslant 0, \\ \dfrac{x}{4}, & 0<x\leqslant 4, \\ 1, & x>4,\end{cases}$，则 $E(X)=（\quad）$.

A. 1   B. 2

C. 3   D. -1

E. -2

768.（考题难度系数 ☆☆·建议用时 2-3 min）

设 X 分布函数 $F(x)=\begin{cases}0, & x\leqslant 1, \\ \dfrac{x-1}{4}, & 1<x<5, \\ 1, & x\geqslant 5,\end{cases}$，则 $D(X)=（\quad）$.

A. 0   B. $\dfrac{1}{3}$

C. $\dfrac{2}{3}$ D. 1

E. $\dfrac{4}{3}$

769.（考题难度系数 ☆☆·建议用时 1-2 min）

设随机变量 X 的概率密度函数为 $f(x)=\begin{cases}ae^{-x}, & x>0, \\ 0, & x\leqslant 0,\end{cases}$ 其中 a 为常数，则 $E(e^{-2X})=（\quad）$.

A. $\dfrac{1}{e}$ B. $\dfrac{2}{e}$

C. $\dfrac{1}{2}$ D. $\dfrac{1}{3}$

E. $\dfrac{2}{3}$

770.（考题难度系数 ☆☆·建议用时 1-2 min）

设随机变量 X 的概率分布为 $P\{X=0\}=0.6, P\{X=1\}=0.2, P\{X=-1\}=0.2$，则 $D(X)=（\quad）$.

A. 0.1   B. 0.2

C. 0.3   D. 0.4

E. 0.5

771.（考题难度系数 ☆☆·建议用时 2-3 min）

设随机变量 X 的概率分布为 $P\{X=-2\}=\dfrac{1}{2}, P\{X=1\}=a, P\{X=3\}=b$，若 $E(X)=0$，则

$D(X)=(\quad)$.

A. $\dfrac{3}{2}$　　　　　　　　　　　　B. $\dfrac{5}{2}$

C. $\dfrac{7}{2}$　　　　　　　　　　　　D. $\dfrac{9}{2}$

E. $\dfrac{11}{2}$

772. (考题难度系数 ☆☆·建议用时 1-2 min)

设 X 表示 10 次独立重复射击命中目标的次数,每次射中目标的概率为 0.4,则 X^2 的数学期望 $E(X^2)=(\quad)$.

A. 2.4　　　　　　　　　　　　B. 4

C. 6.4　　　　　　　　　　　　D. 18.4

E. 38.4

773. (考题难度系数 ☆☆·建议用时 1-2 min)

一袋内装有 5 个白球和 2 个黑球,现从中每次摸取一个球,取到黑球就放回,取出白球则停止摸球,则摸球次数 X 的方差为(　　).

A. $\dfrac{5}{7}$　　　　　　　　　　　　B. $\dfrac{7}{5}$

C. $\dfrac{2}{5}$　　　　　　　　　　　　D. $\dfrac{2}{25}$

E. $\dfrac{14}{25}$

774. (考题难度系数 ☆☆·建议用时 1-2 min)

设 X 服从参数为 λ 的泊松分布,且 $E[(X-1)(X-2)]=1$,则 $\lambda=(\quad)$.

A. $\dfrac{1}{4}$　　　　　　　　　　　　B. $\dfrac{1}{2}$

C. 1　　　　　　　　　　　　D. 2

E. 4

775. (考题难度系数 ☆☆·建议用时 1-2 min)

设 X 服从参数为 1 的泊松分布,则 $P\{X>DX\}=(\quad)$.

A. $\dfrac{1}{e}$　　　　　　　　　　　　B. $\dfrac{2}{e}$

C. $1-2e^{-1}$　　　　　　　　　　　　D. $1-e^{-1}$

E. $1-2e^{-2}$

776. (考题难度系数 ☆☆·建议用时 1-2 min)

设随机变量 X_1,X_2,X_3 相互独立,其中 X_1 在 $[0,6]$ 上服从均匀分布,X_2 服从正态分布 $N(0,2^2)$,X_3 服从参数为 $\lambda=3$ 的泊松分布.记 $Y=X_1-2X_2+3X_3$,则 $DY=(\quad)$.

A. 4   B. 14

C. 20   D. 46

E. 55

777. *（考题难度系数 ☆☆ · 建议用时 1-2 min）*

设随机变量 X 服从参数为 1 的指数分布，则数学期望 $E(X+\mathrm{e}^{-2x})=($ $)$.

A. $\dfrac{2}{3}$ B. 1

C. $\dfrac{4}{3}$ D. $\dfrac{5}{3}$

E. 2

778. *（考题难度系数 ☆☆ · 建议用时 1-2 min）*

设随机变量 X 服从参数为 λ 的指数分布，则概率 $P\{X>\sqrt{DX}\}=($ $)$.

A. $\dfrac{1}{\mathrm{e}}$ B. $\mathrm{e}^{-\sqrt{\lambda}}$

C. $\dfrac{1}{2}$ D. $1-\mathrm{e}^{-1}$

E. $1-\mathrm{e}^{-\sqrt{\lambda}}$

779. *（考题难度系数 ☆☆ · 建议用时 1-2 min）*

设随机变量 X 服从参数为 $\dfrac{1}{2}$ 的指数分布，且 EX,DX 分别表示随机变量 X 的期望与方差，则 $P\{EX<X<DX\}=($ $)$.

A. $1-\mathrm{e}^{-2}$ B. $1-\mathrm{e}^{-1}$

C. e^{-1} D. e^{-2}

E. $\mathrm{e}^{-1}-\mathrm{e}^{-2}$

780. *（考题难度系数 ☆☆ · 建议用时 1-2 min）*

设圆的直径的 X 均匀分布在区间 $[1,2]$ 内，则圆的面积的数学期望为$($ $)$.

A. $\dfrac{7}{3}\pi$ B. $\dfrac{5}{3}\pi$

C. $\dfrac{7}{12}\pi$ D. $\dfrac{1}{12}\pi$

E. π

781. *（考题难度系数 ☆☆☆ · 建议用时 2-3 min）*

设连续型随机变量 X 的概率密度函数为 $f(x)=\dfrac{1}{\sqrt{\pi}}\mathrm{e}^{-x^2+2x-1}$，则随机变量 X 的数学期望与方差分别为$($ $)$.

A. $1,\dfrac{\sqrt{2}}{2}$ B. $1,\dfrac{1}{2}$

C. $1, \dfrac{1}{4}$　　　　　　　　　　　　　D. $\dfrac{1}{2}, \dfrac{1}{2}$

E. $\dfrac{1}{2}, \dfrac{1}{4}$

782. （考题难度系数 ☆☆☆・建议用时 2-3 min）

某足球彩票售价 1 元. 中奖率为 0.1, 如果中奖可得 8 元. 小王购买了若干张足球彩票, 如果他中奖 2 张, 则恰好不赚也不赔, 则小王收益及利润的期望分别为（　　）.

A. 12.8, 1.6　　　　　　　　　　　　　B. 12.8, 3.2

C. 12.8, 6.4　　　　　　　　　　　　　D. 7.2, 3.2

E. 12.8, -3.2

题组 B・强化通关题

783. （考题难度系数 ☆☆☆・建议用时 2-3 min）

设随机变量 X 与 Y 相互独立, 且 X 服从参数为 1 的指数分布, $Y \sim N(2, 4)$, 则方差 $D(XY+1) = $（　　）.

A. 4　　　　　　　　　　　　　B. 6

C. 8　　　　　　　　　　　　　D. 10

E. 12

784. （考题难度系数 ☆☆☆・建议用时 2-3 min）

设随机变量 X 的 $F(x) = \begin{cases} 1 - a\mathrm{e}^{-x^2}, & x > 0 \\ 0, & x \leqslant 0 \end{cases}$, 则 $E(X) = $（　　　）

A. e^{-1}　　　　　　　　　　　　　B. $1 - \mathrm{e}^{-1}$

C. $\dfrac{\sqrt{\pi}}{2}$　　　　　　　　　　　　　D. $1 - \dfrac{\sqrt{\pi}}{2}$

E. $\dfrac{\sqrt{\pi}}{4}$

785. （考题难度系数 ☆☆☆・建议用时 2-3 min）

设连续型随机变量的概率密度函数为

$$f(x) = \begin{cases} a, & -2 \leqslant x \leqslant -1, \\ bx+1, & 0 \leqslant x \leqslant 1, \\ 0, & 其他, \end{cases}$$

且 $E(X) = -\dfrac{7}{12}$, 则 a, b 的值应为（　　）.

A. $a = \dfrac{1}{4}, b = -\dfrac{1}{2}$　　　　　　　　　　　　　B. $a = \dfrac{1}{6}, b = -\dfrac{1}{3}$

C. $a = \dfrac{1}{2}, b = -1$ D. $a = \dfrac{1}{8}, b = -\dfrac{1}{4}$

E. $a = \dfrac{1}{2}, b = -\dfrac{1}{6}$

786.（考题难度系数 ☆ ☆ ☆ · 建议用时 3–4 min）

设随机变量 X 的概率密度函数为 $f(x) = \begin{cases} a\cos^2 x, & -\dfrac{\pi}{2} \leqslant x \leqslant \dfrac{\pi}{2} \\ 0, & \text{其他} \end{cases}$，则 $D(X) = (\quad)$.

A. $\dfrac{1}{12}\pi^2 - \dfrac{1}{2}$ B. $\dfrac{1}{6}\pi^2 - \dfrac{1}{2}$

C. $\dfrac{1}{12}\pi^2 + \dfrac{1}{2}$ D. $\dfrac{1}{6}\pi^2 - 1$

E. $\dfrac{1}{6}\pi^2 + \dfrac{1}{2}$

787.（考题难度系数 ☆ ☆ ☆ · 建议用时 2–3 min）

设连续型随机变量 X 的分布函数为 $F(x)$，且 $F(0) = \dfrac{1}{2}$，令随机变量 $Y = \begin{cases} -1, & X < 0, \\ 0, & X = 0, \\ 1, & X > 0, \end{cases}$ 则下列各式中不正确的是 $(\quad)$.

A. $E(Y) = E(Y^3)$ B. $E(Y) = 0$

C. $E(Y^2) = E(Y^4)$ D. $D(Y) = 1$

E. $E(Y^2) = E(Y^3)$

788.（考题难度系数 ☆ ☆ ☆ · 建议用时 2–3 min）

设随机变量 X 的分布函数为 $F(x) = \begin{cases} 0, & \text{若 } x < -1, \\ 0.25, & \text{若 } -1 \leqslant x < 0, \\ 0.75, & \text{若 } 0 \leqslant x < 1, \\ 1, & \text{若 } x \geqslant 1. \end{cases}$ 则 $D\left(\dfrac{X}{1+X^2}\right) = (\quad)$.

A. $\dfrac{1}{2}$ B. $\dfrac{3}{4}$

C. $\dfrac{1}{4}$ D. $\dfrac{1}{8}$

E. $\dfrac{7}{8}$

789.（考题难度系数 ☆ ☆ ☆ · 建议用时 2–3 min）

设随机变量 X 的概率密度函数为 $f(x) = ae^{x(4-x)}$ $(-\infty < x < +\infty)$，则 $(\quad)$.

A. $DX = \sqrt{2} EX$ B. $EX = \sqrt{2} DX$

概率论篇

C. $DX=2\sqrt{2}EX$ D. $EX=4DX$

E. $DX=2EX$

790. (考题难度系数 ☆☆☆ · 建议用时 2-3 min)

设 X 和 Y 是两个相互独立的随机变量,其概率密度函数分别为

$$f_X(x)=\begin{cases}x, & 0\leqslant x\leqslant 1,\\ 2-x, & 1<x<2,\\ 0, & 其他,\end{cases} \qquad f_Y(y)=\begin{cases}e^{-y+5}, & y>5,\\ 0, & 其他.\end{cases}$$

则 $E(XY)=($).

A. 1   B. 5

C. 6   D. 7

E. 30

791. (考题难度系数 ☆☆☆ · 建议用时 2-3 min)

设随机变量 X 与 Y 相互独立,且 X 的概率密度函数为 $f(x)=\dfrac{1}{2}e^{-|x|}(x\in(-\infty,+\infty))$,

$Y\sim B\left(1,\dfrac{1}{2}\right)$,则 $D(XY)=($).

A. $\dfrac{1}{2}$ B. 1

C. $\dfrac{3}{2}$ D. 2

E. $\dfrac{1}{4}$

792. (考题难度系数 ☆☆☆ · 建议用时 2-3 min)

设随机变量 X 的概率密度函数为 $f(x)=\begin{cases}4xe^{-2x} & x>0,\\ 0 & x\leqslant 0,\end{cases}$ 则 $D(2X-1)=($).

A. 1   B. 2

C. 3   D. 4

E. 5

793. (考题难度系数 ☆☆☆ · 建议用时 2-3 min)

一批产品中有 3 件正品,2 件次品,从中随机抽取若干次. 每次抽取一件,若抽取到正品就停止抽取,否则抽取完将再放回一件正品. 设随机变量 X 表示抽取到正品为止所需抽取次数,且 $f(x)=x^2-x+1$,则 $Ef(X)=($).

A. $\dfrac{3}{5}$ B. $\dfrac{2}{5}$

C. $\dfrac{21}{25}$ D. $\dfrac{53}{25}$

E. $\dfrac{61}{25}$

概率论篇

794.（考题难度系数 ☆☆☆·建议用时 2-3 min）

设随机变量 X 在 $[-1,2]$ 上服从均匀分布，且随机变量 $Y = \begin{cases} X, & X < 0 \\ -\dfrac{1}{2}X, & X \geqslant 0 \end{cases}$，则

$D(Y) = ($ ）．

A. $\dfrac{1}{3}$ B. $\dfrac{1}{4}$

C. $\dfrac{2}{3}$ D. $\dfrac{1}{6}$

E. $\dfrac{1}{12}$

795.（考题难度系数 ☆☆☆·建议用时 2-3 min）

已知随机变量 X_1 与 X_2 相互独立且分别服从参数为 λ_1, λ_2 的泊松分布，且 $P\{X_1 + X_2 > 0\} = 1 - e^{-1}$，则 $E(X_1 + X_2)^2 = ($ ）．

A. 1   B. 2

C. 3   D. 4

E. 6

796.（考题难度系数 ☆☆☆·建议用时 2-3 min）

设随机变量 X 服从区间 $[a,b]$ 的均匀分布，其中 $a < 0$．若 $P\{0 \leqslant X \leqslant EX\} = \dfrac{1}{4}$，$DX = \dfrac{4}{3}$，则 $EX^2 = ($ ）．

A. $\dfrac{1}{3}$ B. $\dfrac{4}{3}$

C. $\dfrac{7}{3}$ D. 4

E. $\dfrac{11}{3}$

797.（考题难度系数 ☆☆☆·建议用时 2-3 min）

设随机变量 X 与 Y 相互独立且均服从正态分布，且 X 与 Y 的概率密度曲线的对称轴分别为 1 和 2，拐点的横坐标分别为 3 和 5，则 $E(2X+3Y-4)$ 与 $D(2X+3Y-4)$ 分别为（　　）．

A. 8,35   B. 4,35

C. 8,93   D. 4,93

E. 4,97

798.（考题难度系数 ☆☆☆·建议用时 2-3 min）

袋中有 1 个红球，2 个黑球与 3 个白球，现有放回地从袋中取两次，每次取一个球，以 X,Y,Z 分别表示两次取球所取得的红球、黑球与白球的个数，则 $E(XY) = ($ ）．

A. $\dfrac{1}{4}$ B. $\dfrac{1}{9}$

C. $\dfrac{1}{6}$ D. $\dfrac{1}{36}$

E. $\dfrac{1}{18}$

799. (考题难度系数 ☆☆☆·建议用时 2-3 min)

已知随机变量 $X \sim P(1)$，$Y \sim N(1,4)$，且 $Y = aX + b(a > 0)$，则（　　）.

A. $a = 1, b = -1$ B. $a = 1, b = 1$

C. $a = 1, b = 0$ D. $a = 2, b = 1$

E. $a = 2, b = -1$

800. (考题难度系数 ☆☆☆☆·建议用时 2-3 min)

设随机变量 X 服从参数为 1 的指数分布，记 $Y = \max(X, 1)$，则 $E(Y) = ($　　$)$.

A. 1 B. $1 + e^{-1}$

C. $1 - e^{-1}$ D. $2e^{-1}$

E. $2 + e^{-1}$

附录篇

附录一　2026 年全国硕士研究生招生考试经济类综合能力测试卷 1（高等数学基础通关测试卷）

扫描二维码

获取高等数学基础通关测试卷及答案解析

（本试卷本年度 4 月 1 日前更新，可供下载）

附录二　2026 年全国硕士研究生招生考试经济类综合能力测试卷 2（线性代数基础通关测试卷）

扫描二维码

获取线性代数基础通关测试卷及答案解析

（本试卷本年度 4 月 20 日前更新，可供下载）

附录三　2026 年全国硕士研究生招生考试经济类综合能力测试卷 3（概率论基础通关测试卷）

扫描二维码

获取概率论基础通关测试卷及答案解析

（本试卷本年度 5 月 10 日前更新，可供下载）

附录四　2026 年全国硕士研究生招生考试经济类综合能力测试卷 4（基础通关测试卷）

扫描二维码

获取基础基础通关测试卷及答案解析

（本试卷本年度 6 月 10 日前更新,可供下载）

附录五　2026 年全国硕士研究生招生考试经济类综合能力测试卷 5（高等数学强化通关测试卷）

扫描二维码

获取高等数学强化通关测试卷及答案解析

（本试卷本年度 7 月 25 日前更新,可供下载）

附录六　2026 年全国硕士研究生招生考试经济类综合能力测试卷 6（线性代数强化通关测试卷）

扫描二维码

获取线性代数强化通关测试卷及答案解析

（本试卷本年度 8 月 5 日前更新,可供下载）

附录七　2026 年全国硕士研究生招生考试经济类综合能力测试卷 7（概率论强化通关测试卷）

扫描二维码

获取概率论强化通关测试卷及答案解析

（本试卷本年度 8 月 15 日前更新，可供下载）

附录八　2026 年全国硕士研究生招生考试经济类综合能力测试卷 8（强化通关测试卷）

扫描二维码

获取强化通关测试卷及答案解析

（本试卷本年度 9 月 5 日前更新，可供下载）

郑重声明

高等教育出版社依法对本书享有专有出版权。任何未经许可的复制、销售行为均违反《中华人民共和国著作权法》,其行为人将承担相应的民事责任和行政责任;构成犯罪的,将被依法追究刑事责任。为了维护市场秩序,保护读者的合法权益,避免读者误用盗版书造成不良后果,我社将配合行政执法部门和司法机关对违法犯罪的单位和个人进行严厉打击。社会各界人士如发现上述侵权行为,希望及时举报,我社将奖励举报有功人员。

反盗版举报电话 (010)58581999 58582371

反盗版举报邮箱 dd@hep.com.cn

通信地址 北京市西城区德外大街4号
高等教育出版社知识产权与法律事务部

邮政编码 100120

读者意见反馈

为收集对本书的意见建议,进一步完善本书编写并做好服务工作,读者可将对本书的意见建议通过如下渠道反馈至我社。

咨询电话 400-810-0598

反馈邮箱 gjdzfwb@pub.hep.cn

通信地址 北京市朝阳区惠新东街4号富盛大厦1座
高等教育出版社总编辑办公室

邮政编码 100029

防伪查询说明

用户购书后刮开封底防伪涂层,使用手机微信等软件扫描二维码,会跳转至防伪查询网页,获得所购图书详细信息。

防伪客服电话 (010)58582300

2026版

396经济类
综合能力数学
800题

周洋鑫 — 编著

各个击破

解析分册

一本分级训练冲刺高分的精品习题书

2026版800题全新改编 更新率超百分之40

严格依据经济类综合能力数学新大纲编写

396经济类综合能力考试专业

金融／税务／保险／应用统计／国际商务／资产评估

800道 精编习题冲刺高分　　**8套** 阶段测试卷查漏补缺

中国教育出版传媒集团

高等教育出版社·北京

图书在版编目（CIP）数据

396 经济类综合能力数学 800 题. 解析分册／周洋鑫

编著. --北京:高等教育出版社,2025.2. -- ISBN

978 - 7 - 04 - 064288 - 9

Ⅰ. O13 - 44

中国国家版本馆 CIP 数据核字第 2025BT6842 号

396 经济类综合能力数学 800 题(解析分册)

396 JINGJILEI ZONGHE NENGLI SHUXUE 800 TI(JIEXI FENCE)

| 策划编辑 | 王 蓉 | 责任编辑 | 殷力鹰 | 版式设计 | 徐艳妮 | 责任绘图 | 于 博 |
| 责任校对 | 胡美萍 | 责任印制 | 刘弘远 | | | | |

出版发行	高等教育出版社	网　　址	http://www.hep.edu.cn
社　　址	北京市西城区德外大街 4 号		http://www.hep.com.cn
邮政编码	100120	网上订购	http://www.hepmall.com.cn
印　　刷	唐山市润丰印务有限公司		http://www.hepmall.com
开　　本	787mm×1092mm　1/16		http://www.hepmall.cn
本册印张	18.25		
本册字数	450 千字	版　　次	2025 年 2 月第 1 版
购书热线	010-58581118	印　　次	2025 年 7 月第 3 次印刷
咨询电话	400-810-0598	总 定 价	87.00 元

本书如有缺页、倒页、脱页等质量问题,请到所购图书销售部门联系调换

目　录

○ **高等数学篇**

高等数学篇

第一章　函数极限与连续

1.1　函数的概念与性质

题组 A·基础通关题

1.【答案】D

【解析】对于函数 $f(x-1)$，由于 $f(x-1)$ 的定义域为 $\left[0,\dfrac{1}{2}\right]$，即 $f(x-1)$ 中 $0\leqslant x\leqslant\dfrac{1}{2}$，进而 $-1\leqslant x-1\leqslant-\dfrac{1}{2}$. 又函数 $f(x-1)$ 中 $x-1$ 与函数 $f(\sin x)$ 中 $\sin x$ 取值范围相同，所以 $f(\sin x)$ 中 $-1\leqslant\sin x\leqslant-\dfrac{1}{2}$，解得 $2k\pi-\dfrac{5\pi}{6}\leqslant x\leqslant 2k\pi-\dfrac{\pi}{6}$，其中 $k\in\mathbf{Z}$，于是函数 $f(\sin x)$ 的定义域为 $\left[2k\pi-\dfrac{5\pi}{6},2k\pi-\dfrac{\pi}{6}\right]$，$k\in\mathbf{Z}$，应选 D.

小课堂

关于本题有两个注意问题总结如下：

1. 函数定义域是指函数**自变量**的取值范围，具体问题中需明确函数自变量是哪个变量部分.

2. 在同一对应法则下，$f(\square)$ 括号内整体的取值范围是一样的.

2.【答案】A

【解析】两个函数相同的充分必要条件是这两个函数的定义域与对应法则都分别相同.

　　对于①，$f(x)$ 与 $g(x)$ 的定义域均为 $\mathbf{R}$，但 $f(x)=|x-1|$，即 $f(x)$ 与 $g(x)$ 的对应法则不相同，于是 $f(x)$ 与 $g(x)$ 不是同一个函数.

　　对于②，由于 $f(x)=\mathrm{e}^{\ln 3x}=3x$，所以 $f(x)$ 与 $g(x)$ 的对应法则相同，但 $f(x)$ 的定义域是 $(0,+\infty)$，$g(x)$ 的定义域是 $\mathbf{R}$，所以 $f(x)$ 与 $g(x)$ 不是同一个函数.

　　对于③，$f(x)$ 的定义域为 $\mathbf{R}$，但 $g(x)$ 的定义域为 $[-1,1]$. 当且仅当 $x\in[-1,1]$ 时，$y=$

$\arcsin x$ 是 $y=\sin x$ 的反函数,$g(x)=\sin(\arcsin x)=x$,即 $f(x)$ 与 $g(x)$ 在 $x\in[-1,1]$ 时的对应法则相同,故 $f(x)$ 与 $g(x)$ 也不是同一个函数.

对于④,由于 $f(x)=\sec^2 x-\tan^2 x=1$,所以 $f(x)$ 与 $g(x)$ 的对应法则相同,但 $f(x)$ 的定义域是 $\left\{x\in\mathbf{R}\;\middle|\;x\neq\dfrac{\pi}{2}+k\pi,k\in\mathbf{Z}\right\}$,$g(x)$ 的定义域是 $\mathbf{R}$,所以 $f(x)$ 与 $g(x)$ 不是同一个函数.

应选 A.

小课堂

本题③中 $g(x)$ 表达式的求解是考生在备考中经常容易困惑的点,这里做一知识总结,求 $f(x)=\arcsin(\sin x)$ 与 $g(x)=\sin(\arcsin x)$ 的具体表达式.

解决这一问题,首先需要具备两个知识基础:

(1) 若函数 $y=f^{-1}(x)$ 是函数 $y=f(x)$ 的反函数,则有

$$f^{-1}[f(x)]=x,\quad f[f^{-1}(x)]=x.$$

(2) 函数 $y=\arcsin x$ 是 $y=\sin x$ 在区间 $\left[-\dfrac{\pi}{2},\dfrac{\pi}{2}\right]$ 内的反函数.

因为 $f(x+2\pi)=\arcsin(\sin x)=f(x)$,所以 $f(x)=\arcsin(\sin x)$ 是以 2π 为周期的周期函数.

当 $-\dfrac{\pi}{2}\leqslant x\leqslant\dfrac{\pi}{2}$ 时,$y=\sin x$ 是 $y=\arcsin x$ 的反函数,于是

$$f(x)=\arcsin(\sin x)=x.$$

当 $\dfrac{\pi}{2}<x\leqslant\dfrac{3}{2}\pi$ 时,由于

$$f(x)=\arcsin(\sin x)=\arcsin[\sin(\pi-x)],$$

此时 $-\dfrac{\pi}{2}\leqslant\pi-x<\dfrac{\pi}{2}$,于是 $f(x)=\arcsin[\sin(\pi-x)]=\pi-x$.

因此,在一个周期 $-\dfrac{\pi}{2}\leqslant x\leqslant\dfrac{3}{2}\pi$ 内,$f(x)=\begin{cases}x, & -\dfrac{\pi}{2}\leqslant x\leqslant\dfrac{\pi}{2},\\[2mm]\pi-x, & \dfrac{\pi}{2}<x\leqslant\dfrac{3}{2}\pi.\end{cases}$

而对于 $g(x)=\sin(\arcsin x)$,定义域是 $[-1,1]$.当 $x\in[-1,1]$ 时,$y=\arcsin x$ 是 $y=\sin x$ 的反函数,于是 $g(x)=\sin(\arcsin x)=x.$

3.【答案】D

【解析】对于①,$f(x)$ 的定义域为 $(-1,1)$,由于

$$f(-x)=\ln\frac{1-x}{1+x}=\ln\left(\frac{1+x}{1-x}\right)^{-1}=-\ln\frac{1+x}{1-x},$$

于是 $f(x)$ 为奇函数.

对于②，$f(x)$ 的定义域为 **R**，由于

$$f(-x) = \sqrt[3]{(1+x)^2} + \sqrt[3]{(1-x)^2} = f(x),$$

于是 $f(x)$ 为偶函数.

对于③，$f(x)$ 的定义域为 **R**，由于

$$f(-x) = \frac{\sqrt[3]{-x}}{\sqrt{1+x^2+x^4}} = -\frac{\sqrt[3]{x}}{\sqrt{1+x^2+x^4}} = -f(x),$$

于是 $f(x)$ 为奇函数.

对于④，$f(x)$ 的定义域为 **R**，由于 $f(x) = \dfrac{1-2^x}{2(2^x+1)}$，且

$$f(-x) = \frac{1-2^{-x}}{2(2^{-x}+1)} = \frac{2^x-1}{2(1+2^x)} = -f(x),$$

于是 $f(x)$ 为奇函数.

应选 D.

小课堂

本题还可以利用以下的重要结论快速确定①与②中函数的奇偶性：

"设 $f(x)$ 在区间 $(-l,l)$ 内有定义，则

$$F(x) = f(x) + f(-x), \quad G(x) = f(x) - f(-x)$$

分别为偶函数和奇函数."

对于①，由于 $f(x) = \ln\dfrac{1+x}{1-x} = \ln(1+x) - \ln(1-x)$，显然为奇函数.

对于②，由于 $f(x) = \sqrt[3]{(1-x)^2} + \sqrt[3]{(1+x)^2}$，显然为偶函数.

4.【答案】E

【解析】因为 $f[\varphi(x)] = \tan\varphi(x) = x^2 - 2$，又 $|\varphi(x)| \leq \dfrac{\pi}{4}$，所以 $\varphi(x) = \arctan(x^2 - 2)$.

又 $-\dfrac{\pi}{4} \leq \varphi(x) \leq \dfrac{\pi}{4}$，所以 $-1 \leq x^2 - 2 \leq 1$，解得 $-\sqrt{3} \leq x \leq -1$ 或 $1 \leq x \leq \sqrt{3}$.

于是，函数 $\varphi(x) = \arctan(x^2 - 2)$，且定义域为 $[-\sqrt{3}, -1] \cup [1, \sqrt{3}]$，应选 E.

5.【答案】C

【解析】由于 $f(x) = \dfrac{1}{2}(x + |x|) = \begin{cases} 0, & x < 0, \\ x, & x \geq 0, \end{cases}$ 则 $f[g(x)] =$

$\begin{cases} 0, & g(x) < 0, \\ g(x), & g(x) \geq 0. \end{cases}$

画出函数 $g(x)$ 的图像，如右图所示.

当 $x < 0$ 时，$g(x) < 0$，$g(x) = x$，$f[g(x)] = 0$.

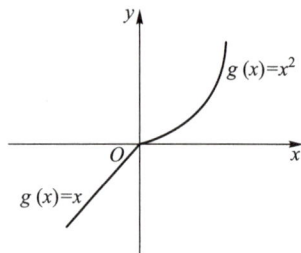

当 $x \geqslant 0$ 时, $g(x) \geqslant 0$, $g(x) = x^2$, $f[g(x)] = x^2$.

因此, $f[g(x)] = \begin{cases} x^2, & x \geqslant 0, \\ 0, & x < 0, \end{cases}$ 应选 C.

小课堂

一个分段函数复合另一个分段函数问题的求解主要有两步:一替换,二讨论.

例如本题求解 $f[g(x)]$, 先用 $g(x)$ 替换掉 $f(x)$ 中所有的 x, 再讨论每一段 $g(x)$ 的表达式及定义范围.

6.【答案】C

【解析】由题意可知, $f[f(x)] = \begin{cases} f(x)+1, & f(x) \leqslant 1, \\ 2, & f(x) > 1. \end{cases}$

画出函数 $f(x)$ 的图像,如右图所示.

当 $x \leqslant 0$ 时, $f(x) \leqslant 1$, $f(x) = x+1$, $f[f(x)] = x+2$.

当 $x > 0$ 时, $f(x) > 1$, $f[f(x)] = 2$.

因此, $f[f(x)] = \begin{cases} x+2, & x \leqslant 0, \\ 2, & x > 0. \end{cases}$ 应选 C.

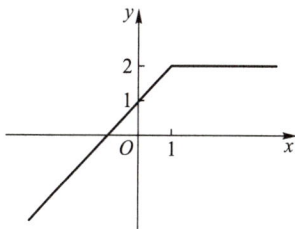

7.【答案】B

【解析】由于

$$f\left(\sin \frac{x}{2}\right) = \cos x + 1 = \left(1 - 2\sin^2 \frac{x}{2}\right) + 1 = 2 - 2\sin^2 \frac{x}{2},$$

令 $\sin \dfrac{x}{2} = t$, 则 $f(t) = 2 - 2t^2$, 进而 $f\left(\cos \dfrac{x}{2}\right) = 2 - 2\cos^2 \dfrac{x}{2}$.

于是

$$f\left(\sin \frac{x}{2}\right) + f\left(\cos \frac{x}{2}\right) = \left(2 - 2\sin^2 \frac{x}{2}\right) + \left(2 - 2\cos^2 \frac{x}{2}\right)$$

$$= 4 - 2\left(\sin^2 \frac{x}{2} + \cos^2 \frac{x}{2}\right) = 4 - 2 = 2,$$

应选 B.

8.【答案】B

【解析】由于

$$f\left(x + \frac{1}{x}\right) = \frac{x + x^3}{x^4 + 1} = \frac{\dfrac{1}{x} + x}{x^2 + \dfrac{1}{x^2}} = \frac{\dfrac{1}{x} + x}{\left(\dfrac{1}{x} + x\right)^2 - 2},$$

令 $x + \dfrac{1}{x} = t$, 则 $f(t) = \dfrac{t}{t^2 - 2}$, 于是 $f(x) = \dfrac{x}{x^2 - 2}$, 进而

$$\lim_{x \to 2^+} f(x) = \lim_{x \to 2^+} \frac{x}{x^2 - 2} = \frac{2}{4 - 2} = 1,$$

应选 B.

题组 B·强化通关题

9.【答案】C

【解析】设 $g(x) = e^x - e^{-x}, h(x) = \ln(x + \sqrt{1 + x^2})$，两个函数的定义域均为 **R**.

由于

$$h(-x) = \ln(-x + \sqrt{1 + x^2}) = \ln \frac{(\sqrt{1 + x^2} - x)(\sqrt{1 + x^2} + x)}{\sqrt{1 + x^2} + x}$$

$$= \ln \frac{1}{\sqrt{1 + x^2} + x} = \ln(\sqrt{1 + x^2} + x)^{-1}$$

$$= -\ln(x + \sqrt{1 + x^2}) = -h(x),$$

$$g(-x) = e^{-x} - e^x = -(e^x - e^{-x}) = -g(x),$$

所以 $h(x), g(x)$ 均为奇函数，于是 $f(x)$ 为偶函数，故③正确，①错误.

又当 $x \to 0$ 时，有

$$g(x) = e^{-x}(e^{2x} - 1) \sim 1 \cdot 2x = 2x,$$

$$h(x) = \ln(x + \sqrt{1 + x^2}) = \ln[1 + (x + \sqrt{1 + x^2} - 1)] \sim x + \sqrt{1 + x^2} - 1 \sim x,$$

所以当 $x \to 0$ 时，$f(x) \sim 2x^2$，即 $f(x)$ 是 x^2 同阶的无穷小量，故②正确，④错误.

应选 C.

小课堂

本题中 $y = \ln(x + \sqrt{1 + x^2})$ 的名称为反双曲正弦函数，其基本性质有：

（1）是奇函数；（2）当 $x \to 0$ 时 $\ln(x + \sqrt{1 + x^2}) \sim x$，（3）$[\ln(x + \sqrt{1 + x^2})]' = \frac{1}{\sqrt{1 + x^2}}$.

反双曲正弦函数是考研中的常考函数，考生可记住该函数以及该函数的基本性质，一些考题中可直接应用以达到快速解题的目的.

10.【答案】C

【解析】令 $g(x) = \sin x + \tan x, h(x) = \ln \frac{1 - x}{1 + x}$，两个函数的定义域均关于原点对称.

由于

$$g(-x) = -\sin x - \tan x = -g(x),$$

$$h(-x) = \ln \frac{1 + x}{1 - x} = \ln \left(\frac{1 - x}{1 + x}\right)^{-1} = -\ln \frac{1 - x}{1 + x} = -h(x),$$

所以 $h(x),g(x)$ 均为奇函数,于是 $f(x)$ 为偶函数,故③正确,①错误.

又当 $x\to 0$ 时,

$$g(x)=\sin x+\tan x\sim x+x=2x,\quad (\text{符合加减法中等价无穷小量的替换准则})$$

$$h(x)=\ln\frac{1-x}{1+x}=\ln(1-x)-\ln(1+x)\sim -x-x=-2x,$$

所以当 $x\to 0$ 时,$f(x)\sim -4x^2$,即 $f(x)$ 是与 x^2 同阶的无穷小量,故②正确,④错误.

应选 C.

11.【答案】B

【解析】由 $f(x)$ 为奇函数知,$f'(x)$ 为偶函数,于是 $\sin f'(x),\cos f'(x)$ 也是偶函数,故 A,C 错误.

又因为 $f(x)$ 与 $\sin x$ 均是奇函数,所以 $f(\sin x),\sin x+f(x)$ 也均是奇函数,$\sin x\cdot f(x)$ 是偶函数,根据变上限函数奇偶性性质(见本题小课堂)知,$\int_0^x f(\sin t)\,\mathrm{d}t$ 与 $\int_0^x [\sin t+f(t)]\,\mathrm{d}t$ 均是偶函数,$\int_0^x \sin t\cdot f(t)\,\mathrm{d}t$ 是奇函数,应选 B.

小课堂

1. 设函数 $f(x)$ 可导,则

(1) 若 $f(x)$ 为偶函数,则 $f'(x)$ 为奇函数;

(2) 若 $f(x)$ 为奇函数,则 $f'(x)$ 为偶函数;

(3) 若 $f(x)$ 为周期函数,则 $f'(x)$ 与 $f(x)$ 是周期相同的周期函数.

2. 若 $f(x)$ 连续,设 $F(x)=\int_0^x f(t)\,\mathrm{d}t$,则

(1) 若 $f(x)$ 为奇函数,则 $F(x)=\int_0^x f(t)\,\mathrm{d}t$ 为偶函数;

(2) 若 $f(x)$ 为偶函数,则 $F(x)=\int_0^x f(t)\,\mathrm{d}t$ 为奇函数;

(3) 若 $f(x)$ 为周期函数,且 $\int_0^T f(t)\,\mathrm{d}t=0$,则 $F(x)=\int_0^x f(t)\,\mathrm{d}t$ 也为周期函数.

12.【答案】D

【解析】对于选项 A,由于 $e^{\sin x}+e^{-\sin x}$ 是偶函数,所以 $\int_0^x (e^{\sin t}+e^{-\sin t})\,\mathrm{d}t$ 是奇函数,故选项 A 错误.

对于选项 B,由于 $\ln\frac{1-x}{1+x}$ 是奇函数,于是 $\int_0^x \ln\frac{1-t}{1+t}\,\mathrm{d}t$ 为偶函数,故选项 B 错误.

对于选项 C,由于 $f(x)$ 与 $\sin x$ 均是奇函数,所以 $\sin x\cdot f(x)$ 是偶函数,于是根据变上限函数的奇偶性性质知,$\int_0^x [\sin t\cdot f(t)]\,\mathrm{d}t$ 为奇函数,故选项 C 错误.

对于选项 D，由于 $f(x)$ 与 $\sin x$ 均是奇函数，所以 $\sin x+f(x)$ 也是奇函数，于是根据变上限函数的奇偶性性质知，$\int_0^x [\sin t+f(t)]\mathrm{d}t$ 为偶函数.

对于选项 E，由于 $f(x)$ 为奇函数，所以 $f'(x)$ 为偶函数，进而知 $f'(x)\cos x$ 是偶函数，但根据变上限函数的奇偶性性质知，$\int_a^x [f'(t)\cos t]\mathrm{d}t$ 不一定是奇函数（当 $a=0$ 时，变上限函数 $\int_a^x [f'(t)\cos t]\mathrm{d}t$ 是奇函数），故选项 E 错误.

应选 D.

13.【答案】B

【解析】显然 $f(x)$ 的定义域为 $(-\infty,+\infty)$，因为

$$f(x)=\frac{x}{1+x^2}\cdot\sin x=\frac{1}{\frac{1}{x}+x}\cdot\sin x,$$

其中

$$\left|\frac{1}{\frac{1}{x}+x}\right|\leqslant\frac{1}{2},\ |\sin x|\leqslant 1,$$

故

$$|f(x)|\leqslant\frac{1}{2},$$

所以 $f(x)$ 在 $(-\infty,+\infty)$ 内有界，即 $f(x)$ 是有界函数.

又因为

$$f(-x)=\frac{-x\sin(-x)}{1+x^2}=\frac{x\sin x}{1+x^2},$$

所以 $f(x)$ 为偶函数，由变上限函数的奇偶性性质，知 $\int_0^x f(t)\mathrm{d}t$ 为奇函数，应选 B.

14.【答案】C

【解析】显然 5 个选项中的函数均为初等函数，且在 $[1,+\infty)$ 上有定义，于是这 5 个函数均在 $[1,+\infty)$ 内连续，因此判定这些函数在 $[1,+\infty)$ 上是否有界，仅需求解 $x\to+\infty$ 时这些函数的极限.

对于选项 A，由于 $\lim\limits_{x\to+\infty}x^2\sin\left(\frac{1}{x^2}\right)=\lim\limits_{x\to+\infty}x^2\frac{1}{x^2}=1$，于是函数在 $[1,+\infty)$ 上有界.

对于选项 B，由于 $\lim\limits_{x\to+\infty}\frac{\ln^2 x}{\sqrt{x}}=0$，于是 $\frac{\ln^2 x}{\sqrt{x}}$ 在 $[1,+\infty)$ 上有界. 又 $\sin x^2$ 是有界函数，于是 $f(x)=\sin x^2+\frac{\ln^2 x}{\sqrt{x}}$ 在 $[1,+\infty)$ 上有界.

对于选项 C，由于 $\lim\limits_{x\to+\infty}x^2\arctan\frac{1}{x}=\lim\limits_{x\to+\infty}x^2\cdot\frac{1}{x}=\infty$，所以函数在 $[1,+\infty)$ 上无界.

对于选项 D，由于 $\lim\limits_{x\to+\infty}\frac{1}{x^2}\arctan\frac{1}{x}=0$，所以函数在 $[1,+\infty)$ 上有界.

对于选项 E,由于 $\lim\limits_{x\to+\infty} x^2 e^{-x} = \lim\limits_{x\to+\infty}\dfrac{x^2}{e^x} = 0$,所以函数在 $[1,+\infty)$ 上有界.

应选 C.

1.2 无穷小量及其阶的比较

题组 A · 基础通关题

15.【答案】 A

【解析】 当 $x\to 0^+$ 时,有

$$\sqrt{1-2x}-1 = [1+(-2x)]^{\frac{1}{2}}-1 \sim \frac{1}{2}(-2x) = -x,$$

$$a\sin x\cos x \sim ax\cdot 1 = ax,$$

由 $\sqrt{1-2x}-1$ 与 $a\sin x\cos x$ 互为等价无穷小量,知 $a=-1$,应选 A.

16.【答案】 C

【解析】 当 $x\to 0$ 时,有

$$e^{\tan x}-e^{\sin x} = e^{\sin x}(e^{\tan x-\sin x}-1)$$

$$\sim e^{\tan x-\sin x}-1 \quad (\text{非零因子先算出})$$

$$\sim \tan x-\sin x \sim \frac{1}{2}x^3,$$

$$x^n\ln(1+x) \sim x^{n+1},$$

由于 $e^{\tan x}-e^{\sin x}$ 与 $x^n\ln(1+x)$ 是同阶的无穷小量,则 $n+1=3$,解得 $n=2$,应选 C.

小课堂

常见等价无穷小量替换公式:当 $x\to 0$ 时,$\tan x-\sin x \sim \dfrac{1}{2}x^3$.

证明:(方法一) 当 $x\to 0$ 时,有

$$\tan x-\sin x = \left[x+\frac{1}{3}x^3+o(x^3)\right]-\left[x-\frac{1}{6}x^3+o(x^3)\right]$$

$$= \frac{1}{2}x^3+o(x^3) \sim \frac{1}{2}x^3.$$

(方法二) 当 $x\to 0$ 时,有

$$\tan x-\sin x = (\tan x-x)+(x-\sin x)$$

$$\sim \frac{1}{3}x^3+\frac{1}{6}x^3 = \frac{1}{2}x^3.$$

17.【答案】 D

【解析】 当 $x\to 0^+$ 时,有

$$f(x) = \sqrt{1-\sqrt{x}} - 1 = \left[1 + (-\sqrt{x})\right]^{\frac{1}{2}} - 1 \sim -\frac{1}{2}\sqrt{x},$$

$$g(x) = 3^{\sqrt{x}} - 1 \sim \sqrt{x}\ln 3,$$

$$h(x) = \ln\frac{1-x}{1-\sqrt{x}} = \ln(1-x) - \ln(1-\sqrt{x})$$

$$\sim -\ln(1-\sqrt{x}) \quad （无穷小量的和取低阶原则）$$

$$= -\ln\left[1+(-\sqrt{x})\right] \sim \sqrt{x},$$

$$w(x) = 1 - \cos\sqrt{x} \sim \frac{1}{2}(\sqrt{x})^2 = \frac{1}{2}x,$$

于是，与 $\sqrt{x}$ 互为同阶的无穷小量是 $f(x), g(x), h(x)$，应选 D.

小课堂

本题中 $h(x) = \ln\dfrac{1-x}{1-\sqrt{x}}$ 也可利用如下方法确定其等价无穷小量：

当 $x \to 0^+$ 时，有

$$h(x) = \ln\frac{1-x}{1-\sqrt{x}} \sim \frac{1-x}{1-\sqrt{x}} - 1 \quad （当 f(x) \to 1 时，\ln f(x) \sim f(x) - 1）$$

$$= \frac{\sqrt{x} - x}{1-\sqrt{x}} \sim \sqrt{x} - x \sim \sqrt{x}.$$

18. 【答案】B

【解析】当 $x \to 0$ 时，有

$$\ln\cos x = \ln(1+\cos x - 1) \sim \cos x - 1 \sim -\frac{1}{2}x^2, \quad （见小课堂 1）$$

$$a(1-\sqrt{\cos x}) \sim a\,\frac{1}{2}\cdot\frac{1}{2}x^2 = \frac{1}{4}ax^2, \quad （见小课堂 2）$$

由于 $\ln\cos x$ 与 $a(1-\sqrt{\cos x})$ 互为等价无穷小量，则 $a = -2$，故应选 B.

小课堂

本题考查到两个重要的等价无穷小量替换公式：

1. 当 $f(x) \to 1$ 时，$\ln f(x) = \ln[1+f(x)-1] \sim f(x) - 1$.

2. 当 $x \to 0$ 时，$1 - \sqrt[n]{\cos x} \sim \dfrac{1}{2n}x^2$（其中 n 为正整数）.

证明：当 $x \to 0$ 时，有

$$1 - \sqrt[n]{\cos x} = -(\cos^{\frac{1}{n}}x - 1) = -(e^{\frac{1}{n}\ln\cos x} - 1)$$

$$\sim -\frac{1}{n}\ln\cos x \sim -\frac{1}{n}\cdot(\cos x - 1)$$

$$\sim -\frac{1}{n}\cdot\left(-\frac{1}{2}x^2\right) = \frac{1}{2n}x^2.$$

19.【答案】C

　　【解析】因为当 $x \to 0^+$ 时,有

$$\sqrt{1-2x}-1 = \left[1+(-2x)\right]^{\frac{1}{2}}-1 \sim \frac{1}{2}(-2x) = -x,$$

$$\ln\left(x+\sqrt{1+x^2}\right) = \ln\left[1+\left(x+\sqrt{1+x^2}-1\right)\right] \sim x+\sqrt{1+x^2}-1 \sim x,$$

$$\frac{e^x-e^{-\sin x}}{2} = \frac{1}{2}e^{-\sin x}\left(e^{x+\sin x}-1\right) \sim \frac{1}{2}(x+\sin x) \sim \frac{1}{2}\cdot 2x = x,$$

$$\sqrt{x+x^2} \sim \sqrt{x},$$

所以与 x 互为等价无穷小量的有 2 个,应选 C.

20.【答案】A

　　【解析】当 $x \to 0^+$ 时,$(1-\cos x)\arctan x \sim \frac{1}{2}x^2 \cdot x = \frac{1}{2}x^3$,为 x 的 3 阶无穷小量.

　　当 $x \to 0^+$ 时,有

$$\sqrt{1-x+x^3}-1 = \left[1+(x^3-x)\right]^{\frac{1}{2}}-1 \sim \frac{1}{2}(x^3-x) \sim -\frac{1}{2}x,$$

为 x 的 1 阶无穷小量.

　　当 $x \to 0^+$ 时,有

$$(e^x-1)\ln\frac{1+x}{1-x} = (e^x-1)\left[\ln(1+x)-\ln(1-x)\right]$$

$$\sim x \cdot \left[x-(-x)\right] = 2x^2, \quad (\text{后一项符合加减等价无穷小量替换准则})$$

为 x 的 2 阶无穷小量.

　　当 $x \to 0^+$ 时,有 $2\tan x - \tan 3x \sim 2x-3x = -x$(符合等价无穷小量的加减法替换准则),为 x 的 1 阶无穷小量.

　　当 $x \to 0^+$ 时,有

$$2^x-2^{\ln(1+x)} = 2^{\ln(1+x)}\left[2^{x-\ln(1+x)}-1\right] \sim 2^{x-\ln(1+x)}-1 \sim \left[x-\ln(1+x)\right]\cdot\ln 2$$

$$\sim \frac{1}{2}x^2 \cdot \ln 2 = \frac{\ln 2}{2}x^2,$$

为 x 的 2 阶无穷小量.

　　综上所述,无穷小量中最高阶的为 $(1-\cos x)\arctan x$,应选 A.

21.【答案】E

　　【解析】当 $x \to 0^+$ 时,因为 $\lim\limits_{x \to 0}\dfrac{x\ln x}{x} = \infty$,所以 $x\ln x$ 是比 x 更低阶的无穷小量.

　　又当 $x \to 0^+$ 时,有

$$1-\cos^2 x = (1+\cos x)(1-\cos x) \sim 2 \cdot \frac{1}{2}x^2 = x^2,$$

$$\sqrt[3]{1+x^2}-1 = (1+x^2)^{\frac{1}{3}}-1 \sim \frac{1}{3}x^2,$$

$$\tan x - \sin x = \tan x (1 - \cos x) \sim x \cdot \frac{1}{2}x^2 = \frac{1}{2}x^3,$$

$$(1 + \tan x)^{\ln(1+x^3)} - 1 = e^{\ln(1+x^3)\ln(1+\tan x)} - 1 \sim \ln(1+x^3)\ln(1+\tan x) \sim x^3 \tan x \sim x^4,$$

应选 E.

22.【答案】D

【解析】若取 $f(x) = x, g(x) = -\sin x$，则 $f(x) - g(x) = x + \sin x \sim 2x$，此时 $f(x) - g(x)$ 也为 x 的同阶无穷小量，故选项 A、C 错误.

若取 $f(x) = x, g(x) = \sin x$，则 $f(x) + g(x) = x + \sin x \sim 2x$，此时 $f(x) + g(x)$ 也为 x 的同阶无穷小量，故选项 B 错误.

若取 $f(x) = x, g(x) = \sin x$，则 $\lim\limits_{x \to 0} \dfrac{f(x)}{g(x)} = 1$，此时 $\dfrac{f(x)}{g(x)}$ 不是 $x \to 0$ 时的无穷小量，故选项 E 错误.

对于 D，由题意可知，当 $x \to 0$ 时，$f(x) \sim Ax, g(x) \sim Bx (A \neq 0, B \neq 0)$，于是 $f(x)g(x) \sim ABx^2$，即 $f(x)g(x)$ 是 x 的高阶无穷小量，应选 D.

23.【答案】E

【解析】由于当 $x \to 0$ 时，有

$$f(x) = e^{x^2} - \cos x = (e^{x^2} - 1) + (1 - \cos x) \sim x^2 + \frac{1}{2}x^2 = \frac{3}{2}x^2,$$

$$g(x) = \ln(1+x^2)^a = a\ln(1+x^2) \sim ax^2,$$

$$h(x) = \sqrt{1+x^b} - 1 = (1+x^b)^{\frac{1}{2}} - 1 \sim \frac{1}{2}x^b.$$

由 $f(x)$ 与 $g(x)$ 是等价无穷小量，知 $a = \dfrac{3}{2}$. 由 $g(x)$ 与 $h(x)$ 是同阶但不等价的无穷小量，知 $b = 2$，故应选 E.

24.【答案】E

【解析】由于当 $x \to 1$ 时 $f(x)$ 是无穷小量，则

$$\lim_{x \to 1} f(x) = \lim_{x \to 1}(e^x - e^a) = e - e^a = 0,$$

解得 $a = 1$.

于是，当 $x \to 1$ 时

$$f(x) = e^x - e = e(e^{x-1} - 1) \sim e(x-1),$$

$$g(x) = b\arcsin(x^2 - 1) \sim b(x^2 - 1) = b(x+1)(x-1) \sim 2b(x-1),$$

由于 $f(x)$ 与 $g(x)$ 是等价无穷小量，则 $2b = e$，解得 $b = \dfrac{e}{2}$.

应选 E.

25.【答案】A

【解析】由题意可知 $\lim\limits_{x \to 0} \dfrac{\ln(1+x) - (ax^2 + bx)}{x\arcsin x} = 0$，即 $\lim\limits_{x \to 0} \dfrac{\ln(1+x) - (ax^2 + bx)}{x^2} = 0$

方法一：由洛必达法则,知

$$\lim_{x\to 0}\frac{\ln(1+x)-(ax^2+bx)}{x^2}=\lim_{x\to 0}\frac{\dfrac{1}{1+x}-2ax-b}{2x}=0,$$

于是 $\lim\limits_{x\to 0}\left(\dfrac{1}{1+x}-2ax-b\right)=0$, 即 $1-b=0$, 解得 $b=1$.

再对极限 $\lim\limits_{x\to 0}\dfrac{\dfrac{1}{1+x}-2ax-b}{2x}$ 继续使用洛必达法则,得

$$\lim_{x\to 0}\frac{\dfrac{1}{1+x}-2ax-b}{2x}=\lim_{x\to 0}\frac{-\dfrac{1}{(1+x)^2}-2a}{2}=0,$$

于是 $\lim\limits_{x\to 0}\dfrac{-1-2a}{2}=0$, 解得 $a=-\dfrac{1}{2}$, 应选 A.

方法二：由泰勒公式知

$$\lim_{x\to 0}\frac{\ln(1+x)-(ax^2+bx)}{x^2}=\lim_{x\to 0}\frac{\left[x-\dfrac{1}{2}x^2+o(x^2)\right]-(ax^2+bx)}{x^2}$$

$$=\lim_{x\to 0}\frac{(1-b)x+\left(-\dfrac{1}{2}-a\right)x^2+o(x^2)}{x^2}=0,$$

于是 $1-b=0,\ -\dfrac{1}{2}-a=0$, 解得 $a=-\dfrac{1}{2},\ b=1$, 应选 A.

方法三：由于 $\lim\limits_{x\to 0}\left[\dfrac{\ln(1+x)-bx}{x^2}-a\right]=0$, 于是 $\lim\limits_{x\to 0}\dfrac{\ln(1+x)-bx}{x^2}=a$.

显然,当 $b=1$ 时, $\ln(1+x)-x\sim-\dfrac{1}{2}x^2(x\to 0)$, 于是 $a=-\dfrac{1}{2}$.

应选 A.

题组 B·强化通关题

26.【答案】A

【解析】方法一：因为当 $x\to 0$ 时,有泰勒公式

$$e^x=1+x+\frac{1}{2}x^2+o(x^2),\quad \ln(1+x)=x-\frac{1}{2}x^2+o(x^2),$$

于是

$$e^x-1-\ln(1+x)=\left[1+x+\frac{1}{2}x^2+o(x^2)\right]-1-\left[x-\frac{1}{2}x^2+o(x^2)\right]$$

$$=x^2+o(x^2)\sim x^2,$$

因此 $a=1,b=2$,应选 A.

方法二:因为当 $x\to0$ 时,有

$$e^{x}-1-x\sim\frac{1}{2}x^{2},\quad x-\ln(1+x)\sim\frac{1}{2}x^{2},$$

于是

$$e^{x}-1-\ln(1+x)=(e^{x}-1-x)+[x-\ln(1+x)]$$

$$\sim\frac{1}{2}x^{2}+\frac{1}{2}x^{2}=x^{2},\quad（符合加减法中等价无穷小量替换准则）$$

因此 $a=1,b=2$,应选 A.

27.【答案】B

【解析】**方法一**:因为当 $x\to0$ 时,有

$$\ln(1+x^{2})-\ln(1+\sin^{2}x)=\ln\frac{1+x^{2}}{1+\sin^{2}x}$$

$$\sim\frac{1+x^{2}}{1+\sin^{2}x}-1=\frac{x^{2}-\sin^{2}x}{1+\sin^{2}x}$$

$$\sim x^{2}-\sin^{2}x=(x-\sin x)(x+\sin x)$$

$$\sim\frac{1}{6}x^{3}\cdot2x=\frac{1}{3}x^{4},$$

所以 $a=\dfrac{1}{3},b=4$,应选 B.

方法二:由拉格朗日中值定理,知

$$\ln(1+x^{2})-\ln(1+\sin^{2}x)=\frac{1}{1+\xi}(x^{2}-\sin^{2}x),$$

其中 ξ 介于 x^{2} 与 $\sin^{2}x$ 之间.

当 $x\to0$ 时,由夹逼准则知 $\xi\to0$,于是

$$\ln(1+x^{2})-\ln(1+\sin^{2}x)=\frac{1}{1+\xi}(x^{2}-\sin^{2}x)$$

$$\sim x^{2}-\sin^{2}x=(x-\sin x)(x+\sin x)$$

$$\sim\frac{1}{6}x^{3}\cdot2x=\frac{1}{3}x^{4},$$

所以 $a=\dfrac{1}{3},b=4$,应选 B.

28.【答案】B

【解析】当 $x\to0$ 时,有

$$(1+\sin x-x)^{\frac{1}{x}}-1=e^{\frac{\ln(1+\sin x-x)}{x}}-1\sim\frac{\ln(1+\sin x-x)}{x}\sim\frac{\sin x-x}{x}\sim-\frac{x^{2}}{6},$$

$$x^{n}\arcsin x\sim x^{n}\cdot x=x^{n+1}.$$

因为 $(1+\sin x-x)^{\frac{1}{x}}-1$ 与 $x^n \arcsin x$ 是同阶无穷小量,所以 $n+1=2$,解得 $n=1$,应选 B.

29.【答案】 B

【解析】当 $x\to 0^+$ 时,

$$\sin x \cdot \ln(1+\sqrt{x}) \sim x^{\frac{3}{2}}, \mathrm{e}^{-x^2}+x^2-1 = \mathrm{e}^{-x^2}-(-x^2)-1 \sim \frac{1}{2}x^4,$$

$$\mathrm{e}^{x^2}-1+\ln\cos x \sim x^2 - \frac{1}{2}x^2 = \frac{1}{2}x^2,（符合加减法等价无穷小量替换准则）$$

$$1-\sqrt[3]{1-\sqrt{x}} = -\left[\left(1-\sqrt{x}\right)^{\frac{1}{3}}-1\right] \sim -\left(-\frac{1}{3}\sqrt{x}\right) = \frac{1}{3}\sqrt{x},$$

$$\sqrt{1+\tan x}-\sqrt{1+\sin x} = \frac{1}{\sqrt{1+\tan x}+\sqrt{1+\sin x}}(\tan x - \sin x)$$

$$\sim \frac{1}{2}(\tan x - \sin x) \sim \frac{1}{2}\cdot\frac{1}{2}x^3 = \frac{1}{4}x^3,$$

因此,选项中无穷小量中最高阶的是 $\mathrm{e}^{-x^2}+x^2-1$,应选 B.

30.【答案】 D

【解析】当 $x\to 0^+$ 时,

$$\sqrt{1+x^2}-\sqrt{1-x^2} = \left(\sqrt{1+x^2}-1\right)+\left(1-\sqrt{1-x^2}\right) \sim \frac{1}{2}x^2+\left(\frac{1}{2}x^2\right) = x^2,$$

$$\cos x - \cos 2x = \cos x - 1 + 1 - \cos 2x \sim -\frac{1}{2}x^2 + \frac{1}{2}(2x)^2 = \frac{3}{2}x^2,$$

$$\ln\frac{1-x}{1-\sqrt{x}} = \ln(1-x)-\ln(1-\sqrt{x}) \sim -\ln(1-\sqrt{x}) \sim \sqrt{x}.$$

又当 $x\to 0^+$ 时, $\ln(x+\sqrt{x^2+1}) \sim x\sqrt{x}+\sin x \sim x$,所以

$$\sqrt{\ln(x+\sqrt{x^2+1})} \sim \sqrt{x}, \sqrt{\sqrt{x}+\sin x} \sim \sqrt{\sqrt{x}} = x^{\frac{1}{4}},$$

因此,选项中无穷小量中最低阶的是 $\sqrt{\sqrt{x}+\sin x}$,应选 D.

31.【答案】 A

【解析】显然 $\lim\limits_{x\to\frac{\pi}{2}}g(x)=\lim\limits_{x\to\frac{\pi}{2}}(b-2x)^c=0$,解得 $b=\pi$.

因为 $f(x)=a\ln\sin x$ 与 $g(x)=(b-2x)^c$ 互为等价无穷小量,所以

$$\lim_{x\to\frac{\pi}{2}}\frac{f(x)}{g(x)} = \lim_{x\to\frac{\pi}{2}}\frac{a\ln\sin x}{(b-2x)^c} = \lim_{x\to\frac{\pi}{2}}\frac{a\ln\sin x}{(\pi-2x)^c} = 1,$$

又因为

$$\lim_{x\to\frac{\pi}{2}}\frac{a\ln\sin x}{(\pi-2x)^c} = a\lim_{x\to\frac{\pi}{2}}\frac{\sin x-1}{(\pi-2x)^c} = a\lim_{x\to\frac{\pi}{2}}\frac{\cos x}{-2c(\pi-2x)^{c-1}}$$

$$= a\lim_{x\to\frac{\pi}{2}}\frac{-\sin x}{4c(c-1)(\pi-2x)^{c-2}},$$

所以 $c=2$，且 $a \cdot \dfrac{-1}{4c(c-1)}=1$，解得 $a=-8,c=2$，应选 A.

32.【答案】C

【解析】由题意可知，当 $x \to 0$ 时，有 $\sin \alpha(x)=\dfrac{\cos x-1}{x}$.

又 $|\alpha(x)|<\dfrac{\pi}{2}$，于是 $\alpha(x)=\arcsin \dfrac{\cos x-1}{x}$，故当 $x \to 0$ 时

$$\alpha(x)=\arcsin \dfrac{\cos x-1}{x} \sim \dfrac{\cos x-1}{x} \sim \dfrac{-\dfrac{1}{2}x^2}{x}=-\dfrac{1}{2}x,$$

即 $\alpha(x)$ 是与 x 同阶但不等价的无穷小量，应选 C.

33.【答案】C

【解析】由题意可知，$\lim\limits_{x \to 1} \dfrac{1-\dfrac{k}{1+x+x^2+\cdots+x^{k-1}}}{x-1}=1$，于是

$$\lim_{x \to 1} \dfrac{1+x+x^2+\cdots+x^{k-1}-k}{(x-1)(1+x+x^2+\cdots+x^{k-1})}$$

$$=\dfrac{1}{k} \lim_{x \to 1} \dfrac{1+x+x^2+\cdots+x^{k-1}-k}{x-1} \qquad (\text{非零因子 } 1+x+x^2+\cdots+x^{k-1} \text{ 先算出})$$

$$\overset{\text{洛}}{=}\dfrac{1}{k} \lim_{x \to 1}\left[1+2x+3x^2+\cdots+(k-1)x^{k-2}\right]$$

$$=\dfrac{1}{k}\left[1+2+3+\cdots+(k-1)\right]$$

$$=\dfrac{1}{k} \cdot \dfrac{k(k-1)}{2}=\dfrac{k-1}{2}=1,$$

解得 $k=3$，应选 C.

34.【答案】B

【解析】由于

$$\lim_{x \to 0^+} \dfrac{g(x)^{f(x)}-1}{x^2}=\lim_{x \to 0^+} \dfrac{e^{f(x)\ln g(x)}-1}{x^2}=\lim_{x \to 0^+} \dfrac{e^{x^3\ln x^2}-1}{x^2}=\lim_{x \to 0^+} \dfrac{e^{2x^3\ln x}-1}{x^2}$$

$$=\lim_{x \to 0^+} \dfrac{2x^3 \ln x}{x^2}=\lim_{x \to 0^+} 2x\ln x=0,$$

$$\lim_{x \to 0^+} \dfrac{f(x)^{g(x)}-1}{x^2}=\lim_{x \to 0^+} \dfrac{e^{g(x)\ln f(x)}-1}{x^2}=\lim_{x \to 0^+} \dfrac{e^{x^2\ln x^3}-1}{x^2}=\lim_{x \to 0^+} \dfrac{e^{3x^2\ln x}-1}{x^2}$$

$$=\lim_{x \to 0^+} \dfrac{3x^2 \ln x}{x^2}=\lim_{x \to 0^+} 3\ln x=-\infty,$$

所以 $g(x)^{f(x)}-1$ 是 x^2 的高阶无穷小量，$f(x)^{g(x)}-1$ 是 x^2 的低阶无穷小量，故应选 B.

小课堂

本题涉及一常考极限结论：

$$\lim_{x\to 0^+}x\ln x=0,\quad \lim_{x\to 0^+}x^p\ln^q x=0\,(p>0,q>0).$$

35.【答案】D

【解析】 当 $x\to 0^+$ 时,有

$$\left[\int_0^x(e^{t^2}-1)\mathrm{d}t\right]'=e^{x^2}-1\sim x^2,\text{于是}\int_0^x(e^{t^2}-1)\mathrm{d}t\sim\frac{1}{3}x^3,\text{为}\ x\ \text{的 3 阶无穷小量}.$$

$$\left[\int_0^x\ln(1+\sqrt{t^3})\mathrm{d}t\right]'=\ln(1+\sqrt{x^3})\sim\sqrt{x^3},\text{于是}\int_0^x\ln(1+\sqrt{t^3})\mathrm{d}t\sim\frac{2}{5}x^{\frac{5}{2}},\text{为}\ x\ \text{的}\ \frac{5}{2}\ \text{阶无穷小量}.$$

$$\left[\int_0^x(1-\cos t)\mathrm{d}t\right]'=1-\cos x\sim\frac{1}{2}x^2,\text{于是}\int_0^x(1-\cos t)\mathrm{d}t\sim\frac{1}{6}x^3,\text{为}\ x\ \text{的 3 阶无穷小量}.$$

$$\left[\int_0^{x^2}\sin^2 t\mathrm{d}t\right]'=(\sin x^2)^2\cdot 2x\sim 2x^5,\text{于是}\int_0^{x^2}\sin^2 t\mathrm{d}t\sim\frac{1}{3}x^6,\text{为}\ x\ \text{的 6 阶无穷小量}.$$

$$\left[\int_0^{x^2}(\sqrt{1+t}-1)\mathrm{d}t\right]'=(\sqrt{1+x^2}-1)\cdot 2x\sim x^3,\text{于是}\int_0^{x^2}(\sqrt{1+t}-1)\mathrm{d}t\sim\frac{1}{4}x^4,\text{为}\ x\ \text{的 4 阶}$$

无穷小量.

应选 D.

小课堂

本题还可以利用如下结论快速确定每个无穷小量的阶数：

"已知 $f(x)$ 与 $g(x)$ 在 $x=0$ 的某邻域内连续,当 $x\to 0$ 时,$f(x)$ 与 $g(x)$ 分别为 x 的 m 阶和 n 阶无穷小量,则 $\int_0^{g(x)}f(t)\mathrm{d}t$ 为 x 的 $n(m+1)$ 阶无穷小量."

对于选项 A,$\int_0^x(e^{t^2}-1)\mathrm{d}t$ 为 x 的 $n(m+1)=1\cdot(2+1)=3$ 阶无穷小量.

对于选项 B,$\int_0^x\ln(1+\sqrt{t^3})\mathrm{d}t$ 为 x 的 $n(m+1)=1\cdot\left(\frac{3}{2}+1\right)=\frac{5}{2}$ 阶无穷小量.

对于选项 C,$\int_0^x(1-\cos t)\mathrm{d}t$ 为 x 的 $n(m+1)=1\cdot(2+1)=3$ 阶无穷小量.

对于选项 D,$\int_0^{x^2}\sin^2 t\mathrm{d}t$ 为 x 的 $n(m+1)=2\cdot(2+1)=6$ 阶无穷小量.

对于选项 E,$\int_0^{x^2}(\sqrt{1+t}-1)\mathrm{d}t$ 为 x 的 $n(m+1)=2\cdot(1+1)=4$ 阶无穷小量.

应选 D.

高等数学篇

36.【答案】E

【解析】本题可以利用上题相同的经验（见上一题的小课堂）.

对于选项 A，当 $x \to 0^+$ 时，$\int_0^{\sin x} \sqrt{\tan t}\, dt$ 为 x 的 $n(m+1) = 1\left(\dfrac{1}{2}+1\right) = \dfrac{3}{2}$ 阶无穷小量.

对于选项 B，当 $x \to 0^+$ 时，$\int_0^{\sqrt{\sin x}} \tan t\, dt$ 为 x 的 $n(m+1) = \dfrac{1}{2}(1+1) = 1$ 阶无穷小量.

对于选项 C，当 $x \to 0^+$ 时，$\int_0^{\ln(1+\sqrt{x})} (e^t - 1)\, dt$ 为 x 的 $n(m+1) = \dfrac{1}{2}(1+1) = 1$ 阶无穷小量.

对于选项 D，当 $x \to 0^+$ 时，$\int_0^{e^{\sqrt{x}} - 1} \ln \cos t\, dt$ 为 x 的 $n(m+1) = \dfrac{1}{2}(2+1) = \dfrac{3}{2}$ 阶无穷小量.

对于选项 E，当 $x \to 0^+$ 时，$\int_0^{\arctan x^2} \left(1 - \sqrt{1-\sqrt{t}}\right) dt$ 为 x 的 $n(m+1) = 2\left(\dfrac{1}{2}+1\right) = 3$ 阶无穷小量.

应选 E.

1.3 极限的定义与性质

题组 A·基础通关题

37.【答案】E

【解析】极限 $\lim\limits_{x \to x_0} f(x)$ 与该点函数值 $f(x_0)$ 无关，于是当 $\lim\limits_{x \to 0} f(x) = 2$ 时，$f(0)$ 可能没有定义，可能有定义但不等于 2，也可能有定义且等于 2，故选项 B，D 可能正确.

因为 $\lim\limits_{x \to 0} f(x) = 2 > 1$，根据函数极限的局部保号性知，在 $x = 0$ 某去心邻域内 $f(x) > 1$，故选项 A 正确.

同理，由 $\lim\limits_{x \to 0} f(x) = 2 > \dfrac{3}{2}$ 知，在 $x = 0$ 某去心邻域内 $f(x) > \dfrac{3}{2}$，故选项 C 正确.

又因为 $\lim\limits_{x \to 0} f(x)$ 存在，所以极限定义知，$f(x)$ 在 $x = 0$ 某去心邻域内一定处处有定义，于是选项 E 错误.

应选 E.

38.【答案】E

【解析】由于 $\lim\limits_{x \to 0} f(x) < \lim\limits_{x \to 0} g(x)$，根据极限的局部保序性知，在 $x = 0$ 某去心邻域内一定有 $f(x) < g(x)$，故选项 A 正确.

由于 $\lim\limits_{x \to 0} f(x) = 2$（存在），根据极限的局部有界性知，$f(x)$ 在 $x = 0$ 某去心邻域内一定有界. 同理，由于 $\lim\limits_{x \to 0} g(x) = \infty$，则 $g(x)$ 在 $x = 0$ 某去心邻域内一定无界，故选项 B、C 正确.

因为 $\lim\limits_{x \to 0} f(x)g(x) = \infty$，所以 $f(x)g(x)$ 在 $x = 0$ 某去心邻域内一定无界，故选项 D 正确.

当 $\lim\limits_{x \to 0} f(x) = 2$ 时，在 $x = 0$ 某去心邻域内 $f(x)$ 可以等于 2. 例如 $f(x) \equiv 2$，显然 $\lim\limits_{x \to 0} f(x) = 2$，

且在 $x=0$ 某去心邻域内 $f(x)=2$,于是选项 E 错误.

应选 E.

39.【答案】C

【解析】由于 $\lim\limits_{x\to+\infty}\dfrac{1-x}{1+x^2}\overset{\frac{\infty}{\infty}}{=}\lim\limits_{x\to+\infty}\dfrac{-x}{x^2}=0$,且 $\cos\dfrac{1}{x}$ 为有界变量,于是

$$\lim\limits_{x\to+\infty}f(x)=\lim\limits_{x\to+\infty}\dfrac{1-x}{1+x^2}\cos\dfrac{1}{x}=0.$$

又 $\lim\limits_{x\to+\infty}g(x)=\lim\limits_{x\to+\infty}x^2\left(1-\cos\dfrac{1}{x}\right)=\lim\limits_{x\to+\infty}x^2\cdot\dfrac{1}{2}\left(\dfrac{1}{x}\right)^2=\dfrac{1}{2}$,所以 $\lim\limits_{x\to+\infty}f(x)<\lim\limits_{x\to+\infty}g(x)$,由函数极限的局部保序性知,当充分大时,$f(x)<g(x)$,应选 C.

40.【答案】A

【解析】由于

$$\lim\limits_{x\to0}f(x)=\lim\limits_{x\to0}\dfrac{\sqrt[3]{1-4x}-1}{2\sin x}=\lim\limits_{x\to0}\dfrac{[1+(-4x)]^{\frac{1}{3}}-1}{2x}=\lim\limits_{x\to0}\dfrac{\dfrac{1}{3}\cdot(-4x)}{2x}=-\dfrac{2}{3},$$

$$\lim\limits_{x\to0}g(x)=\lim\limits_{x\to0}\dfrac{x^3-\tan^3 x}{x^5}=\lim\limits_{x\to0}\dfrac{(x-\tan x)(x^2+x\tan x+\tan^2 x)}{x^5}$$

$$=\lim\limits_{x\to0}\dfrac{-\dfrac{1}{3}x^3(x^2+x\tan x+\tan^2 x)}{x^5}$$

$$=-\dfrac{1}{3}\lim\limits_{x\to0}\dfrac{x^2+x\tan x+\tan^2 x}{x^2}$$

$$=-\dfrac{1}{3}\left(\lim\limits_{x\to0}\dfrac{x^2}{x^2}+\lim\limits_{x\to0}\dfrac{x\tan x}{x^2}+\lim\limits_{x\to0}\dfrac{\tan^2 x}{x^2}\right)$$

$$=-\dfrac{1}{3}(1+1+1)=-1,$$

即 $\lim\limits_{x\to0}f(x)>\lim\limits_{x\to0}g(x)$,于是由函数极限的局部保号性知,在 $x=0$ 的某去心邻域内有 $f(x)>g(x)$,应选 A.

41.【答案】A

【解析】显然 $f(x)$ 的无定义点为 $x=-1,x=0$ 及 $x=1$,根据初等函数连续性性质,知 $f(x)$ 在 $[-2,-1),(-1,0),(0,1),(1,2]$ 上均连续.

又因为

$$\lim\limits_{x\to-1}f(x)=\lim\limits_{x\to-1}\dfrac{\sin\pi x}{x^2(x-1)^2(x+1)}=\dfrac{1}{4}\lim\limits_{x\to-1}\dfrac{\sin\pi x}{x+1}=\dfrac{1}{4}\lim\limits_{x\to-1}(\pi\cos\pi x)=-\dfrac{\pi}{4},$$

$$\lim\limits_{x\to0}f(x)=\lim\limits_{x\to0}\dfrac{\sin\pi x}{x^2(x-1)^2(x+1)}=\lim\limits_{x\to0}\dfrac{\sin\pi x}{x^2}=\lim\limits_{x\to0}\dfrac{\pi x}{x^2}=\infty,$$

$$\lim\limits_{x\to1}f(x)=\lim\limits_{x\to1}\dfrac{\sin\pi x}{x^2(x-1)^2(x+1)}=\dfrac{1}{2}\lim\limits_{x\to1}\dfrac{\sin\pi x}{(x-1)^2}=\dfrac{1}{2}\lim\limits_{x\to1}\dfrac{\pi\cos\pi x}{2(x-1)}=\infty,$$

所以 $f(x)$ 在 $(-1,0),(0,1),(1,2),(0,2)$ 内均无界，$f(x)$ 在 $(-2,-1)$ 内有界，应选 A.

42. 【答案】C

【解析】本题重点考查极限四则运算的相关性质，内容详见本题【小课堂】.

对于选项 A，当 $\lim\limits_{x \to x_0}[f(x)+g(x)]$ 存在时，根据【小课堂】中第（1）（3）条，知 $\lim\limits_{x \to x_0} f(x)$ 与 $\lim\limits_{x \to x_0} g(x)$ 可能均存在，也可能均不存在，于是不一定有

$$\lim_{x \to x_0}[f(x)+g(x)] = \lim_{x \to x_0} f(x) + \lim_{x \to x_0} g(x),$$

故选项 A 错误.

对于选项 B，当 $\lim\limits_{x \to x_0} f(x)g(x)$ 存在时，根据【小课堂】中第（4）（5）（6）条，知 $\lim\limits_{x \to x_0} f(x)$ 与 $\lim\limits_{x \to x_0} g(x)$ 均是有可能存在，也有可能不存在，于是不一定有

$$\lim_{x \to x_0} f(x)g(x) = \lim_{x \to x_0} f(x) \lim_{x \to x_0} g(x),$$

故选项 B 错误.

对于选项 D、E，若 $\lim\limits_{x \to x_0} f(x)g(x)$ 与 $\lim\limits_{x \to x_0} f(x)$ 都存在，根据【小课堂】中第（4）（5）条，知 $\lim\limits_{x \to x_0} g(x)$ 可能均存在，也可能均不存在，故选项 D、E 错误.

对于选项 C，可用反证法. 假设 $\lim\limits_{x \to x_0} g(x)$ 不存在，因为 $\lim\limits_{x \to x_0} f(x)$ 存在，根据极限四则运算性质知，$\lim\limits_{x \to x_0}[f(x)+g(x)]$ 一定不存在，与题设矛盾，于是 $\lim\limits_{x \to x_0} g(x)$ 存在，故应选 C.

小课堂

关于函数极限四则运算的几个重点性质的总结如下：

（1）若 $\lim g(x)$ 存在，$\lim f(x)$ 存在，则 $\lim[f(x) \pm g(x)]$ 必存在.

（2）若 $\lim g(x)$ 存在，$\lim f(x)$ 不存在，则 $\lim[f(x) \pm g(x)]$ 必不存在.

（3）若 $\lim g(x)$ 不存在，$\lim f(x)$ 不存在，则 $\lim[f(x) \pm g(x)]$ 无法确定存在性.

（4）若 $\lim g(x)$ 存在，$\lim f(x)$ 存在，则 $\lim[f(x) \cdot g(x)]$ 存在.

（5）若 $\lim g(x)$ 存在，$\lim f(x)$ 不存在，则 $\lim[f(x) \cdot g(x)]$ 无法确定存在性.

（6）若 $\lim g(x)$ 不存在，$\lim f(x)$ 不存在，则 $\lim[f(x) \cdot g(x)]$ 无法确定存在性.

数列极限也有类似上面的六条结论.

43. 【答案】D

【解析】由于

$$x_n = \frac{1}{2}\big[(x_n+y_n)+(x_n-y_n)\big] \text{（不存在）},$$

$$y_n = \frac{1}{2}\big[(x_n+y_n)-(x_n-y_n)\big] \text{（不存在）},$$

根据极限四则运算性质（见上题的小课堂部分）知，若 $\lim\limits_{n \to \infty}(x_n+y_n)$ 存在时，则 $\lim\limits_{n \to \infty}(x_n-y_n)$ 必不存在；若 $\lim\limits_{n \to \infty}(x_n-y_n)$ 存在时，则 $\lim\limits_{n \to \infty}(x_n+y_n)$ 必不存在，即 $\lim\limits_{n \to \infty}(x_n+y_n)$ 与 $\lim\limits_{n \to \infty}(x_n-y_n)$ 中只要

有一个存在，另一个必定不存在，故应选 D.

对于选项 A，若取 $x_n = n, y_n = n$，显然 $\lim\limits_{n\to\infty}(x_n + y_n)$ 不存在，但 $\lim\limits_{n\to\infty}(x_n - y_n) = 0$（存在），故 A 错误.

44.【答案】D

　　【解析】记 $x_n = f(n)$.

对于选项 A，由 $\lim\limits_{n\to\infty} x_{2n} = \lim\limits_{n\to\infty}\left(\dfrac{1}{2n} - 1\right) = -1$，$\lim\limits_{n\to\infty} x_{2n+1} = \lim\limits_{n\to\infty}\left(\dfrac{1}{2n+1} + 1\right) = 1$，可知该数列 $\{x_n\}$ 发散.

对于选项 B，由 $\lim\limits_{n\to\infty} x_{2n} = \lim\limits_{n\to\infty}\dfrac{1 - 3^{2n}}{3^{2n}} = -1$，$\lim\limits_{n\to\infty} x_{2n+1} = \lim\limits_{n\to\infty}\dfrac{1 + 3^{2n+1}}{3^{2n+1}} = 1$，可知该数列 $\{x_n\}$ 发散.

对于选项 C，由 $\lim\limits_{n\to\infty} x_{2n} = \lim\limits_{n\to\infty}\left[-\dfrac{3(2n)^2}{(2n)^2 + 1}\right] = -3$，$\lim\limits_{n\to\infty} x_{2n+1} = \lim\limits_{n\to\infty}\dfrac{3(2n+1)^2}{(2n+1)^2 + 1} = 3$，可知该数列 $\{x_n\}$ 发散.

对于选项 D，由 $\lim\limits_{n\to\infty} x_{2n} = \lim\limits_{n\to\infty}\dfrac{1}{2n - 1} = 0$，$\lim\limits_{n\to\infty} x_{2n+1} = \lim\limits_{n\to\infty}\dfrac{1}{2(2n+1)} = 0$，可知该数列 $\{x_n\}$ 收敛.

对于选项 E，由 $\lim\limits_{n\to\infty} x_{2n} = \lim\limits_{n\to\infty}\dfrac{1 - 2n}{2n} = -1$，$\lim\limits_{n\to\infty} x_{2n+1} = \lim\limits_{n\to\infty}\dfrac{(2n+1) + 1}{2n + 1} = 1$，可知该数列 $\{x_n\}$ 发散.

应选 D.

小课堂

　　本题重点考察定理：$\lim\limits_{n\to\infty} x_n = A \Longleftrightarrow \lim\limits_{n\to\infty} x_{2n} = \lim\limits_{n\to\infty} x_{2n+1} = A$.

题组 B·强化通关题

45.【答案】E

　　【解析】显然 $\lim\limits_{x\to 0}[x + \ln(1 - x) + e^x]^{\frac{1}{x}}$ 为"1^∞"型未定式极限，故

$$a = \lim\limits_{x\to 0}[x + \ln(1 - x) + e^x]^{\frac{1}{x}} = e^{\lim\limits_{x\to 0}\frac{1}{x}[x + \ln(1-x) + e^x - 1]}$$

$$= e^{\lim\limits_{x\to 0}\frac{x}{x} + \lim\limits_{x\to 0}\frac{\ln(1-x)}{x} + \lim\limits_{x\to 0}\frac{e^x - 1}{x}}$$

$$= e^{1 + \lim\limits_{x\to 0}\frac{-x}{x} + \lim\limits_{x\to 0}\frac{x}{x}}$$

$$= e.$$

由于 $\lim\limits_{x\to 0} f(x)$ 与 $f(0)$ 无关，若补充定义 $f(0)$ 的值，$f(0)$ 可能为任何结果，故 A 与 B 可能成立.

由于 $\lim\limits_{x\to 0} f(x) = e > 2$，根据极限的局部保号性，在 $x = 0$ 的某去心邻域内 $f(x) > 2$，故 C 正确.

高等数学篇

由于 $\lim\limits_{x \to 0} f(x) = e < 3$，根据极限的局部保号性，在 $x = 0$ 的某去心邻域内 $f(x) < 3$，故 D 正确.

由于 $\lim\limits_{x \to 0} f(x) = e > \dfrac{3}{2}$，根据极限的局部保号性，在 $x = 0$ 的某去心邻域内 $f(x) > \dfrac{3}{2}$，故 E 错误.

应选 E.

46.【答案】D

【解析】本题重点考查夹逼准则，数列形式下的夹逼准则可表述为：若数列 $\{x_n\}$，$\{y_n\}$，$\{z_n\}$ 满足 $x_n \leqslant y_n \leqslant z_n$，且 $\lim\limits_{n \to \infty} x_n = \lim\limits_{n \to \infty} z_n = A$，则 $\lim\limits_{n \to \infty} y_n = A$. 但根据极限的四则运算性质知，本题设条件中 $\lim\limits_{n \to \infty} (z_n - x_n) = 0$ 并不等价于 $\lim\limits_{n \to \infty} x_n = \lim\limits_{n \to \infty} z_n$.

若取 $x_n = \dfrac{1}{n} - \dfrac{1}{n^2}$，$y_n = \dfrac{1}{n}$，$z_n = \dfrac{1}{n} + \dfrac{1}{n^2}$，满足题意，此时 $\lim\limits_{n \to \infty} y_n = 0$（存在）.

若取 $x_n = n - \dfrac{1}{n}$，$y_n = n$，$z_n = n + \dfrac{1}{n}$，满足题意，但此时 $\lim\limits_{n \to \infty} y_n = \infty$（不存在）.

于是，$\lim\limits_{n \to \infty} y_n$ 的极限存在性无法判定，应选 D.

47.【答案】D

【解析】（充分性）若取 $x_n = n$，则 $\lim\limits_{n \to \infty} \dfrac{x_{n+1}}{x_n} = 1$，满足题意，但数列 $\{x_n\}$ 发散.

（必要性）若取 $x_n = \left(\dfrac{1}{2}\right)^n$，满足数列 $\{x_n\}$ 收敛，但 $\lim\limits_{n \to \infty} \dfrac{x_{n+1}}{x_n} = \dfrac{1}{2} \neq 1$.

综上所述，"$\lim\limits_{n \to \infty} \dfrac{x_{n+1}}{x_n} = 1$" 是 "$\{x_n\}$ 收敛" 的既非充分也非必要条件，应选 D.

48.【答案】A

【解析】若取 $x_n = \dfrac{1}{n}$，$y_n = \dfrac{1}{n}$，满足 $\lim\limits_{n \to \infty} x_n y_n = 0$，且 $\lim\limits_{n \to \infty} x_n$ 为无穷小量，但 $\lim\limits_{n \to \infty} y_n$ 不为无穷大量，故①错误.

若取 $x_n = \dfrac{1}{n^2}$，$y_n = n$，满足 $\lim\limits_{n \to \infty} x_n y_n = 0$，且 $\{x_n\}$ 收敛，但 $\{y_n\}$ 发散，故②错误.

若取 $x_n = \dfrac{1}{n^2}$，$y_n = n$，满足 $\lim\limits_{n \to \infty} x_n y_n = 0$，且 $\lim\limits_{n \to \infty} x_n$ 为无穷小量，但 $\lim\limits_{n \to \infty} y_n$ 不为无穷小量，故③错误.

若取 $x_n = n$，$y_n = \dfrac{1}{n^2}$，满足 $\lim\limits_{n \to \infty} x_n y_n = 0$，且 $\{x_n\}$ 发散，但 $\{y_n\}$ 收敛，故④错误.

应选 A.

49.【答案】B

【解析】由题设知，数列 $\{x_n\}$ 收敛，不妨设 $\lim\limits_{n \to \infty} x_n = A$，

高等数学篇

对于①,由于 $\lim\limits_{n\to\infty} x_n = A$,则 $\lim\limits_{n\to\infty} \sin x_n = \sin A = 0$,解得 $A = k\pi\ (k\in\mathbf{Z})$,故①不一定正确.

对于②,由 $\lim\limits_{n\to\infty} x_n = A$,知 $\lim\limits_{n\to\infty} \sqrt{|x_n|} = \sqrt{|A|}$,进而 $\lim\limits_{n\to\infty} (x_n + \sqrt{|x_n|}) = A + \sqrt{|A|} = 0$,解得 $A = 0$ 或 -1,故②不一定正确.

对于③,由 $\lim\limits_{n\to\infty} x_n = A$,知 $\lim\limits_{n\to\infty} x_n^2 = A^2$,进而 $\lim\limits_{n\to\infty} (x_n + x_n^2) = A + A^2 = 0$,解得 $A = 0$ 或 -1,故③不一定正确.

对于④,由 $\lim\limits_{n\to\infty} x_n = A$,知 $\lim\limits_{n\to\infty} \sin x_n = \sin A$,进而 $\lim\limits_{n\to\infty} (x_n + \sin x_n) = A + \sin A = 0$,即 $\sin A = -A$,解得 $A = 0$,故④正确.

应选 B.

小课堂

本题中应用到以下几个重要定理:

(1) 设函数 $f(x)$ 在区间 I 上连续,若数列 $\{x_n\}$ 收敛于 I 内一点 A,则数列 $\{f(x_n)\}$ 收敛于 $f(A)$,即若 $\lim\limits_{n\to\infty} x_n = A$,则 $\lim\limits_{n\to\infty} f(x_n) = f(A)$.

(2) 若 $\lim\limits_{n\to\infty} x_n = A$,则 $\lim\limits_{n\to\infty} |x_n| = |A|$,但反之却未必成立.

(3) $\lim\limits_{n\to\infty} x_n = 0 \Leftrightarrow \lim\limits_{n\to\infty} |x_n| = 0$.

50.【答案】 A

【解析】 若 $\{a_n\}$ 收敛,即 $\lim\limits_{n\to\infty} a_n$ 存在,不妨设 $\lim\limits_{n\to\infty} a_n = A$.因为 $\cos x$ 与 $\arctan x$ 均为连续函数,所以当 $\lim\limits_{n\to\infty} a_n = A$ 时,有 $\lim\limits_{n\to\infty} \cos a_n = \cos A$,$\lim\limits_{n\to\infty} \arctan a_n = \arctan A$,即 $\{\cos a_n\}$ 与 $\{\arctan a_n\}$ 均收敛,故①③均正确.

若取 $a_n = (-1)^n$,则 $\cos a_n = \cos 1$,显然 $\{\cos a_n\}$ 收敛,但 $\{a_n\}$ 发散,故②错误.

若取 $a_n = n$,则 $\lim\limits_{n\to\infty} \arctan a_n = \lim\limits_{n\to\infty} \arctan n = \dfrac{\pi}{2}$,显然 $\{\arctan a_n\}$ 收敛,但 $\{a_n\}$ 发散,故④错误.

应选 A.

51.【答案】 B

【解析】 对于①,$\{a_n\}$ 收敛的充要条件为子数列 $\{a_{2n}\}$ 和 $\{a_{2n+1}\}$ 均收敛,且收敛于同一个值,即 $\lim\limits_{n\to\infty} a_n = A \Leftrightarrow \lim\limits_{n\to\infty} a_{2n} = \lim\limits_{n\to\infty} a_{2n+1} = A$.①中未说明 $\{a_{2n}\}$ 与 $\{a_{2n+1}\}$ 收敛于同一个值,故①错误,例如数列 $1, 0, 1, 0, \cdots$,其中 $\{a_{2n}\}$ 和 $\{a_{2n+1}\}$ 均收敛,但是 $\{a_n\}$ 却是发散的.

对于②,若取 $a_n = \begin{cases} 1, & n \text{ 为奇数}, \\ 0, & n \text{ 为偶数}, \end{cases}$ $b_n = \begin{cases} 0, & n \text{ 为奇数}, \\ 1, & n \text{ 为偶数}, \end{cases}$ 显然 $\lim\limits_{n\to\infty} a_n b_n = 0$,但 $\lim\limits_{n\to\infty} a_n$ 与 $\lim\limits_{n\to\infty} b_n$ 均不存在,故②错误.

对于③,因为 $\{S_n\}$ 为有界数列,所以存在正数 M,使得所有 S_n 满足 $|S_n| \le M$,于是

$$|a_n| = |S_n - S_{n-1}| \le |S_n| + |S_{n-1}| \le 2M,$$

即 $\{a_n\}$ 也为有界数列,故③正确.

对于④,若数列 $\{a_n\}$ 收敛,不妨设 $\lim\limits_{n\to\infty}a_n=A$,则 $\lim\limits_{n\to\infty}|a_n|=|A|$,即数列 $\{|a_n|\}$ 收敛,但反之却不一定成立,例如 $a_n=(-1)^n$,显然 $\lim\limits_{n\to\infty}|a_n|=1$,但 $\lim\limits_{n\to\infty}a_n$ 不存在.

应选 B.

1.4 函数极限计算

题组 A · 基础通关题

52.【答案】D

【解析】当 $x\to 0$ 时,有

$$\sqrt{1-x}-1=\left[1+(-x)\right]^{\frac{1}{2}}-1\sim-\frac{1}{2}x,\quad e^{-x^2}-1\sim-x^2,\quad \arctan^2 x\sim x^2,\quad \ln(1+x)\sim x.$$

于是 $\lim\limits_{x\to 0}\dfrac{(\sqrt{1-x}-1)(e^{-x^2}-1)}{\arctan^2 x\ln(1+x)}=\lim\limits_{x\to 0}\dfrac{\left(-\dfrac{1}{2}x\right)(-x^2)}{x^2\cdot x}=\dfrac{1}{2}$,应选 D.

53.【答案】D

【解析】$\lim\limits_{x\to 0}\dfrac{e^x-e^{-x}-2x}{x-\sin x}\xlongequal{\text{洛}}\lim\limits_{x\to 0}\dfrac{e^x-e^{-x}-2x}{\dfrac{1}{6}x^3}\xlongequal{\text{洛}}\lim\limits_{x\to 0}\dfrac{e^x+e^{-x}-2}{\dfrac{1}{2}x^2}$

$\xlongequal{\text{洛}}\lim\limits_{x\to 0}\dfrac{e^x-e^{-x}}{x}\xlongequal{\text{洛}}\lim\limits_{x\to 0}(e^x+e^{-x})=2,$

应选 D.

54.【答案】C

【解析】$\lim\limits_{x\to 0}\dfrac{1-\cos\sqrt{\tan x-\sin x}}{\sqrt[3]{1+x^3}-1}=\lim\limits_{x\to 0}\dfrac{\dfrac{1}{2}(\tan x-\sin x)}{\dfrac{1}{3}x^3}$

$=\dfrac{3}{2}\lim\limits_{x\to 0}\dfrac{\tan x-x+x-\sin x}{x^3}$

$=\dfrac{3}{2}\lim\limits_{x\to 0}\dfrac{\dfrac{1}{3}x^3+\dfrac{1}{6}x^3}{x^3}=\dfrac{3}{4},$

应选 C.

55.【答案】E

【解析】$\lim\limits_{x\to 0}\dfrac{x^2-\sin^2 x}{x^2-\tan^2 x}=\lim\limits_{x\to 0}\dfrac{(x-\sin x)(x+\sin x)}{(x-\tan x)(x+\tan x)}=\lim\limits_{x\to 0}\dfrac{\dfrac{1}{6}x^3\cdot 2x}{-\dfrac{1}{3}x^3\cdot 2x}=-\dfrac{1}{2}$,应选 E.

56.【答案】B

【解析】当 $x \to 0$ 时,有

$$\arcsin x - \sin x = \arcsin x - x + x - \sin x \sim \frac{1}{6}x^3 + \frac{1}{6}x^3 = \frac{1}{3}x^3,$$

$$\sqrt[3]{1+x^2} - 1 = (1+x^2)^{\frac{1}{3}} - 1 \sim \frac{1}{3}x^2, \sqrt{1+\sin x} - 1 = (1+\sin x)^{\frac{1}{2}} - 1 \sim \frac{1}{2}\sin x \sim \frac{1}{2}x.$$

于是,$\lim\limits_{x \to 0} \dfrac{\arcsin x - \sin x}{(\sqrt[3]{1+x^2}-1)(\sqrt{1+\sin x}-1)} = \lim\limits_{x \to 0} \dfrac{\dfrac{1}{3}x^3}{\dfrac{1}{3}x^2 \cdot \dfrac{1}{2}x} = 2$,应选 B.

57.【答案】A

【解析】$\quad \lim\limits_{x \to 0} \dfrac{\sqrt{1+\tan x} - \sqrt{1+\sin x}}{x\sqrt{1+\sin^2 x} - x} = \lim\limits_{x \to 0} \dfrac{\sqrt{1+\tan x} - \sqrt{1+\sin x}}{x(\sqrt{1+\sin^2 x} - 1)}$

$$= \lim\limits_{x \to 0} \dfrac{\sqrt{1+\tan x} - \sqrt{1+\sin x}}{x \cdot [(1+\sin^2 x)^{\frac{1}{2}} - 1]}$$

$$= \lim\limits_{x \to 0} \dfrac{\tan x - \sin x}{x \cdot \dfrac{1}{2}\sin^2 x \cdot (\sqrt{1+\tan x} + \sqrt{1+\sin x})} \quad (\text{分子有理化})$$

$$= \lim\limits_{x \to 0} \dfrac{\tan x - x + x - \sin x}{x \cdot \dfrac{1}{2}\sin^2 x \cdot 2} \quad (\text{非零因子先算})$$

$$= \lim\limits_{x \to 0} \dfrac{\dfrac{1}{3}x^3 + \dfrac{1}{6}x^3}{x^3} = \dfrac{1}{2},$$

应选 A.

58.【答案】E

【解析】原式 $= \lim\limits_{x \to 0} \dfrac{[\tan x - \tan(\tan x)] \cdot x}{\dfrac{1}{2}x^4} = 2\lim\limits_{x \to 0} \dfrac{\tan x - \tan(\tan x)}{x^3}$

$$= 2\lim\limits_{x \to 0} \dfrac{-\dfrac{1}{3}(\tan x)^3}{x^3} = -\dfrac{2}{3}\lim\limits_{x \to 0} \dfrac{x^3}{x^3} = -\dfrac{2}{3},$$

应选 E.

59.【答案】C

【解析】方法一:补项法.

$$\lim\limits_{x \to 0} \dfrac{xe^x - \ln(1+x)}{x^2} = \lim\limits_{x \to 0} \dfrac{xe^x - x + x - \ln(1+x)}{x^2}$$

$$= \lim_{x \to 0} \frac{e^x - 1}{x} + \lim_{x \to 0} \frac{x - \ln(1+x)}{x^2} = \lim_{x \to 0} \frac{x}{x} + \lim_{x \to 0} \frac{\frac{1}{2}x^2}{x^2} = \frac{3}{2}.$$

方法二：洛必达法则.

$$\lim_{x \to 0} \frac{xe^x - \ln(1+x)}{x^2} = \lim_{x \to 0} \frac{e^x + xe^x - \frac{1}{1+x}}{2x} = \lim_{x \to 0} \frac{2e^x + xe^x + \frac{1}{(1+x)^2}}{2} = \frac{3}{2}.$$

应选 C.

60.【答案】A

【解析】$\lim_{x \to 0} \dfrac{1 - (\cos x)^{\sin x}}{x - \sin x} = \lim_{x \to 0} \dfrac{1 - e^{\sin x \cdot \ln \cos x}}{\frac{1}{6}x^3} = -\lim_{x \to 0} \dfrac{e^{\sin x \cdot \ln \cos x} - 1}{\frac{1}{6}x^3}$

$$= -6 \lim_{x \to 0} \frac{\sin x \cdot \ln \cos x}{x^3} = -6 \lim_{x \to 0} \frac{\ln \cos x}{x^2}$$

$$= -6 \lim_{x \to 0} \frac{\cos x - 1}{x^2} = -6 \lim_{x \to 0} \frac{-\frac{1}{2}x^2}{x^2} = 3,$$

应选 A.

61.【答案】B

【解析】$\lim_{x \to 0} \dfrac{(1+x)^x - 1}{x^2} = \lim_{x \to 0} \dfrac{e^{x\ln(1+x)} - 1}{x^2} = \lim_{x \to 0} \dfrac{x\ln(1+x)}{x^2} = \lim_{x \to 0} \dfrac{\ln(1+x)}{x} = 1.$

应选 B.

62.【答案】B

【解析】$\lim_{x \to 0^+} \dfrac{x^{\sin x} - 1}{x^x - 1} = \lim_{x \to 0^+} \dfrac{e^{\sin x \ln x} - 1}{e^{x\ln x} - 1} = \lim_{x \to 0^+} \dfrac{\sin x \ln x}{x \ln x} = \lim_{x \to 0^+} \dfrac{\sin x}{x} = 1$，应选 B.

小课堂

本题涉及一常考极限结论：$\lim_{x \to 0^+} x\ln x = 0$.

63.【答案】D

【解析】原式 $= \lim_{x \to 0} \dfrac{e^{2-2\cos x} \cdot (e^{x^2 - 2 + 2\cos x} - 1)}{x^4} = \lim_{x \to 0} \dfrac{e^{x^2 - 2 + 2\cos x} - 1}{x^4}$

$$= \lim_{x \to 0} \frac{x^2 + 2\cos x - 2}{x^4}$$

$$\overset{洛}{=} \lim_{x \to 0} \frac{2x - 2\sin x}{4x^3} = \lim_{x \to 0} \frac{x - \sin x}{2x^3}$$

$$=\lim_{x\to 0}\frac{\frac{1}{6}x^3}{2x^3}=\frac{1}{12},$$

应选 D.

64.【答案】A

【解析】$\displaystyle\lim_{x\to 0}\frac{\sqrt{1+\ln(\cos x+\sin x)}-1}{\sin x}=\lim_{x\to 0}\frac{\frac{1}{2}\ln(\cos x+\sin x)}{x}$

$$=\lim_{x\to 0}\frac{\frac{1}{2}(\cos x+\sin x-1)}{x}$$

$$=\frac{1}{2}\lim_{x\to 0}\frac{\cos x-1}{x}+\frac{1}{2}\lim_{x\to 0}\frac{\sin x}{x}=0+\frac{1}{2}=\frac{1}{2},$$

应选 A.

65.【答案】E

【解析】**方法一:补项法.**

$$\lim_{x\to 0}\frac{1-\cos x\cos 2x}{x^2}=\lim_{x\to 0}\frac{1-\cos x+\cos x-\cos x\cos 2x}{x^2}$$

$$=\lim_{x\to 0}\frac{1-\cos x}{x^2}+\lim_{x\to 0}\frac{\cos x(1-\cos 2x)}{x^2}$$

$$=\lim_{x\to 0}\frac{\frac{1}{2}x^2}{x^2}+\lim_{x\to 0}\frac{1\cdot\frac{1}{2}(2x)^2}{x^2}=\frac{1}{2}+2=\frac{5}{2}.$$

方法二:洛必达法则.

$$\lim_{x\to 0}\frac{1-\cos x\cos 2x}{x^2}=\lim_{x\to 0}\frac{\sin x\cos 2x+2\cos x\sin 2x}{2x}$$

$$=\lim_{x\to 0}\frac{\sin x\cos 2x}{2x}+\lim_{x\to 0}\frac{2\cos x\sin 2x}{2x}$$

$$=\lim_{x\to 0}\frac{x}{2x}+\lim_{x\to 0}\frac{2\cdot 2x}{2x}=\frac{1}{2}+2=\frac{5}{2}.$$

应选 E.

66.【答案】B

【解析】$\displaystyle\lim_{x\to 0}\frac{e^x-1-x}{[1+(-x)]^{\frac{1}{2}}-\cos\sqrt{x}}$

$$=\lim_{x\to 0}\frac{\left[1+x+\frac{1}{2}x^2+o(x^2)\right]-1-x}{\left[1+\frac{1}{2}(-x)+\frac{\frac{1}{2}\cdot\left(-\frac{1}{2}\right)}{2}(-x)^2+o(x^2)\right]-\left[1-\frac{1}{2}x+\frac{1}{24}x^2+o(x^2)\right]}$$

$$= \lim_{x \to 0} \frac{\frac{1}{2}x^2 + o(x^2)}{-\frac{1}{6}x^2 + o(x^2)} = \lim_{x \to 0} \frac{\frac{1}{2}x^2}{-\frac{1}{6}x^2} = -3,$$

应选 B.

小课堂

注意下面的错误思路：

当 $x \to 0$ 时，$\sqrt{1-x} - \cos\sqrt{x} = \left[(1-x)^{\frac{1}{2}} - 1\right] + (1 - \cos\sqrt{x})$

$$\sim -\frac{1}{2}x + \frac{1}{2}(\sqrt{x})^2 = 0,$$

其中 $\left[(1-x)^{\frac{1}{2}} - 1\right] + (1 - \cos\sqrt{x})$ 不满足等价无穷小量的加减法替换准则.

67.【答案】C

【解析】由于

$$\lim_{x \to 0} \frac{x + \arcsin x}{x + \arctan x} \overset{\frac{0}{0}}{=} \lim_{x \to 0} \frac{x + x}{x + x} = 1,$$

$$\lim_{x \to \infty} \frac{x + \text{arccot}\, x}{x + \arctan x} \overset{\frac{\infty}{\infty}}{=} \lim_{x \to \infty} \frac{1 + \dfrac{1}{x}\text{arccot}\, x}{1 + \dfrac{1}{x}\arctan x} = \frac{1 + 0}{1 + 0} = 1,$$

所以 $\lim\limits_{x \to 0} \dfrac{x + \arcsin x}{x + \arctan x} + \lim\limits_{x \to \infty} \dfrac{x + \text{arccot}\, x}{x + \arctan x} = 2$，应选 C.

68.【答案】C

【解析】本题为"$\dfrac{\infty}{\infty}$"型未定式极限，易错点在于当 $x \to -\infty$ 时，$x < 0$，$\sqrt{x^2} = |x| = -x$，所以这类题目的处理往往可先利用负代换 $x = -t$ 将 $x \to -\infty$ 问题转化为 $t \to +\infty$ 问题.

方法一：分子分母同除以最大项. 令 $x = -t$，则有

$$\text{原式} = \lim_{t \to +\infty} \frac{\sqrt{9t^2 - 3t + 4} + t - \sin t}{\sqrt{t^2 + 1}}$$

$$= \lim_{t \to +\infty} \frac{\dfrac{1}{t}\sqrt{9t^2 - 3t + 4} + 1 - \dfrac{1}{t}\sin t}{\dfrac{1}{t}\sqrt{t^2 + 1}}$$

$$= \lim_{t \to +\infty} \frac{\sqrt{9 - 3 \cdot \dfrac{1}{t} + 4 \cdot \dfrac{1}{t^2}} + 1 - \dfrac{1}{t}\sin t}{\sqrt{1 + \dfrac{1}{t^2}}}$$

$$= \frac{\sqrt{9}+1}{\sqrt{1}} = 4,$$

应选 C.

方法二：抓取最大项. 令 $x = -t$，则有

$$原式 = \lim_{t \to +\infty} \frac{\sqrt{9t^2-3t+4}+t-\sin t}{\sqrt{t^2+1}}$$

$$= \lim_{t \to +\infty} \frac{\sqrt{9t^2}+t}{\sqrt{t^2}} = \lim_{t \to +\infty} \frac{3t+t}{t} = 4,$$

应选 C.

小课堂

本题注意下面的错误解法：

$$\lim_{x \to -\infty} \frac{\sqrt{9x^2+3x+4}-x+\sin x}{\sqrt{x^2+1}} = \lim_{x \to -\infty} \frac{\sqrt{9x^2}-x}{\sqrt{x^2}} = \lim_{x \to -\infty} \frac{3x-x}{x} = 2,$$

错误原因是：当 $x \to -\infty$ 时，$x < 0$，$\sqrt{x^2} = |x| = -x$.

正确思路应该是：

$$\lim_{x \to -\infty} \frac{\sqrt{9x^2+3x+4}-x+\sin x}{\sqrt{x^2+1}} = \lim_{x \to -\infty} \frac{\sqrt{9x^2}-x}{\sqrt{x^2}} = \lim_{x \to -\infty} \frac{-3x-x}{-x} = 4.$$

69.【答案】A

【解析】由于 $\lim\limits_{x \to +\infty} \dfrac{x^2-x+3}{e^x+x^2+4} \overset{\frac{\infty}{\infty}}{=} \lim\limits_{x \to +\infty} \dfrac{x^2}{e^x} = 0$（见小课堂），又 $\arctan \dfrac{1}{x}$，$\sin x$ 均为有界变量，所以

$$\lim_{x \to +\infty} \frac{x^2-x+3}{e^x+x^2+4} \left(\arctan \frac{1}{x} + \sin x \right) = 0,$$ 应选 A.

小课堂

当 $x \to +\infty$ 时，$a^x \gg x^{\alpha} \gg \ln^{\beta} x$，其中 $a>1, \alpha>0, \beta>0$.

于是，本题中 $\lim\limits_{x \to +\infty} \dfrac{x^2}{e^x} = 0$.

70.【答案】C

【解析】当 $x \to \infty$ 时，$\dfrac{2x+1}{x^2+2x+1} \to 0$，则 $\tan \dfrac{2x+1}{x^2+2x+1} \sim \dfrac{2x+1}{x^2+2x+1}$.

于是，$\lim\limits_{x \to \infty} x \tan \dfrac{2x+1}{x^2+2x+1} = \lim\limits_{x \to \infty} \left(x \cdot \dfrac{2x+1}{x^2+2x+1} \right) = \lim\limits_{x \to \infty} \dfrac{2x^2+x}{x^2+2x+1} = 2$，应选 C.

71.【答案】E

【解析】当 $x \to +\infty$ 时，$\dfrac{3}{x} \to 0$，则 $\ln\left(1+\dfrac{3}{x}\right) \sim \dfrac{3}{x}$.

于是，原式 $= \lim\limits_{x \to +\infty} \ln(1+6^x) \cdot \dfrac{3}{x} = 3 \lim\limits_{x \to +\infty} \dfrac{\ln(1+6^x)}{x} = 3 \lim\limits_{x \to +\infty} \dfrac{6^x \ln 6}{1+6^x} = 3\ln 6$，应选 E.

72.【答案】E

【解析】原式 $= \lim\limits_{x \to \infty}\left[x \cdot \sin \ln\left(1+\dfrac{3}{x}\right) \right] + \lim\limits_{x \to \infty} x \sin \dfrac{1}{x}$

$= \lim\limits_{x \to \infty}\left[x \cdot \ln\left(1+\dfrac{3}{x}\right) \right] + \lim\limits_{x \to \infty} x \cdot \dfrac{1}{x}$

$= \lim\limits_{x \to \infty} x \cdot \dfrac{3}{x} + \lim\limits_{x \to \infty} x \cdot \dfrac{1}{x}$

$= 3 + 1 = 4,$

应选 E.

73.【答案】D

【解析】**方法一：**原式 $= \lim\limits_{x \to 0} \dfrac{\ln(1+x)-e^x+1}{(e^x-1)\ln(1+x)} = \lim\limits_{x \to 0} \dfrac{\ln(1+x)-e^x+1}{x^2}$

$= \lim\limits_{x \to 0} \dfrac{\dfrac{1}{1+x}-e^x}{2x} = \lim\limits_{x \to 0} \dfrac{-\dfrac{1}{(1+x)^2}-e^x}{2}$

$= \dfrac{-1-1}{2} = -1,$

应选 D.

方法二：原式 $= \lim\limits_{x \to 0} \dfrac{\ln(1+x)-e^x+1}{(e^x-1)\ln(1+x)} = \lim\limits_{x \to 0} \dfrac{\ln(1+x)-e^x+1}{x^2}$

$= \lim\limits_{x \to 0} \dfrac{\left[x-\dfrac{1}{2}x^2+o(x^2)\right]-\left[1+x+\dfrac{1}{2}x^2+o(x^2)\right]+1}{x^2}$

$= \lim\limits_{x \to 0} \dfrac{-x^2+o(x^2)}{x^2} = -1,$

应选 D.

方法三：原式 $= \lim\limits_{x \to 0} \dfrac{\ln(1+x)-e^x+1}{(e^x-1)\ln(1+x)} = \lim\limits_{x \to 0} \dfrac{\ln(1+x)-e^x+1}{x^2}$

$= \lim\limits_{x \to 0} \dfrac{\left[\ln(1+x)-x\right]-\left[e^x-1-x\right]}{x^2}$

$= \lim\limits_{x \to 0} \dfrac{-\dfrac{1}{2}x^2-\dfrac{1}{2}x^2}{x^2} = -1,$

应选 D.

74.【答案】D

【解析】本题为"1^∞"型未定式极限,于是

$$\lim_{x \to 0}(x^2 + x + e^x)^{\frac{1}{x}} = e^{\lim\limits_{x \to 0}\frac{1}{x}(x^2 + x + e^x - 1)} = e^{\lim\limits_{x \to 0}\frac{x^2 + x + e^x - 1}{x}} = e^{\lim\limits_{x \to 0}\left(x + 1 + \frac{e^x - 1}{x}\right)} = e^2,$$

应选 D.

小课堂

若 $\lim\limits_{x \to \square} u(x)^{v(x)}$ 为"1^∞"型未定式极限,该类极限问题可利用下面的求解公式快

速解题:

$$\lim_{x \to \square} u(x)^{v(x)} \stackrel{1^\infty}{=} e^{\lim\limits_{x \to \square} v(x)[u(x) - 1]}.$$

75.【答案】B

【解析】本题为"1^∞"型未定式极限,于是

$$\lim_{x \to \infty}\left(\frac{2x + 1}{2x + 2}\right)^x = e^{\lim\limits_{x \to \infty} x\left(\frac{2x + 1}{2x + 2} - 1\right)} = e^{\lim\limits_{x \to \infty}\frac{-x}{2x + 2}} = e^{-\frac{1}{2}},$$

应选 B.

76.【答案】B

【解析】本题为"1^∞"型未定式极限,于是

$$\lim_{x \to 0^+}(\cos\sqrt{x})^{\frac{1}{x}} = e^{\lim\limits_{x \to 0^+}\frac{1}{x}(\cos\sqrt{x} - 1)} = e^{\lim\limits_{x \to 0^+}\frac{1}{x}\left(-\frac{1}{2}x\right)} = e^{-\frac{1}{2}},$$

应选 B.

77.【答案】D

【解析】本题为"1^∞"型未定式极限,于是

$$\lim_{x \to 0}(2e^{\frac{x}{1+x}} - 1)^{\frac{x^2+1}{x}} = e^{\lim\limits_{x \to 0}\frac{x^2+1}{x}\left(2e^{\frac{x}{1+x}} - 2\right)} = e^{2\lim\limits_{x \to 0}\frac{x^2+1}{x}\left(e^{\frac{x}{1+x}} - 1\right)} = e^{2\lim\limits_{x \to 0}\left(\frac{x^2+1}{x} \cdot \frac{x}{1+x}\right)} = e^{2\lim\limits_{x \to 0}\frac{x^2+1}{x+1}} = e^2,$$

应选 D.

78.【答案】D

【解析】本题为"1^∞"型未定式极限,于是

$$\lim_{x \to 0}\left(\frac{1 + \tan x}{1 + \sin x}\right)^{\frac{1}{\tan^3 x}} = e^{\lim\limits_{x \to 0}\frac{1}{\tan^3 x}\left(\frac{1 + \tan x}{1 + \sin x} - 1\right)} = e^{\lim\limits_{x \to 0}\frac{\tan x - \sin x}{\tan^3 x \cdot (1 + \sin x)}}$$

$$= e^{\lim\limits_{x \to 0}\frac{\tan x - x + x - \sin x}{x^3 \cdot (1 + \sin x)}} = e^{\lim\limits_{x \to 0}\frac{\frac{1}{3}x^3 + \frac{1}{6}x^3}{x^3}} = e^{\frac{1}{2}},$$

应选 D.

79.【答案】B

【解析】本题为"1^∞"型未定式极限,于是

$$\lim_{x \to 0}\left[\frac{\ln(1+x)}{x}\right]^{\frac{1}{\arctan x}} = e^{\lim\limits_{x \to 0}\frac{1}{\arctan x}\left[\frac{\ln(1+x)}{x}-1\right]}$$

$$= e^{\lim\limits_{x \to 0}\frac{\ln(1+x)-x}{\arctan x \cdot x}} = e^{\lim\limits_{x \to 0}\frac{-\frac{1}{2}x^2}{x \cdot x}} = e^{-\frac{1}{2}},$$

应选 B.

80.【答案】C

【解析】本题为"1^{∞}"型未定式极限，于是

$$\lim_{x \to \infty}\left(\sin\frac{1}{x}+\cos\frac{1}{x}\right)^{x} = e^{\lim\limits_{x \to \infty} x\left(\sin\frac{1}{x}+\cos\frac{1}{x}-1\right)} = e^{\lim\limits_{x \to \infty}\left(x \cdot \sin\frac{1}{x}\right) + \lim\limits_{x \to \infty} x\left(\cos\frac{1}{x}-1\right)}$$

$$= e^{\lim\limits_{x \to \infty} x \cdot \frac{1}{x} - \lim\limits_{x \to \infty} x \cdot \frac{1}{2}\left(\frac{1}{x}\right)^2} = e^{1-0} = e,$$

应选 C.

81.【答案】B

【解析】**方法一**：本题为"1^{∞}"型未定式极限，于是

$$\lim_{x \to 0}\left(\frac{e^x+e^{2x}+\cdots+e^{nx}}{n}\right)^{\frac{1}{x}} = e^{\lim\limits_{x \to 0}\frac{1}{x}\cdot\left(\frac{e^x+e^{2x}+\cdots+e^{nx}}{n}-1\right)} = e^{\lim\limits_{x \to 0}\frac{e^x+e^{2x}+\cdots+e^{nx}-n}{nx}}$$

$$\overset{洛}{=} e^{\lim\limits_{x \to 0}\frac{e^x+2e^{2x}+\cdots+ne^{nx}}{n}} = e^{\frac{1+2+\cdots+n}{n}} = e^{\frac{n+1}{2}},$$

应选 B.

方法二：本题为"1^{∞}"型未定式极限，于是

$$\lim_{x \to 0}\left(\frac{e^x+e^{2x}+\cdots+e^{nx}}{n}\right)^{\frac{1}{x}} = e^{\lim\limits_{x \to 0}\frac{1}{x}\cdot\left(\frac{e^x+e^{2x}+\cdots+e^{nx}}{n}-1\right)} = e^{\lim\limits_{x \to 0}\frac{e^x+e^{2x}+\cdots+e^{nx}-n}{nx}}$$

$$= e^{\frac{1}{n}\lim\limits_{x \to 0}\frac{e^x-1+e^{2x}-1+\cdots+e^{nx}-1}{x}}$$

$$= e^{\frac{1}{n}\lim\limits_{x \to 0}\frac{e^x-1}{x} + \lim\limits_{x \to 0}\frac{e^{2x}-1}{x} + \cdots + \lim\limits_{x \to 0}\frac{e^{nx}-1}{x}}$$

$$= e^{\frac{1}{n}(1+2+\cdots+n)} = e^{\frac{n+1}{2}},$$

应选 B.

82.【答案】C

【解析】本题为"1^{∞}"型未定式极限，于是 $\lim\limits_{x \to 0}\left[\tan\left(\frac{\pi}{4}-x\right)\right]^{\cot x} = e^{\lim\limits_{x \to 0}\cot x\left[\tan\left(\frac{\pi}{4}-x\right)-1\right]}$.

又

$$\lim_{x \to 0}\cot x\left[\tan\left(\frac{\pi}{4}-x\right)-1\right] = \lim_{x \to 0}\frac{\cos x}{\sin x}\left[\tan\left(\frac{\pi}{4}-x\right)-1\right] = \lim_{x \to 0}\frac{\tan\left(\frac{\pi}{4}-x\right)-1}{x}$$

$$\overset{洛}{=} -\lim_{x \to 0}\sec^2\left(\frac{\pi}{4}-x\right) = -\lim_{x \to 0}\sec^2\frac{\pi}{4} = -2,$$

所以 $\lim\limits_{x \to 0}\left[\tan\left(\frac{\pi}{4}-x\right)\right]^{\cot x} = e^{-2}$，故应选 C.

83.【答案】A

【解析】方法一: 本题为"1^∞"型未定式极限,于是

$$原式 = e^{\lim\limits_{x \to 0} \frac{1}{x^4}(\cos 2x + 2x\sin x - 1)} = e^{\lim\limits_{x \to 0} \frac{\left[1 - \frac{1}{2}(2x)^2 + \frac{1}{24}(2x)^4 + o(x^4)\right] + 2x\left[x - \frac{1}{6}x^3 + o(x^3)\right] - 1}{x^4}}$$

$$= e^{\lim\limits_{x \to 0} \frac{\frac{1}{3}x^4 + o(x^4)}{x^4}} = e^{\lim\limits_{x \to 0} \frac{\frac{1}{3}x^4}{x^4}} = e^{\frac{1}{3}},$$

应选 A.

方法二: 本题为"1^∞"型未定式极限,于是

$$\lim\limits_{x \to 0}(\cos 2x + 2x\sin x)^{\frac{1}{x^4}} = e^{\lim\limits_{x \to 0} \frac{1}{x^4}(\cos 2x + 2x\sin x - 1)} = e^{\lim\limits_{x \to 0} \frac{\cos 2x + 2x\sin x - 1}{x^4}}$$

$$= e^{\lim\limits_{x \to 0} \frac{2x\sin x - 2\sin^2 x}{x^4}} \qquad (二倍角公式 \cos 2x - 1 = -2\sin^2 x)$$

$$= e^{\lim\limits_{x \to 0} \frac{2(x - \sin x)\sin x}{x^4}}$$

$$= e^{\lim\limits_{x \to 0} \frac{\frac{1}{3}x^3 \cdot x}{x^4}} = e^{\frac{1}{3}},$$

应选 A.

84.【答案】C

【解析】 对于①,当 $0 < a < 1$ 时,$\lim\limits_{x \to +\infty} a^x = 0$,于是 $\lim\limits_{x \to +\infty} \frac{a^x - 1}{a^x + 1} = \frac{0 - 1}{0 + 1} = -1$,故①错误.

对于②,当 $a > 1$ 时,$\lim\limits_{x \to +\infty} a^x = +\infty$,于是 $\lim\limits_{x \to +\infty} \frac{a^x - 1}{a^x + 1} = 1$,故②正确.

对于③,当 $a > 0$ 时,$\lim\limits_{x \to +\infty} e^{ax} = +\infty$,于是 $\lim\limits_{x \to +\infty} \frac{e^{ax} - 1}{e^{ax} + 1} = 1$,故③正确.

对于④,当 $a < 0$ 时,$\lim\limits_{x \to +\infty} e^{ax} = 0$,于是 $\lim\limits_{x \to +\infty} \frac{e^{ax} - 1}{e^{ax} + 1} = \frac{0 - 1}{0 + 1} = -1$,故④错误.

应选 C.

85.【答案】D

【解析】 对于①、③,当 $x \to 0^+$ 时,$\frac{1}{x} \to +\infty$,$-\frac{1}{x} \to -\infty$,于是

$$\lim\limits_{x \to 0^+} e^{\frac{1}{x}} = +\infty, \quad \lim\limits_{x \to 0^+} e^{-\frac{1}{x}} = 0,$$

进而 $\lim\limits_{x \to 0^+} \frac{e^{\frac{1}{x}} + 1}{e^{\frac{1}{x}} - 1} = 1$,$\lim\limits_{x \to 0^+} \frac{e^{-\frac{1}{x}} + 1}{e^{-\frac{1}{x}} - 1} = \frac{0 + 1}{0 - 1} = -1$,故①正确,③错误.

对于②、④,当 $x \to 0^-$ 时,$\frac{1}{x} \to -\infty$,$-\frac{1}{x} \to +\infty$,于是

$$\lim\limits_{x \to 0^-} e^{\frac{1}{x}} = 0, \quad \lim\limits_{x \to 0^-} e^{-\frac{1}{x}} = +\infty,$$

进而 $\lim\limits_{x \to 0^-} \frac{e^{\frac{1}{x}}}{e^{\frac{1}{x}} + 1} = 0$,$\lim\limits_{x \to 0^-} \frac{e^{-\frac{1}{x}}}{e^{-\frac{1}{x}} + 1} = 1$,故②、④正确.

应选 D.

86.【答案】A

【解析】由于

$$\lim_{x \to +\infty} \frac{ax + 2|x|}{bx - |x|} \arctan x = \lim_{x \to +\infty} \frac{ax + 2x}{bx - x} \arctan x = \frac{\pi}{2} \cdot \frac{a+2}{b-1} = -\frac{\pi}{2},$$

$$\lim_{x \to -\infty} \frac{ax + 2|x|}{bx - |x|} \arctan x = \lim_{x \to -\infty} \frac{ax - 2x}{bx + x} \arctan x = -\frac{\pi}{2} \cdot \frac{a-2}{b+1} = -\frac{\pi}{2},$$

整理得 $\dfrac{a+2}{b-1} = -1$，$\dfrac{a-2}{b+1} = 1$，于是解得 $a = 1, b = -2$，应选 A.

题组 B · 强化通关题

87.【答案】C

【解析】$\displaystyle \lim_{x \to 0} \frac{1 - \cos x}{\sqrt{1 + x\sin x} - \sqrt{\cos x}} = \lim_{x \to 0} \frac{\frac{1}{2}x^2}{\sqrt{1 + x\sin x} - \sqrt{\cos x}}$

$$= \frac{1}{2} \lim_{x \to 0} \frac{x^2 \left(\sqrt{1 + x\sin x} + \sqrt{\cos x} \right)}{1 - \cos x + x\sin x}$$

$$= \frac{1}{2} \lim_{x \to 0} \frac{x^2 \cdot 2}{1 - \cos x + x\sin x} \quad (\text{非零因子先算})$$

$$= \lim_{x \to 0} \frac{x^2}{\frac{1}{2}x^2 + x^2} = \frac{2}{3},$$

应选 C.

88.【答案】B

【解析】$\displaystyle \lim_{x \to 0} \frac{\sqrt{\cos x} - \sqrt[3]{\cos x}}{\ln^2(1 + x)} = \lim_{x \to 0} \frac{\sqrt{\cos x} - \sqrt[3]{\cos x}}{x^2}$

$$= \lim_{x \to 0} \frac{(\sqrt{\cos x} - 1) + (1 - \sqrt[3]{\cos x})}{x^2}$$

$$= \lim_{x \to 0} \frac{\sqrt{\cos x} - 1}{x^2} + \lim_{x \to 0} \frac{1 - \sqrt[3]{\cos x}}{x^2}$$

$$= \lim_{x \to 0} \frac{-\frac{1}{2} \cdot \frac{1}{2}x^2}{x^2} + \lim_{x \to 0} \frac{\frac{1}{3} \cdot \frac{1}{2}x^2}{x^2}$$

$$= -\frac{1}{4} + \frac{1}{6} = -\frac{1}{12},$$

应选 B.

小课堂

本题解析用到重要的等价无穷小量替换公式:

当 $x\to 0$ 时, $1-\sqrt[n]{\cos x}\sim\dfrac{1}{2n}x^2$(其中 n 为正整数).

89.【答案】C

【解析】方法一: 令 $x=\dfrac{1}{t}$,则有

$$\text{原式}=\lim_{t\to 0}\left(\sqrt[3]{\dfrac{1}{t^3}+1}-\dfrac{1}{t}e^t\right)=\lim_{t\to 0}\left(\dfrac{\sqrt[3]{1+t^3}}{t}-\dfrac{1}{t}e^t\right)$$

$$=\lim_{t\to 0}\dfrac{\sqrt[3]{1+t^3}-e^t}{t}=\lim_{t\to 0}\dfrac{(\sqrt[3]{1+t^3}-1)-(e^t-1)}{t}$$

$$=\lim_{t\to 0}\dfrac{\sqrt[3]{1+t^3}-1}{t}-\lim_{t\to 0}\dfrac{e^t-1}{t}$$

$$=\lim_{t\to 0}\dfrac{\dfrac{1}{3}t^3}{t}-\lim_{t\to 0}\dfrac{t}{t}$$

$$=0-1=-1,$$

应选 C.

方法二: $\text{原式}=\lim_{x\to\infty}\left(x\sqrt[3]{1+\dfrac{1}{x^3}}-xe^{\frac{1}{x}}\right)=\lim_{x\to\infty}x\left(\sqrt[3]{1+\dfrac{1}{x^3}}-e^{\frac{1}{x}}\right)$

$$=\lim_{x\to\infty}x\left(\sqrt[3]{1+\dfrac{1}{x^3}}-1\right)-\lim_{x\to\infty}x(e^{\frac{1}{x}}-1)$$

$$=\lim_{x\to\infty}\left(x\cdot\dfrac{1}{3}\dfrac{1}{x^3}\right)-\lim_{x\to\infty}x\cdot\dfrac{1}{x}$$

$$=0-1=-1,$$

应选 C.

90.【答案】C

【解析】 $\lim_{x\to 0}\dfrac{1}{x^3}\left[\left(\dfrac{2+\cos x}{3}\right)^x-1\right]=\lim_{x\to 0}\dfrac{e^{x\ln\frac{2+\cos x}{3}}-1}{x^3}$

$$=\lim_{x\to 0}\dfrac{x\ln\dfrac{2+\cos x}{3}}{x^3}=\lim_{x\to 0}\dfrac{\ln\left(1+\dfrac{\cos x-1}{3}\right)}{x^2}$$

$$=\lim_{x\to 0}\dfrac{\dfrac{\cos x-1}{3}}{x^2}=\lim_{x\to 0}\dfrac{-\dfrac{1}{2}x^2}{3x^2}=-\dfrac{1}{6},$$

应选 C.

91.【答案】B

【解析】$\lim\limits_{x \to 0} \dfrac{\int_0^{\sin^2 x} \ln(1+t)\,\mathrm{d}t}{\sqrt[4]{1-x^4}-1} = \lim\limits_{x \to 0} \dfrac{\int_0^{\sin^2 x} \ln(1+t)\,\mathrm{d}t}{-\dfrac{1}{4}x^4}$

$\qquad\qquad = \lim\limits_{x \to 0} \dfrac{2\sin x \cos x \ln(1+\sin^2 x)}{-x^3}$

$\qquad\qquad = \lim\limits_{x \to 0} \dfrac{2x \cdot 1 \cdot \sin^2 x}{-x^3} = -2,$

应选 B.

92.【答案】D

【解析】因为 $\int_1^x \sin(xt)\,\mathrm{d}t \xlongequal{\text{令 } xt=u} \int_x^{x^2} \sin u \,\mathrm{d}\dfrac{u}{x} = \dfrac{1}{x}\int_x^{x^2}\sin u\,\mathrm{d}u$，所以

$\qquad \lim\limits_{x \to 0} \dfrac{\int_1^x \sin(xt)\,\mathrm{d}t}{x} = \lim\limits_{x \to 0} \dfrac{\dfrac{1}{x}\int_x^{x^2}\sin u\,\mathrm{d}u}{x} = \lim\limits_{x \to 0} \dfrac{\int_x^{x^2}\sin u\,\mathrm{d}u}{x^2}$

$\qquad\qquad = \lim\limits_{x \to 0} \dfrac{2x\sin x^2 - \sin x}{2x}$

$\qquad\qquad = \lim\limits_{x \to 0}\left(\sin x^2 - \dfrac{\sin x}{2x}\right) = 0 - \dfrac{1}{2} = -\dfrac{1}{2},$

应选 D.

93.【答案】C

【解析】由于

$$\int_0^x \sin(x-t)\,\mathrm{d}t \xlongequal{\text{令 } x-t=u} \int_x^0 \sin u\,(-\mathrm{d}u) = \int_0^x \sin u\,\mathrm{d}u,$$

且当 $x \to 0$ 时，有 $1-2\cos x \to -1$（非零因子），$\ln(1+x^2) \sim x^2$，于是

$$\lim\limits_{x \to 0} \dfrac{\int_0^x \sin(x-t)\,\mathrm{d}t}{(1-2\cos x)\cdot \ln(1+x^2)} = -\lim\limits_{x \to 0}\dfrac{\int_0^x \sin u\,\mathrm{d}u}{x^2} = -\lim\limits_{x \to 0}\dfrac{\sin x}{2x} = -\dfrac{1}{2},$$

应选 C.

小课堂

注意当 $x \to 0$ 时，本题中 $1-2\cos x$ 为极限非零因子（极限中乘除法中非零项）可以先算，并非无穷小量，切忌错用等价无穷小量替换公式.

94.【答案】D

【解析】$\lim\limits_{x \to 0} \dfrac{\int_0^x (1-\sin 2t)^{\frac{1}{t}}\,\mathrm{d}t}{\arcsin x} = \lim\limits_{x \to 0} \dfrac{\int_0^x (1-\sin 2t)^{\frac{1}{t}}\,\mathrm{d}t}{x}$

$$= \lim_{x \to 0} \left(1 - \sin 2x \right)^{\frac{1}{x}} \quad （洛必达法则）$$

$$= e^{\lim\limits_{x \to 0} \frac{1}{x} \cdot (1 - \sin 2x - 1)} \quad （“1^{\infty}”型未定式极限）$$

$$= e^{\lim\limits_{x \to 0} \frac{-\sin 2x}{x}} = e^{-2},$$

应选 D.

95.【答案】 A

【解析】$\displaystyle \lim_{x \to 0} \frac{1}{x} \int_0^x (2 + t^2) e^{t^2 - x^2} \, dt = \lim_{x \to 0} \frac{e^{-x^2} \displaystyle\int_0^x (2 + t^2) e^{t^2} \, dt}{x}$

$$= \lim_{x \to 0} \frac{\displaystyle\int_0^x (2 + t^2) e^{t^2} \, dt}{x} \quad （非零因子先算出）$$

$$= \lim_{x \to 0} \frac{(2 + x^2) e^{x^2}}{1} \quad （洛必达法则）$$

$$= 2,$$

应选 A.

96.【答案】 D

【解析】考题中遇到"$\sqrt{\Box} - \sqrt{\Box}$"问题,往往进行有理化处理.

令 $x = -t$, 则有

$$原式 = \lim_{t \to +\infty} \left(\sqrt{t^2 - t + 2} - \sqrt{t^2 + t + 1} \right)$$

$$= \lim_{t \to +\infty} \frac{-2t + 1}{\sqrt{t^2 - t + 2} + \sqrt{t^2 + t + 1}}$$

$$= \lim_{t \to +\infty} \frac{-2t}{\sqrt{t^2} + \sqrt{t^2}} = \lim_{t \to +\infty} \frac{-2t}{t + t} = -1,$$

应选 D.

小课堂

本题注意下面的错误解法:

$$\lim_{x \to -\infty} \left(\sqrt{x^2 + x + 2} - \sqrt{x^2 - x + 1} \right) = \lim_{x \to -\infty} \left(\sqrt{x^2} - \sqrt{x^2} \right) = 0.$$

97.【答案】 B

【解析】$\displaystyle \lim_{x \to 0} \left[e^{x+1} \left(1 + e^x \sin^2 x \right)^{\frac{1}{\sqrt{1+x^2} - 1}} \right]$

$$= e \lim_{x \to 0} \left(1 + e^x \sin^2 x \right)^{\frac{1}{\sqrt{1+x^2} - 1}} \quad （非零因子先算出）$$

$$= e \cdot e^{\lim\limits_{x \to 0} \frac{e^x \sin^2 x}{\sqrt{1+x^2} - 1}} \quad （“1^{\infty}”型未定式极限）$$

$$= e \cdot e^{\lim\limits_{x \to 0} \frac{\sin^2 x}{\sqrt{1+x^2} - 1}} \quad （非零因子先算出）$$

$$= e \cdot e^{\lim\limits_{x\to 0}\frac{x^2}{\frac{1}{2}x^2}} = e \cdot e^2 = e^3,$$

应选 B.

小课堂

若 $\lim\limits_{x\to \square} u(x)^{v(x)}$ 为 "1^∞" 型未定式极限, 该类极限可直接利用下列结论求解：

$$\lim\limits_{x\to \square} u(x)^{v(x)} = e^{\lim\limits_{x\to \square} v(x)[u(x)-1]}.$$

98.【答案】 B

【解析】 极限 $\lim\limits_{x\to \infty}\left(\dfrac{x+c}{x-c}\right)^x$ 为 "1^∞" 型未定式极限, 于是

$$\lim\limits_{x\to \infty}\left(\frac{x+c}{x-c}\right)^x = e^{\lim\limits_{x\to \infty} x\left(\frac{x+c}{x-c}-1\right)} = e^{\lim\limits_{x\to \infty}\frac{2cx}{x-c}} = e^{2c}.$$

再利用拉格朗日中值定理, 知存在 $x-1<\xi<x$, 使得

$$f(x)-f(x-1) = f'(\xi)[x-(x-1)] = f'(\xi),$$

于是

$$\lim\limits_{x\to \infty}[f(x)-f(x-1)] = \lim\limits_{x\to \infty} f'(\xi) = \lim\limits_{\xi\to \infty} f'(\xi) = e,$$

所以 $e^{2c} = e$, 解得 $c = \dfrac{1}{2}$, 应选 B.

99.【答案】 D

【解析】 因为

$$\int_x^{x^2}\frac{\sin xt}{t}\mathrm{d}t = \int_x^{x^2}\frac{\sin xt}{xt}\mathrm{d}(xt) \xrightarrow{\text{令}\ xt=u} \int_{x^2}^{x^3}\frac{\sin u}{u}\mathrm{d}u,$$

$$\sqrt{1-x^2}-1 = \left[1+(-x^2)\right]^{\frac{1}{2}}-1 \sim -\frac{1}{2}x^2\ (x\to 0^+),$$

所以

$$\lim\limits_{x\to 0^+}\left(\frac{1}{\sqrt{1-x^2}-1}\cdot \int_x^{x^2}\frac{\sin xt}{t}\mathrm{d}t\right) = \lim\limits_{x\to 0^+}\frac{\displaystyle\int_{x^2}^{x^3}\frac{\sin u}{u}\mathrm{d}u}{-\dfrac{1}{2}x^2}$$

$$\xoverset{\text{洛}}{=} \lim\limits_{x\to 0^+}\frac{3x^2\dfrac{\sin x^3}{x^3}-2x\dfrac{\sin x^2}{x^2}}{-x}$$

$$= \lim\limits_{x\to 0^+}\frac{3\sin x^3-2\sin x^2}{-x^2}$$

$$= \lim\limits_{x\to 0^+}\frac{-2\sin x^2}{-x^2}\quad (\text{和取低阶原则})$$

$$= \lim\limits_{x\to 0^+}\frac{-2x^2}{-x^2} = 2,$$

应选 D.

100.【答案】B

【解析】$\int_0^x f(x-t)\,\mathrm{d}t \xlongequal{\text{令}\ x-t=u} \int_x^0 f(u)\,\mathrm{d}(x-u) = -\int_x^0 f(u)\,\mathrm{d}u = \int_0^x f(u)\,\mathrm{d}u.$

于是

$$原式 = \lim_{x\to 0}\frac{\displaystyle\int_0^x f(u)\,\mathrm{d}u}{x^2} = \lim_{x\to 0}\frac{f(x)}{2x} = \frac{1}{2}\lim_{x\to 0}\frac{f(x)-f(0)}{x} = \frac{1}{2}f'(0) = \frac{1}{2},$$

应选 B.

1.5　函数极限相关考题

题组 A·基础通关题

101.【答案】E

【解析】由于 $\lim\limits_{x\to 2}\dfrac{x^3+ax^2+b}{x-2}=8$，且 $\lim\limits_{x\to 2}(x-2)=0$，所以

$$\lim_{x\to 2}(x^3+ax^2+b)=0,\ 即\ 8+4a+b=0. \qquad ①$$

于是，再由洛必达法则，知

$$\lim_{x\to 2}\frac{x^3+ax^2+b}{x-2}\xlongequal{\text{洛}}\lim_{x\to 2}(3x^2+2ax)=12+4a=8. \qquad ②$$

由①②式，解得 $a=-1,b=-4$，应选 E.

102.【答案】A

【解析】由于 $\lim\limits_{x\to 0}\dfrac{\mathrm{e}^{cx}-1}{\tan x}=\lim\limits_{x\to 0}\dfrac{cx}{x}=c$，于是

$$\lim_{x\to 0}\frac{\mathrm{e}^{\tan x}-\mathrm{e}^x}{x^k}=\lim_{x\to 0}\frac{\mathrm{e}^x(\mathrm{e}^{\tan x-x}-1)}{x^k}=\lim_{x\to 0}\frac{\tan x-x}{x^k}=\lim_{x\to 0}\frac{\frac{1}{3}x^3}{x^k}=c,$$

故 $k=3,c=\dfrac{1}{3}$，应选 A.

103.【答案】E

【解析】由 $\lim\limits_{x\to 0}\dfrac{\mathrm{e}^{2x}-1}{1-\sqrt{1-x}}=-\lim\limits_{x\to 0}\dfrac{\mathrm{e}^{2x}-1}{[1+(-x)]^{\frac{1}{2}}-1}=-\lim\limits_{x\to 0}\dfrac{2x}{\frac{1}{2}(-x)}=4$，知 $\lim\limits_{x\to\infty}\left(\dfrac{x+c}{x-c}\right)^x=4.$

又因为 $\lim\limits_{x\to\infty}\left(\dfrac{x+c}{x-c}\right)^x$ 为"1^∞"型未定式极限，于是

$$\lim_{x\to\infty}\left(\frac{x+c}{x-c}\right)^x=\mathrm{e}^{\lim\limits_{x\to\infty}x\cdot\left(\frac{x+c}{x-c}-1\right)}=\mathrm{e}^{\lim\limits_{x\to\infty}\frac{2cx}{x-c}}=\mathrm{e}^{2c}=4,$$

解得 $c=\dfrac{1}{2}\ln 4=\ln 2$，应选 E.

104. 【答案】A

【解析】由于

$$\lim_{x \to \infty} \left(ax + b - \frac{x^3 + 1}{x^2 + 1} \right) = \lim_{x \to \infty} \left(ax - \frac{x^3 + 1}{x^2 + 1} \right) + b = 1,$$

于是 $\lim\limits_{x \to \infty} \left(ax - \dfrac{x^3 + 1}{x^2 + 1} \right) = 1 - b$，进而

$$\lim_{x \to \infty} \left(ax - \frac{x^3 + 1}{x^2 + 1} \right) = \lim_{x \to \infty} \frac{ax^3 + ax - x^3 - 1}{x^2 + 1} = \lim_{x \to \infty} \frac{(a-1)x^3 + ax - 1}{x^2 + 1} = 1 - b,$$

故 $a - 1 = 0$（若 $a - 1 \neq 0$，上式极限结果为 ∞，矛盾），$1 - b = 0$，解得 $a = 1, b = 1$，应选 A.

105. 【答案】B

【解析】由于

$$\lim_{x \to 0} \left[\frac{1}{x} - \left(\frac{1}{x} - a \right) e^x \right] = \lim_{x \to 0} \left(\frac{1}{x} - \frac{e^x}{x} + a e^x \right) = \lim_{x \to 0} \frac{1 - e^x}{x} + \lim_{x \to 0} a e^x$$

$$= \lim_{x \to 0} \frac{1 - e^x}{x} + a = 1,$$

于是 $\lim\limits_{x \to 0} \dfrac{1 - e^x}{x} = 1 - a$，即 $-1 = 1 - a$，解得 $a = 2$，应选 B.

106. 【答案】C

【解析】由于当 $x \to 0$ 时，$\sin x, \ln(1-x)$ 为 x 的 1 阶无穷小量，$\ln(1-x^2), e^{x^2} - 1$ 为 x 的 2 阶无穷小量，$\tan^3 x, x^3$ 为 x 的 3 阶无穷小量，于是根据无穷小量的和取低阶原则，知

$$\lim_{x \to 0} \frac{a_1 \sin x + b_1 \ln(1-x^2) + c_1 \tan^3 x}{a_2(e^{x^2} - 1) + b_2 \ln(1-x) + c_2 x^3} = \lim_{x \to 0} \frac{a_1 \sin x}{b_2 \ln(1-x)} = \lim_{x \to 0} \frac{a_1 x}{b_2(-x)} = \frac{a_1}{-b_2} = 1,$$

故 $a_1 + b_2 = 0$，应选 C.

107. 【答案】D

【解析】由于 $\lim\limits_{x \to \infty} x \ln \dfrac{x+1}{x-1} = \lim\limits_{x \to \infty} x \left(\dfrac{x+1}{x-1} - 1 \right) = \lim\limits_{x \to \infty} \dfrac{2x}{x-1} = 2$，于是 $\lim\limits_{x \to 0} \dfrac{x}{f(2x)} = 2.$

进而 $\lim\limits_{x \to 0} \dfrac{f(2x)}{x} = \dfrac{1}{2}$，令 $2x = t$，于是 $\lim\limits_{t \to 0} \dfrac{f(t)}{\frac{1}{2}t} = \dfrac{1}{2}$，即 $\lim\limits_{t \to 0} \dfrac{f(t)}{t} = \dfrac{1}{4}.$

因此，$\lim\limits_{x \to 0} \dfrac{f(x)}{x} = \dfrac{1}{4}$，应选 D.

小课堂

本题解析用到重要的等价无穷小量替换公式：

当 $f(x) \to 1$ 时，$\ln f(x) = \ln[1 + f(x) - 1] \sim f(x) - 1.$

本题中，当 $x \to \infty$ 时，$\dfrac{x+1}{x-1} \to 1$，于是 $\ln \dfrac{x+1}{x-1} \sim \dfrac{x+1}{x-1} - 1.$

题组 B·强化通关题

108.【答案】A

【解析】由于

$$\lim_{x\to0}\left[\frac{b}{x^2}-\left(\frac{1}{x^2}-a\right)\cos x\right]=\lim_{x\to0}\left(\frac{b}{x^2}-\frac{\cos x}{x^2}+a\cos x\right)=\lim_{x\to0}\frac{b-\cos x}{x^2}+\lim_{x\to0}(a\cos x)=1,$$

于是$\lim_{x\to0}\dfrac{b-\cos x}{x^2}=1-a$，进而$\lim_{x\to0}(b-\cos x)=b-1=0$，解得 $b=1$.

因此，$\lim_{x\to0}\dfrac{b-\cos x}{x^2}=\lim_{x\to0}\dfrac{1-\cos x}{x^2}=\dfrac{1}{2}=1-a$，解得 $a=\dfrac{1}{2}$，应选 A.

109.【答案】D

【解析】显然$\lim_{x\to0}\left(\dfrac{\arctan x}{x}\right)^{\frac{1}{ax^2}}$为"$1^\infty$"型未定式极限，故

$$\lim_{x\to0}\left(\frac{\arctan x}{x}\right)^{\frac{1}{ax^2}}=e^{\lim_{x\to0}\frac{1}{ax^2}\left(\frac{\arctan x}{x}-1\right)}=e^{\lim_{x\to0}\frac{\arctan x-x}{ax^3}}$$

$$=e^{\lim_{x\to0}\frac{-\frac{1}{3}x^3}{ax^3}}=e^{-\frac{1}{3a}}=e^{\frac{1}{6}},$$

解得 $a=-2$，应选 D.

110.【答案】B

【解析】由于$\lim_{x\to0}\dfrac{\int_0^x\frac{\sin t}{\sqrt{t+c}}dt}{e^x-bx+a}=1$且$\lim_{x\to0}\int_0^x\dfrac{\sin t}{\sqrt{t+c}}dt=0$，所以$\lim_{x\to0}(e^x-bx+a)=0$，解得 $a=-1$.

再根据洛必达法则，知

$$\lim_{x\to0}\frac{\int_0^x\frac{\sin t}{\sqrt{t+c}}dt}{e^x-bx-1}=\lim_{x\to0}\frac{\frac{\sin x}{\sqrt{x+c}}}{e^x-b}=\frac{1}{\sqrt{c}}\lim_{x\to0}\frac{x}{e^x-b}=1,$$

于是$\lim_{x\to0}(e^x-b)=1-b=0$，解得 $b=1$. 进而

$$\frac{1}{\sqrt{c}}\lim_{x\to0}\frac{x}{e^x-b}=\frac{1}{\sqrt{c}}\lim_{x\to0}\frac{x}{e^x-1}=\frac{1}{\sqrt{c}}=1,$$

解得 $c=1$，于是 $a+b+c=1$，应选 B.

111.【答案】D

【解析】令 $x=-t$，则$\lim_{t\to+\infty}(\sqrt{at^2+bt+1}-3t)=\dfrac{1}{2}$，显然 $a=9$.

于是

$$\lim_{t\to+\infty}(\sqrt{9t^2+bt+1}-3t)=\lim_{t\to+\infty}\frac{bt+1}{\sqrt{9t^2+bt+1}+3t}=\lim_{t\to+\infty}\frac{bt}{\sqrt{9t^2}+3t}=\frac{b}{6}=\frac{1}{2},$$

解得 $b=3$，应选 D.

112.【答案】D

  【解析】若 $a=1$，当 $x\to 0$ 时，有
$$x-\ln(1-x)\sim x-(-x)=2x,\quad（符合加减等价无穷小量替换原则）$$
即 $x-\ln(1-x)$ 为 x 的 1 阶无穷小量．此时无论 $b=1$ 还是 $b=2$，当 $x\to 0$ 时
$$ax-\ln(1-x)+bx^2\sim 2x,\quad（无穷小量的和取低阶原则）$$
故 A，C 错误．

  若 $a=-1$，当 $x\to 0$ 时，有
$$-x-\ln(1-x)=(-x)-\ln[1+(-x)]\sim\frac{1}{2}(-x)^2=\frac{1}{2}x^2.$$

此时，若 $b=1$，则
$$ax-\ln(1-x)+bx^2\sim\frac{1}{2}x^2+x^2=\frac{3}{2}x^2,\quad（符合加减等价无穷小量替换原则）$$

故应选 D.

113.【答案】D

  【解析】显然 $\lim\limits_{x\to 0}\dfrac{f(x)}{\tan x}=0$，于是
$$\lim_{x\to 0}\frac{\ln\left[1+\dfrac{f(x)}{\tan x}\right]}{2^x-1}=\lim_{x\to 0}\frac{\dfrac{f(x)}{\tan x}}{x\ln 2}=\lim_{x\to 0}\frac{f(x)}{\ln 2\cdot x\tan x}=\lim_{x\to 0}\frac{f(x)}{\ln 2\cdot x^2}=2,$$

整理得 $\lim\limits_{x\to 0}\dfrac{f(x)}{x^2}=2\ln 2$．

  因此，$\lim\limits_{x\to 0}\dfrac{f(x)+\tan^2 x}{x^2}=\lim\limits_{x\to 0}\dfrac{f(x)}{x^2}+\lim\limits_{x\to 0}\dfrac{\tan^2 x}{x^2}=2\ln 2+1$，应选 D.

114.【答案】C

  【解析】由于
$$\lim_{x\to\infty}\frac{f(x)-x^3}{x^2}=\lim_{x\to\infty}\frac{(a-1)x^3+bx^2+cx+d}{x^2}=2,$$
故 $a=1$，进而 $\lim\limits_{x\to\infty}\dfrac{bx^2+cx+d}{x^2}=b=2$.

  又因为 $\lim\limits_{x\to 0}\dfrac{f(x)}{x}=\lim\limits_{x\to 0}\dfrac{x^3+2x^2+cx+d}{x}=4$，所以 $\lim\limits_{x\to 0}(x^3+2x^2+cx+d)=d=0$，进而
$$\lim_{x\to 0}\frac{f(x)}{x}=\lim_{x\to 0}\frac{x^3+2x^2+cx}{x}=c=4,$$

因此，$a+b+c+d=1+2+4+0=7$，应选 C.

115.【答案】D

  【解析】因为 $\lim\limits_{x\to 0}(1+a\sin x)^{\frac{1}{\ln(1+2x)}}$ 为"1^∞"型未定式极限，所以

$$\lim_{x \to 0}\left(1 + a\sin x\right)^{\frac{1}{\ln(1+2x)}} = \mathrm{e}^{\lim\limits_{x \to 0}\frac{a\sin x}{\ln(1+2x)}} = \mathrm{e}^{\frac{a}{2}}.$$

又因为

$$\int_{-a}^{+\infty} x\mathrm{e}^{-\frac{1}{2}x}\mathrm{d}x = -2x\mathrm{e}^{-\frac{1}{2}x}\Big|_{-a}^{+\infty} + 2\int_{-a}^{+\infty} \mathrm{e}^{-\frac{1}{2}x}\mathrm{d}x = 2(-a+2)\mathrm{e}^{\frac{a}{2}},$$

所以解得 $a = \dfrac{3}{2}$，应选 D.

116.【答案】A

【解析】由于 $\displaystyle\int_{\mathrm{e}}^{+\infty} \frac{1}{x(\ln x)^2}\mathrm{d}x = -\frac{1}{\ln x}\Big|_{\mathrm{e}}^{+\infty} = 0 + 1 = 1$，于是 $\displaystyle\lim_{x \to 0}\frac{\ln(1+x) - (ax + bx^2)}{\displaystyle\int_{0}^{x^2} \mathrm{e}^{t^2}\mathrm{d}t} = 1.$

则 $\ln(1+x) - (ax + bx^2) = 0$，由洛必达法则，知

$$\lim_{x \to 0}\frac{\ln(1+x) - (ax + bx^2)}{\displaystyle\int_{0}^{x^2} \mathrm{e}^{t^2}\mathrm{d}t} = \lim_{x \to 0}\frac{\dfrac{1}{1+x} - a - 2bx}{2x\mathrm{e}^{x^4}} = \lim_{x \to 0}\frac{\dfrac{1}{1+x} - a - 2bx}{2x} = 1,$$

于是 $\displaystyle\lim_{x \to 0}\left(\frac{1}{1+x} - a - 2bx\right) = 1 - a = 0$，解得 $a = 1$，代入 $\displaystyle\lim_{x \to 0}\frac{\dfrac{1}{1+x} - a - 2bx}{2x} = 1$，解得 $b = -\dfrac{3}{2}$，故选 A.

1.6　数列极限计算

题组 A · 基础通关题

117.【答案】C

【解析】当 $n \to \infty$ 时，$\dfrac{2n}{n^2+1} \to 0$，于是 $\arctan\dfrac{2n}{n^2+1} \sim \dfrac{2n}{n^2+1}$，进而

$$\lim_{n \to \infty} n\arctan\frac{2n}{n^2+1} = \lim_{n \to \infty} n\,\frac{2n}{n^2+1} = \lim_{n \to \infty}\frac{2n^2}{n^2+1} = 2,$$

应选 C.

118.【答案】B

【解析】$\displaystyle\lim_{n \to \infty} n\left(\sqrt[n]{2} - 1\right) = \lim_{n \to \infty} n\left(2^{\frac{1}{n}} - 1\right) = \lim_{n \to \infty} n \cdot \frac{1}{n}\ln 2 = \ln 2$，应选 B.

小课堂

本题解析用到等价无穷小量代换公式：当 $x \to 0$ 时，$a^x - 1 \sim x\ln a\,(a > 0, a \neq 1)$.

119.【答案】D

【解析】本题中含有"$\sqrt{\Box}-\sqrt{\Box}$"项，可立即有理化处理，于是

$$\lim_{n\to\infty}\left(\sqrt{n+5\sqrt{n}}-\sqrt{n-\sqrt{n}}\right)=\lim_{n\to\infty}\frac{6\sqrt{n}}{\sqrt{n+5\sqrt{n}}+\sqrt{n-\sqrt{n}}}=\lim_{n\to\infty}\frac{6\sqrt{n}}{2\sqrt{n}}=3,$$

应选 D.

小课堂

本题注意下面的错误解法：

$$\lim_{n\to\infty}\left(\sqrt{n+5\sqrt{n}}-\sqrt{n-\sqrt{n}}\right)=\lim_{n\to\infty}\left(\sqrt{n}-\sqrt{n}\right)=0.$$

120.【答案】D

【解析】本题为"1^{∞}"型未定式极限，于是

$$\lim_{n\to\infty}\left(1+\sin\frac{1}{n}-\sin\frac{2}{n}\right)^n=e^{\lim\limits_{n\to\infty}n\left(\sin\frac{1}{n}-\sin\frac{2}{n}\right)}=e^{\lim\limits_{n\to\infty}n\sin\frac{1}{n}-\lim\limits_{n\to\infty}n\sin\frac{2}{n}}=e^{\lim\limits_{n\to\infty}n\cdot\frac{1}{n}-\lim\limits_{n\to\infty}n\cdot\frac{2}{n}}=e^{-1},$$

应选 D.

121.【答案】D

【解析】由于 $\dfrac{1}{n(n+1)}=\dfrac{1}{n}-\dfrac{1}{n+1}$，所以

$$\lim_{n\to\infty}\left[\frac{1}{1\cdot2}+\frac{1}{2\cdot3}+\cdots+\frac{1}{n(n+1)}\right]^n$$

$$=\lim_{n\to\infty}\left[\left(1-\frac{1}{2}\right)+\left(\frac{1}{2}-\frac{1}{3}\right)+\cdots+\left(\frac{1}{n}-\frac{1}{n+1}\right)\right]^n$$

$$=\lim_{n\to\infty}\left(1-\frac{1}{n+1}\right)^n\xlongequal{\text{"}1^{\infty}\text{"}}e^{\lim\limits_{n\to\infty}n\left(-\frac{1}{n+1}\right)}=e^{-1},$$

应选 D.

122.【答案】B

【解析】由 $\lim\limits_{n\to\infty}\sqrt[n]{2}=1$，知极限中"$\sqrt[n]{2}$"项是非零极限因子，可先计算出该部分的极限，于是

$$\lim_{n\to\infty}\frac{n^3\sqrt[n]{2}\left(1-\cos\frac{1}{n^2}\right)}{\sqrt{n^2+1}-n}=\lim_{n\to\infty}\frac{n^3\left(1-\cos\frac{1}{n^2}\right)}{\sqrt{n^2+1}-n}=\lim_{n\to\infty}\frac{n^3\cdot\frac{1}{2}\left(\frac{1}{n^2}\right)^2}{n\left(\sqrt{1+\frac{1}{n^2}}-1\right)}$$

$$=\lim_{n\to\infty}\frac{\frac{1}{2}\cdot\frac{1}{n}}{n\cdot\frac{1}{2}\cdot\frac{1}{n^2}}=1,$$

应选 B.

小课堂

两个常用的极限结论: $\lim\limits_{n\to\infty}\sqrt[n]{n}=1$, $\lim\limits_{n\to\infty}\sqrt[n]{a}=1$(常数 $a>0$).

123.【答案】C

【解析】将本题的数列极限转化为函数极限,即 $\lim\limits_{x\to+\infty}\tan^{x}\left(\dfrac{\pi}{4}+\dfrac{1}{x}\right)$.

显然为"1^{∞}"型未定式极限,于是

$$\lim\limits_{x\to+\infty}\tan^{x}\left(\dfrac{\pi}{4}+\dfrac{1}{x}\right)=\mathrm{e}^{\lim\limits_{x\to+\infty}x\left[\tan\left(\frac{\pi}{4}+\frac{1}{x}\right)-1\right]}\xlongequal{\diamondsuit\ x=\frac{1}{t}}\mathrm{e}^{\lim\limits_{t\to0^{+}}\frac{\tan\left(\frac{\pi}{4}+t\right)-1}{t}}\xlongequal{洛}\mathrm{e}^{\lim\limits_{t\to0^{+}}\sec^{2}\left(\frac{\pi}{4}+t\right)}=\mathrm{e}^{2},$$

进而 $\lim\limits_{n\to\infty}\tan^{n}\left(\dfrac{\pi}{4}+\dfrac{1}{n}\right)=\mathrm{e}^{2}$,应选 C.

小课堂

注意数列极限不能直接使用洛必达法则,需利用海涅定理转化为函数极限问题,即"若 $\lim\limits_{x\to+\infty}f(x)=A$,则 $\lim\limits_{n\to\infty}f(n)=A$".

124.【答案】C

【解析】由于

$$\dfrac{1+2+\cdots+n}{3n^{2}+2n-1}<\dfrac{1}{3n^{2}+2n-1}+\dfrac{2}{3n^{2}+2n-2}+\cdots+\dfrac{n}{3n^{2}+n}<\dfrac{1+2+\cdots+n}{3n^{2}+n},$$

即

$$\dfrac{\frac{1}{2}n^{2}+\frac{1}{2}n}{3n^{2}+2n-1}<\dfrac{1}{3n^{2}+2n-1}+\dfrac{2}{3n^{2}+2n-2}+\cdots+\dfrac{n}{3n^{2}+n}<\dfrac{\frac{1}{2}n^{2}+\frac{1}{2}n}{3n^{2}+n}.$$

因为 $\lim\limits_{n\to\infty}\dfrac{\frac{1}{2}n^{2}+\frac{1}{2}n}{3n^{2}+2n-1}=\lim\limits_{n\to\infty}\dfrac{\frac{1}{2}n^{2}+\frac{1}{2}n}{3n^{2}+n}=\dfrac{1}{6}$,根据根据夹逼准则,知

$$\lim\limits_{n\to\infty}\left(\dfrac{1}{3n^{2}+2n-1}+\dfrac{2}{3n^{2}+2n-2}+\cdots+\dfrac{n}{3n^{2}+n}\right)=\dfrac{1}{6},$$

应选 C.

125.【答案】C

【解析】因为

$$\dfrac{n}{n+\sqrt{n}}<\dfrac{1}{n+1}+\dfrac{1}{n+\sqrt{2}}+\dfrac{1}{n+\sqrt{3}}+\cdots+\dfrac{1}{n+\sqrt{n}}<\dfrac{n}{n+1},$$

且 $\lim\limits_{n\to\infty}\dfrac{n}{n+\sqrt{n}}=\lim\limits_{n\to\infty}\dfrac{n}{n+1}=1$,于是根据夹逼准则知,

$$\lim_{n \to \infty} \left(\frac{1}{n+1} + \frac{1}{n+\sqrt{2}} + \frac{1}{n+\sqrt{3}} + \cdots + \frac{1}{n+\sqrt{n}} \right) = 1.$$

应选 C.

126. 【答案】D

【解析】由于 $5^n < 1+2^n+3^n+4^n+5^n < 5 \cdot 5^n$，于是

$$5 < \sqrt[n]{1+2^n+3^n+4^n+5^n} < 5\sqrt[n]{5}.$$

而 $\lim\limits_{n \to \infty} 5\sqrt[n]{5} = \lim\limits_{n \to \infty} 5 = 5$，于是根据夹逼准则，知原式 $= 5$，应选 D.

小课堂

本题解答还可利用重要结论：$\lim\limits_{n \to \infty} \sqrt[n]{a^n+b^n+c^n} = \max\{a,b,c\}\ (a>0,b>0,c>0)$.

利用该结论可快速解题，对于本题有：

$$\lim_{n \to \infty} \sqrt[n]{1+2^n+3^n+4^n+5^n} = \max\{1,2,3,4,5\} = 5.$$

127. 【答案】D

【解析】原式 $= \lim\limits_{n \to \infty} \dfrac{(1-x)(1+x)(1+x^2)\cdots(1+x^{2^n})}{1-x} = \lim\limits_{n \to \infty} \dfrac{1-x^{2^{n+1}}}{1-x}$.

由于 $|x|<1$，则 $\lim\limits_{n \to \infty} x^{2^{n+1}} = 0$，于是原式 $= \lim\limits_{n \to \infty} \dfrac{1-x^{2^{n+1}}}{1-x} = \dfrac{1}{1-x}$，应选 D.

128. 【答案】C

【解析】**方法一**：由

$$\lim_{n \to \infty} \frac{n^k-(n-1)^k}{n^{2025}} = \lim_{n \to \infty} \frac{n^k\left[1-\left(1-\frac{1}{n}\right)^k\right]}{n^{2025}} = -\lim_{n \to \infty} \frac{n^k\left[\left(1-\frac{1}{n}\right)^k-1\right]}{n^{2025}}$$

$$= -\lim_{n \to \infty} \frac{n^k \cdot k\left(-\frac{1}{n}\right)}{n^{2025}} = \lim_{n \to \infty} \frac{n^k \cdot k \cdot \frac{1}{n}}{n^{2025}} = k\lim_{n \to \infty} \frac{n^{k-1}}{n^{2025}} = c,$$

知 $k-1 = 2025$ 且 $k = c$，解得 $k = 2026, c = 2026$，应选 C.

方法二：由二项式定理，知

$$(n-1)^k = [n+(-1)]^k = n^k + C_k^1 n^{k-1}(-1) + C_k^2 n^{k-2}(-1)^2 + \cdots + (-1)^k$$

$$= n^k - kn^{k-1} + \frac{k(k-1)}{2}n^{k-2} + \cdots + (-1)^k,$$

于是

$$\lim_{n \to \infty} \frac{n^k-(n-1)^k}{n^{2025}} = \lim_{n \to \infty} \frac{n^k - \left[n^k - kn^{k-1} + \frac{k(k-1)}{2}n^{k-2} + \cdots + (-1)^k\right]}{n^{2025}} = \lim_{n \to \infty} \frac{kn^{k-1}}{n^{2025}} = c,$$

故 $k-1=2025$ 且 $k=c$,解得 $k=2026,c=2026$,应选 C.

小课堂

二项式定理公式: $(a+b)^n = a^n + C_n^1 a^{n-1} b + C_n^2 a^{n-2} b^2 + \cdots + b^n$.

题组 B·强化通关题

129. 【答案】D

【解析】因为当 $n \to \infty$ 时,$\sin \dfrac{\pi}{n} \sim \dfrac{\pi}{n}$,所以

$$\lim_{n \to \infty} \sin \frac{\pi}{n} \left(\frac{1}{n} \cos \frac{1}{n} + \frac{2}{n} \cos \frac{2}{n} + \cdots + \frac{n}{n} \cos \frac{n}{n} \right)$$

$$= \lim_{n \to \infty} \frac{\pi}{n} \left(\frac{1}{n} \cos \frac{1}{n} + \frac{2}{n} \cos \frac{2}{n} + \cdots + \frac{n}{n} \cos \frac{n}{n} \right)$$

$$= \pi \lim_{n \to \infty} \frac{1}{n} \sum_{k=1}^{n} \left(\frac{k}{n} \cos \frac{k}{n} \right)$$

$$= \pi \int_0^1 x \cos x \, dx = \pi (\cos 1 + \sin 1 - 1),$$

应选 D.

130. 【答案】A

【解析】由定积分的定义,知

$$\lim_{n \to \infty} \frac{1}{n} \left[\ln \left(1 + \frac{1}{n} \right) + \ln \left(1 + \frac{2}{n} \right) + \cdots + \ln \left(1 + \frac{2n}{n} \right) \right]$$

$$= \lim_{n \to \infty} \sum_{k=1}^{2n} \frac{1}{n} \ln \left(1 + \frac{k}{n} \right) = \lim_{n \to \infty} \frac{1}{n} \sum_{k=1}^{2n} \ln \left(1 + \frac{k}{n} \right)$$

$$= \int_0^2 \ln (1+x) \, dx = \int_0^2 \ln (1+x) \, d(x+1)$$

$$= (x+1) \ln (1+x) \Big|_0^2 - \int_0^2 1 \, dx$$

$$= 3 \ln 3 - 2,$$

应选 A.

小课堂

本题考查了定积分定义公式: $\lim_{n \to \infty} \dfrac{1}{n} \sum_{k=1}^{2n} f \left(\dfrac{k}{n} \right) = \int_0^2 f(x) \, dx$.

131. 【答案】D

【解析】由定积分的定义, 知

$$\lim_{n \to \infty} \sum_{k=1}^{2n} \frac{2n+1}{n^2+nk} = \lim_{n \to \infty} \frac{2n+1}{n} \sum_{k=1}^{2n} \frac{1}{n+k}$$

$$= 2 \lim_{n \to \infty} \sum_{k=1}^{2n} \frac{1}{n+k} = 2 \lim_{n \to \infty} \frac{1}{n} \sum_{k=1}^{2n} \frac{1}{1+\dfrac{k}{n}}$$

$$= 2 \int_0^2 \frac{1}{1+x} dx = 2\ln(1+x) \Big|_0^2 = 2\ln 3,$$

应选 D.

132. 【答案】D

【解析】由定积分的定义, 知

$$原式 = \lim_{n \to \infty} \sum_{k=1}^{n} \frac{1}{n+(2k-1)} = \lim_{n \to \infty} \frac{1}{n} \sum_{k=1}^{n} \frac{1}{1+\dfrac{2k-1}{n}}$$

$$= \lim_{n \to \infty} \frac{1}{n} \sum_{k=1}^{n} \frac{1}{1+2 \cdot \dfrac{2k-1}{2n}} = \int_0^1 \frac{1}{1+2x} dx$$

$$= \frac{1}{2} \int_0^1 \frac{1}{1+2x} d(2x+1) = \frac{1}{2} \ln(1+2x) \Big|_0^1 = \frac{1}{2} \ln 3,$$

应选 D.

小课堂

本题考查了定积分定义公式: $\displaystyle\lim_{n \to \infty} \frac{1}{n} \sum_{k=1}^{n} f\left(\frac{2k-1}{2n}\right) = \int_0^1 f(x) dx$.

133. 【答案】E

【解析】 $\displaystyle\lim_{n \to \infty} \frac{1}{n} \sqrt[n]{(n+1) \cdots (2n-1)(n+n)} = \lim_{n \to \infty} \sqrt[n]{\frac{(n+1) \cdots (2n-1)(n+n)}{n^n}}$

$$= \lim_{n \to \infty} \sqrt[n]{\left(1+\frac{1}{n}\right)\left(1+\frac{2}{n}\right) \cdots \left(1+\frac{n}{n}\right)}$$

$$= \lim_{n \to \infty} e^{\ln \sqrt[n]{\left(1+\frac{1}{n}\right)\left(1+\frac{2}{n}\right) \cdots \left(1+\frac{n}{n}\right)}}$$

$$= e^{\lim\limits_{n \to \infty} \ln \left[\left(1+\frac{1}{n}\right)\left(1+\frac{2}{n}\right) \cdots \left(1+\frac{n}{n}\right)\right]^{\frac{1}{n}}}$$

$$= e^{\lim\limits_{n \to \infty} \frac{1}{n} \left[\ln\left(1+\frac{1}{n}\right) + \ln\left(1+\frac{2}{n}\right) + \cdots + \ln\left(1+\frac{n}{n}\right)\right]}$$

$$= e^{\lim\limits_{n \to \infty} \frac{1}{n} \sum\limits_{k=1}^{n} \ln\left(1+\frac{k}{n}\right)} = e^{\int_0^1 \ln(1+x) dx} = e^{2\ln 2 - 1} = \frac{4}{e},$$

应选 E.

134. 【答案】C

【解析】记数列 $I_n = \dfrac{2^{\frac{1}{n}}}{n+1} + \dfrac{2^{\frac{2}{n}}}{n+\frac{1}{2}} + \cdots + \dfrac{2^{\frac{n}{n}}}{n+\frac{1}{n}} = \sum\limits_{k=1}^{n} \dfrac{2^{\frac{k}{n}}}{n+\frac{1}{k}}$，于是

$$\sum_{k=1}^{n} \frac{2^{\frac{k}{n}}}{n+1} \leqslant I_n \leqslant \sum_{k=1}^{n} \frac{2^{\frac{k}{n}}}{n}.$$

又因为

$$\lim_{n \to \infty} \sum_{k=1}^{n} \frac{2^{\frac{k}{n}}}{n} = \lim_{n \to \infty} \frac{1}{n} \sum_{k=1}^{n} 2^{\frac{k}{n}} = \int_0^1 2^x \, \mathrm{d}x, \quad \lim_{n \to \infty} \sum_{k=1}^{n} \frac{2^{\frac{k}{n}}}{n+1} = \lim_{n \to \infty} \frac{n}{n+1} \frac{1}{n} \sum_{k=1}^{n} 2^{\frac{k}{n}} = \int_0^1 2^x \, \mathrm{d}x,$$

于是根据夹逼准则知，原式 $= \int_0^1 2^x \, \mathrm{d}x = \dfrac{1}{\ln 2}$，应选 C.

135.【答案】A

【解析】记数列 $u_n = n\left(\dfrac{1}{n^2+\pi} + \dfrac{1}{n^2+2\pi} + \cdots + \dfrac{1}{n^2+n\pi} \right)$，因为

$$n\left(\frac{1}{n^2+n\pi} + \frac{1}{n^2+n\pi} + \cdots + \frac{1}{n^2+n\pi} \right) < u_n < n\left(\frac{1}{n^2+\pi} + \frac{1}{n^2+\pi} + \cdots + \frac{1}{n^2+\pi} \right),$$

且

$$\lim_{n \to \infty} n\left(\frac{1}{n^2+n\pi} + \frac{1}{n^2+n\pi} + \cdots + \frac{1}{n^2+n\pi} \right) = \lim_{n \to \infty} \frac{n^2}{n^2+n\pi} = 1,$$

$$\lim_{n \to \infty} n\left(\frac{1}{n^2+\pi} + \frac{1}{n^2+\pi} + \cdots + \frac{1}{n^2+\pi} \right) = \lim_{n \to \infty} \frac{n^2}{n^2+\pi} = 1,$$

于是根据根据夹逼准则，知 $\lim\limits_{n \to \infty} n\left(\dfrac{1}{n^2+\pi} + \dfrac{1}{n^2+2\pi} + \cdots + \dfrac{1}{n^2+n\pi} \right) = 1$，应选 A.

136.【答案】C

【解析】因为 $\dfrac{1+2+\cdots+n}{n^2+1} < \dfrac{1}{n^2+1} + \dfrac{2}{n^2+\frac{1}{2}} + \cdots + \dfrac{n}{n^2+\frac{1}{n}} < \dfrac{1+2+\cdots+n}{n^2+\frac{1}{n}}$，且

$$\lim_{n \to \infty} \frac{1+2+\cdots+n}{n^2+1} = \frac{1}{2}\lim_{n \to \infty} \frac{(1+n)n}{(n^2+1)} = \frac{1}{2}, \quad \lim_{n \to \infty} \frac{1+2+\cdots+n}{n^2+\frac{1}{n}} = \frac{1}{2}\lim_{n \to \infty} \frac{(1+n)n}{n^2+\frac{1}{n}} = \frac{1}{2},$$

所以 $\lim\limits_{n \to \infty} \left(\dfrac{1}{n^2+1} + \dfrac{2}{n^2+\frac{1}{2}} + \cdots + \dfrac{n}{n^2+\frac{1}{n}} \right) = \dfrac{1}{2}$，应选 C.

137.【答案】A

【解析】$2^{-n}+3^{-n}+4^{-n} = \left(\dfrac{1}{2} \right)^n + \left(\dfrac{1}{3} \right)^n + \left(\dfrac{1}{4} \right)^n$，于是

$$\left(\frac{1}{2} \right)^n < \left(\frac{1}{2} \right)^n + \left(\frac{1}{3} \right)^n + \left(\frac{1}{4} \right)^n < 3\left(\frac{1}{2} \right)^n,$$

$$\frac{1}{2} < \sqrt[n]{\left(\frac{1}{2}\right)^n + \left(\frac{1}{3}\right)^n + \left(\frac{1}{4}\right)^n} < \frac{1}{2}\sqrt[n]{3}.$$

因为 $\lim\limits_{n\to\infty}\frac{1}{2}\sqrt[n]{3} = \lim\limits_{n\to\infty}\frac{1}{2} = \frac{1}{2}$，所以根据夹逼准则，知 $\lim\limits_{n\to\infty}\sqrt[n]{2^{-n}+3^{-n}+4^{-n}} = \frac{1}{2}$.

应选 A.

小课堂

本题考查了重要结论：$\lim\limits_{n\to\infty}\sqrt[n]{a^n+b^n+c^n} = \max\{a,b,c\}$（$a>0, b>0, c>0$）.

利用该结论可快速解题，对于本题有：

$$\lim_{n\to\infty}\sqrt[n]{2^{-n}+3^{-n}+4^{-n}} = \lim_{n\to\infty}\sqrt[n]{\left(\frac{1}{2}\right)^n + \left(\frac{1}{3}\right)^n + \left(\frac{1}{4}\right)^n} = \max\left\{\frac{1}{2}, \frac{1}{3}, \frac{1}{4}\right\} = \frac{1}{2}.$$

138.【答案】C

【解析】因为

$$1 \leqslant \sqrt[n]{1 + \frac{1}{2} + \cdots + \frac{1}{n}} \leqslant \sqrt[n]{1+1+\cdots+1} = \sqrt[n]{n},$$

且 $\lim\limits_{n\to\infty}\sqrt[n]{n} = 1$，于是根据夹逼准则可知 $\lim\limits_{n\to\infty}\sqrt[n]{1 + \frac{1}{2} + \cdots + \frac{1}{n}} = 1$，应选 C.

139.【答案】A

【解析】因为当 $n\to\infty$ 时，

$$\left(1+\frac{1}{n}\right)^n - \mathrm{e} = \mathrm{e}\left[\mathrm{e}^{n\ln\left(1+\frac{1}{n}\right)-1} - 1\right]$$

$$\sim \mathrm{e}\left[n\ln\left(1+\frac{1}{n}\right) - 1\right] = \mathrm{e}n\left[\ln\left(1+\frac{1}{n}\right) - \frac{1}{n}\right]$$

$$\sim \mathrm{e}n\left[-\frac{1}{2}\left(\frac{1}{n}\right)^2\right] = -\frac{\mathrm{e}}{2n},$$

又 $-\frac{\mathrm{e}}{2n} \sim \frac{b}{n^a}$（$n\to\infty$），所以 $a=1, b=-\frac{\mathrm{e}}{2}$，应选 A.

1.7 函数的连续与间断

题组 A·基础通关题

140.【答案】A

【解析】因为 $f(x)$ 在 $x=0$ 处连续，所以 $\lim\limits_{x\to0}f(x) = f(0)$.

又因为

$$\lim_{x\to 0}f(x)=\lim_{x\to 0}\left(\frac{2}{x}\sin\frac{x}{\pi}+x\sin\frac{1}{x}\right)=\lim_{x\to 0}\frac{2}{x}\sin\frac{x}{\pi}+\lim_{x\to 0}x\sin\frac{1}{x}$$

$$=\lim_{x\to 0}\frac{2}{x}\cdot\frac{x}{\pi}+0=\frac{2}{\pi},$$

$$f(0)=a,$$

所以 $a=\dfrac{2}{\pi}$,应选 A.

141.【答案】D

【解析】因为 $f(x)$ 在 $x=0$ 处连续,所以 $\lim\limits_{x\to 0}f(x)=f(0)$.

又因为

$$\lim_{x\to 0}f(x)=\lim_{x\to 0}\frac{\arctan 2x+e^{2ax}-1}{\sqrt{1+x}-1}=\lim_{x\to 0}\frac{\arctan 2x+e^{2ax}-1}{\frac{1}{2}x}$$

$$=2\lim_{x\to 0}\left(\frac{\arctan 2x}{x}+\frac{e^{2ax}-1}{x}\right)=2(2+2a),$$

$$f(0)=a,$$

所以 $2(2+2a)=a$,解得 $a=-\dfrac{4}{3}$,应选 D.

142.【答案】D

【解析】由于 $\lim\limits_{x\to 0^-}e^{\frac{1}{x}}=0,\lim\limits_{x\to 0^+}e^{\frac{1}{x}}=+\infty$,于是

$$\lim_{x\to 0^-}f(x)=\lim_{x\to 0^-}\left(\frac{2+e^{\frac{1}{x}}}{1-e^{\frac{1}{x}}}-\frac{\sin x}{x}\right)=\lim_{x\to 0^-}\frac{2+e^{\frac{1}{x}}}{1-e^{\frac{1}{x}}}-\lim_{x\to 0^-}\frac{\sin x}{x}=\frac{2+0}{1-0}-1=1,$$

$$\lim_{x\to 0^+}f(x)=\lim_{x\to 0^+}\left(\frac{2+e^{\frac{1}{x}}}{1-e^{\frac{1}{x}}}+\frac{\sin x}{x}\right)=\lim_{x\to 0^+}\frac{2+e^{\frac{1}{x}}}{1-e^{\frac{1}{x}}}+\lim_{x\to 0^+}\frac{\sin x}{x}=-1+1=0,$$

即 $\lim\limits_{x\to 0}f(x)$ 不存在,且不为 ∞. 又 $f(0)=1$,所以 $\lim\limits_{x\to 0^-}f(x)=f(0)$,$\lim\limits_{x\to 0^+}f(x)\neq f(0)$,即 $f(x)$ 在 $x=0$ 处仅左连续,应选 D.

143.【答案】E

【解析】由题意可知,记

$$F(x)=f(x)+g(x)=\begin{cases}-1+2-ax,&x\leqslant -1,\\-1+x,&-1<x<0,\\1+x-b,&x\geqslant 0\end{cases}=\begin{cases}1-ax,&x\leqslant -1,\\x-1,&-1<x<0,\\x-b+1,&x\geqslant 0.\end{cases}$$

因为函数 $F(x)$ 在 $x=0$ 与 $x=-1$ 处连续,所以

$$\lim_{x\to -1^-}F(x)=\lim_{x\to -1^+}F(x)=F(-1),\text{ 即 }1+a=-2,$$

$$\lim_{x\to 0^+}F(x)=\lim_{x\to 0^-}F(x)=F(0),\text{ 即 }-b+1=-1,$$

解得 $a=-3,b=2$,应选 E.

144.【答案】A

【解析】因为 $f(x)$ 在 $x=1$ 处连续，所以 $\lim\limits_{x\to1}f(x)=f(1)$，即 $\lim\limits_{x\to1}\dfrac{x^4+ax+b}{x-1}=2.$

又 $\lim\limits_{x\to1}(x-1)=0$，于是 $\lim\limits_{x\to1}(x^4+ax+b)=1+a+b=0.$

再由洛必达法则，知

$$\lim_{x\to1}\frac{x^4+ax+b}{x-1}=\lim_{x\to1}(4x^3+a)=4+a=2,$$

解得 $a=-2$，再根据 $1+a+b=0$，于是 $b=1$，应选 A.

145.【答案】C

【解析】$f(x)$ 在 $x=0$ 处连续 $\Leftrightarrow \lim\limits_{x\to0^+}f(x)=\lim\limits_{x\to0^-}f(x)=f(0)\Leftrightarrow f(x)$ 在 $x=0$ 处既左连续也右连续.

对于选项 A，当 $x\to0^-$ 时，$-x\to0^+$，于是 $\lim\limits_{x\to0^-}f(-x)=f(0)$ 表示 $f(x)$ 在 $x=0$ 处右连续. 又 $\lim\limits_{x\to0^+}f(x)=f(0)$ 也表示 $f(x)$ 在 $x=0$ 处右连续，故选项 A 错误.

对于选项 B，当 $x\to0^-$ 时，$x^2\to0^+$，于是 $\lim\limits_{x\to0^-}f(x^2)=f(0)$ 表示 $f(x)$ 在 $x=0$ 处右连续. 又 $\lim\limits_{x\to0^+}f(x)=f(0)$ 也表示 $f(x)$ 在 $x=0$ 处右连续，故选项 B 错误.

对于选项 C，当 $x\to0^-$ 时，$\sin x\to0^-$；当 $x\to0^+$ 时，$1-\cos x\to0^+$，于是 $\lim\limits_{x\to0^-}f(\sin x)=f(0)$ 表示 $f(x)$ 在 $x=0$ 处左连续，$\lim\limits_{x\to0^+}f(1-\cos x)=f(0)$ 表示 $f(x)$ 在 $x=0$ 处右连续，故选项 C 正确.

对于选项 D，当 $x\to0^-$ 时，$x^2\to0^+$；当 $x\to0^+$ 时，$\sin x\to0^+$，于是 $\lim\limits_{x\to0^-}f(x^2)=f(0)$ 表示 $f(x)$ 在 $x=0$ 处右连续，$\lim\limits_{x\to0^+}f(\sin x)=f(0)$ 也表示 $f(x)$ 在 $x=0$ 处右连续，故选项 D 错误.

对于选项 E，当 $x\to0^-$ 时，$x^2\to0^+$；当 $x\to0^+$ 时，$x^4\to0^+$，于是 $\lim\limits_{x\to0^-}f(x^2)=f(0)$ 表示 $f(x)$ 在 $x=0$ 处右连续，$\lim\limits_{x\to0^+}f(x^4)=f(0)$ 也表示 $f(x)$ 在 $x=0$ 处右连续，故选项 E 错误.

应选 C.

146.【答案】B

【解析】对于①，由 $\lim\limits_{x\to0}f(x)=\lim\limits_{x\to0}\dfrac{\sin x}{x}=1=f(0)$，知 $x=0$ 是连续点.

对于②，由 $\lim\limits_{x\to0^+}f(x)=\lim\limits_{x\to0^+}e^{\frac1x}=+\infty$，知 $x=0$ 是无穷间断点.

对于③，由于

$$\lim_{x\to0^+}f(x)=\lim_{x\to0^+}\arctan\frac1x=\frac\pi2,\quad \lim_{x\to0^-}f(x)=\lim_{x\to0^-}\arctan\frac1x=-\frac\pi2,$$

故 $x=0$ 是跳跃间断点，即为第一类间断点.

对于④，由 $\lim\limits_{x\to0}f(x)=\lim\limits_{x\to0}x\sin\dfrac1x=0$，知 $x=0$ 是连续点.

应选 B.

147.【答案】 D

　　【解析】 函数 $f(x)$ 的间断点为 $x=1, x=0$.

　　因为

$$\lim_{x \to 1^+} \frac{\ln x}{x-1} \sin x = \sin 1 \cdot \lim_{x \to 1^+} \frac{x-1}{x-1} = \sin 1,$$

$$\lim_{x \to 1^-} \frac{\ln x}{1-x} \sin x = -\sin 1 \cdot \lim_{x \to 1^-} \frac{x-1}{x-1} = -\sin 1,$$

　　所以 $x=1$ 是函数的跳跃间断点.

　　又

$$\lim_{x \to 0} \frac{\ln |x|}{|x-1|} \sin x = \lim_{x \to 0} \ln |x| \cdot x = \lim_{x \to 0} \frac{\ln |x|}{\dfrac{1}{x}} = \lim_{x \to 0} \frac{\dfrac{1}{x}}{-\dfrac{1}{x^2}} = 0,$$

　　所以 $x=0$ 为可去间断点,应选 D.

小课堂

　　注意: $(\ln |x|)' = \dfrac{1}{x}$.

148.【答案】 C

　　【解析】 函数 $f(x)$ 的间断点为 $x=0, x=1, x=-1$.

　　因为

$$\lim_{x \to 0^+} f(x) = \lim_{x \to 0^+} \frac{x \sqrt{x^2+1}}{|x|(x+1)} = \lim_{x \to 0^+} \sqrt{x^2+1} = 1,$$

$$\lim_{x \to 0^-} f(x) = \lim_{x \to 0^-} \frac{x \sqrt{x^2+1}}{|x|(x+1)} = -\lim_{x \to 0^-} \sqrt{x^2+1} = -1,$$

　　所以 $x=0$ 为函数的跳跃间断点.

　　又因为

$$\lim_{x \to 1} f(x) = \lim_{x \to 1} \frac{x \sqrt{x^2+1}}{|x|(x+1)} = \frac{\sqrt{2}}{2}, \quad \lim_{x \to -1} f(x) = \lim_{x \to -1} \frac{x \sqrt{x^2+1}}{|x|(x+1)} = \infty,$$

　　所以 $x=1$ 为函数的可去间断点, $x=-1$ 为函数的无穷间断点

　　应选 C.

题组 B·强化通关题

149.【答案】 B

　　【解析】 由 $f(x)$ 在 $x=0$ 处连续,知 $\lim\limits_{x \to 0} f(x) = f(0) = a$.

又因为

$$\lim_{x\to 0}\left(\frac{1+\tan x}{1+\sin x}\right)^{\frac{1}{x^3}}\overset{1^\infty}{=}\mathrm{e}^{\lim\limits_{x\to 0}\frac{1}{x^3}\cdot\left(\frac{1+\tan x}{1+\sin x}-1\right)}$$

$$=\mathrm{e}^{\lim\limits_{x\to 0}\frac{\tan x-\sin x}{x^3(1+\sin x)}}=\mathrm{e}^{\lim\limits_{x\to 0}\frac{\tan x-\sin x}{x^3}}$$

$$=\mathrm{e}^{\lim\limits_{x\to 0}\frac{\left[x+\frac{1}{3}x^3+o(x^3)\right]-\left[x-\frac{1}{6}x^3+o(x^3)\right]}{x^3}}$$

$$=\mathrm{e}^{\lim\limits_{x\to 0}\frac{\frac{1}{2}x^3+o(x^3)}{x^3}}=\mathrm{e}^{\frac{1}{2}},$$

所以 $a=\mathrm{e}^{\frac{1}{2}}$，应选 B.

150.【答案】B

【解析】因为 $\lim\limits_{x\to 0}F(x)=\lim\limits_{x\to 0}\frac{f(x)}{x}=\lim\limits_{x\to 0}\frac{f(x)-f(0)}{x}=f'(0)\ne 0$，所以 $x=0$ 是函数 $F(x)$ 的可去间断点，应选 B.

151.【答案】B

【解析】函数 $f(x)=\frac{x^2-x}{|x|(x^2-1)}$ 的间断点为 $x=0,x=1,x=-1$.

因为

$$\lim_{x\to 0^+}f(x)=\lim_{x\to 0^+}\frac{x^2-x}{x(x^2-1)}=\lim_{x\to 0^+}\frac{x-1}{x^2-1}=\lim_{x\to 0^+}\frac{1}{x+1}=1,$$

$$\lim_{x\to 0^-}f(x)=-\lim_{x\to 0^-}\frac{x^2-x}{x(x^2-1)}=-\lim_{x\to 0^-}\frac{x-1}{x^2-1}=-\lim_{x\to 0^-}\frac{1}{x+1}=-1,$$

所以 $x=0$ 为函数 $f(x)$ 的跳跃间断点.

又 $\lim\limits_{x\to 1}f(x)=\lim\limits_{x\to 1}\frac{x^2-x}{x(x^2-1)}=\lim\limits_{x\to 1}\frac{1}{x+1}=\frac{1}{2}$，所以 $x=1$ 为函数 $f(x)$ 的可去间断点.

又 $\lim\limits_{x\to -1}f(x)=\lim\limits_{x\to -1}\frac{x^2-x}{x^2-1}=\lim\limits_{x\to -1}\frac{x}{x+1}=\infty$，所以 $x=-1$ 为函数 $f(x)$ 的无穷间断点.

应选 B.

152.【答案】C

【解析】函数的间断点是 $x=0,x=1$.

因为

$$\lim_{x\to 0}f(x)=\lim_{x\to 0}\frac{\ln|x|}{|x-1|}\sin x=\lim_{x\to 0}x\ln|x|=\lim_{x\to 0}\frac{\ln|x|}{\frac{1}{x}}=\lim_{x\to 0}\frac{\frac{1}{x}}{-\frac{1}{x^2}}=0,$$

所以 $x=0$ 是函数的可去间断点.

又因为

$$\lim_{x\to 1^+}f(x)=\lim_{x\to 1^+}\frac{\ln x}{x-1}\sin x=\sin 1\cdot\lim_{x\to 1^+}\frac{\ln x}{x-1}=\sin 1\cdot\lim_{x\to 1^+}\frac{x-1}{x-1}=\sin 1,$$

$$\lim_{x \to 1^-} f(x) = \lim_{x \to 1^-} \frac{\ln x}{1-x} \sin x = \sin 1 \cdot \lim_{x \to 1^-} \frac{\ln x}{1-x} = \sin 1 \cdot \lim_{x \to 1^-} \frac{x-1}{1-x} = -\sin 1,$$

所以 $x = 1$ 是函数的跳跃间断点,应选 C.

153.【答案】C

【解析】显然函数 $f(x)$ 的间断点为 $x = 0, \pm 1, \pm 2 \cdots$.

令 $1 - x^2 = 0$,解得 $x = 1, -1$,显然除了这 2 个间断点外,其余间断点均为无穷间断点,又因为

$$\lim_{x \to 1} \frac{1-x^2}{\sin \pi x} = \lim_{x \to 1} \frac{-2x}{\pi \cos \pi x} = \frac{2}{\pi},$$

$$\lim_{x \to -1} \frac{1-x^2}{\sin \pi x} = \lim_{x \to -1} \frac{-2x}{\pi \cos \pi x} = -\frac{2}{\pi},$$

所以点 $x = 1$ 和 $x = -1$ 均为可去间断点,应选 C.

154.【答案】C

【解析】当 $|x| > 1$ 时, $\lim\limits_{n \to \infty} x^{2n} = \lim\limits_{n \to \infty} (x^2)^n = \infty$,则 $f(x) = \lim\limits_{n \to \infty} \frac{1-x^{2n}}{1+x^{2n}} x = -x$.

当 $|x| < 1$ 时, $\lim\limits_{n \to \infty} x^{2n} = \lim\limits_{n \to \infty} (x^2)^n = 0$,则 $f(x) = \lim\limits_{n \to \infty} \frac{1-x^{2n}}{1+x^{2n}} x = x$.

当 $|x| = 1$ 时, $x^{2n} = 1$,则 $f(x) = \lim\limits_{n \to \infty} \frac{1-x^{2n}}{1+x^{2n}} x = 0$.

因此, $f(x) = \begin{cases} -x, & |x| > 1, \\ x, & |x| < 1, \\ 0, & |x| = 1, \end{cases}$ 如右图所示,显然 $x = \pm 1$ 为 $f(x)$

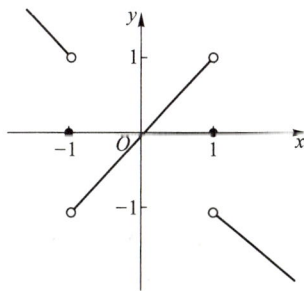

的跳跃间断点,于是 $f(x)$ 的第一类间断点个数是 2,应选 C.

155.【答案】A

【解析】当 $|x| < 1$ 时, $\lim\limits_{n \to \infty} x^{2n} = \lim\limits_{n \to \infty} (x^2)^n = 0$,则 $f(x) = \lim\limits_{n \to \infty} \frac{x^{2n+1}-1}{x^{2n}+1} = \frac{0-1}{0+1} = -1$.

当 $|x| > 1$ 时, $\lim\limits_{n \to \infty} x^{2n} = \lim\limits_{n \to \infty} (x^2)^n = \infty$,则 $f(x) = \lim\limits_{n \to \infty} \frac{x^{2n+1}-1}{x^{2n}+1} = x$.

当 $|x| = 1$ 时, $x^{2n} = (x^2)^n = 1$,则 $f(x) = \lim\limits_{n \to \infty} \frac{x \cdot x^{2n}-1}{x^{2n}+1} = \frac{x-1}{2}$,即 $f(-1) = -1, f(1) = 0$.

因此, $f(x) = \begin{cases} x, & |x| > 1, \\ -1, & -1 \le x < 1, \\ 0, & x = 1, \end{cases}$ 于是, $x = -1$ 为函数的连续点, $x = 1$ 为函数的第一类间断

点,应选 A.

第二章　一元函数微分学

2.1　导数与微分的定义

题组 A · 基础通关题

156.【答案】A

【解析】由导数定义,知

$$f'(0) = \lim_{x \to 0} \frac{f(x) - f(0)}{x} = \lim_{x \to 0} \frac{\dfrac{\sin x}{x} - 1}{x} = \lim_{x \to 0} \frac{\sin x - x}{x^2} = \lim_{x \to 0} \frac{-\dfrac{1}{6}x^3}{x^2} = 0,$$

应选 A.

157.【答案】B

【解析】由导数定义,知

$$f'(0) = \lim_{x \to 0} \frac{f(x) - f(0)}{x} = \lim_{x \to 0} \frac{\ln(x + \sqrt{x^2 + 1})}{x} = \lim_{x \to 0} \frac{x}{x} = 1,$$

应选 B.

小课堂

本题解析利用到等价无穷小公式:当 $x \to 0$ 时 $\ln(x + \sqrt{1 + x^2}) \sim x$.

158.【答案】E

【解析】由题意可知,$f(x) = \max\{e^x, 1\} = \begin{cases} e^x, & x \geqslant 0, \\ 1, & x < 0. \end{cases}$

由导数定义,知

$$f'_+(0) = \lim_{x \to 0^+} \frac{f(x) - f(0)}{x} = \lim_{x \to 0^+} \frac{e^x - 1}{x} = 1,$$

$$f'_-(0) = \lim_{x \to 0^-} \frac{f(x) - f(0)}{x} = \lim_{x \to 0^-} \frac{1-1}{x} = 0,$$

故 $f'_+(0) \neq f'_-(0)$，于是 $f'(0)$ 不存在，且不是 ∞，应选 E.

159.【答案】E

【解析】因为

$$\lim_{x \to 0^-} f(x) = \lim_{x \to 0^-} x^2 \sin \frac{1}{1+x^2} = 0, \quad \lim_{x \to 0^+} f(x) = \lim_{x \to 0^+} \frac{1-\cos x}{\sqrt{x}} = \lim_{x \to 0^+} \frac{\frac{1}{2}x^2}{\sqrt{x}} = 0,$$

所以 $\lim\limits_{x \to 0} f(x) = 0$，即 $f(x)$ 在 $x = 0$ 处极限存在.

又 $f(0) = 0$，于是 $\lim\limits_{x \to 0} f(x) = f(0)$，即 $f(x)$ 在 $x = 0$ 处连续.

由导数定义，知

$$f'_-(0) = \lim_{x \to 0^-} \frac{f(x) - f(0)}{x} = \lim_{x \to 0^-} \frac{x^2 \sin \dfrac{1}{1+x^2}}{x} = \lim_{x \to 0^-} x \sin \frac{1}{1+x^2} = 0,$$

$$f'_+(0) = \lim_{x \to 0^+} \frac{f(x) - f(0)}{x} = \lim_{x \to 0^+} \frac{\dfrac{1-\cos x}{\sqrt{x}}}{x} = \lim_{x \to 0^+} \frac{\frac{1}{2}x^2}{x^{\frac{3}{2}}} = 0,$$

即 $f'_-(0) = f'_+(0) = 0$，所以函数在 $x = 0$ 处可导且 $f'(0) = 0$，应选 E.

160.【答案】C

【解析】$\lim\limits_{x \to a} \dfrac{xf(a) - af(x)}{x - a} = \lim\limits_{x \to a} \dfrac{-a[f(x) - f(a)] + xf(a) - af(a)}{x - a}$

$$= \lim_{x \to a} \left[(-a) \cdot \frac{f(x) - f(a)}{x - a} + f(a) \right]$$

$$= -a \lim_{x \to a} \frac{f(x) - f(a)}{x - a} + f(a)$$

$$= -af'(a) + f(a),$$

应选 C.

161.【答案】C

【解析】因为 $f(x)$ 在 $x = 0$ 处可导，所以 $f(x)$ 在 $x = 0$ 处连续，于是

$$\lim_{x \to 0^+} f(x) = \lim_{x \to 0^-} f(x) = f(0),$$

即

$$\lim_{x \to 0^+} (x^2 + ax + b) = \lim_{x \to 0^-} [e^x(\sin x + \cos x)] = 1,$$

解得 $b = 1$.

根据导数定义，知

$$f'_-(0) = \lim_{x \to 0^-} \frac{e^x(\sin x + \cos x) - 1}{x}$$

$$= \lim_{x \to 0^-} [e^x(\sin x + \cos x) + e^x(\cos x - \sin x)] = 2,$$

高等数学篇

$$f'_+(0) = \lim_{x \to 0^-} \frac{x^2 + ax + b - 1}{x} = \lim_{x \to 0^-} \frac{x^2 + ax}{x} = a,$$

由于 $f(x)$ 在 $x = 0$ 处可导，所以 $f'_-(0) = f'_+(0)$，解得 $a = 2$，应选 C.

162.【答案】B

【解析】由 $\lim\limits_{x \to 0} \dfrac{f(2x) - 2}{x} = 4$，知 $\lim\limits_{x \to 0}[f(2x) - 2] = 0$，于是 $\lim\limits_{x \to 0} f(2x) = 2$.

又因为 $f(x)$ 在 $x = 0$ 处连续，所以 $\lim\limits_{x \to 0} f(2x) = f(0) = 2$.

进而，$\lim\limits_{x \to 0} \dfrac{f(2x) - 2}{x} = 2 \lim\limits_{x \to 0} \dfrac{f(0 + 2x) - f(0)}{2x} = 2f'(0) = 4$，故 $f'(0) = 2$.

应选 B.

163.【答案】B

【解析】由于 $f'(a) = 1$，所以

$$\lim_{h \to 0} \frac{f(a + 2h) - f(a + h)}{h} = \lim_{h \to 0}\left[2\frac{f(a + 2h) - f(a)}{2h} - \frac{f(a + h) - f(a)}{h}\right]$$

$$= 2\lim_{h \to 0} \frac{f(a + 2h) - f(a)}{2h} - \lim_{h \to 0} \frac{f(a + h) - f(a)}{h}$$

$$= 2f'(a) - f'(a) = f'(a) = 1,$$

应选 B.

小课堂

对于本题涉及的问题，总结如下：

（1）若 $\lim\limits_{x \to 0} \dfrac{f(x_0 + ax) - f(x_0 + bx)}{x}$ 存在，无法推知 $f(x)$ 在 $x = x_0$ 处可导.

（2）若 $f(x)$ 在 $x = x_0$ 处可导，则 $\lim\limits_{x \to 0} \dfrac{f(x_0 + ax) - f(x_0 + bx)}{x} = (a - b)f'(x_0)$.

利用结论（2），可快速求解本题，即 $\lim\limits_{h \to 0} \dfrac{f(a + 2h) - f(a + h)}{h} = f'(a) = 1$.

164.【答案】C

【解析】方法一：原式 $= \lim\limits_{x \to 0}\left[\dfrac{f(\sin x)}{x} - \dfrac{f(\cos x - 1)}{x^2}\right]$

$$= \lim_{x \to 0}\left[\frac{f(0 + \sin x) - f(0)}{\sin x} \cdot \frac{\sin x}{x} - \frac{f(0 + \cos x - 1) - f(0)}{\cos x - 1} \cdot \frac{\cos x - 1}{x^2}\right].$$

因为

$$\lim_{x \to 0} \frac{f(0 + \sin x) - f(0)}{\sin x} = f'(0)（存在），$$

$$\lim_{x \to 0} \frac{f(0 + \cos x - 1) - f(0)}{\cos x - 1} = f'(0) \, (存在),$$

所以 $\lim\limits_{x \to 0} \dfrac{xf(\sin x) - f(\cos x - 1)}{x^2} = f'(0) + \dfrac{1}{2}f'(0) = \dfrac{3}{2}f'(0)$，应选 C.

方法二：特例排除法. 若取 $f(x) = x$，显然满足题设条件，且 $f'(0) = 1$，此时

$$\lim_{x \to 0} \frac{xf(\sin x) - f(\cos x - 1)}{x^2} = \lim_{x \to 0} \frac{x \sin x - (\cos x - 1)}{x^2} = \lim_{x \to 0} \frac{x^2 + \dfrac{1}{2}x^2}{x^2} = \frac{3}{2},$$

即 $\lim\limits_{x \to 0} \dfrac{xf(\sin x) - f(\cos x - 1)}{x^2} = \dfrac{3}{2}f'(0)$，故选项 A、B、D、E 均错误，于是选 C.

165.【答案】D

【解析】对于 A，由于 $\dfrac{1}{h} \to 0^+$，于是

$$\lim_{h \to +\infty} h\left[f\left(a + \frac{1}{h}\right) - f(a)\right] = \lim_{h \to +\infty} \frac{f\left(a + \dfrac{1}{h}\right) - f(a)}{\dfrac{1}{h}} = f'_+(a).$$

当 $f'_+(a)$ 存在时，无法确定 $f'(a)$ 也存在，故 A 不正确.

同理，对于 E，由于 $h^2 \to 0^+$，则 $\lim\limits_{h \to 0} \dfrac{f(a + h^2) - f(a)}{h^2} = f'_+(a)$，于是也无法确定 $f'(a)$ 也存在，故 E 不正确.

对于 B，由于

$$\lim_{h \to 0} \frac{f(a + 2h) - f(a + h)}{h} = \lim_{h \to 0} \left[2\frac{f(a + 2h) - f(a)}{2h} - \frac{f(a + h) - f(a)}{h}\right],$$

其中

$$\lim_{h \to 0} \frac{f(a + 2h) - f(a)}{2h} = f'(a), \quad \lim_{h \to 0} \frac{f(a + h) - f(a)}{h} = f'(a).$$

但是，当 $\lim\limits_{h \to 0} \dfrac{f(a + 2h) - f(a + h)}{h}$ 存在时，根据极限四则运算性质知，$\lim\limits_{h \to 0} \dfrac{f(a + 2h) - f(a)}{2h}$ 与 $\lim\limits_{h \to 0} \dfrac{f(a + h) - f(a)}{h}$ 可能均存在，也可能均不存在，即 $f'(a)$ 可能存在，也可能不存在，故 B 不正确. 同理，亦可排除选项 C.

对于 D，由于 $-h \to 0$，于是

$$\lim_{h \to 0} \frac{f(a) - f(a - h)}{h} = \lim_{h \to 0} \frac{f(a - h) - f(a)}{-h} = f'(a).$$

因此，当 $\lim\limits_{h \to 0} \dfrac{f(a) - f(a - h)}{h}$ 存在时，则 $f'(a)$ 存在，即 $f(x)$ 在 $x = a$ 处可导，故 D 正确.

166.【答案】C

【解析】对于①④，由【小课堂】中连续的四则运算性质，显然正确.

对于②，根据【小课堂】中连续的四则运算性质知，当 $f(x)$，$g(x)$ 均在点 $x=x_0$ 处间断时，$f(x)g(x)$ 在 $x=x_0$ 处可能连续，也可能间断. 例如取 $f(x)=g(x)=\begin{cases}1,x\geq 0,\\-1,x<0,\end{cases}$ 显然 $f(x)$，$g(x)$ 均在点 $x=0$ 处间断，但 $f(x)g(x)=1$ 在点 $x=0$ 处连续，故②错误.

对于③，根据【小课堂】中可导的四则运算性质知，当 $f(x)$，$g(x)$ 均在点 $x=x_0$ 处不可导时，$f(x)g(x)$ 在 $x=x_0$ 处可能可导，也可能不可导. 例如取 $f(x)=g(x)=|x|$，显然 $f(x)$，$g(x)$ 在 $x=0$ 处均不可导，但 $f(x)g(x)=x^2$ 在 $x=0$ 处可导，于是③错误.

应选 C.

小课堂

极限、连续与可导的四则运算性质具有相似性，如下表：

极限	连续	可导
存在±存在＝存在	连续±连续＝连续	可导±可导＝可导
存在±不存在＝不存在	连续±间断＝间断	可导±不可导＝不可导
不存在±不存在＝未知	间断±间断＝未知	不可导±不可导＝未知
存在×存在＝存在	连续×连续＝连续	可导×可导＝可导
存在×不存在＝未知	连续×间断＝未知	可导×不可导＝未知
不存在×不存在＝未知	间断×间断＝未知	不可导×不可导＝未知

【注】表中"未知"表示结果可能存在，也可能不存在.

167.【答案】E

【解析】**方法一**：根据微分的定义，易知 $y'(x)=\dfrac{1}{1+x^2}$，所以 $y=\arctan x+C$.

又 $y(0)=\dfrac{\pi}{4}$，解得 $C=\dfrac{\pi}{4}$，于是 $y=\arctan x+\dfrac{\pi}{4}$，$y(1)=\dfrac{\pi}{2}$，应选 E.

方法二：当 $\Delta x\to 0$ 时，$\dfrac{\Delta y}{\Delta x}=\dfrac{1}{1+x^2}+\dfrac{o(\Delta x)}{\Delta x}$，于是等式两边同取极限得

$$\lim_{\Delta x\to 0}\frac{\Delta y}{\Delta x}=\lim_{\Delta x\to 0}\left[\frac{1}{1+x^2}+\frac{o(\Delta x)}{\Delta x}\right],$$

即 $y'(x)=\dfrac{1}{1+x^2}$，所以 $y=\arctan x+C$.

又 $y(0)=\dfrac{\pi}{4}$，解得 $C=\dfrac{\pi}{4}$，于是 $y=\arctan x+\dfrac{\pi}{4}$，$y(1)=\dfrac{\pi}{2}$，应选 E.

168.【答案】D

【解析】由 $y=f(x^2)$ 在 $x=-1$ 处相应的 Δy 的线性主部为 0.1，知微分 $\mathrm{d}y\mid_{x=-1}=0.1$.

因为 $\dfrac{\mathrm{d}y}{\mathrm{d}x} = f'(x^2) \cdot 2x$，于是 $\mathrm{d}y = f'(x^2) \cdot 2x \cdot \mathrm{d}x = f'(x^2) \cdot 2x \cdot \Delta x.$

又当 $x = -1, \Delta x = -0.1$ 时，$\mathrm{d}y \big|_{x=-1} = 0.1$，于是代入上式，有
$$\mathrm{d}y \big|_{x=-1} = f'(1) \cdot (-2) \cdot (-0.1) = 0.1,$$

解得 $f'(1) = 0.5$，应选 D.

题组 B·强化通关题

169. 【答案】D

【解析】由 $f(x)$ 在 $x = 0$ 处连续，知 $\lim\limits_{x \to 0} f(x) = f(0) = 1$，即
$$\lim\limits_{x \to 0} f(x) = \lim\limits_{x \to 0} \frac{\varphi(x)(\mathrm{e}^{x^2} - 1)}{\tan x - \sin x} = \lim\limits_{x \to 0} \frac{\varphi(x) \cdot x^2}{\frac{1}{2} x^3} = \lim\limits_{x \to 0} \frac{2\varphi(x)}{x} = 1,$$

整理得 $\lim\limits_{x \to 0} \dfrac{\varphi(x)}{x} = \dfrac{1}{2}.$

于是，$\lim\limits_{x \to 0} \varphi(x) = 0$，又 $\varphi(x)$ 在 $x = 0$ 处连续，所以 $\varphi(0) = \lim\limits_{x \to 0} \varphi(x) = 0.$

进而，根据导数定义知，$\varphi'(0) = \lim\limits_{x \to 0} \dfrac{\varphi(x) - \varphi(0)}{x} = \lim\limits_{x \to 0} \dfrac{\varphi(x)}{x} = \dfrac{1}{2}.$

应选 D.

170. 【答案】B

【解析】根据导数定义可知
$$g'(0) = \lim\limits_{x \to 0} \frac{g(x) - g(0)}{x} = \lim\limits_{x \to 0} \frac{\dfrac{1}{x^2} \displaystyle\int_0^x t f(t) \, \mathrm{d}t}{x}$$

$$= \lim\limits_{x \to 0} \frac{\displaystyle\int_0^x t f(t) \, \mathrm{d}t}{x^3} \xlongequal{\text{洛必达}} \lim\limits_{x \to 0} \frac{f(x)}{3x} = \frac{1}{3} \lim\limits_{x \to 0} \frac{f(x) - f(0)}{x - 0} = \frac{1}{3} f'(0).$$

应选 B.

171. 【答案】D

【解析】由 $f(x)$ 在 $x = 0$ 处可导，知 $f(x)$ 在 $x = 0$ 处连续，因为
$$\lim\limits_{x \to 0^+} f(x) = \lim\limits_{x \to 0^+} \left(\mathrm{e}^{-\frac{1}{x}} + \sqrt{1 - x} \right) = 1,$$
$$\lim\limits_{x \to 0^-} f(x) = \lim\limits_{x \to 0^-} (ax + b) = b,$$

且 $f(0) = b$，所以 $b = 1.$

又
$$f'_+(0) = \lim\limits_{x \to 0^+} \frac{f(x) - f(0)}{x - 0} = \lim\limits_{x \to 0^+} \frac{\mathrm{e}^{-\frac{1}{x}} + \sqrt{1 - x} - 1}{x}$$

$$= \lim\limits_{x \to 0^+} \frac{\mathrm{e}^{-\frac{1}{x}}}{x} + \lim\limits_{x \to 0^+} \frac{\sqrt{1 - x} - 1}{x} \qquad \left(\text{前一项令 } x = \frac{1}{t} \right)$$

$$= \lim_{t \to +\infty} \frac{t}{e^t} + \lim_{x \to 0^+} \frac{-\dfrac{1}{2}x}{x}$$

$$= 0 + \left(-\frac{1}{2}\right) = -\frac{1}{2},$$

$$f'_-(0) = \lim_{x \to 0^-} \frac{f(x) - f(0)}{x - 0} = \lim_{x \to 0^-} \frac{ax + 1 - 1}{x} = a,$$

由于 $f(x)$ 在 $x=0$ 处可导,则 $f'_+(0) = f'_-(0)$,解得 $a = -\dfrac{1}{2}$.

因此,当 $a = -\dfrac{1}{2}, b = 1$ 时,函数在 $f(x)$ 在 $x=0$ 处可导,应选 D.

172.【答案】E

【解析】$\displaystyle\lim_{x \to 0} \frac{f(\sin^2 x + \cos x)}{x^2 + x\tan x}$

$$= \lim_{x \to 0} \frac{f(\sin^2 x + \cos x)}{x^2 + x^2} \quad \text{（满足等价无穷小量的加减法替换准则）}$$

$$= \lim_{x \to 0} \frac{f(1 + \sin^2 x + \cos x - 1) - f(1)}{\sin^2 x + \cos x - 1} \cdot \frac{\sin^2 x + \cos x - 1}{2x^2}$$

$$= \lim_{x \to 0} \frac{f(1 + \sin^2 x + \cos x - 1) - f(1)}{\sin^2 x + \cos x - 1} \cdot \lim_{x \to 0} \frac{\sin^2 x + \cos x - 1}{2x^2}$$

$$= f'(1) \lim_{x \to 0} \frac{x^2 + \left(-\dfrac{1}{2}x^2\right)}{2x^2} \quad \text{（后一项中满足等价无穷小量的加减法替换准则）}$$

$$= \frac{1}{4} f'(1) = \frac{1}{2},$$

应选 E.

173.【答案】D

【解析】显然 $\displaystyle\lim_{x \to 0} \ln[f(x) + 3] = 0$,于是 $\displaystyle\lim_{x \to 0}[f(x) + 3] = 1$. 又 $f(x)$ 在 $x = 0$ 处连续,于是 $\displaystyle\lim_{x \to 0}[f(x) + 3] = f(0) + 3 = 1$,解得 $f(0) = -2$.

同时,由于 $\displaystyle\lim_{x \to 0}[f(x) + 3] = 1$,故 $\ln[f(x) + 3] \sim [f(x) + 3] - 1 = f(x) + 2$,于是

$$\lim_{x \to 0} \frac{x - \sin 2x}{\ln[f(x) + 3]} = \lim_{x \to 0} \frac{x - 2x}{f(x) + 2} = \lim_{x \to 0} \frac{-x}{f(x) + 2} = \frac{1}{2},$$

进而 $\displaystyle\lim_{x \to 0} \frac{f(x) + 2}{x} = -2$.

再根据导数定义,知 $f'(0) = \displaystyle\lim_{x \to 0} \frac{f(x) - f(0)}{x} = \lim_{x \to 0} \frac{f(x) + 2}{x} = -2$,应选 D.

174.【答案】D

【解析】因为 $f'(0)$ 存在,所以

$$\lim_{h \to 0} \frac{hf(\sin 2h) - f[\ln(1-h^2)]}{h^2}$$

$$= \lim_{h \to 0} \left\{ \frac{f(\sin 2h) - f(0)}{h} - \frac{f[\ln(1-h^2)] - f(0)}{h^2} \right\}$$

$$= \lim_{h \to 0} \left\{ \frac{f(\sin 2h) - f(0)}{\sin 2h} \cdot \frac{\sin 2h}{h} - \frac{f[\ln(1-h^2)] - f(0)}{\ln(1-h^2)} \cdot \frac{\ln(1-h^2)}{h^2} \right\}$$

$$= \lim_{h \to 0} \frac{f(\sin 2h) - f(0)}{\sin 2h} \cdot \frac{\sin 2h}{h} - \lim_{h \to 0} \frac{f[\ln(1-h^2)] - f(0)}{\ln(1-h^2)} \cdot \frac{\ln(1-h^2)}{h^2}$$

$$= \lim_{h \to 0} \frac{f(\sin 2h) - f(0)}{\sin 2h} \cdot \frac{2h}{h} - \lim_{h \to 0} \frac{f[\ln(1-h^2)] - f(0)}{\ln(1-h^2)} \cdot \frac{-h^2}{h^2}$$

$$= 2f'(0) + f'(0) = 3f'(0),$$

应选 D.

175.【答案】A

【解析】由于 $f(3+\Delta x) = 3f(\Delta x)$，$f(3) = f(3+0) = 3f(0)$，于是根据导数定义，知

$$f'(3) = \lim_{\Delta x \to 0} \frac{f(3+\Delta x) - f(3)}{\Delta x}$$

$$= \lim_{\Delta x \to 0} \frac{3f(\Delta x) - 3f(0)}{\Delta x}$$

$$= 3 \lim_{\Delta x \to 0} \frac{f(0+\Delta x) - f(0)}{\Delta x}$$

$$= 3f'(0) = 1,$$

应选 A.

176.【答案】C

【解析】方法一：直接法．显然所求极限为"1^∞"型未定式极限，则

$$\lim_{x \to 0} \left[e^{x^2} + \int_0^x f(t)\,dt \right]^{\frac{1}{x^2}} = e^{\lim\limits_{x \to 0} \frac{1}{x^2} \left[e^{x^2} + \int_0^x f(t)\,dt - 1 \right]}.$$

因为 $f(x)$ 为奇函数，所以 $f(0) = 0$，于是

$$\lim_{x \to 0} \frac{1}{x^2} \left[e^{x^2} + \int_0^x f(t)\,dt - 1 \right] = \lim_{x \to 0} \frac{e^{x^2} - 1 + \int_0^x f(t)\,dt}{x^2}$$

$$= \lim_{x \to 0} \frac{e^{x^2} - 1}{x^2} + \lim_{x \to 0} \frac{\int_0^x f(t)\,dt}{x^2}$$

$$= \lim_{x \to 0} \frac{x^2}{x^2} + \lim_{x \to 0} \frac{f(x)}{2x}$$

$$= 1 + \frac{1}{2} \lim_{x \to 0} \frac{f(x) - f(0)}{x} \quad （凑导数定义）$$

$$= 1 + \frac{1}{2} f'(0) = \frac{3}{2},$$

因此，$\lim\limits_{x\to 0}\left[e^{x^2}+\int_0^x f(t)\,dt\right]^{\frac{1}{x^2}}=e^{\frac{3}{2}}$，应选 C.

方法二：特例法. 若取 $f(x)=x$，满足奇函数，且 $f'(0)=1$，于是

$$\lim\limits_{x\to 0}\left[e^{x^2}+\int_0^x f(t)\,dt\right]^{\frac{1}{x^2}}=\lim\limits_{x\to 0}\left(e^{x^2}+\int_0^x t\,dt\right)^{\frac{1}{x^2}}$$

$$=\lim\limits_{x\to 0}\left(e^{x^2}+\frac{1}{2}x^2\right)^{\frac{1}{x^2}}$$

$$=e^{\lim\limits_{x\to 0}\frac{1}{x^2}\left(e^{x^2}+\frac{1}{2}x^2-1\right)}\quad（"1^{\infty}"型未定式极限）$$

$$=e^{\lim\limits_{x\to 0}\frac{e^{x^2}-1}{x^2}+\lim\limits_{x\to 0}\frac{\frac{1}{2}x^2}{x^2}}$$

$$=e^{1+\frac{1}{2}}=e^{\frac{3}{2}},$$

故除了选项 C 之外均错误，于是选 C.

177.【答案】D

【解析】 由于 $\lim\limits_{x\to 0}\frac{f(x)}{\ln(1+x)}=\lim\limits_{x\to 0}\frac{f(x)}{x}=1$，于是 $\lim\limits_{x\to 0}f(x)=0$. 又因为 $f(x)$ 在 $x=0$ 处连续，所以 $\lim\limits_{x\to 0}f(x)=f(0)=0$，故①正确.

进而，再根据导数定义，知 $f'(0)=\lim\limits_{x\to 0}\frac{f(x)-f(0)}{x-0}=\lim\limits_{x\to 0}\frac{f(x)}{x}=1$，故②正确.

对于③，因为 $f'(x)$ 在 $x=0$ 的某去心邻域内未必存在，所以③错误.

对于④，由于 $\lim\limits_{x\to 0}\frac{f(x)}{x^2}=\lim\limits_{x\to 0}\left[\frac{f(x)}{x}\cdot\frac{1}{x}\right]=\infty$，故④正确.

应选 D.

178.【答案】B

【解析】 由于 $\lim\limits_{x\to 1}\frac{f(x)}{\ln x}=\lim\limits_{x\to 1}\frac{f(x)}{x-1}=1$，于是 $\lim\limits_{x\to 1}f(x)=0$，②正确.

因为本题中未知 $f(x)$ 在 $x=1$ 处的连续性，所以 $\lim\limits_{x\to 1}f(x)$ 与 $f(1)$ 未必相等，于是无法推知 $f(1)=0$. 进而，$f'(1)=\lim\limits_{x\to 1}\frac{f(x)-f(1)}{x-1}$ 与 $\lim\limits_{x\to 1}\frac{f(x)}{x-1}$ 也未必相等，于是 $f'(1)=1$ 未必成立，故①、③均错误.

又因为 $f(x)$ 可导性未知，所以当 $x\to 1$ 时 $f'(x)$ 未必存在，于是④错误.

应选 B.

179.【答案】D

【解析】 由于 $f''(x_0)$ 存在，则

$$\lim\limits_{h\to 0}\frac{2f(x_0)-f(x_0+h)-f(x_0-h)}{h^2}$$

$$=\lim\limits_{h\to 0}\frac{-f'(x_0+h)+f'(x_0-h)}{2h}\quad（洛必达法则）$$

$$= -\frac{1}{2}\lim_{h\to 0}\frac{f'(x_0+h)-f'(x_0-h)}{h}$$

$$= -\frac{1}{2}\lim_{h\to 0}\left[\frac{f'(x_0+h)-f'(x_0)}{h}+\frac{f'(x_0-h)-f'(x_0)}{-h}\right]$$

$$= -\frac{1}{2}\left[\lim_{h\to 0}\frac{f'(x_0+h)-f'(x_0)}{h}+\lim_{h\to 0}\frac{f'(x_0-h)-f'(x_0)}{-h}\right]$$

$$= -\frac{1}{2}\left[f''(x_0)+f''(x_0)\right]$$

$$= -f''(x_0),$$

应选 D.

180.【答案】C

【解析】方法一：由于 $f(x)=(x-3)(x+1)|x-1||x+1|\sin|x|$，故 $f(x)$ 只可能在 $x=0$，$x=1$，$x=-1$ 处不可导.

又因为

$$f'_+(0)=\lim_{x\to 0^+}\frac{f(x)-f(0)}{x}=\lim_{x\to 0^+}\frac{(x-3)(x+1)|x-1||x+1|\sin|x|}{x}=-3\lim_{x\to 0^+}\frac{x}{x}=-3,$$

$$f'_-(0)=\lim_{x\to 0^-}\frac{f(x)-f(0)}{x}=\lim_{x\to 0^-}\frac{(x-3)(x+1)|x-1||x+1|\sin|x|}{x}=-3\lim_{x\to 0^-}\frac{-x}{x}=3,$$

$$f'_+(1)=\lim_{x\to 1^+}\frac{f(x)-f(1)}{x-1}=\lim_{x\to 1^+}\frac{(x-3)(x+1)|x-1||x+1|\sin|x|}{x-1}=-6\sin 1\lim_{x\to 1^+}\frac{x-1}{x-1}=-6\sin 1,$$

$$f'_-(1)=\lim_{x\to 1^-}\frac{f(x)-f(1)}{x-1}=\lim_{x\to 1^-}\frac{(x-3)(x+1)|x-1||x+1|\sin|x|}{x-1}=-6\sin 1\lim_{x\to 1^-}\frac{-(x-1)}{x-1}=6\sin 1,$$

$$f'_+(-1)=\lim_{x\to -1^+}\frac{f(x)-f(-1)}{x-(-1)}=\lim_{x\to -1^+}\frac{(x-3)(x+1)|x-1||x+1|\sin|x|}{x+1}=0,$$

$$f'_-(-1)=\lim_{x\to -1^-}\frac{f(x)-f(-1)}{x-(-1)}=\lim_{x\to -1^-}\frac{(x-3)(x+1)|x-1||x+1|\sin|x|}{x+1}=0,$$

所以 $f(x)$ 在 $x=0$，$x=1$ 处不可导，在 $x=-1$ 处可导，应选 C.

方法二：由于 $f(x)=(x-3)(x+1)|x-1||x+1|\sin|x|$，故 $f(x)$ 只可能在 $x=0$，$x=1$，$x=-1$ 处不可导.

记 $g_1(x)=(x-3)(x+1)|x+1|\sin|x|$，则 $f(x)=g_1(x)|x-1|$，由于 $g_1(1)\neq 0$，根据【小课堂】中结论(1)，知 $f(x)$ 在 $x=1$ 处不可导.

记 $g_2(x)=(x-3)(x+1)|x-1|\sin|x|$，则 $f(x)=g_2(x)|x+1|$，由于 $g_2(-1)=0$，再根据【小课堂】中结论(1)，知 $f(x)$ 在 $x=-1$ 处可导.

记 $g_3(x)=(x-3)(x+1)|x-1||x+1|$，则 $f(x)=g_3(x)\sin|x|$，由于 $g_3(0)\neq 0$，再根据【小课堂】中结论(4)，知 $f(x)$ 在 $x=0$ 处不可导.

综上所述，$f(x)$ 在 $x=0$，$x=1$ 处不可导，在 $x=-1$ 处可导，应选 C.

小课堂

本题考查了含有绝对值函数的可导性问题，这里将有关结论总结如下：

（1）设函数 $f(x)$ 在 $x=x_0$ 处连续，则 $F(x)=f(x)\,|x-x_0|$ 在 $x=x_0$ 处可导的充分必要条件为 $f(x_0)=0$.

（2）若 n 为正整数，$F(x)=(x-x_0)^n\,|x-x_0|$ 在 $x=x_0$ 处 n 阶可导，但是 $n+1$ 阶不可导.

（3）设函数 $f(x)$ 在 $x=0$ 处连续，则 $F(x)=f(x)\,|\sin x|$ 在 $x=0$ 处可导的充分必要条件为 $f(0)=0$.

（4）设函数 $f(x)$ 在 $x=0$ 处连续，则 $F(x)=f(x)\sin|x|$ 在 $x=0$ 处可导的充分必要条件为 $f(0)=0$.

（5）若 $f(x_0)=0,f'(x_0)$ 存在，则 $|f(x)|$ 在 $x=x_0$ 处可导的充分必要条件为 $f'(x_0)=0$.

181.【答案】A

【解析】由 $f'(x)<0,f''(x)<0$，知曲线 $y=f(x)$ 单调递减且为凸曲线.

记 $y=g(x)$ 为曲线 $y=f(x)$ 在点 x_0 处的切线方程，如右图所示，有

$$\Delta y=f(x_0+\Delta x)-f(x_0)<0,$$

$$dy=g(x_0+\Delta x)-g(x_0)<0,$$

故 $0>dy>\Delta y$，应选 A.

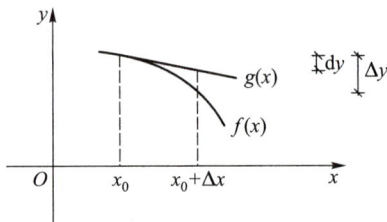

182.【答案】A

【解析】**方法一**：由微分定义可知，$f'(x)=\dfrac{1-x}{\sqrt{2x-x^2}}$，于是

$$f(x)=\int\frac{1-x}{\sqrt{2x-x^2}}dx=\frac{1}{2}\int\frac{2-2x}{\sqrt{2x-x^2}}dx$$

$$=\int\frac{1}{2\sqrt{2x-x^2}}d(2x-x^2)=\sqrt{2x-x^2}+C.$$

又因为 $f(0)=\dfrac{\pi}{4}$，代入解得 $C=\dfrac{\pi}{4}$，于是 $f(x)=\sqrt{2x-x^2}+\dfrac{\pi}{4}$.

因此，$\displaystyle\int_0^2 f(x)dx=\int_0^2\left(\frac{\pi}{4}+\sqrt{2x-x^2}\right)dx=\frac{\pi}{2}+\frac{\pi}{2}=\pi$，应选 A.

方法二：由 $f(x+\Delta x)-f(x)=\dfrac{1-x}{\sqrt{2x-x^2}}\Delta x+o(\Delta x)$，知

$$\frac{f(x+\Delta x)-f(x)}{\Delta x}=\frac{1-x}{\sqrt{2x-x^2}}+\frac{o(\Delta x)}{\Delta x}.$$

于是,上式两边同取极限,得

$$\lim_{\Delta x\to 0}\frac{f(x+\Delta x)-f(x)}{\Delta x}=\lim_{\Delta x\to 0}\frac{1-x}{\sqrt{2x-x^2}}+\lim_{\Delta x\to 0}\frac{o(\Delta x)}{\Delta x},$$

即 $f'(x)=\dfrac{1-x}{\sqrt{2x-x^2}}.$（后续同方法一）

183.【答案】A

【解析】由点 $\left(\dfrac{1}{2},4\right)$ 与点 $(0,0)$ 之间的斜率为 $k=\dfrac{4-0}{\dfrac{1}{2}-0}=8$,知曲线 $y=f\left(\dfrac{x+1}{x-1}\right)$ 在点

$\left(\dfrac{1}{2},4\right)$ 处的切线斜率为 8,即 $\dfrac{dy}{dx}\Big|_{x=\frac{1}{2}}=\left[f\left(\dfrac{x+1}{x-1}\right)\right]'\Big|_{x=\frac{1}{2}}=8.$

又因为 $\dfrac{dy}{dx}=\left[f\left(\dfrac{x+1}{x-1}\right)\right]'=f'\left(\dfrac{x+1}{x-1}\right)\cdot\dfrac{-2}{(x-1)^2}$,所以 $\dfrac{dy}{dx}\Big|_{x=\frac{1}{2}}=f'(-3)\cdot(-8)=8$,解得

$f'(-3)=-1.$

因此,当 $\Delta u=-0.1$ 时,$f(u)$ 在 $u=-3$ 处相应函数值的增量的线性主部,即微分为

$$df(u)\Big|_{u=-3}=f'(-3)\Delta u=(-1)\cdot(-0.1)=0.1,$$

应选 A.

2.2　导数与微分的计算

题组 A·基础通关题

184.【答案】B

【解析】根据复合函数的链式求导法则,知

$$\frac{dy}{dx}=-\sin e^{-\sqrt{x}}\cdot e^{-\sqrt{x}}\cdot\left(-\frac{1}{2\sqrt{x}}\right)=\frac{e^{-\sqrt{x}}\sin e^{-\sqrt{x}}}{2\sqrt{x}},$$

于是 $\dfrac{dy}{dx}\Big|_{x=1}=\dfrac{\sin e^{-1}}{2e}$,应选 B.

185.【答案】A

【解析】$y'=\left(\ln\dfrac{x^4\cos^2 x}{\sqrt{x^2+1}}\right)'=\left[4\ln|x|+2\ln|\cos x|-\dfrac{1}{2}\ln(x^2+1)\right]'$

$$=\frac{4}{x}+\frac{2}{\cos x}\cdot(-\sin x)-\frac{1}{2}\cdot\frac{1}{x^2+1}\cdot(2x)=\frac{4}{x}-\frac{2\sin x}{\cos x}-\frac{x}{x^2+1},$$

于是 $\dfrac{dy}{dx}\Big|_{x=\pi}=\dfrac{4}{\pi}-\dfrac{\pi}{\pi^2+1}$,应选 A.

186.【答案】D

【解析】$f'(x) = \left[e^{x\ln\left(1+\frac{1}{2x}\right)} \right]' = e^{x\ln\left(1+\frac{1}{2x}\right)} \cdot \left[\ln\left(1+\frac{1}{2x}\right) + x \cdot \frac{1}{1+\frac{1}{2x}}\left(-\frac{1}{2x^2}\right) \right].$

当 $x = \frac{1}{2}$ 时，$f'\left(\frac{1}{2}\right) = e^{\frac{1}{2}\ln 2}\left(\ln 2 - \frac{1}{2}\right) = \sqrt{2}\left(\ln 2 - \frac{1}{2}\right)$，故 $\mathrm{d}y \mid_{x=\frac{1}{2}} = \sqrt{2}\left(\ln 2 - \frac{1}{2}\right)\mathrm{d}x.$

应选 D.

187.【答案】E

【解析】显然 $\lim\limits_{t\to\infty}\left(1+\frac{1}{t}\right)^{2tx}$ 为 "1^{∞}" 型未定式极限，于是

$$f(x) = x\lim_{t\to\infty}\left(1+\frac{1}{t}\right)^{2tx} = xe^{\lim\limits_{t\to\infty} 2tx\ln\left(1+\frac{1}{t}\right)} = xe^{2x\lim\limits_{t\to\infty} t\ln\left(1+\frac{1}{t}\right)} = xe^{2x},$$

所以 $f'(x) = e^{2x}(2x+1)$，应选 E.

188.【答案】E

【解析】因为 $g'(x) = 3f'[f(1+3x)] \cdot f'(1+3x)$，所以

$$g'(0) = 3f'[f(1)] \cdot f'(1) = 3f'(1) \cdot f'(1) = 3 \cdot 2 \cdot 2 = 12,$$

应选 E.

189.【答案】C

【解析】根据复合函数链式求导法则，知 $f'(x) = h'(x)g'[h(x)].$

令 $x = 2$，代入得 $f'(2) = h'(2)g'[h(2)]$，解得 $h'(2) = 1$，应选 C.

190.【答案】A

【解析】由复合函数的链式求导法则，知

$$\frac{\mathrm{d}f[g(x)]}{\mathrm{d}x} = f'[g(x)] \cdot g'(x),$$

于是，$b = f'[g(1)]g'(1) = 4f'(a).$

显然，当 $a = 1$ 时，$b = 4f'(1) = 4$，应选 A.

191.【答案】B

【解析】根据复合函数的链式求导法则，知

$$\frac{\mathrm{d}y}{\mathrm{d}x} = f'\left(\frac{2x-1}{x+1}\right) \cdot \left(\frac{2x-1}{x+1}\right)' = f'\left(\frac{2x-1}{x+1}\right) \cdot \frac{3}{(x+1)^2}.$$

又 $f'(x) = \ln x^{\frac{1}{3}} = \frac{1}{3}\ln x$，于是

$$\frac{\mathrm{d}y}{\mathrm{d}x} = \frac{1}{3}\ln\left(\frac{2x-1}{x+1}\right) \cdot \frac{3}{(x+1)^2},$$

故 $\dfrac{\mathrm{d}y}{\mathrm{d}x}\Big|_{x=1} = -\dfrac{1}{4}\ln 2$，应选 B.

192.【答案】A

【解析】方程 $x^2-y+1=e^y$ 两边同时对 x 求导,得

$$2x-y'=e^y \cdot y'. \qquad\qquad ①$$

①式两边再同时对 x 求导,得

$$2-y''=e^y \cdot y' \cdot y'+e^y y''. \qquad\qquad ②$$

当 $x=0$ 时,代入原方程中,解得 $y=0$.

将 $x=0,y=0$ 代入①中,解得 $y'=0$.

再将 $x=0,y=0,y'=0$ 代入②中,解得 $y''(0)=1$,应选 A.

193.【答案】A

【解析】方程 $x^y=y^x$ 两边同时取对数,得 $y\ln x=x\ln y$.

方程 $y\ln x=x\ln y$ 两边同时对 x 求导,得

$$y'\ln x+\frac{y}{x}=\ln y+x \cdot \frac{y'}{y}. \qquad\qquad ①$$

将 $x=1,y=1$ 代入①式中,解得 $y'(1)=f'(1)=1$,应选 A.

194.【答案】A

【解析】方程 $\sin(xy)+\ln(y-x+1)=x$ 两边同时对 x 求导,得

$$\cos(xy) \cdot (y+xy')+\frac{1}{y-x+1} \cdot (y'-1)=1. \qquad\qquad ①$$

当 $x=0$ 时,代入原方程中,解得 $y=0$.

再将 $x=0,y=0$ 代入①式中,解得 $y'(0)=f'(0)=2$.

$$\lim_{x\to+\infty} xf\left(\frac{1}{4x+3}\right)=\lim_{x\to+\infty}\left[\frac{f\left(0+\dfrac{1}{4x+3}\right)-f(0)}{\dfrac{1}{4x+3}} \cdot \frac{x}{4x+3}\right]$$

$$=\frac{1}{4}\lim_{x\to+\infty}\frac{f\left(0+\dfrac{1}{4x+3}\right)-f(0)}{\dfrac{1}{4x+3}}$$

$$=\frac{1}{4}f'(0)=\frac{1}{2},$$

应选 A.

195.【答案】C

【解析】方程 $y-x=e^{x(1-y)}$ 两边同时对 x 求导,得

$$y'-1=e^{x(1-y)}\left[(1-y)-xy'\right]. \qquad\qquad ①$$

当 $x=0$ 时,代入原方程中,解得 $y=1$.

再将 $x=0,y=1$ 代入①式中,解得 $y'(0)=f'(0)=1$.

于是, $\lim\limits_{x\to\infty} x\left[f\left(\dfrac{2}{x}\right)-1\right]=2\lim\limits_{x\to\infty}\dfrac{f\left(\dfrac{2}{x}\right)-1}{\dfrac{2}{x}}=2\lim\limits_{x\to\infty}\dfrac{f\left(0+\dfrac{2}{x}\right)-f(0)}{\dfrac{2}{x}}=2f'(0)=2$,

应选 C.

196.【答案】D

【解析】 由参数方程求导公式, 知

$$\frac{\mathrm{d}y}{\mathrm{d}x}=\frac{y'(t)}{x'(t)}=\frac{3+3t^2}{\dfrac{1}{1+t^2}}=3\,(1+t^2)^2,$$

$$\frac{\mathrm{d}^2y}{\mathrm{d}x^2}=\frac{\mathrm{d}\left(\dfrac{\mathrm{d}y}{\mathrm{d}x}\right)}{\mathrm{d}t}\cdot\frac{1}{\dfrac{\mathrm{d}x}{\mathrm{d}t}}=6(1+t^2)\cdot 2t\cdot\frac{1}{\dfrac{1}{1+t^2}}=12t\,(1+t^2)^2,$$

于是 $\dfrac{\mathrm{d}^2y}{\mathrm{d}x^2}\Big|_{t=1}=48$, 应选 D.

197.【答案】A

【解析】 由于

$$\frac{\mathrm{d}y}{\mathrm{d}x}=1-\cos x,\qquad \frac{\mathrm{d}^2y}{\mathrm{d}x^2}=\sin x,$$

根据反函数导数计算公式, 知

$$\frac{\mathrm{d}x}{\mathrm{d}y}=\frac{1}{\dfrac{\mathrm{d}y}{\mathrm{d}x}}=\frac{1}{1-\cos x},$$

$$\frac{\mathrm{d}^2x}{\mathrm{d}y^2}=-\frac{\dfrac{\mathrm{d}^2y}{\mathrm{d}x^2}}{\left(\dfrac{\mathrm{d}y}{\mathrm{d}x}\right)^3}=-\frac{\sin x}{(1-\cos x)^3}.$$

令 $y=x-\sin x-\dfrac{\pi}{2}=-1$, 解得 $x=\dfrac{\pi}{2}$, 进而

$$\frac{\mathrm{d}x}{\mathrm{d}y}\Big|_{y=-1}=\frac{1}{1-\cos x}\Big|_{x=\frac{\pi}{2}}=1,\quad \frac{\mathrm{d}^2x}{\mathrm{d}y^2}\Big|_{y=-1}=-\frac{\sin x}{(1-\cos x)^3}\Big|_{x=\frac{\pi}{2}}=-1,$$

故应选 A.

198.【答案】C

【解析】 由题意可知, $\dfrac{\mathrm{d}y}{\mathrm{d}x}=\dfrac{f'(\ln x)}{x}$, $\dfrac{\mathrm{d}^2y}{\mathrm{d}x^2}=\dfrac{f''(\ln x)-f'(\ln x)}{x^2}$.

于是, 根据反函数的导数计算公式 (见【小课堂】) 知

$$\frac{\mathrm{d}^2 x}{\mathrm{d} y^2} = -\frac{\dfrac{\mathrm{d}^2 y}{\mathrm{d} x^2}}{\left(\dfrac{\mathrm{d} y}{\mathrm{d} x}\right)^3} = -\frac{f''(\ln x) - f'(\ln x)}{x^2} \cdot \frac{x^3}{[f'(\ln x)]^3} = \frac{x[f'(\ln x) - f''(\ln x)]}{[f'(\ln x)]^3},$$

应选 C.

小课堂

若 $y = f(x)$ 其反函数为 $x = f^{-1}(y)$, 且 $f'(x) \neq 0$, 则其反函数 $x = f^{-1}(y)$ 的导数

$$\frac{\mathrm{d} x}{\mathrm{d} y} = \frac{1}{y'} = \frac{1}{f'(x)}, \quad \frac{\mathrm{d}^2 x}{\mathrm{d} y^2} = -\frac{y''}{(y')^3} = -\frac{f''(x)}{[f'(x)]^3}.$$

199.【答案】E

　　【解析】当 $x \neq 0$ 时, $f'(x) = \dfrac{x\cos x - \sin x}{x^2}$.

　　当 $x = 0$ 时, 由导数定义知

$$f'(0) = \lim_{x \to 0} \frac{f(x) - f(0)}{x} = \lim_{x \to 0} \frac{\dfrac{\sin x}{x} - 1}{x} = \lim_{x \to 0} \frac{\sin x - x}{x^2} = \lim_{x \to 0} \frac{-\dfrac{1}{6} x^3}{x^2} = 0,$$

进而, 再利用导数定义可得

$$f''(0) = \lim_{x \to 0} \frac{f'(x) - f'(0)}{x} = \lim_{x \to 0} \frac{\dfrac{x\cos x - \sin x}{x^2}}{x^3}$$

$$= \lim_{x \to 0} \frac{x\cos x - x + x - \sin x}{x^3} = \lim_{x \to 0} \frac{x(\cos x - 1)}{x^3} + \lim_{x \to 0} \frac{x - \sin x}{x^3}$$

$$= \lim_{x \to 0} \frac{-\dfrac{1}{2} x^2}{x^2} + \lim_{x \to 0} \frac{\dfrac{1}{6} x^3}{x^3} = -\frac{1}{3},$$

应选 E.

200.【答案】E

　　【解析】当 $x \neq 0$ 时, $f'(x) = \arctan \dfrac{1}{x^2} + x \cdot \dfrac{1}{1 + \dfrac{1}{x^4}} \cdot \dfrac{-2}{x^3} = \arctan \dfrac{1}{x^2} - \dfrac{2x^2}{1 + x^4}$.

　　当 $x = 0$ 时, $f'(0) = \lim_{x \to 0} \dfrac{f(x) - f(0)}{x - 0} = \lim_{x \to 0} \dfrac{x\arctan \dfrac{1}{x^2}}{x} = \lim_{x \to 0} \arctan \dfrac{1}{x^2} = \dfrac{\pi}{2}$.

　　又因为

$$\lim_{x \to 0} f'(x) = \lim_{x \to 0} \left(\arctan \frac{1}{x^2} - \frac{2x^2}{1 + x^4} \right) = \lim_{x \to 0} \arctan \frac{1}{x^2} - \lim_{x \to 0} \frac{2x^2}{1 + x^4} = \frac{\pi}{2} - 0 = \frac{\pi}{2},$$

所以 $\lim_{x \to 0} f'(x) = f'(0)$, 即 $f'(x)$ 在 $x = 0$ 处连续, 应选 E.

201.【答案】E

【解析】当 $x \neq 0$ 时，$f(x) = \ln(1+x^2)^{\frac{2}{x}} = \frac{2}{x}\ln(1+x^2)$.

因为

$$\lim_{x \to 0} f(x) = \lim_{x \to 0}\frac{2}{x}\ln(1+x^2) = \lim_{x \to 0}\frac{2}{x} \cdot x^2 = 0,$$

所以 $\lim_{x \to 0} f(x) = f(0)$，即 $f(x)$ 在 $x = 0$ 处连续.

当 $x = 0$ 时，由导数定义知

$$f'(0) = \lim_{x \to 0}\frac{f(x)-f(0)}{x} = \lim_{x \to 0}\frac{\frac{2}{x}\ln(1+x^2)}{x} = \lim_{x \to 0}\frac{\frac{2}{x} \cdot x^2}{x} = 2,$$

即 $f(x)$ 在 $x = 0$ 处可导.

当 $x \neq 0$ 时，$f'(x) = \left[\dfrac{2\ln(1+x^2)}{x}\right]' = \dfrac{2\left[\dfrac{2x^2}{1+x^2}-\ln(1+x^2)\right]}{x^2} = \dfrac{4}{1+x^2} - \dfrac{2\ln(1+x^2)}{x^2}.$

由于 $\lim_{x \to 0} f'(x) = \lim_{x \to 0}\left[\dfrac{4}{1+x^2} - \dfrac{2\ln(1+x^2)}{x^2}\right] = 2 = f'(0)$，所以 $f'(x)$ 在 $x = 0$ 处连续.

应选 E.

202.【答案】C

【解析】由于 $f(x) = \dfrac{1}{(x-2)(x-1)} = \dfrac{1}{x-2} - \dfrac{1}{x-1}$，于是

$$f^{(n)}(x) = \left(\frac{1}{x-2}\right)^{(n)} - \left(\frac{1}{x-1}\right)^{(n)} = (-1)^n\frac{n!}{(x-2)^{n+1}} - (-1)^n\frac{n!}{(x-1)^{n+1}}.$$

当 $x = 3$ 时，$f^{(n)}(3) = (-1)^n n!\left(1 - \dfrac{1}{2^{n+1}}\right)$，进而 $f^{(100)}(3) = 100!\left(1 - \dfrac{1}{2^{101}}\right)$，应选 C.

203.【答案】D

【解析】令 $u(x) = x^2+x, v(x) = \cos x$，由莱布尼茨公式知

$$y^{(20)}(x) = uv^{(20)} + C_{20}^1 u'v^{(19)} + C_{20}^2 u''v^{(18)}$$

$$= (x^2+x)\cos\left(x+\frac{20\pi}{2}\right) + 20 \cdot (2x+1) \cdot \cos\left(x+\frac{19\pi}{2}\right) + 190 \cdot 2\cos\left(x+\frac{18\pi}{2}\right)$$

$$= (x^2+x-380)\cos x + (40x+20)\sin x,$$

于是 $y^{(20)}(0) = -380$，应选 D.

204.【答案】E

【解析】因为 $f(x) = \ln[(3x-1)(x+2)]$，所以

$$f^{(n)}(x) = \left(\frac{3}{3x-1}\right)^{(n-1)} + \left(\frac{1}{x+2}\right)^{(n-1)}$$

$$= 3 \cdot \frac{3^{n-1} \cdot (n-1)! \ (-1)^{n-1}}{(3x-1)^n} + \frac{(n-1)! \ (-1)^{n-1}}{(x+2)^n}$$

$$= (n-1)! \ (-1)^{n-1} \left[\frac{3^n}{(3x-1)^n} + \frac{1}{(x+2)^n} \right],$$

应选 E.

题组 B·强化通关题

205.【答案】D

【解析】由复合函数的链式求导法则,知

$$g'(x) = f'(f(f(x))) \cdot f'(f(x)) \cdot f'(x),$$

因此

$$\begin{aligned}
g'(1) &= f'(f(f(1))) \cdot f'(f(1)) \cdot f'(1) \\
&= f'(f(1)) \cdot f'(1) \cdot f'(1) \\
&= f'(1) \cdot f'(1) \cdot f'(1) = 8,
\end{aligned}$$

应选 D.

206.【答案】D

【解析】对 $f(x)$ 取对数,得

$$\ln |f(x)| = \frac{1}{3} (\ln |x+1| + \ln |x^2+6| - \ln |x+2| - \ln |x^2+3|), \qquad ①$$

①式两边同时对 x 求导,得

$$\frac{1}{f(x)} \cdot f'(x) = \frac{1}{3} \left(\frac{1}{x+1} + \frac{2x}{x^2+6} - \frac{1}{x+2} - \frac{2x}{x^2+3} \right). \qquad ②$$

当 $x=0$ 时,$f(0)=1$,再代入②式中,可得 $f'(0) = \frac{1}{6}$.

因此,根据导数定义,知

$$\begin{aligned}
\lim_{x \to 0} \frac{f(x) - f(-x)}{x} &= \lim_{x \to 0} \left[\frac{f(0+x) - f(0)}{x} + \frac{f(0-x) - f(0)}{-x} \right] \\
&= f'(0) + f'(0) = \frac{1}{3},
\end{aligned}$$

应选 D.

小课堂

关于本题中涉及的极限,有两个常用结论:

(1) 若 $\lim\limits_{x \to 0} \dfrac{f(x_0+ax) - f(x_0+bx)}{x}$ 存在,无法推知 $f(x)$ 在点 $x = x_0$ 处可导;

(2) 若 $f(x)$ 在 $x = x_0$ 处可导,则 $\lim\limits_{x \to 0} \dfrac{f(x_0+ax) - f(x_0+bx)}{x} = (a-b)f'(x_0)$.

若利用性质(2),可以立即得到 $\lim\limits_{x \to 0} \dfrac{f(x) - f(-x)}{x} = 2f'(0)$.

207.【答案】D

【解析】记 $g(x) = (x-1)(x-3)^3(x-4)^4$，则 $f(x) = (x-2)^2 g(x)$，于是

$$f'(x) = 2(x-2)g(x) + (x-2)^2 g'(x),$$

$$f''(x) = 2g(x) + 2(x-2)g'(x) + 2(x-2)g'(x) + (x-2)^2 g''(x),$$

因此 $f''(2) = 2g(2) = -32$，应选 D.

208.【答案】E

【解析】根据复合函数求导法则，知

$$\frac{\mathrm{d}u}{\mathrm{d}x} = f'[g(x) + \arctan y] \cdot \left[g'(x) + \frac{1}{1+y^2} y'\right].$$

方程 $x^3 + y^3 - \sin 3x + 6y = 0$ 两边同时对 x 求导，得

$$3x^2 + 3y^2 y' - 3\cos 3x + 6y' = 0,$$

即

$$x^2 + y^2 y' - \cos 3x + 2y' = 0. \tag{①}$$

将 $x = 0$ 代入原方程中，解得 $y = 0$. 再将 $x = 0$, $y = 0$ 代入①式中，解得 $y'(0) = \dfrac{1}{2}$. 于是

$$\left.\frac{\mathrm{d}u}{\mathrm{d}x}\right|_{x=0} = f'[g(0)] \cdot [g'(0) + y'(0)] = f'(0) \cdot [g'(0) + y'(0)] = 3,$$

应选 E.

209.【答案】C

【解析】方程 $x^2 - \displaystyle\int_1^{x+y} e^{-t^2}\mathrm{d}t = 0$ 两边同时对 x 求导，得

$$2x - e^{-(x+y)^2}(1 + y') = 0, \tag{①}$$

当 $x = 0$ 时，代入原方程，解得 $y = 1$. 再将 $x = 0$, $y = 1$ 代入上式，解得 $y' = -1$.

对①式两边再同时对 x 求导，得

$$2 + 2e^{-(x+y)^2}(x+y)(1+y')^2 - e^{-(x+y)^2}y'' = 0,$$

当 $x = 0$, $y = 1$, $y' = -1$ 时，均代入上式，解得 $y''(0) = 2e$，应选 C.

210.【答案】D

【解析】方程 $y^2 + xy + x^2 + x = 0$ 两边同时对 x 求导，得

$$2yy' + xy' + y + 2x + 1 = 0, \tag{①}$$

①式两边同时再对 x 求导，得

$$2yy'' + xy'' + 2(y')^2 + 2y' + 2 = 0. \tag{②}$$

将 $x = -1$, $y = 1$ 代入①式中，解得 $y'(-1) = 0$.

再将 $x = -1$, $y = 1$, $y'(-1) = 0$ 代入②式中，解得 $y''(-1) = -2$.

于是

$$\lim_{x \to -1} \frac{y(x) - 1}{(x+1)^2} \xlongequal{\text{洛必达法则}} \frac{1}{2}\lim_{x \to -1} \frac{y'(x)}{x+1} = \frac{1}{2}\lim_{x \to -1} \frac{y'(x) - y'(-1)}{x - (-1)} = \frac{1}{2}y''(-1) = -1,$$

应选 D.

211.【答案】C

【解析】方程 $te^y+y+1=0$ 两边同时对 t 求导，得

$$e^y+te^y \cdot \frac{\mathrm{d}y}{\mathrm{d}t}+\frac{\mathrm{d}y}{\mathrm{d}t}=0,$$

当 $t=0$ 时，由 $te^y+y+1=0$ 知，$y=-1$. 于是，再将 $t=0$，$y=-1$ 代入上式得 $\dfrac{\mathrm{d}y}{\mathrm{d}t}\Big|_{t=0}=-e^{-1}$.

又 $x'(t)=2t-1$，$\dfrac{\mathrm{d}x}{\mathrm{d}t}\Big|_{t=0}=-1$，于是根据参数方程求导公式，知

$$\frac{\mathrm{d}y}{\mathrm{d}x}\Big|_{t=0}=\frac{y'(t)}{x'(t)}\Big|_{t=0}=e^{-1},$$

应选 C.

212.【答案】B

【解析】显然 $f(x)=\begin{cases}-x^2\sin x, & x\leqslant 0,\\ x^2\sin x, & x>0,\end{cases}$ 于是

$$f'(x)=\begin{cases}-2x\sin x-x^2\cos x, & x<0,\\ 2x\sin x+x^2\cos x, & x>0.\end{cases}$$

当 $x=0$ 时，由导数定义知

$$f'_+(0)=\lim_{x\to 0^+}\frac{f(x)-f(0)}{x}=\lim_{x\to 0^+}\frac{x^2\sin x}{x}=\lim_{x\to 0^+}x\sin x=0,$$

$$f'_-(0)=\lim_{x\to 0^-}\frac{f(x)-f(0)}{x}=\lim_{x\to 0^-}\frac{-x^2\sin x}{x}=-\lim_{x\to 0^-}x\sin x=0,$$

即 $f'(0)=0$.

再由导数定义，可得

$$f''_+(0)=\lim_{x\to 0^+}\frac{f'(x)-f'(0)}{x}=\lim_{x\to 0^+}\frac{2x\sin x+x^2\cos x}{x}=\lim_{x\to 0^+}(2\sin x+x\cos x)=0,$$

$$f''_-(0)=\lim_{x\to 0^-}\frac{f'(x)-f'(0)}{x}=\lim_{x\to 0^-}\frac{-2x\sin x-x^2\cos x}{x}=-\lim_{x\to 0^-}(2\sin x+x\cos x)=0,$$

于是 $f''(0)=0$，应选 B.

213.【答案】D

【解析】因为

$$\lim_{x\to 0}g(x)=\lim_{x\to 0}\frac{f(x)}{x}=\lim_{x\to 0}\frac{f(x)-f(0)}{x}=f'(0)=g(0),$$

所以 $g(x)$ 在 $x=0$ 处连续.

当 $x=0$ 时，由导数定义知

$$g'(0)=\lim_{x\to 0}\frac{g(x)-g(0)}{x}=\lim_{x\to 0}\frac{f(x)-xf'(0)}{x^2}=\lim_{x\to 0}\frac{f'(x)-f'(0)}{2x}=\frac{f''(0)}{2},$$

所以 $g(x)$ 在 $x=0$ 处可导.

当 $x \neq 0$ 时，$g'(x) = \dfrac{xf'(x) - f(x)}{x^2}$.

又因为

$$\lim_{x \to 0} g'(x) = \lim_{x \to 0} \frac{xf'(x) - f(x)}{x^2} = \lim_{x \to 0} \frac{f'(x) + xf''(x) - f'(x)}{2x} = \frac{1}{2}f''(0) = g'(0),$$

所以 $g'(x)$ 连续，应选 D.

214.【答案】C

【解析】由题意可知，$f''(0)$ 存在，则 $f'(0)$ 也存在，且 $f(x)$ 在点 $x = 0$ 处连续，于是有

$$\lim_{x \to 0^-} f(x) = \lim_{x \to 0^+} f(x) = f(0),$$

解得 $c = 0$.

因为 $f'(0)$ 存在，且

$$f'_+(0) = \lim_{x \to 0^+} \frac{f(x) - f(0)}{x - 0} = \lim_{x \to 0^+} \frac{\ln(1+x)}{x} = 1,$$

$$f'_-(0) = \lim_{x \to 0^-} \frac{f(x) - f(0)}{x - 0} = \lim_{x \to 0^-} \frac{ax^2 + bx}{x} = b,$$

所以 $b = 1$，且 $f'(0) = 1$，进而可得 $f'(x) = \begin{cases} 2ax + 1, & x < 0, \\ \dfrac{1}{1+x}, & x \geq 0, \end{cases}$

又因为 $f''(0)$ 存在，且

$$f''_+(0) = \lim_{x \to 0^+} \frac{f'(x) - f'(0)}{x - 0} = \lim_{x \to 0^+} \frac{\dfrac{1}{1+x} - 1}{x} = \lim_{x \to 0^+} \frac{-x}{x(1+x)} = -1,$$

$$f''_-(0) = \lim_{x \to 0^-} \frac{f'(x) - f'(0)}{x - 0} = \lim_{x \to 0^-} \frac{2ax + 1 - 1}{x} = 2a,$$

所以 $a = -\dfrac{1}{2}$，因此 $a + b + c = \dfrac{1}{2}$，应选 C.

215.【答案】C

【解析】**方法一：利用高阶导数计算公式.**

因为

$$f^{(n)}(x) = \left[\ln(1-x) - \ln(1+x)\right]^{(n)}$$

$$= \left(\frac{-1}{1-x}\right)^{(n-1)} - \left(\frac{1}{1+x}\right)^{(n-1)}$$

$$= \left(\frac{1}{x-1}\right)^{(n-1)} - \left(\frac{1}{x+1}\right)^{(n-1)}$$

$$= \frac{(-1)^{n-1}(n-1)!}{(x-1)^n} - \frac{(-1)^{n-1}(n-1)!}{(x+1)^n},$$

所以 $f^{(4)}(0) = (-1)^3 \cdot 3! - (-1)^3 \cdot 3! = 0$，应选 C.

方法二:利用泰勒公式.

由泰勒公式,知

$$f(x) = \ln[1+(-x)] - \ln(1+x)$$

$$= \left[(-x) - \frac{1}{2}(-x)^2 + \frac{1}{3}(-x)^3 - \frac{1}{4}(-x)^4 + \cdots\right] - \left(x - \frac{1}{2}x^2 + \frac{1}{3}x^3 - \frac{1}{4}x^4 + \cdots\right)$$

$$= -2x - \frac{2}{3}x^3 + \cdots,$$

所以 x^4 的系数为 $0 = \dfrac{f^{(4)}(0)}{4!}$,于是 $f^{(4)}(0) = 0$,应选 C.

方法三:利用函数的奇偶性.

易知 $f(x)$ 为奇函数,于是 $f'(x)$ 偶函数,$f''(x)$ 为奇函数,$\cdots$,$f^{(4)}(x)$ 为奇函数,所以 $f^{(4)}(0) = 0$,应选 C.

2.3 导数的几何意义与切线、法线方程

题组 A · 基础通关题

216.【答案】 A

【解析】 方程 $\tan\left(x + y + \dfrac{\pi}{4}\right) = c^y$ 两边同时对 x 求导,得

$$\sec^2\left(x + y + \frac{\pi}{4}\right) \cdot (1 + y') = e^y \cdot y'.$$

当 $x = 0, y = 0$ 时,代入上式解得 $y'(0) = -2$,于是曲线该点处的切线方程为 $y = -2x$,应选 A.

217.【答案】 E

【解析】 方程 $e^{2x+y} - \cos(xy) = e - 1$ 两边同时对 x 求导,得

$$e^{2x+y} \cdot (2 + y') + \sin xy \cdot (y + x \cdot y') = 0.$$

将 $x = 0, y = 1$ 代入上式,解得 $y'(0) = -2$,于是曲线在该点处的法线方程为

$$y = f(0) + \frac{-1}{f'(0)}(x - 0),\text{即 } y = \frac{1}{2}x + 1,\text{应选 E.}$$

218.【答案】 E

【解析】 当 $x \to 0$ 时,$\sin x + x^2 \sim \sin x$(无穷小量的和取低阶原则),于是

$$\lim_{x \to 0} \frac{f(x) + 2}{\sin x + x^2} = \lim_{x \to 0} \frac{f(x) + 2}{\sin x} = \lim_{x \to 0} \frac{f(x) + 2}{x} = 1.$$

进而 $\lim\limits_{x \to 0}[f(x) + 2] = 0$,由 $f(x)$ 在 $x = 0$ 处连续,知 $f(0) + 2 = 0$,解得 $f(0) = -2$.

再根据导数定义,知

$$f'(0) = \lim_{x \to 0} \frac{f(x) - f(0)}{x - 0} = \lim_{x \to 0} \frac{f(x) + 2}{x} = 1.$$

因此，$y = f(x)$ 在 $(0, f(0))$ 处的切线方程为 $y = -2 + (x - 0)$，即 $y = x - 2$，应选 E.

219.【答案】D

【解析】若两曲线在一点处相切，则这两曲线在该点处函数值与导函数值均相等.

对于曲线 $y = x^2 + ax + b$ 而言，由于点 $(1, -1)$ 在曲线 $y = x^2 + ax + b$ 上，于是 $a + b = -2$. 又 $y' = 2x + a$，则 $y'(1) = 2 + a$.

对于曲线 $2y = -1 + xy^3$ 而言，显然经过点 $(1, -1)$. 方程两边同时对 x 求导，得

$$2y' = y^3 + 3xy^2 y'.$$

将 $x = 1, y = -1$ 代入上式，可解得 $y'(1) = 1$.

于是 $2 + a = 1$，因此 $a = -1$，再根据 $a + b = -2$，解得 $b = -1$，应选 D.

220.【答案】E

【解析】由参数方程导数计算公式，知

$$\frac{\mathrm{d}y}{\mathrm{d}x} = \frac{y'(t)}{x'(t)} = \frac{e^t \cos t - e^t \sin t}{e^t \sin 2t + 2e^t \cos 2t} = \frac{\cos t - \sin t}{\sin 2t + 2 \cos 2t}.$$

当 $x = 0, y = 1$ 时，回代入参数方程中解得 $t = 0$，于是 $\left. \dfrac{\mathrm{d}y}{\mathrm{d}x} \right|_{t=0} = \dfrac{1}{2}$.

因此，曲线在点 $(0, 1)$ 处的法线方程为 $y = 1 + (-2)(x - 0)$，整理得 $y + 2x - 1 = 0$.

应选 E.

221.【答案】A

【解析】由参数方程导数计算公式，知曲线的切线斜率为

$$k = \frac{\mathrm{d}y}{\mathrm{d}x} = \frac{\mathrm{d}y / \mathrm{d}t}{\mathrm{d}x / \mathrm{d}t} = \frac{6t^2}{2t} = 3t.$$

当 $x = \dfrac{1}{4}, y = \dfrac{1}{4}$ 时，回代入参数方程中解得 $t = \dfrac{1}{2}$，于是 $\left. \dfrac{\mathrm{d}y}{\mathrm{d}x} \right|_{t=\frac{1}{2}} = \dfrac{3}{2}$.

因此，曲线在点 $\left(\dfrac{1}{4}, \dfrac{1}{4} \right)$ 处的切线方程为 $y - \dfrac{1}{4} = \dfrac{3}{2} \left(x - \dfrac{1}{4} \right)$，即 $12x - 8y - 1 = 0$；在点 $\left(\dfrac{1}{4}, \dfrac{1}{4} \right)$ 处的法线方程为 $y - \dfrac{1}{4} = -\dfrac{2}{3} \left(x - \dfrac{1}{4} \right)$，即 $8x + 12y - 5 = 0$，应选 A.

222.【答案】C

【解析】由于 $y' = \dfrac{2nx^{n-1}}{(5 - x^n)^2}$，于是曲线在点 $\left(1, \dfrac{1}{2} \right)$ 处的切线斜率为 $y'(1) = \dfrac{n}{8}$.

因此，曲线在点 $\left(1, \dfrac{1}{2} \right)$ 处的切线方程为 $y = \dfrac{1}{2} + \dfrac{n}{8}(x - 1)$.

令 $y = 0$，解得 $x_n = 1 - \dfrac{4}{n}$，于是 $\lim\limits_{n \to \infty} n \ln x_n = \lim\limits_{n \to \infty} n \ln \left(1 - \dfrac{4}{n} \right) = \lim\limits_{n \to \infty} n \cdot \left(-\dfrac{4}{n} \right) = -4$.

应选 C.

高等数学篇

223.【答案】D

【解析】显然 $\lim\limits_{x \to 0}\left(\dfrac{1-\tan x}{1+\tan x}\right)^{\frac{1}{\sin x}}$ 为"1^{∞}"型未定式极限,故

$$\lim\limits_{x \to 0}\left(\dfrac{1-\tan x}{1+\tan x}\right)^{\frac{1}{\sin x}} = \mathrm{e}^{\lim\limits_{x \to 0}\frac{1}{\sin x} \cdot \left(\frac{1-\tan x}{1+\tan x}-1\right)} = \mathrm{e}^{\lim\limits_{x \to 0}\frac{-2\tan x}{\sin x \cdot (1+\tan x)}}$$

$$= \mathrm{e}^{\lim\limits_{x \to 0}\frac{-2x}{x}} = \mathrm{e}^{-2},$$

因此 $\lim\limits_{x \to 0}\dfrac{f(2x)}{x} = \mathrm{e}^{-2}$.

进而,$\lim\limits_{x \to 0}f(2x) = 0$,又因为 $f(x)$ 在 $x = 0$ 处连续,所以

$$\lim\limits_{x \to 0}f(2x) = f(0) = 0,$$

再根据导数定义,知

$$\lim\limits_{x \to 0}\dfrac{f(2x)}{x} = 2\lim\limits_{x \to 0}\dfrac{f(0+2x)-f(0)}{2x} = 2f'(0) = \mathrm{e}^{-2},$$

解得 $f'(0) = \dfrac{1}{2\mathrm{e}^2}$,故曲线 $y = f(x)$ 在 $x = 0$ 处的切线方程为 $y = \dfrac{x}{2\mathrm{e}^2}$,应选 D.

题组 B · 强化通关题

224.【答案】C

【解析】令 $\dfrac{\mathrm{e}^x}{1+x} = \mathrm{e}^x$,解得 $x = 0$,于是知两条曲线的交点为点 $(0,1)$.

又因为

$$\left(\dfrac{\mathrm{e}^x}{1+x}\right)'\bigg|_{x=0} = \dfrac{x\mathrm{e}^x}{(1+x)^2}\bigg|_{x=0} = 0,\ (\mathrm{e}^x)'\big|_{x=0} = 1,$$

所以两条切线在交点处的斜率分别为 0 和 1,于是两切线的夹角 $\theta = \dfrac{\pi}{4}$,应选 C.

225.【答案】A

【解析】由 $\lim\limits_{x \to 0}\dfrac{2x}{f(1)-f(1-x)} = -1$,知 $\lim\limits_{x \to 0}\dfrac{f(1)-f(1-x)}{2x} = -1$,于是

$$\dfrac{1}{2}\lim\limits_{x \to 0}\dfrac{f(1-x)-f(1)}{-x} = \dfrac{1}{2}f'(1) = -1,$$

解得 $f'(1) = -2$.

因为 $f(x)$ 是以 4 为周期的周期函数,所以 $f'(x)$ 也是以 4 为周期的周期函数,于是 $f'(5) = f'(1) = -2$,应选 A.

226.【答案】C

【解析】由于 $y' = nx^{n-1}$,于是曲线 $y = x^n$ 在 $(1,1)$ 处切线斜率为 $k = y'(1) = n$.

因此,曲线在点 $(1,1)$ 处的切线方程为 $y = 1+n(x-1)$.

高等数学篇

令 $y=0$，解得 $x=1-\dfrac{1}{n}$，即 $\xi_n=1-\dfrac{1}{n}$，于是

$$\lim_{n\to\infty}f(\xi_n)=\lim_{n\to\infty}\left(1-\frac{1}{n}\right)^n \overset{1^\infty}{=} \mathrm{e}^{\lim\limits_{n\to\infty}n\cdot\left(-\frac{1}{n}\right)}=\mathrm{e}^{-1}.$$

应选 C.

227.【答案】E

【解析】在等式两边同取极限，知

$$\lim_{x\to0}\left[f(1+x)-2f(1-x)\right]=\lim_{x\to0}\left[3x+o(x)\right],$$

又 $f(x)$ 在 $x=1$ 处连续，由上式知 $f(1)-2f(1)=0$，解得 $f(1)=0$.

进而，再根据导数定义知

$$f'(1)=\lim_{x\to0}\frac{f(1+x)-f(1)}{x}=\lim_{x\to0}\frac{f(1+x)}{x}$$

$$=\lim_{x\to0}\frac{2f(1-x)+3x+o(x)}{x}$$

$$=\lim_{x\to0}\left[\frac{2f(1-x)}{x}+3+\frac{o(x)}{x}\right]$$

$$=2\lim_{x\to0}\frac{f(1-x)}{x}+3+0$$

$$=-2\lim_{x\to0}\frac{f(1-x)-f(1)}{-x}+3$$

$$=-2f'(1)+3,$$

解得 $f'(1)=1$，于是 $y=f(x)$ 在 $x=1$ 相应点处的切线方程为 $y=x-1$，应选 E.

228.【答案】A

【解析】由 $y=x^3+ax+b$，知 $y'=3x^2+a$.

设曲线 $y=x^3+ax+b$ 与 x 轴相切的切点为 $(x_0,0)$，则 $\begin{cases}y\big|_{x=x_0}=0,\\ y'\big|_{x=x_0}=0,\end{cases}$ 即

$$x_0^3+ax_0+b=0,\ 3x_0^2+a=0.$$

整理得 $\begin{cases}b=2x_0^3\\ a=-3x_0^2\end{cases}$，于是 $\dfrac{a^3}{27}+\dfrac{b^2}{4}=0$，应选 A.

229.【答案】C

【解析】由 $y=\displaystyle\int_0^{\arctan x}\mathrm{e}^{-t^2}\mathrm{d}t$，知 $y'=\mathrm{e}^{-(\arctan x)^2}\cdot\dfrac{1}{1+x^2}$，$y'(0)=1$.

因为曲线 $y=f(x)$ 与 $y=\displaystyle\int_0^{\arctan x}\mathrm{e}^{-t^2}\mathrm{d}t$ 在点 $(0,0)$ 处的切线相同，所以

$$f(0)=y(0)=0,\ f'(0)=y'(0)=1.$$

于是 $\lim\limits_{n \to \infty} nf\left(\dfrac{2}{n}\right) = 2 \lim\limits_{n \to \infty} \dfrac{f\left(\dfrac{2}{n}\right) - f(0)}{\dfrac{2}{n}} = 2f'(0) = 2$，进而 $\lim\limits_{n \to \infty} \sqrt{nf\left(\dfrac{2}{n}\right)} = \sqrt{2}$，应选 C.

230.【答案】A

【解析】由题意可知，$f'(x) = 3ax^2 + x$.

由于 $x = -2$ 为函数 $f(x)$ 的极值点，且 $f'(-2)$ 存在，则

$$f'(-2) = 12a - 2 = 0,$$

解得 $a = \dfrac{1}{6}$，于是 $f(x) = \dfrac{1}{6}x^3 + \dfrac{1}{2}x^2 + 1$，$f'(x) = \dfrac{1}{2}x^2 + x$，$f''(x) = x + 1$.

令 $f''(x) = x + 1 = 0$，解得 $x = -1$. 又因为 $f'''(-1) = 1 \neq 0$，所以 $\left(-1, \dfrac{4}{3}\right)$ 为曲线 $y = f(x)$ 的拐

点，且 $f'(-1) = -\dfrac{1}{2}$，因此 $y = f(x)$ 在其拐点处的切线方程为 $y = \dfrac{4}{3} + \left(-\dfrac{1}{2}\right)(x + 1)$，整理得

$y = -\dfrac{1}{2}x + \dfrac{5}{6}$，应选 A.

231.【答案】A

【解析】曲线的参数方程为

$$\begin{cases} x = r\cos\theta = (1 + \cos\theta)\cos\theta = \cos\theta + \cos^2\theta, \\ y = r\sin\theta = (1 + \cos\theta)\sin\theta = \sin\theta + \dfrac{1}{2}\sin 2\theta, \end{cases}$$

则

$$\dfrac{dy}{dx} = \dfrac{y'(\theta)}{x'(\theta)} = \dfrac{-\sin\theta - 2\cos\theta\sin\theta}{\cos\theta + \cos 2\theta},$$

于是 $\dfrac{dy}{dx}\bigg|_{\theta = \frac{\pi}{2}} = 1$. 又 $(\theta, r) = \left(\dfrac{\pi}{2}, 1\right)$ 对应于直角坐标为 $(0, 1)$，因此切线的直角坐标方程为

$y = x + 1$，应选 A.

2.4　函数的单调性、极值与最值

题组 A · 基础通关题

232.【答案】D

【解析】由于 $f(x)f'(x) = \dfrac{1}{2}[f^2(x)]' > 0$，所以函数 $f^2(x)$ 严格单调递增.

于是 $f^2(1) > f^2(0) > f^2(-1)$，即 $|f(1)| > |f(0)| > |f(-1)|$，应选 D.

233.【答案】A

【解析】因为 $\left[\dfrac{f(x)}{g(x)}\right]'=\dfrac{f'(x)g(x)-f(x)g'(x)}{g^2(x)}<0$，所以函数 $\dfrac{f(x)}{g(x)}$ 严格单调递减．

于是，当 $a<x<b$ 时，有 $\dfrac{f(a)}{g(a)}>\dfrac{f(x)}{g(x)}>\dfrac{f(b)}{g(b)}$，整理得

$$f(a)g(x)>f(x)g(a),\ f(x)g(b)>f(b)g(x),$$

于是 A 正确，B、E 错误．

又因为 $[f(x)g(x)]'=f'(x)g(x)+f(x)g'(x)>0$，所以 $f(x)g(x)$ 严格单调递增．

于是，当 $a<x<b$ 时，有 $f(a)g(a)<f(x)g(x)<f(b)g(b)$，故 C、D 错误．

应选 A．

234.【答案】B

【解析】由于 $x=x_0$ 是 $f(x)$ 的极大值点，根据曲线的对称性（见【小课堂】），知曲线 $y=f(x)$ 与 $y=f(-x)$ 关于 y 轴对称，于是 $x=-x_0$ 是 $f(-x)$ 的极大值点，选项 A 错误．

因为曲线 $y=f(x)$ 与 $y=-f(x)$ 关于 x 轴对称，所以 $x=x_0$ 是 $-f(x)$ 的极小值点，选项 C 错误．

因为曲线 $y=f(x)$ 与 $y=-f(-x)$ 关于原点对称，所以 $x=-x_0$ 是 $-f(-x)$ 的极小值点，故选项 B 正确．

根据函数极值的定义知，由于 $x=x_0$ 是 $f(x)$ 的极大值点，则对于 $x=x_0$ 的某邻域内任意一点 x 均有 $f(x)\leqslant f(x_0)$，仅仅是"$x=x_0$ 的某邻域内任意一点 x"，不是"一切的 x"，于是选项 D 错误．

应选 B．

小课堂

有关曲线的对称性结论可总结如下：

（1）曲线 $y=f(x)$ 与 $y=f(-x)$ 关于 y 轴对称；

（2）曲线 $y=f(x)$ 与 $y=-f(-x)$ 关于原点对称；

（3）曲线 $y=f(x)$ 与 $y=-f(x)$ 关于 x 轴对称；

（4）曲线 $y=f(x)$ 与 $y=f^{-1}(x)$ 关于直线 $y=x$ 对称．

235.【答案】E

【解析】由题意可知，$y(1)=1,y'(1)=0$．

将 $y(1)=1$ 代入原方程 $x^3-ax^2y^2+by^3=0$ 中，得 $1-a+b=0$．

方程 $x^3-ax^2y^2+by^3=0$ 两边同时对 x 求导，得

$$3x^2-2axy^2-2ax^2yy'+3by^2y'=0,$$

将 $y(1)=1$ 与 $y'(1)=0$ 代入上式，得 $3-2a=0$，解得 $a=\dfrac{3}{2}$．

再根据 $1-a+b=0$,解得 $b=\dfrac{1}{2}$,应选 E.

236. 【答案】D

【解析】本题考查极值的必要条件:若函数 $f(x)$ 在 $x=x_0$ 处均取极值,且 $f'(x_0)$ 存在,则 $f'(x_0)=0$.

求导得,$f'(x)=\dfrac{a}{x}+2bx+1$. 由于 $f(x)$ 在 $x=1$ 与 $x=2$ 处均取极值,且 $f'(1)$ 与 $f'(2)$ 存在,所以 $f'(1)=0,f'(2)=0$,即

$$f'(1)=a+2b+1=0, \quad f'(2)=\dfrac{a}{2}+4b+1=0,$$

解得 $a=-\dfrac{2}{3}$,$b=-\dfrac{1}{6}$,故 $a+b=-\dfrac{5}{6}$,应选 D.

237. 【答案】A

【解析】函数的定义域为 $(-\infty,0)\cup(0,+\infty)$.

由于 $y'=\dfrac{2(4x^2-1)}{x}=2\dfrac{(2x-1)(2x+1)}{x}$,令 $y'=0$,解得 $x=\pm\dfrac{1}{2}$,又 $x=0$ 为不可导点,可列表如下:

x	$\left(-\infty,-\dfrac{1}{2}\right)$	$-\dfrac{1}{2}$	$\left(-\dfrac{1}{2},0\right)$	0	$\left(0,\dfrac{1}{2}\right)$	$\dfrac{1}{2}$	$\left(\dfrac{1}{2},+\infty\right)$
y'	$-$	0	$+$	不存在	$-$	0	$+$
y	单调递减	极小值	单调递增	不取极值	单调递减	极小值	单调递增

于是,函数的单调增区间为 $\left(-\dfrac{1}{2},0\right)$,$\left(\dfrac{1}{2},+\infty\right)$;单调减区间为减区间为 $\left(-\infty,-\dfrac{1}{2}\right)$,$\left(0,\dfrac{1}{2}\right)$,有 2 个极小值点,故都不正确,应选 A.

小课堂

1. 注意本题中切勿将 $x=0$ 判断为极大值点,这是很多考生易犯错误的点.本题中虽然 y' 在 $x=0$ 的去心邻域两侧异号,但是由于 $x=0$ 是函数的无定义点,所以 $x=0$ 不是该函数的极值点.

2. 一般地,函数的单调区间求解步骤可总结如下:

(1) 确定函数的定义域.

(2) 求出 $f'(x)=0$ 或 $f'(x)$ 不存在的点(极值可疑点).

(3) 根据上述点,将函数定义域划分为若干段,并画表,判定每一段内 $f'(x)$ 的正负性,进而确定单调区间.

238. 【答案】A

【解析】$f'(x) = x^{\frac{2}{3}} + (x-1) \cdot \frac{2}{3} x^{-\frac{1}{3}} = \frac{1}{3} x^{-\frac{1}{3}} (3x + 2x - 2) = \frac{5x-2}{3\sqrt[3]{x}}$.

令 $f'(x) = 0$, 解得驻点为 $x = \frac{2}{5}$. 又 $x = 0$ 为函数的不可导点, 可列表得

x	$(-\infty, 0)$	0	$\left(0, \frac{2}{5}\right)$	$\frac{2}{5}$	$\left(\frac{2}{5}, +\infty\right)$
$f'(x)$	+	不存在	−	0	+
$f(x)$	单调递增		单调递减	极小值	单调递增

显然, $x = \frac{2}{5}$ 为函数的极小值点. 又因为 $f(x)$ 在 $x = 0$ 处连续, 所以 $x = 0$ 为函数的极大值点, 应选 A.

239. 【答案】A

【解析】函数的定义域为 **R**, 且 $f'(x) = 1 - \frac{1}{\sqrt[3]{x}} = \frac{\sqrt[3]{x} - 1}{\sqrt[3]{x}}$.

令 $f'(x) = 0$, 解得驻点 $x = 1$. 又 $x = 0$ 为函数的不可导点, 可列表得

x	$(-\infty, 0)$	0	$(0, 1)$	1	$(1, +\infty)$
$f'(x)$	+	不存在	−	0	+
$f(x)$	单调递增		单调递减	极小值	单调递增

显然, $x = 1$ 为函数的极小值点. 又因为 $f(x)$ 在 $x = 0$ 处连续, 所以 $x = 0$ 为函数的极大值点, 应选 A.

240. 【答案】B

【解析】因为 $g(x)$ 在 x_0 处取极值, 且 $g(x)$ 可导, 所以 $g'(x_0) = 0$.

记 $y = f[g(x)]$, 则 $y' = f'[g(x)] \cdot g'(x)$, 于是 $y'(x_0) = f'(a)g'(x_0) = 0$.

又 $y'' = f''[g(x)][g'(x)]^2 + f'[g(x)]g''(x)$, 则

$$y''(x_0) = f''(a)[g'(x_0)]^2 + f'(a) \cdot g''(x_0) = f'(a)g''(x_0).$$

根据极值的第二充分条件知, 当 $y''(x_0) = f'(a)g''(x_0) < 0$ 时, 函数 $y = f[g(x)]$ 在 x_0 处取极大值, 又 $g''(x_0) < 0$, 所以 $f'(a) > 0$, 应选 B.

241. 【答案】D

【解析】由于 $\lim\limits_{x \to 0} \frac{f(x)}{\ln(1+x^2)} = \lim\limits_{x \to 0} \frac{f(x)}{x^2} = 2$, 则 $\lim\limits_{x \to 0} f(x) = 0$.

因为 $f(x)$ 在 $x = 0$ 处连续, 所以 $\lim\limits_{x \to 0} f(x) = f(0) = 0$.

再根据导数定义,知

$$f'(0) = \lim_{x \to 0} \frac{f(x) - f(0)}{x - 0} = \lim_{x \to 0} \frac{f(x)}{x} = \lim_{x \to 0} \left[\frac{f(x)}{x^2} \cdot x \right] = 0,$$

于是①、②、④均正确.

又因为 $\lim\limits_{x \to 0} \dfrac{f(x)}{x^2} > 0$,根据函数极限的保号性知,在 $x = 0$ 的某去心邻域内均有 $\dfrac{f(x)}{x^2} > 0$,即 $f(x) > 0$,而 $f(0) = 0$,因此在 $x = 0$ 的某邻域内均有 $f(x) \geqslant f(0)$,根据函数极值的定义知,$x = 0$ 是函数 $f(x)$ 的极小值点,故③错误.

应选 D.

242.【答案】C

【解析】由 $f'(-x) = x[f'(x) - 1]$,知

$$f'(x) = -x[f'(-x) - 1]. \tag{①}$$

再将 $f'(-x) = x[f'(x) - 1]$ 代入①式中,得

$$f'(x) = -x^2 f'(x) + x^2 + x. \tag{②}$$

由②式,解得 $f'(x) = \dfrac{x^2 + x}{x^2 + 1} = \dfrac{x(x+1)}{x^2 + 1}.$

令 $f'(x) = 0$,解得驻点 $x = -1, x = 0$,列表得

x	$(-\infty, -1)$	-1	$(-1, 0)$	0	$(0, +\infty)$
y'	$+$	0	$-$	0	$+$
y	单调递增	极大值	单调递减	极小值	单调递增

因此,$x = -1$ 是 $f(x)$ 的极大值点,$x = 0$ 是 $f(x)$ 的极小值点,应选 C.

题组 B·强化通关题

243.【答案】C

【解析】由题意可知,函数的定义域为 $\mathbf{R}$,且 $f'(x) = -\sin x - \sin 2x$.

显然 $f'(\pi) = f'\left(\pm \dfrac{2}{3}\pi \right) = 0$,即 $x = \pi, x = \pm \dfrac{2}{3}\pi$ 均是函数的驻点.

又因为 $f''(x) = -\cos x - 2\cos 2x$,且

$$f''(\pi) = 1 - 2 \cdot 1 = -1 < 0, \quad f''\left(\pm \dfrac{2}{3}\pi \right) = \dfrac{1}{2} + 2 \cdot \dfrac{1}{2} = \dfrac{3}{2} > 0,$$

于是 $x = \pi$ 是 $f(x)$ 的极大值点,$x = \pm \dfrac{2}{3}\pi$ 是 $f(x)$ 的极小值点,应选 C.

244.【答案】A

【解析】方程 $x^3 + y^3 - 3x + 3y - 2 = 0$ 两边同时对 x 求导,得

$$3x^2 + 3y^2 \cdot y' - 3 + 3y' = 0,$$

整理得

$$x^2 + y^2 \cdot y' - 1 + y' = 0. \tag{①}$$

令 $y'=0$，代入①式中解得 $x=\pm1$，再回代入原方程中得 $\begin{cases} x=1, \\ y=1 \end{cases}$ 或 $\begin{cases} x=-1, \\ y=0. \end{cases}$

再使①式两边同时对 x 求导，得

$$2x+2y(y')^2+y^2\cdot y''+y''=0. \qquad\qquad ②$$

当 $x=1,y=1,y'=0$ 时，代入②式中解得 $y''(1)=-1<0$，于是由极值第二充分条件知，$x=1$ 是函数 $y(x)$ 的极大值点.

当 $x=-1,y=0,y'=0$ 时，代入②式中解得 $y''(-1)=2>0$，同理由极值第二充分条件知，$x=-1$ 是函数 $y(x)$ 的极小值点.

综上所述，应选 A.

245.【答案】D

【解析】 $f'(x)=\sin x+x\cos x-(1+\lambda)\sin x=x\cos x-\lambda\sin x$，显然 $f'(0)=0$，即 $x=0$ 是 $f(x)$ 的驻点，于是①正确.

又 $f''(x)=\cos x-x\sin x-\lambda\cos x=(1-\lambda)\cos x-x\sin x$，则 $f''(0)=1-\lambda$.

当 $\lambda>1$ 时，$f''(0)=1-\lambda<0$，根据极值第二充分条件知，$x=0$ 是 $f(x)$ 的极大值点，故②正确.

当 $\lambda<1$ 时，$f''(0)=1-\lambda>0$，根据极值第二充分条件知，$x=0$ 是 $f(x)$ 的极小值点，故③正确.

当 $\lambda=1$ 时，$f''(0)=0$，此时无法利用极值第二充分条件判定 $x=0$ 是否为 $f(x)$ 的极值点. 又 $f'(x)=x\cos x-\sin x=\cos x(x-\tan x)$，所以在 $x=0$ 的某右去心邻域内 $x<\tan x,\cos x>0$，于是 $f'(x)<0$；在 $x=0$ 的某左去心邻域内 $x>\tan x,\cos x>0$，于是 $f'(x)>0$，因此，$x=0$ 是 $f(x)$ 的极大值点，故④错误.

应选 D.

246.【答案】B

【解析】 由导数定义，知

$$f'_-(0)=\lim_{x\to0^-}\frac{f(x)-f(0)}{x-0}=\lim_{x\to0^-}|x|=0,$$

$$f'_+(0)=\lim_{x\to0^+}\frac{f(x)-f(0)}{x-0}=\lim_{x\to0^+}\ln x=-\infty\ (\text{不存在}),$$

即 $f'_+(0)\neq f'_-(0)$，于是 $x=0$ 为 $f(x)$ 的不可导点，故选项 A、C、E 均错误.

又 $f(x)=\begin{cases} -x^2, & x\leqslant0, \\ x\ln x, & x>0, \end{cases}$ 于是 $f'(x)=\begin{cases} -2x, & x<0, \\ \ln x+1, & x>0, \end{cases}$ 则在 $x=0$ 的某右去心邻域内 $f'(x)<0$；在 $x=0$ 的某左去心邻域内 $f'(x)>0$，且 $f(x)$ 在 $x=0$ 处连续，因此 $x=0$ 是函数 $f(x)$ 的极大值点，应选 B.

小课堂

本题中判定 $x=0$ 是否为函数 $f(x)$ 的极值点问题，也可利用极值的定义进行判定，方法如下：

在 $x=0$ 的某右去心邻域内 $f(x)=x\ln x<0$；在 $x=0$ 的某左去心邻域内 $f(x)=x|x|<0$，又 $f(0)=0$，于是在 $x=0$ 的某邻域内均有 $f(x)\leqslant f(0)$，根据函数极值的定义知，$x=0$ 是函数 $f(x)$ 的极大值点.

247.【答案】B

【解析】根据莱布尼茨公式，知

$$f^{(n)}(x)=C_n^0\cdot x\cdot(e^x)^{(n)}+C_n^1\cdot 1\cdot(e^x)^{(n-1)}=xe^x+ne^x=(x+n)e^x.$$

设 $g(x)=(x+n)e^x$，令 $g'(x)=(x+n+1)e^x=0$，解得驻点 $x=-(n+1)$.

由于当 $x<-(n+1)$ 时，$g'(x)<0$；当 $x>-(n+1)$ 时，$g'(x)>0$，所以当 $x=-(n+1)$ 时，$g(x)$ 取极小值，且极小值为 $g(-n-1)=-e^{-n-1}$，应选 B.

248.【答案】A

【解析】由题意可知，函数定义域为 **R**，且 $f'(x)=2x(2-x^2)e^{-x^2}$.

令 $f'(x)=0$，解得驻点 $x=0,x=\pm\sqrt{2}$，可列表得

x	$(-\infty,-\sqrt{2})$	$-\sqrt{2}$	$(-\sqrt{2},0)$	0	$(0,\sqrt{2})$	$\sqrt{2}$	$(\sqrt{2},+\infty)$
y'	$+$	0	$-$	0	$+$	0	$-$
y	单调递增	极大值	单调递减	极小值	单调递增	极大值	单调递减

因此，$f(x)$ 的极大值为

$$f(\sqrt{2})=f(-\sqrt{2})=\int_0^2(2-t)e^{-t}dt=\int_0^2 e^{-t}dt+\int_0^2(1-t)e^{-t}dt$$

$$=-e^{-t}\Big|_0^2+\int_0^2(te^{-t})'dt=-e^{-t}\Big|_0^2+te^{-t}\Big|_0^2=1-e^{-2}+2e^{-2}=1+e^{-2},$$

应选 A.

249.【答案】E

【解析】由于 $\lim\limits_{x\to 0}f(x)=\lim\limits_{x\to 0}\dfrac{e^x-1}{x}=1=f(0)$，因此 $f(x)$ 在 $x=0$ 处连续，于是选项 A，D 正确.

根据导数定义，知

$$f'(0)=\lim_{x\to 0}\frac{f(x)-f(0)}{x}=\lim_{x\to 0}\frac{\dfrac{e^x-1}{x}-1}{x}=\lim_{x\to 0}\frac{e^x-1-x}{x^2}=\lim_{x\to 0}\frac{e^x-1}{2x}=\frac{1}{2},$$

故选项 B 正确.

同时，因为 $x=0$ 既不是函数 $f(x)$ 的驻点，也不是 $f'(x)$ 不存在的点，所以 $f(x)$ 在 $x=0$ 处一定不取极值，故选项 E 错误.

对于 C，由于当 $x \neq 0$ 时，$f'(x) = \left(\dfrac{e^x - 1}{x} \right)' = \dfrac{xe^x - e^x + 1}{x^2}$，于是

$$\lim_{x \to 0} f'(x) = \lim_{x \to 0} \frac{xe^x - e^x + 1}{x^2} = \lim_{x \to 0} \frac{xe^x}{2x} = \frac{1}{2},$$

故选项 C 正确.

应选 E.

250.【答案】C

【解析】因为 $f(x) = (x^2 + a)e^x$，所以

$$f'(x) = (x^2 + 2x + a)e^x, \quad f''(x) = (x^2 + 4x + a + 2)e^x.$$

由于 $f(x)$ 没有极值点，所以 $f(x)$ 的单调性不改变，从而 $f'(x)$ 不变号，即对任意的 x，$x^2 + 2x + a \geq 0$，因此 $4 - 4a \leq 0$，解得 $a \geq 1$.

由于曲线 $y = f(x)$ 有拐点，所以 $f''(x)$ 有零点，且在该零点左、右两侧的某邻域内 $f''(x)$ 异号，即方程 $x^2 + 4x + a + 2 = 0$ 有两个不等实根，所以 $16 - 4(a + 2) > 0$，解得 $a < 2$.

综上，a 的取值范围是 $[1, 2)$，故应选 C.

251.【答案】D

【解析】函数 $f(x)$ 所研究的定义域为 $[0, +\infty)$，且

$$f'(x) = \frac{1 + x^2 - 2x(x + 1)}{(1 + x^2)^2} = \frac{2 - (x + 1)^2}{(1 + x^2)^2},$$

令 $f'(x) = 0$，解得 $x = \sqrt{2} - 1$，列表得

x	$(0, \sqrt{2} - 1)$	$\sqrt{2} - 1$	$(\sqrt{2} - 1, +\infty)$
y'	$+$	0	$-$
y	单调递增	极大值	单调递减

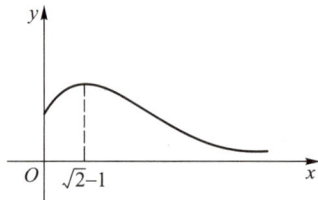

又因为 $f(0) = 1$，$\lim\limits_{x \to +\infty} f(x) = 0$，所以可画出 $f(x)$ 的草图，如右图所示. 显然函数 $f(x)$ 有最大值，但无最小值，且无零点，应选 D.

2.5　曲线的凹凸性与拐点

题组 A · 基础通关题

252.【答案】E

【解析】由 $[f^{-1}(x)]' > 0$，$[f^{-1}(x)]'' > 0$ 知，函数 $y = f^{-1}(x)$ 在 $(-\infty, +\infty)$ 内单调递增且为凹曲线.

由于曲线 $y = f^{-1}(x)$ 与 $y = f(x)$ 关于 $y = x$ 对称，可画出草图（如右图所示），显然 $f(x)$ 在 $(-\infty, +\infty)$ 内单调递增且

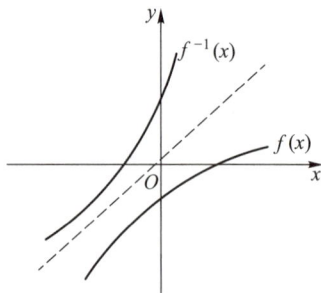

为凸曲线.

又因为 $y=f(-x)$ 与 $y=f(x)$ 关于 y 轴对称,于是 $f(-x)$ 在 $(-\infty,+\infty)$ 内单调递减且也为凸曲线.

应选 E.

253.【答案】C

【解析】由在 $(0,+\infty)$ 内 $f'(x)>0,f''(x)>0$ 知,函数 $f(x)$ 在区间 $(0,+\infty)$ 内单调增加且 $y=f(x)$ 为凹曲线.

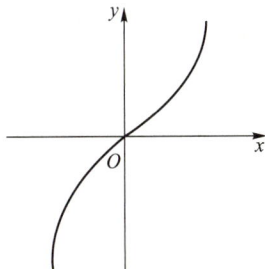

又因为 $f(x)=-f(-x)$,所以曲线 $y=f(x)$ 关于原点对称.

于是,如右图所示,$f(x)$ 在 $(-\infty,0)$ 内单调增加,但 $y=f(x)$ 为凸曲线,进而当 $x<0$ 时,有 $f'(x)>0$ 且 $f''(x)<0$,应选 C.

254.【答案】B

【解析】由 $f''(x)<0$ 知,$y=f(x)$ 在 $(0,2)$ 内为凸曲线.

又 $f(0)=f(2)=0,f(1)=1$,可画草图如右图所示,显然当 $0<x<2$ 时,$f(x)>0$,于是①错误.但当 $0<x<1$ 时,$f(x)>x$;当 $1<x<2$ 时,$f(x)<x$,于是②也错误.

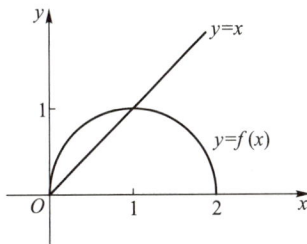

由于 $f(x)$ 在 $x=0,x=2$ 处的切线方程分别为
$$y=f'(0)x,\quad y=f'(2)(x-2),$$
根据曲线凹凸性的性质知,当 $0<x<2$ 时,有 $f(x)<f'(0)x$,$f(x)<f'(2)(x-2)$,于是③错误,④正确.

应选 B.

255.【答案】A

【解析】根据参数方程求导公式,知
$$\frac{\mathrm{d}y}{\mathrm{d}x}=\frac{\dfrac{\mathrm{d}y}{\mathrm{d}t}}{\dfrac{\mathrm{d}x}{\mathrm{d}t}}=\frac{3t^2-3}{3t^2+3}=\frac{t^2-1}{t^2+1},\quad \frac{\mathrm{d}^2y}{\mathrm{d}x^2}=\frac{\mathrm{d}\left(\dfrac{\mathrm{d}y}{\mathrm{d}x}\right)}{\mathrm{d}t}\cdot\frac{1}{\dfrac{\mathrm{d}x}{\mathrm{d}t}}=\frac{\dfrac{4t}{(t^2+1)^2}}{3(t^2+1)}=\frac{4t}{3(t^2+1)^3},$$

显然当 $t<0$ 时,$\dfrac{\mathrm{d}^2y}{\mathrm{d}x^2}<0$,此时曲线 $y=y(x)$ 为凸曲线.

因为 $\dfrac{\mathrm{d}x}{\mathrm{d}t}=3t^2+3>0$,所以 x 关于 t 单调递增.又 $t=0$ 时,$x=1$,于是当 $t<0$ 时,$x<1$,因此 $y=y(x)$ 为凸曲线的 x 的取值范围是 $(-\infty,1)$,应选 A.

256.【答案】B

【解析】对于①、③,令 $f(x)=x\ln x$,则有
$$f'(x)=\ln x+1,\quad f''(x)=\frac{1}{x},$$

显然当 $0<x<2$ 时,$f''(x)>0$,即 $y=f(x)$ 在 $0<x<2$ 内为凹曲线.

于是,根据凹凸性定义知,当 $0<a<2,0<b<2$,且 $a\neq b$ 时,一定有
$$f\left(\frac{a+b}{2}\right)<\frac{f(a)+f(b)}{2},$$

即 $\dfrac{a+b}{2}\ln\dfrac{a+b}{2}<\dfrac{a\ln a+b\ln b}{2}$，整理得 $a\ln a+b\ln b>(a+b)\ln\dfrac{a+b}{2}$，故①正确，③错误.

对于②、④，令 $g(x)=x\mathrm{e}^{-x}$，则有

$$g'(x)=(1-x)\mathrm{e}^{-x},\quad g''(x)=(x-2)\mathrm{e}^{-x}.$$

显然当 $0<x<2$ 时，$g''(x)<0$，即 $y=g(x)$ 在 $0<x<2$ 内为凸曲线。

于是，根据凹凸性定义知，当 $0<a<2,0<b<2$，且 $a\ne b$ 时，一定有

$$g\left(\dfrac{a+b}{2}\right)>\dfrac{g(a)+g(b)}{2},$$

即 $\dfrac{a+b}{2}\mathrm{e}^{-\frac{a+b}{2}}>\dfrac{a\mathrm{e}^{-a}+b\mathrm{e}^{-b}}{2}$，整理得 $\dfrac{a+b}{\mathrm{e}^{\frac{a+b}{2}}}>\dfrac{a}{\mathrm{e}^a}+\dfrac{b}{\mathrm{e}^b}$，故②错误，④正确.

应选 B.

257.【答案】D

【解析】$f'(x)=\dfrac{2x}{x^2+1}$，$f''(x)=\dfrac{2(x^2+1)-2x\cdot 2x}{(x^2+1)^2}=\dfrac{-2(x-1)(x+1)}{(x^2+1)^2}$.

令 $y''=0$，解得 $x=\pm 1$，可列表如下：

x	$(-\infty,-1)$	-1	$(-1,1)$	1	$(1,+\infty)$
$f''(x)$	$-$	0	$+$	0	$-$
$y=f(x)$ 的图形	凸曲线	拐点	凹曲线	拐点	凸曲线

因此，曲线 $y=f(x)$ 的凸区间为 $(-\infty,-1)$，$(1,+\infty)$；凹区间为 $(-1,1)$；拐点为 $(\pm 1$，$\ln 2)$，于是①错误，②、③、④均正确，应选 D.

258.【答案】E

【解析】由于拐点 $(-1,0)$ 在曲线上，于是 $y(-1)=-1+a-b+1=0$，即 $a=b$.

又因为 $(-1,0)$ 为曲线 $y=x^3+ax^2+bx+1$ 的拐点，且 $y''(-1)$ 存在，所以

$$y''(-1)=(6x+2a)\Big|_{x=-1}=-6+2a=0,$$

因此，解得 $a=3,b=3$，应选 E.

259.【答案】A

【解析】因为 $(0,f(0))$ 是曲线 $y=f(x)$ 的拐点，且 $f''(0)$ 存在，所以 $f''(0)=0$.

于是，由洛必达法则知

$$\lim_{x\to 0}\dfrac{f(x)-2f(0)+f(-x)}{x^2}=\lim_{x\to 0}\dfrac{f'(x)-f'(-x)}{2x}$$

$$=\lim_{x\to 0}\dfrac{f''(x)+f''(-x)}{2}$$

$$=\dfrac{1}{2}\left[f''(0)+f''(0)\right]$$

$$=f''(0)=0,$$

应选 A.

260.【答案】C

【解析】由于 $\lim\limits_{x \to a} \dfrac{f'(x)}{x-a} = -1$，于是 $\lim\limits_{x \to a} f'(x) = 0$.

又 $f'(x)$ 在 $x = a$ 处连续，所以 $\lim\limits_{x \to a} f'(x) = f'(a) = 0$，即 $x = a$ 是 $f(x)$ 的驻点.

于是 $f''(a) = \lim\limits_{x \to a} \dfrac{f'(x) - f'(a)}{x - a} = \lim\limits_{x \to a} \dfrac{f'(x)}{x - a} = -1 < 0$，由极值的第二充分条件知，$x = a$ 是函数 $f(x)$ 的极大值点，应选 C.

因为 $f''(a) = -1$，即 $x = a$ 既不是二阶导数为零的点，也不是二阶导数不存在的点，所以 $(a, f(a))$ 一定不是曲线 $y = f(x)$ 的拐点，故 D 错误.

题组 B·强化通关题

261.【答案】B

【解析】由在 (a, b) 内 $f''(x) < 0$，可知 $y = f(x)$ 是区间 (a, b) 上的凸函数，如右图所示，k_1, k_2, k_3 分别为割线 AB，BC，AC 的斜率，显然有割线 AB 的斜率 $>$ 割线 AC 的斜率 $>$ 割线 BC 的斜率，即 $k_1 > k_3 > k_2$，应选 B.

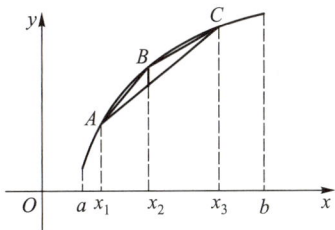

262.【答案】A

【解析】由 $f''(x) > 0$ 知，曲线 $y = f(x)$ 在 $[0, 1]$ 内为凹曲线.

又因为

$$g(x) = \frac{f(1) - f(0)}{1 - 0} x + f(0), \quad h(x) = f'(0) x + f(0),$$

显然直线 $y = g(x)$ 是过曲线 $y = f(x)$ 上两点 $(0, f(0))$、$(1, f(1))$ 的割线，直线 $y = h(x)$ 是曲线 $y = f(x)$ 在 $x = 0$ 处的切线，于是根据凹凸性定义可知，在区间 $[0, 1]$ 上有 $g(x) \geq f(x) \geq h(x)$，应选 A.

263.【答案】A

【解析】设函数 $F(x) = \ln f(x)$，则

$$F'(x) = \frac{f'(x)}{f(x)}, \quad F''(x) = \frac{f''(x) f(x) - [f'(x)]^2}{f^2(x)} > 0,$$

因此 $F(x) = \ln f(x)$ 为凹曲线，于是对于任意的 $a < b$ 有 $\dfrac{F(a) + F(b)}{2} > F\left(\dfrac{a+b}{2}\right)$，即

$$\frac{\ln f(a) + \ln f(b)}{2} > \ln f\left(\frac{a+b}{2}\right),$$

整理得 $f(a) f(b) > f^2\left(\dfrac{a+b}{2}\right)$，故①正确，②错误.

再设函数 $G(x)=\dfrac{f'(x)}{f(x)}$，则 $G'(x)=\dfrac{f''(x)f(x)-[f'(x)]^2}{f^2(x)}>0$，于是 $G(x)$ 单调递增，于是

对于任意的 $a<b$ 有 $G(a)<G(b)$，即 $\dfrac{f'(a)}{f(a)}<\dfrac{f'(b)}{f(b)}$，故③正确，④错误.

应选 A.

264.【答案】D

【解析】 由 $f''(x)>0$ 知，曲线 $y=f(x)$ 为凹曲线，如右图
所示，其中直线 EF 为曲线 $y=f(x)$ 在 $x=0$ 处的切线，不难
看出

$$S_{梯形ABDC}>S_{曲边梯形ABDC}>S_{梯形EFDC},$$

即

$$2\cdot\frac{f(-1)+f(1)}{2}>\int_{-1}^{1}f(x)\,\mathrm{d}x>2f(0),$$

于是 $f(-1)+f(1)>\displaystyle\int_{-1}^{1}f(x)\,\mathrm{d}x>2f(0)$，故③、④正确，应选 D.

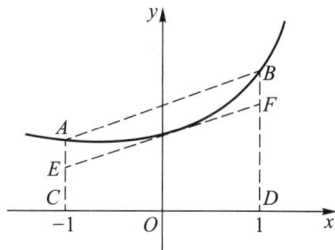

小课堂

本题的命题背景是高等数学中著名的 Hadamard 不等式：

若 $f(x)$ 在 $[a,b]$ 上二阶可导，且 $f''(x)\geq0$，则有

$$f\left(\frac{a+b}{2}\right)\leq\frac{1}{b-a}\int_{a}^{b}f(x)\,\mathrm{d}x\leq\frac{f(a)+f(b)}{2}.$$

该问题在 2022 年真题中已有重点考查，对于备考 396 经济类综合能力考试的
考生，我们的考试要求在于会利用几何手段理解掌握该不等式，并会利用该不等式
解决相关问题，由于 396 数学命题背景，对于该不等式的严格证明无需掌握（提示：
可利用泰勒定理展开证明，有兴趣的考生可自行证明）.

265.【答案】C

【解析】 令 $f(x)=x\ln x$，则 $f'(x)=\ln x+1$，$f''(x)=\dfrac{1}{x}$，显然当 $x>0$ 时，$f''(x)>0$，即曲线

$y=f(x)$ 在 $x>0$ 内为凹曲线，根据上一题【小课堂】中的 Hadamard 不等式知，对于任意的不相

等的正数 a,b 有

$$f\left(\frac{a+b}{2}\right)<\frac{1}{b-a}\int_{a}^{b}f(x)\,\mathrm{d}x<\frac{f(a)+f(b)}{2},$$

即 $\dfrac{a+b}{2}\ln\dfrac{a+b}{2}<\dfrac{1}{b-a}\displaystyle\int_{a}^{b}x\ln x\,\mathrm{d}x<\dfrac{a\ln a+b\ln b}{2}$，故①、④正确，应选 C.

266.【答案】B

【解析】 由题意可知，$x=a$，$x=0$，$x=c$ 为 $f(x)$ 的驻点，$x=b$ 为 $f(x)$ 的不可导点，可列
表得

x	$(-\infty,a)$	a	(a,b)	b	$(b,0)$	0	$(0,c)$	c	$(c,+\infty)$
$f'(x)$	−	0	−	不存在	+	0	−	0	−
$f(x)$	单调递减	不取极值	单调递减	极小值	单调递增	极大值	单调递减	不取极值	单调递减

故 $f(x)$ 有 1 个极大值点,有 1 个极小值点.

由于 $f(x)$ 连续,若 $f''(x)$ 在点 $x=x_0$ 去心邻域两侧异号,则 $(x_0,f(x_0))$ 为曲线 $y=f(x)$ 的拐点.于是,可知若 $f'(x)$ 在点 $x=x_0$ 去心邻域两侧单调性发生改变,则 $(x_0,f(x_0))$ 为曲线 $y=f(x)$ 的拐点.由题设中图像可知,$f'(x)$ 有 3 个单调性发生改变的点,即曲线 $y=f(x)$ 有 3 个拐点.

应选 B.

267.【答案】E

【解析】$y'=(1-x^2)\mathrm{e}^{-\frac{x^2}{2}},y''=x(x^2-3)\mathrm{e}^{-\frac{x^2}{2}}=x(x-\sqrt{3})(x+\sqrt{3})\mathrm{e}^{-\frac{x^2}{2}}.$

令 $y''=0$,解得 $x_1=-\sqrt{3},x_2=0,x_3=\sqrt{3}$.可列表如下:

x	$(-\infty,-\sqrt{3})$	$-\sqrt{3}$	$(-\sqrt{3},0)$	0	$(0,\sqrt{3})$	$\sqrt{3}$	$(\sqrt{3},+\infty)$
y''	−	0	+	0	−	0	+
y	凸	拐点	凹	拐点	凸	拐点	凹

故曲线 $y=f(x)$ 的凹区间为 $(-\sqrt{3},0)$ 和 $(\sqrt{3},+\infty)$,凸区间为 $(-\infty,-\sqrt{3})$ 和 $(0,\sqrt{3})$,且曲线 $y=f(x)$ 有 3 个拐点,应选 E.

268.【答案】E

【解析】由 $f(x)=\displaystyle\int_0^x \mathrm{e}^t\cos t\,\mathrm{d}t$,知

$$f'(x)=\mathrm{e}^x\cos x,\quad f''(x)=\mathrm{e}^x(\cos x-\sin x),\quad f'''(x)=-2\mathrm{e}^x\sin x.$$

当 $x=0$ 时,$f'(0)=1,f''(0)=1$,所以 $x=0$ 不是函数 $f(x)$ 的极值点,$(0,f(0))$ 也不是曲线 $y=f(x)$ 的拐点.

当 $x=\dfrac{\pi}{2}$ 时,$f'\left(\dfrac{\pi}{2}\right)=0,f''\left(\dfrac{\pi}{2}\right)=-\mathrm{e}^{\frac{\pi}{2}}<0$,所以 $x=\dfrac{\pi}{2}$ 是函数 $f(x)$ 的极大值点,但 $\left(\dfrac{\pi}{2},f\left(\dfrac{\pi}{2}\right)\right)$ 却不是曲线 $y=f(x)$ 的拐点.

当 $x=\dfrac{\pi}{4}$ 时,$f'\left(\dfrac{\pi}{4}\right)=\mathrm{e}^{\frac{\pi}{4}}\cdot\dfrac{\sqrt{2}}{2},f''\left(\dfrac{\pi}{4}\right)=0,f'''\left(\dfrac{\pi}{4}\right)=-\sqrt{2}\mathrm{e}^{\frac{\pi}{4}}<0$,所以 $x=\dfrac{\pi}{4}$ 不是函数 $f(x)$ 的极值点,但是 $\left(\dfrac{\pi}{4},f\left(\dfrac{\pi}{4}\right)\right)$ 曲线 $y=f(x)$ 的拐点.

应选 E.

269.【答案】C

【解析】因为 $\lim\limits_{x\to 0}\dfrac{f''(x)}{|x|}=1$，所以 $\lim\limits_{x\to 0}f''(x)=0$.

又因为 $f''(x)$ 在 $x=0$ 处连续，所以 $\lim\limits_{x\to 0}f''(x)=f''(0)=0$，于是①正确.

由于 $\lim\limits_{x\to 0}\dfrac{f''(x)}{|x|}=1>0$，根据函数极限保号性知，在 $x=0$ 的某去心邻域内 $\dfrac{f''(x)}{|x|}>0$，$f''(x)>0$，所以在 $x=0$ 的某去心邻域内 $y=f(x)$ 为凹曲线，且根据拐点的第一充分条件知，$(0,f(0))$ 一定不是曲线 $y=f(x)$ 的拐点，故③错误，④正确.

另外，由在 $x=0$ 的某去心邻域内 $f''(x)>0$ 知，$f'(x)$ 在 $x=0$ 的某去心邻域内单调递增. 又 $f'(0)=0$，于是在 $x=0$ 的某左去心邻域内 $f'(x)<0$，在 $x=0$ 的某右去心邻域内 $f'(x)>0$，根据极值的第一充分条件知，$x=0$ 是 $f(x)$ 的极小值点，故②错误.

综上所述，应选 C.

小课堂

注意下面的错误解法：

"由于 $f'(0)=0$，$f''(0)=0$，于是 $x=0$ 不是 $f(x)$ 的极值点."

这是由于当 $f'(x_0)=0$，$f''(x_0)=0$ 时，极值的第二充分条件失效，此时无法判定 $x=x_0$ 是不是 $f(x)$ 的极值点，并不能得出"$x=x_0$ 一定不是 $f(x)$ 的极值点"的结论. 例如：$y=x^3$ 与 $y=x^4$ 在 $(0,0)$ 处均满足 $y'(0)=0$，$y''(0)=0$，但是 $x=0$ 不是 $y=x^3$ 的极值点，却是 $y=x^4$ 的极小值点.

2.6 一元微分学相关考点

题组 A · 基础通关题

270.【答案】E

【解析】显然 $x=0$ 为函数的无定义点，因为 $\lim\limits_{x\to 0}\dfrac{1+e^{-x^2}}{1-e^{-x^2}}=\infty$，所以 $x=0$ 为函数的垂直渐近线.

又因为 $\lim\limits_{x\to\infty}\dfrac{1+e^{-x^2}}{1-e^{-x^2}}=1$，所以 $y=1$ 为函数的水平渐近线，应选 E.

271.【答案】A

【解析】因为

$$a=\lim\limits_{x\to\infty}\dfrac{y}{x}=\lim\limits_{x\to\infty}\dfrac{(3x+4)}{x}e^{-\frac{1}{x}}=\lim\limits_{x\to\infty}\dfrac{(3x+4)}{x}=3,$$

$$b = \lim_{x \to \infty}(y-3x) = \lim_{x \to \infty}\left[(3x+4)e^{-\frac{1}{x}}-3x\right] = \lim_{x \to \infty}\left(3xe^{-\frac{1}{x}}-3x\right) + \lim_{x \to \infty}4e^{-\frac{1}{x}}$$

$$= \lim_{x \to \infty}3x\left(e^{-\frac{1}{x}}-1\right) + \lim_{x \to \infty}4e^{-\frac{1}{x}} = \lim_{x \to \infty}3x\cdot\left(-\frac{1}{x}\right) + \lim_{x \to \infty}4e^{-\frac{1}{x}} = -3+4 = 1,$$

所以曲线的斜渐近线方程为 $y=3x+1$，应选 A.

272.【答案】B

【解析】由于 $\lim_{x \to 1}\left(x+\dfrac{x}{x^2-1}\right)=\infty$，$\lim_{x \to -1}\left(x+\dfrac{x}{x^2-1}\right)=\infty$，所以 $x=\pm1$ 是曲线的垂直渐近线，②正确.

因为 $\lim_{x \to \infty}\left(x+\dfrac{x}{x^2-1}\right)=\infty$，所以该曲线无水平渐近线，①错误.

又因为

$$\lim_{x \to \infty}\frac{y}{x}=\lim_{x \to \infty}\left(1+\frac{1}{x^2-1}\right)=1,\ \lim_{x \to \infty}(y-x)=\lim_{x \to \infty}\left(x+\frac{x}{x^2-1}-x\right)=\lim_{x \to \infty}\frac{x}{x^2-1}=0,$$

所以曲线有斜渐近线 $y=x$，故③正确，④错误.

应选 B.

273.【答案】B

【解析】设斜渐近线为 $y=kx+b$，则

$$k=\lim_{x \to \infty}\frac{x\ln\left(e+\dfrac{1}{x-1}\right)}{x}=\lim_{x \to \infty}\ln\left(e+\frac{1}{x-1}\right)=1,$$

$$b=\lim_{x \to \infty}\left[x\ln\left(e+\frac{1}{x-1}\right)-x\right]=\lim_{x \to \infty}x\ln\left[1+\frac{1}{e(x-1)}\right]=\lim_{x \to \infty}\left[x\cdot\frac{1}{e(x-1)}\right]=\frac{1}{e},$$

因此，所求斜渐近线方程为 $y=x+\dfrac{1}{e}$，故应选 B.

274.【答案】E

【解析】由题意可知，$y'=2x+1$，$y''=2$. 根据曲率公式得

$$K=\frac{|y''|}{(1+y'^2)^{\frac{3}{2}}}=\frac{|2|}{[1+(2x+1)^2]^{\frac{3}{2}}}=\frac{\sqrt{2}}{2},$$

解得 $x=-1$ 或 $x=0$（舍去）.又当 $x=-1$ 时，$y=0$，于是该点坐标是 $(-1,0)$，应选 E.

275.【答案】A

【解析】因为 $y'=2x$，$y''=2$，所以在点 $(0,0)$ 处 $y=x^2$ 的曲率 $K=\dfrac{|y''|}{(1+y'^2)^{\frac{3}{2}}}=2$，曲率半径 $R=\dfrac{1}{2}$.又曲率圆的圆心在 y 轴上，于是圆心坐标为 $\left(0,\dfrac{1}{2}\right)$，故曲率圆的方程为

$$x^2+\left(y-\frac{1}{2}\right)^2=\frac{1}{4},$$

应选 A.

题组 B·强化通关题

276.【答案】D

【解析】显然 $x=1$ 为函数的无定义点，因为 $\lim\limits_{x \to 1}\left[\dfrac{x}{x-1}+\ln\left(1+\mathrm{e}^x\right)\right]=\infty$，所以 $x=1$ 为函数的垂直渐近线.

因为 $\lim\limits_{x \to -\infty}\left[\dfrac{x}{x-1}+\ln\left(1+\mathrm{e}^x\right)\right]=\lim\limits_{x \to -\infty}\dfrac{x}{x-1}+\lim\limits_{x \to -\infty}\ln\left(1+\mathrm{e}^x\right)=1+0=1$，所以在 $x \to -\infty$ 方向上函数有水平渐近线，无斜渐近线.

又因为

$$a=\lim\limits_{x \to +\infty}\frac{y}{x}=\lim\limits_{x \to +\infty}\left[\frac{1}{x-1}+\frac{\ln\left(1+\mathrm{e}^x\right)}{x}\right]$$

$$=0+\lim\limits_{x \to +\infty}\frac{\ln\left(1+\mathrm{e}^x\right)}{x}$$

$$=\lim\limits_{x \to +\infty}\frac{\mathrm{e}^x}{1+\mathrm{e}^x}=1,$$

$$b=\lim\limits_{x \to +\infty}\left(y-ax\right)=\lim\limits_{x \to +\infty}\left[\frac{x}{x-1}+\ln\left(1+\mathrm{e}^x\right)-x\right]$$

$$=\lim\limits_{x \to +\infty}\frac{x}{x-1}+\lim\limits_{x \to +\infty}\left[\ln\left(1+\mathrm{e}^x\right)-x\right]$$

$$=1+\lim\limits_{x \to +\infty}\left[\ln\left(1+\mathrm{e}^x\right)-\ln\,\mathrm{e}^x\right]$$

$$=1+\lim\limits_{x \to +\infty}\,\ln\frac{1+\mathrm{e}^x}{\mathrm{e}^x}=1+0=1,$$

所以在 $x \to +\infty$ 方向上曲线有斜渐近线 $y=x+1$，应选 D.

277.【答案】D

【解析】显然 $x=0$ 为函数的无定义点，因为 $\lim\limits_{x \to 0^+}\left|x+2\right|\mathrm{e}^{\frac{1}{x}}=+\infty$，所以 $x=0$ 为曲线的垂直渐近线.

又因为

$$\lim\limits_{x \to \infty}\frac{y}{x}=\lim\limits_{x \to \infty}\frac{x+2}{x}\mathrm{e}^{\frac{1}{x}}=\lim\limits_{x \to \infty}\frac{x+2}{x}=1,$$

$$\lim\limits_{x \to +\infty}\left(y-x\right)=\lim\limits_{x \to +\infty}\left[\left(x+2\right)\mathrm{e}^{\frac{1}{x}}-x\right]=\lim\limits_{x \to +\infty}\left(x\mathrm{e}^{\frac{1}{x}}-x\right)+\lim\limits_{x \to +\infty}\,2\mathrm{e}^{\frac{1}{x}}$$

$$=\lim\limits_{x \to +\infty}x\left(\mathrm{e}^{\frac{1}{x}}-1\right)+2=\lim\limits_{x \to +\infty}x \cdot \frac{1}{x}+2=3,$$

所以 $y=x+3$ 是曲线在 $x \to +\infty$ 方向的斜渐近线.

同理，$y=-x-3$ 是曲线在 $x \to -\infty$ 方向的斜渐近线.

应选 D.

278.【答案】 A

【解析】根据由参数方程确定的函数的导数计算公式,知

$$\frac{\mathrm{d}y}{\mathrm{d}x}=\frac{y'(t)}{x'(t)}=\frac{\ln(1+t)}{-\mathrm{e}^{-t}}=-\mathrm{e}^{t}\ln(1+t),$$

$$\frac{\mathrm{d}^{2}y}{\mathrm{d}x^{2}}=\frac{\mathrm{d}\left(\dfrac{\mathrm{d}y}{\mathrm{d}x}\right)}{\mathrm{d}t}\cdot\frac{1}{\dfrac{\mathrm{d}x}{\mathrm{d}t}}=-\left[\mathrm{e}^{t}\ln(1+t)+\mathrm{e}^{t}\frac{1}{t+1}\right]\cdot\frac{1}{-\mathrm{e}^{-t}}$$

$$=\mathrm{e}^{2t}\left[\ln(1+t)+\frac{1}{1+t}\right].$$

所以 $\left.\dfrac{\mathrm{d}y}{\mathrm{d}x}\right|_{t=0}=0,\left.\dfrac{\mathrm{d}^{2}y}{\mathrm{d}x^{2}}\right|_{t=0}=1.$

由曲率公式 $K=\dfrac{|y''|}{\left[1+(y')^{2}\right]^{\frac{3}{2}}}$,可知曲线上对应于 $t=0$ 的点处的曲率为 $K|_{t=0}=1$,进而知曲率半径 $R=1$,应选 A.

279.【答案】 B

【解析】由曲线 $y=f(x)$ 与 $y=g(x)$ 在点 $(0,1)$ 处相切,且具有相同的曲率圆,知

$$f(0)=g(0),\quad f'(0)=g'(0),\quad f''(0)=g''(0).$$

根据由参数方程确定函数的导数计算公式,知

$$f'(x)=\frac{\mathrm{d}y}{\mathrm{d}x}=\frac{y'(t)}{x'(t)}=\frac{1+\mathrm{e}^{t}}{\cos t},$$

$$f''(x)=\frac{\mathrm{d}^{2}y}{\mathrm{d}x^{2}}=\frac{\mathrm{d}\left(\dfrac{\mathrm{d}y}{\mathrm{d}x}\right)}{\mathrm{d}t}\cdot\frac{1}{\dfrac{\mathrm{d}x}{\mathrm{d}t}}=\frac{\mathrm{e}^{t}\cos t+\sin t(1+\mathrm{e}^{t})}{\cos^{3}t},$$

当 $y=t+\mathrm{e}^{t}=0$ 时,$t=0$,于是

$$f'(0)=\frac{\mathrm{d}y}{\mathrm{d}x}\bigg|_{t=0}=2,\quad f''(0)=\frac{\mathrm{d}^{2}y}{\mathrm{d}x^{2}}\bigg|_{t=0}=1,$$

又 $g'(x)=2ax+b,g''(x)=2a$,所以

$$g(0)=c=1,\quad g'(0)=b=2,\quad g''(0)=2a=1,$$

因此 $a=\dfrac{1}{2},b=2,c=1$,故 $abc=1$,应选 B.

280.【答案】 A

【解析】对 $f(x)=\arctan x$ 在区间 $[0,a]$ 上使用拉格朗日中值定理,得

$$f(a)-f(0)=f'(\xi)(a-0),$$

即 $\arctan a=\dfrac{1}{1+\xi^{2}}\cdot a$,其中 ξ 介于 0 与 a 之间.

进而,当 $a\to 0$ 时,有

$$\lim_{a \to 0} \frac{\xi^2}{a^2} = \lim_{a \to 0} \frac{\dfrac{a}{\arctan a} - 1}{a^2} = \lim_{a \to 0} \frac{a - \arctan a}{a^2 \cdot \arctan a}$$

$$= \lim_{a \to 0} \frac{\dfrac{1}{3} a^3}{a^2 \cdot a} = \frac{1}{3},$$

故应选 A.

281.【答案】E

【解析】当 $x \geqslant 1$ 时, 有

$$f'(x) = \frac{1}{1+x^2} + \frac{1}{2} \cdot \frac{1}{\sqrt{1 - \left(\dfrac{2x}{1+x^2}\right)^2}} \cdot \frac{2(1+x^2) - 4x^2}{(1+x^2)^2}$$

$$= \frac{1}{1+x^2} + \frac{1+x^2}{\sqrt{(1+x^2)^2 - 4x^2}} \cdot \frac{1-x^2}{(1+x^2)^2}$$

$$= \frac{1}{1+x^2} + \frac{1+x^2}{|1-x^2|} \cdot \frac{1-x^2}{(1+x^2)^2}$$

$$= \frac{1}{1+x^2} - \frac{1}{1+x^2} = 0,$$

所以 $f(x) \equiv C.$ 又 $f(1) = \dfrac{\pi}{4}$, 所以在 $x \geqslant 1$ 时, $f(x) \equiv \dfrac{\pi}{4}$, 应选 E.

282.【答案】C

【解析】根据需求量对价格的弹性公式, 知

$$\eta_{AA} = -\frac{p_A}{Q_A} \cdot \frac{\partial Q_A}{\partial p_A} = \frac{p_A}{500 - p_A^2 - p_A p_B + 2p_B^2}(2p_A + p_B),$$

于是当 $p_A = 10, p_B = 20$ 时, $\eta_{AA} = \dfrac{400}{500 - 100 - 200 + 800} = 0.4$, 应选 C.

283.【答案】C

【解析】由 $Q(p) = \dfrac{800}{p+3} - 2$, 可解得 $p = \dfrac{800}{Q+2} - 3$, 于是利润函数

$$L(Q) = R - C = p \cdot Q - C = \frac{800Q}{Q+2} - 3Q - (100 + 13Q) = \frac{800Q}{Q+2} - 16Q - 100.$$

令 $L'(Q) = \dfrac{800(Q+2) - 800Q}{(Q+2)^2} - 16 = \dfrac{1600}{(Q+2)^2} - 16 = 0$, 解得唯一驻点 $Q = 8.$

又当 $Q < 8$ 时, $L'(Q) > 0$; 当 $Q > 8$ 时, $L'(Q) < 0$, 所以当 $Q = 8$ 时, 利润最大, 应选 C.

2.7 方程根与函数的零点问题

题组 A·基础通关题

284. 【答案】C

【解析】设函数 $F(x)=3x^4-4x^3-6x^2+12x-20$, 则
$$F'(x)=12x^3-12x^2-12x+12=12(x^3-x^2-x+1)=12(x-1)^2(x+1).$$

令 $F'(x)=0$, 解得 $x=-1,x=1$, 列表如下:

x	$(-\infty,-1)$	-1	$(-1,1)$	1	$(1,+\infty)$
$F'(x)$	$-$	0	$+$	0	$+$
$F(x)$	单调递减	极小值	单调递增	不取极值	单调递增

又 $\lim\limits_{x\to-\infty}F(x)=\lim\limits_{x\to+\infty}F(x)=+\infty$, $F(-1)=-31$, 于是 $F(x)$ 有两个零点, 即方程有两个根, 应选 C.

285. 【答案】D

【解析】设函数 $f(x)=x^5-5x$, 则 $f'(x)=5x^4-5=5(x^2+1)(x-1)(x+1)$.

令 $f'(x)=0$, 解得 $x=\pm 1$, 列表如下:

x	$(-\infty,-1)$	-1	$(-1,1)$	1	$(1,+\infty)$
$f'(x)$	$+$	0	$-$	0	$+$
$f(x)$	单调递增	极大值	单调递减	极小值	单调递增

又因为
$$f(-1)=4,\quad f(1)=-4,$$
$$\lim_{x\to-\infty}f(x)=-\infty,\quad \lim_{x\to+\infty}f(x)=+\infty,$$

可画出函数 $f(x)$ 的草图, 如右图所示. 若方程 $x^5-5x+k=0$ 有 3 个不同的实根, 则 $y=x^5-5x$ 与 $y=-k$ 有 3 个交点, 于是 $-4<k<4$.

应选 D.

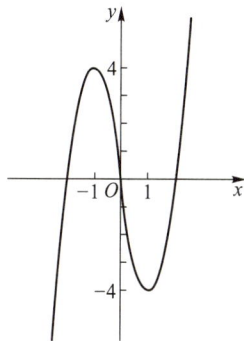

286. 【答案】C

【解析】设函数 $f(x)=\dfrac{x}{e}-\ln x-\sqrt{2}$, $x>0$.

令 $f'(x)=\dfrac{1}{e}-\dfrac{1}{x}=0$, 解得 $x=e$.

当 $0<x<e$ 时, $f'(x)<0$, $f(x)$ 单调递减; 当 $x>e$ 时, $f'(x)>0$, $f(x)$ 单调递增.

又因为

$$\lim_{x \to 0^+} f(x) = +\infty, \quad f(e) = -\sqrt{2} < 0,$$

$$\lim_{x \to +\infty} f(x) = \lim_{x \to +\infty} x\left(\frac{1}{e} - \frac{\ln x}{x} - \frac{\sqrt{2}}{x}\right) = +\infty,$$

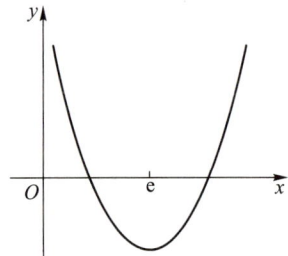

可画出草图（如右图所示），显然方程 $\dfrac{x}{e} - \ln x - \sqrt{2} = 0$ 在 $(0,$ $+\infty)$ 内有且仅有 2 个实根,应选 C.

287. 【答案】C

【解析】本题中"$y = ax^2$ 与 $y = \ln x$ 的交点个数"等价于"求方程 $ax^2 = \ln x$ 的根的个数",

分离参数得 $a = \dfrac{\ln x}{x^2}$,即可求函数 $y = \dfrac{\ln x}{x^2}$ 与 $y = a$ 的交点个数.

设函数 $f(x) = \dfrac{\ln x}{x^2}$ $(x > 0)$,则 $f'(x) = \dfrac{x - 2x\ln x}{x^4} = \dfrac{1 - 2\ln x}{x^3}$.

令 $f'(x) = 0$,解得 $x = \sqrt{e}$.

当 $0 < x < \sqrt{e}$ 时,$f'(x) > 0$,$f(x)$ 单调增加;当 $x > \sqrt{e}$ 时,$f'(x) < 0$,$f(x)$ 单调递减.

又因为

$$f(\sqrt{e}) = \frac{1}{2e}, \quad \lim_{x \to 0^+} f(x) = -\infty, \quad \lim_{x \to +\infty} f(x) = 0,$$

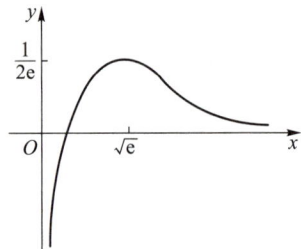

所以可画出草图（如右图所示）,显然当 $0 < a < \dfrac{1}{2e}$ 时,函数 $y =$ $\dfrac{\ln x}{x^2}$ 与 $y = a$ 有 2 个交点,于是曲线 $y = ax^2$ 与 $y = \ln x$ 有两个交点,应选 C.

288. 【答案】D

【解析】**方法一**：令 $F(x) = \begin{cases} e^x - x - 2, & x \geqslant -2 \\ e^x + x + 2, & x < -2 \end{cases}$,则

$$F'(x) = \begin{cases} e^x - 1, & x > -2, \\ e^x + 1, & x < -2. \end{cases}$$

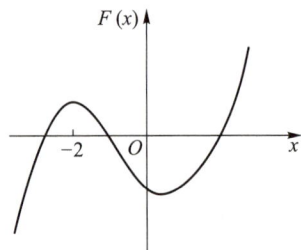

令 $F'(x) = 0$,解得 $x = 0$,且 $x = -2$ 为 $F(x)$ 的分段点,可列表如下:

x	$(-\infty, -2)$	-2	$(-2, 0)$	0	$(0, +\infty)$
y'	$+$		$-$	0	$+$
y	递增	极大值	递减	极小值	递增

又因为 $\lim_{x \to -\infty} F(x) = -\infty$,$F(-2) = e^{-2}$,$F(0) = -1$,$\lim_{x \to +\infty} F(x) = +\infty$,所以可画出草图（如右图所示）,显然 $F(x)$ 有 3 个零点,于是方程 $e^x - |x + 2| = 0$ 有 3 个实根,应选 D.

方法二：求"方程 $e^x - |x+2| = 0$ 的实根个数问题"可转化为"曲线 $y = e^x$ 与 $y = |x+2|$ 的交点个数问题"，如右图所示，显然曲线 $y = e^x$ 与 $y = |x+2|$ 有 3 个交点，于是方程 $e^x - |x+2| = 0$ 有 3 个实根，应选 D.（但注意，这一方法有一定的出错风险，需保证图像有一定的准确性.）

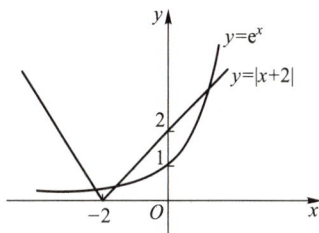

小课堂

在求解分段函数的单调区间或凹凸区间问题时，可将分段函数的分段点直接视作"区间的可疑分界点"，这样可以极大地减小计算量（例如本题中的方法一）.

题组 B·强化通关题

289.【答案】 B

【解析】设函数 $f(x) = x^3 + ax^2 + bx + c$，则 $f'(x) = 3x^2 + 2ax + b$.

因为二次函数 $y = 3x^2 + 2ax + b$ 的图像开口朝上，且 $\Delta = 4(a^2 - 3b) < 0$，所以
$$f'(x) = 3x^2 + 2ax + b > 0$$
恒成立，即 $f(x)$ 在 $(-\infty, +\infty)$ 上单调递增.

又因为
$$\lim_{x \to -\infty} f(x) = \lim_{x \to -\infty} (x^3 + ax^2 + bx + c) = -\infty,$$
$$\lim_{x \to +\infty} f(x) = \lim_{x \to +\infty} (x^3 + ax^2 + bx + c) = +\infty,$$

所以 $f(x) = x^3 + ax^2 + bx + c$ 仅有一个零点，即方程 $x^3 + ax^2 + bx + c = 0$ 仅有一个根，应选 B.

290.【答案】 C

【解析】设函数 $f(x) = x^2 - \cos x - x \sin x - k$，则
$$f'(x) = 2x + \sin x - \sin x - x \cos x = x(2 - \cos x),$$
于是 $f(x)$ 在 $(-\infty, 0)$ 内单调递减，在 $(0, +\infty)$ 内单调递增.

又因为 $f(0) = -1 - k$，所以 $-1 - k < 0$，即 $k > -1$，应选 C.

291.【答案】 B

【解析】令 $f(x) = (x^2 - 3)e^x$，则 $f'(x) = (x^2 + 2x - 3)e^x = (x+3)(x-1)e^x$.

令 $f'(x) = 0$，解得 $x_1 = -3$，$x_2 = 1$，可列表如下：

x	$(-\infty, -3)$	-3	$(-3, 1)$	1	$(1, +\infty)$
$f'(x)$	+	0	−	0	+
$f(x)$	单调递增	极大值	单调递减	极小值	单调递增

又因为

$f(-3) = 6e^{-3}$，$f(1) = -2e$，$\lim\limits_{x \to -\infty} f(x) = \lim\limits_{x \to -\infty} \dfrac{x^2-3}{e^{-x}} = 0$，

$\lim\limits_{x \to +\infty} f(x) = +\infty$，所以可画出函数 $f(x)$ 的草图，如右图所示，若 $f(x) = (x^2-3)e^x = k$ 有且仅有一个实根，则 $k > 6e^{-3}$ 或 $k = -2e$，应选 B.

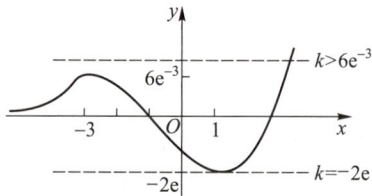

292.【答案】A

【解析】令 $F(x) = f(x) - x$，则 $F'(x) = f'(x) - 1, F''(x) = f''(x) < 0$.

于是 $F'(x)$ 在 $(-\infty, +\infty)$ 内单调递减，又 $F'(1) = f'(1) - 1 = 0$，所以当 $x < 1$ 时，$F'(x) > 0$；当 $x > 1$ 时，$F'(x) < 0$，故 $x = 1$ 是函数 $F(x)$ 的极大值，且极大值为 $F(1) = f(1) - 1 = 0$，因此 $F(x) = f(x) - x \leqslant 0$，即 $f(x) \leqslant x$，应选 A.

293.【答案】D

【解析】$f'(x) = \left(1 + x + \cdots + \dfrac{1}{4!}x^4\right)e^{-x} - \left(1 + x + \cdots + \dfrac{1}{5!}x^5\right)e^{-x} = -\dfrac{1}{5!}x^5 e^{-x}$.

令 $f'(x) = 0$，解得驻点 $x = 0$，故①正确.

由于当 $x < 0$ 时，$f'(x) > 0$，$f(x)$ 单调增加；当 $x > 0$ 时，$f'(x) < 0$，$f(x)$ 单调递减，所以 $f(x)$ 的单调递增区间为 $(-\infty, 0)$，单调递减区间为 $(0, +\infty)$，且 $x = 0$ 为 $f(x)$ 的极大值点，于是②错误，③正确.

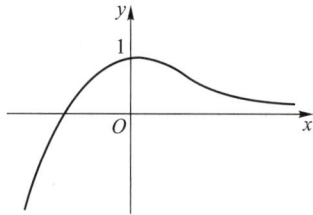

又因为 $f(0) = 1$，$\lim\limits_{x \to -\infty} f(x) = -\infty$，$\lim\limits_{x \to +\infty} f(x) = 0$，可画出 $f(x)$ 的草图，如右图所示，显然 $f(x)$ 仅有一个零点，故④正确，应选 D.

第三章　一元函数积分学

3.1 不定积分

题组 A·基础通关题

294.（本题是附加的不定积分计算训练习题，非真题考题形式）

（1）【解析】$\displaystyle\int (1+2x)^{15}\mathrm{d}x = \frac{1}{2}\int (1+2x)^{15}\mathrm{d}(2x+1) = \frac{1}{32}(1+2x)^{16}+C.$

（2）【解析】$\displaystyle\int \frac{\mathrm{d}x}{(2x-5)^5} = \frac{1}{2}\int \frac{1}{(2x-5)^5}\mathrm{d}(2x-5) = -\frac{1}{8}(2x-5)^{-4}+C.$

（3）【解析】$\displaystyle\int \frac{\mathrm{d}x}{\sqrt{3-2x^2}} = \frac{1}{\sqrt{2}}\int \frac{1}{\sqrt{(\sqrt{3})^2-(\sqrt{2}x)^2}}\mathrm{d}(\sqrt{2}x) - \frac{1}{\sqrt{2}}\arcsin\sqrt{\frac{2}{3}}x+C.$

（4）【解析】$\displaystyle\int \frac{\mathrm{d}x}{9+2x^2} = \frac{1}{\sqrt{2}}\int \frac{1}{3^2+(\sqrt{2}x)^2}\mathrm{d}(\sqrt{2}x) = \frac{1}{3\sqrt{2}}\arctan\frac{\sqrt{2}}{3}x+C.$

（5）【解析】$\displaystyle\int \frac{x}{1+x^2}\mathrm{d}x = \frac{1}{2}\int \frac{1}{1+x^2}\mathrm{d}(x^2+1) = \frac{1}{2}\ln(1+x^2)+C.$

（6）【解析】$\displaystyle\int \frac{\mathrm{e}^x}{1+\mathrm{e}^x}\mathrm{d}x = \int \frac{1}{1+\mathrm{e}^x}\mathrm{d}(1+\mathrm{e}^x) = \ln(1+\mathrm{e}^x)+C.$

（7）【解析】$\displaystyle\int \frac{x^3}{\sqrt[3]{1+x^4}}\mathrm{d}x = \frac{1}{4}\int \frac{1}{\sqrt[3]{1+x^4}}\mathrm{d}(1+x^4) = \frac{3}{8}(1+x^4)^{\frac{2}{3}}+C.$

（8）【解析】$\displaystyle\int \frac{\mathrm{e}^x}{1+\mathrm{e}^{2x}}\mathrm{d}x = \int \frac{1}{1+\mathrm{e}^{2x}}\mathrm{d}\mathrm{e}^x = \arctan \mathrm{e}^x+C.$

（9）【解析】$\displaystyle\int \frac{\sqrt{\ln x}}{x}\mathrm{d}x = \int \sqrt{\ln x}\,\mathrm{d}\ln x = \frac{2}{3}(\ln x)^{\frac{3}{2}}+C.$

（10）【解析】$\displaystyle\int \frac{\arctan x}{1+x^2}\mathrm{d}x = \int \arctan x\,\mathrm{d}\arctan x = \frac{1}{2}(\arctan x)^2+C.$

（11）【解析】原式 $\displaystyle= \int \sec^2\left(2x-\frac{\pi}{4}\right)\mathrm{d}x = \frac{1}{2}\int \sec^2\left(2x-\frac{\pi}{4}\right)\mathrm{d}\left(2x-\frac{\pi}{4}\right) = \frac{1}{2}\tan\left(2x-\frac{\pi}{4}\right)+C.$

（12）【解析】$\displaystyle\int \frac{\mathrm{d}x}{\cos^2 x\sqrt{1+\tan x}} = \int \frac{\sec^2 x\mathrm{d}x}{\sqrt{1+\tan x}} = \int \frac{1}{\sqrt{1+\tan x}}\mathrm{d}\tan x$

$$= 2\int \frac{1}{2\sqrt{1+\tan x}}\mathrm{d}(\tan x+1) = 2\sqrt{1+\tan x}+C.$$

（13）【解析】$\displaystyle\int \frac{\cos x\mathrm{d}x}{\sqrt[3]{\sin x}} = \int \frac{1}{\sqrt[3]{\sin x}}\mathrm{d}\sin x = \int (\sin x)^{-\frac{1}{3}}\mathrm{d}\sin x = \frac{3}{2}\sqrt[3]{\sin^2 x}+C.$

（14）【解析】令 $\sqrt{1-x}=t$，则 $x=1-t^2$，于是

原式 $\displaystyle= \int \frac{1}{(1+t^2)t}(-2t\mathrm{d}t) = -2\int \frac{1}{1+t^2}\mathrm{d}t = -2\arctan t+C = -2\arctan\sqrt{1-x}+C.$

（15）【解析】$\displaystyle\int \frac{x^2\mathrm{d}x}{\sqrt{1+x^3}} = \frac{1}{3}\int \frac{1}{\sqrt{1+x^3}}\mathrm{d}(1+x^3) = \frac{2}{3}\sqrt{1+x^3}+C.$

（16）【解析】$\displaystyle\int \frac{x^2}{4+x^6}\mathrm{d}x = \frac{1}{3}\int \frac{1}{4+x^6}\mathrm{d}x^3 = \frac{1}{6}\arctan\frac{x^3}{2}+C.$

（17）【解析】$\displaystyle\int \cos^3 x\mathrm{d}x = \int (1-\sin^2 x)\mathrm{d}\sin x = \sin x - \frac{1}{3}\sin^3 x+C.$

（18）【解析】$\displaystyle\int \frac{x^2}{\sqrt{1-x^2}}\mathrm{d}x \xlongequal{\text{令}\,x=\sin t} \int \sin^2 t\mathrm{d}t = \frac{1}{2}\int (1-\cos 2t)\mathrm{d}t = \frac{1}{2}t - \frac{1}{4}\sin 2t+C$

$$= \frac{1}{2}\arcsin x - \frac{1}{2}x\sqrt{1-x^2}+C.$$

（19）【解析】$\displaystyle\int x\sin 2x\mathrm{d}x = -\frac{1}{2}\int x\mathrm{d}\cos 2x = -\frac{1}{2}x\cos 2x + \frac{1}{2}\int \cos 2x\mathrm{d}x$

$$= -\frac{1}{2}x\cos 2x + \frac{1}{4}\sin 2x+C.$$

（20）【解析】$\displaystyle\int x^2\ln x\mathrm{d}x = \frac{1}{3}\int \ln x\mathrm{d}x^3 = \frac{1}{3}x^3\ln x - \frac{1}{3}\int x^2\mathrm{d}x = \frac{1}{3}x^3\ln x - \frac{1}{9}x^3+C.$

（21）【解析】$\displaystyle\int x\mathrm{e}^{-3x}\mathrm{d}x = -\frac{1}{3}\int x\mathrm{d}\mathrm{e}^{-3x} = -\frac{1}{3}x\mathrm{e}^{-3x} + \frac{1}{3}\int \mathrm{e}^{-3x}\mathrm{d}x = -\frac{1}{3}x\mathrm{e}^{-3x} - \frac{1}{9}\mathrm{e}^{-3x}+C.$

（22）【解析】$\displaystyle\int x\arctan x\mathrm{d}x = \frac{1}{2}\int \arctan x\mathrm{d}x^2 = \frac{1}{2}x^2\arctan x - \frac{1}{2}\int \frac{x^2}{1+x^2}\mathrm{d}x$

$$= \frac{1}{2}x^2\arctan x - \frac{1}{2}x + \frac{1}{2}\arctan x+C.$$

（23）【解析】$\displaystyle\int \mathrm{e}^x\left(1-\frac{\mathrm{e}^{-x}}{\sqrt{x}}\right)\mathrm{d}x = \int \mathrm{e}^x\mathrm{d}x - \int \frac{1}{\sqrt{x}}\mathrm{d}x = \mathrm{e}^x - 2\sqrt{x}+C.$

（24）【解析】$\displaystyle\int 3^x\mathrm{e}^x\mathrm{d}x = \int (3\mathrm{e})^x\mathrm{d}x = \frac{1}{\ln(3\mathrm{e})}(3\mathrm{e})^x+C = \frac{1}{1+\ln 3}3^x\mathrm{e}^x+C.$

（25）【解析】$\displaystyle\int \frac{2\cdot 3^x - 5\cdot 2^x}{3^x}\mathrm{d}x = 2\int 1\mathrm{d}x - 5\int \left(\frac{2}{3}\right)^x\mathrm{d}x = 2x - \frac{5}{\ln\frac{2}{3}}\left(\frac{2}{3}\right)^x+C$

$$= 2x - \frac{5}{\ln 2 - \ln 3}\left(\frac{2}{3}\right)^x + C.$$

（26）【解析】$\displaystyle\int \cos^2 \frac{x}{2}\mathrm{d}x = \int \frac{1+\cos x}{2}\mathrm{d}x = \frac{x+\sin x}{2}+C.$

（27）【解析】$\displaystyle\int \frac{\cos 2x}{\cos x - \sin x}\mathrm{d}x = \int \frac{\cos^2 x - \sin^2 x}{\cos x - \sin x}\mathrm{d}x = \sin x - \cos x + C.$

（28）【解析】$\displaystyle\int \frac{\cos 2x}{\cos^2 x \sin^2 x}\mathrm{d}x = \int \frac{\cos^2 x - \sin^2 x}{\cos^2 x \sin^2 x}\mathrm{d}x = \int (\csc^2 x - \sec^2 x)\,\mathrm{d}x$

$$= -(\cot x + \tan x) + C.$$

（29）【解析】$\displaystyle\int \tan^2 x \cdot \sec^2 x\mathrm{d}x = \int \tan^2 x\,\mathrm{d}(\tan x) = \frac{1}{3}\tan^3 x + C.$

（30）【解析】$\displaystyle\int \frac{1}{(\arcsin x)^2 \cdot \sqrt{1-x^2}}\mathrm{d}x = \int \frac{\mathrm{d}(\arcsin x)}{(\arcsin x)^2} = -\frac{1}{\arcsin x}+C.$

（31）【解析】$\displaystyle\int \cos^2(\omega t + \varphi)\sin(\omega t + \varphi)\,\mathrm{d}x = -\frac{1}{\omega}\int \cos^2(\omega t + \varphi)\,\mathrm{d}[\cos(\omega t + \varphi)]$

$$= -\frac{1}{3\omega}\cos^3(\omega t + \varphi) + C.$$

（32）【解析】$\displaystyle\int \frac{x^3}{9+x^2}\mathrm{d}x = \int \frac{x(x^2+9)-9x}{9+x^2}\mathrm{d}x = \int x\mathrm{d}x - 9\int \frac{x}{9+x^2}\mathrm{d}x$

$$= \int x\mathrm{d}x - \frac{9}{2}\int \frac{1}{x^2+9}\mathrm{d}(x^2+9) = \frac{x^2}{2} - \frac{9}{2}\ln(x^2+9) + C.$$

（33）【解析】$\displaystyle\int \frac{\mathrm{d}x}{(x+1)(x-2)} = \frac{1}{3}\int \left(\frac{1}{x-2} - \frac{1}{x+1}\right)\mathrm{d}x = \frac{1}{3}\ln\left|\frac{x-2}{x+1}\right| + C.$

（34）【解析】令 $x = 3\sec t$，则

$$\int \frac{\sqrt{x^2-9}}{x}\mathrm{d}x = \int 3\tan^2 t\mathrm{d}t = 3\int (\sec^2 t - 1)\,\mathrm{d}t = 3\tan t - 3t + C,$$

故原式 $= \sqrt{x^2-9} - 3\arccos \dfrac{3}{x} + C.$

（35）【解析】$\displaystyle\int x\ln(1+x)\,\mathrm{d}x = \int \ln(1+x)\,\mathrm{d}\left(\frac{1}{2}x^2\right) = \frac{1}{2}x^2\ln(1+x) - \frac{1}{2}\int \frac{x^2}{1+x}\mathrm{d}x$

$$= \frac{1}{2}x^2\ln(1+x) - \frac{1}{2}\int (x-1)\,\mathrm{d}x - \frac{1}{2}\int \frac{1}{1+x}\mathrm{d}x$$

$$= \frac{1}{2}(x^2-1)\ln(1+x) - \frac{1}{4}x^2 + \frac{1}{2}x + C.$$

（36）【解析】$\displaystyle\int x^2\cos x\mathrm{d}x = \int x^2\mathrm{d}\sin x = x^2\sin x - \int 2x\sin x\mathrm{d}x = x^2\sin x + \int 2x\mathrm{d}\cos x$

$$= x^2\sin x + 2x\cos x - \int 2\cos x\mathrm{d}x$$

$$= x^2\sin x + 2x\cos x - 2\sin x + C.$$

（37）【解析】$\int \ln^2 x \mathrm{d}x = x\ln^2 x - 2\int \ln x \mathrm{d}x = x\ln^2 x - 2x\ln x + \int 2\mathrm{d}x$

$$= x\ln^2 x - 2x\ln x + 2x + C.$$

（38）【解析】$\int x\sin x\cos x\mathrm{d}x = -\int \dfrac{x}{4}\mathrm{d}\cos 2x = -\dfrac{x\cos 2x}{4} + \dfrac{1}{4}\int \cos 2x\mathrm{d}x$

$$= -\dfrac{x\cos 2x}{4} + \dfrac{\sin 2x}{8} + C.$$

（39）【解析】$\int x\cos \dfrac{x}{2}\mathrm{d}x = 2\int x\mathrm{d}\sin \dfrac{x}{2} = 2x\sin \dfrac{x}{2} - 2\int \sin \dfrac{x}{2}\mathrm{d}x = 2x\sin \dfrac{x}{2} + 4\cos \dfrac{x}{2} + C.$

（40）【解析】$\int (x^2-1)\sin 2x\mathrm{d}x = -\dfrac{1}{2}\int (x^2-1)\mathrm{d}\cos 2x$

$$= -\dfrac{1}{2}(x^2-1)\cos 2x + \int x\cos 2x\mathrm{d}x$$

$$= -\dfrac{1}{2}(x^2-1)\cos 2x + \dfrac{1}{2}\int x\mathrm{d}\sin 2x$$

$$= -\dfrac{1}{2}(x^2-1)\cos 2x + \dfrac{1}{2}x\sin 2x - \dfrac{1}{2}\int \sin 2x\mathrm{d}x$$

$$= -\dfrac{1}{2}\left(x^2-\dfrac{3}{2}\right)\cos 2x + \dfrac{1}{2}x\sin 2x + C.$$

（41）【解析】$\int \left[\sqrt{x \cdot \sqrt{x \cdot x^{\frac{1}{2}}}} + (3\mathrm{e})^x\right]\mathrm{d}x = \int \left[\sqrt{x \cdot \sqrt{x \cdot x^{\frac{3}{4}}}} + (3\mathrm{e})^x\right]\mathrm{d}x$

$$= \int \left[x^{\frac{7}{8}} + (3\mathrm{e})^x\right]\mathrm{d}x = \dfrac{8}{15}x^{\frac{15}{8}} + \dfrac{1}{\ln 3\mathrm{e}}(3\mathrm{e})^x + C$$

$$= \dfrac{8}{15}x^{\frac{15}{8}} + \dfrac{3^x\mathrm{e}^x}{\ln 3 + 1} + C.$$

（42）【解析】$\int \dfrac{\cos 2x}{\cos^2 x\sin^2 x}\mathrm{d}x = \int \dfrac{\cos^2 x - \sin^2 x}{\cos^2 x\sin^2 x}\mathrm{d}x$

$$= \int \left(\dfrac{1}{\sin^2 x} - \dfrac{1}{\cos^2 x}\right)\mathrm{d}x$$

$$= \int (\csc^2 x - \sec^2 x)\mathrm{d}x$$

$$= -\cot x - \tan x + C.$$

（43）【解析】方法一：$\int \dfrac{\sin^2 x + \cos^2 x}{\sin^2 x\cos^2 x}\mathrm{d}x = \int (\sec^2 x + \csc^2 x)\mathrm{d}x = \tan x - \cot x + C.$

方法二：$\int \dfrac{1}{\dfrac{1}{4}\sin^2 2x}\mathrm{d}x = 4\int \csc^2 2x\mathrm{d}x = -2\cot 2x + C.$

（44）【解析】$\int \tan^2 x\mathrm{d}x = \int (\sec^2 x - 1)\mathrm{d}x = \tan x - x + C.$

（45）【解析】$\int \dfrac{x^2}{x^2+1}\mathrm{d}x = \int \dfrac{(x^2+1)-1}{x^2+1}\mathrm{d}x = \int \left(1 - \dfrac{1}{1+x^2}\right)\mathrm{d}x = x - \arctan x + C.$

（46）【解析】$\int \dfrac{(1-x)^2}{\sqrt{x}}\mathrm{d}x = \int \dfrac{1-2x+x^2}{\sqrt{x}}\mathrm{d}x = \int \left(\dfrac{1}{\sqrt{x}} - 2\sqrt{x} + x^{\frac{3}{2}}\right)\mathrm{d}x = 2\sqrt{x} - \dfrac{4}{3}x^{\frac{3}{2}} + \dfrac{2}{5}x^{\frac{5}{2}} + C.$

（47）【解析】$\int (3-2x)^3\mathrm{d}x = -\dfrac{1}{2}\int (3-2x)^3\mathrm{d}(3-2x) = -\dfrac{1}{8}(3-2x)^4 + C.$

（48）【解析】$\int \dfrac{1}{\sqrt[3]{2-3x}}\mathrm{d}x = -\dfrac{1}{3}\int (2-3x)^{-\frac{1}{3}}\mathrm{d}(2-3x) = -\dfrac{1}{2}(2-3x)^{\frac{2}{3}} + C.$

（49）【解析】$\int x\sqrt{1-x^2}\,\mathrm{d}x = -\dfrac{1}{2}\int \sqrt{1-x^2}\,\mathrm{d}(1-x^2) = -\dfrac{1}{3}(1-x^2)^{\frac{3}{2}} + C.$

（50）【解析】$\int \dfrac{x}{\sqrt{x^2+1}}\mathrm{d}x = \int \dfrac{1}{2\sqrt{x^2+1}}\mathrm{d}(x^2+1) = \sqrt{x^2+1} + C.$

（51）【解析】$\int \dfrac{x^3}{\sqrt{1+x^2}}\mathrm{d}x = \dfrac{1}{2}\int \dfrac{x^2}{\sqrt{x^2+1}}\mathrm{d}x^2 = \dfrac{1}{2}\int \dfrac{x^2+1-1}{\sqrt{x^2+1}}\mathrm{d}x^2$

$\qquad\qquad\quad = \dfrac{1}{2}\int \sqrt{x^2+1}\,\mathrm{d}(x^2+1) - \dfrac{1}{2}\int \dfrac{1}{\sqrt{x^2+1}}\mathrm{d}(x^2+1)$

$\qquad\qquad\quad = \dfrac{1}{3}(x^2+1)^{\frac{3}{2}} - \sqrt{x^2+1} + C.$

（52）【解析】$\int \dfrac{\mathrm{d}x}{x\ln^2 x} = \int \dfrac{1}{\ln^2 x}\mathrm{d}\ln x = -\dfrac{1}{\ln x} + C.$

（53）【解析】$\int \dfrac{x}{\sqrt{1-x^4}}\mathrm{d}x = \dfrac{1}{2}\int \dfrac{1}{\sqrt{1-(x^2)^2}}\mathrm{d}x^2 = \dfrac{1}{2}\arcsin x^2 + C.$

（54）【解析】原式 $= \int \dfrac{1}{\sqrt{4-(x-1)^2}}\mathrm{d}(x-1) = \arcsin \dfrac{x-1}{2} + C.$

（55）【解析】原式 $= \int \mathrm{e}^{-\frac{1}{x}}\mathrm{d}\left(-\dfrac{1}{x}\right) = \mathrm{e}^{-\frac{1}{x}} + C.$

（56）【解析】原式 $= \int \tan^{10}x\,\mathrm{d}\tan x = \dfrac{1}{11}\tan^{11}x + C.$

（57）【解析】原式 $= \int \dfrac{1}{(\arcsin x)^2}\mathrm{d}\arcsin x = -\dfrac{1}{\arcsin x} + C.$

（58）【解析】原式 $= \int \tan\sqrt{1+x^2}\cdot\dfrac{1}{2\sqrt{1+x^2}}\mathrm{d}(x^2+1) = \int \tan\sqrt{1+x^2}\,\mathrm{d}\sqrt{1+x^2}$

$\qquad\qquad\quad = -\ln\left|\cos\sqrt{1+x^2}\right| + C.$

（59）【解析】原式 $= \int \dfrac{(x\ln x)'}{(x\ln x)^2}\mathrm{d}x = \int \dfrac{1}{(x\ln x)^2}\mathrm{d}(x\ln x) = -\dfrac{1}{x\ln x} + C.$

（60）【解析】原式 $= \int (x\ln x)^{\frac{3}{2}}\mathrm{d}(x\ln x) = \dfrac{2}{5}(x\ln x)^{\frac{5}{2}} + C.$

（61）【解析】因为

$$(\ln \tan x)' = \frac{1}{\tan x} \cdot \sec^2 x = \frac{1}{\sin x \cos x},$$

所以

$$\int \frac{\ln \tan x}{\cos x \sin x} dx = \int \ln \tan x \cdot (\ln \tan x)' dx$$

$$= \int \ln \tan x d(\ln \tan x) = \frac{1}{2}(\ln \tan x)^2 + C.$$

（62）【解析】$\displaystyle\int \sin^2 x dx = \int \frac{1-\cos 2x}{2} dx = \frac{1}{2}x - \frac{1}{4}\sin 2x + C$；

$$\int \cos^3 x dx = \int (1 - \sin^2 x) d\sin x = \sin x - \frac{1}{3}\sin^3 x + C;$$

$$\int \cos^4 x dx = \int \left(\frac{1+\cos 2x}{2}\right)^2 dx = \frac{1}{4} \int (1 + 2\cos 2x + \cos^2 2x) dx$$

$$= \frac{1}{4}x + \frac{1}{4}\sin 2x + \frac{1}{4}\int \cos^2 2x dx = \frac{1}{4}x + \frac{1}{4}\sin 2x + \frac{1}{8}\int (1 + \cos 4x) dx$$

$$= \frac{1}{4}x + \frac{1}{4}\sin 2x + \frac{1}{8}x + \frac{1}{32}\sin 4x + C$$

$$= \frac{3}{8}x + \frac{1}{4}\sin 2x + \frac{1}{32}\sin 4x + C.$$

（63）【解析】原式 $\displaystyle= \int \frac{e^x}{(e^x)^2 + 1} dx = \int \frac{1}{(e^x)^2 + 1} de^x = \arctan e^x + C.$

（64）【解析】原式 $\displaystyle= \int \frac{1 + e^x - e^x}{1 + e^x} dx = \int \left(1 - \frac{e^x}{1 + e^x}\right) dx = x - \ln(1 + e^x) + C.$

（65）【解析】原式 $\displaystyle= \int \tan^2 x d\sec x = \int (\sec^2 x - 1) d\sec x = \frac{1}{3}\sec^3 x - \sec x + C.$

（66）【解析】$\displaystyle\int x \tan^2 x dx = \int x(\sec^2 x - 1) dx$

$$= \int x \sec^2 x dx - \int x dx = \int x d\tan x - \frac{1}{2}x^2$$

$$= x \tan x - \int \tan x dx - \frac{1}{2}x^2$$

$$= x \tan x + \ln|\cos x| - \frac{1}{2}x^2 + C.$$

（67）【解析】$\displaystyle\int \frac{\sqrt{\ln(x + \sqrt{x^2 + 1}) + 3}}{\sqrt{x^2 + 1}} dx$

$$= \int \sqrt{\ln(x + \sqrt{x^2 + 1}) + 3} \, d\left[\ln(x + \sqrt{x^2 + 1}) + 3\right]$$

$$=\frac{2}{3}\left[\ln\left(x+\sqrt{x^2+1}\right)+3\right]^{\frac{3}{2}}+C.$$

（68）【解析】原式 $= \displaystyle\int \sin(\ln x)\cdot\cos(\ln x)\,\mathrm{d}\ln x$

$$= \int \sin(\ln x)\,\mathrm{d}\sin(\ln x)$$

$$= \frac{1}{2}\sin^2(\ln x)+C.$$

（69）【解析】原式 $= \displaystyle\int \frac{\mathrm{e}^{\arctan x}}{1+x^2}\mathrm{d}x+\int \frac{x}{1+x^2}\ln(1+x^2)\,\mathrm{d}x$

$$= \int \mathrm{e}^{\arctan x}\,\mathrm{d}\arctan x+\frac{1}{2}\int \ln(1+x^2)\,\mathrm{d}\ln(1+x^2)$$

$$= \mathrm{e}^{\arctan x}+\frac{1}{4}\ln^2(1+x^2)+C.$$

（70）【解析】令

$$\sin x = A(\sin x+\cos x)'+B(\sin x+\cos x)$$

$$= (A+B)\cos x+(B-A)\sin x,$$

则 $\begin{cases}A+B=0,\\B-A=1,\end{cases}$ 解得 $A=-\dfrac{1}{2},B=\dfrac{1}{2}$，故

$$原式 = \int \frac{-\dfrac{1}{2}(\sin x+\cos x)'+\dfrac{1}{2}(\sin x+\cos x)}{\sin x+\cos x}\mathrm{d}x$$

$$= -\frac{1}{2}\int \frac{1}{\sin x+\cos x}\mathrm{d}(\sin x+\cos x)+\frac{1}{2}x$$

$$= -\frac{1}{2}\ln|\sin x+\cos x|+\frac{1}{2}x+C.$$

（71）【解析】令

$$7\cos x-3\sin x = A(5\cos x+2\sin x)'+B(5\cos x+2\sin x)$$

$$= (-5A+2B)\sin x+(2A+5B)\cos x,$$

则 $\begin{cases}-5A+2B=-3,\\2A+5B=7,\end{cases}$ 解得 $A=1,B=1$，故

$$原式 = \int \frac{(5\cos x+2\sin x)'+(5\cos x+2\sin x)}{5\cos x+2\sin x}\mathrm{d}x = \ln|5\cos x+2\sin x|+x+C.$$

（72）【解析】令 $x=a\sin t$，则

$$原式 = \int \frac{a^2\sin^2 t}{a\cos t}\cdot a\cos t\,\mathrm{d}t = \int a^2\sin^2 t\,\mathrm{d}t = \frac{1}{2}a^2\int(1-\cos 2t)\,\mathrm{d}t$$

$$= \frac{1}{2}a^2 t-\frac{1}{4}a^2\sin 2t+C = \frac{1}{2}a^2 t-\frac{1}{2}a^2\sin t\cos t+C$$

$$=\frac{1}{2}a^2\arcsin\frac{x}{a}-\frac{1}{2}x\sqrt{a^2-x^2}+C.$$

（73）【解析】令 $x=a\sec t$，则

$$原式=\int\frac{a\tan t}{a\sec t}a\sec t\cdot\tan t\mathrm{d}t$$

$$=\int a\tan^2 t\mathrm{d}t=a\int(\sec^2 t-1)\mathrm{d}t$$

$$=a\tan t-at+C$$

$$=\sqrt{x^2-a^2}-a\cdot\arccos\frac{a}{x}+C.$$

（74）【解析】令 $x=\tan t$，则

$$原式=\int\frac{1}{\tan^2 t\cdot\sec t}\cdot\sec^2 t\mathrm{d}t$$

$$=\int\frac{\sec t}{\tan^2 t}\mathrm{d}t=\int\frac{\cos t}{\sin^2 t}\mathrm{d}t=-\frac{1}{\sin t}+C$$

$$=-\frac{\sqrt{x^2+1}}{x}+C.$$

（75）【解析】令 $x=a\tan t$，则

$$原式=\int\frac{a^3\cdot\tan^3 t}{a^3\cdot\sec^3 t}\cdot a\sec^2 t\mathrm{d}t$$

$$=\int\frac{a\tan^3 t}{\sec t}\mathrm{d}t=a\int\frac{\sin^3 t}{\cos^2 t}\mathrm{d}t$$

$$=-a\int\frac{1-\cos^2 t}{\cos^2 t}\mathrm{d}\cos t=-a\int\frac{1}{\cos^2 t}\mathrm{d}\cos t+a\int 1\mathrm{d}\cos t$$

$$=a\cdot\frac{1}{\cos t}+a\cos t+C=\sqrt{x^2+a^2}+\frac{a^2}{\sqrt{x^2+a^2}}+C.$$

（76）【解析】令 $\sqrt{x+1}=t$，则 $x=t^2-1$，故

$$原式=\int\frac{1+t}{1-t}\cdot 2t\mathrm{d}t=-2\int\frac{t^2+t}{t-1}\mathrm{d}t=-2\int\frac{(t^2-1)+(t-1)+2}{t-1}\mathrm{d}t$$

$$=-2\int\left(t+2+\frac{2}{t-1}\right)\mathrm{d}t=-t^2-4t-4\ln|t-1|+C$$

$$=-(x+1)-4\sqrt{x+1}-4\ln\left|\sqrt{x+1}-1\right|+C$$

$$=-x-4\sqrt{x+1}-4\ln\left|\sqrt{x+1}-1\right|+C_1,（其中 C_1=C-1）.$$

（77）【解析】$\int\frac{x\mathrm{e}^x}{\sqrt{\mathrm{e}^x-1}}\mathrm{d}x=2\int x\mathrm{d}\sqrt{\mathrm{e}^x-1}=2x\cdot\sqrt{\mathrm{e}^x-1}-2\int\sqrt{\mathrm{e}^x-1}\mathrm{d}x.$

令 $\sqrt{\mathrm{e}^x-1}=t$，则 $x=\ln(t^2+1)$，故

$$原式 = 2x\sqrt{e^x - 1} - 2\int t \cdot \frac{2t}{t^2 + 1}dt = 2x\sqrt{e^x - 1} - 4\int \frac{t^2}{t^2 + 1}dt$$

$$= 2x\sqrt{e^x - 1} - 4\int \left(1 - \frac{1}{t^2 + 1}\right)dt$$

$$= 2x\sqrt{e^x - 1} - 4t + 4\arctan t + C$$

$$= 2x\sqrt{e^x - 1} - 4\sqrt{e^x - 1} + 4\arctan\sqrt{e^x - 1} + C.$$

（78）【解析】令 $\sqrt{2x - 1} = t$，则 $x = \frac{1}{2}(t^2 + 1)$，故

$$\int e^{\sqrt{2x-1}}dx = \int e^t \cdot tdt = \int tde^t = e^t \cdot t - e^t + C = e^{\sqrt{2x-1}} \cdot \sqrt{2x - 1} - e^{\sqrt{2x-1}} + C.$$

（79）【解析】$\int x^2 e^{-2x}dx = -\frac{1}{2}\int x^2 de^{-2x} = -\frac{1}{2}x^2 e^{-2x} + \frac{1}{2}\int e^{-2x} \cdot 2xdx$

$$= -\frac{1}{2}x^2 e^{-2x} - \frac{1}{2}\int xde^{-2x}$$

$$= -\frac{1}{2}x^2 e^{-2x} - \frac{1}{2}xe^{-2x} + \frac{1}{2}\int e^{-2x}dx$$

$$= -\frac{1}{2}x^2 e^{-2x} - \frac{1}{2}xe^{-2x} - \frac{1}{4}e^{-2x} + C.$$

（80）【解析】$\int x\tan^2 xdx = \int x \cdot (\sec^2 x - 1)dx = \int x \cdot \sec^2 xdx - \frac{1}{2}x^2$

$$= \int xd\tan x - \frac{1}{2}x^2$$

$$= x\tan x - \int \tan xdx - \frac{1}{2}x^2$$

$$= x\tan x + \ln|\cos x| - \frac{1}{2}x^2 + C.$$

（81）【解析】原式 $= 2\int \ln(1+x)d\sqrt{x} = 2\ln(1+x) \cdot \sqrt{x} - 2\int \frac{\sqrt{x}}{1+x}dx\ (令\sqrt{x} = t)$

$$= 2\ln(1+x) \cdot \sqrt{x} - 2\int \frac{t}{1+t^2} \cdot 2tdt$$

$$= 2\ln(1+x) \cdot \sqrt{x} - 4\int \frac{t^2}{t^2 + 1}dt$$

$$= 2\ln(1+x) \cdot \sqrt{x} - 4\int \left(1 - \frac{1}{t^2 + 1}\right)dt$$

$$= 2\ln(1+x) \cdot \sqrt{x} - 4t + 4\arctan t + C$$

$$= 2\ln(1+x) \cdot \sqrt{x} - 4\sqrt{x} + 4\arctan\sqrt{x} + C.$$

（82）【解析】原式 $= \int x^2 \cdot \frac{1+\cos 2x}{2}dx = \int \frac{1}{2}x^2 dx + \frac{1}{2}\int x^2 \cos 2xdx$

$$= \frac{1}{6}x^3 + \frac{1}{4}\int x^2 \mathrm{d}\sin 2x = \frac{1}{6}x^3 + \frac{1}{4}x^2\sin 2x - \frac{1}{4}\int \sin 2x \cdot 2x\mathrm{d}x$$

$$= \frac{1}{6}x^3 + \frac{1}{4}x^2\sin 2x + \frac{1}{4}\int x\mathrm{d}\cos 2x$$

$$= \frac{1}{6}x^3 + \frac{1}{4}x^2\sin 2x + \frac{1}{4}x\cos 2x - \frac{1}{8}\sin 2x + C.$$

（83）【解析】因为

$$\int \sin(\ln x)\mathrm{d}x = x\sin(\ln x) - \int \cos(\ln x)\mathrm{d}x$$

$$= x\sin(\ln x) - x\cos(\ln x) - \int \sin(\ln x)\mathrm{d}x,$$

所以 $\int \sin(\ln x)\mathrm{d}x = \frac{1}{2}x(\sin \ln x - \cos \ln x) + C.$

（84）【解析】原式 $= -\int \ln^2 x \mathrm{d}\frac{1}{x} = -\ln^2 x \cdot \frac{1}{x} + \int \frac{1}{x} \cdot 2\ln x \cdot \frac{1}{x}\mathrm{d}x$

$$= -\ln^2 x \cdot \frac{1}{x} - \int 2\ln x \mathrm{d}\frac{1}{x}$$

$$= -\ln^2 x \cdot \frac{1}{x} - 2\ln x \cdot \frac{1}{x} + \int \frac{1}{x} \cdot 2\frac{1}{x}\mathrm{d}x$$

$$= -\ln^2 x \cdot \frac{1}{x} - 2\ln x \cdot \frac{1}{x} - \frac{2}{x} + C.$$

（85）【解析】原式 $= \int \left(\ln x \cdot \mathrm{e}^x + \frac{1}{x} \cdot \mathrm{e}^x\right)\mathrm{d}x$

$$= \int \ln x \mathrm{d}\mathrm{e}^x + \int \frac{1}{x}\mathrm{e}^x\mathrm{d}x$$

$$= \ln x \cdot \mathrm{e}^x - \int \mathrm{e}^x \cdot \frac{1}{x}\mathrm{d}x + \int \frac{1}{x}\mathrm{e}^x\mathrm{d}x$$

$$= \ln x \cdot \mathrm{e}^x + C.$$

（86）【解析】原式 $= \int \dfrac{\mathrm{e}^x\left(1 + 2\sin\dfrac{x}{2}\cos\dfrac{x}{2}\right)}{2\cos^2\dfrac{x}{2}}\mathrm{d}x$

$$= \int \mathrm{e}^x \cdot \frac{1}{2}\sec^2\frac{x}{2}\mathrm{d}x + \int \mathrm{e}^x \cdot \tan\frac{x}{2}\mathrm{d}x$$

$$= \int \mathrm{e}^x \cdot \frac{1}{2}\sec^2\frac{x}{2}\mathrm{d}x + \int \tan\frac{x}{2}\mathrm{d}\mathrm{e}^x$$

$$= \int \mathrm{e}^x \cdot \frac{1}{2}\sec^2\frac{x}{2}\mathrm{d}x + \mathrm{e}^x\tan\frac{x}{2} - \int \mathrm{e}^x \cdot \frac{1}{2}\sec^2\frac{x}{2}\mathrm{d}x$$

$$= \mathrm{e}^x\tan\frac{x}{2} + C.$$

（87）【解析】原式 $= \int e^{2x} \cdot (\tan^2 x + 2\tan x + 1) \, dx$

$$= \int e^{2x} (\sec^2 x + 2\tan x) \, dx$$

$$= \int e^{2x} \sec^2 x \, dx + \int e^{2x} \cdot 2\tan x \, dx$$

$$= \int e^{2x} d\tan x + \int e^{2x} \cdot 2\tan x \, dx$$

$$= e^{2x} \cdot \tan x - \int \tan x \cdot 2e^{2x} \, dx + \int e^{2x} \cdot 2\tan x \, dx$$

$$= e^{2x} \tan x + C.$$

（88）【解析】原式 $= \int \dfrac{x^2 + 1 - 1}{x^2 + 1} \arctan x \, dx$

$$= \int \arctan x \, dx - \int \dfrac{1}{1 + x^2} \arctan x \, dx$$

$$= x\arctan x - \int \dfrac{x}{1 + x^2} dx - \int \arctan x \, d\arctan x$$

$$= x\arctan x - \dfrac{1}{2}\ln(1 + x^2) - \dfrac{1}{2}\arctan^2 x + C.$$

（89）【解析】原式 $= -\int \arctan e^x \, de^{-x} = -\arctan e^x \cdot e^{-x} + \int e^{-x} \cdot \dfrac{e^x}{1 + e^{2x}} dx$

$$= -\arctan e^x \cdot e^{-x} + \int \dfrac{1}{1 + e^{2x}} dx$$

$$= -\arctan e^x \cdot e^{-x} + \int \dfrac{e^x}{e^x(1 + e^{2x})} dx$$

$$= -\arctan e^x \cdot e^{-x} + \int \dfrac{1}{e^x(1 + e^{2x})} de^x \quad (令 \ e^x = t)$$

$$= -\arctan e^x \cdot e^{-x} + \int \dfrac{1}{t(1 + t^2)} dt = -\arctan e^x \cdot e^{-x} + \int \left(\dfrac{1}{t} - \dfrac{t}{1 + t^2} \right) dt$$

$$= -\arctan e^x \cdot e^{-x} + \ln| t | - \dfrac{1}{2}\ln(1 + t^2) + C$$

$$= -\arctan e^x \cdot e^{-x} + \ln e^x - \dfrac{1}{2}\ln(1 + e^{2x}) + C.$$

（90）【解析】 $\displaystyle\int \dfrac{\ln \sin x}{\sin^2 x} dx = \int \ln \sin x \cdot \csc^2 x \, dx = -\int \ln \sin x \, d\cot x$

$$= -\ln \sin x \cdot \cot x + \int \cot x \cdot \dfrac{1}{\sin x} \cdot \cos x \, dx$$

$$= -\ln \sin x \cdot \cot x + \int \dfrac{\cos^2 x}{\sin^2 x} dx$$

$$= -\ln \sin x \cdot \cot x + \int \frac{1-\sin^2 x}{\sin^2 x} dx$$

$$= -\ln \sin x \cdot \cot x + \int (\csc^2 x - 1) dx$$

$$= -\ln \sin x \cdot \cot x - \cot x - x + C.$$

（91）【解析】原式 $= \int \arctan x d\left(-\frac{1}{2x^2}\right) = -\frac{1}{2x^2}\arctan x + \frac{1}{2}\int \frac{1}{x^2} \cdot \frac{1}{1+x^2} dx$

$$= -\frac{1}{2x^2}\arctan x + \frac{1}{2}\int\left(\frac{1}{x^2} - \frac{1}{1+x^2}\right) dx$$

$$= -\frac{1}{2x^2}\arctan x - \frac{1}{2x} - \frac{1}{2}\arctan x + C.$$

（92）【解析】原式 $= \int \ln x d\frac{1}{1-x} = \frac{\ln x}{1-x} - \int \frac{1}{x(1-x)} dx$

$$= \frac{\ln x}{1-x} - \int\left(\frac{1}{x} - \frac{1}{x-1}\right) dx$$

$$= \frac{\ln x}{1-x} - \ln|x| + \ln|x-1| + C.$$

（93）【解析】$\int \sec^3 x dx = \int \sec x d\tan x = \sec x\tan x - \int \tan x d\sec x$

$$= \sec x\tan x - \int \tan^2 x\sec x dx$$

$$= \sec x\tan x - \int (\sec^2 x - 1)\sec x dx$$

$$= \sec x\tan x - \int \sec^3 x dx + \int \sec x dx,$$

于是 $\int \sec^3 x dx = \frac{1}{2}\sec x\tan x + \frac{1}{2}\ln|\sec x + \tan x| + C.$

（94）【解析】$\int \sec^4 x dx = \int \sec^2 x d\tan x$

$$= \int (\tan^2 x + 1) d\tan x$$

$$= \frac{1}{3}\tan^3 x + \tan x + C.$$

（95）【解析】$\int \frac{\cos x}{1+\cos x} dx = \int\left(1 - \frac{1}{1+\cos x}\right) dx = \int dx - \int \frac{dx}{1+\cos x}$

$$= x - \int \frac{dx}{2\cos^2 \frac{x}{2}} = x - \int \frac{d\left(\frac{x}{2}\right)}{\cos^2 \frac{x}{2}} = x - \tan \frac{x}{2} + C.$$

（96）【解析】$\int \frac{1}{x^2+4x+6} dx = \int \frac{1}{(x+2)^2 + (\sqrt{2})^2} d(x+2)$

$$= \frac{1}{\sqrt{2}} \arctan \frac{x+2}{\sqrt{2}} + C.$$

（97）【解析】$\displaystyle\int \frac{x^3}{x+2} \mathrm{d}x = \int \frac{x^3 + 8 - 8}{x+2} \mathrm{d}x = \int \frac{(x+2)(x^2 - 2x + 4) - 8}{x+2} \mathrm{d}x$

$$= \int \left(x^2 - 2x + 4 - \frac{8}{x+2} \right) \mathrm{d}x$$

$$= \frac{1}{3} x^3 - x^2 + 4x - 8 \ln |x+2| + C.$$

（98）【解析】$\displaystyle\int \frac{x+1}{x^2 + 4x + 13} \mathrm{d}x = \frac{1}{2} \int \frac{(2x+4) - 2}{x^2 + 4x + 13} \mathrm{d}x$

$$= \frac{1}{2} \int \frac{2x+4}{x^2 + 4x + 13} \mathrm{d}x - \int \frac{1}{x^2 + 4x + 13} \mathrm{d}x$$

$$= \frac{1}{2} \ln |x^2 + 4x + 13| - \int \frac{1}{(x+2)^2 + 3^2} \mathrm{d}(x+2)$$

$$= \frac{1}{2} \ln |x^2 + 4x + 13| - \frac{1}{3} \arctan \frac{x+2}{3} + C.$$

（99）【解析】$\displaystyle\int \frac{x^2 + 1}{(x+1)^2 (x-1)} \mathrm{d}x = \int \left[\frac{1}{2(x-1)} + \frac{1}{2(x+1)} - \frac{1}{(x+1)^2} \right] \mathrm{d}x$

$$= \frac{1}{2} \ln |x-1| + \frac{1}{2} \ln |x+1| + \frac{1}{x+1} + C$$

$$= \frac{1}{2} \ln |x^2 - 1| + \frac{1}{x+1} + C.$$

小课堂

本题中有理分式拆分及参数确定过程如下：

$$\frac{x^2 + 1}{(x+1)^2 (x-1)} = \frac{A}{x-1} + \frac{B}{(x+1)} + \frac{D}{(x+1)^2}$$

$$= \frac{A(x+1)^2 + B(x+1)(x-1) + D(x-1)}{(x+1)^2 (x-1)},$$

即 $x^2 + 1 = A(x+1)^2 + B(x+1)(x-1) + D(x-1)$.

令 $x = 1$，则 $2 = 4A$，解得 $A = \dfrac{1}{2}$.

令 $x = -1$，则 $2 = -2D$，解得 $D = -1$.

令 $x = 0$，则 $1 = A - B - D$，解得 $B = \dfrac{1}{2}$.

（100）【解析】令 $x = \cos t$，则

$$原式 = \int \frac{\cos^2 t \cdot t}{\sin t} \cdot (-\sin t) \mathrm{d}t$$

$$= -\int t\cos^2 t\mathrm{d}t = -\int t \cdot \frac{1+\cos 2t}{2}\mathrm{d}t$$

$$= -\frac{1}{2}\int t\mathrm{d}t - \frac{1}{2}\int t\cos 2t\mathrm{d}t = -\frac{1}{4}t^2 - \frac{1}{4}\int t\mathrm{d}\sin 2t$$

$$= -\frac{1}{4}t^2 - \frac{1}{4}\sin 2t \cdot t + \frac{1}{4}\int \sin 2t\mathrm{d}t = -\frac{1}{4}t^2 - \frac{1}{4}\sin 2t \cdot t - \frac{1}{8}\cos 2t + C$$

$$= -\frac{1}{4}(\arccos x)^2 - \frac{1}{4} \cdot 2 \cdot \sqrt{1-x^2} \cdot x \cdot \arccos x - \frac{1}{8}(2 \cdot x^2 - 1) + C$$

$$= -\frac{1}{4}(\arccos x)^2 - \frac{1}{2}x\sqrt{1-x^2}\arccos x - \frac{1}{4}x^2 + C_1 \quad \left(C + \frac{1}{8} = C_1\right).$$

295.【答案】C

【解析】由题意可知，$F'(x) = f(x)$，$G'(x) = f(x)$.

因为 $\int f(x)\mathrm{d}x = aF(x) + bG(x) + C$，$\int f(x)\mathrm{d}x = \frac{1}{2}aF(x) + \frac{3}{4}bG(x) + C$，所以

$$[aF(x) + bG(x)]'_x = f(x)，即 (a+b)f(x) = f(x)，$$

$$\left[\frac{1}{2}aF(x) + \frac{3}{4}bG(x)\right]'_x = f(x)，\quad 即\left(\frac{1}{2}a + \frac{3}{4}b\right)f(x) = f(x)，$$

于是 $a+b=1$，$\frac{1}{2}a + \frac{3}{4}b = 1$，解得 $a = -1$，$b = 2$，应选 C.

296.【答案】E

【解析】原式 $= \int \frac{x}{\sin^3 x}\mathrm{d}\sin x = -\frac{1}{2}\int x\mathrm{d}\frac{1}{\sin^2 x}$

$$= -\frac{1}{2}\left(\frac{x}{\sin^2 x} - \int \frac{1}{\sin^2 x}\mathrm{d}x\right)$$

$$= -\frac{1}{2}\left(\frac{x}{\sin^2 x} - \int \csc^2 x\mathrm{d}x\right)$$

$$= -\frac{1}{2}\frac{x}{\sin^2 x} - \frac{1}{2}\cot x + C，$$

应选 E.

297.【答案】E

【解析】原式 $= \int \frac{2x+2}{x^2+2x+5}\mathrm{d}x - \int \frac{5}{x^2+2x+5}\mathrm{d}x$

$$= \int \frac{1}{x^2+2x+5}\mathrm{d}(x^2+2x+5) - 5\int \frac{1}{(x+1)^2+4}\mathrm{d}x$$

$$= \ln(x^2+2x+5) - \frac{5}{2}\arctan\frac{x+1}{2} + C.$$

应选 E.

298.【答案】 C

【解析】 由于 $[f(ax+b)]'_x = af'(ax+b)$，则 $\int af'(ax+b)\mathrm{d}x = f(ax+b)+C$，

于是选项 A 错误.

由于 $\int \mathrm{d}f(ax+b) = f(ax+b)+C$，故选项 B 错误.

由于 $\dfrac{\mathrm{d}}{\mathrm{d}x}\int f(ax+b)\mathrm{d}x = \dfrac{\mathrm{d}\int f(ax+b)\mathrm{d}x}{\mathrm{d}x} = \dfrac{f(ax+b)\mathrm{d}x}{\mathrm{d}x} = f(ax+b)$，故选项 C 正确.

由于 $\mathrm{d}\int f(ax+b)\mathrm{d}x = f(ax+b)\mathrm{d}x$，故选项 D 错误.

由于 $\mathrm{d}\int f'(ax)\mathrm{d}x = f'(ax)\mathrm{d}x$，故选项 E 错误.

299.【答案】 D

【解析】 由 $\int xf(x)\mathrm{d}x = \arcsin x + C$ 知，$xf(x) = \dfrac{1}{\sqrt{1-x^2}}$，于是 $f(x) = \dfrac{1}{x\sqrt{1-x^2}}$.

进而 $\int \dfrac{1}{f(x)}\mathrm{d}x = \int x\sqrt{1-x^2}\,\mathrm{d}x = -\dfrac{1}{2}\int (1-x^2)^{\frac{1}{2}}\mathrm{d}(1-x^2) = -\dfrac{1}{3}(1-x^2)^{\frac{3}{2}}+C$，应选 D.

300.【答案】 A

【解析】 令 $\ln x = t$，则 $x = \mathrm{e}^t$，于是 $f'(t) = 1+\mathrm{e}^t$，进而 $f'(x) = 1+\mathrm{e}^x$.

因此，$f(x) = \int(1+\mathrm{e}^x)\mathrm{d}x = x+\mathrm{e}^x+C$，则 $f(1)-f(0) = \mathrm{e}$，应选 A.

301.【答案】 B

【解析】 由于 $f(x^2-1) = \ln\dfrac{x^2-1+1}{x^2-1-1}$，令 $x^2-1 = t$，则 $f(t) = \ln\dfrac{t+1}{t-1}$.

进而 $f[\varphi(x)] = \ln\dfrac{\varphi(x)+1}{\varphi(x)-1} = \ln x$，于是 $\dfrac{\varphi(x)+1}{\varphi(x)-1} = x$，解得 $\varphi(x) = \dfrac{x+1}{x-1}$.

因此，$\int \varphi(x)\mathrm{d}x = \int \dfrac{x-1+2}{x-1}\mathrm{d}x = \int\left(1+\dfrac{2}{x-1}\right)\mathrm{d}x = x+2\ln|x-1|+C$，应选 B.

题组 B·强化通关题

302.【答案】 A

【解析】 由 $y = f(x)$ 在 (x,y) 处的切线斜率为 $x\ln(1+x^2)$ 知，$f'(x) = x\ln(1+x^2)$.

于是

$$f(x) = \int x\ln(1+x^2)\mathrm{d}x = \dfrac{1}{2}\int \ln(1+x^2)\mathrm{d}(1+x^2)$$

$$= \dfrac{1}{2}\ln(1+x^2)\cdot(1+x^2) - \dfrac{1}{2}\int(1+x^2)\cdot\dfrac{2x}{1+x^2}\mathrm{d}x$$

$$=\frac{1}{2}\ln\left(1+x^2\right)\cdot\left(1+x^2\right)-\frac{1}{2}x^2+C.$$

又曲线 $y=f(x)$ 经过点 $\left(0,-\dfrac{1}{2}\right)$，于是解得 $C=-\dfrac{1}{2}$，故

$$f(x)=\frac{1}{2}\ln\left(1+x^2\right)\cdot\left(1+x^2\right)-\frac{1}{2}x^2-\frac{1}{2},$$

进而 $f(1)=\ln 2-1$，应选 A.

303.【答案】B

【解析】由 $\ln\left(x+\sqrt{x^2+1}\right)$ 为 $f(x)$ 的一个原函数，知

$$f(x)=\left[\ln\left(x+\sqrt{x^2+1}\right)\right]'=\frac{1}{\sqrt{x^2+1}}.$$

进而

$$F(x)=\int xf'(x)\,\mathrm{d}x=\int x\,\mathrm{d}f(x)=xf(x)-\int f(x)\,\mathrm{d}x$$

$$=\frac{x}{\sqrt{x^2+1}}-\ln\left(x+\sqrt{x^2+1}\right)+C,$$

于是 $F(1)-F(0)=\dfrac{\sqrt{2}}{2}-\ln\left(1+\sqrt{2}\right)$，应选 B.

304.【答案】D

【解析】令 $\ln x=t$，则 $f(t)=\dfrac{\ln\left(1+\mathrm{e}^t\right)}{\mathrm{e}^t}$，进而 $f(x)=\dfrac{\ln\left(1+\mathrm{e}^x\right)}{\mathrm{e}^x}$.

于是

$$\int f(x)\,\mathrm{d}x=\int\frac{\ln\left(1+\mathrm{e}^x\right)}{\mathrm{e}^x}\mathrm{d}x=-\int\ln\left(1+\mathrm{e}^x\right)\mathrm{d}\mathrm{e}^{-x}$$

$$=-\ln\left(1+\mathrm{e}^x\right)\cdot\mathrm{e}^{-x}+\int\frac{1}{\mathrm{e}^x}\cdot\frac{\mathrm{e}^x}{1+\mathrm{e}^x}\mathrm{d}x$$

$$=-\ln\left(1+\mathrm{e}^x\right)\cdot\mathrm{e}^{-x}+\int\left(1-\frac{\mathrm{e}^x}{1+\mathrm{e}^x}\right)\mathrm{d}x$$

$$=-\ln\left(1+\mathrm{e}^x\right)\cdot\mathrm{e}^{-x}+x-\ln\left(1+\mathrm{e}^x\right)+C,$$

应选 D.

305.【答案】E

【解析】由 $\displaystyle\int \mathrm{e}^x f\left(\mathrm{e}^x\right)\mathrm{d}x=\dfrac{1}{1+\mathrm{e}^x}+C$，知

$$\mathrm{e}^x f\left(\mathrm{e}^x\right)=\left(\frac{1}{1+\mathrm{e}^x}\right)'_x=\frac{-\mathrm{e}^x}{\left(1+\mathrm{e}^x\right)^2},$$

解得 $f\left(\mathrm{e}^x\right)=\dfrac{-1}{\left(1+\mathrm{e}^x\right)^2}$，令 $\mathrm{e}^x=t$，则 $f(t)=-\dfrac{1}{\left(1+t\right)^2}$，即 $f(x)=-\dfrac{1}{\left(1+x\right)^2}.$

于是

$$\int_0^1 f(x)\,\mathrm{d}x = \int_0^1 \frac{-1}{(1+x)^2}\,\mathrm{d}x = \int_0^1 \frac{-1}{(1+x)^2}\,\mathrm{d}(x+1) = \frac{1}{x+1}\bigg|_0^1 = \frac{1}{2} - 1 = -\frac{1}{2},$$

应选 E.

306.【答案】D

【解析】当 $x > 0$ 时，

$$\int f(x)\,\mathrm{d}x = \int \big[(x+1)\cos x\big]\,\mathrm{d}x = \int (x+1)\,\mathrm{d}(\sin x) = (x+1)\sin x + \cos x + C.$$

当 $x < 0$ 时，

$$\int f(x)\,\mathrm{d}x = \int \frac{1}{\sqrt{1+x^2}}\,\mathrm{d}x = \ln\big(\sqrt{1+x^2} + x\big) + C_1.$$

记 $G(x) = \int f(x)\,\mathrm{d}x$，因为 $G(x)$ 可导，所以 $G(x)$ 在 $x = 0$ 处连续，从而应满足 $\lim\limits_{x \to 0^+} G(x) = \lim\limits_{x \to 0^-} G(x)$，故 $1 + C = C_1$，因此

$$G(x) = \int f(x)\,\mathrm{d}x = \begin{cases} \ln\big(\sqrt{1+x^2} + x\big) + 1 + C, & x \leqslant 0, \\ (x+1)\sin x + \cos x + C, & x > 0, \end{cases}$$

令 $C = 0$，应选 D.

3.2 定积分定义与性质

题组 A · 基础通关题

307.【答案】D

【解析】根据定积分定义，知

$$原式 = \lim_{n \to \infty} n \sum_{i=1}^n \frac{1}{i^2 + n^2} = \lim_{n \to \infty} \frac{1}{n} \sum_{i=1}^n \frac{1}{1 + \left(\dfrac{i}{n}\right)^2} = \int_0^1 \frac{1}{1+x^2}\,\mathrm{d}x = \frac{\pi}{4},$$

应选 D.

308.【答案】B

【解析】根据定积分定义，知

$$\lim_{n \to \infty} \frac{1}{n^2} \sum_{i=1}^n i\sin\frac{i}{n} = \lim_{n \to \infty} \frac{1}{n} \sum_{i=1}^n \frac{i}{n}\sin\frac{i}{n} = \int_0^1 x\sin x\,\mathrm{d}x$$

$$= -\int_0^1 x\,\mathrm{d}\cos x = -x\cos x\bigg|_0^1 + \int_0^1 \cos x\,\mathrm{d}x$$

$$= -\cos 1 + \sin 1,$$

应选 B.

309. 【答案】D

【解析】根据定积分定义，知

$$原式 = \lim_{n \to \infty} \frac{1}{n} \sum_{k=1}^{n} e^{\sqrt{\frac{k}{n}}} = \int_0^1 e^{\sqrt{x}} dx \xrightarrow{\text{令 } x = u^2} \int_0^1 2ue^u du = (2ue^u) \Big|_0^1 - 2\int_0^1 e^u du = 2e - 2(e-1) = 2,$$

应选 D.

310. 【答案】E

$$\begin{aligned}
【解析】原式 &= \lim_{n \to \infty} \ln \left[\left(1 + \frac{1}{n}\right) \left(1 + \frac{2}{n}\right) \cdots \left(1 + \frac{n}{n}\right) \right]^{\frac{2}{n}} \\
&= 2 \lim_{n \to \infty} \frac{1}{n} \left[\ln\left(1 + \frac{1}{n}\right) + \ln\left(1 + \frac{2}{n}\right) + \cdots + \ln\left(1 + \frac{n}{n}\right) \right] \\
&= 2 \lim_{n \to \infty} \frac{1}{n} \sum_{i=1}^{n} \ln\left(1 + \frac{i}{n}\right) \\
&= 2 \int_0^1 \ln(1+x) dx = 2 \int_0^1 \ln(1+x) d(1+x) \\
&= 2 \ln(1+x) \cdot (1+x) \Big|_0^1 - 2 \int_0^1 (1+x) \frac{1}{x+1} dx \\
&= 4\ln 2 - 2,
\end{aligned}$$

应选 E.

311. 【答案】A

$$\begin{aligned}
【解析】原式 &= \lim_{n \to \infty} \frac{1}{2n+1} \sum_{k=1}^{n} \sin \frac{(2k-1)\pi}{2n} \\
&= \lim_{n \to \infty} \frac{n}{2n+1} \cdot \frac{1}{n} \sum_{k=1}^{n} \sin \frac{(2k-1)\pi}{2n} \\
&= \frac{1}{2} \lim_{n \to \infty} \frac{1}{n} \sum_{k=1}^{n} \sin \frac{(2k-1)}{2n}\pi \\
&= \frac{1}{2} \int_0^1 \sin \pi x \, dx = -\frac{1}{2\pi} \cos \pi x \Big|_0^1 = \frac{1}{\pi},
\end{aligned}$$

应选 A.

小课堂

本题涉及考点定积分的中点定义，这个问题在 2023 年真题中有所考察，即

$$\lim_{n \to \infty} \frac{1}{n} \sum_{k=1}^{n} f\left(\frac{2k-1}{2n}\right) = \int_0^1 f(x) \, dx.$$

312. 【答案】C

$$\begin{aligned}
【解析】\int_0^a x f'(x) dx &= \int_0^a x \, df(x) = x f(x) \Big|_0^a - \int_0^a f(x) dx \\
&= a f(a) - \int_0^a f(x) dx,
\end{aligned}$$

高等数学篇

$$= S_{矩形ABOC} - S_{曲边ABOD} = S_{曲边三角形ACD},$$

应选 C.

313.【答案】C

【解析】曲线 $y = -x(x-1)(x-2)$ 的图像如右图所示,于是曲线与 x 轴所围面积为

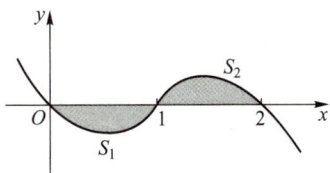

$$S = S_1 + S_2 = -\int_0^1 x(x-1)(2-x)\,dx + \int_1^2 x(x-1)(2-x)\,dx,$$

应选 C.

314.【答案】B

【解析】由于在 $[a,b]$ 内有 $f(x) > 0$, $f'(x) < 0$, $f''(x) > 0$, 可知曲线 $y = f(x)$ 在 $[a,b]$ 内位于 x 轴上方, 且为单调递减的凹曲线, 可画出曲线的草图如右图所示. 根据几何意义, 知

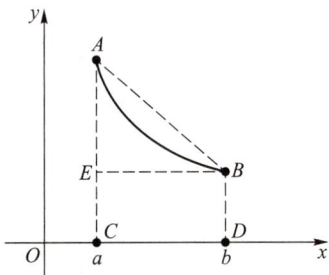

$$S_1 = \int_a^b f(x)\,dx = 曲边梯形\ ACDB\ 面积,$$

$$S_2 = f(b)(b-a) = 矩形\ ECDB\ 面积,$$

$$S_3 = \frac{1}{2}[f(b) + f(a)] \cdot (b-a) = 梯形\ ACDB\ 面积,$$

于是 $S_2 < S_1 < S_3$, 应选 B.

315.【答案】C

【解析】当 $0 \leqslant x \leqslant 1$ 时, 由 $f''(x) > 0$ 与 $g''(x) < 0$ 知, 曲线 $y = f(x)$ 在 $[0,1]$ 内为凹曲线, $y = g(x)$ 在 $[0,1]$ 内为凸曲线. 如右图所示, 根据定积分的几何意义, 显然有 $I_2 > I_3 > I_1$, 应选 C.

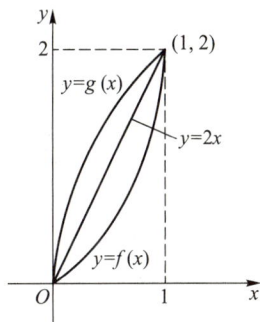

316.【答案】D

【解析】由于当 $0 < x < 1$ 时, $\sqrt[3]{x} > \sqrt{x} > x^2$, 且 $y = \arctan x$ 为单调递增函数, 于是

$$\arctan\sqrt[3]{x} > \arctan\sqrt{x} > \arctan x^2,$$

因此, 根据定积分的比较定理知, $\int_0^1 \arctan\sqrt[3]{x}\,dx > \int_0^1 \arctan\sqrt{x}\,dx > \int_0^1 \arctan x^2\,dx$, 即 $J > I > K$, 应选 D.

317.【答案】E

【解析】如右图所示, 显然当 $0 < x < \dfrac{\pi}{4}$ 时, 有

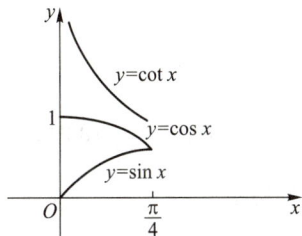

$$\sin x < \cos x < \cot x,$$

于是 $\ln \sin x < \ln \cos x < \ln \cot x.$

因此, 根据定积分的比较定理知, $K > J > I$, 应选 E.

318.【答案】E

【解析】当 $0<x<1$ 时，$x>\ln(1+x)$，于是 $\dfrac{\sin x}{x}<\dfrac{\sin x}{\ln(1+x)}$，由定积分的比较定理知 $\displaystyle\int_0^1 \dfrac{\sin x}{x}\mathrm{d}x<$

$\displaystyle\int_0^1 \dfrac{\sin x}{\ln(1+x)}\mathrm{d}x$.

又 $\cos x=\dfrac{\sin x}{\tan x}$，当 $0<x<1$ 时，$\tan x>x$，于是 $\dfrac{\sin x}{\tan x}<\dfrac{\sin x}{x}$，由定积分的比较定理知

$\displaystyle\int_0^1 \cos x\mathrm{d}x<\int_0^1 \dfrac{\sin x}{x}\mathrm{d}x$.

综上所述，$K>J>I$，应选 E.

319. 【答案】B

【解析】由于 $\mathrm{e}^{2x}-\mathrm{e}^{-2x}$ 是奇函数，于是 $P=\displaystyle\int_{-1}^1 (\mathrm{e}^{2x}-\mathrm{e}^{-2x})\mathrm{d}x=0$.

又因为

$$Q=\int_{-1}^1 x\ln(1+x^2)\mathrm{d}x-\int_{-1}^1 \ln(1+x^2)\mathrm{d}x=-2\int_0^1 \ln(1+x^2)\mathrm{d}x<0,$$

$$R=\int_{-1}^1 (x+1)\mathrm{e}^{-x^2}\mathrm{d}x=\int_{-1}^1 x\mathrm{e}^{-x^2}\mathrm{d}x+\int_{-1}^1 \mathrm{e}^{-x^2}\mathrm{d}x=0+2\int_0^1 \mathrm{e}^{-x^2}\mathrm{d}x>0,$$

所以 $Q<P<R$，应选 B.

320. 【答案】A

【解析】如右图所示，当 $0<x<1$ 时，有

$$\frac{2}{\pi}x<\sin x<\mathrm{e}^x-1,$$

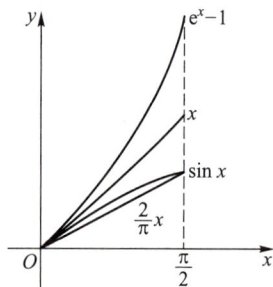

于是 $\dfrac{2}{\pi}<\dfrac{\sin x}{x}<\dfrac{\mathrm{e}^x-1}{x}$，进而根据定积分比较定理知

$$1=\int_0^{\frac{\pi}{2}} \frac{2}{\pi}\mathrm{d}x<\int_0^{\frac{\pi}{2}} \frac{\sin x}{x}\mathrm{d}x<\int_0^{\frac{\pi}{2}} \frac{\mathrm{e}^x-1}{x}\mathrm{d}x,$$

即 $1<J<I$，应选 A.

321. 【答案】C

【解析】由于 $f(-x)$ 与 $f(x)$ 关于 y 轴对称，于是当 $f(x)<g(x)$ 时，$f(-x)<g(-x)$，故选项 A 错误.

若取 $f(x)=1,g(x)=2$，显然满足题设条件，但是 $f'(x)=g'(x)$，故选项 B 错误.

对于 C，因为 $f(x)$ 与 $g(x)$ 均可导，所以 $f(x)$ 与 $g(x)$ 均连续，于是

$$\lim_{x\to x_0}f(x)=f(x_0)<g(x_0)=\lim_{x\to x_0}g(x),$$

故选项 C 正确.

对于 D、E，当 $x>0$ 时，有 $\displaystyle\int_0^x f(t)\mathrm{d}t<\int_0^x g(t)\mathrm{d}t$；当 $x<0$ 时，有 $\displaystyle\int_0^x f(t)\mathrm{d}t>\int_0^x g(t)\mathrm{d}t$，故选项 D、E 均错误.

应选 C.

322.【答案】B

【解析】设 $\int_0^1 f(x)\,dx=A$，则 $f(x)=\dfrac{1}{1+x^2}+A\sqrt{1-x^2}$.

于是
$$\int_0^1 f(x)\,dx=\int_0^1\left(\frac{1}{1+x^2}+A\sqrt{1-x^2}\right)dx,$$

即
$$A=\int_0^1\frac{1}{1+x^2}\,dx+A\int_0^1\sqrt{1-x^2}\,dx.$$

又因为
$$\int_0^1\sqrt{1-x^2}\,dx=\frac{\pi}{4}\quad(\text{半径为 }1\text{ 的}\frac{1}{4}\text{圆的圆面积}),$$
$$\int_0^1\frac{1}{1+x^2}\,dx=\arctan x\Big|_0^1=\frac{\pi}{4},$$

所以 $A=\dfrac{\pi}{4}+\dfrac{\pi}{4}A$，解得 $A=\dfrac{\pi}{4-\pi}$，于是 $f(x)=\dfrac{1}{1+x^2}+\dfrac{\pi}{4-\pi}\sqrt{1-x^2}$，进而 $f(0)=1+\dfrac{\pi}{4-\pi}$，应选 B.

323.【答案】A

【解析】因为 $x^3\cos\dfrac{x}{2}\sqrt{4-x^2}$ 为奇函数，$\dfrac{1}{2}\sqrt{4-x^2}$ 为偶函数，于是
$$\int_{-2}^2\left(x^3\cos\frac{x}{2}+\frac{1}{2}\right)\sqrt{4-x^2}\,dx=\int_{-2}^2 x^3\cos\frac{x}{2}\cdot\sqrt{4-x^2}\,dx+\frac{1}{2}\int_{-2}^2\sqrt{4-x^2}\,dx$$
$$=0+\int_0^2\sqrt{4-x^2}\,dx=\frac{1}{4}\cdot4\pi=\pi,$$

应选 A.

324.【答案】B

【解析】因为 $\ln\dfrac{e+x}{e-x}$ 为奇函数，所以 $x^2\ln\dfrac{e+x}{e-x}$ 也为奇函数，于是
$$\int_{-1}^1 x^2\left(e^{x^3}-\ln\frac{e+x}{e-x}\right)dx=\int_{-1}^1 x^2 e^{x^3}\,dx-\int_{-1}^1 x^2\ln\frac{e+x}{e-x}\,dx$$
$$=\int_{-1}^1 x^2 e^{x^3}\,dx=\frac{1}{3}\int_{-1}^1 e^{x^3}\,dx^3=\frac{1}{3}(e-e^{-1}),$$

应选 B.

325.【答案】C

【解析】因为 $(1+\sin 2x)|\cos x|$ 是以 $T=\pi$ 为周期的周期函数，且积分上下限长度 $\dfrac{3}{2}\pi-\left(-\dfrac{\pi}{2}\right)=2T$，于是
$$\int_{-\frac{\pi}{2}}^{\frac{3}{2}\pi}(1+\sin 2x)|\cos x|\,dx=2\int_{-\frac{\pi}{2}}^{\frac{\pi}{2}}(1+\sin 2x)|\cos x|\,dx$$
$$=2\int_{-\frac{\pi}{2}}^{\frac{\pi}{2}}(|\cos x|+\sin 2x|\cos x|)\,dx$$
$$=2\int_{-\frac{\pi}{2}}^{\frac{\pi}{2}}|\cos x|\,dx\quad(\text{其中 }\sin 2x|\cos x|\text{ 为奇函数})$$

$$= 4 \int_0^{\frac{\pi}{2}} | \cos x | \mathrm{d}x = 4,$$

应选 C.

题组 B · 强化通关题

326.【答案】D

【解析】设 $A = \int_0^1 f^2(x) \mathrm{d}x$，则 $f(x) = 3x - \sqrt{1-x^2} \cdot A$，两边同时取平方，得

$$f^2(x) = (3x - A\sqrt{1-x^2})^2,$$

故

$$\int_0^1 f^2(x) \mathrm{d}x = \int_0^1 (3x - A\sqrt{1-x^2})^2 \mathrm{d}x,$$

即

$$A = \int_0^1 (3x - A\sqrt{1-x^2})^2 \mathrm{d}x$$

$$= \int_0^1 9x^2 \mathrm{d}x - \int_0^1 6Ax\sqrt{1-x^2} \mathrm{d}x + A^2 \int_0^1 (1-x^2) \mathrm{d}x$$

$$= 3 + 3A \int_0^1 \sqrt{1-x^2} \, \mathrm{d}(1-x^2) + A^2 \left(1 - \frac{1}{3}\right)$$

$$= 3 + 3A \cdot \frac{2}{3} (1-x^2)^{\frac{3}{2}} \Big|_0^1 + A^2 \left(1 - \frac{1}{3}\right)$$

$$= 3 - 2A + \frac{2}{3} A^2,$$

解得 $A = 3$ 或 $A = \frac{3}{2}$，故应选 D.

327.【答案】D

【解析】当 $0 < x < \frac{\pi}{2}$ 时，如右图所示，有

$$0 < 1 - \cos x < \sin x < x < \frac{\pi}{2}.$$

又因为函数 $y = \cos x$ 在 $\left(0, \frac{\pi}{2}\right)$ 内单调递减，所以

$$\cos(1 - \cos x) > \cos(\sin x) > \cos x,$$

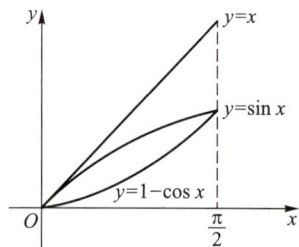

进而根据定积分的比较定理，知 $\int_0^{\frac{\pi}{2}} \cos(1 - \cos x) \mathrm{d}x > \int_0^{\frac{\pi}{2}} \cos(\sin x) \mathrm{d}x > \int_0^{\frac{\pi}{2}} \cos x \mathrm{d}x$，即 $J < I < K$，

应选 D.

328.【答案】E

【解析】当 $0 < x < 1$ 时，$\arcsin x > x > \arctan x < \frac{\pi}{4} x$，则如下页图所示

$$\frac{\arcsin x}{1+x^2} > \frac{\arctan x}{1+x^2} > \frac{\pi}{4} \frac{x}{1+x^2},$$

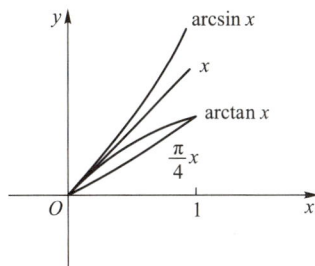

进而 $\int_0^1 \frac{\arcsin x}{1+x^2}\mathrm{d}x > \int_0^1 \frac{\arctan x}{1+x^2}\mathrm{d}x > \frac{\pi}{4}\int_0^1 \frac{x}{1+x^2}\mathrm{d}x$，即 $K>I>J$，应

选 E.

329.【答案】C

【解析】当 $0<x<1$ 时，$e^x-1>x$，$x>x^2$，$\ln(1+x)>0$，$\ln(1+x^2)>0$，于是

$$\frac{e^x}{\ln(1+x)} > \frac{1+x}{\ln(1+x)},$$

$$\frac{e^x}{\ln(1+x)} < \frac{e^x}{\ln(1+x^2)},$$

根据定积分的比较定理，知 $\int_0^1 \frac{e^x}{\ln(1+x)}\mathrm{d}x > \int_0^1 \frac{1+x}{\ln(1+x)}\mathrm{d}x$，$\int_0^1 \frac{e^x}{\ln(1+x)}\mathrm{d}x < \int_0^1 \frac{e^x}{\ln(1+x^2)}\mathrm{d}x$，即

$I_3 > I_1 > I_2$，应选 C.

330.【答案】D

【解析】因为当 $0<x<1$ 时，$x>\ln(1+x)$，于是 $x^n>\ln^n(1+x)$，进而

$$x^n|\ln x| > \ln^n(1+x)\cdot|\ln x|,$$

故根据定积分比较定理知

$$b_n = \int_0^1 x^n|\ln x|\mathrm{d}x > \int_0^1 |\ln x|\ln^n(1+x)\mathrm{d}x = a_n.$$

又当 $0<x<1$ 时，$\ln^n(1+x)\cdot|\ln x|>0$，所以 $a_n = \int_0^1 |\ln x|\ln^n(1+x)\mathrm{d}x > 0$，因此 $b_n>a_n>0$，应

选 D.

331.【答案】D

【解析】利用定积分的换元法，有

$$J = \int_0^{\frac{\sqrt{2}}{2}} f(\arcsin x)\mathrm{d}x \xrightarrow{\text{令 } \arcsin x = t} \int_0^{\frac{\pi}{4}} f(t)\cos t\,\mathrm{d}t = \int_0^{\frac{\pi}{4}} f(x)\cos x\,\mathrm{d}x,$$

$$K = \int_0^1 f(\arctan x)\mathrm{d}x \xrightarrow{\text{令 } \arctan x = t} \int_0^{\frac{\pi}{4}} f(t)\sec^2 t\,\mathrm{d}t = \int_0^{\frac{\pi}{4}} \frac{f(x)}{\cos^2 x}\mathrm{d}x.$$

因为 $f(x)>0$，且当 $0<x<\dfrac{\pi}{4}$ 时 $0<\cos x<1$，故在区间 $\left(0,\dfrac{\pi}{4}\right)$ 上有

$$f(x)\cos x < f(x) < \frac{f(x)}{\cos^2 x},$$

进而

$$\int_0^{\frac{\pi}{4}} f(x)\cos x\,\mathrm{d}x < \int_0^{\frac{\pi}{4}} f(x)\mathrm{d}x < \int_0^{\frac{\pi}{4}} \frac{f(x)}{\cos^2 x}\mathrm{d}x,$$

即 $J<I<K$，故应选 D.

332.【答案】E

【解析】$I = t\int_{\frac{s}{t}}^{\frac{s+\pi}{t}} e^{|\cos(tx)|} dx = \int_{\frac{s}{t}}^{\frac{s+\pi}{t}} e^{|\cos(tx)|} d(tx)$ （令 $tx = u$）

$$= \int_{s}^{s+\pi} e^{|\cos u|} du.$$

设 $f(u) = e^{|\cos u|}$，则 $f(u+\pi) = e^{|\cos(u+\pi)|} = e^{|\cos u|} = f(u)$，即 $f(u) = e^{|\cos u|}$ 是以 π 为周期的周期函数，根据定积分的周期性性质，知

$$I = \int_{s}^{s+\pi} e^{|\cos u|} du = \int_{0}^{\pi} e^{|\cos u|} du,$$

即 I 的值为一常数，与 s, t, x 均无关，应选 E.

小课堂

同理，读者可类似地完成下面的例题：

【例】设 $f(x)$ 为连续函数，$I = t\int_{0}^{\frac{s}{t}} f(tx) dx$，其中 $s > 0, t > 0$，则 I 的值（ ）.

A. 依赖于 s 和 t.　　　　　　B. 依赖于 s, t, x.

C. 依赖于 t，不依赖于 s.　　　D. 依赖于 s，不依赖于 t.

E. 不依赖于 s, t.

【答案】D

【解析】$I = t\int_{0}^{\frac{s}{t}} f(tx) dx = \int_{0}^{\frac{s}{t}} f(tx) d(tx)$ （令 $tx = u$）

$$= \int_{0}^{s} f(u) du,$$

即 I 的值仅依赖于 s，应选 D.

333.【答案】C

【解析】因为 $x(1-\cos x)$，$x^2\ln\frac{1+x}{1-x}$，$|x|\ln\frac{1+x}{1-x}$ 均为 $\left[-\frac{1}{2}, \frac{1}{2}\right]$ 上的奇函数，所以这些积分值均为 0.

由于 $x\sin x$ 为偶函数，x 为奇函数，于是

$$\int_{-\frac{1}{2}}^{\frac{1}{2}} x(1-\sin x) dx = \int_{-\frac{1}{2}}^{\frac{1}{2}} x dx - \int_{-\frac{1}{2}}^{\frac{1}{2}} x\sin x dx = 0 - 2\int_{0}^{\frac{1}{2}} x\sin x dx < 0.$$

又 $x\ln\frac{1+x}{1-x}$ 为 $\left[-\frac{1}{2}, \frac{1}{2}\right]$ 上的偶函数，于是 $I = 2\int_{0}^{\frac{1}{2}} x\ln\frac{1+x}{1-x} dx > 0$.

应选 C.

3.3　定积分计算

题组 A·基础通关题

334.【答案】D

【解析】**方法一**：$\int_0^1 \dfrac{1}{\sqrt{x(1-x)}}\mathrm{d}x = \int_0^1 \dfrac{2}{\sqrt{1-x}}\mathrm{d}\sqrt{x} = \int_0^1 \dfrac{2}{\sqrt{1-(\sqrt{x})^2}}\mathrm{d}\sqrt{x} = 2\arcsin\sqrt{x}\ \Big|_0^1 = \pi$，应选 D.

方法二：$\int_0^1 \dfrac{1}{\sqrt{x(1-x)}}\mathrm{d}x = \int_0^1 \dfrac{1}{\sqrt{\left(\dfrac{1}{2}\right)^2 - \left(x-\dfrac{1}{2}\right)^2}}\mathrm{d}x = \arcsin(2x-1)\ \Big|_0^1 = \pi$，应选 D.

方法三：$\int_0^1 \dfrac{1}{\sqrt{x(1-x)}}\mathrm{d}x \xlongequal{\text{令}\sqrt{x}=t} \int_0^1 \dfrac{2t}{t\sqrt{1-t^2}}\mathrm{d}t = \int_0^1 \dfrac{2}{\sqrt{1-t^2}}\mathrm{d}t = 2\arcsin t\ \Big|_0^1 = \pi$，应选 D.

335.【答案】D

【解析】原式 $\xlongequal{\text{令}\sqrt{x}=t} \int_0^\pi 2t^2\cos t\,\mathrm{d}t = 2\int_0^\pi t^2\mathrm{d}\sin t$

$= 2t^2\sin t\ \Big|_0^\pi - 2\int_0^\pi \sin t\cdot 2t\,\mathrm{d}t = 0 - 2\int_0^\pi \sin t\cdot 2t\,\mathrm{d}t$

$= 4\int_0^\pi t\mathrm{d}\cos t = 4t\cos t\ \Big|_0^\pi - 4\int_0^\pi \cos t\,\mathrm{d}t = -4\pi$，

应选 D.

336.【答案】E

【解析】定积分中含有 $\sqrt{1-x^2}$ 项，可利用三角代换 $x = \sin t$ 处理，于是

$$\int_0^1 x^2\sqrt{1-x^2}\,\mathrm{d}x \xlongequal{\text{令}\ x=\sin t} \int_0^{\frac{\pi}{2}} \sin^2 t\cdot\cos t\,\mathrm{d}(\sin t) = \int_0^{\frac{\pi}{2}} \sin^2 t\cdot\cos^2 t\,\mathrm{d}t$$

$$= \int_0^{\frac{\pi}{2}} \sin^2 t(1-\sin^2 t)\,\mathrm{d}t = \int_0^{\frac{\pi}{2}} (\sin^2 t - \sin^4 t)\,\mathrm{d}t$$

$$= \frac{1}{2}\cdot\frac{\pi}{2} - \frac{3}{4}\cdot\frac{1}{2}\cdot\frac{\pi}{2} = \frac{\pi}{16},$$

应选 E.

337.【答案】D

【解析】$\int_0^1 x(1-x^4)^{\frac{3}{2}}\mathrm{d}x = \frac{1}{2}\int_0^1 (1-x^4)^{\frac{3}{2}}\mathrm{d}x^2 \xlongequal{\text{令}\ x^2=t} \frac{1}{2}\int_0^1 (1-t^2)^{\frac{3}{2}}\mathrm{d}t$

$\xlongequal{\text{令}\ t=\sin u} \frac{1}{2}\int_0^{\frac{\pi}{2}} \cos^3 u\cdot\cos u\,\mathrm{d}u = \frac{1}{2}\int_0^{\frac{\pi}{2}} \cos^4 u\,\mathrm{d}u$

$$= \frac{1}{2} \cdot \frac{3}{4} \cdot \frac{1}{2} \cdot \frac{\pi}{2} = \frac{3}{32}\pi,$$

应选 D.

338.【答案】C

【解析】$\int_{-1}^{1} (x+\sqrt{1-x^2})^2 dx = \int_{-1}^{1} (x^2+2x\sqrt{1-x^2}+1-x^2) dx$

$$= \int_{-1}^{1} (2x\sqrt{1-x^2}+1) dx \quad (\text{其中 } 2x\sqrt{1-x^2} \text{ 为奇函数})$$

$$= \int_{-1}^{1} 1 dx = 2,$$

应选 C.

339.【答案】D

【解析】$\int_{-1}^{1} \frac{x-\sqrt{1+x^2}}{x+\sqrt{1+x^2}} dx = \int_{-1}^{1} \frac{(x-\sqrt{1+x^2})^2}{(x+\sqrt{1+x^2})(x-\sqrt{1+x^2})} dx$

$$= -\int_{-1}^{1} (x-\sqrt{1+x^2})^2 dx$$

$$= -\int_{-1}^{1} (x^2-2x\sqrt{1+x^2}+1+x^2) dx$$

$$= -\int_{-1}^{1} (2x^2-2x\sqrt{1+x^2}+1) dx \quad (\text{其中 } 2x\sqrt{1-x^2} \text{ 为奇函数})$$

$$= -\int_{-1}^{1} (2x^2+1) dx = -\frac{10}{3},$$

应选 D.

340.【答案】C

【解析】$\int_{0}^{1} \frac{x-2}{x^2+x+1} dx = \frac{1}{2} \int_{0}^{1} \frac{(2x+1)-5}{x^2+x+1} dx$

$$= \frac{1}{2} \int_{0}^{1} \frac{(x^2+x+1)'}{x^2+x+1} dx - \frac{5}{2} \int_{0}^{1} \frac{1}{\left(x+\frac{1}{2}\right)^2+\left(\frac{\sqrt{3}}{2}\right)^2} d\left(x+\frac{1}{2}\right)$$

$$= \frac{1}{2} \ln(x^2+x+1) \Big|_{0}^{1} - \frac{5}{2} \cdot \frac{2}{\sqrt{3}} \arctan \frac{2x+1}{\sqrt{3}} \Big|_{0}^{1}$$

$$= \frac{1}{2} \cdot \ln 3 - \frac{5}{\sqrt{3}} \left(\frac{\pi}{3} - \frac{\pi}{6}\right)$$

$$= \frac{1}{2} \ln 3 - \frac{5}{18}\sqrt{3}\,\pi,$$

应选 C.

341.【答案】D

　【解析】 由于 $\arctan^3 x$ 为奇函数，则

$$\int_{-1}^{1}\left[\arctan^3 x+\sqrt{(1-x^2)^3}\right]dx=2\int_0^1\sqrt{(1-x^2)^3}dx$$

$$\xlongequal{\text{令}\,x=\sin t}2\int_0^{\frac{\pi}{2}}\cos^3 t\cos t\,dt$$

$$=2\cdot\frac{3}{4}\cdot\frac{1}{2}\cdot\frac{\pi}{2}=\frac{3}{8}\pi,$$

故应选 D.

342.【答案】A

　【解析】 令 $x=\tan t$，则 $\arctan x=t$，所以

$$原式=\int_0^{\frac{\pi}{4}}\frac{t}{\sec^4 t}\sec^2 t\,dt=\int_0^{\frac{\pi}{4}}t\cos^2 t\,dt=\int_0^{\frac{\pi}{4}}t\cdot\frac{1+\cos 2t}{2}dt$$

$$=\frac{1}{2}\int_0^{\frac{\pi}{4}}t\,dt+\frac{1}{2}\int_0^{\frac{\pi}{4}}t\cdot\cos 2t\,dt$$

$$=\frac{1}{2}\int_0^{\frac{\pi}{4}}t\,dt+\frac{1}{4}\int_0^{\frac{\pi}{4}}t\,d\sin 2t$$

$$=\frac{t^2}{4}\Big|_0^{\frac{\pi}{4}}+\frac{1}{4}\left(t\sin 2t\Big|_0^{\frac{\pi}{4}}-\int_0^{\frac{\pi}{4}}\sin 2t\,dt\right)$$

$$=\frac{1}{64}\pi^2+\frac{1}{16}\pi+\frac{1}{8}\cos 2t\Big|_0^{\frac{\pi}{4}}=\frac{\pi^2}{64}+\frac{\pi}{16}-\frac{1}{8},$$

应选 A.

343.【答案】A

　【解析】方法一： $原式=\int_0^2 x\sqrt{2x-x^2}\,dx=\int_0^2 x\sqrt{1-(x-1)^2}\,dx$

$$\xlongequal{\text{令}\,x-1=t}\int_{-1}^1(t+1)\sqrt{1-t^2}\,dt=\int_{-1}^1\left(t\sqrt{1-t^2}+\sqrt{1-t^2}\right)dt$$

$$=2\int_0^1\sqrt{1-t^2}\,dt=\frac{\pi}{2},$$

其中 $t\sqrt{1-t^2}$ 为奇函数，于是 $\int_{-1}^1 t\sqrt{1-t^2}\,dt=0$.

　方法二： $原式=\int_0^2 x\sqrt{2x-x^2}\,dx=\int_0^2 x\sqrt{1-(x-1)^2}\,dx\xlongequal{\text{令}\,x-1=\sin t}\int_{-\frac{\pi}{2}}^{\frac{\pi}{2}}(\sin t+1)\cos^2 t\,dt$

$$=\int_{-\frac{\pi}{2}}^{\frac{\pi}{2}}\cos^2 t\,dt=2\cdot\frac{1}{2}\cdot\frac{\pi}{2}=\frac{\pi}{2},$$

其中 $\sin t\cos^2 t$ 为奇函数，于是 $\int_{-\frac{\pi}{2}}^{\frac{\pi}{2}}\sin t\cos^2 t\,dt=0$.

方法三：原式 $= \int_0^2 x\sqrt{2x-x^2}\,dx = -\frac{1}{2}\int_0^2 (-2x+2-2)\sqrt{2x-x^2}\,dx$

$$= -\frac{1}{2}\int_0^2 (2x-x^2)' \cdot \sqrt{2x-x^2}\,dx + \int_0^2 \sqrt{2x-x^2}\,dx$$

$$= -\frac{1}{2}\int_0^2 \sqrt{2x-x^2}\,d(2x-x^2) + \int_0^2 \sqrt{2x-x^2}\,dx$$

$$= -\frac{1}{2} \cdot \frac{2}{3}(2x-x^2)^{\frac{3}{2}}\bigg|_0^2 + \frac{1}{2}\pi = \frac{1}{2}\pi,$$

故应选 A.

小课堂

本题使用到两个重要的定积分计算公式：

$$\int_0^a \sqrt{a^2-x^2}\,dx = \frac{1}{4}\pi a^2 \text{（对应图 1 中阴影部分面积，其中 } a>0\text{）},$$

$$\int_0^a \sqrt{ax-x^2}\,dx = \frac{1}{8}\pi a^2 \text{（对应图 2 中阴影部分面积，其中 } a>0\text{）}.$$

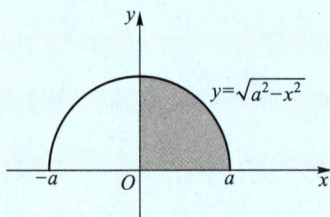
图 1

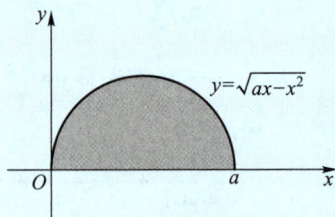
图 2

344.【答案】B

【解析】原式 $= \int_0^\pi \sqrt{\sin x(1-\sin^2 x)}\,dx = \int_0^\pi \sqrt{\sin x\cos^2 x}\,dx$

$$= \int_0^\pi \sqrt{\sin x} \cdot |\cos x|\,dx = \int_0^{\frac{\pi}{2}} \sqrt{\sin x}\cos x\,dx - \int_{\frac{\pi}{2}}^\pi \sqrt{\sin x}\cos x\,dx$$

$$= \int_0^{\frac{\pi}{2}} \sqrt{\sin x}\,d\sin x - \int_{\frac{\pi}{2}}^\pi \sqrt{\sin x}\,d\sin x$$

$$= \frac{2}{3}\sin^{\frac{3}{2}}x\bigg|_0^{\frac{\pi}{2}} - \frac{2}{3}\sin^{\frac{3}{2}}x\bigg|_{\frac{\pi}{2}}^\pi = \frac{4}{3},$$

应选 B.

345.【答案】B

【解析】由于 $1-\sin x = \sin^2\frac{x}{2} + \cos^2\frac{x}{2} - 2\sin\frac{x}{2}\cos\frac{x}{2} = \left(\sin\frac{x}{2} - \cos\frac{x}{2}\right)^2$，于是

高等数学篇

$$\int_0^\pi \sqrt{1-\sin x}\,\mathrm{d}x = \int_0^\pi \sqrt{\left(\sin\frac{x}{2}-\cos\frac{x}{2}\right)^2}\,\mathrm{d}x = \int_0^\pi \left|\sin\frac{x}{2}-\cos\frac{x}{2}\right|\mathrm{d}x$$

$$= \int_0^{\frac{\pi}{2}}\left(\cos\frac{x}{2}-\sin\frac{x}{2}\right)\mathrm{d}x + \int_{\frac{\pi}{2}}^\pi\left(\sin\frac{x}{2}-\cos\frac{x}{2}\right)\mathrm{d}x$$

$$= 2\left(\sin\frac{x}{2}+\cos\frac{x}{2}\right)\bigg|_0^{\frac{\pi}{2}} + 2\left(-\cos\frac{x}{2}-\sin\frac{x}{2}\right)\bigg|_{\frac{\pi}{2}}^\pi$$

$$= 4(\sqrt{2}-1),$$

应选 B.

346.【答案】D

【解析】当 $\dfrac{1}{e}\leqslant x\leqslant 1$ 时，$\ln x\leqslant 0$，$|\ln x|=-\ln x$；当 $1\leqslant x\leqslant e$ 时，$\ln x\geqslant 0$，$|\ln x|=\ln x$，于是

$$\int_{\frac{1}{e}}^e |\ln x|\,\mathrm{d}x = \int_{\frac{1}{e}}^1 |\ln x|\,\mathrm{d}x + \int_1^e |\ln x|\,\mathrm{d}x$$

$$= -\int_{\frac{1}{e}}^1 \ln x\,\mathrm{d}x + \int_1^e \ln x\,\mathrm{d}x = -(x\ln x-x)\bigg|_{\frac{1}{e}}^1 + (x\ln x-x)\bigg|_1^e$$

$$= -\left[-1-\left(-\frac{1}{e}-\frac{1}{e}\right)\right] + [e-e-(-1)] = 2-\frac{2}{e},$$

应选 D.

347.【答案】C

【解析】$\displaystyle\int_0^2 |x(x^2-1)|\,\mathrm{d}x = \int_0^2 x|x^2-1|\,\mathrm{d}x = \int_0^1 x(1-x^2)\,\mathrm{d}x + \int_1^2 x(x^2-1)\,\mathrm{d}x$

$$= \left(\frac{1}{2}x^2-\frac{1}{4}x^4\right)\bigg|_0^1 + \left(\frac{1}{4}x^4-\frac{1}{2}x^2\right)\bigg|_1^2$$

$$= \frac{5}{2},$$

应选 C.

348.【答案】C

【解析】$\displaystyle\int_1^3 f(x-2)\,\mathrm{d}x \xrightarrow{\text{令}\ x-2=t} \int_{-1}^1 f(t)\,\mathrm{d}t = \int_{-1}^1 f(x)\,\mathrm{d}x$

$$= \int_{-1}^0 (1+x^2)\,\mathrm{d}x + \int_0^1 \mathrm{e}^{-x}\,\mathrm{d}x$$

$$= 1+\frac{1}{3}-\mathrm{e}^{-x}\bigg|_0^1 = 1+\frac{1}{3}-(\mathrm{e}^{-1}-1) = \frac{7}{3}-\mathrm{e}^{-1},$$

应选 C.

349.【答案】C

【解析】由于

$$\int_{\frac{1}{2}}^{\frac{\sqrt{3}}{2}} \frac{x^2}{\sqrt{1-x^2}} \mathrm{d}x \xrightarrow{\Leftrightarrow x = \sin t} \int_{\frac{\pi}{6}}^{\frac{\pi}{3}} \frac{\sin^2 t \cos t}{\cos t} \mathrm{d}t = \int_{\frac{\pi}{6}}^{\frac{\pi}{3}} \sin^2 t \mathrm{d}t$$

$$= \frac{1}{2} \int_{\frac{\pi}{6}}^{\frac{\pi}{3}} (1 - \cos 2t) \mathrm{d}t = \frac{1}{2} \cdot \frac{\pi}{6} - \frac{1}{2} \sin 2t \Big|_{\frac{\pi}{6}}^{\frac{\pi}{3}} = \frac{1}{2} \cdot \frac{\pi}{6} = \frac{\pi}{12}.$$

于是，$y = \dfrac{x^2}{\sqrt{1-x^2}}$ 在区间 $\left[\dfrac{1}{2}, \dfrac{\sqrt{3}}{2} \right]$ 上的平均值为

$$\bar{y} = \frac{\displaystyle\int_{\frac{1}{2}}^{\frac{\sqrt{3}}{2}} \frac{x^2}{\sqrt{1-x^2}} \mathrm{d}x}{\dfrac{\sqrt{3}}{2} - \dfrac{1}{2}} = \frac{\dfrac{\pi}{12}}{\dfrac{\sqrt{3}}{2} - \dfrac{1}{2}} = \frac{\sqrt{3}+1}{12} \pi,$$

应选 C.

350.【答案】C

【解析】由 $F(x)$ 为 $f(x)$ 的一个原函数知，$F'(x) = f(x)$.

于是

$$\int_a^x f(2t+a) \mathrm{d}t = \int_a^x F'(2t+a) \mathrm{d}t = \frac{1}{2} \int_a^x F'(2t+a) \mathrm{d}(2t+a)$$

$$= \frac{1}{2} F(2t+a) \Big|_a^x = \frac{1}{2} F(2x+a) - \frac{1}{2} F(3a),$$

应选 C.

351.【答案】D

【解析】由 $\arctan x$ 为 $f(x)$ 的一个原函数知，$\int f(x) \mathrm{d}x = \arctan x + C$，故

$$\int_0^1 x f(1-x^2) \mathrm{d}x = -\frac{1}{2} \int_0^1 f(1-x^2) \mathrm{d}(1-x^2) = -\frac{1}{2} \arctan(1-x^2) \Big|_0^1 = \frac{\pi}{8},$$

应选 D.

352.【答案】A

【解析】由 $\dfrac{\sin x}{x}$ 是 $f(x)$ 的一个原函数知

$$f(x) = \left(\frac{\sin x}{x} \right)' = \frac{x \cos x - \sin x}{x^2}, \quad \int f(x) \mathrm{d}x = \frac{\sin x}{x} + C.$$

于是

$$\int_{\frac{\pi}{2}}^{\pi} x f'(x) \mathrm{d}x = \int_{\frac{\pi}{2}}^{\pi} x \mathrm{d}f(x) = x f(x) \Big|_{\frac{\pi}{2}}^{\pi} - \int_{\frac{\pi}{2}}^{\pi} f(x) \mathrm{d}x$$

$$= \frac{x \cos x - \sin x}{x} \Big|_{\frac{\pi}{2}}^{\pi} - \frac{\sin x}{x} \Big|_{\frac{\pi}{2}}^{\pi} = -1 + \frac{2}{\pi} + \frac{2}{\pi} = \frac{4}{\pi} - 1,$$

应选 A.

353.【解析】(1) $\displaystyle\int_0^{\frac{\pi}{2}}\cos^{10}x\mathrm{d}x=\frac{9}{10}\cdot\frac{7}{8}\cdot\frac{5}{6}\cdot\frac{3}{4}\cdot\frac{1}{2}\cdot\frac{\pi}{2}=\frac{63\pi}{512}$;

$$\int_0^{\pi}\cos^{10}x\mathrm{d}x=2\int_0^{\frac{\pi}{2}}\cos^{10}x\mathrm{d}x=2\cdot\frac{9}{10}\cdot\frac{7}{8}\cdot\frac{5}{6}\cdot\frac{3}{4}\cdot\frac{1}{2}\cdot\frac{\pi}{2}=\frac{63\pi}{256};$$

$$\int_0^{2\pi}\cos^{10}x\mathrm{d}x=4\int_0^{\frac{\pi}{2}}\cos^{10}x\mathrm{d}x=4\cdot\frac{9}{10}\cdot\frac{7}{8}\cdot\frac{5}{6}\cdot\frac{3}{4}\cdot\frac{1}{2}\cdot\frac{\pi}{2}=\frac{63\pi}{128}.$$

(2) $\displaystyle\int_0^{\frac{\pi}{2}}\cos^3x\mathrm{d}x=\frac{2}{3}\cdot1=\frac{2}{3}$, $\displaystyle\int_0^{\pi}\cos^3x\mathrm{d}x=0$, $\displaystyle\int_0^{2\pi}\cos^3x\mathrm{d}x=0$.

(3) $\displaystyle\int_0^{\frac{\pi}{2}}\sin^4x\mathrm{d}x=\frac{3}{4}\cdot\frac{1}{2}\cdot\frac{\pi}{2}=\frac{3\pi}{16}$;

$$\int_0^{\pi}\sin^4x\mathrm{d}x=2\int_0^{\frac{\pi}{2}}\sin^4x\mathrm{d}x=2\cdot\frac{3}{4}\cdot\frac{1}{2}\cdot\frac{\pi}{2}=\frac{3\pi}{8};$$

$$\int_0^{2\pi}\sin^4x\mathrm{d}x=4\int_0^{\frac{\pi}{2}}\sin^4x\mathrm{d}x=4\cdot\frac{3}{4}\cdot\frac{1}{2}\cdot\frac{\pi}{2}=\frac{3\pi}{4}.$$

(4) $\displaystyle\int_0^{\frac{\pi}{2}}\sin^5x\mathrm{d}x=\frac{4}{5}\cdot\frac{2}{3}\cdot1=\frac{8}{15}$;

$$\int_0^{\pi}\sin^5x\mathrm{d}x=2\int_0^{\frac{\pi}{2}}\sin^5x\mathrm{d}x=2\cdot\frac{4}{5}\cdot\frac{2}{3}\cdot1=\frac{16}{15};$$

$$\int_0^{2\pi}\sin^5x\mathrm{d}x=0.$$

小课堂

华里士(Wallis)公式是每年考研中的重点考察公式,其内容如下:

(1) $\displaystyle\int_0^{\frac{\pi}{2}}\sin^nx\mathrm{d}x=\int_0^{\frac{\pi}{2}}\cos^nx\mathrm{d}x=\begin{cases}\dfrac{n-1}{n}\cdot\dfrac{n-3}{n-2}\cdots\dfrac{1}{2}\cdot\dfrac{\pi}{2},n\text{ 为正偶数},\\[3mm]\dfrac{n-1}{n}\cdot\dfrac{n-3}{n-2}\cdots\dfrac{2}{3}\cdot1,\ n\text{ 为大于1的正奇数}.\end{cases}$

(2) $\displaystyle\int_0^{\pi}\sin^nx\mathrm{d}x=2\int_0^{\frac{\pi}{2}}\sin^nx\mathrm{d}x$, $\displaystyle\int_0^{\pi}\cos^nx\mathrm{d}x=\begin{cases}2\displaystyle\int_0^{\frac{\pi}{2}}\sin^nx\mathrm{d}x,n\text{ 为正偶数},\\[3mm]0,\qquad\qquad n\text{ 为正奇数}.\end{cases}$

(3) $\displaystyle\int_0^{2\pi}\sin^nx\mathrm{d}x=\int_0^{2\pi}\cos^nx\mathrm{d}x=\begin{cases}4\displaystyle\int_0^{\frac{\pi}{2}}\sin^nx\mathrm{d}x,n\text{ 为正偶数},\\[3mm]0,\qquad\qquad n\text{ 为正奇数}.\end{cases}$

题组 B · 强化通关题

354.【答案】C

【解析】$f\left(x+\dfrac{1}{x}\right)=\dfrac{\dfrac{1}{x}+x}{\dfrac{1}{x^2}+x^2}=\dfrac{\dfrac{1}{x}+x}{\left(x+\dfrac{1}{x}\right)^2-2}$，令 $\dfrac{1}{x}+x=t$，则 $f(t)=\dfrac{t}{t^2-2}$，于是 $f(x)=\dfrac{x}{x^2-2}$，进而

$$\int_{2}^{2\sqrt{2}}f(x)\,\mathrm{d}x=\int_{2}^{2\sqrt{2}}\frac{x}{x^2-2}\mathrm{d}x=\frac{1}{2}\int_{2}^{2\sqrt{2}}\frac{1}{x^2-2}\mathrm{d}(x^2-2)$$

$$=\frac{1}{2}\ln(x^2-2)\bigg|_{2}^{2\sqrt{2}}=\frac{1}{2}(\ln 6-\ln 2)=\frac{1}{2}\ln 3,$$

应选 C.

355.【答案】D

【解析】因为在 $\left[-\dfrac{\pi}{2},\dfrac{\pi}{2}\right]$ 上 $\dfrac{\left|\sin^3 x\right|}{1+\cos^2 x}$ 是偶函数，$\dfrac{\sin x}{1+\cos^2 x}$ 是奇函数，所以

$$原式=2\int_{0}^{\frac{\pi}{2}}\frac{\sin^3 x}{1+\cos^2 x}\mathrm{d}x=2\int_{0}^{\frac{\pi}{2}}\frac{\cos^2 x-1}{1+\cos^2 x}\mathrm{d}(\cos x)\quad(\text{令}\cos x=t)$$

$$=2\int_{1}^{0}\frac{t^2-1}{1+t^2}\mathrm{d}t=2\int_{1}^{0}\left(1-\frac{2}{1+t^2}\right)\mathrm{d}t$$

$$=2(t-2\arctan t)\bigg|_{1}^{0}=\pi-2,$$

应选 D.

356.【答案】B

【解析】由于 $\left[\ln\left(x+\sqrt{x^2+1}\right)\right]'=\dfrac{1}{\sqrt{x^2+1}}$，于是利用分部积分法，知

$$\int_{0}^{1}\ln\left(x+\sqrt{x^2+1}\right)\mathrm{d}x=x\ln\left(x+\sqrt{x^2+1}\right)\bigg|_{0}^{1}-\int_{0}^{1}\frac{x}{\sqrt{x^2+1}}\mathrm{d}x$$

$$=\ln\left(1+\sqrt{2}\right)-\int_{0}^{1}\frac{1}{2\sqrt{x^2+1}}\mathrm{d}(x^2+1)$$

$$=\ln\left(1+\sqrt{2}\right)-\sqrt{x^2+1}\bigg|_{0}^{1}$$

$$=\ln\left(1+\sqrt{2}\right)-\sqrt{2}+1,$$

应选 B.

357.【答案】B

【解析】原式 $=\displaystyle\int_{0}^{\frac{\pi}{4}}\frac{x}{1+\cos 2x}\mathrm{d}x=\int_{0}^{\frac{\pi}{4}}\frac{x}{2\cos^2 x}\mathrm{d}x=\frac{1}{2}\int_{0}^{\frac{\pi}{4}}x\cdot\sec^2 x\,\mathrm{d}x$

$$=\frac{1}{2}\int_{0}^{\frac{\pi}{4}}x\mathrm{d}\tan x=\frac{1}{2}x\tan x\bigg|_{0}^{\frac{\pi}{4}}-\frac{1}{2}\int_{0}^{\frac{\pi}{4}}\tan x\,\mathrm{d}x$$

$$= \frac{\pi}{8} + \frac{1}{2}\ln|\cos x| \Big|_0^{\frac{\pi}{4}} = \frac{\pi}{8} + \frac{1}{2}\ln\frac{\sqrt{2}}{2} = \frac{\pi}{8} - \frac{1}{4}\ln 2,$$

应选 B.

358.【答案】 B

【解析】由于 $\dfrac{1}{(1+x)^2}\mathrm{d}x = \dfrac{1}{(1+x)^2}\mathrm{d}(x+1) = -\mathrm{d}\left(\dfrac{1}{x+1}\right)$，于是

$$\int_0^1 \frac{\arctan x}{(1+x)^2}\mathrm{d}x = -\int_0^1 \arctan x\,\mathrm{d}\frac{1}{1+x} = -\frac{\arctan x}{1+x}\Big|_0^1 + \int_0^1 \frac{1}{(1+x)(1+x^2)}\mathrm{d}x.$$

$$= -\frac{\pi}{8} + \int_0^1 \frac{1}{(1+x)(1+x^2)}\mathrm{d}x.$$

令 $\dfrac{1}{(1+x)(1+x^2)} = \dfrac{A}{1+x} + \dfrac{Bx+C}{1+x^2}$，于是

$$\frac{1}{(1+x)(1+x^2)} = \frac{A(1+x^2) + (Bx+C)(1+x)}{(1+x)(1+x^2)},$$

$$1 = A(1+x^2) + (Bx+C)(1+x).$$

令 $x = -1$，则 $1 = 2A$，解得 $A = \dfrac{1}{2}$.

令 $x = 0$，则 $1 = A+C$，解得 $C = \dfrac{1}{2}$.

令 $x = 1$，则 $1 = 2A + 2(B+C)$，解得 $B = -\dfrac{1}{2}$.

于是 $\displaystyle\int_0^1 \frac{1}{(1+x)(1+x^2)}\mathrm{d}x = \frac{1}{2}\int_0^1 \frac{1}{1+x}\mathrm{d}x - \frac{1}{2}\int_0^1 \frac{x-1}{1+x^2}\mathrm{d}x$

$$= \frac{1}{2}\int_0^1 \frac{1}{1+x}\mathrm{d}x - \frac{1}{4}\int_0^1 \frac{1}{1+x^2}\mathrm{d}(1+x^2) + \frac{1}{2}\int_0^1 \frac{1}{1+x^2}\mathrm{d}x$$

$$= \left(\frac{1}{2}\ln(1+x) - \frac{1}{4}\ln(1+x^2) + \frac{1}{2}\arctan x\right)\Big|_0^1$$

$$= \frac{1}{2}\ln 2 - \frac{1}{4}\ln 2 + \frac{\pi}{8} = \frac{1}{4}\ln 2 + \frac{\pi}{8}.$$

因此，原式 $= -\dfrac{\pi}{8} + \displaystyle\int_0^1 \frac{1}{(1+x)(1+x^2)}\mathrm{d}x = \dfrac{1}{4}\ln 2$，应选 B.

359.【答案】 B

【解析】$\displaystyle\int_0^{\frac{\pi}{4}} \frac{1-\tan x}{1+\tan x}\mathrm{d}x \xrightarrow{\diamondsuit\, t=\tan x} \int_0^1 \frac{1-t}{1+t} \cdot \frac{1}{1+t^2}\mathrm{d}t = \int_0^1 \frac{1-t}{(1+t)(1+t^2)}\mathrm{d}t.$

令 $\dfrac{1-t}{(1+t)(1+t^2)} = \dfrac{A}{1+t} + \dfrac{Bt+D}{1+t^2}$，于是 $\dfrac{1-t}{(1+t)(1+t^2)} = \dfrac{A(1+t^2) + (1+t)(Bt+D)}{(1+t)(1+t^2)}.$

于是 $\qquad\qquad\qquad 1-t = A(1+t^2) + (1+t)(Bt+D).$

令 $t = -1$，则 $2 = 2A$，解得 $A = 1$.

高等数学篇

令 $t=0$，则 $1=A+D$，解得 $D=0$.

令 $t=1$，则 $0=2A+2(B+D)$，解得 $B=-1$.

因此，原式 $=\int_0^1\left(\dfrac{1}{1+t}-\dfrac{t}{1+t^2}\right)\mathrm{d}t=\int_0^1\dfrac{1}{1+t}\mathrm{d}t-\int_0^1\dfrac{t\mathrm{d}t}{1+t^2}$

$$=\ln(1+t)\Big|_0^1-\dfrac{1}{2}\ln(1+t^2)\Big|_0^1=\dfrac{\ln 2}{2}.$$

应选 B.

360.【答案】D

【解析】本题是对称区间下的定积分计算问题，应首先尝试利用定积分的奇偶性性质解题.

因为 $\sin^2 x$ 为偶函数，$\ln(x+\sqrt{x^2+1})$ 为奇函数，所以 $\sin^2 x\ln(x+\sqrt{x^2+1})$ 为奇函数，于是 $\int_{-\pi}^{\pi}\sin^2 x\ln(x+\sqrt{x^2+1})\mathrm{d}x=0$. 又 $\sqrt{\pi^2-x^2}$ 为偶函数，于是

$$\int_{-\pi}^{\pi}\left[\sin^2 x\ln(x+\sqrt{x^2+1})+\sqrt{\pi^2-x^2}\right]\mathrm{d}x=2\int_0^{\pi}\sqrt{\pi^2-x^2}\mathrm{d}x\xlongequal{\frac{1}{4}\text{圆面积}}\dfrac{1}{2}\pi^3,$$

应选 D.

361.【答案】D

【解析】由定积分的对称区间公式（见小课堂），知

$$\int_{-\frac{\pi}{4}}^{\frac{\pi}{4}}\dfrac{\cos^2 x}{1+\mathrm{e}^{-x}}\mathrm{d}x=\int_0^{\frac{\pi}{4}}\left(\dfrac{\cos^2 x}{1+\mathrm{e}^x}+\dfrac{\cos^2 x}{1+\mathrm{e}^{-x}}\right)\mathrm{d}x$$

$$=\int_0^{\frac{\pi}{4}}\left(\dfrac{1}{1+\mathrm{e}^x}+\dfrac{1}{1+\mathrm{e}^{-x}}\right)\cos^2 x\mathrm{d}x$$

$$=\int_0^{\frac{\pi}{4}}\cos^2 x\mathrm{d}x=\int_0^{\frac{\pi}{4}}\dfrac{1+\cos 2x}{2}\mathrm{d}x$$

$$=\dfrac{\pi}{8}+\dfrac{1}{4}\sin 2x\Big|_0^{\frac{\pi}{4}}=\dfrac{\pi}{8}+\dfrac{1}{4},$$

应选 D.

小课堂

本题利用到定积分对称区间公式：

$$\int_{-a}^{a}f(x)\mathrm{d}x=\int_0^a[f(-x)+f(x)]\mathrm{d}x,\text{其中 }a\geqslant 0.$$

362.【答案】B

【解析】$f(2)+f\left(\dfrac{1}{2}\right)=\int_1^2\dfrac{\ln t}{1+t}\mathrm{d}t+\int_1^{\frac{1}{2}}\dfrac{\ln t}{1+t}\mathrm{d}t.$

因为

$$\int_1^{\frac{1}{2}} \frac{\ln t}{1+t} dt \xLeftrightarrow{\ \diamondsuit \frac{1}{t}=u\ } \int_1^2 \frac{\ln \frac{1}{u}}{1+\frac{1}{u}} \cdot \left(-\frac{1}{u^2}\right) du = \int_1^2 \frac{\ln u}{u^2+u} du$$

$$= \int_1^2 \frac{\ln u}{u(u+1)} du = \int_1^2 \ln u\left(\frac{1}{u}-\frac{1}{1+u}\right) du$$

$$= \int_1^2 \frac{\ln u}{u} du - \int_1^2 \frac{\ln t}{1+t} dt$$

所以 $f(2)+f\left(\dfrac{1}{2}\right) = \int_1^2 \dfrac{\ln u}{u} du = \dfrac{1}{2}\ln^2 u\ \Big|_1^2 = \dfrac{1}{2}\ln^2 2$，应选 B.

363. 【答案】A

【解析】由 $\int f(x) dx = e^{x^2}+C$，知 $f(x)=(e^{x^2})' = 2xe^{x^2}$，于是

$$\int_0^1 xf'(2x) dx \xLeftrightarrow{\ \diamondsuit\ 2x=t\ } \frac{1}{4}\int_0^2 tf'(t) dt = \frac{1}{4}\int_0^2 xf'(x) dx$$

$$= \frac{1}{4}\int_0^2 x df(x) = \frac{1}{4}\left[xf(x)\ \Big|_0^2 - \int_0^2 f(x) dx\right]$$

$$= \frac{1}{4}\left[2f(2) - e^{x^2}\ \Big|_0^2\right]$$

$$= \frac{1}{4}(8e^4 - e^4 + 1)$$

$$= \frac{1}{4}(7e^4 + 1),$$

应选 A.

364. 【答案】C

【解析】因为

$$原式 = \int_0^\pi f(x)\sin x dx + \int_0^\pi f''(x)\sin x dx$$

$$= \int_0^\pi f(x)\sin x dx + \int_0^\pi \sin x df'(x)$$

$$= \int_0^\pi f(x)\sin x dx + f'(x)\sin x\ \Big|_0^\pi - \int_0^\pi f'(x)\cos x dx$$

$$= \int_0^\pi f(x)\sin x dx + 0 - \int_0^\pi \cos x df(x)$$

$$= \int_0^\pi f(x)\sin x dx - f(x)\cos x\ \Big|_0^\pi - \int_0^\pi f(x)\sin x dx$$

$$= f(\pi) + f(0) = 8,$$

且 $f(0)=3$，所以 $f(\pi)=5$，应选 C.

365. 【答案】E

【解析】令 $\ln x = t$，则 $x = e^t$，于是 $f'(t) = \begin{cases} 1, & 0 < e^t \leqslant 1, \\ e^t, & e^t > 1, \end{cases}$ 即 $f'(t) = \begin{cases} 1, & t \leqslant 0, \\ e^t, & t > 0. \end{cases}$

于是 $f'(x) = \begin{cases} 1, & x \leqslant 0, \\ e^x, & x > 0, \end{cases}$ 根据分段函数的不定积分，知

$$f(x) = \begin{cases} x + C_1, & x \leqslant 0, \\ e^x + C_2, & x > 0. \end{cases}$$

又因为 $f(x)$ 在 $x = 0$ 处连续，于是 $C_1 = 1 + C_2 = f(0) = 1$，于是 $C_1 = 1$，$C_2 = 0$，故 $f(x) = \begin{cases} x+1, & x \leqslant 0, \\ e^x, & x > 0. \end{cases}$

因此，$\int_0^2 f(x-1)\mathrm{d}x \xlongequal{\diamondsuit\, x-1=t} \int_{-1}^1 f(t)\mathrm{d}t = \int_{-1}^0 (t+1)\mathrm{d}t + \int_0^1 e^t \mathrm{d}t = e - \dfrac{1}{2}$，应选 E.

366. 【答案】A

【解析】$\int_0^1 f(x)\mathrm{d}(x-1) = (x-1)f(x)\Big|_0^1 - \int_0^1 (x-1)f'(x)\mathrm{d}x$

$\qquad = 0 - \int_0^1 (x-1)f'(x)\mathrm{d}x$

$\qquad = -\int_0^1 (x-1)\arcsin(x-1)^2\mathrm{d}x$

$\qquad = -\dfrac{1}{2}\int_0^1 \arcsin(x-1)^2 \mathrm{d}(x-1)^2$

$\qquad \xlongequal{\diamondsuit\,(x-1)^2=t} \dfrac{1}{2}\int_0^1 \arcsin t\,\mathrm{d}t = \dfrac{1}{2}\left(t\arcsin t\Big|_0^1 - \int_0^1 t\cdot\dfrac{1}{\sqrt{1-t^2}}\mathrm{d}t \right)$

$\qquad = \dfrac{\pi}{4} + \dfrac{1}{4}\int_0^1 \dfrac{1}{\sqrt{1-t^2}}\mathrm{d}(1-t^2)$

$\qquad = \dfrac{\pi}{4} + \dfrac{1}{2}\sqrt{1-t^2}\,\Big|_0^1 = \dfrac{\pi}{4} - \dfrac{1}{2}$,

应选 A.

367. 【答案】A

【解析】对等式 $xf'(x) - f(x) = \sqrt{2x-x^2}$ 两边同取 $[0,1]$ 上的定积分，得

$$\int_0^1 xf'(x)\mathrm{d}x - \int_0^1 f(x)\mathrm{d}x = \int_0^1 \sqrt{2x-x^2}\,\mathrm{d}x,$$

其中

$$\int_0^1 xf'(x)\mathrm{d}x - \int_0^1 f(x)\mathrm{d}x = \int_0^1 x\mathrm{d}f(x) - \int_0^1 f(x)\mathrm{d}x$$

$$= xf(x)\Big|_0^1 - \int_0^1 f(x)\mathrm{d}x - \int_0^1 f(x)\mathrm{d}x$$

$$= f(1) - 2\int_0^1 f(x)\mathrm{d}x,$$

$\int_0^1 \sqrt{2x-x^2}\,\mathrm{d}x = \dfrac{1}{4}\pi$，（如右图所示，结果为 $\dfrac{1}{4}$ 圆的面积）

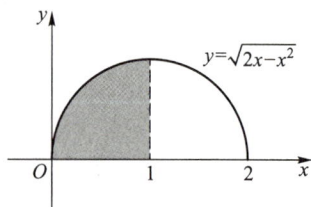

故 $f(1) - 2\int_0^1 f(x)\mathrm{d}x = \dfrac{1}{4}\pi$，又 $f(1) = 4$，解得 $\int_0^1 f(x)\mathrm{d}x = 2 -$

$\dfrac{\pi}{8}$,应选 A.

368.【答案】A

【解析】因为 $\cos x\ln(2+\cos x)$ 是以 2π 为周期的函数,所以

$$\int_a^{a+2\pi} \cos x\ln(2+\cos x)\,\mathrm{d}x = \int_0^{2\pi} \cos x\ln(2+\cos x)\,\mathrm{d}x = \int_0^{2\pi} \ln(2+\cos x)\,\mathrm{d}\sin x$$

$$= \sin x\ln(2+\cos x)\Big|_0^{2\pi} - \int_0^{2\pi} \frac{-\sin^2 x}{2+\cos x}\,\mathrm{d}x$$

$$= -\int_0^{2\pi} \frac{-\sin^2 x}{2+\cos x}\,\mathrm{d}x = \int_0^{2\pi} \frac{\sin^2 x}{2+\cos x}\,\mathrm{d}x.$$

由于当 $0 \leqslant x \leqslant 2\pi$ 时,$2+\cos x>0$,$\sin^2 x \geqslant 0$,进而 $\dfrac{\sin^2 x}{2+\cos x} \geqslant 0$,于是 $\displaystyle\int_0^{2\pi} \frac{\sin^2 x}{2+\cos x}\,\mathrm{d}x>0$. 因此,

$\displaystyle\int_a^{a+2\pi} \cos x\ln(2+\cos x)\,\mathrm{d}x$ 与 a 无关,且恒大于 0,应选 A.

369.【答案】C

【解析】因为

$$f(x) = \int_{-\pi}^{\pi} (t^2-2xt\sin t+x^2\sin^2 t)\,\mathrm{d}t = 2\int_0^{\pi} t^2\,\mathrm{d}t - 4x\int_0^{\pi} t\sin t\,\mathrm{d}t + 2x^2\int_0^{\pi}\sin^2 t\,\mathrm{d}t,$$

所以 $f'(x) = -4\displaystyle\int_0^{\pi} t\sin t\,\mathrm{d}t + 4x\int_0^{\pi}\sin^2 t\,\mathrm{d}t.$

又 $\displaystyle\int_0^{\pi}\sin^2 t\,\mathrm{d}t = 2\cdot\frac{1}{2}\cdot\frac{\pi}{2} = \frac{\pi}{2}$,$\displaystyle\int_0^{\pi} t\sin t\,\mathrm{d}t = \frac{\pi}{2}\int_0^{\pi}\sin t\,\mathrm{d}t = \pi$,所以 $f'(x) = -4\pi+2\pi x.$

令 $f'(x) = 0$,解得唯一驻点 $x = 2$. 又因为 $f''(x) = 2\pi>0$,所以 $x=2$ 是函数的极小值点,应选 C.

3.4 变限函数

题组 A · 基础通关题

370.【答案】A

【解析】由变限函数的求导公式,知

$$F'(x) = f(\ln x)\cdot(\ln x)' - f\left(\frac{1}{x}\right)\cdot\left(\frac{1}{x}\right)' = f(\ln x)\cdot\frac{1}{x} - f\left(\frac{1}{x}\right)\cdot\left(-\frac{1}{x^2}\right)$$

$$= \frac{1}{x}f(\ln x) + \frac{1}{x^2}f\left(\frac{1}{x}\right),$$

应选 A.

371.【答案】B

【解析】由于 $F(x) = x\displaystyle\int_0^{x^2} f(t)\,\mathrm{d}t$,则 $F'(x) = \displaystyle\int_0^{x^2} f(t)\,\mathrm{d}t + xf(x^2)\cdot 2x.$

于是 $F'(1)=\int_0^1 f(t)\,\mathrm{d}t+2f(1)$，又 $F(1)=\int_0^1 f(t)\,\mathrm{d}t=1$，故解得 $f(1)=2$.

应选 B.

372.【答案】A

【解析】由于变限函数 $F(x)=\int_0^x tf(x^2-t^2)\,\mathrm{d}t$ 中含有自变量 x，即其非标准型，于是需要利用积分换元法将变限函数化为标准型处理.

因为

$$F(x)=\int_0^x tf(x^2-t^2)\,\mathrm{d}t=-\frac{1}{2}\int_0^x f(x^2-t^2)\,\mathrm{d}(x^2-t^2)$$

$$\xlongequal{\text{令}\,x^2-t^2=u}-\frac{1}{2}\int_{x^2}^0 f(u)\,\mathrm{d}u=\frac{1}{2}\int_0^{x^2} f(u)\,\mathrm{d}u,$$

所以利用变限函数的求导法则，知 $F'(x)=xf(x^2)$，应选 A.

373.【答案】D

【解析】因为

$$f'(x)=\frac{1}{\sqrt{1+g^3(x)}}g'(x)=\frac{1}{\sqrt{1+g^3(x)}}\left[1+\sin(\cos x)^2\right](-\sin x),$$

且 $g\left(\dfrac{\pi}{2}\right)=0$，所以 $f'\left(\dfrac{\pi}{2}\right)=-1$，应选 D.

374.【答案】C

【解析】原式 $=\lim\limits_{x\to0}\dfrac{\displaystyle\int_0^x t\ln(1+t\sin t)\,\mathrm{d}t}{\dfrac{1}{2}x^4}=\lim\limits_{x\to0}\dfrac{x\ln(1+x\sin x)}{2x^3}=\lim\limits_{x\to0}\dfrac{x^3}{2x^3}=\dfrac{1}{2}$，应选 C.

375.【答案】B

【解析】由于

$$\lim_{x\to0}\frac{f(x)}{g(x)}=\lim_{x\to0}\frac{\displaystyle\int_0^{1-\cos x}\sin t^2\,\mathrm{d}t}{\dfrac{x^5}{5}+\dfrac{x^6}{6}}=\lim_{x\to0}\frac{\displaystyle\int_0^{1-\cos x}\sin t^2\,\mathrm{d}t}{\dfrac{x^5}{5}}$$

$$=\lim_{x\to0}\frac{\sin x\cdot\sin(1-\cos x)^2}{x^4}$$

$$=\lim_{x\to0}\frac{x\cdot\left(\dfrac{1}{2}x^2\right)^2}{x^4}=\lim_{x\to0}\frac{\dfrac{1}{4}x^5}{x^4}=0,$$

即当 $x\to0$ 时，$f(x)$ 是 $g(x)$ 的高阶无穷小，应选 B.

376.【答案】A

【解析】令 $u=tx$，则 $f(x)=\int_0^1\sin(tx)^2\,\mathrm{d}t=\int_0^x\frac{\sin u^2}{x}\,\mathrm{d}u=\frac{1}{x}\int_0^x\sin u^2\,\mathrm{d}u(x\neq0)$.

于是

$$\lim_{x\to 0}\frac{f(x)}{x}=\lim_{x\to 0}\frac{\dfrac{1}{x}\displaystyle\int_0^x \sin u^2 \mathrm{d}u}{x}=\lim_{x\to 0}\frac{\sin x^2}{2x}=0,$$

即当 $x\to 0$ 时, $f(x)$ 是 x 的高阶无穷小, 应选 A.

377.【答案】C

【解析】由于 $F(x)=x^2\displaystyle\int_0^x f(t)\mathrm{d}t-\int_0^x t^2 f(t)\mathrm{d}t$, 于是

$$F'(x)=2x\int_0^x f(t)\mathrm{d}t+x^2 f(x)-x^2 f(x)=2x\int_0^x f(t)\mathrm{d}t.$$

因为 $F'(x)$ 与 x^k 是同阶无穷小, 所以 $\lim_{x\to 0}\dfrac{F'(x)}{x^k}=A\neq 0$, 于是

$$\lim_{x\to 0}\frac{F'(x)}{x^k}=\lim_{x\to 0}\frac{2x\displaystyle\int_0^x f(t)\mathrm{d}t}{x^k}=\lim_{x\to 0}\frac{2\displaystyle\int_0^x f(t)\mathrm{d}t}{x^{k-1}}$$

$$=\lim_{x\to 0}\frac{2f(x)}{(k-1)x^{k-2}}\quad(\text{洛必达法则})$$

$$=\lim_{x\to 0}\frac{f(x)-f(0)}{x}\cdot\frac{2}{(k-1)x^{k-3}}$$

$$=f'(0)\lim_{x\to 0}\frac{2}{(k-1)x^{k-3}}=A\neq 0,$$

因此 $k=3$, 应选 C.

378.【答案】C

【解析】方程 $x=\displaystyle\int_1^{y-x}\sin^2\left(\frac{\pi t}{4}\right)\mathrm{d}t$ 两边同时对 x 求导, 得

$$1=\sin^2\left[\frac{\pi}{4}(y-x)\right]\cdot(y'-1),$$

当 $x=0$ 时, 代入原方程得 $y=1$. 再将 $x=0,y=1$ 代入上式, 解得 $\dfrac{\mathrm{d}y}{\mathrm{d}x}\Big|_{x=0}=3$, 应选 C.

379.【答案】B

【解析】$\displaystyle\int_0^x tf(2x-t)\mathrm{d}t\xquad{\text{令}\,u=2x-t}-\int_{2x}^x(2x-u)f(u)\mathrm{d}u=\int_x^{2x}(2x-u)f(u)\mathrm{d}u$

$$=2x\int_x^{2x}f(u)\mathrm{d}u-\int_x^{2x}uf(u)\mathrm{d}u.$$

于是 $2x\displaystyle\int_x^{2x}f(u)\mathrm{d}u-\int_x^{2x}uf(u)\mathrm{d}u=\frac{1}{2}\arctan x^2.$

对上式方程两边同时对 x 求导, 得

$$2\int_x^{2x}f(u)\mathrm{d}u+2x[2f(2x)-f(x)]-[2xf(2x)\cdot 2-xf(x)]=\frac{x}{1+x^4},$$

高等数学篇

于是整理得, $2\int_{x}^{2x} f(u)\,\mathrm{d}u - xf(x) = \dfrac{x}{1+x^4}$.

当 $x=1$ 时, 代入上式得 $2\int_{1}^{2} f(u)\,\mathrm{d}u - f(1) = \dfrac{1}{2}$, 于是 $\int_{1}^{2} f(u)\,\mathrm{d}u = \dfrac{3}{4}$, 应选 B.

380.【答案】B

【解析】由于

$$f(x) = \frac{1}{2}\int_{0}^{x}(x-t)^2 g(t)\,\mathrm{d}t = \frac{1}{2}\int_{0}^{x}(x^2 - 2xt + t^2)g(t)\,\mathrm{d}t$$

$$= \frac{1}{2}x^2\int_{0}^{x}g(t)\,\mathrm{d}t - x\int_{0}^{x}tg(t)\,\mathrm{d}t + \frac{1}{2}\int_{0}^{x}t^2 g(t)\,\mathrm{d}t,$$

于是

$$f'(x) = x\int_{0}^{x}g(t)\,\mathrm{d}t + \frac{1}{2}x^2 g(x) - \int_{0}^{x}tg(t)\,\mathrm{d}t - x^2 g(x) + \frac{1}{2}x^2 g(x)$$

$$= x\int_{0}^{x}g(t)\,\mathrm{d}t - \int_{0}^{x}tg(t)\,\mathrm{d}t,$$

$$f''(x) = \int_{0}^{x}g(t)\,\mathrm{d}t + xg(x) - xg(x) = \int_{0}^{x}g(t)\,\mathrm{d}t,$$

因此 $f''(1) = \int_{0}^{1}g(t)\,\mathrm{d}t = 1$, 应选 B.

381.【答案】A

【解析】当 $1 \leqslant x \leqslant 2$ 时, $F(x) = \int_{1}^{x}f(t)\,\mathrm{d}t = \int_{1}^{x}1\,\mathrm{d}t = x-1$.

当 $0 \leqslant x < 1$ 时, $F(x) = \int_{1}^{x}f(t)\,\mathrm{d}t = \int_{1}^{x}t^2\,\mathrm{d}t = \frac{1}{3}x^3 - \frac{1}{3}$.

因此, $F(x) = \begin{cases} x-1, & 1 \leqslant x \leqslant 2 \\ \dfrac{x^3-1}{3}, & 0 \leqslant x \leqslant 1 \end{cases}$, 应选 A.

题组 B·强化通关题

382.【答案】A

【解析】由于

$$\left(\int_{\frac{1}{a}}^{a}\frac{\ln x}{1+x^2}\mathrm{d}x\right)'_a = \frac{\ln a}{1+a^2} - \frac{\ln\frac{1}{a}}{1+\frac{1}{a^2}}\cdot\frac{-1}{a^2} = \frac{\ln a}{1+a^2} - \frac{\ln a}{1+\frac{1}{a^2}}\cdot\frac{1}{a^2}$$

$$= \frac{\ln a}{1+a^2} - \frac{\ln a}{a^2+1} = 0,$$

所以 $I_a = \int_{\frac{1}{a}}^{a}\frac{\ln x}{1+x^2}\mathrm{d}x$ 是关于 a 的常值函数, 记 $I_a = \int_{\frac{1}{a}}^{a}\frac{\ln x}{1+x^2}\mathrm{d}x = C.$

又 $I_1 = \int_1^1 \dfrac{\ln x}{1+x^2}\mathrm{d}x = 0$，于是 $I_a = \int_{\frac{1}{a}}^{a} \dfrac{\ln x}{1+x^2}\mathrm{d}x \equiv 0$，应选 A.

383.【答案】 C

【解析】 由题意可知，$x=1$ 是函数 $f(x)$ 的跳跃间断点，于是 $F(x) = \int_0^x f(t)\,\mathrm{d}t$ 在 $x=1$ 处连续但不可导.

又因为 $f(x)$ 在 $x=2$ 处连续，于是 $F(x) = \int_0^x f(t)\,\mathrm{d}t$ 在 $x=2$ 处可导，应选 C.

小课堂

本题考察了变上限函数的连续性与可导性的性质，该性质可总结如下：

已知 $f(x)$ 在 $[a,b]$ 上除了 $x_0 \in (a,b)$ 外均连续，对于 $F(x) = \int_c^x f(t)\,\mathrm{d}t\,(c \in (a,b))$，有

(1) 若 $f(x)$ 在 x_0 连续，则 $F(x)$ 在 x_0 可导，且 $F'(x_0)=f(x_0)$；

(2) 若 $f(x)$ 在 x_0 有第一类间断点，则 $F(x)$ 在 x_0 连续，且

$$F'_+(x_0) = \lim_{x \to x_0^+} f(x),\quad F'_-(x_0) = \lim_{x \to x_0^-} f(x),$$

显然若 x_0 是函数 $f(x)$ 的可去间断点，则 $F(x)$ 在 x_0 处连续且可导；若 x_0 是函数 $f(x)$ 的跳跃间断点，则 $F(x)$ 在 x_0 处连续但不可导.

384.【答案】 C

【解析】 令 $t-x^2=u$，则

$$\int_{x^2}^{x^2+f(x)} f^{-1}(t-x^2)\,\mathrm{d}t = \int_0^{f(x)} f^{-1}(u)\,\mathrm{d}u,$$

于是题设中等式可化为 $\int_0^{f(x)} f^{-1}(u)\,\mathrm{d}u = x^2 \mathrm{e}^x$.

等式 $\int_0^{f(x)} f^{-1}(u)\,\mathrm{d}u = x^2 \mathrm{e}^x$ 两边同时对 x 求导，得

$$f^{-1}[f(x)] \cdot f'(x) = (x^2+2x)\mathrm{e}^x,$$

整理得 $x \cdot f'(x) = (x^2+2x)\mathrm{e}^x$，所以 $f'(x)=(x+2)\mathrm{e}^x$，于是

$$f(x) = \int (x+2)\mathrm{e}^x \mathrm{d}x = x\mathrm{e}^x + \mathrm{e}^x + C,$$

又 $f(0)=1$，于是可解得 $C=0$，所以 $f(x)=(x+1)\mathrm{e}^x$，应选 C.

385.【答案】 E

【解析】 被积分函数为变限函数的定积分计算问题，一般利用分部积分法解题.

$$\int_0^1 x f(x)\,\mathrm{d}x = \frac{1}{2}\int_0^1 f(x)\,\mathrm{d}x^2$$

$$= \frac{1}{2}x^2 f(x) \Big|_0^1 - \frac{1}{2}\int_0^1 x^2 f'(x) \, dx \quad （分部积分法）$$

$$= 0 - \frac{1}{2}\int_0^1 x^2 f'(x) \, dx \quad （其中 f(1)=0）$$

$$= -\frac{1}{2}\int_0^1 x^2 \cdot \frac{\sin x^2}{x^2} \cdot 2x \, dx$$

$$= -\frac{1}{2}\int_0^1 \sin x^2 \, dx^2$$

$$= \frac{1}{2}\cos x^2 \Big|_0^1 = \frac{1}{2}(\cos 1 - 1),$$

应选 E.

386.【答案】A

【解析】被积分函数为变限函数的定积分计算问题，一般利用分部积分法解题.

$$\int_0^1 x^2 f(x) \, dx = \int_0^1 f(x) \, d\left(\frac{1}{3}x^3\right) = \frac{1}{3}x^3 f(x) \Big|_0^1 - \int_0^1 \frac{x^3}{3}\sqrt{1+x^4} \, dx$$

$$= -\frac{1}{12}\int_0^1 \sqrt{1+x^4} \, d(1+x^4) = -\frac{1}{12} \cdot \frac{2}{3}(1+x^4)^{\frac{3}{2}} \Big|_0^1 = \frac{1-2\sqrt{2}}{18},$$

应选 A.

387.【答案】B

【解析】等式 $\int_0^{f(x)} f^{-1}(t) \, dt = \int_0^x t\frac{\cos t - \sin t}{\sin t + \cos t} \, dt$ 两边同时对 x 求导，得

$$f^{-1}[f(x)]f'(x) = x\frac{\cos x - \sin x}{\sin x + \cos x}.$$

又 $f^{-1}[f(x)] = x$，所以 $xf'(x) = x\frac{\cos x - \sin x}{\sin x + \cos x}.$

当 $x \neq 0$ 时，$f'(x) = \frac{\cos x - \sin x}{\sin x + \cos x}$，于是当 $0 < x \leqslant \frac{\pi}{4}$ 时有

$$f(x) = \int \frac{\cos x - \sin x}{\sin x + \cos x} \, dx = \int \frac{1}{\sin x + \cos x} \, d(\sin x + \cos x) = \ln(\sin x + \cos x) + C.$$

当 $x = 0$ 时，由原方程知 $\int_0^{f(0)} f^{-1}(t) \, dt = 0$，于是 $f(0) = 0.$

因为 $f(x)$ 在 $x = 0$ 处连续，所以 $\lim_{x \to 0} f(x) = f(0)$，即

$$\lim_{x \to 0}[\ln(\sin x + \cos x) + C] = 0,$$

解得 $C = 0.$

因此，当 $0 \leqslant x \leqslant \frac{\pi}{4}$ 时，$f(x) = \ln(\sin x + \cos x)$，于是 $f\left(\frac{\pi}{4}\right) = \ln\sqrt{2} = \frac{1}{2}\ln 2.$

应选 B.

3.5　反　常　积　分

题组 A·基础通关题

388. 【答案】D

【解析】$\int_{-\infty}^{1}\dfrac{1}{x^2+2x+5}\mathrm{d}x=\int_{-\infty}^{1}\dfrac{1}{(x+1)^2+4}\mathrm{d}x=\dfrac{1}{2}\arctan\dfrac{x+1}{2}\bigg|_{-\infty}^{1}=\dfrac{3}{8}\pi$，应选 D.

389. 【答案】B

【解析】原式$=\dfrac{1}{2}\int_{0}^{+\infty}\dfrac{1}{(1+x^2)^2}\mathrm{d}(x^2+1)=-\dfrac{1}{2}\cdot\dfrac{1}{1+x^2}\bigg|_{0}^{+\infty}=-\dfrac{1}{2}\left(\lim_{x\to+\infty}\dfrac{1}{1+x^2}-1\right)=\dfrac{1}{2}$，

应选 B.

390. 【答案】A

【解析】$\int_{1}^{+\infty}\dfrac{1}{\mathrm{e}^x+\mathrm{e}^{2-x}}\mathrm{d}x=\int_{1}^{+\infty}\dfrac{\mathrm{e}^x}{(\mathrm{e}^{2x})+\mathrm{e}^2}\mathrm{d}x=\int_{1}^{+\infty}\dfrac{1}{(\mathrm{e}^x)^2+\mathrm{e}^2}\mathrm{d}\mathrm{e}^x=\dfrac{1}{\mathrm{e}}\arctan\dfrac{\mathrm{e}^x}{\mathrm{e}}\bigg|_{1}^{+\infty}$

$=\dfrac{1}{\mathrm{e}}\left(\lim_{x\to+\infty}\arctan\dfrac{\mathrm{e}^x}{\mathrm{e}}-\dfrac{\pi}{4}\right)=\dfrac{1}{\mathrm{e}}\left(\dfrac{\pi}{2}-\dfrac{\pi}{4}\right)=\dfrac{\pi}{4\mathrm{e}}$，

应选 A.

391. 【答案】B

【解析】原式$\xlongequal{\text{令 }x=\sin t}\int_{0}^{\frac{\pi}{2}}\dfrac{\sin t\cos t}{(2-\sin^2 t)\cdot\cos t}\mathrm{d}t=-\int_{0}^{\frac{\pi}{2}}\dfrac{1}{1+\cos^2 t}\mathrm{d}(\cos t)$

$=-\arctan\cos t\bigg|_{0}^{\frac{\pi}{2}}=\dfrac{\pi}{4}$，

应选 B.

392. 【答案】A

【解析】$\int_{1}^{+\infty}\dfrac{1}{x\sqrt{x^2-1}}\mathrm{d}x\xlongequal{\text{令 }x=\sec t}\int_{0}^{\frac{\pi}{2}}\dfrac{1}{\sec t\cdot\tan t}\sec t\cdot\tan t\mathrm{d}t=\int_{0}^{\frac{\pi}{2}}1\mathrm{d}t=\dfrac{\pi}{2}$，应选 A.

393. 【答案】A

【解析】$\int_{2}^{+\infty}\dfrac{1}{(x+7)\sqrt{x-2}}\mathrm{d}x\xlongequal{\text{令 }\sqrt{x-2}=t}\int_{0}^{+\infty}\dfrac{2t}{(t^2+9)t}\mathrm{d}t=2\cdot\dfrac{1}{3}\arctan\dfrac{t}{3}\bigg|_{0}^{+\infty}=\dfrac{2}{3}\cdot\dfrac{\pi}{2}=\dfrac{\pi}{3}$，

应选 A.

394. 【答案】B

【解析】$\int_{0}^{+\infty}\dfrac{x}{(1+x)^3}\mathrm{d}x=\int_{0}^{+\infty}\dfrac{(1+x)-1}{(1+x)^3}\mathrm{d}x=\int_{0}^{+\infty}\left[\dfrac{1}{(1+x)^2}-\dfrac{1}{(1+x)^3}\right]\mathrm{d}x$

$$= \left[-\frac{1}{x+1} + \frac{1}{2} \frac{1}{(x+1)^2} \right] \Big|_0^{+\infty} = 0 - \left(-1 + \frac{1}{2} \right) = \frac{1}{2},$$

应选 B.

395.【答案】D

【解析】原式 $= \int_1^{+\infty} \frac{(1+x^2)-x^2}{x(x^2+1)} dx = \int_1^{+\infty} \left(\frac{1}{x} - \frac{x}{x^2+1} \right) dx = \left[\ln x - \frac{1}{2} \ln(x^2+1) \right] \Big|_1^{+\infty}$

$$= \frac{1}{2} \left[\ln x^2 - \ln(x^2+1) \right] \Big|_1^{+\infty}$$

$$= \frac{1}{2} \ln \frac{x^2}{x^2+1} \Big|_1^{+\infty} = \frac{1}{2} \left[0 - \ln \frac{1}{2} \right] = \frac{1}{2} \ln 2,$$

应选 D.

396.【答案】B

【解析】由于

$$I_n = \int_0^{+\infty} x^n e^{-x} dx = -\int_0^{+\infty} x^n d e^{-x} = -x^n \cdot e^{-x} \Big|_0^{+\infty} + n \int_0^{+\infty} e^{-x} x^{n-1} dx$$

$$= n \int_0^{+\infty} x^{n-1} e^{-x} dx = n I_{n-1},$$

于是 $I_n = n I_{n-1} = n(n-1) I_{n-2} = n(n-1) \cdots 1 \cdot I_0$.

又 $I_0 = \int_0^{+\infty} e^{-x} dx = 1$，于是 $I_n = n(n-1)(n-2) \cdots 2 \cdot 1 \cdot I_0 = n!$，应选 B.

小课堂

本题的结果是伽马函数的重要结论：$\int_0^{+\infty} x^n e^{-x} dx = n!$，其中 n 为自然数. 该结论在考研中经常使用到，尤其是在概率论的考题中，望大家熟记.

397.【答案】C

【解析】$\int_0^{+\infty} x^7 e^{-x^2} dx = \frac{1}{2} \int_0^{+\infty} x^6 e^{-x^2} dx^2 \xrightarrow{\Leftrightarrow t = x^2} \frac{1}{2} \int_0^{+\infty} t^3 e^{-t} dt = \frac{1}{2} \cdot 3! = 3$（利用到上一道习题的结论），应选 C.

题组 B·强化通关题

398.【答案】B

【解析】$\int_{\sqrt{5}}^5 \frac{x}{\sqrt{|x^2-9|}} dx = \int_{\sqrt{5}}^3 \frac{x}{\sqrt{9-x^2}} dx + \int_3^5 \frac{x}{\sqrt{x^2-9}} dx$

$$= -\sqrt{9-x^2} \Big|_{\sqrt{5}}^3 + \sqrt{x^2-9} \Big|_3^5$$

$$= 2 + 4 = 6,$$

应选 B.

399.【答案】D

【解析】对于①，由伽马函数推论知，$\int_0^{+\infty} x e^{-x} dx = 1$，于是收敛.

对于②，$\int_0^{+\infty} x e^{-x^2} dx = -\frac{1}{2} e^{-x^2} \Big|_0^{+\infty} = \frac{1}{2}$，于是收敛.

对于③，$\int_0^{+\infty} \frac{\arctan x}{1+x^2} dx = \frac{1}{2} (\arctan x)^2 \Big|_0^{+\infty} = \frac{\pi^2}{8}$，于是收敛.

对于④，$\int_0^{+\infty} \frac{x}{1+x^2} dx = \frac{1}{2} \ln(1+x^2) \Big|_0^{+\infty} = +\infty$，于是发散.

应选 D.

小课堂

本题还可以使用比较判别法来确定③和④中反常积分的敛散性，具体过程如下：

对于③，由于 $x = 0$ 不是该反常积分的瑕点，于是 $\int_0^{+\infty} \frac{\arctan x}{1+x^2} dx$ 与 $\int_1^{+\infty} \frac{\arctan x}{1+x^2} dx$

同敛散性. 因为当 $x \to +\infty$ 时，$\frac{\arctan x}{1+x^2} \sim \frac{\pi}{2} \cdot \frac{1}{x^2}$，且 $\frac{\pi}{2} \int_1^{+\infty} \frac{1}{x^2} dx$ 收敛，于是

$\int_1^{+\infty} \frac{\arctan x}{1+x^2} dx$ 也收敛，进而 $\int_0^{+\infty} \frac{\arctan x}{1+x^2} dx$ 收敛.

对于④，由于 $x = 0$ 也不是该反常积分的瑕点，于是 $\int_0^{+\infty} \frac{x}{1+x^2} dx$ 与 $\int_1^{+\infty} \frac{x}{1+x^2} dx$

同敛散性. 因为当 $x \to +\infty$ 时，$\frac{x}{1+x^2} \sim \frac{1}{x}$，且 $\int_1^{+\infty} \frac{1}{x} dx$ 发散，于是 $\int_1^{+\infty} \frac{x}{1+x^2} dx$ 也发散，

进而 $\int_0^{+\infty} \frac{x}{1+x^2} dx$ 发散.

400.【答案】B

【解析】对于 I，因为当 $x \to +\infty$ 时 $\frac{\sqrt[3]{x}}{\sqrt{x^4 - x^2 + 1}} \sim \frac{\sqrt[3]{x}}{x^2} = \frac{1}{x^{\frac{5}{3}}}$，所以 $\int_0^{+\infty} \frac{\sqrt[3]{x}}{\sqrt{x^4 - x^2 + 1}} dx$ 与 $\int_0^{+\infty} \frac{1}{x^{\frac{5}{3}}} dx$

同敛散性，由反常积分 $\int_0^{+\infty} \frac{1}{x^{\frac{5}{3}}} dx$ 收敛，知 $\int_0^{+\infty} \frac{\sqrt[3]{x}}{\sqrt{x^4 - x^2 + 1}} dx$ 也收敛.

又因为 $\frac{\sqrt[3]{x}}{\sqrt{x^4 - x^2 + 1}}$ 为关于 x 的奇函数，所以 $I = \int_{-\infty}^{+\infty} \frac{\sqrt[3]{x}}{\sqrt{x^4 - x^2 + 1}} dx = 0$.

对于 J，$x=0$ 为该反常积分的瑕点，因为当 $x\to0^+$ 时 $\dfrac{\mathrm{e}^{x^2}}{\sin x}\sim\dfrac{1}{x}$，所以 $\displaystyle\int_0^1\dfrac{\mathrm{e}^{x^2}}{\sin x}\mathrm{d}x$ 与 $\displaystyle\int_0^1\dfrac{1}{x}\mathrm{d}x$ 同敛散性，由反常积分 $\displaystyle\int_0^1\dfrac{1}{x}\mathrm{d}x$ 发散，知 $\displaystyle\int_0^1\dfrac{\mathrm{e}^{x^2}}{\sin x}\mathrm{d}x$ 也发散，进而 $J=\displaystyle\int_{-1}^1\dfrac{\mathrm{e}^{x^2}}{\sin x}\mathrm{d}x$ 发散.

应选 B.

小课堂

关于反常积分的奇偶性，有

1. 设 $f(x)$ 在 $(-\infty,+\infty)$ 上连续，且 $\displaystyle\int_0^{+\infty}f(x)\mathrm{d}x$ 收敛，则

$$\int_{-\infty}^{+\infty}f(x)\mathrm{d}x=\begin{cases}2\displaystyle\int_0^{+\infty}f(x)\mathrm{d}x,&f(x)\text{ 为偶函数,}\\0,&f(x)\text{ 为奇函数,}\end{cases}$$

若 $\displaystyle\int_0^{+\infty}f(x)\mathrm{d}x$ 发散，则反常积分 $\displaystyle\int_{-\infty}^{+\infty}f(x)\mathrm{d}x$ 发散.

2. 设 $f(x)$ 在 $[-a,a]$ 上除 $x=0$ 外均连续，$x=0$ 为 $f(x)$ 的瑕点，且 $\displaystyle\int_0^a f(x)\mathrm{d}x$ 收敛，则

$$\int_{-a}^a f(x)\mathrm{d}x=\begin{cases}2\displaystyle\int_0^a f(x)\mathrm{d}x,&f(x)\text{ 为偶函数,}\\0,&f(x)\text{ 为奇函数,}\end{cases}$$

若 $\displaystyle\int_0^a f(x)\mathrm{d}x$ 发散，则反常积分 $\displaystyle\int_{-a}^{+a}f(x)\mathrm{d}x$ 发散.

401.【答案】 C

【解析】 对于①，因为 $x=0$ 是该反常积分的瑕点，于是

$$\int_{-1}^1\dfrac{1}{\sin x}\mathrm{d}x=\int_{-1}^0\dfrac{1}{\sin x}\mathrm{d}x+\int_0^1\dfrac{1}{\sin x}\mathrm{d}x.$$

因为当 $x\to0^+$ 时 $\dfrac{1}{\sin x}\sim\dfrac{1}{x}$，所以 $\displaystyle\int_0^1\dfrac{1}{\sin x}\mathrm{d}x$ 与 $\displaystyle\int_0^1\dfrac{1}{x}\mathrm{d}x$ 同敛散性. 又 $\displaystyle\int_0^1\dfrac{1}{x}\mathrm{d}x$ 发散，所以 $\displaystyle\int_0^1\dfrac{1}{\sin x}\mathrm{d}x$ 发散，进而知 $\displaystyle\int_{-1}^1\dfrac{1}{\sin x}\mathrm{d}x$ 也发散.

对于②，$\displaystyle\int_2^{+\infty}\dfrac{1}{x\ln^2 x}\mathrm{d}x=\int_2^{+\infty}\dfrac{1}{\ln^2 x}\mathrm{d}\ln x=-\dfrac{1}{\ln x}\Big|_2^{+\infty}=-\left(0-\dfrac{1}{\ln 2}\right)=\dfrac{1}{\ln 2}$，于是收敛.

对于③，根据高斯积分知 $\displaystyle\int_0^{+\infty}\mathrm{e}^{-x^2}\mathrm{d}x=\dfrac{\sqrt{\pi}}{2}$，于是收敛.

对于④，$\displaystyle\int_{-\infty}^{+\infty}\dfrac{x}{1+x^2}\mathrm{d}x=\int_{-\infty}^0\dfrac{x}{1+x^2}\mathrm{d}x+\int_0^{+\infty}\dfrac{x}{1+x^2}\mathrm{d}x.$

因为 $x=0$ 不是该反常积分的瑕点，所以 $\int_0^{+\infty} \dfrac{x}{1+x^2}dx$ 与 $\int_1^{+\infty} \dfrac{x}{1+x^2}dx$ 同敛散性. 又当 $x\to$

$+\infty$ 时，$\dfrac{x}{1+x^2} \sim \dfrac{1}{x}$，且 $\int_1^{+\infty} \dfrac{1}{x}dx$ 发散，于是 $\int_1^{+\infty} \dfrac{x}{1+x^2}dx$ 发散，进而知 $\int_{-\infty}^{+\infty} \dfrac{x}{1+x^2}dx$ 发散.

应选 C.

小课堂

本题易错误利用反常积分的奇偶性性质，而判定 $\int_{-1}^{1} \dfrac{1}{\sin x}dx$ 与 $\int_{-\infty}^{+\infty} \dfrac{x}{1+x^2}dx$ 均

收敛且为 0. 注意反常积分的奇偶性性质使用的前提需保证"一半区间上反常积

分收敛"，对于 $\int_{-1}^{1} \dfrac{1}{\sin x}dx$ 与 $\int_{-\infty}^{+\infty} \dfrac{x}{1+x^2}dx$，即需要保证 $\int_0^1 \dfrac{1}{\sin x}dx$ 与 $\int_0^{+\infty} \dfrac{x}{1+x^2}dx$ 收

敛. 但由于 $\int_0^1 \dfrac{1}{\sin x}dx$ 与 $\int_0^{+\infty} \dfrac{x}{1+x^2}dx$ 均发散，于是 $\int_{-1}^{1} \dfrac{1}{\sin x}dx$ 与 $\int_{-\infty}^{+\infty} \dfrac{x}{1+x^2}dx$ 均

发散.

402.【答案】A

【解析】由于 $\int_0^{+\infty} \dfrac{x^a \arctan x}{x^b+2}dx = \int_0^1 \dfrac{x^a \arctan x}{x^b+2}dx + \int_1^{+\infty} \dfrac{x^a \arctan x}{x^b+2}dx$，若反常积分

$\int_0^{+\infty} \dfrac{x^a \arctan x}{x^b+2}dx$ 收敛，则 $\int_0^1 \dfrac{x^a \arctan x}{x^b+2}dx$，$\int_1^{+\infty} \dfrac{x^a \arctan x}{x^b+2}dx$ 均收敛.

由于当 $x\to 0^+$ 时，$\dfrac{x^a \arctan x}{x^b+2} \sim \dfrac{1}{2}x^a \cdot x = \dfrac{1}{2}\dfrac{1}{x^{-a-1}}$，于是 $\int_0^1 \dfrac{x^a \arctan x}{x^b+2}dx$ 与 $\dfrac{1}{2}\int_0^1 \dfrac{1}{x^{-a-1}}dx$ 同敛

散性. 又当 $-a-1<1$ 时，$\dfrac{1}{2}\int_0^1 \dfrac{1}{x^{-a-1}}dx$ 收敛，于是 $a>-2$.

由于当 $x\to +\infty$ 时，$\dfrac{x^a \arctan x}{x^b+2} \sim \dfrac{\pi}{2}\dfrac{x^a}{x^b} = \dfrac{\pi}{2}\dfrac{1}{x^{b-a}}$，于是 $\int_1^{+\infty} \dfrac{x^a \arctan x}{x^b+2}dx$ 与 $\dfrac{\pi}{2}\int_1^{+\infty} \dfrac{1}{x^{b-a}}dx$ 同敛

散性. 又当 $b-a>1$ 时，$\dfrac{\pi}{2}\int_1^{+\infty} \dfrac{1}{x^{b-a}}dx$ 收敛，于是 $b-a>1$.

综上所述，$a>-2$ 且 $b-a>1$，应选 A.

403.【答案】E

【解析】$x=0$ 为反常积分 $\int_0^{+\infty} \dfrac{1}{x^p+x^q}dx$ 的瑕点，于是

$$\int_0^{+\infty} \dfrac{1}{x^p+x^q}dx = \int_0^1 \dfrac{1}{x^p+x^q}dx + \int_1^{+\infty} \dfrac{1}{x^p+x^q}dx,$$

若 $\int_0^{+\infty} \dfrac{1}{x^p+x^q}dx$ 收敛，则 $\int_0^1 \dfrac{1}{x^p+x^q}dx$ 与 $\int_1^{+\infty} \dfrac{1}{x^p+x^q}dx$ 均收敛.

因为 $\dfrac{1}{x^p+x^q}\sim\dfrac{1}{x^{\min(p,q)}}(x\to0^+)$，所以 $\displaystyle\int_0^1\dfrac{1}{x^p+x^q}\mathrm{d}x$ 与 $\displaystyle\int_0^1\dfrac{1}{x^{\min(p,q)}}\mathrm{d}x$ 同敛散性，而 $\displaystyle\int_0^1\dfrac{1}{x^{\min(p,q)}}\mathrm{d}x$

当且仅当 $\min(p,q)<1$ 时收敛，则 $\displaystyle\int_0^1\dfrac{1}{x^p+x^q}\mathrm{d}x$ 当且仅当 $\min(p,q)<1$ 时收敛.

又因为 $\dfrac{1}{x^p+x^q}\sim\dfrac{1}{x^{\max(p,q)}}(x\to+\infty)$，所以 $\displaystyle\int_1^{+\infty}\dfrac{1}{x^p+x^q}\mathrm{d}x$ 与 $\displaystyle\int_1^{+\infty}\dfrac{1}{x^{\max(p,q)}}\mathrm{d}x$ 同敛散性，而

$\displaystyle\int_1^{+\infty}\dfrac{1}{x^{\max(p,q)}}\mathrm{d}x$ 当且仅当 $\max(p,q)>1$ 时收敛，则 $\displaystyle\int_1^{+\infty}\dfrac{1}{x^p+x^q}\mathrm{d}x$ 当且仅当 $\max(p,q)>1$ 时

收敛.

综上所述，若 $\displaystyle\int_0^{+\infty}\dfrac{1}{x^p+x^q}\mathrm{d}x$ 收敛，则 $\min(p,q)<1$ 且 $\max(p,q)>1$，故应选 E.

404.【答案】A

【解析】假设 $k\neq0$，当 $x\to+\infty$ 时，有

$$\frac{kx+a}{2x^2+ax}\sim\frac{kx}{2x^2}=\frac{k}{2}\cdot\frac{1}{x},$$

即 $\displaystyle\int_1^{+\infty}\dfrac{kx+a}{2x^2+ax}\mathrm{d}x$ 与 $\dfrac{k}{2}\displaystyle\int_1^{+\infty}\dfrac{1}{x}\mathrm{d}x$ 同敛散性. 由于 $\dfrac{k}{2}\displaystyle\int_1^{+\infty}\dfrac{1}{x}\mathrm{d}x$ 发散，则 $\displaystyle\int_1^{+\infty}\dfrac{kx+a}{2x^2+ax}\mathrm{d}x$ 也发散，

与题设矛盾，故 $k=0$.

于是

$$\begin{aligned}
\int_1^{+\infty}\frac{a}{2x^2+ax}\mathrm{d}x&=\int_1^{+\infty}\frac{a}{x(2x+a)}\mathrm{d}x=\int_1^{+\infty}\left(\frac{1}{x}-\frac{2}{2x+a}\right)\mathrm{d}x\\
&=\Big[\ln x-\ln(2x+a)\Big]\Big|_1^{+\infty}=\ln\frac{x}{2x+a}\Big|_1^{+\infty}\\
&=\lim_{x\to+\infty}\ln\frac{x}{2x+a}-\ln\frac{1}{2+a}\\
&=\ln\frac{1}{2}-\ln\frac{1}{2+a}=0,
\end{aligned}$$

解得 $a=0$，故应选 A.

小课堂

两个重要的反常积分及其敛散性：

(1) $\displaystyle\int_a^{+\infty}\dfrac{1}{x^p}\mathrm{d}x=\begin{cases}p>1,\text{收敛}\\p\leqslant1,\text{发散}\end{cases}\quad(a>0)$；

(2) $\displaystyle\int_0^a\dfrac{1}{x^p}\mathrm{d}x=\begin{cases}p<1,\text{收敛}\\p\geqslant1,\text{发散}\end{cases}\quad(a>0)$.

3.6　定积分应用

题组 A · 基础通关题

405.【答案】D

【解析】由题意可知,所围区域如右图阴影部分所示,
选取 x 作为积分变量,于是所求区域的面积为

$$S = S_{D_1} + S_{D_2} = \int_1^2 \left(\frac{4}{x} - x \right) dx + \frac{1}{2} \cdot 3 \cdot 1$$

$$= 4\ln 2 - \frac{3}{2} + \frac{3}{2} = 4\ln 2,$$

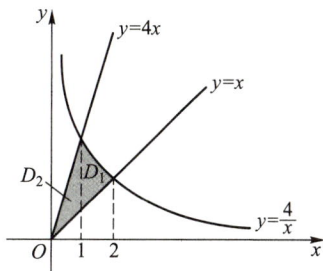

应选 D.

406.【答案】E

【解析】由题意可知,所围区域如右图阴影部分所示,
显然所求区域的面积等于"矩形面积 $-D_1$ 区域面积 $-D_2$ 区
域面积",于是所求面积为

$$S = 2 \times 4 - \int_{-2}^2 \frac{1}{2} x^2 dx - \pi \cdot 1^2 = \frac{16}{3} - \pi,$$

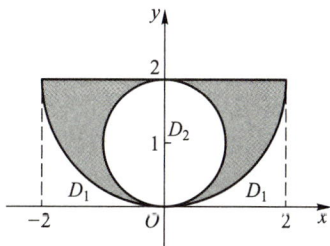

应选 E.

407.【答案】D

【解析】由于 $y' = \dfrac{1}{1+x}$,于是 $y'(1) = \dfrac{1}{2}$,进而知曲线 $y = \ln(1+x)$ 在点 $(1, \ln 2)$ 处的法线方

程为 $y = 2 + \ln 2 - 2x$.

令 $y = 0$,解得 $x = 1 + \dfrac{1}{2} \ln 2$,即法线与 x 轴的交点为 $\left(1 + \dfrac{1}{2} \ln 2, 0 \right)$.

所围区域如右图阴影部分所示,选 x 作为积分变量,于是区域 D 的面积为

$$S = \frac{1}{2} \cdot \ln 2 \cdot \frac{1}{2} \ln 2 + \int_0^1 \ln(1+x) dx$$

$$= \frac{1}{4} \ln^2 2 + \int_0^1 \ln(1+x) d(x+1)$$

$$= \frac{1}{4} \ln^2 2 + (1+x) \ln(1+x) \Big|_0^1 - \int_0^1 1 dx$$

$$= \frac{1}{4} \ln^2 2 + 2\ln 2 - 1,$$

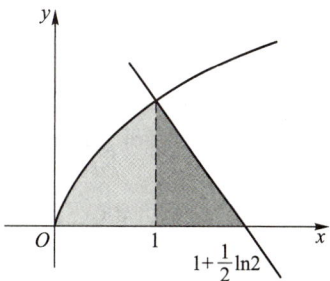

应选 D.

408.【答案】A

【解析】令 $\begin{cases} x = r\cos\theta, \\ y = r\sin\theta, \end{cases}$ 由 $(x^2+y^2)^2 = x^2 - y^2$ 知 $r^4 = r^2(\cos^2\theta - \sin^2\theta)$，整理可得双纽线的极坐标方程 $r^2 = \cos 2\theta$，且图像如右图所示.

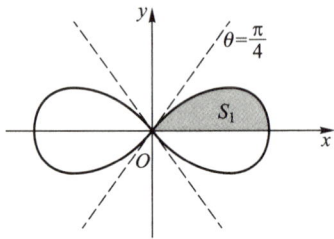

设双纽线在第一象限所围成区域的面积为 S_1，于是所求区域的面积

$$S = 4S_1 = 4 \cdot \frac{1}{2}\int_0^{\frac{\pi}{4}} r^2 \mathrm{d}\theta = 2\int_0^{\frac{\pi}{4}} \cos 2\theta \mathrm{d}\theta = \sin 2\theta \Big|_0^{\frac{\pi}{4}} = 1,$$

应选 A.

409.【答案】E

【解析】心形线 $r = a(1+\cos\theta)$ 图像如右图所示，且设在 x 轴上方所围成区域为 S_1，于是所求区域的面积为

$$\begin{aligned}
S &= 2S_1 = 2 \cdot \frac{1}{2}\int_0^{\pi} a^2(1+\cos\theta)^2 \mathrm{d}\theta \\
&= a^2\int_0^{\pi}(1+2\cos\theta+\cos^2\theta)\mathrm{d}\theta \\
&= a^2 \cdot \pi + 0 + 2a^2\int_0^{\frac{\pi}{2}}\cos^2\theta \mathrm{d}\theta \\
&= a^2\pi + 2a^2 \cdot \frac{1}{2} \cdot \frac{\pi}{2} = \frac{3}{2}\pi a^2,
\end{aligned}$$

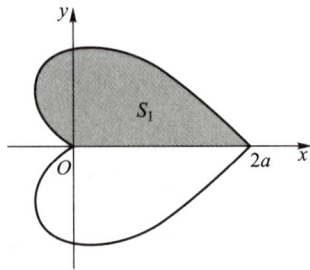

应选 E.

410.【答案】B

【解析】由题意可知，所求平面区域 D 的面积为

$$\begin{aligned}
S &= \int_1^{+\infty} \frac{1}{x\sqrt{1+x^2}}\mathrm{d}x \xlongequal{\diamondsuit x = \tan t} \int_{\frac{\pi}{4}}^{\frac{\pi}{2}} \frac{1}{\tan t\sec t} \cdot \sec^2 t \mathrm{d}t \\
&= \int_{\frac{\pi}{4}}^{\frac{\pi}{2}} \frac{1}{\sin t}\mathrm{d}t = \ln|\csc t - \cot t| \Big|_{\frac{\pi}{4}}^{\frac{\pi}{2}} = -\ln(\sqrt{2}-1) = \ln(\sqrt{2}+1),
\end{aligned}$$

应选 B.

411.【答案】C

【解析】平面区域 D 如右图阴影部分区域所示，于是 D 绕 x 轴和 y 轴旋转一周所得旋转体的体积分别为

$$V_x = \int_0^a \pi\left(x^{\frac{1}{3}}\right)^2 \mathrm{d}x = \pi\int_0^a x^{\frac{2}{3}}\mathrm{d}x = \frac{3\pi}{5}a^{\frac{5}{3}},$$

$$V_y = \int_0^a 2\pi x \cdot x^{\frac{1}{3}}\mathrm{d}x = 2\pi\int_0^a x^{\frac{4}{3}}\mathrm{d}x = \frac{6}{7}\pi a^{\frac{7}{3}}.$$

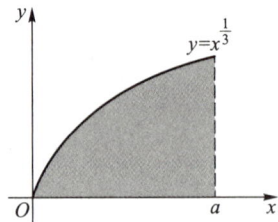

又 $V_y = 10V_x$，于是 $10\frac{3\pi}{5}a^{\frac{5}{3}} = \frac{6}{7}\pi a^{\frac{7}{3}}$，解得 $a = 7\sqrt{7}$，应选 C.

高等数学篇

412.【答案】E

【解析】平面区域如右图阴影部分区域所示,根据旋转体体积公式知,所围区域绕 x 轴旋转所成的旋转体的体积为

$$V = \pi \int_0^{\frac{\pi}{2}} (e^x)^2 dx - \pi \int_0^{\frac{\pi}{2}} \sin^2 x dx$$

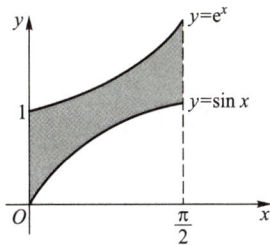

$$= \frac{\pi}{2} \cdot e^{2x} \Big|_0^{\frac{\pi}{2}} - \pi \cdot \frac{1}{2} \cdot \frac{\pi}{2} = \frac{\pi}{2}(e^\pi - 1) - \frac{1}{4}\pi^2,$$

应选 E.

413.【答案】A

【解析】由旋转体体积公式知,区域 D 绕 x 轴旋转所成旋转体的体积为

$$V = \int_0^1 \pi y^2 dx = \pi \int_0^1 (\sqrt{x} \sin \pi x)^2 dx = \pi \int_0^1 x \cdot \sin^2(\pi x) dx$$

$$\xrightarrow{\text{令 } \pi x = t} \frac{1}{\pi} \int_0^\pi t \sin^2 t dt = \frac{1}{\pi} \cdot \frac{\pi}{2} \int_0^\pi \sin^2 t dt$$

$$= \frac{1}{\pi} \cdot \frac{\pi}{2} \cdot 2 \int_0^{\frac{\pi}{2}} \sin^2 t dt = \frac{1}{2} \cdot \frac{\pi}{2} = \frac{\pi}{4},$$

应选 A.

小课堂

本题的定积分计算中利用到了两个重要的积分公式:

(1) 华里士公式,即

$$\int_0^{\frac{\pi}{2}} \sin^n x dx = \int_0^{\frac{\pi}{2}} \cos^n x dx = \begin{cases} \dfrac{n-1}{n} \cdot \dfrac{n-3}{n-2} \cdot \cdots \cdot \dfrac{4}{5} \cdot \dfrac{2}{3}, & n \text{ 为大于 } 1 \text{ 的奇数}, \\ \dfrac{n-1}{n} \cdot \dfrac{n-3}{n-2} \cdot \cdots \cdot \dfrac{3}{4} \cdot \dfrac{1}{2} \cdot \dfrac{\pi}{2}, & n \text{ 为正偶数}. \end{cases}$$

(2) $\displaystyle\int_0^\pi x f(\sin x) dx = \frac{\pi}{2} \int_0^\pi f(\sin x) dx.$

414.【答案】D

【解析】根据旋转体体积公式知,平面区域 D 绕 x 轴旋转一周的旋转体体积为

$$V = \int_1^{+\infty} \pi y^2 dx = \int_1^{+\infty} \pi \frac{1}{x^2(1+x^2)} dx = \pi \int_1^{+\infty} \frac{1}{x^2} - \frac{1}{x^2+1} dx$$

$$= \pi \left(-\frac{1}{x} - \arctan x \right) \Big|_1^{+\infty} = \pi \cdot \left(1 - \frac{\pi}{2} + \frac{\pi}{4} \right) = \pi - \frac{\pi^2}{4},$$

应选 D.

415.【答案】D

【解析】由极坐标曲线的弧长公式知,曲线的弧长为

高等数学篇

$$s(\lambda) = \int_0^{\lambda} \sqrt{r^2 + [r'(\theta)]^2} \, d\theta = \int_0^{\lambda} \sqrt{\theta^2 + 1} \, d\theta.$$

于是 $\displaystyle\lim_{\lambda \to +\infty} \frac{s(\lambda)}{\lambda^2} = \lim_{\lambda \to +\infty} \frac{\displaystyle\int_0^{\lambda} \sqrt{\theta^2 + 1} \, d\theta}{\lambda^2} = \lim_{\lambda \to +\infty} \frac{\sqrt{\lambda^2 + 1}}{2\lambda} = \frac{1}{2}$，<u>应选 D</u>.

416.【答案】D

【解析】由极坐标曲线的弧长公式知，曲线的弧长为

$$s = 2 \int_0^{\pi} \sqrt{r^2 + \left(\frac{dr}{d\theta}\right)^2} \, d\theta = 2 \int_0^{\pi} \sqrt{a^2(1 + \cos\theta)^2 + a^2 \sin^2\theta} \, d\theta$$

$$= 2 \int_0^{\pi} a \sqrt{(1 + 2\cos\theta + \cos^2\theta) + \sin^2\theta} \, d\theta$$

$$= 2a \int_0^{\pi} \sqrt{2(1 + \cos\theta)} \, d\theta = 4a \int_0^{\pi} \cos\frac{\theta}{2} \, d\theta$$

$$= 8a \sin\frac{\theta}{2} \Big|_0^{\pi} = 8a,$$

故<u>应选 D</u>.

417.【答案】C

【解析】由直角坐标曲线的弧长公式知，曲线的弧长为

$$s = \int_0^{\frac{\pi}{6}} \sqrt{1 + (y')^2} \, dx = \int_0^{\frac{\pi}{6}} \sqrt{1 + \tan^2 x} \, dx = \int_0^{\frac{\pi}{6}} \sec x \, dx$$

$$= \ln(\sec x + \tan x) \Big|_0^{\frac{\pi}{6}} = \ln\left(\frac{2}{\sqrt{3}} + \frac{1}{\sqrt{3}}\right) = \ln\sqrt{3} = \frac{1}{2}\ln 3,$$

<u>应选 C</u>.

418.【答案】C

【解析】由曲线绕 x 轴旋转一周所得旋转曲面的侧表面积公式知

$$A = \int_0^3 2\pi f(x) \cdot \sqrt{1 + [f'(x)]^2} \, dx$$

$$= \int_0^3 2\pi \cdot 2\sqrt{x} \cdot \sqrt{1 + \frac{1}{x}} \, dx$$

$$= 4\pi \int_0^3 \sqrt{x + 1} \, dx$$

$$\xlongequal{\text{令} \sqrt{x+1} = t} 4\pi \int_1^2 t \cdot 2t \, dt$$

$$= \frac{8\pi}{3} t^3 \Big|_1^2 = \frac{56}{3}\pi,$$

<u>应选 C</u>.

题组 B·强化通关题

419.【答案】D

【解析】显然曲线 $y = \dfrac{1}{x(1+\sqrt{x})}$ 与直线 $y = \dfrac{1}{2}x$ 的交点为

$\left(1, \dfrac{1}{2}\right)$，如右图所示，则平面区域 D 的面积为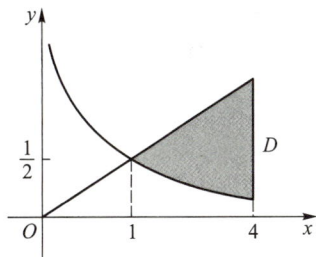

$$
\begin{aligned}
S &= \int_1^4 \left[\frac{1}{2}x - \frac{1}{x(1+\sqrt{x})}\right] \mathrm{d}x \\
&= \frac{15}{4} - \int_1^4 \frac{1}{x(1+\sqrt{x})} \mathrm{d}x \quad (\diamondsuit\; t = \sqrt{x}) \\
&= \frac{15}{4} - \int_1^2 \frac{1}{t^2(1+t)} \cdot 2t\,\mathrm{d}t \\
&= \frac{15}{4} - 2\int_1^2 \left(\frac{1}{t} - \frac{1}{1+t}\right) \mathrm{d}t \\
&= \frac{15}{4} - 2\left[\ln t - \ln(1+t)\right]\Big|_1^2 \\
&= \frac{15}{4} - 2\ln\frac{4}{3},
\end{aligned}
$$

应选 D.

420.【答案】A

【解析】分别对 $y = a\sqrt{x}$ 和 $y = \dfrac{1}{2}\ln x$ 求导，得 $y' = \dfrac{a}{2\sqrt{x}}$ 和 $y' = \dfrac{1}{2x}$.

由曲线 $y = a\sqrt{x}$ 与 $y = \dfrac{1}{2}\ln x$ 在点 (x_0, y_0) 处相切，知

$$
a\sqrt{x_0} = \frac{1}{2}\ln x_0,\; a\frac{1}{2\sqrt{x_0}} = \frac{1}{2x_0},
$$

解得 $a = \dfrac{1}{\mathrm{e}}$，$x_0 = \mathrm{e}^2$，$y_0 = 1$，即切点为 $(\mathrm{e}^2, 1)$，如右图所示.

方法一：选 x 为积分变量.

两曲线与 x 轴围成的平面图形的面积为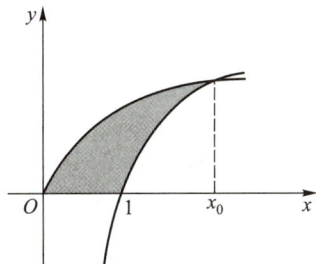

$$
\begin{aligned}
S &= \int_0^{\mathrm{e}^2} a\sqrt{x}\,\mathrm{d}x - \int_1^{\mathrm{e}^2} \frac{1}{2}\ln x\,\mathrm{d}x \\
&= \int_0^{\mathrm{e}^2} \frac{1}{\mathrm{e}}\sqrt{x}\,\mathrm{d}x - \int_1^{\mathrm{e}^2} \frac{1}{2}\ln x\,\mathrm{d}x \\
&= \frac{1}{6}\mathrm{e}^2 - \frac{1}{2}.
\end{aligned}
$$

方法二: 选 y 为积分变量.

两曲线与 x 轴围成的平面图形的面积为 $S = \int_0^1 (e^{2y} - e^2 y^2) dy = \frac{1}{6}e^2 - \frac{1}{2}$.

应选 A.

421.【答案】D

【解析】由题意可知,曲线 $y = \sqrt{x}$ 在 $x = a$ 处的切线方程为 $y = \sqrt{a} + \frac{1}{2\sqrt{a}}(x-a)$,故平面图形

D 如右图阴影所示,其面积

$$S = \int_0^2 \left[\sqrt{a} + \frac{1}{2\sqrt{a}}(x-a) - \sqrt{x} \right] dx$$

$$= 2\sqrt{a} + \frac{1}{\sqrt{a}} - \sqrt{a} - \frac{2}{3} \cdot 2^{\frac{3}{2}}$$

$$= \frac{1}{\sqrt{a}} + \sqrt{a} - \frac{4}{3}\sqrt{2}, (0 \leq a \leq 2).$$

令 $\frac{dS}{da} = -\frac{1}{2}\frac{1}{a^{\frac{3}{2}}} + \frac{1}{2\sqrt{a}} = \frac{a-1}{2\sqrt{a} \cdot a} = 0$,解得唯一驻点 $a = 1$.

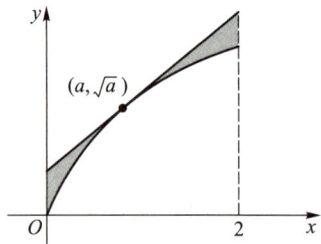

当 $0 < a < 1$ 时,$\frac{dS}{da} < 0$;当 $1 < a < 2$ 时,$\frac{dS}{da} > 0$,故 S 在 $a = 1$ 处取极小值,且唯一,因此当 $a = 1$

时所围成的平面图形 D 面积最小,此时切线方程为 $y = \frac{1}{2}x + \frac{1}{2}$,应选 D.

422.【答案】B

【解析】当 $x \geq 0$ 时,$y = xe^{-2x} \geq 0$,于是区域 D 绕 y 轴一周所得旋转体的体积为

$$V = \int_0^{+\infty} 2\pi x \cdot xe^{-2x} dx$$

$$= \int_0^{+\infty} 2\pi x^2 e^{-2x} dx (\text{令 } 2x = t)$$

$$\xlongequal{\text{令} 2x=t} \frac{1}{4}\pi \int_0^{+\infty} t^2 e^{-t} dt$$

$$= \frac{1}{4}\pi \cdot 2! = \frac{1}{2}\pi,$$

故应选 B.

423.【答案】C

【解析】曲线 $r = 2(1+\cos\theta)(0 \leq \theta \leq \pi)$ 为心形线上半部分,如下页右图 D_1 区域所示.

$y = -\sqrt{4x-x^2}$ 为下半圆,如下页右图 D_2 区域所示,故所围成的平面图形的面积为

$$S = S_{D_1} + S_{D_2}$$

$$= \frac{1}{2}\int_0^\pi r^2 d\theta + \frac{1}{2} \cdot \pi \cdot 4$$

$$= \frac{1}{2} \int_0^\pi 4 \, (1+\cos \, \theta)^2 \mathrm{d}\theta + 2\pi$$

$$= 2 \int_0^\pi (1 + 2\cos \, \theta + \cos^2 \, \theta) \, \mathrm{d}\theta + 2\pi$$

$$= 2 \left(\pi + 2 \cdot 0 + 2 \int_0^{\frac{\pi}{2}} \cos^2 \, \theta \mathrm{d}\theta \right) + 2\pi$$

$$= 2 \left(\pi + 2 \cdot \frac{1}{2} \cdot \frac{\pi}{2} \right) + 2\pi = 5\pi,$$

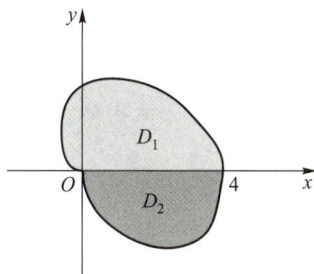

应选 C.

424.【答案】B

【解析】由于函数没有无定义点,于是曲线没有垂直渐近线.又因为 $\lim\limits_{x \to \infty} \dfrac{1}{1+x^2} = 0$,所以 $y = 0$ 是曲线的水平渐近线,且是曲线唯一的一条渐近线.

于是,本题所求问题即为"求曲线 $y = \dfrac{1}{1+x^2}$ 绕 x 轴旋转一周所得的旋转体体积",平面区域如右图阴影部分区域所示.根据旋转体体积公式知,所求旋转体体积为

$$V = \pi \int_{-\infty}^{+\infty} \frac{1}{(1+x^2)^2} \mathrm{d}x = 2\pi \int_0^{+\infty} \frac{1}{(1+x^2)^2} \mathrm{d}x$$

$$\xLeftarrow{\diamondsuit \, x = \tan \, t} 2\pi \int_0^{\frac{\pi}{2}} \frac{1}{\sec^4 t} \cdot \sec^2 t \mathrm{d}t = 2\pi \int_0^{\frac{\pi}{2}} \frac{1}{\sec^2 t} \mathrm{d}t$$

$$= 2\pi \int_0^{\frac{\pi}{2}} \cos^2 t \mathrm{d}t = 2\pi \int_0^{\frac{\pi}{2}} \frac{1+\cos \, 2t}{2} \mathrm{d}t$$

$$= \pi \left(x + \frac{1}{2}\sin \, 2t \right) \Big|_0^{\frac{\pi}{2}} = \frac{\pi^2}{2},$$

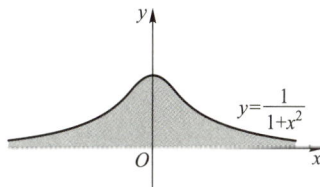

应选 B.

425.【答案】E

【解析】平面区域 D 如右图阴影部分区域所示.

方法一:选 x 作为积分变量.

根据旋转体体积公式知,D 绕 y 轴旋转所成的旋转体的体积为

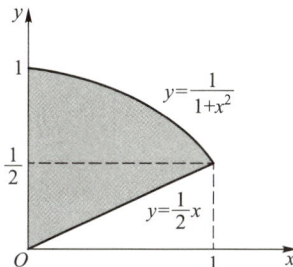

$$V = \int_0^1 2\pi x \cdot \frac{1}{1+x^2} \mathrm{d}x - \int_0^1 2\pi x \cdot \frac{1}{2} x \mathrm{d}x$$

$$= \pi \ln(1+x^2) \Big|_0^1 - \frac{1}{3}\pi x^3 \Big|_0^1$$

$$= \pi \left(\ln \, 2 - \frac{1}{3} \right),$$

应选 E.

方法二：选 y 作为积分变量.

根据旋转体体积公式知，D 绕 y 轴旋转所成的旋转体的体积为

$$V = \int_0^1 \pi x^2 \, dy = \pi \int_0^{\frac{1}{2}} (2y)^2 \, dy + \pi \int_{\frac{1}{2}}^1 \left(\frac{1}{y} - 1 \right) dy$$

$$= \frac{4}{3} \pi \cdot \frac{1}{8} + \pi \left(\ln 2 - \frac{1}{2} \right) = \pi \left(\ln 2 - \frac{1}{3} \right),$$

应选 E.

426.【答案】E

【解析】平面区域 D 如右图阴影部分区域所示，根据旋转体体积公式知，所围区域 D 绕 x 轴旋转所成的旋转体的体积为

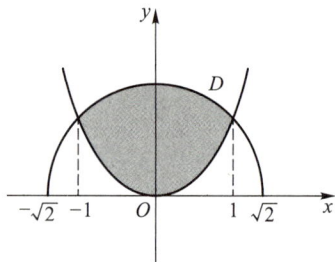

$$V = \int_{-1}^1 \pi (\sqrt{2-x^2})^2 \, dx - \int_{-1}^1 \pi (x^2)^2 \, dx$$

$$= \int_{-1}^1 \pi (2-x^2) \, dx - \int_{-1}^1 \pi x^4 \, dx$$

$$= \pi \left(2x - \frac{1}{3} x^3 \right) \Big|_{-1}^1 - \frac{1}{5} \pi x^5 \Big|_{-1}^1$$

$$= \frac{44\pi}{15},$$

应选 E.

427.【答案】B

【解析】所围平面区域如右图阴影部分区域所示.

当 $\frac{1}{e} \leqslant x < 1$ 时，$\ln x < 0$；当 $1 \leqslant x \leqslant e$ 时，$\ln x \geqslant 0$. 根据旋转体体积公式知，所围区域绕 y 轴旋转所成的旋转体的体积为

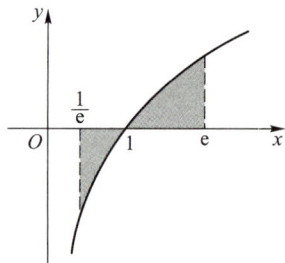

$$V_y = \int_{\frac{1}{e}}^1 2\pi x \cdot (-\ln x) \, dx + \int_1^e 2\pi x \cdot \ln x \, dx$$

$$= 2\pi \left[-\left(\frac{x^2}{2} \ln x - \frac{x^2}{4} \right) \Big|_{\frac{1}{e}}^1 + \left(\frac{x^2}{2} \ln x - \frac{x^2}{4} \right) \Big|_1^e \right]$$

$$= \pi \left(1 + \frac{e^2 - 3e^{-2}}{2} \right),$$

应选 B.

428.【答案】E

【解析】由旋转体体积公式，知 D 绕 x 轴旋转所成旋转体的体积为

$$V_1 = \int_{-\frac{\pi}{2}}^{\frac{\pi}{2}} \pi \cos^2 x \, dx = 2\pi \int_0^{\frac{\pi}{2}} \cos^2 x \, dx = 2\pi \cdot \frac{1}{2} \cdot \frac{\pi}{2} = \frac{1}{2} \pi^2.$$

又如右图所示,选取 x 为积分变量,在 $[x,x+\mathrm{d}x]$ 上取一竖条微元,则该微元绕着直线 $x=\pi$ 旋转一周所得的旋转体体积为 $\mathrm{d}V_2=2\pi(\pi-x)\cdot\cos x\mathrm{d}x$,故平面区域 D 绕着 $x=\pi$ 旋转一周所得的旋转体体积为

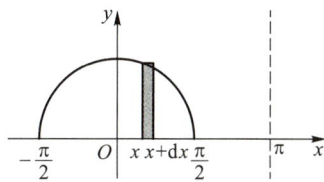

$$V_2=\int_{-\frac{\pi}{2}}^{\frac{\pi}{2}}2\pi(\pi-x)\cos x\mathrm{d}x$$

$$=2\pi^2\int_{-\frac{\pi}{2}}^{\frac{\pi}{2}}\cos x\mathrm{d}x-2\pi\int_{-\frac{\pi}{2}}^{\frac{\pi}{2}}x\cos x\mathrm{d}x$$

$$=2\pi^2\cdot2\int_0^{\frac{\pi}{2}}\cos x\mathrm{d}x-0$$

$$=4\pi^2,$$

因此,$\dfrac{V_2}{V_1}=8$,应选 E.

小课堂

本题还可以利用二重积分的方法求区域 D 分别绕直线 $x=\pi$ 旋转一周的旋转体体积 V_2(396 经济类综合能力数学考纲中不要求掌握二重积分,所以该方法有兴趣的同学可以选学),过程如下:

如右图所示,平面区域 D 上任意一点 (x,y) 到直线 $x=\pi$ 的距离为 $r=\pi-x$,故 D 绕着 $x=\pi$ 旋转一周所得的旋转体体积为

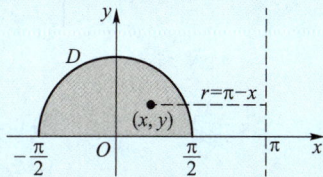

$$V=\iint\limits_D 2\pi r\mathrm{d}x\mathrm{d}y$$

$$=\iint\limits_D 2\pi(\pi-x)\mathrm{d}x\mathrm{d}y$$

$$=\int_{-\frac{\pi}{2}}^{\frac{\pi}{2}}\mathrm{d}x\cdot\int_0^{\cos x}2\pi(\pi-x)\mathrm{d}y$$

$$=\int_{-\frac{\pi}{2}}^{\frac{\pi}{2}}2\pi(\pi-x)\cdot\cos x\mathrm{d}x=4\pi^2.$$

429.【答案】D

【解析】根据极坐标系下曲线弧长的计算公式,所求弧长为

$$s=\int_0^{2\pi}\sqrt{r^2+\left(\frac{\mathrm{d}r}{\mathrm{d}\theta}\right)^2}\mathrm{d}\theta$$

$$=\int_0^{2\pi}\sqrt{4(1+\cos\theta)^2+4\sin^2\theta}\mathrm{d}\theta$$

$$= \int_0^{2\pi} \sqrt{8(\cos\theta+1)}\,d\theta$$

$$= \int_0^{2\pi} 4\sqrt{\cos^2\frac{\theta}{2}}\,d\theta$$

$$= 4\int_0^{2\pi} \left|\cos\frac{\theta}{2}\right|\,d\theta$$

$$= 4\int_0^{\pi} \cos\frac{\theta}{2}\,d\theta - 4\int_\pi^{2\pi} \cos\frac{\theta}{2}\,d\theta$$

$$= 8\sin\frac{\theta}{2}\Big|_0^{\pi} - 8\sin\frac{\theta}{2}\Big|_\pi^{2\pi} = 16,$$

应选 D.

小课堂

关于平面曲线的弧长计算公式，有

1. 直角坐标系

设光滑曲线 $y=y(x)\ (a\leqslant x\leqslant b)$，弧长 $s = \int_a^b \sqrt{1+y'^2}\,dx$.

2. 参数方程所表示的曲线

设光滑曲线 C 由 $\begin{cases} x=x(t) \\ y=y(t) \end{cases} (a\leqslant t\leqslant b)$ 给定，弧长 $s = \int_a^b \sqrt{x'^2(t)+y'^2(t)}\,dt$.

3. 极坐标系

设光滑曲线，$r=r(\theta)\ (a\leqslant\theta\leqslant b)$，弧长 $s = \int_a^b \sqrt{r^2(\theta)+r'^2(\theta)}\,d\theta$

【注】求弧长可根据曲线的表达形式代入弧长公式进行计算，但请务必注意弧长公式中积分下限是一定小于积分上限的.

430.【答案】D

【解析】由直角坐标曲线的弧长公式知，曲线的弧长为

$$s = \int_0^{\pi} \sqrt{1+(y')^2}\,dx = \int_0^{\pi} \sqrt{1+\sin x}\,dx$$

$$= \int_0^{\pi} \sqrt{\sin^2\frac{x}{2}+\cos^2\frac{x}{2}+2\sin\frac{x}{2}\cos\frac{x}{2}}\,dx = \int_0^{\pi} \sqrt{\left(\sin\frac{x}{2}+\cos\frac{x}{2}\right)^2}\,dx$$

$$= \int_0^{\pi} \left(\sin\frac{x}{2}+\cos\frac{x}{2}\right)dx = 2\left(-\cos\frac{x}{2}+\sin\frac{x}{2}\right)\Big|_0^{\pi} = 2[1-(-1)] = 4,$$

应选 D.

431.【答案】D

【解析】由弧长公式知，L 的长度为

$$S = \int_0^{2\pi} \sqrt{\left(\frac{\mathrm{d}x}{\mathrm{d}t}\right)^2 + \left(\frac{\mathrm{d}y}{\mathrm{d}t}\right)^2}\,\mathrm{d}t$$

$$= \int_0^{2\pi} \sqrt{[2(1-\cos t)]^2 + (2\sin t)^2}\,\mathrm{d}t$$

$$= \int_0^{2\pi} \sqrt{4(1-\cos t)^2 + 4\sin^2 t}\,\mathrm{d}t$$

$$= \int_0^{2\pi} \sqrt{4(1-\cos t)^2 + 4\sin^2 t}\,\mathrm{d}t$$

$$= 2\int_0^{2\pi} \sqrt{1 - 2\cot t + \cos^2 t + \sin^2 t}\,\mathrm{d}t$$

$$= 2\int_0^{2\pi} \sqrt{2(1-\cos t)}\,\mathrm{d}t$$

$$= 2\int_0^{2\pi} \sqrt{4\sin^2 \frac{t}{2}}\,\mathrm{d}t$$

$$= 4\int_0^{2\pi} \sin\frac{t}{2}\,\mathrm{d}t = -8\cos\frac{t}{2}\bigg|_0^{2\pi} = 16,$$

应选 D.

432.【答案】E

【解析】根据旋转侧表面积公式,知旋转体的侧表面积为

$$S = \int_0^{\frac{\pi}{2}} 2\pi y \cdot \sqrt{\left(\frac{\mathrm{d}x}{\mathrm{d}t}\right)^2 + \left(\frac{\mathrm{d}y}{\mathrm{d}t}\right)^2}\,\mathrm{d}t$$

$$= 2\pi \int_0^{\frac{\pi}{2}} \sqrt{2}\sin^3 t \sqrt{(-3\sqrt{2}\cos^2 t\sin t)^2 + (3\sqrt{2}\sin^2 t\cos t)^2}\,\mathrm{d}t$$

$$= 2\pi \int_0^{\frac{\pi}{2}} \sqrt{2}\sin^3 t \cdot 3\sqrt{2} \cdot \sqrt{\cos^4 t\sin^2 t + \sin^4 t\cos^2 t}\,\mathrm{d}t$$

$$= 12\pi \int_0^{\frac{\pi}{2}} \sin^3 t \cdot \sqrt{\sin^2 t\cos^2 t(\sin^2 t + \cos^2 t)}\,\mathrm{d}t$$

$$= 12\pi \int_0^{\frac{\pi}{2}} \sin^3 t \cdot \sin t\cos t\,\mathrm{d}t$$

$$= 12\pi \int_0^{\frac{\pi}{2}} \sin^4 t\,\mathrm{d}\sin t$$

$$= \frac{12\pi}{5}\sin^5 t\bigg|_0^{\frac{\pi}{2}}$$

$$= \frac{12}{5}\pi,$$

应选 E.

第四章　多元函数微分学

4.1　多元微分学的基本概念

题组 A·基础通关题

433.【答案】B

【解析】已知复合函数结果求复合之前的函数问题,均可以利用变量代换求解.

令 $x+y=u,\dfrac{y}{x}=v$,则 $x=\dfrac{u}{v+1},y=\dfrac{uv}{v+1}$,于是

$$f(u,v)=\left(\dfrac{u}{v+1}\right)^2-\left(\dfrac{uv}{v+1}\right)^2=\dfrac{u^2(1-v)}{v+1},$$

因此 $f(x,y)=\dfrac{x^2(1-y)}{y+1}$,应选 B.

434.【答案】C

【解析】对于①,由 $\left|\dfrac{y}{\sqrt{x^2+y^2}}\right|\leqslant\left|\dfrac{y}{\sqrt{y^2}}\right|=1$,知 $\dfrac{y}{\sqrt{x^2+y^2}}$ 为有界变量,于是

$$\lim_{\substack{x\to0\\y\to0}}\dfrac{xy}{\sqrt{x^2+y^2}}=\lim_{\substack{x\to0\\y\to0}}x\,\dfrac{y}{\sqrt{x^2+y^2}}=0(无穷小量乘以有界变量),$$

即①对应极限存在.

对于②,若取 (x,y) 沿 $y=x$ 趋向于 $(0,0)$ 时,$\lim\limits_{\substack{x\to0\\y\to0}}\dfrac{x^2y^2}{x^2y^2+(x-y)^2}=\lim\limits_{x\to0}\dfrac{x^4}{x^4}=1$;若取 (x,y) 沿

$y=-x$ 趋向于 $(0,0)$ 时,$\lim\limits_{\substack{x\to0\\y\to0}}\dfrac{x^2y^2}{x^2y^2+(x-y)^2}=\lim\limits_{x\to0}\dfrac{x^4}{x^4+4x^2}=0$,于是②对应的极限 $\lim\limits_{\substack{x\to0\\y\to0}}\dfrac{x^2y^2}{x^2y^2+(x-y)^2}$ 不

存在.

对于③,由于 $\left|\dfrac{x^2}{x^2+y^2}\right|\leqslant\left|\dfrac{x^2}{x^2}\right|=1$,$\left|\dfrac{y^2}{x^2+y^2}\right|\leqslant\left|\dfrac{y^2}{y^2}\right|=1$,所以 $\dfrac{x^2}{x^2+y^2}$ 与 $\dfrac{y^2}{x^2+y^2}$ 均为有界变量,

于是

$$\lim_{\substack{x \to 0 \\ y \to 0}} \frac{\arctan(x^3+y^3)}{x^2+y^2} = \lim_{\substack{x \to 0 \\ y \to 0}} \left[\frac{\arctan(x^3+y^3)}{x^3+y^3} \cdot \frac{x^3+y^3}{x^2+y^2} \right] = \lim_{\substack{x \to 0 \\ y \to 0}} \frac{x^3+y^3}{x^2+y^2}$$

$$= \lim_{\substack{x \to 0 \\ y \to 0}} \left(x \cdot \frac{x^2}{x^2+y^2} + y \cdot \frac{y^2}{x^2+y^2} \right) = 0,$$

即③对应极限存在.

对于④,若取(x,y)沿$y=x$趋向于$(0,0)$时,$\lim_{\substack{x \to 0 \\ y \to 0}} \frac{x^3 y}{x^6+y^2} = \lim_{x \to 0} \frac{x^4}{x^6+x^2} = \lim_{x \to 0} \frac{x^4}{x^2} = 0$;若取$(x,y)$沿

$y=x^3$趋向于$(0,0)$时,$\lim_{\substack{x \to 0 \\ y \to 0}} \frac{x^3 y}{x^6+y^2} = \lim_{x \to 0} \frac{x^6}{x^6+x^6} = \frac{1}{2}$,因此④对应的极限$\lim_{\substack{x \to 0 \\ y \to 0}} \frac{x^3 y}{x^6+y^2}$不存在.

应选 C.

435.【答案】D

【解析】显然$f(0,0)=1$,于是根据偏导数定义,得

$$f_x'(0,0) = \lim_{x \to 0} \frac{f(x,0)-f(0,0)}{x-0} = \lim_{x \to 0} \frac{e^{\sqrt{x^2}}-1}{x} = \lim_{x \to 0} \frac{\sqrt{x^2}}{x} = \lim_{x \to 0} \frac{|x|}{x} (不存在),$$

$$f_y'(0,0) = \lim_{y \to 0} \frac{f(0,y)-f(0,0)}{y-0} = \lim_{y \to 0} \frac{e^{y^2}-1}{y} = \lim_{y \to 0} \frac{y^2}{y} = 0 (存在),$$

其中,$\lim_{x \to 0^+} \frac{|x|}{x} = \lim_{x \to 0^+} \frac{x}{x} = 1$,$\lim_{x \to 0^-} \frac{|x|}{x} = \lim_{x \to 0^-} \frac{-x}{x} = -1$,于是$\lim_{x \to 0} \frac{|x|}{x}$不存在.

因此,$f_x'(0,0)$不存在,但$f_y'(0,0)$存在且为 0,应选 D.

小课堂

本题也可按照以下思路解题:

由于$f(x,0)=e^{|x|}$,$f(0,y)=e^{y^2}$. 因为$f(x,0)=e^{|x|}$在$x=0$处不可导,所以

$f_x'(0,0)$不存在. 又因为$f(0,y)=e^{y^2}$在$y=0$处可导,所以$f_y'(0,0)$存在,应选 D.

436.【答案】C

【解析】显然$f(0,0)=0$,根据偏导数定义知

$$\left. \frac{\partial f}{\partial x} \right|_{(0,0)} = \lim_{x \to 0} \frac{f(x,0)-f(0,0)}{x} = \lim_{x \to 0} \frac{|\sin x|}{x} (不存在)$$

$$\left. \frac{\partial f}{\partial y} \right|_{(0,0)} = \lim_{y \to 0} \frac{f(0,y)-f(0,0)}{y} = \lim_{y \to 0} \frac{y^2}{y} = 0,$$

其中,由于$\lim_{x \to 0^+} \frac{|\sin x|}{x} = \lim_{x \to 0^+} \frac{\sin x}{x} = 1$,$\lim_{x \to 0^-} \frac{|\sin x|}{x} = \lim_{x \to 0^-} \frac{-\sin x}{x} = -1$,于是$\lim_{x \to 0} \frac{|\sin x|}{x}$不存在.

因此,$\left. \dfrac{\partial f}{\partial x} \right|_{(0,0)}$不存在,$\left. \dfrac{\partial f}{\partial y} \right|_{(0,0)}$存在且等于 0,应选 C.

小课堂

本题也可按照以下思路解题：

由于 $f(x,0) = |\sin x|$ 在 $x = 0$ 处不可导，于是 $\left.\dfrac{\partial f}{\partial x}\right|_{(0,0)}$ 不存在.

又因为 $f(0,y) = y^2$ 在 $y = 0$ 处导数为 0，所以 $\left.\dfrac{\partial f}{\partial y}\right|_{(0,0)}$ 存在且等于 0，应选 C.

437. 【答案】C

【解析】分段函数在分段点处偏导数的存在性问题，需利用偏导数定义求解.

根据偏导数的定义，知

$$f'_x(0,0) = \lim_{x \to 0} \frac{f(x,0) - f(0,0)}{x} = \lim_{x \to 0} \frac{\sin x^2}{x\sqrt{x^2}} = \lim_{x \to 0} \frac{x}{|x|} \left(\text{不存在}\right),$$

$$f'_y(0,0) = \lim_{y \to 0} \frac{f(0,y) - f(0,0)}{y} = \lim_{y \to 0} \frac{0 - 0}{y} = 0,$$

其中，$\lim\limits_{x \to 0^+} \dfrac{|x|}{x} = \lim\limits_{x \to 0^+} \dfrac{x}{x} = 1$，$\lim\limits_{x \to 0^-} \dfrac{|x|}{x} = \lim\limits_{x \to 0^-} \dfrac{-x}{x} = -1$，于是 $\lim\limits_{x \to 0} \dfrac{|x|}{x}$ 不存在.

因此，$f'_x(0,0)$ 不存在，$f'_y(0,0)$ 存在且等于 0，应选 C.

438. 【答案】B

【解析】由偏导数定义，知

$$f'_x(0,0) = \lim_{x \to 0} \frac{f(x,0) - f(0,0)}{x} = \lim_{x \to 0} \frac{\dfrac{\sqrt{|x|}}{x^2}\sin x^2}{x} = \lim_{x \to 0} \frac{\sqrt{|x|}}{x} = \infty,$$

$$f'_y(0,0) = \lim_{y \to 0} \frac{f(0,y) - f(0,0)}{y} = \lim_{y \to 0} \frac{0 - 0}{y} = 0,$$

应选 B.

439. 【答案】A

【解析】本题考查二元函数的连续性、偏导数的存在性以及可微性之间的关系，具体关系可详见本题【小课堂】.

由题意可知，①表示"$f(x,y)$ 在 (x_0, y_0) 处连续"，②表示"$f'_x(x,y)$ 与 $f'_y(x,y)$ 在 (x_0, y_0) 处连续"，③表示"$f(x,y)$ 在 (x_0, y_0) 处可微"，④表示"$f'_x(x_0, y_0)$ 与 $f'_y(x_0, y_0)$ 均存在".

若函数 $f(x,y)$ 的一阶偏导数 $f'_x(x,y)$ 与 $f'_y(x,y)$ 在点 (x_0, y_0) 处连续，则 $f(x,y)$ 在 (x_0, y_0) 一定可微，进而 $f(x,y)$ 在点 (x_0, y_0) 处连续，即②⇒③⇒①，应选 A.

小课堂

二元函数的连续性、偏导数的存在性以及可微性之间的关系如下:

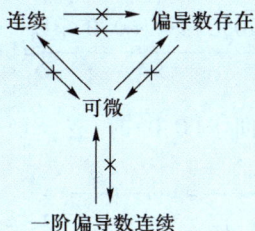

440.【答案】A

【解析】因为 $\lim\limits_{\substack{x\to 0 \\ y\to 0}} f(x,y) = \lim\limits_{\substack{x\to 0 \\ y\to 0}} \sqrt[3]{xy} = f(0,0) = 0$,所以 $f(x,y)$ 在点 $(0,0)$ 处连续,即①正确.

根据偏导数的定义,知

$$f'_x(0,0) = \lim\limits_{x\to 0} \frac{f(x,0)-f(0,0)}{x-0} = \lim\limits_{x\to 0} \frac{0-0}{x} = 0,$$

根据对称性则 $f'_y(0,0) = 0$,于是②正确.

再利用可微的定义,有

$$\lim\limits_{\substack{x\to 0 \\ y\to 0}} \frac{[f(x,y)-f(0,0)]-[f'_x(0,0)x+f'_y(0,0)y]}{\sqrt{x^2+y^2}} = \lim\limits_{\substack{x\to 0 \\ y\to 0}} \frac{\sqrt[3]{xy}}{\sqrt{x^2+y^2}},$$

若取 (x,y) 沿 $y=x$ 趋向于 $(0,0)$,$\lim\limits_{\substack{x\to 0 \\ y\to 0}} \frac{\sqrt[3]{xy}}{\sqrt{x^2+y^2}} = \lim\limits_{x\to 0} \frac{\sqrt[3]{x^2}}{\sqrt{x^2+x^2}} = \lim\limits_{x\to 0} \frac{x^{\frac{2}{3}}}{\sqrt{2x^2}} = \infty$(不存在),于是

$\lim\limits_{\substack{x\to 0 \\ y\to 0}} \frac{\sqrt[3]{xy}}{\sqrt{x^2+y^2}}$ 不存在,因此函数在 $(0,0)$ 处不可微,故④错误.

综上所述,应选 A.

441.【答案】C

【解析】由 $\left|\dfrac{x^2}{x^2+y^2}\right| \leqslant \left|\dfrac{x^2}{x^2}\right| = 1$,知 $\dfrac{x^2}{x^2+y^2}$ 为有界变量,于是

$$\lim\limits_{\substack{x\to 0 \\ y\to 0}} f(x,y) = \lim\limits_{\substack{x\to 0 \\ y\to 0}} \frac{x^3}{x^2+y^2} = \lim\limits_{\substack{x\to 0 \\ y\to 0}} x \cdot \frac{x^2}{x^2+y^2} = 0,$$

所以 $\lim\limits_{\substack{x\to 0 \\ y\to 0}} f(x,y) = f(0,0) = 0$,即 $f(x,y)$ 在 $(0,0)$ 处连续,①正确.

根据偏导数的定义,知

$$f'_x(0,0) = \lim\limits_{x\to 0} \frac{f(x,0)-f(0,0)}{x-0} = \lim\limits_{x\to 0} \frac{x-0}{x} = 1,$$

$$f'_y(0,0) = \lim\limits_{y\to 0} \frac{f(0,y)-f(0,0)}{y-0} = \lim\limits_{y\to 0} \frac{0-0}{y} = 0,$$

故③正确.

再利用可微的定义,有

$$\lim_{\substack{x \to 0 \\ y \to 0}} \frac{[f(x,y)-f(0,0)]-[f'_x(0,0)x+f'_y(0,0)y]}{\sqrt{x^2+y^2}} = \lim_{\substack{x \to 0 \\ y \to 0}} \frac{\dfrac{x^3}{x^2+y^2}-x}{\sqrt{x^2+y^2}} = \lim_{\substack{x \to 0 \\ y \to 0}} \frac{-xy^2}{(x^2+y^2)^{\frac{3}{2}}},$$

若取 (x,y) 在第一象限内沿 $y=x$ 趋向于 $(0,0)$ 时,有

$$\lim_{\substack{x \to 0 \\ y \to 0}} \frac{-xy^2}{(x^2+y^2)^{\frac{3}{2}}} = \lim_{x \to 0^+} \frac{-x^3}{(2x^2)^{\frac{3}{2}}} = -\frac{1}{2\sqrt{2}} \neq 0,$$

于是 $\lim\limits_{\substack{x \to 0 \\ y \to 0}} \dfrac{[f(x,y)-f(0,0)]-[f'_x(0,0)x+f'_y(0,0)y]}{\sqrt{x^2+y^2}} \neq 0$,故 $f(x,y)$ 在 $(0,0)$ 处不可微,④错误.

应选 C.

题组 B · 强化通关题

442.【答案】 B

【解析】 显然选项 E 错误,由于当 $f(x,y)$ 在 $(0,0)$ 处可微,且 $\mathrm{d}f\big|_{(0,0)} = 0$ 时,$\dfrac{\partial f}{\partial x}\Big|_{(0,0)} = 0$,

$\dfrac{\partial f}{\partial y}\Big|_{(0,0)} = 0$,于是排除选项 E.

又 $f(0,0)=0$,根据偏导数定义知

$$\frac{\partial f}{\partial x}\Big|_{(0,0)} = \lim_{x \to 0} \frac{f(x,0)-f(0,0)}{x} = \lim_{x \to 0} \frac{\ln(1+\sqrt{x^2})}{x} = \lim_{x \to 0} \frac{\sqrt{x^2}}{x} = \lim_{x \to 0} \frac{|x|}{x} \text{（不存在）},$$

$$\frac{\partial f}{\partial y}\Big|_{(0,0)} = \lim_{y \to 0} \frac{f(0,y)-f(0,0)}{y} = \lim_{y \to 0} \frac{\ln(1+\sqrt{y^4})}{y} = \lim_{y \to 0} \frac{\sqrt{y^4}}{y} = 0,$$

其中,$\lim\limits_{x \to 0^+} \dfrac{|x|}{x} = \lim\limits_{x \to 0^+} \dfrac{x}{x} = 1$,$\lim\limits_{x \to 0^-} \dfrac{|x|}{x} = \lim\limits_{x \to 0^-} \dfrac{-x}{x} = -1$,于是 $\lim\limits_{x \to 0} \dfrac{|x|}{x}$ 不存在.

因为 $\dfrac{\partial f}{\partial x}\Big|_{(0,0)}$ 不存在,$\dfrac{\partial f}{\partial y}\Big|_{(0,0)} = 0$,所以 $f(x,y)$ 在 $(0,0)$ 处不可微,④错误.

因此只有②正确,应选 B.

443.【答案】 D

【解析】 因为

$$\lim_{\substack{x \to 0 \\ y \to 0}} (x^2+y^2)\sin\frac{1}{\sqrt{x^2+y^2}} = 0,$$

故 $f(x,y)$ 在 $(0,0)$ 处连续,①正确.

利用偏导数定义,知

$$f'_x(0,0) = \lim_{x \to 0} \frac{f(x,0)-f(0,0)}{x} = \lim_{x \to 0} \frac{x^2\sin\dfrac{1}{\sqrt{x^2}}}{x} = 0.$$

根据对称性,则 $f'_y(0,0)=0$,故②正确.

再利用可微的定义,有

$$\lim_{\substack{x\to 0\\y\to 0}}\frac{f(x,y)-f(0,0)-[f'_x(0,0)x+f'_y(0,0)y]}{\sqrt{x^2+y^2}}$$

$$=\lim_{\substack{x\to 0\\y\to 0}}\frac{(x^2+y^2)\sin\dfrac{1}{\sqrt{x^2+y^2}}}{\sqrt{x^2+y^2}}=0,$$

所以 $f(x,y)$ 在 $(0,0)$ 处可微,故④正确.

应选 D.

444.【答案】B

【解析】因为 $\left|\dfrac{y}{\sqrt{x^2+y^2}}\right|\leqslant\left|\dfrac{y}{\sqrt{y^2}}\right|=1$,所以 $\dfrac{y}{\sqrt{x^2+y^2}}$ 为有界变量,于是

$$\lim_{\substack{x\to 0\\y\to 0}}f(x,y)=\lim_{\substack{x\to 0\\y\to 0}}\left(x-y+\frac{xy}{\sqrt{x^2+y^2}}\right)=0+\lim_{\substack{x\to 0\\y\to 0}}x\cdot\frac{y}{\sqrt{x^2+y^2}}=0,$$

即 $\lim\limits_{\substack{x\to 0\\y\to 0}}f(x,y)=f(0,0)$,所以 $f(x,y)$ 在 $(0,0)$ 处连续,①正确.

利用偏导数定义,知

$$\left.\frac{\partial f}{\partial x}\right|_{(0,0)}=\lim_{x\to 0}\frac{f(x,0)-f(0,0)}{x}=\lim_{x\to 0}\frac{x-0}{x}=1;$$

$$\left.\frac{\partial f}{\partial y}\right|_{(0,0)}=\lim_{y\to 0}\frac{f(0,y)-f(0,0)}{y}=\lim_{y\to 0}\frac{-y-0}{y}=-1,$$

故②正确,③错误.

再利用可微的定义,有

$$\lim_{\substack{x\to 0\\y\to 0}}\frac{[f(x,y)-f(0,0)]-[f'_x(0,0)x+f'_y(0,0)y]}{\sqrt{x^2+y^2}}$$

$$=\lim_{\substack{x\to 0\\y\to 0}}\frac{\left(x-y+\dfrac{xy}{\sqrt{x^2+y^2}}-0\right)-(x-y)}{\sqrt{x^2+y^2}}=\lim_{\substack{x\to 0\\y\to 0}}\frac{xy}{x^2+y^2},$$

取点 (x,y) 沿直线 $y=kx$ 趋向于 $(0,0)$,有

$$\lim_{\substack{x\to 0\\y=kx}}\frac{xy}{x^2+y^2}=\lim_{x\to 0}\frac{kx^2}{x^2+k^2x^2}=\frac{k}{1+k^2},$$

显然它的结果与 k 有关,故 $\lim\limits_{\substack{x\to 0\\y\to 0}}\dfrac{xy}{x^2+y^2}$ 不存在,于是 $f(x,y)$ 在 $(0,0)$ 处不可微,故④错误. 应选 B.

445.【答案】B

【解析】由 $f'_x(x_0,y_0)=0,f'_y(x_0,y_0)=0$ 知,$f(x,y)$ 在 (x_0,y_0) 处偏导数存在,根据二元函数连续性与偏导数存在性之间的关系知,无法得出 $f(x,y)$ 在点 (x_0,y_0) 处连续,且也无法得

出 $\lim\limits_{(x,y)\to(x_0,y_0)}f(x,y)$ 存在. 例如取函数

$$f(x,y)=\begin{cases} \dfrac{xy}{x^2+y^2}, & (x,y)\neq(0,0),\\[2mm] 0, & (x,y)=(0,0), \end{cases}$$

显然有 $f_x'(0,0)=0,f_y'(0,0)=0$, 但是极限 $\lim\limits_{(x,y)\to(0,0)}f(x,y)$ 不存在, 且 $f(x,y)$ 在点 $(0,0)$ 处不连续, 故①、④均错误.

对于②, 由于 $f_x'(x_0,y_0)$ 表示 "$f(x,y_0)$ 在点 $x=x_0$ 处的导数", 且 $f_x'(x_0,x_0)$ 均存在, 所以 $f(x,y_0)$ 在点 x_0 处可导, 于是 $f(x,y_0)$ 在点 x_0 处连续. 同理可知 $f(x_0,y)$ 在点 y_0 处连续, ②正确.

对于③, 题设仅已知 $f(x,y)$ 在 (x_0,y_0) 处偏导数存在, 无法得出 $f(x,y)$ 在点 (x_0,y_0) 处可微. 当 $f(x,y)$ 在点 (x_0,y_0) 处不可微时, 下式

$$\mathrm{d}f(x,y)\big|_{(x_0,y_0)}=f_x'(x_0,y_0)\,\mathrm{d}x+f_y'(x_0,y_0)\,\mathrm{d}y=0$$

未必成立, 故③错误.

应选 B.

446.【答案】D

【解析】 将题设中 $\lim\limits_{\substack{x\to1\\y\to1}}\dfrac{f(x,y)-f(1,1)+2x-3y+1}{\sqrt{(x-1)^2+(y-1)^2}}=0$ 整理得

$$\lim\limits_{\substack{x\to1\\y\to1}}\frac{[f(x,y)-f(1,1)]-[-2(x-1)+3(y-1)]}{\sqrt{(x-1)^2+(y-1)^2}}=0,$$

显然有 $f_x'(1,1)=-2,f_y'(1,1)=3$.

于是

$$\text{原式}=\lim\limits_{t\to0}\left[\frac{f(1+t,1)-f(1,1)}{t}-\frac{f(1,1-2t)-f(1,1)}{t}\right]$$

$$=\lim\limits_{t\to0}\left[\frac{f(1+t,1)-f(1,1)}{t}+2\frac{f(1,1-2t)-f(1,1)}{-2t}\right]$$

$$=f_x'(1,1)+2f_y'(1,1)=4,$$

应选 D.

447.【答案】E

【解析】 因为

$$\lim\limits_{\substack{x\to0\\y\to0}}f(x,y)=\lim\limits_{\substack{x\to0\\y\to0}}\frac{1-\mathrm{e}^{x(x^2+y^2)}}{x^2+y^2}=\lim\limits_{\substack{x\to0\\y\to0}}\frac{-x(x^2+y^2)}{x^2+y^2}=-\lim\limits_{x\to0}x=0,$$

于是 $\lim\limits_{\substack{x\to0\\y\to0}}f(x,y)=f(0,0)$, 即 $f(x,y)$ 在 $(0,0)$ 处连续, ①正确.

利用偏导数定义, 知

$$\frac{\partial f}{\partial x}\bigg|_{(0,0)}=\lim\limits_{x\to0}\frac{f(x,0)-f(0,0)}{x}=\lim\limits_{x\to0}\frac{\dfrac{1-\mathrm{e}^{x^3}}{x^2}-0}{x}=-\lim\limits_{x\to0}\frac{\mathrm{e}^{x^3}-1}{x^3}=-\lim\limits_{x\to0}\frac{x^3}{x^3}=-1,$$

$$\frac{\partial f}{\partial y}\bigg|_{(0,0)} = \lim_{y \to 0}\frac{f(0,y)-f(0,0)}{y} = \lim_{y \to 0}\frac{\frac{1-e^0}{y^2}-0}{y} = \lim_{y \to 0}\frac{0}{y^3} = 0,$$

故②错误，③正确．

再利用可微的定义，有

$$\lim_{\substack{x \to 0 \\ y \to 0}}\frac{[f(x,y)-f(0,0)]-[f_x'(0,0)x+f_y'(0,0)y]}{\sqrt{x^2+y^2}}$$

$$= \lim_{\substack{x \to 0 \\ y \to 0}}\frac{\left(\frac{1-e^{x(x^2+y^2)}}{x^2+y^2}-0\right)-(-x)}{\sqrt{x^2+y^2}}$$

$$= \lim_{\substack{x \to 0 \\ y \to 0}}\frac{-e^{x(x^2+y^2)}+x(x^2+y^2)+1}{(x^2+y^2)^{\frac{3}{2}}} \qquad \left(\text{当}\square \to 0\text{ 时}, e^\square - \square - 1 \sim \frac{1}{2}\square^2\right)$$

$$= \lim_{\substack{x \to 0 \\ y \to 0}}\frac{-\frac{1}{2}x^2(x^2+y^2)^2}{(x^2+y^2)^{\frac{3}{2}}} = -\frac{1}{2}\lim_{\substack{x \to 0 \\ y \to 0}}x^2\sqrt{x^2+y^2} = 0,$$

所以 $f(x,y)$ 在 $(0,0)$ 处可微，进而 $\mathrm{d}f\big|_{(0,0)} = -\mathrm{d}x$，故④正确．

应选 E．

4.2　显函数与复合函数的偏导数与全微分计算

题组 A · 基础通关题

448.【答案】 E

【解析】$\dfrac{\partial f}{\partial x}\bigg|_{(0,1)} = \dfrac{\mathrm{d}}{\mathrm{d}x}f(x,1)\bigg|_{x=0} = \dfrac{\mathrm{d}}{\mathrm{d}x}\left(\dfrac{x}{1+\sin x}\right)\bigg|_{x=0} = \lim_{x \to 0}\dfrac{\frac{x}{1+\sin x}-0}{x} = 1.$

$\dfrac{\partial z}{\partial y}\bigg|_{(0,1)} = \dfrac{\mathrm{d}}{\mathrm{d}y}f(0,y)\bigg|_{y=1} = \dfrac{\mathrm{d}}{\mathrm{d}y}\left(\dfrac{-(y-1)}{1+\sin(y-1)}\right)\bigg|_{y=1} = \lim_{y \to 1}\dfrac{\frac{-(y-1)}{1+\sin(y-1)}-0}{y-1} = -1,$

应选 E．

449.【答案】 D

【解析】$\dfrac{\partial f}{\partial x} = 2x\arctan\dfrac{y}{x} + \dfrac{x^2}{1+\left(\frac{y}{x}\right)^2}\left(-\dfrac{y}{x^2}\right) - \dfrac{y^2}{1+\left(\frac{y}{x}\right)^2}\left(-\dfrac{y}{x^2}\right)$

$\qquad = 2x\arctan\dfrac{y}{x} - \dfrac{x^2 y}{x^2+y^2} + \dfrac{y^3}{x^2+y^2},$

于是 $\dfrac{\partial f}{\partial x}\Big|_{(1,1)} = 2 \cdot \dfrac{\pi}{4} - \dfrac{1}{2} + \dfrac{1}{2} = \dfrac{\pi}{2}$，应选 D.

450.【答案】D

【解析】由于

$$\frac{\partial z}{\partial x} = \frac{y + \cos(x+y)}{1 + [xy + \sin(x+y)]^2}, \quad \frac{\partial z}{\partial y} = \frac{x + \cos(x+y)}{1 + [xy + \sin(x+y)]^2},$$

于是 $\dfrac{\partial z}{\partial x}\Big|_{(0,\pi)} = \pi - 1, \dfrac{\partial z}{\partial y}\Big|_{(0,\pi)} = -1$，因此 $\mathrm{d}z\big|_{(0,\pi)} = (\pi-1)\,\mathrm{d}x - \mathrm{d}y$，应选 D.

451.【答案】A

【解析】由于

$$\frac{\partial z}{\partial x} = 2x\mathrm{e}^{-\arctan\frac{y}{x}} - (x^2+y^2)\,\mathrm{e}^{-\arctan\frac{y}{x}}\left(\frac{1}{1+\frac{y^2}{x^2}}\right)\left(-\frac{y}{x^2}\right)$$

$$= 2x\mathrm{e}^{-\arctan\frac{y}{x}} + (x^2+y^2)\,\mathrm{e}^{-\arctan\frac{y}{x}}\frac{x^2}{x^2+y^2}\frac{y}{x^2}$$

$$= (2x+y)\,\mathrm{e}^{-\arctan\frac{y}{x}},$$

$$\frac{\partial z}{\partial y} = 2y\mathrm{e}^{-\arctan\frac{y}{x}} - (x^2+y^2)\,\mathrm{e}^{-\arctan\frac{y}{x}}\left(\frac{1}{1+\frac{y^2}{x^2}}\right)\left(\frac{1}{x}\right)$$

$$= 2y\mathrm{e}^{-\arctan\frac{y}{x}} - (x^2+y^2)\,\mathrm{e}^{-\arctan\frac{y}{x}}\frac{x^2}{x^2+y^2}\frac{1}{x}$$

$$= (2y-x)\,\mathrm{e}^{-\arctan\frac{y}{x}},$$

所以 $\dfrac{\partial z}{\partial x}\Big|_{(1,1)} = 3\mathrm{e}^{-\frac{\pi}{4}}, \dfrac{\partial z}{\partial y}\Big|_{(0,\pi)} = \mathrm{e}^{-\frac{\pi}{4}}$，因此 $\mathrm{d}z\big|_{(1,1)} = \mathrm{e}^{-\frac{\pi}{4}}(3\mathrm{d}x+\mathrm{d}y)$，应选 A.

452.【答案】A

【解析】因为

$$\frac{\partial z}{\partial x} = -\mathrm{e}^{-x}\sin\frac{x}{y} + \mathrm{e}^{-x}\cos\frac{x}{y} \cdot \frac{1}{y},$$

$$\frac{\partial^2 z}{\partial x \partial y} = \mathrm{e}^{-x}\cos\frac{x}{y} \cdot \frac{x}{y^2} + \mathrm{e}^{-x}\left[\left(-\sin\frac{x}{y}\right)\cdot\left(-\frac{x}{y^2}\right)\cdot\frac{1}{y} - \frac{1}{y^2}\cos\frac{x}{y}\right],$$

所以 $\dfrac{\partial^2 z}{\partial x \partial y}\Big|_{\left(2,\frac{1}{\pi}\right)} = \mathrm{e}^{-2}\pi^2$，应选 A.

453.【答案】B

【解析】由于

$$\frac{\partial z}{\partial x} = -\frac{y^2}{3x^2} + f'(xy) \cdot y, \quad \frac{\partial z}{\partial y} = \frac{2y}{3x} + f'(xy) \cdot x,$$

于是

$$x^2\frac{\partial z}{\partial x}-xy\frac{\partial z}{\partial y}=\left[-\frac{y^2}{3}+f'(xy)\cdot x^2y\right]-\left[\frac{2y^2}{3}+f'(xy)\cdot x^2y\right]=-y^2,$$

应选 B.

454.【答案】D

【解析】由于

$$\frac{\partial z}{\partial x}=f'(\sin x-\sin y)\cdot\cos x,\frac{\partial z}{\partial y}=\cos y-f'(\sin x-\sin y)\cdot\cos y,$$

于是 $\sec x\frac{\partial z}{\partial x}+\sec y\frac{\partial z}{\partial y}=f'(\sin x-\sin y)+1-f'(\sin x-\sin y)=1$,应选 D.

455.【答案】E

【解析】由复合函数的链式求导法则,知

$$\frac{\partial u}{\partial x}=f_1'+yf_2',\quad\frac{\partial v}{\partial x}=(1+y)g',$$

于是 $\frac{\partial u}{\partial x}\cdot\frac{\partial v}{\partial x}=(1+y)(f_1'+yf_2')g'$,应选 E.

456.【答案】C

【解析】由于

$$\frac{\partial z}{\partial x}=y+f\left(\frac{y}{x}\right)+xf'\left(\frac{y}{x}\right)\left(-\frac{y}{x^2}\right),\frac{\partial z}{\partial y}=x+xf'\left(\frac{y}{x}\right)\frac{1}{x},$$

于是 $x\frac{\partial z}{\partial x}+y\frac{\partial z}{\partial y}=xy+xf\left(\frac{y}{x}\right)-yf'\left(\frac{y}{x}\right)+xy+yf'\left(\frac{y}{x}\right)=xy+z$,应选 C.

457.【答案】D

【解析】根据复合函数的链式求导法则,知

$$\frac{\partial z}{\partial x}=\varphi'+\psi',\quad\frac{\partial^2 z}{\partial x^2}=\varphi''+\psi'',$$

$$\frac{\partial z}{\partial y}=\varphi'-\psi',\quad\frac{\partial^2 z}{\partial y^2}=\varphi''+\psi'',$$

于是 $\frac{\partial^2 z}{\partial x^2}-\frac{\partial^2 z}{\partial y^2}=0$,应该 D.

458.【答案】A

【解析】由复合函数的链式求导法则,知

$$\frac{\partial z}{\partial x}=f_1'\cdot y+f_2'\left(\frac{1}{x}+g'\cdot y\right),\frac{\partial z}{\partial y}=f_1'\cdot x+f_2'\cdot g'\cdot x,$$

于是 $x\frac{\partial z}{\partial x}-y\frac{\partial z}{\partial y}=f_2'$,应选 A.

459.【答案】C

【解析】根据复合函数求导法则,知

$$\frac{\mathrm{d}y}{\mathrm{d}x} = f_1' \cdot \mathrm{e}^x - f_2' \cdot \sin x,$$

$$\frac{\mathrm{d}^2 y}{\mathrm{d}x^2} = [f_{11}'' \cdot \mathrm{e}^x - f_{12}'' \cdot \sin x]\mathrm{e}^x + f_1' \cdot \mathrm{e}^x - f_2' \cdot \cos x - \sin x[f_{21}'' \cdot \mathrm{e}^x - f_{22}'' \cdot \sin x].$$

于是

$$\left.\frac{\mathrm{d}^2 y}{\mathrm{d}x^2}\right|_{x=0} = f_{11}''(1,1) + f_1'(1,1) - f_2'(1,1) = \left.\frac{\partial^2 f}{\partial u^2}\right|_{(1,1)} + \left.\frac{\partial f}{\partial u}\right|_{(1,1)} - \left.\frac{\partial f}{\partial v}\right|_{(1,1)} = 1 - 2 - (-3) = 2.$$

应选 C.

460.【答案】A

【解析】根据复合函数链式求导法则，知

$$\frac{\partial z}{\partial x} = f_1' \cdot \mathrm{e}^x \sin y + f_2' \cdot 2x,$$

再求二阶混合偏导数，得

$$\frac{\partial^2 z}{\partial x \partial y} = \mathrm{e}^x(f_{11}'' \cdot \mathrm{e}^x \cos y + f_{12}'' \cdot 2y)\sin y + \mathrm{e}^x f_1' \cos y + 2x(f_{21}'' \cdot \mathrm{e}^x \cos y + f_{22}'' \cdot 2y)$$

$$= f_{11}'' \cdot \mathrm{e}^{2x} \sin y \cos y + 2f_{12}'' \cdot \mathrm{e}^x(y\sin y + x\cos y) + 4f_{22}'' \cdot xy + f_1' \cdot \mathrm{e}^x \cos y,$$

于是，$\left.\dfrac{\partial^2 z}{\partial x \partial y}\right|_{\substack{x=0 \\ y=0}} = f_1'(0,0) = \left.\dfrac{\partial f}{\partial u}\right|_{(0,0)} = 2$，应选 A.

题组 B · 强化通关题

461.【答案】A

【解析】由于

$$\frac{\partial f(x,y)}{\partial x} = \frac{1}{1 + \left(\frac{x+y}{x-y}\right)^2} \cdot \frac{(x-y)-(x+y)}{(x-y)^2} = -\frac{y}{x^2+y^2},$$

$$\frac{\partial f(x,y)}{\partial y} = \frac{1}{1 + \left(\frac{x+y}{x-y}\right)^2} \cdot \frac{(x-y)+(x+y)}{(x-y)^2} = \frac{x}{x^2+y^2},$$

故 $\left.\dfrac{\partial f(x,y)}{\partial x}\right|_{(1,0)} = 0, \left.\dfrac{\partial f(x,y)}{\partial y}\right|_{(1,0)} = 1$，应选 A.

462.【答案】A

【解析】直接求偏导数，得

$$\frac{\partial f(x,y)}{\partial x} = \frac{2x(x^2+y^2-xy)-(x^2+y^2)(2x-y)}{(x^2+y^2-xy)^2} = \frac{-y(x^2-y^2)}{(x^2+y^2-xy)^2},$$

根据对称性，知 $\dfrac{\partial f(x,y)}{\partial y} = \dfrac{-x(y^2-x^2)}{(x^2+y^2-xy)^2}$. 于是

$$x\frac{\partial f(x,y)}{\partial x} + y\frac{\partial f(x,y)}{\partial y} = \frac{-xy(x^2-y^2)}{(x^2+y^2-xy)^2} + \frac{-xy(y^2-x^2)}{(x^2+y^2-xy)^2} = 0,$$

应选 A.

463.【答案】C

【解析】$\dfrac{\partial u}{\partial x}=3x^2y^3f^2\left(\dfrac{x+y}{xy}\right)+(xy)^3\cdot 2f\left(\dfrac{x+y}{xy}\right)f'\left(\dfrac{x+y}{xy}\right)\left(-\dfrac{1}{x^2}\right),$

$$\dfrac{\partial u}{\partial y}=3x^3y^2f^2\left(\dfrac{x+y}{xy}\right)+(xy)^3\cdot 2\cdot f\left(\dfrac{x+y}{xy}\right)f'\left(\dfrac{x+y}{xy}\right)\left(-\dfrac{1}{y^2}\right),$$

于是 $x^2\dfrac{\partial u}{\partial x}-y^2\dfrac{\partial u}{\partial y}=3x^3y^3(x-y)f^2\left(\dfrac{x+y}{xy}\right)=3(x-y)u$,故 $n=3$,应选 C.

464.【答案】B

【解析】由于

$$\dfrac{\partial z}{\partial x}=\dfrac{1}{2\sqrt{xy+f\left(\dfrac{y}{x}\right)}}\cdot\left[y+f'\left(\dfrac{y}{x}\right)\cdot y\cdot\dfrac{-1}{x^2}\right],$$

$$\dfrac{\partial z}{\partial y}=\dfrac{1}{2\sqrt{xy+f\left(\dfrac{y}{x}\right)}}\cdot\left[x+f'\left(\dfrac{y}{x}\right)\cdot\dfrac{1}{x}\right],$$

于是 $xz\dfrac{\partial z}{\partial x}+yz\dfrac{\partial z}{\partial y}=\dfrac{1}{2}\left[xy-\dfrac{y}{x}f'\left(\dfrac{y}{x}\right)\right]+\dfrac{1}{2}\left[xy+\dfrac{y}{x}f'\left(\dfrac{y}{x}\right)\right]=xy$,应选 B.

465.【答案】A

【解析】$\dfrac{\partial z}{\partial x}=\mathrm{e}^y\cdot y\mathrm{e}^{\frac{x^2}{2y^2}}\cdot\dfrac{x}{y^2}\cdot f',\dfrac{\partial z}{\partial y}=\mathrm{e}^yf+\mathrm{e}^y\cdot\left(\mathrm{e}^{\frac{x^2}{2y^2}}+y\mathrm{e}^{\frac{x^2}{2y^2}}\cdot\dfrac{x^2}{2}\cdot\dfrac{-2}{y^3}\right)f'.$

于是 $(x^2-y^2)\dfrac{\partial z}{\partial x}+xy\dfrac{\partial z}{\partial y}=xy\mathrm{e}^yf=xyz$,应选 A.

466.【答案】D

【解析】由复合函数的链式求导法则,知

$$\dfrac{\partial u}{\partial y}=f'_1\cdot x\cdot\dfrac{-1}{y^2}+f'_2\cdot x^y\ln x+f'_3\cdot x^{\frac{1}{y}}\ln x\cdot\dfrac{-1}{y^2},$$

于是,当 $x=1,y=1$ 时,$\dfrac{\partial u}{\partial y}\bigg|_{\substack{x=1\\y=1}}=-f'_1(1,1,1)=-\dfrac{\partial f}{\partial u}\bigg|_{(1,1,1)}=-1$,应选 D.

467.【答案】E

【解析】根据复合函数求导法则,知

$$\dfrac{\mathrm{d}y}{\mathrm{d}x}=f'_1[x,f(x,x^2)]\cdot 1+f'_2[x,f(x,x^2)]\cdot[f'_1(x,x^2)\cdot 1+f'_2(x,x^2)\cdot 2x].$$

于是

$$\dfrac{\mathrm{d}y}{\mathrm{d}x}\bigg|_{x=0}=f'_1(0,0)+f'_2(0,0)\cdot f'_1(0,0)=\dfrac{\partial f}{\partial u}\bigg|_{(0,0)}+\dfrac{\partial f}{\partial v}\bigg|_{(0,0)}\cdot\dfrac{\partial f}{\partial u}\bigg|_{(0,0)}=2+3\cdot 2=8.$$

应选 E.

468.【答案】D

【解析】根据复合函数链式求导法则,知

$$\frac{dy}{dx}=f_1'[f(x,e^{-x}),f(x^2,e^{-2x})]\cdot[f_1'(x,e^{-x})+f_2'(x,e^{-x})\cdot(-e^{-x})]$$

$$+f_2'[f(x,e^{-x}),f(x^2,e^{-2x})]\cdot[f_1'(x^2,e^{-2x})\cdot2x+f_2'(x_1^2,e^{-2x})\cdot(-2e^{-2x})]$$

于是

$$\frac{dy}{dx}\Big|_{x=0}=f_1'(0,0)\cdot[f_1'(0,1)-f_2'(0,1)]+f_2'(0,0)\cdot[-2f_2'(0,1)]$$

$$=\frac{\partial f}{\partial u}\Big|_{(0,0)}\cdot[f_1'(0,1)-f_2'(0,1)]-2\cdot\frac{\partial f}{\partial v}\Big|_{(0,0)}\cdot\frac{\partial f}{\partial v}\Big|_{(0,1)}=0-2\cdot2\cdot3=-12,$$

应选 D.

469.【答案】A

【解析】根据复合函数链式求导法则,知

$$\frac{\partial g}{\partial x}=yf_1'+xf_2',\qquad\frac{\partial g}{\partial y}=xf_1'-yf_2',$$

再求二阶偏导数,得

$$\frac{\partial^2 g}{\partial x^2}=y^2f_{11}''+2xyf_{12}''+x^2f_{22}''+f_2',$$

$$\frac{\partial^2 g}{\partial y^2}=x^2f_{11}''-2xyf_{12}''+y^2f_{22}''-f_2',$$

于是

$$\frac{\partial^2 g}{\partial x^2}+\frac{\partial^2 g}{\partial y^2}=(x^2+y^2)f_{11}''+(x^2+y^2)f_{22}''=(x^2+y^2)(f_{11}''+f_{22}'')$$

$$=(x^2+y^2)\left(\frac{\partial^2 f}{\partial u^2}+\frac{\partial^2 f}{\partial v^2}\right)=x^2+y^2,$$

应选 A.

470.【答案】C

【解析】由于 $df(x,y)=(x^2+axy-y^2)dx+(x^2-bxy-y^2)dy$,则

$$\frac{\partial f}{\partial x}=x^2+axy-y^2,\qquad\frac{\partial f}{\partial y}=x^2-bxy-y^2,$$

进而

$$\frac{\partial^2 f}{\partial x\partial y}=ax-2y,\qquad\frac{\partial^2 f}{\partial y\partial x}=2x-by,$$

由于 $\frac{\partial^2 f}{\partial x\partial y}$ 与 $\frac{\partial^2 f}{\partial y\partial x}$ 均连续,所以 $\frac{\partial^2 f}{\partial x\partial y}=\frac{\partial^2 f}{\partial y\partial x}$,即 $ax-2y=2x-by$,故 $a=2,b=2$,应选 C.

471.【答案】A

【解析】由 $df(x,y)=\frac{xdy-ydx}{x^2+y^2}$知

$$\frac{\partial f(x,y)}{\partial x}=\frac{-y}{x^2+y^2},\qquad \frac{\partial f(x,y)}{\partial y}=\frac{x}{x^2+y^2}.$$

将 $\dfrac{\partial f(x,y)}{\partial x}=\dfrac{-y}{x^2+y^2}$ 关于 x 积分,得 $f(x,y)=-\arctan\dfrac{x}{y}+g(y)$.

于是 $\dfrac{\partial f(x,y)}{\partial y}=-\dfrac{1}{1+\dfrac{x^2}{y^2}}\cdot\left(-\dfrac{x}{y^2}\right)+g'(y)=\dfrac{x}{x^2+y^2}$,故 $g'(y)=0$,则 $g(y)=C$.

综上可知,$f(x,y)=-\arctan\dfrac{x}{y}+C$.

又因为 $f(1,1)=-\arctan 1+C=\dfrac{\pi}{4}$,所以 $C=\dfrac{\pi}{2}$.

因此,$f(\sqrt{3},3)=-\arctan\dfrac{\sqrt{3}}{3}+\dfrac{\pi}{2}=\dfrac{\pi}{2}-\dfrac{\pi}{6}=\dfrac{\pi}{3}$,应选 A.

472. 【答案】C

【解析】**方法一:凑微分法.**

由于

$$\begin{aligned}\mathrm{d}f(x,y)&=2xy\mathrm{d}x+\sin y\mathrm{d}x+x^2\mathrm{d}y+x\cos y\mathrm{d}y\\&=(2xy\mathrm{d}x+x^2\mathrm{d}y)+(\sin y\mathrm{d}x+x\cos y)\mathrm{d}y\\&=\mathrm{d}(x^2y)+\mathrm{d}(x\sin y)\\&=\mathrm{d}(x^2y+x\sin y),\end{aligned}$$

所以 $f(x,y)=x^2y+x\sin y+C$,又 $f(0,0)=C=0$,于是 $f(x,y)=x^2y+x\sin y$,进而 $f(1,\pi)=\pi$,应选 C.

方法二:偏积分法.

由题意可知,$\dfrac{\partial f}{\partial x}=2xy+\sin y$,$\dfrac{\partial f}{\partial y}=x^2+x\cos y$.

由 $\dfrac{\partial f}{\partial x}=2xy+\sin y$,知

$$f(x,y)=\int\frac{\partial f}{\partial x}\mathrm{d}x=\int(2xy+\sin y)\mathrm{d}x=x^2y+x\sin y+\varphi(y),$$

于是

$$\frac{\partial f}{\partial y}=x^2+x\cos y+\varphi'(y)=x^2+x\cos y,$$

则 $\varphi'(y)=0$,进而 $\varphi(y)=C$.

因此,$f(x,y)=x^2y+x\sin y+C$,又 $f(0,0)=C=0$,于是 $f(x,y)=x^2y+x\sin y$,进而 $f(1,\pi)=\pi$,应选 C.

4.3 二元隐函数的偏导数与全微分计算

题组 A · 基础通关题

473.【答案】A

【解析】设三元函数 $F(x,y,z) = \mathrm{e}^z + xyz + x + \cos x - 2$.

根据二元隐函数偏导数计算公式,得

$$\frac{\partial z}{\partial x} = -\frac{F'_x}{F'_z} = -\frac{yz+1-\sin x}{\mathrm{e}^z+xy}, \qquad \frac{\partial z}{\partial y} = -\frac{F'_y}{F'_z} = -\frac{xz}{\mathrm{e}^z+xy}.$$

当 $x=0, y=1$ 时,回代入原方程解得 $z=0$,于是 $\left.\dfrac{\partial z}{\partial x}\right|_{(0,1)} = -1$,$\left.\dfrac{\partial z}{\partial y}\right|_{(0,1)} = 0$,因此 $\mathrm{d}z|_{(0,1)} = -\mathrm{d}x$,应选 A.

474.【答案】B

【解析】令三元函数 $F(x,y,z) = (x+1)z + y\ln z - \arctan 2xy - 1$.

由二元隐函数偏导数计算公式,知

$$\frac{\partial z}{\partial x} = -\frac{F'_x}{F'_z} = -\frac{z - \dfrac{1}{1+(2xy)^2} \cdot 2y}{x+1+\dfrac{y}{z}}.$$

当 $x=0, y=2$ 时,回代入原方程中解得 $z=1$,进而 $\left.\dfrac{\partial z}{\partial x}\right|_{(0,2)} = 1$,应选 B.

475.【答案】E

【解析】设三元函数 $F(x,y,z) = \mathrm{e}^{2yz} + x + y^2 + z - \dfrac{7}{4}$.

由二元隐函数偏导数计算公式,知

$$\frac{\partial z}{\partial x} = -\frac{F'_x}{F'_z} = -\frac{1}{2y\mathrm{e}^{2yz}+1}, \qquad \frac{\partial z}{\partial y} = -\frac{F'_y}{F'_z} = -\frac{2z\mathrm{e}^{2yz}+2y}{2y\mathrm{e}^{2yz}+1},$$

当 $x=\dfrac{1}{2}, y=\dfrac{1}{2}$ 时,回代入原方程中解得 $z=0$,于是 $\left.\dfrac{\partial z}{\partial x}\right|_{\left(\frac{1}{2},\frac{1}{2}\right)} = -\dfrac{1}{2}$,$\left.\dfrac{\partial z}{\partial y}\right|_{(0,0)} = -\dfrac{1}{2}$.

因此,$\mathrm{d}z|_{(0,0)} = -\dfrac{1}{2}\mathrm{d}x - \dfrac{1}{2}\mathrm{d}y$,应选 E.

476.【答案】A

【解析】设三元函数 $G(x,y,z) = F(x-2z, y-3z)$.

由二元隐函数偏导数计算公式,知

$$\frac{\partial z}{\partial x} = -\frac{G'_x}{G'_z} = -\frac{F'_1}{-2F'_1-3F'_2} = \frac{F'_1}{2F'_1+3F'_2},$$

$$\frac{\partial z}{\partial y} = -\frac{G'_y}{G'_z} = -\frac{F'_2}{-2F'_1-3F'_2} = \frac{F'_2}{2F'_1+3F'_2},$$

于是 $2\frac{\partial z}{\partial x}+3\frac{\partial z}{\partial y}=1$，应选 A.

477.【答案】A

【解析】令三元函数 $F(x,y,z)=yf(x^2-z^2)-x-z.$

由二元隐函数偏导数计算公式，知

$$\frac{\partial z}{\partial x} = -\frac{F'_x}{F'_z} = -\frac{2xyf'-1}{-2zyf'-1} = \frac{2xyf'-1}{2zyf'+1},$$

$$\frac{\partial z}{\partial y} = -\frac{F'_y}{F'_z} = -\frac{f}{-2zyf'-1} = \frac{f}{2zyf'+1},$$

所以

$$z\frac{\partial z}{\partial x}+y\frac{\partial z}{\partial y}=z\frac{2xyf'-1}{2zyf'+1}+y\frac{f}{2zyf'+1}=\frac{2xyzf'+x}{2zyf'+1}=x,$$

应选 A.

478.【答案】D

【解析】方程 $x+y-z=\mathrm{e}^z$ 两边对 x 求导，得

$$1-\frac{\partial z}{\partial x}=\mathrm{e}^z\frac{\partial z}{\partial x}. \tag{①}$$

当 $x=0,y=1$ 时，代入原方程解得 $z=0$，于是 $\dfrac{\partial z}{\partial x}\bigg|_{(0,1)}=\dfrac{1}{2}.$ 再根据对称性知 $\dfrac{\partial z}{\partial y}\bigg|_{(0,1)}=\dfrac{1}{2}.$

①式两边再对 y 求导，得

$$-\frac{\partial^2 z}{\partial x\partial y}=\mathrm{e}^z\frac{\partial z}{\partial y}\frac{\partial z}{\partial x}+\mathrm{e}^z\frac{\partial^2 z}{\partial x\partial y}, \tag{②}$$

当 $x=0,y=1$ 时，$z=0$，$\dfrac{\partial z}{\partial x}\bigg|_{(0,1)}=\dfrac{1}{2}$，$\dfrac{\partial z}{\partial y}\bigg|_{(0,1)}=\dfrac{1}{2}$，代入②中，解得 $\dfrac{\partial^2 z}{\partial x\partial y}\bigg|_{(0,1)}=-\dfrac{1}{8}.$

应选 D.

479.【答案】B

【解析】令三元函数 $F(x,y,z)=\mathrm{e}^{xy}+yz+\ln(1+x^2+y^2)-\cos(z-1)$，则

$$F'_x(x,y,z)=y\mathrm{e}^{xy}+\frac{2x}{1+x^2+y^2},$$

$$F'_y(x,y,z)=x\mathrm{e}^{xy}+z+\frac{2y}{1+x^2+y^2},$$

$$F'_z(x,y,z)=y+\sin(z-1),$$

于是 $F'_x(0,0,1)=0$，$F'_y(0,0,1)=1\neq0$，$F'_z(0,0,1)=0$，因此在点 $(0,0,1)$ 的某邻域内该方程只能确定一个具有连续偏导数的函数 $y=y(x,z)$，应选 B.

题组 B · 强化通关题

480.【答案】A

【解析】设三元函数 $F(x,y,z) = (y+z)^x - xy = e^{x\ln(y+z)} - xy$.

由二元隐函数偏导数计算公式,知

$$\frac{\partial z}{\partial x} = -\frac{F'_x}{F'_z} = -\frac{e^{x\ln(y+z)}\ln(y+z) - y}{e^{x\ln(y+z)}\dfrac{x}{y+z}}.$$

当 $x=1, y=2$ 时,回代入原方程得 $z=0$,故 $\dfrac{\partial z}{\partial x}\bigg|_{(1,2)} = 2 - 2\ln 2$,应选 A.

481.【答案】D

【解析】设三元函数 $F(x,y,z) = \dfrac{1}{z} - \dfrac{1}{x} - f\left(\dfrac{1}{y} - \dfrac{1}{x}\right)$.

由二元隐函数偏导数计算公式,知

$$\frac{\partial z}{\partial x} = -\frac{F'_x}{F'_z} = -\frac{\dfrac{1}{x^2} - f'\left(\dfrac{1}{y} - \dfrac{1}{x}\right)\dfrac{1}{x^2}}{-\dfrac{1}{z^2}},$$

$$\frac{\partial z}{\partial y} = -\frac{F'_y}{F'_z} = -\frac{-f'\left(\dfrac{1}{y} - \dfrac{1}{x}\right)\dfrac{-1}{y^2}}{-\dfrac{1}{z^2}},$$

于是 $x^2\dfrac{\partial z}{\partial x} + y^2\dfrac{\partial z}{\partial y} = \dfrac{1 - f'\left(\dfrac{1}{y} - \dfrac{1}{x}\right) + f'\left(\dfrac{1}{y} - \dfrac{1}{x}\right)}{\dfrac{1}{z^2}} = z^2$,应选 D.

482.【答案】C

【解析】将 $x=1, y=1$ 代入 $e^z + xz = 2x - y$,得 $e^z + z = 1$.因为函数 $g(z) = e^z + z$ 是增函数,且 $g(0) = 1$,所以由 $e^z + z = 1$ 可得 $z = 0$.

在 $e^z + xz = 2x - y$ 两端对 x 求偏导数,得

$$e^z\frac{\partial z}{\partial x} + z + x\frac{\partial z}{\partial x} = 2, \qquad ①$$

将 $x=1, y=1, z=0$ 代入①式,可得 $\dfrac{\partial z}{\partial x}\bigg|_{(1,1)} = 1$.

在①式两端再对 x 求偏导数,得

$$e^z\left(\frac{\partial z}{\partial x}\right)^2 + e^z\frac{\partial^2 z}{\partial x^2} + \frac{\partial z}{\partial x} + \frac{\partial z}{\partial x} + x\frac{\partial^2 z}{\partial x^2} = 0, \qquad ②$$

将 $x=1, y=1, z=0, \dfrac{\partial z}{\partial x}\bigg|_{(1,1)} = 1$ 代入②式,可得 $\dfrac{\partial^2 z}{\partial x^2}\bigg|_{(1,1)} = -\dfrac{3}{2}$,应选 C.

483.【答案】B

【解析】由二元隐函数偏导数计算公式,知

$$\frac{\partial x}{\partial y}=-\frac{F'_y}{F'_x},\frac{\partial y}{\partial z}=-\frac{F'_z}{F'_y},\frac{\partial z}{\partial x}=-\frac{F'_x}{F'_z},$$

于是 $\dfrac{\partial x}{\partial y}\cdot\dfrac{\partial y}{\partial z}\cdot\dfrac{\partial z}{\partial x}=\left(-\dfrac{F'_y}{F'_x}\right)\cdot\left(-\dfrac{F'_z}{F'_y}\right)\cdot\left(-\dfrac{F'_x}{F'_z}\right)=-1$,应选 B.

484.【答案】C

【解析】由 $\varphi(x^2,\mathrm{e}^{\sin x},z)=0$ 知,z 是关于 x 的一元隐函数,于是

$$\frac{\mathrm{d}u}{\mathrm{d}x}=f'_1+f'_2\cdot\cos x+f'_3\cdot\frac{\mathrm{d}z}{\mathrm{d}x}.\qquad ①$$

方程 $\varphi(x^2,\mathrm{e}^{\sin x},z)=0$ 两边对 x 求导,得

$$\varphi'_1\cdot 2x+\varphi'_2\cdot\mathrm{e}^y\cos x+\varphi'_3\cdot\frac{\mathrm{d}z}{\mathrm{d}x}=0,$$

解得 $\dfrac{\mathrm{d}z}{\mathrm{d}x}=-\dfrac{1}{\varphi'_3}(\varphi'_1\cdot 2x+\varphi'_2\cdot\mathrm{e}^y\cos x)$,再代入①,得

$$\frac{\mathrm{d}u}{\mathrm{d}x}=f'_1+f'_2\cdot\cos x-f'_3\cdot\frac{1}{\varphi'_3}(\varphi'_1\cdot 2x+\varphi'_2\cdot\mathrm{e}^y\cos x).$$

当 $x=0$ 时,$y=0$. 又 $\varphi(0,1,0)=0$,于是 $z=0$.

因此,$\dfrac{\mathrm{d}u}{\mathrm{d}x}\bigg|_{x=0}=f'_1(0,0,0)+f'_2(0,0,0)-f'_3(0,0,0)\cdot\dfrac{1}{\varphi'_3(0,1,0)}\cdot\varphi'_2(0,1,0)=-1.$

应选 C.

485.【答案】D

【解析】设三元函数 $f(x,y,z)=f(x,x+y,x+y+z)$,根据隐函数求导公式,知

$$\frac{\partial z}{\partial x}=-\frac{F'_x}{F'_z}=-\frac{f'_1\cdot 1+f'_2\cdot 1+f'_3\cdot 1}{f'_3\cdot 1},$$

$$\frac{\partial z}{\partial y}=-\frac{F'_y}{F'_z}=-\frac{f'_2\cdot 1+f'_3\cdot 1}{f'_3\cdot 1},$$

于是

$$\frac{\partial z}{\partial x}\bigg|_{\substack{x=0\\y=0}}=-\frac{f'_1(0,0,1)+f'_2(0,0,1)+f'_3(0,0,1)}{f'_3(0,0,1)}=-\frac{\dfrac{\partial f}{\partial u}\bigg|_{(0,0,1)}+\dfrac{\partial f}{\partial v}\bigg|_{(0,0,1)}+\dfrac{\partial f}{\partial w}\bigg|_{(0,0,1)}}{\dfrac{\partial f}{\partial w}\bigg|_{(0,0,1)}}=-2,$$

$$\frac{\partial z}{\partial y}\bigg|_{\substack{x=0\\y=0}}=-\frac{f'_2(0,0,1)+f'_3(0,0,1)}{f'_3(0,0,1)}=-\frac{\dfrac{\partial f}{\partial v}\bigg|_{(0,0,1)}+\dfrac{\partial f}{\partial w}\bigg|_{(0,0,1)}}{\dfrac{\partial f}{\partial w}\bigg|_{(0,0,1)}}=-\frac{3}{2},$$

因此 $\left(\dfrac{\partial z}{\partial x}+\dfrac{\partial z}{\partial y}\right)\bigg|_{(0,0)}=-\dfrac{7}{2}$,应选 D.

$$\boxed{4.4 \quad 多元函数极值与最值}$$

题组 A · 基础通关题

486.【答案】E

【解析】求一阶偏导数，得 $f'_x(x,y)=2x+y+1$，$f'_y(x,y)=x+2y-1$.

在点 $(0,0)$ 处，$f'_x(0,0)=1$，$f'_y(0,0)=-1$，于是 $(0,0)$ 不是 $f(x,y)$ 的极值点.

在点 $(1,1)$ 处，$f'_x(1,1)=4$，$f'_y(1,1)=2$，于是 $(1,1)$ 不是 $f(x,y)$ 的极值点.

在点 $(1,-1)$ 处，$f'_x(1,-1)=2$，$f'_y(1,-1)=-2$，于是 $(1,-1)$ 不是 $f(x,y)$ 的极值点.

在点 $(-1,1)$ 处，$f'_x(-1,1)=0$，$f'_y(-1,1)=0$，即 $(-1,1)$ 是 $f(x,y)$ 的驻点.

再求二阶偏导数，得

$$f''_{xx}(x,y)=2,\ f''_{xy}(x,y)=1,\ f''_{yy}(x,y)=2,$$

于是，在驻点 $(-1,1)$ 处，$A=f''_{xx}(-1,1)=2$，$B=f''_{xy}(-1,1)=1$，$C=f''_{yy}(-1,1)=2$，故 $B^2-AC=-3<0$，且 $A>0$，因此函数 $f(x,y)$ 在点 $(-1,1)$ 处取极小值，应选 E.

487.【答案】E

【解析】求一阶偏导数，得 $f'_x(x,y)=-4x^3+4y$，$f'_y(x,y)=-4y^3+4x$.

易验证，$(0,0)$、$(1,1)$ 与 $(-1,-1)$ 均为函数的驻点.

再求二阶偏导数，得 $f''_{xx}=-12x^2$，$f''_{xy}=4$，$f''_{yy}=-12y^2$.

在点 $(0,0)$ 处，$A=0$，$B=4$，$C=0$，此时 $B^2-AC=16>0$，所以 $(0,0)$ 不是 $f(x,y)$ 的极值点.

在 $(1,1)$ 处，$A=-12$，$B=4$，$C=-12$，此时 $B^2-AC=-128<0$，且 $A<0$，所以 $(1,1)$ 是 $f(x,y)$ 的极大值点，且极大值为 $f(1,1)=1$.

同理，$f(x,y)$ 在驻点 $(-1,-1)$ 处取极大值 $f(-1,-1)=1$，应选 E.

488.【答案】E

【解析】求一阶偏导数，得 $f'_x(x,y)=4x^3-2x-2y$，$f'_y(x,y)=4y^3-2x-2y$.

在点 $(1,-1)$ 处，$f'_x(1,-1)=4$，$f'_y(1,-1)=-4$，于是 $(1,-1)$ 不是 $f(x,y)$ 的极值点.

在点 $(1,1)$ 与 $(-1,-1)$ 处，可验证 $(1,1)$ 与 $(-1,-1)$ 均为 $f(x,y)$ 的驻点.

再求二阶偏导数，得

$$f''_{xx}(x,y)=12x^2-2,\ f''_{xy}(x,y)=-2,\ f''_{yy}(x,y)=12y^2-2.$$

在点 $(1,1)$ 处，$A=10$，$B=-2$，$C=10$，故 $B^2-AC<0$，$A>0$，于是 $(1,1)$ 是 $f(x,y)$ 的极小值点.

在点 $(-1,-1)$ 处，$A=10$，$B=-2$，$C=10$，故 $B^2-AC<0$，$A>0$，于是 $(-1,-1)$ 也是 $f(x,y)$ 的极小值点.

应选 E.

489.【答案】E

【解析】求一阶偏导数，得 $f'_x(x,y)=2x(2+y^2)$，$f'_y(x,y)=2x^2y+\ln y+1$.

在点 $(0,1)$ 处，$f'_x(0,1)=0$，$f'_y(0,1)=1$，于是 $(0,1)$ 不是 $f(x,y)$ 的极值点.

在点 $(0,e)$ 处，$f'_x(0,e)=0$，$f'_y(0,e)=2$，于是 $(0,e)$ 也不是 $f(x,y)$ 的极值点.

在点 $(0,e^{-1})$ 处，可验证 $(0,e^{-1})$ 为 $f(x,y)$ 的驻点.

再求二阶偏导数，得

$$f''_{xx}=2(2+y^2),\ f''_{xy}=4xy,\ f''_{yy}=2x^2+\frac{1}{y}.$$

在驻点 $(0,e^{-1})$ 处，有

$$A=f''_{xx}(0,e^{-1})=2(2+e^{-2})>0,\ B=f''_{xy}(0,e^{-1})=0,\ C=f''_{yy}(0,e^{-1})=e,$$

故 $B^2-AC=-2e(2+e^{-2})<0$，且 $A>0$，于是 $(0,e^{-1})$ 是 $f(x,y)$ 的极小值点，应选 E.

490.【答案】A

【解析】求一阶偏导数，得 $z'_x=f'(x)\cdot\ln f(y)$，$z'_y=f(x)\cdot\dfrac{f'(y)}{f(y)}$，于是

$$z'_x\big|_{(0,0)}=f'(x)\cdot\ln f(y)\big|_{(0,0)}=f'(0)\ln f(0)=0,$$

$$z'_y\big|_{(0,0)}=f(x)\cdot\frac{f'(y)}{f(y)}\bigg|_{(0,0)}=f'(0)=0,$$

即 $(0,0)$ 为函数 $z=f(x)\ln f(y)$ 的驻点.

再求二阶偏导数，得

$$z''_{xx}=f''(x)\ln f(y),\ z''_{xy}=f'(x)\frac{f'(y)}{f(y)},\ z''_{yy}=f(x)\frac{f''(y)f(y)-[f'(y)]^2}{f^2(y)},$$

于是在 $(0,0)$ 处，$A=f''(0)\ln f(0)$，$B=0$，$C=f''(0)$.

若使得函数在点 $(0,0)$ 处取得极小值，则需要满足 $B^2-AC<0$，$A>0$，即

$$[f''(0)]^2\ln f(0)>0,\ f''(0)\ln f(0)>0,$$

解得 $f(0)>1$，$f''(0)>0$，应选 A.

491.【答案】E

【解析】求一阶偏导数，得

$$f'_x(x,y)=e^{-x^2-y^2}+(x+y)e^{-x^2-y^2}\cdot(-2x)=(1-2x^2-2xy)e^{-x^2-y^2},$$

$$f'_y(x,y)=e^{-x^2-y^2}+(x+y)e^{-x^2-y^2}\cdot(-2y)=(1-2y^2-2xy)e^{-x^2-y^2}.$$

在点 $(0,0)$ 处，$f'_x(0,0)=1$，$f'_y(0,0)=1$，于是 $(0,0)$ 不是 $f(x,y)$ 的极值点.

在点 $\left(\dfrac{1}{2},\dfrac{1}{2}\right)$ 与 $\left(-\dfrac{1}{2},-\dfrac{1}{2}\right)$ 处，可验证 $\left(\dfrac{1}{2},\dfrac{1}{2}\right)$ 与 $\left(-\dfrac{1}{2},-\dfrac{1}{2}\right)$ 均为 $f(x,y)$ 的驻点.

再求二阶偏导数，得

$$f''_{xx}=-2(2x+y)e^{-x^2-y^2}-2x(1-2x^2-2xy)e^{-x^2-y^2},$$

$$f''_{xy}=-2xe^{-x^2-y^2}-2y(1-2x^2-2xy)e^{-x^2-y^2},$$

$$f''_{yy}=-2(x+2y)e^{-x^2-y^2}-2y(1-2y^2-2xy)e^{-x^2-y^2}.$$

在 $\left(\dfrac{1}{2},\dfrac{1}{2}\right)$ 处，$A=-3e^{-\frac{1}{2}}$，$B=-e^{-\frac{1}{2}}$，$C=-3e^{-\frac{1}{2}}$，故 $B^2-AC=-8e^{-1}<0$，$A<0$，于是 $\left(\dfrac{1}{2},\dfrac{1}{2}\right)$ 是 $f(x,y)$ 的极大值点.

同理，在 $\left(-\dfrac{1}{2},-\dfrac{1}{2}\right)$ 处，$B^2-AC=-8e^{-1}<0$，$A>0$，于是 $\left(-\dfrac{1}{2},-\dfrac{1}{2}\right)$ 是 $f(x,y)$ 的极小值点.

应选 E.

小课堂

若观察出函数 $f(x,y)=(x+y)e^{-x^2-y^2}$ 中 x 与 y 具有对称性，则将会极大地减小解题的计算量.

例如，在本题中，当计算出 $f'_x\left(\dfrac{1}{2},\dfrac{1}{2}\right)=0$，则可根据对称性得 $f'_y\left(\dfrac{1}{2},\dfrac{1}{2}\right)=0$；计算出 $A=f''_{xx}\left(\dfrac{1}{2},\dfrac{1}{2}\right)=-3e^{-\frac{1}{2}}$，则可根据对称性得 $C=f''_{yy}\left(\dfrac{1}{2},\dfrac{1}{2}\right)=-3e^{-\frac{1}{2}}$.

492.【答案】E

【解析】设拉格朗日函数为 $L=2x-y+5+\lambda\left(x^2+y^2-5\right)$，则令

$$\begin{cases} L'_x=2+2\lambda x=0, \\ L'_y=-1+2\lambda y=0, \\ L'_\lambda=x^2+y^2-5=0, \end{cases}$$

解得驻点 $(-2,1),(2,-1)$.

又因为 $f(-2,1)=0,f(2,-1)=10$，所以 $f(x,y)=2x-y+1$ 在 $x^2+y^2=5$ 的条件下最大值为 10，最小值为 0，应选 E.

小课堂

本题中方程组的求解过程如下：

令

$$\begin{cases} L'_x=2+2\lambda x=0, & ① \\ L'_y=-1+2\lambda y=0, & ② \\ L'_\lambda=x^2+y^2-5=0, & ③ \end{cases}$$

由 ①+2×② 式，知 $\lambda(2y+x)=0$.

当 $\lambda\neq0$ 时，$x=-2y$，代入 ③ 式中，得 $y^2=1$，即 $y=\pm1$，故解得驻点 $(-2,1),(2,-1)$.

当 $\lambda=0$ 时，由 ② 知矛盾，故舍去.

综上所述，解得两个驻点 $(-2,1),(2,-1)$.

493.【答案】A

【解析】设直角三角形的两直角边长度分别为 x,y，根据勾股定理有 $x^2+y^2=1$，且直角三角形的周长为 $x+y+1$，因此本题所求问题即"求 $x+y+1$ 在约束条件 $x^2+y^2=1$ 下的最大值".

设拉格朗日函数为

$$F(x,y,\lambda)=x+y+1+\lambda\left(x^2+y^2-1\right).$$

令

$$\begin{cases} F_x = 1 + 2\lambda x = 0, \\ F_y = 1 + 2\lambda y = 0, \\ F_\lambda = x^2 + y^2 - 1 = 0, \end{cases}$$

解得唯一驻点 $x = y = \dfrac{\sqrt{2}}{2}$，故当 $x = y = \dfrac{\sqrt{2}}{2}$ 时直角三角形的周长最大，且最大周长为 $\sqrt{2} + 1$，应选 A.

题组 B·强化通关题

494.【答案】E

【解析】令 $\begin{cases} \dfrac{\partial z}{\partial x} = 3ay - 3x^2 = 0, \\ \dfrac{\partial z}{\partial y} = 3ax - 3y^2 = 0, \end{cases}$，解得驻点 $(0,0)$，(a,a).

再求函数的二阶偏导数，得

$$\frac{\partial^2 z}{\partial x^2} = -9x, \frac{\partial^2 z}{\partial x \partial y} = 3a, \frac{\partial^2 z}{\partial y^2} = -6y.$$

在点 $(0,0)$ 处，有 $A = 0, B = 3a, C = 0$，故 $B^2 - AC = 9a^2 > 0$，因此 $(0,0)$ 不是极值点.

在点 (a,a) 处，有 $A = -9a, B = 3a, C = -6a$，故 $B^2 - AC = -27a^2 < 0$，因此 (a,a) 是极值点. 当 $a > 0$ 时，$A = -9a < 0$，此时 (a,a) 是极大值点；当 $a < 0$ 时 $A = -9a > 0$，此时 (a,a) 是极小值点. 因此，(a,a) 是极大值点还是极小值点，与 a 的正负有关，故应选 E.

495.【答案】E

【解析】令 $\begin{cases} f'_x = 2e^{2x}(x + y^2 + 2y) + e^{2x} = 0, \\ f'_y = e^{2x}(2y + 2) = 0, \end{cases}$ 整理得

$$\begin{cases} e^{2x}(2x + 2y^2 + 4y + 1) = 0, \\ e^{2x}(y + 1) = 0, \end{cases}$$

解得驻点 $\left(\dfrac{1}{2}, -1\right)$.

由于 $f'_x(0,0) = 1, f'_y(0,0) = 1$，则 $(0,0)$ 不是函数 $f(x,y)$ 的极值点.

由于 $f'_x(1,-1) = e^2, f'_y(1,-1) = 0$，则 $(1,-1)$ 不是函数 $f(x,y)$ 的极值点.

再求二阶偏导数，得

$$f''_{xx} = 2e^{2x}(2x + 2y^2 + 4y + 1) + 2e^{2x},$$
$$f''_{xy} = e^{2x}(4y + 4), f''_{yy} = 2e^{2x}.$$

当 $x = \dfrac{1}{2}, y = -1$ 时，$A = f''_{xx}\left(\dfrac{1}{2}, -1\right) = 2e, B = f''_{xy}\left(\dfrac{1}{2}, -1\right) = 0, C = f''_{yy}\left(\dfrac{1}{2}, -1\right) = 2e$，

故 $B^2 - AC < 0$，且 $A > 0$，则 $\left(\dfrac{1}{2}, -1\right)$ 为函数 $f(x,y)$ 的极小值点，应选 E.

496.【答案】D

【解析】由函数 $f(x,y)$ 可微知 $f'_x(x,y), f'_y(x,y)$ 均存在.

因为 $f(x,y)$ 在 (x_0,y_0) 处取极小值，且 $f'_x(x_0,y_0)$，$f'_y(x_0,y_0)$ 存在，由极值的必要条件知 $f'_x(x_0,y_0)=0$，$f'_y(x_0,y_0)=0$.

由偏导数定义可知，$f'_y(x_0,y_0)$ 为 $f(x_0,y)$ 在 $y=y_0$ 处的导数，$f'_x(x_0,y_0)$ 为 $f(x,y_0)$ 在 $x=x_0$ 处的导数，于是②与④均正确，应选 D.

497.【答案】E

【解析】令 $\begin{cases}\dfrac{\partial f}{\partial x}=4x^3-2x-2y=0,\\[2mm]\dfrac{\partial f}{\partial y}=4y^3-2x-2y=0,\end{cases}$ 可验证 $(0,0)$，$(1,1)$，$(-1,-1)$ 均为驻点.

再求该函数的二阶偏导数，得

$$\frac{\partial^2 f}{\partial x^2}=12x^2-2,\ \frac{\partial^2 f}{\partial x\partial y}=-2,\ \frac{\partial^2 f}{\partial y^2}=12y^2-2.$$

在点 $(1,1)$ 处，有 $A=10$，$B=-2$，$C=10$，$B^2-AC=-96<0$，$A>0$，所以 $(1,1)$ 为极小值点.

同理，$(-1,-1)$ 也为极小值点.

在点 $(0,0)$ 处，$A=-2$，$B=-2$，$C=-2$，$B^2-AC=0$，所以

此时无法确定在 $(0,0)$ 处是否取极值.又因为在直线 $y=x$ 上，利用极值的充分条件无法判定，故改用极值的定义.

在以 $(0,0)$ 为中心的某邻域内取一点 $(\varepsilon,\varepsilon)$，有

$$f(\varepsilon,\varepsilon)=2\varepsilon^4-4\varepsilon^2<0.$$

在以 $(0,0)$ 为中心的某邻域内取一点 $(\varepsilon,-\varepsilon)$，有

$$f(\varepsilon,\varepsilon)=2\varepsilon^4>0.$$

又因为 $f(0,0)=0$，所以 $(0,0)$ 不是极值点，应选 E.

498.【答案】C

【解析】由于 $\lim\limits_{\substack{x\to 0\\y\to 0}}\dfrac{f(x,y)}{\ln(1+x^2+y^2)}=\lim\limits_{\substack{x\to 0\\y\to 0}}\dfrac{f(x,y)}{x^2+y^2}=-1$，于是 $\lim\limits_{\substack{x\to 0\\y\to 0}}f(x,y)=0$.

又 $f(x,y)$ 连续，所以 $f(0,0)=\lim\limits_{\substack{x\to 0\\y\to 0}}f(x,y)=0$.

由 $\lim\limits_{\substack{x\to 0\\y\to 0}}\dfrac{f(x,y)}{x^2+y^2}=-1$，知 $\lim\limits_{x\to 0}\dfrac{f(x,0)}{x^2}=-1$，进而根据偏导数定义知

$$\frac{\partial f}{\partial x}\bigg|_{(0,0)}=\lim\limits_{x\to 0}\frac{f(x,0)-f(0,0)}{x}=\lim\limits_{x\to 0}\frac{f(x,0)}{x}=\lim\limits_{x\to 0}\left[\frac{f(x,0)}{x^2}\cdot x\right]=0,$$

根据对称性，则 $\dfrac{\partial f}{\partial x}\bigg|_{(0,0)}=0$，$\dfrac{\partial f}{\partial y}\bigg|_{(0,0)}=0$.

再根据可微的定义，知

$$\lim\limits_{\substack{x\to 0\\y\to 0}}\frac{[f(x,y)-f(0,0)]-[f'_x(0,0)x+f'_y(0,0)y]}{\sqrt{x^2+y^2}}$$

$$=\lim\limits_{\substack{x\to 0\\y\to 0}}\frac{f(x,y)}{\sqrt{x^2+y^2}}=\lim\limits_{\substack{x\to 0\\y\to 0}}\left(\frac{f(x,y)}{x^2+y^2}\cdot\sqrt{x^2+y^2}\right)=0,$$

所以 $f(x,y)$ 在 $(0,0)$ 处可微，即 $\mathrm{d}f\big|_{(0,0)}=0$，③正确.

因为 $\lim\limits_{\substack{x\to 0\\y\to 0}}\dfrac{f(x,y)}{x^2+y^2}=-1<0$,根据极限的局部保号性知,在 $(0,0)$ 的某去心邻域内有 $\dfrac{f(x,y)}{x^2+y^2}<$

0,进而 $f(x,y)<0$.又 $f(0,0)=0$,根据极值的定义知,$f(x,y)$ 在 $(0,0)$ 处取极大值,故④错误.

应选 C.

499. 【答案】A

【解析】在区域内,即 $(x-1)^2+y^2<4$.

求一阶偏导数,知 $\dfrac{\partial z}{\partial x}=2x,\dfrac{\partial z}{\partial y}=2y$. 令 $\dfrac{\partial z}{\partial x}=0,\dfrac{\partial z}{\partial y}=0$,解得驻点 $(0,0)$.

在边界 $(x-1)^2+y^2=4$ 上.设拉格朗日函数为
$$F(x,y,\lambda)=x^2+y^2+\lambda\left[(x-1)^2+y^2-4\right].$$

令 $\begin{cases}\dfrac{\partial F}{\partial x}=2(1+\lambda)x-2\lambda=0,\\[2mm]\dfrac{\partial F}{\partial y}=2(1+\lambda)y=0,\\[2mm](x-1)^2+y^2=4,\end{cases}$　解得 $(3,0),(-1,0)$.

因为 $z(0,0)=0,z(3,0)=9,z(-1,0)=1$,所以 $z_{\max}(3,0)=9,z_{\min}(0,0)=0$.

应选 A.

小课堂

若本题中方程 $\begin{cases}2(1+\lambda)x-2\lambda=0,\\2(1+\lambda)y=0,\\(x-1)^2+y^2=4,\end{cases}$　求解思路如下:

由 $2(1+\lambda)y=0$ 知,$\lambda=-1$ 或 $y=0$.

若 $\lambda=-1$,再代入 $2(1+\lambda)x-2\lambda=0$ 中,解得 $\lambda=0$,显然矛盾.

若 $y=0$,代入 $(x-1)^2+y^2=4$ 中,解得 $x=3$ 或 -1.

于是,解得 $(3,0),(-1,0)$.

500. 【答案】C

【解析】记 $D=\{(x,y)\mid x\geqslant 0,y\geqslant 0\}$,$f(x,y)=(x^2+y^2)\mathrm{e}^{-x-y}$,则
$$\frac{\partial f}{\partial x}=(2x-x^2-y^2)\mathrm{e}^{-x-y},\quad\frac{\partial f}{\partial y}=(2y-x^2-y^2)\mathrm{e}^{-x-y}.$$

令 $\dfrac{\partial f}{\partial x}=0,\dfrac{\partial f}{\partial y}=0$,解得 $(x,y)=(0,0)$,或 $(x,y)=(1,1)$.

又因为 $\max\limits_{x\geqslant 0}\{f(x,0)\}=\max\limits_{x\geqslant 0}\{x^2\mathrm{e}^{-x}\}=f(2,0)=\dfrac{4}{\mathrm{e}^2}$.同理得 $\max\limits_{y\geqslant 0}\{f(0,y)\}=\dfrac{4}{\mathrm{e}^2}$,且 $f(1,1)=$

$\dfrac{2}{\mathrm{e}^2}$,所以 $f(x,y)$ 在 D 上的最大值为 $\dfrac{4}{\mathrm{e}^2}$.

综上可知,k 的取值范围是 $\left[4\mathrm{e}^{-2},+\infty\right)$,应选 C.

线性代数篇

第一章　行列式与矩阵

1.1　行　列　式

题组 A · 基础通关题

501.【答案】E

【解析】根据行列式定义，行列式计算结果中含 x^3 项的有两项，分别为 $a_{12}a_{21}a_{33}a_{44}$ 与 $a_{14}a_{22}a_{33}a_{41}$，且

$$(-1)^{\tau(2134)}a_{12}a_{21}a_{33}a_{44}+(-1)^{\tau(4231)}a_{14}a_{22}a_{33}a_{41}$$
$$=(-1)^1 x \cdot 1 \cdot x \cdot x+(-1)^5 2x \cdot x \cdot x \cdot 2$$
$$=-5x^3,$$

所以 x^3 项的系数为 -5，应选 E.

502.【答案】B

【解析】根据行列式定义，行列式计算结果中常数项为

$$(-1)^{\tau(2143)}a_{12}a_{21}a_{34}a_{43}+(-1)^{\tau(2341)}a_{12}a_{23}a_{34}a_{41}$$
$$=(-1)^2 \cdot (-1) \cdot 2 \cdot 4 \cdot 1+(-1)^3 \cdot (-1) \cdot 3 \cdot 4 \cdot 1=4,$$

应选 B.

503.【答案】B

【解析】当 $a_{ij}=2b_{ij}(i,j=1,2)$ 时，有

$$M=\begin{vmatrix} a_{11} & a_{12} \\ a_{21} & a_{22} \end{vmatrix}=\begin{vmatrix} 2b_{11} & 2b_{12} \\ 2b_{21} & 2b_{22} \end{vmatrix}=2\begin{vmatrix} b_{11} & 2b_{12} \\ b_{21} & 2b_{22} \end{vmatrix}=4\begin{vmatrix} b_{11} & b_{12} \\ b_{21} & b_{22} \end{vmatrix}=4N,$$

应选 B.

若取 $M=\begin{vmatrix} 1 & 0 \\ 0 & 2 \end{vmatrix}$，$N=\begin{vmatrix} 2 & 0 \\ 0 & 1 \end{vmatrix}$，显然选项 C 错误.

若取 $M=\begin{vmatrix} 1 & 0 \\ 0 & 2 \end{vmatrix}$，$N=\begin{vmatrix} 1 & 0 \\ 0 & 1 \end{vmatrix}$，显然选项 D 错误.

若取 $M=\begin{vmatrix} 1 & 0 \\ 0 & 4 \end{vmatrix}$，$N=\begin{vmatrix} 1 & 0 \\ 0 & 1 \end{vmatrix}$，显然选项 E 错误.

504.【答案】A

【解析】$\begin{vmatrix} a_{31} & 5a_{31}-2a_{32} & 4a_{33}-a_{31} \\ -3a_{21} & -15a_{21}+6a_{22} & -12a_{23}+3a_{21} \\ a_{11} & 5a_{11}-2a_{12} & 4a_{13}-a_{11} \end{vmatrix} \xlongequal[\substack{1\cdot c_1+c_3}]{-5c_1+c_2} \begin{vmatrix} a_{31} & -2a_{32} & 4a_{33} \\ -3a_{21} & 6a_{22} & -12a_{23} \\ a_{11} & -2a_{12} & 4a_{13} \end{vmatrix}$

$=(-3)\begin{vmatrix} a_{31} & -2a_{32} & 4a_{33} \\ a_{21} & -2a_{22} & 4a_{23} \\ a_{11} & -2a_{12} & 4a_{13} \end{vmatrix} = (-3)\cdot(-2)\cdot 4\begin{vmatrix} a_{31} & a_{32} & a_{33} \\ a_{21} & a_{22} & a_{23} \\ a_{11} & a_{12} & a_{13} \end{vmatrix}$

$=-24\begin{vmatrix} a_{11} & a_{12} & a_{13} \\ a_{21} & a_{22} & a_{23} \\ a_{31} & a_{32} & a_{33} \end{vmatrix} = -48,$

应选 A.

505.【答案】E

【解析】**方法一：**令

$$f(x)=\begin{vmatrix} 1 & -2 & 1 \\ -1 & 4 & x \\ 1 & -8 & x^2 \end{vmatrix} = \begin{vmatrix} 1 & -2 & 1 \\ 0 & 2 & x+1 \\ 0 & -6 & x^2-1 \end{vmatrix}$$

$$=2(x^2-1)+6(x+1)=2(x^2+3x+2)=0$$

解得 $x_1=1, x_2=-2$，故应选 E.

方法二：令

$$f(x)=\begin{vmatrix} 1 & -2 & 1 \\ -1 & 4 & x \\ 1 & -8 & x^2 \end{vmatrix} = -2\begin{vmatrix} 1 & 1 & 1 \\ -1 & -2 & x \\ 1 & 4 & x^2 \end{vmatrix} = -2\begin{vmatrix} 1 & 1 & 1 \\ (-1)^1 & (-2)^1 & x \\ (-1)^2 & (-2)^2 & x^2 \end{vmatrix}$$

$$=-2(-1)(x+1)(x+2)=0,$$

解得 $x_1=-1, x_2=-2$，故应选 E.

506.【答案】D

【解析】**方法一：**利用行列式性质，化上三角型行列式进行计算.

$\begin{vmatrix} 2 & 1 & -5 & 1 \\ 1 & -3 & 0 & -6 \\ 0 & 2 & -1 & 2 \\ 1 & 4 & -7 & 6 \end{vmatrix} \xlongequal{r_1 \leftrightarrow r_2} -\begin{vmatrix} 1 & -3 & 0 & -6 \\ 2 & 1 & -5 & 1 \\ 0 & 2 & -1 & 2 \\ 1 & 4 & -7 & 6 \end{vmatrix} \xlongequal[\substack{-r_1+r_4}]{-2r_1+r_2} -\begin{vmatrix} 1 & -3 & 0 & -6 \\ 0 & 7 & -5 & 13 \\ 0 & 2 & -1 & 2 \\ 0 & 7 & -7 & 12 \end{vmatrix}$

$\xlongequal{-3r_3+r_2} -\begin{vmatrix} 1 & -3 & 0 & -6 \\ 0 & 1 & -2 & 7 \\ 0 & 2 & -1 & 2 \\ 0 & 7 & -7 & 12 \end{vmatrix} \xlongequal[\substack{-7r_2+r_4}]{-2r_2+r_3} -\begin{vmatrix} 1 & -3 & 0 & -6 \\ 0 & 1 & -2 & 7 \\ 0 & 0 & 3 & -12 \\ 0 & 0 & 7 & -37 \end{vmatrix}$

$$\xrightarrow{r_4-2r_3}-\begin{vmatrix} 1 & -3 & 0 & -6 \\ 0 & 1 & -2 & 7 \\ 0 & 0 & 3 & -12 \\ 0 & 0 & 1 & -13 \end{vmatrix} \xrightarrow{r_3\leftrightarrow r_4}\begin{vmatrix} 1 & -3 & 0 & -6 \\ 0 & 1 & -2 & 7 \\ 0 & 0 & 1 & -13 \\ 0 & 0 & 3 & -12 \end{vmatrix}$$

$$\xrightarrow{-3r_3+r_4}\begin{vmatrix} 1 & -3 & 0 & -6 \\ 0 & 1 & -2 & 7 \\ 0 & 0 & 1 & -13 \\ 0 & 0 & 0 & 27 \end{vmatrix}=27,$$

应选 D.

方法二：利用行列式的性质与展开定理计算.

$$\begin{vmatrix} 2 & 1 & -5 & 1 \\ 1 & -3 & 0 & -6 \\ 0 & 2 & -1 & 2 \\ 1 & 4 & -7 & 6 \end{vmatrix} \xrightarrow[\substack{-2r_2+r_1 \\ -r_2+r_4}]{}\begin{vmatrix} 0 & 7 & -5 & 13 \\ 1 & -3 & 0 & -6 \\ 0 & 2 & -1 & 2 \\ 0 & 7 & -7 & 12 \end{vmatrix}=-\begin{vmatrix} 7 & -5 & 13 \\ 2 & -1 & 2 \\ 7 & -7 & 12 \end{vmatrix}$$

$$\xrightarrow[\substack{2c_2+c_1 \\ 2c_2+c_3}]{}-\begin{vmatrix} -3 & -5 & 3 \\ 0 & -1 & 0 \\ -7 & -7 & -2 \end{vmatrix}=\begin{vmatrix} -3 & 3 \\ -7 & -2 \end{vmatrix}=27,$$

应选 D.

507.【答案】D

【解析】 $\begin{vmatrix} 1 & a & 0 & 0 \\ 0 & 1 & a & 0 \\ 0 & 0 & 1 & a \\ a & 0 & 0 & 1 \end{vmatrix} \xrightarrow{\text{按第 1 列展开}} 1\cdot\begin{vmatrix} 1 & a & 0 \\ 0 & 1 & a \\ 0 & 0 & 1 \end{vmatrix}+(-1)^{4+1}\cdot a\cdot\begin{vmatrix} a & 0 & 0 \\ 1 & a & 0 \\ 0 & 1 & a \end{vmatrix}=1-a^4,$

应选 D.

508.【答案】E

【解析】由于

$$\begin{vmatrix} 1 & 1 & 1 & 1 \\ 1 & 2 & 0 & 0 \\ 1 & 0 & 3 & 0 \\ 1 & 0 & 0 & 4 \end{vmatrix}\xrightarrow[\substack{c_3\cdot\left(-\frac{1}{3}\right)+c_1 \\ c_4\cdot\left(-\frac{1}{4}\right)+c_1}]{c_2\cdot\left(-\frac{1}{2}\right)+c_1}\begin{vmatrix} 1-\dfrac{1}{2}-\dfrac{1}{3}-\dfrac{1}{4} & 1 & 1 & 1 \\ 0 & 2 & 0 & 0 \\ 0 & 0 & 3 & 0 \\ 0 & 0 & 0 & 4 \end{vmatrix}=\left(1-\dfrac{1}{2}-\dfrac{1}{3}-\dfrac{1}{4}\right)\cdot2\cdot3\cdot4=-2,$$

应选 E.

509.【答案】B

【解析】方法一：$A_{11}+A_{12}+A_{13}+A_{14}=\begin{vmatrix} 1 & 1 & 1 & 1 \\ 1 & 1 & 0 & -5 \\ -1 & 3 & 1 & 3 \\ 2 & -4 & -1 & -3 \end{vmatrix}\xlongequal[\substack{1 \cdot r_1+r_3 \\ -2r_1+r_4}]{-r_1+r_2}\begin{vmatrix} 1 & 1 & 1 & 1 \\ 0 & 0 & -1 & -6 \\ 0 & 4 & 2 & 4 \\ 0 & -6 & -3 & -5 \end{vmatrix}$

$=2\begin{vmatrix} 1 & 1 & 1 & 1 \\ 0 & 0 & -1 & -6 \\ 0 & 2 & 1 & 2 \\ 0 & -6 & -3 & -5 \end{vmatrix}\xlongequal{r_2 \leftrightarrow r_3}-2\begin{vmatrix} 1 & 1 & 1 & 1 \\ 0 & 2 & 1 & 2 \\ 0 & 0 & -1 & -6 \\ 0 & -6 & -3 & -5 \end{vmatrix}$

$\xlongequal{3r_2+r_4}-2\begin{vmatrix} 1 & 1 & 1 & 1 \\ 0 & 2 & 1 & 2 \\ 0 & 0 & -1 & -6 \\ 0 & 0 & 0 & 1 \end{vmatrix}=4,$

应选 B.

方法二：$A_{11}+A_{12}+A_{13}+A_{14}=\begin{vmatrix} 1 & 1 & 1 & 1 \\ 1 & 1 & 0 & -5 \\ -1 & 3 & 1 & 3 \\ 2 & -4 & -1 & -3 \end{vmatrix}\xlongequal[\substack{1 \cdot r_1+r_3 \\ -2r_1+r_4}]{-r_1+r_2}\begin{vmatrix} 1 & 1 & 1 & 1 \\ 0 & 0 & -1 & -6 \\ 0 & 4 & 2 & 4 \\ 0 & -6 & -3 & -5 \end{vmatrix}$

$=\begin{vmatrix} 0 & -1 & -6 \\ 4 & 2 & 4 \\ -6 & -3 & -5 \end{vmatrix}\xlongequal{-6c_2+c_3}2\begin{vmatrix} 0 & 1 & 0 \\ 2 & 1 & -4 \\ 6 & 3 & -13 \end{vmatrix}$

$=-2\begin{vmatrix} 2 & -4 \\ 6 & -13 \end{vmatrix}=4,$

应选 B.

510.【答案】C

【解析】$M_{11}+M_{21}+M_{31}+M_{41}=A_{11}-A_{21}+A_{31}-A_{41}=\begin{vmatrix} 1 & -5 & 2 & 1 \\ -1 & 1 & 0 & -5 \\ 1 & 3 & 1 & 3 \\ -1 & -4 & -1 & -3 \end{vmatrix}$

$\xlongequal[\substack{-r_1+r_3 \\ -r_1+r_4}]{r_1+r_2}\begin{vmatrix} 1 & -5 & 2 & 1 \\ 0 & -4 & 2 & -4 \\ 0 & 8 & -1 & 2 \\ 0 & -9 & 1 & -2 \end{vmatrix}\xlongequal{r_3+r_4}\begin{vmatrix} 1 & -5 & 2 & 1 \\ 0 & -4 & 2 & -4 \\ 0 & 8 & -1 & 2 \\ 0 & -1 & 0 & 0 \end{vmatrix}$

$$\xrightarrow[\text{---}]{r_2 \leftrightarrow r_4} -\begin{vmatrix} 1 & -5 & 2 & 1 \\ 0 & -1 & 0 & 0 \\ 0 & 8 & -1 & 2 \\ 0 & -4 & 2 & -4 \end{vmatrix} \xrightarrow[-4r_2 + r_4]{8r_2 + r_3} -\begin{vmatrix} 1 & -5 & 2 & 1 \\ 0 & -1 & 0 & 0 \\ 0 & 0 & -1 & 2 \\ 0 & 0 & 2 & -4 \end{vmatrix} = 0,$$

故应选 C.

小课堂

同上题,本题行列式也可利用"行列式性质与行列式展开定理"进行计算,大家可自行完成.

511.【答案】E

【解析】$2A_{11} - A_{12} + 3A_{13} - A_{14} = 2A_{11} - A_{12} + 3A_{13} - A_{14} + 0 \cdot A_{15}$

$$= \begin{vmatrix} 2 & -1 & 3 & -1 & 0 \\ 2 & 1 & 0 & 0 & 0 \\ 3 & 0 & 1 & 0 & 0 \\ 4 & 0 & 0 & 1 & 0 \\ 5 & 0 & 0 & 0 & 1 \end{vmatrix} (\text{爪型行列式})$$

$$\xrightarrow[r_1 + r_2]{r_1 + r_4, \ r_1 - 3r_3} \begin{vmatrix} -1 & 0 & 0 & 0 & 0 \\ 2 & 1 & 0 & 0 & 0 \\ 3 & 0 & 1 & 0 & 0 \\ 4 & 0 & 0 & 1 & 0 \\ 5 & 0 & 0 & 0 & 1 \end{vmatrix} = -1,$$

应选 E.

512.【答案】D

【解析】设 $A_{41} + A_{42} + A_{43} = x$,$A_{44} + A_{45} = y$.

根据代数余子式的性质,知

$$2A_{41} + 2A_{42} + 2A_{43} + A_{44} + A_{45} = 0,$$

$$4A_{41} + 4A_{42} + 4A_{43} + 3A_{44} + 3A_{45} = 0,$$

即 $\begin{cases} 2x + y = 0, \\ 4x + 3y = 0, \end{cases}$ 解得 $\begin{cases} x = 0, \\ y = 0. \end{cases}$ 于是 $A_{41} + A_{42} + A_{43} = 0$,$A_{44} + A_{45} = 0$,应选 D.

513.【答案】B

【解析】将行列式 D_n 按第 1 行展开,有

$$D_n = 2D_{n-1} + 2 \cdot (-1)^{1+n} \cdot (-1)^{n-1} = 2D_{n-1} + 2,$$

得递推公式 $D_n = 2D_{n-1} + 2$.

于是 $D_n + 2 = 2(D_{n-1} + 2)$,即数列 $\{D_n + 2\}$ 是以 $D_1 + 2$ 为首项,2 为公比的等比数列. 又

$D_1 = 2$，故 $D_n + 2 = (D_1 + 2) \cdot 2^{n-1} = 4 \cdot 2^{n-1}$，解得 $D_n = 2^{n+1} - 2$

应选 B.

题组 B·强化通关题

514.【答案】D

【解析】$D_4 = \begin{vmatrix} 0 & 1 & 2 & 3 \\ 1 & 0 & 1 & 2 \\ 2 & 1 & 0 & 1 \\ 3 & 2 & 1 & 0 \end{vmatrix} = \begin{vmatrix} 0 & 1 & 2 & 3 \\ 1 & 0 & 1 & 2 \\ 0 & 1 & -2 & -3 \\ 0 & 2 & -2 & -6 \end{vmatrix} = -\begin{vmatrix} 1 & 2 & 3 \\ 1 & -2 & -3 \\ 2 & -2 & -6 \end{vmatrix}$

$= -\begin{vmatrix} 1 & 2 & 3 \\ 0 & -4 & -6 \\ 0 & -6 & -12 \end{vmatrix} = -(48 - 36) = -12$，

故应选 D.

515.【答案】D

【解析】$f(4) = \begin{vmatrix} 4 & 1 & 2 & 3 \\ 3 & 4 & 1 & 2 \\ 2 & 3 & 4 & 1 \\ 1 & 2 & 3 & 4 \end{vmatrix} = 10 \cdot \begin{vmatrix} 1 & 1 & 2 & 3 \\ 1 & 4 & 1 & 2 \\ 1 & 3 & 4 & 1 \\ 1 & 2 & 3 & 4 \end{vmatrix} = 10 \cdot \begin{vmatrix} 1 & 1 & 2 & 3 \\ 0 & 3 & -1 & -1 \\ 0 & 2 & 2 & -2 \\ 0 & 1 & 1 & 1 \end{vmatrix}$

$= 10 \cdot \begin{vmatrix} 3 & -1 & -1 \\ 2 & 2 & -2 \\ 1 & 1 & 1 \end{vmatrix} = 10 \cdot \begin{vmatrix} 3 & -1 & -1 \\ 0 & 0 & -4 \\ 1 & 1 & 1 \end{vmatrix}$

$= 40 \cdot \begin{vmatrix} 3 & -1 \\ 1 & 1 \end{vmatrix} = 160$，

应选 D.

516.【答案】E

【解析】令 $x = 1$，则

$a_4 + a_3 + a_2 + a_1 + a_0 = \begin{vmatrix} 1 & -m & -1 & 0 \\ 0 & -1 & m & 1 \\ -1 & 0 & 1 & -m \\ m & 1 & 0 & -1 \end{vmatrix} = \begin{vmatrix} 1 & -m & -1 & 0 \\ 0 & -1 & m & 1 \\ 0 & -m & 0 & -m \\ m & 1 & 0 & -1 \end{vmatrix}$

$= \begin{vmatrix} 1 & -m & -1 & 0 \\ 0 & -2 & m & 1 \\ 0 & 0 & 0 & -m \\ m & 2 & 0 & -1 \end{vmatrix} = m \begin{vmatrix} 1 & -m & -1 \\ 0 & -2 & m \\ m & 2 & 0 \end{vmatrix}$

$$= m \begin{vmatrix} 1 & -m & -1 \\ 0 & -2 & m \\ 0 & 2+m^2 & m \end{vmatrix} = m(-2m-2m-m^3)$$

$$= -4m^2 - m^4,$$

应选 E.

517.【答案】D

　　【解析】因为

$$\begin{vmatrix} x & 2 & 2 \\ 2 & y & 2 \\ 2 & 2 & 1 \end{vmatrix} = \begin{vmatrix} x-4 & -2 & 2 \\ -2 & y-4 & 2 \\ 0 & 0 & 1 \end{vmatrix} = (x-4)(y-4)-4,$$

$$\begin{vmatrix} 2 & y & 2 \\ x & 2 & 2 \\ 2 & 2 & 1 \end{vmatrix} = \begin{vmatrix} -2 & y-4 & 2 \\ x-4 & -2 & 2 \\ 0 & 0 & 1 \end{vmatrix} = 4-(x-4)(y-4)$$

所以 $xy-4x-4y+16-4=4-xy+4x+4y-16$，即

$$xy-4x-4y+12=0. \qquad\qquad ①$$

　　当 $x-y=3$ 时，代入①，得 $x^2-11x+24=0$，解得 $x=3$ 或 $x=8$.

　　当 $x-y=-3$ 时，代入①，得 $x^2-5x=0$，解得 $x=0$ 或 $x=5$.

　　因此共有 4 种可能，故应选 D.

518.【答案】A

　　【解析】$f(x) = \begin{vmatrix} 1 & -1 & 1 & x-1 \\ 1 & -1 & x+1 & -1 \\ 1 & x-1 & 1 & -1 \\ x+1 & -1 & 1 & -1 \end{vmatrix} = \begin{vmatrix} x & -1 & 1 & x-1 \\ x & -1 & x+1 & -1 \\ x & x-1 & 1 & -1 \\ x & -1 & 1 & -1 \end{vmatrix}$

$$= x \begin{vmatrix} 1 & 0 & 0 & x \\ 1 & 0 & x & 0 \\ 1 & x & 0 & 0 \\ 1 & 0 & 0 & 0 \end{vmatrix} = x^4,$$

令 $f(x)=0$，解得 $x=0$，因此 $f(x)=0$ 的实根个数为 1 个，故应选 A.

519.【答案】A

　　【解析】因为

$$f(x,y) = \begin{vmatrix} a & b & c & d \\ x & 0 & 0 & y \\ y & 0 & 0 & x \\ d & c & b & a \end{vmatrix} = -\begin{vmatrix} y & 0 & 0 & x \\ x & 0 & 0 & y \\ a & b & c & d \\ d & c & b & a \end{vmatrix} = \begin{vmatrix} y & x & 0 & 0 \\ x & y & 0 & 0 \\ a & d & c & b \\ d & a & b & c \end{vmatrix}$$

$$= \begin{vmatrix} y & x \\ x & y \end{vmatrix} \cdot \begin{vmatrix} c & b \\ b & c \end{vmatrix} = (y^2 - x^2)(c^2 - b^2),$$

所以 $f(1,1) = 0$，应选 A.

小课堂

本题使用到分块矩阵的行列式(拉普拉斯展开式):

(1) $\begin{vmatrix} A_{m \times m} & C \\ O & B_{n \times n} \end{vmatrix} = \begin{vmatrix} A_{m \times m} & O \\ C & B_{n \times n} \end{vmatrix} = \begin{vmatrix} A_{m \times m} & O \\ O & B_{n \times n} \end{vmatrix} = |A||B|;$

(2) $\begin{vmatrix} C & A_{m \times m} \\ B_{n \times n} & O \end{vmatrix} = \begin{vmatrix} O & A_{m \times m} \\ B_{n \times n} & C \end{vmatrix} = \begin{vmatrix} O & A_{m \times m} \\ B_{n \times n} & O \end{vmatrix} = (-1)^{mn}|A||B|.$

520.【答案】E

【解析】根据行列式的性质,知

$$|\alpha_2, -\alpha_1, -\alpha_3| \xrightarrow{c_1 \leftrightarrow c_2} -|-\alpha_1, \alpha_2, -\alpha_3| = -|\alpha_1, \alpha_2, \alpha_3|,$$

$$|\alpha_3, \alpha_2, \alpha_1| \xrightarrow{c_1 \leftrightarrow c_3} -|\alpha_1, \alpha_2, \alpha_3|,$$

$$|\alpha_1 + \alpha_2, \alpha_2 + \alpha_3, \alpha_3 + \alpha_1| \xrightarrow{c_1 \times (-1) + c_3} |\alpha_1 + \alpha_2, \alpha_2 + \alpha_3, \alpha_3 - \alpha_2|$$

$$\xrightarrow{c_2 \times (1) + c_3} |\alpha_1 + \alpha_2, \alpha_2 + \alpha_3, 2\alpha_3|$$

$$= 2|\alpha_1 + \alpha_2, \alpha_2 + \alpha_3, \alpha_3|$$

$$\xrightarrow[c_2 \times (-1) + c_1]{c_3 \times (-1) + c_2} = 2|\alpha_1, \alpha_2, \alpha_3|,$$

$$|\alpha_3, \alpha_1, -\alpha_2| \xrightarrow{c_1 \leftrightarrow c_3} -|-\alpha_2, \alpha_1, \alpha_3| \xrightarrow{c_1 \leftrightarrow c_2} |\alpha_1, -\alpha_2, \alpha_3| = -|\alpha_1, \alpha_2, \alpha_3|,$$

$$|\alpha_1, \alpha_1 + \alpha_2, \alpha_1 + \alpha_2 + \alpha_3| \xrightarrow{c_2 \times (-2) + c_3} |\alpha_1, \alpha_1 + \alpha_2, \alpha_3| \xrightarrow{c_1 \times (-1) + c_2} |\alpha_1, \alpha_2, \alpha_3|,$$

故应选 E.

521.【答案】B

【解析】由于

$$A_{11} + A_{12} + A_{13} + A_{14} + A_{15} = \begin{vmatrix} 1 & 1 & 1 & 1 & 1 \\ 1 & 0 & 0 & 0 & 0 \\ 0 & 1 & 0 & 0 & 0 \\ 0 & 0 & 1 & 0 & 0 \\ 0 & 0 & 0 & 1 & 0 \end{vmatrix} = (-1)^{1+5} \begin{vmatrix} 1 & & & \\ & 1 & & \\ & & 1 & \\ & & & 1 \end{vmatrix} = 1,$$

$$A_{21} + A_{22} + A_{23} + A_{24} + A_{25} = 0,$$

$$A_{31} + A_{32} + A_{33} + A_{34} + A_{35} = 0,$$

$$A_{41}+A_{42}+A_{43}+A_{44}+A_{45}=0,$$
$$A_{51}+A_{52}+A_{53}+A_{54}+A_{55}=0,$$

故所有元素的代数余子式之和 1，应选 B.

522.【答案】E

【解析】将所给行列式 D 的第 3 行元素依次换成 $2,0,4,0$，得

$$2A_{31}+4A_{33}=\begin{vmatrix} 1 & 0 & 2 & 0 \\ -1 & 4 & 3 & 6 \\ 2 & 0 & 4 & 0 \\ \dfrac{1}{2} & 1 & \dfrac{1}{3} & 2 \end{vmatrix}=0.$$

再将所给行列式 D 的第 4 行元素依次换成 $3,1,1,0$，得

$$3A_{41}+A_{42}+A_{43}=\begin{vmatrix} 1 & 0 & 2 & 0 \\ -1 & 4 & 3 & 6 \\ 0 & -2 & 5 & -3 \\ 3 & 1 & 1 & 0 \end{vmatrix}\xlongequal[r_4-3r_1]{r_2+r_1}\begin{vmatrix} 1 & 0 & 2 & 0 \\ 0 & 4 & 5 & 6 \\ 0 & -2 & 5 & -3 \\ 0 & 1 & -5 & 0 \end{vmatrix}$$

$$=\begin{vmatrix} 4 & 5 & 6 \\ -2 & 5 & -3 \\ 1 & -5 & 0 \end{vmatrix}\xlongequal{c_2+5c_1}\begin{vmatrix} 4 & 25 & 6 \\ -2 & -5 & -3 \\ 1 & 0 & 0 \end{vmatrix}$$

$$=\begin{vmatrix} 25 & 6 \\ -5 & -3 \end{vmatrix}=-45,$$

故 $2A_{31}+4A_{33}+3A_{41}+A_{42}+A_{43}=-45$，应选 E.

523.【答案】E

【解析】$|A+B|=|\boldsymbol{\alpha}+\boldsymbol{\alpha},\boldsymbol{\beta}+\boldsymbol{\beta},\boldsymbol{\gamma}+\boldsymbol{\delta}|=|2\boldsymbol{\alpha},2\boldsymbol{\beta},\boldsymbol{\gamma}+\boldsymbol{\delta}|$

$$=|2\boldsymbol{\alpha},2\boldsymbol{\beta},\boldsymbol{\gamma}|+|2\boldsymbol{\alpha},2\boldsymbol{\beta},\boldsymbol{\delta}|=4|\boldsymbol{\alpha},\boldsymbol{\beta},\boldsymbol{\gamma}|+4|\boldsymbol{\alpha},\boldsymbol{\beta},\boldsymbol{\delta}|$$

$$=4|A|+4|B|=8+12=20,$$

故应选 E.

524.【答案】B

【解析】由 $|kA|=k^n|A|$，$|A^*|=|A|^{n-1}$，$|A^{-1}|=\dfrac{1}{|A|}$ 可知

$$\left| |A^*|A^{-1} \right|=(|A^*|)^n|A^{-1}|=(|A|^{n-1})^n\dfrac{1}{|A|}=|A|^{n^2-n-1},$$

故应选 B.

525.【答案】C

【解析】由拉普拉斯行列式，知

$$|C|=\begin{vmatrix} 5A & -3A^* \\ \left(\dfrac{B}{2}\right)^{-1} & O \end{vmatrix}=(-1)^{nn}\left|-3A^*\right|\left|\left(\dfrac{B}{2}\right)^{-1}\right|$$

$$= (-1)^{n^2} (-3)^n |\boldsymbol{A}^*| \cdot 2^n |\boldsymbol{B}^{-1}|$$

$$= (-1)^{n^2} (-1)^n 6^n |\boldsymbol{A}|^{n-1} \frac{1}{|\boldsymbol{B}|}$$

$$= (-1)^{n^2+n} 6^n \frac{a^{n-1}}{b}.$$

故应选 C.

526.【答案】C

【解析】由 $(k\boldsymbol{A})^* = k^{n-1} \boldsymbol{A}^*$，知

$$\left| \left(\frac{\boldsymbol{A}}{2} \right)^* \right| = \left| \left(\frac{1}{2} \right)^2 \boldsymbol{A}^* \right| = \left| \frac{1}{4} \boldsymbol{A}^* \right| = \left(\frac{1}{4} \right)^3 |\boldsymbol{A}^*| = \frac{1}{64} |\boldsymbol{A}|^2$$

又 $|\boldsymbol{A}| = \begin{vmatrix} 1 & 2 & 3 \\ 0 & -1 & 0 \\ 3 & 1 & 5 \end{vmatrix} = -(5-9) = 4$，所以 $\left| \left(\frac{\boldsymbol{A}}{2} \right)^* \right| = \frac{1}{64} \cdot 4^2 = \frac{1}{4}$，应选 C.

527.【答案】B

【解析】由于 $|\boldsymbol{A}| = \begin{vmatrix} 3 & 2 & 1 \\ 3 & 1 & 5 \\ 3 & 2 & 3 \end{vmatrix} = -6$，于是 $\boldsymbol{A}^* = |\boldsymbol{A}| \boldsymbol{A}^{-1} = -6\boldsymbol{A}^{-1}$，进而

$$|2\boldsymbol{A}^{-1} + \boldsymbol{A}^*| = |2\boldsymbol{A}^{-1} - 6\boldsymbol{A}^{-1}| = |-4\boldsymbol{A}^{-1}| = (-4)^3 |\boldsymbol{A}^{-1}| = (-4)^3 \frac{1}{|\boldsymbol{A}|} = \frac{32}{3},$$

应选 B.

528.【答案】D

【解析】由矩阵运算公式 $(k\boldsymbol{A})^* = k^{n-1} \boldsymbol{A}^*$，$(k\boldsymbol{A})^{\mathrm{T}} = k\boldsymbol{A}^{\mathrm{T}}$，知

$$\left| (2\boldsymbol{A})^* \cdot \left(\frac{1}{2} \boldsymbol{A} \right)^{\mathrm{T}} \right| = \left| 2^2 \boldsymbol{A}^* \cdot \frac{1}{2} \boldsymbol{A}^{\mathrm{T}} \right| = |2\boldsymbol{A}^* \boldsymbol{A}^{\mathrm{T}}|$$

$$= 2^3 |\boldsymbol{A}^* \boldsymbol{A}^{\mathrm{T}}| = 2^3 |\boldsymbol{A}^*| |\boldsymbol{A}^{\mathrm{T}}|$$

$$= 8 |\boldsymbol{A}|^{3-1} \cdot |\boldsymbol{A}| = 64,$$

应选 D.

1.2　矩阵的基本运算

题组 A · 基础通关题

529.【答案】C

【解析】对于选项 A，若取 $\boldsymbol{A} = \begin{pmatrix} 1 & 1 \\ -1 & -1 \end{pmatrix}$，$\boldsymbol{B} = \begin{pmatrix} -1 & 1 \\ 1 & -1 \end{pmatrix}$，显然 $\boldsymbol{AB} = \boldsymbol{O}$，但 $\boldsymbol{A} \neq \boldsymbol{O}$ 且 $\boldsymbol{B} \neq \boldsymbol{O}$，

故选项 A 错误，也可以看出矩阵乘法没有零因子律.

对于选项 B,同样取矩阵 $A = \begin{pmatrix} 1 & 1 \\ -1 & -1 \end{pmatrix}$, $B = \begin{pmatrix} -1 & 1 \\ 1 & -1 \end{pmatrix}$, 此时根据矩阵乘法运算可知,

$BA = \begin{pmatrix} -2 & -2 \\ 2 & 2 \end{pmatrix}$, 但是 $AB = O$, 故选项 B 错误, 也可以看出矩阵乘法没有交换律.

对于选项 D、E, 依然取 $A = \begin{pmatrix} 1 & 0 \\ 0 & 1 \end{pmatrix}$, $B = \begin{pmatrix} 0 & 0 \\ 0 & 0 \end{pmatrix}$, 显然 $AB = O$, 但是 $|A| + |B| \neq 0$

$|A - B| \neq 0$, 故选项 D、E 均错误.

对于选项 C, 对 $AB = O$ 取行列式, 得 $|AB| = |A||B| = 0$, 于是 $|A| = 0$ 或 $|B| = 0$, 故选项 C 正确, 应选 C.

530. 【答案】C

【解析】对于选项 A, 若取 $A = \begin{pmatrix} 1 & 0 \\ 0 & 1 \end{pmatrix}$, $B = \begin{pmatrix} 1 & 0 \\ 0 & 1 \end{pmatrix}$, 则有 $|A + B| = \begin{vmatrix} 2 & 0 \\ 0 & 2 \end{vmatrix} = 4$, $|A| + |B| = 1 + 1 = 2$, 显然 $|A + B| \neq |A| + |B|$, 故选项 A 错误.

对于选项 B, $(A + B)^2 = (A + B)(A + B) = A^2 + AB + BA + B^2$, 由于矩阵乘法一般没有交换律, 即 $AB \neq BA$, 所以 $(A + B)^2 = A^2 + 2AB + B^2$ 未必成立, 故选项 B 错误.

对于选项 C, 因为 $|AB| = |A||B|$, $|BA| = |B||A|$, 所以 $|AB| = |BA|$, 于是选项 C 正确.

对于选项 D, 若取 $A = \begin{pmatrix} 1 & 0 \\ 0 & 1 \end{pmatrix}$, $B = \begin{pmatrix} 1 & 0 \\ 0 & 1 \end{pmatrix}$, 则 $(A + B)^{-1} = \begin{pmatrix} 2 & 0 \\ 0 & 2 \end{pmatrix}^{-1} = \begin{pmatrix} \dfrac{1}{2} & 0 \\ 0 & \dfrac{1}{2} \end{pmatrix}$, 但是

$A^{-1} + B^{-1} = \begin{pmatrix} 1 & 0 \\ 0 & 1 \end{pmatrix} + \begin{pmatrix} 1 & 0 \\ 0 & 1 \end{pmatrix} = \begin{pmatrix} 2 & 0 \\ 0 & 2 \end{pmatrix}$, 显然 $(A + B)^{-1} \neq A^{-1} + B^{-1}$, 故选项 D 错误.

对于选项 E, $(A + B)(A - B) = A^2 - AB + BA - B^2$, 由于矩阵乘法一般没有交换律, 即 $AB \neq BA$, 所以 $(A + B)(A - B) = A^2 - B^2$ 未必成立, 故选项 E 错误.

应选 C.

531. 【答案】C

【解析】对于选项 A, 由于 $(AB)^{\mathrm{T}} = B^{\mathrm{T}} A^{\mathrm{T}}$, 且矩阵乘法一般没有交换律, 于是
$$(AB)^{\mathrm{T}} = B^{\mathrm{T}} A^{\mathrm{T}} \neq A^{\mathrm{T}} B^{\mathrm{T}},$$
故选项 A 错误.

对于选项 B, 因为 $(AB)^m = \underbrace{ABAB\cdots AB}_{m \uparrow AB}$, 且矩阵乘法一般没有交换律, 于是
$$(AB)^m = \underbrace{ABAB\cdots AB}_{m \uparrow AB} \neq \underbrace{AA\cdots A}_{m \uparrow A}\underbrace{BB\cdots B}_{m \uparrow B} = A^m B^m,$$
故选项 B 错误.

对于选项 C, 因为 $|AB^{\mathrm{T}}| = |A||B^{\mathrm{T}}| = |A^{\mathrm{T}}||B^{\mathrm{T}}| = |B^{\mathrm{T}}||A^{\mathrm{T}}| = |B^{\mathrm{T}} A^{\mathrm{T}}|$, 所以选项 C 正确.

对于选项 D, 由于 $(AB)^{-1} = B^{-1} A^{-1}$, 且矩阵乘法一般没有交换律, 于是
$$(AB)^{-1} = B^{-1} A^{-1} \neq A^{-1} B^{-1},$$

故选项 D 错误.

对于选项 E,若 **A** 和 **B** 均为 n 阶可逆矩阵,则根据伴随矩阵的性质可知$(AB)^* = B^*A^*$,但由于矩阵乘法一般没有交换律,于是$(AB)^* = B^*A^* \neq A^*B^*$,故选项 E 错误.

小课堂

以下几个公式可以对比记忆:
$$(AB)^{\mathrm{T}} = B^{\mathrm{T}}A^{\mathrm{T}}, (AB)^{-1} = B^{-1}A^{-1}, (AB)^* = B^*A^*.$$

注意,后面两个公式需要保证 **A** 与 **B** 均为 n 阶可逆矩阵.

532.【答案】C

【解析】因为
$$AB = (E - \alpha^{\mathrm{T}}\alpha)(E + 2\alpha^{\mathrm{T}}\alpha)$$
$$= E - \alpha^{\mathrm{T}}\alpha + 2\alpha^{\mathrm{T}}\alpha - 2\alpha^{\mathrm{T}}\alpha \cdot \alpha^{\mathrm{T}}\alpha$$
$$= E - \alpha^{\mathrm{T}}\alpha + 2\alpha^{\mathrm{T}}\alpha - 2\alpha^{\mathrm{T}}(\alpha\alpha^{\mathrm{T}})\alpha,$$

且 $\alpha\alpha^{\mathrm{T}} = \left(\frac{1}{2}, 0, \cdots, 0, \frac{1}{2}\right)\left(\frac{1}{2}, 0, \cdots, 0, \frac{1}{2}\right)^{\mathrm{T}} = \frac{1}{2}$,所以
$$AB = E + \alpha^{\mathrm{T}}\alpha - 2 \cdot \frac{1}{2}\alpha^{\mathrm{T}}\alpha = E,$$

故应选 C.

533.【答案】E

【解析】矩阵无消去律与零因子律,故 A,B,C 错误,可举反例如下:

对于选项 A,设 $A = \begin{pmatrix} 0 & 1 \\ 0 & 0 \end{pmatrix}$,$A^2 = \begin{pmatrix} 0 & 1 \\ 0 & 0 \end{pmatrix}\begin{pmatrix} 0 & 1 \\ 0 & 0 \end{pmatrix} = \begin{pmatrix} 0 & 0 \\ 0 & 0 \end{pmatrix}$,但 $A \neq O$.

对于选项 B,设 $A = \begin{pmatrix} 1 & 1 \\ 0 & 0 \end{pmatrix}$,$A^2 = \begin{pmatrix} 1 & 1 \\ 0 & 0 \end{pmatrix}\begin{pmatrix} 1 & 1 \\ 0 & 0 \end{pmatrix} = \begin{pmatrix} 1 & 1 \\ 0 & 0 \end{pmatrix} = A$,但 $A \neq O$ 且 $A \neq E$.

对于选项 C,设 $A = \begin{pmatrix} -1 & -1 \\ 0 & 0 \end{pmatrix}$,$A^2 = \begin{pmatrix} -1 & -1 \\ 0 & 0 \end{pmatrix}\begin{pmatrix} -1 & -1 \\ 0 & 0 \end{pmatrix} = \begin{pmatrix} 1 & 1 \\ 0 & 0 \end{pmatrix} = -A$,但 $A \neq O$ 且 $A \neq -E$.

对于选项 D,可举反例:设 $A = \begin{pmatrix} 1 & 1 \\ 0 & 0 \end{pmatrix}$,$A \neq O$ 但 $|A| = \begin{vmatrix} 1 & 1 \\ 0 & 0 \end{vmatrix} = 0$.

故应选 E.

534.【答案】D

【解析】由 $|A| = -1$,$|B| = 2$ 可得 $|A^{\mathrm{T}}| = |A| = -1$,$|B^{-1}| = \frac{1}{|B|} = \frac{1}{2}$,故
$$|2(A^{\mathrm{T}}B^{-1})^2| = 2^3|A^{\mathrm{T}}|^2|B^{-1}|^2 = 8 \cdot (-1)^2 \cdot \left(\frac{1}{2}\right)^2 = 2,$$

应选 D.

535.【解析】（1）对于二阶数值型矩阵求逆矩阵,利用用公式法更简单.

由于 $|A| = \begin{vmatrix} 2 & -1 \\ 1 & 1 \end{vmatrix} = 3, A^* = \begin{pmatrix} 2 & -1 \\ 1 & 1 \end{pmatrix}^* = \begin{pmatrix} 1 & 1 \\ -1 & 2 \end{pmatrix}$,于是利用逆矩阵求解公式知

$$A^{-1} = \frac{1}{|A|}A^* = \frac{1}{3}\begin{pmatrix} 1 & 1 \\ -1 & 2 \end{pmatrix}.$$

（2）由于 $|A| = \begin{vmatrix} 4 & -6 \\ 3 & 6 \end{vmatrix} = 42, A^* = \begin{pmatrix} 4 & -6 \\ 3 & 6 \end{pmatrix}^* = \begin{pmatrix} 6 & 6 \\ -3 & 4 \end{pmatrix}$,于是利用逆矩阵求解公式知

$$A^{-1} = \frac{1}{|A|}A^* = \frac{1}{42}\begin{pmatrix} 6 & 6 \\ -3 & 4 \end{pmatrix}.$$

（3）由于 $|A| = \begin{vmatrix} \cos\theta & -\sin\theta \\ \sin\theta & \cos\theta \end{vmatrix} = 1, A^* = \begin{pmatrix} \cos\theta & -\sin\theta \\ \sin\theta & \cos\theta \end{pmatrix}^* = \begin{pmatrix} \cos\theta & \sin\theta \\ -\sin\theta & \cos\theta \end{pmatrix}$,于是利用

逆矩阵求解公式知

$$A^{-1} = \frac{1}{|A|}A^* = \begin{pmatrix} \cos\theta & \sin\theta \\ -\sin\theta & \cos\theta \end{pmatrix}.$$

小课堂

对于二阶矩阵的伴随矩阵有如下结果:

若矩阵 $A = \begin{pmatrix} a & b \\ c & d \end{pmatrix}$,则伴随矩阵 $A^* = \begin{pmatrix} d & -b \\ -c & a \end{pmatrix}$,

即"主对角线元素调换位置,副对角线加负号".

536.【解析】（1）**方法一**:利用逆矩阵求解公式.

因为 $|A| = \begin{vmatrix} 1 & -1 & -1 \\ 0 & 1 & -1 \\ 0 & 5 & -2 \end{vmatrix} = 3$,且 $A^* = \begin{pmatrix} 11 & -7 & 2 \\ 1 & -2 & 1 \\ 7 & -5 & 1 \end{pmatrix}$,所以利用逆矩阵求解公式知

$$A^{-1} = \frac{1}{|A|}A^* = \begin{pmatrix} \dfrac{11}{3} & \dfrac{-7}{3} & \dfrac{2}{3} \\[2mm] \dfrac{1}{3} & \dfrac{-2}{3} & \dfrac{1}{3} \\[2mm] \dfrac{7}{3} & \dfrac{-5}{3} & \dfrac{1}{3} \end{pmatrix}.$$

方法二:用矩阵的行初等变换.

因为

$$(A,E) = \begin{pmatrix} 1 & -1 & -1 & 1 & 0 & 0 \\ 2 & -1 & -3 & 0 & 1 & 0 \\ 3 & 2 & -5 & 0 & 0 & 1 \end{pmatrix} \xrightarrow[r_1\cdot(-3)+r_3]{r_1\cdot(-2)+r_2} \begin{pmatrix} 1 & -1 & -1 & 1 & 0 & 0 \\ 0 & 1 & -1 & -2 & 1 & 0 \\ 0 & 5 & -2 & -3 & 0 & 1 \end{pmatrix} \xrightarrow{r_2\cdot(-5)+r_3}$$

$$\begin{pmatrix} 1 & -1 & -1 & 1 & 0 & 0 \\ 0 & 1 & -1 & -2 & 1 & 0 \\ 0 & 0 & 3 & 7 & -5 & 1 \end{pmatrix} \xrightarrow{r_3 \cdot \frac{1}{3}} \begin{pmatrix} 1 & -1 & -1 & 1 & 0 & 0 \\ 0 & 1 & -1 & -2 & 1 & 0 \\ 0 & 0 & 1 & \frac{7}{3} & \frac{-5}{3} & \frac{1}{3} \end{pmatrix} \xrightarrow[r_3+r_1]{r_3+r_2}$$

$$\begin{pmatrix} 1 & -1 & 0 & \frac{10}{3} & \frac{-5}{3} & \frac{1}{3} \\ 0 & 1 & 0 & \frac{1}{3} & \frac{-2}{3} & \frac{1}{3} \\ 0 & 0 & 1 & \frac{7}{3} & \frac{-5}{3} & \frac{1}{3} \end{pmatrix} \xrightarrow{r_2+r_1} \begin{pmatrix} 1 & 0 & 0 & \frac{11}{3} & \frac{-7}{3} & \frac{2}{3} \\ 0 & 1 & 0 & \frac{1}{3} & \frac{-2}{3} & \frac{1}{3} \\ 0 & 0 & 1 & \frac{7}{3} & \frac{-5}{3} & \frac{1}{3} \end{pmatrix},$$

所以逆矩阵 $A^{-1} = \begin{pmatrix} \frac{11}{3} & \frac{-7}{3} & \frac{2}{3} \\ \frac{1}{3} & \frac{-2}{3} & \frac{1}{3} \\ \frac{7}{3} & \frac{-5}{3} & \frac{1}{3} \end{pmatrix}.$

（2）**方法一：利用逆矩阵求解公式.**

因为 $|A| = 2$，且 $A^* = \begin{pmatrix} 2 & 1 & 0 \\ -4 & -3 & 2 \\ 0 & -1 & 0 \end{pmatrix}$，所以利用逆矩阵求解公式知

$$A^{-1} = \frac{1}{|A|} A^* = \begin{pmatrix} 1 & \frac{1}{2} & 0 \\ -2 & -\frac{3}{2} & 1 \\ 0 & -\frac{1}{2} & 0 \end{pmatrix}.$$

方法二：用矩阵的行初等变换.

因为

$$(A,E) = \begin{pmatrix} 1 & 0 & 1 & 1 & 0 & 0 \\ 0 & 0 & -2 & 0 & 1 & 0 \\ 2 & 1 & -1 & 0 & 0 & 1 \end{pmatrix} \xrightarrow{r_1 \cdot (-2)+r_3} \begin{pmatrix} 1 & 0 & 1 & 1 & 0 & 0 \\ 0 & 0 & -2 & 0 & 1 & 0 \\ 0 & 1 & -3 & -2 & 0 & 1 \end{pmatrix} \xrightarrow{r_2 \leftrightarrow r_3}$$

$$\begin{pmatrix} 1 & 0 & 1 & 1 & 0 & 0 \\ 0 & 1 & -3 & -2 & 0 & 1 \\ 0 & 0 & -2 & 0 & 1 & 0 \end{pmatrix} \xrightarrow{r_3 \cdot \left(-\frac{1}{2}\right)} \begin{pmatrix} 1 & 0 & 1 & 1 & 0 & 0 \\ 0 & 1 & -3 & -2 & 0 & 1 \\ 0 & 0 & 1 & 0 & -\frac{1}{2} & 0 \end{pmatrix} \xrightarrow[r_3 \cdot (-1)+r_1]{r_3 \cdot 3+r_2}$$

线性代数篇

$$\begin{pmatrix} 1 & 0 & 0 & 1 & \dfrac{1}{2} & 0 \\ 0 & 1 & 0 & -2 & -\dfrac{3}{2} & 1 \\ 0 & 0 & 1 & 0 & -\dfrac{1}{2} & 0 \end{pmatrix},$$

所以逆矩阵 $\begin{pmatrix} 1 & 0 & 1 \\ 0 & 0 & -2 \\ 2 & 1 & -1 \end{pmatrix}^{-1} = \begin{pmatrix} 1 & \dfrac{1}{2} & 0 \\ -2 & -\dfrac{3}{2} & 1 \\ 0 & -\dfrac{1}{2} & 0 \end{pmatrix}.$

537.【解析】(1) 记 $\boldsymbol{B} = \begin{pmatrix} 5 & 2 \\ 2 & 1 \end{pmatrix}, \boldsymbol{C} = \begin{pmatrix} 1 & -2 \\ 1 & 1 \end{pmatrix}$, 则 $\boldsymbol{B}^{-1} = \begin{pmatrix} 1 & -2 \\ -2 & 5 \end{pmatrix}, \boldsymbol{C}^{-1} = \begin{pmatrix} \dfrac{1}{3} & \dfrac{2}{3} \\ -\dfrac{1}{3} & \dfrac{1}{3} \end{pmatrix}.$

于是, 根据对角分块矩阵的逆矩阵公式知

$$\boldsymbol{A}^{-1} = \begin{pmatrix} \boldsymbol{B} & \boldsymbol{O} \\ \boldsymbol{O} & \boldsymbol{C} \end{pmatrix}^{-1} = \begin{pmatrix} \boldsymbol{B}^{-1} & \boldsymbol{O} \\ \boldsymbol{O} & \boldsymbol{C}^{-1} \end{pmatrix} = \begin{pmatrix} 1 & -2 & 0 & 0 \\ -2 & 5 & 0 & 0 \\ 0 & 0 & \dfrac{1}{3} & \dfrac{2}{3} \\ 0 & 0 & -\dfrac{1}{3} & \dfrac{1}{3} \end{pmatrix}.$$

(2) 记矩阵 $\boldsymbol{B} = \begin{pmatrix} a_1 & & & \\ & a_2 & & \\ & & \ddots & \\ & & & a_{n-1} \end{pmatrix}$, 则 $\boldsymbol{B}^{-1} = \begin{pmatrix} \dfrac{1}{a_1} & & & \\ & \dfrac{1}{a_2} & & \\ & & \ddots & \\ & & & \dfrac{1}{a_{n-1}} \end{pmatrix}.$

记矩阵 $\boldsymbol{C} = (a_n)$, 则 $\boldsymbol{C}^{-1} = \left(\dfrac{1}{a_n}\right)$, 所以根据对角分块矩阵的逆矩阵公式知

$$\boldsymbol{A}^{-1} = \begin{pmatrix} \boldsymbol{0} & \boldsymbol{C}^{-1} \\ \boldsymbol{B}^{-1} & \boldsymbol{0} \end{pmatrix} = \begin{pmatrix} 0 & 0 & \cdots & 0 & \dfrac{1}{a_n} \\ \dfrac{1}{a_1} & 0 & \cdots & 0 & 0 \\ 0 & \dfrac{1}{a_2} & \cdots & 0 & 0 \\ \vdots & \vdots & & \vdots & \vdots \\ 0 & 0 & \cdots & \dfrac{1}{a_{n-1}} & 0 \end{pmatrix}.$$

线性代数篇

对称分块矩阵的逆矩阵:若 B 与 C 均为 n 阶可逆矩阵,则有

$$\begin{pmatrix} B & O \\ O & C \end{pmatrix}^{-1} = \begin{pmatrix} B^{-1} & O \\ O & C^{-1} \end{pmatrix}, \begin{pmatrix} O & B \\ C & O \end{pmatrix}^{-1} = \begin{pmatrix} O & C^{-1} \\ B^{-1} & O \end{pmatrix}.$$

538.【解析】(1) 由 $A^2-A-2E=O$ 知,$A(A-E)=2E$,于是 $A\cdot\dfrac{1}{2}(A-E)=E$,因此根据逆矩阵的定义知 $A^{-1}=\dfrac{1}{2}(A-E)$.

(2) 由于 $A^2+A-4E=(A-E)(A+2E)-2E=O$,故 $(A-E)\cdot\dfrac{1}{2}(A+2E)=E$,因此根据逆矩阵的定义知 $(A-E)^{-1}=\dfrac{1}{2}(A+2E)$.

539.【答案】A

【解析】由 $BAC=B(AC)=E$,知 $B^{-1}=AC$,则 $(AC)B=ACB=E$.

同理,由 $BAC=(BA)C=E$,知 $C^{-1}=BA$,则 $C(BA)=CBA=E$.

应选 A.

若 A 与 B 均为 n 阶矩阵,且互为逆矩阵,则 A 与 B 可交换,即

$$AB=BA=E.$$

540.【答案】A

【解析】因为 $|-2A^{-1}|=(-2)^3|A^{-1}|=-8\dfrac{1}{|A|}=-2$,所以 $|A|=4$. 又

$$|A|=\begin{vmatrix} 1 & 2 & 3 \\ 0 & t & 0 \\ 3 & 1 & 5 \end{vmatrix}=t\begin{vmatrix} 1 & 3 \\ 3 & 5 \end{vmatrix}=-4t,$$

解得 $t=-1$,应选 A.

541.【答案】C

【解析】由伴随矩阵的性质,知

$$(kA^{-1})\cdot(kA^{-1})^*=|kA^{-1}|E,$$
$$(kA^{-1})\cdot(kA^{-1})^*=k^n|A^{-1}|E,$$
$$(kA^{-1})^*=k^{n-1}|A^{-1}|A,$$
$$(kA^{-1})^*=k^{n-1}\dfrac{A}{|A|},$$

应选 C.

542.【答案】C

【解析】由伴随矩阵的性质，知 $A^* \cdot (A^*)^* = |A^*| E$，两边左乘矩阵 A 得

$$AA^*(A^*)^* = |A^*| A,$$

再根据 $AA^* = |A| E$，$|A^*| = |A|^{n-1}$ 知

$$|A|(A^*)^* = |A|^{n-1} A,$$

于是 $(A^*)^* = |A|^{n-2} A$，应选 C.

543.【答案】E

【解析】由 $AA^* = |A| E$，知 $A^*(A^*)^* = |A^*| E$.

两边左乘矩阵 A，得

$$AA^*(A^*)^* = |A^*| A,$$

即 $|A|(A^*)^* = |A|^2 A$，进而 $(A^*)^* = |A| A$.

又 $|A| = \begin{vmatrix} 1 & -1 & -1 \\ 2 & -1 & -3 \\ 3 & 2 & -5 \end{vmatrix} = \begin{vmatrix} 1 & 0 & 0 \\ 2 & 1 & -1 \\ 3 & 5 & -2 \end{vmatrix} = 3 \neq 0$，于是 $(A^*)^* = 3A$，应选 E.

544.【答案】C

【解析】因为 $A^* = |A| A^{-1} = 2A^{-1}$，所以

$$|(aA)^{-1} - A^*| = \left| \frac{1}{a} A^{-1} - 2A^{-1} \right| = \left| \left(\frac{1}{a} - 2 \right) A^{-1} \right| = \left(\frac{1}{a} - 2 \right)^3 |A^{-1}|$$

$$= \left(\frac{1}{a} - 2 \right)^3 |A|^{-1} = \left(\frac{1}{a} - 2 \right)^3 \cdot \frac{1}{2} = -\frac{27}{16},$$

因此 $a = 2$，故应选 C.

545.【答案】A

【解析】由于 A, B 均为 n 阶可逆矩阵，则 $|A| \neq 0$，$|B| \neq 0$.

进而 $\begin{vmatrix} A & O \\ O & B \end{vmatrix} = |A| |B| \neq 0$，即 $\begin{pmatrix} A & O \\ O & B \end{pmatrix}$ 也是可逆矩阵.

由伴随矩阵的性质，知

$$\begin{pmatrix} A & O \\ O & B \end{pmatrix} \cdot \begin{pmatrix} A & O \\ O & B \end{pmatrix}^* = \begin{vmatrix} A & O \\ O & B \end{vmatrix} E,$$

于是

$$\begin{pmatrix} A & O \\ O & B \end{pmatrix}^* = \begin{vmatrix} A & O \\ O & B \end{vmatrix} \cdot \begin{pmatrix} A & O \\ O & B \end{pmatrix}^{-1} = |A| |B| \begin{pmatrix} A^{-1} & O \\ O & B^{-1} \end{pmatrix} = \begin{pmatrix} |B| A^* & O \\ O & |A| B^* \end{pmatrix},$$

应选 A.

546.【答案】A

【解析】由 $A_{ij} = a_{ij}$ 知

线性代数篇

$$A = \begin{pmatrix} a_{11} & a_{12} & a_{13} \\ a_{21} & a_{22} & a_{23} \\ a_{31} & a_{32} & a_{33} \end{pmatrix} = \begin{pmatrix} A_{11} & A_{12} & A_{13} \\ A_{21} & A_{22} & A_{23} \\ A_{31} & A_{32} & A_{33} \end{pmatrix} = (A^*)^{\mathrm{T}},$$

即 $A^* = A^{\mathrm{T}}$，进而 $|A^*| = |A^{\mathrm{T}}|$，$|A|^2 = |A|$，解得 $|A| = 0$ 或 1.

又 $A \neq O$，不妨设 $a_{11} \neq 0$，于是将行列式 $|A|$ 按照第 1 行展开，得

$$|A| = a_{11}A_{11} + a_{12}A_{12} + a_{13}A_{13} = a_{11}^2 + a_{12}^2 + a_{13}^2 > 0,$$

因此 $|A| = 1$，应选 A.

小课堂

注意下面的错误思路：

"由 A 为非零矩阵，知 $|A| \neq 0$，于是舍去 $|A| = 0$，因此 $|A| = 1$."

这是因为当 $A \neq O$ 时，行列式 $|A|$ 未必非零，例如 $A = \begin{pmatrix} 1 & 0 \\ 0 & 0 \end{pmatrix} \neq O$，但 $|A| = 0$，所以应注意上述的错误解法.

547.【答案】A

【解析】由 $AX + E = A^2 + X$ 可得，$AX - X = A^2 - E$，即

$$(A - E)X = (A - E)(A + E).$$

又 $|A - E| = \begin{vmatrix} 0 & 0 & 1 \\ 0 & 1 & 0 \\ 1 & 0 & 0 \end{vmatrix} = -1 \neq 0$，即矩阵 $A - E$ 可逆，因此 $X = A + E = \begin{pmatrix} 2 & 0 & 1 \\ 0 & 3 & 0 \\ 1 & 0 & 2 \end{pmatrix}$，

应选 A.

548.【答案】D

【解析】$2A^{-1}B = B - 4E$ 两边左乘矩阵 A，得 $2AA^{-1}B = AB - 4A$，即

$$2B = AB - 4A \Rightarrow 2B = A(B - 4E),$$

所以 $A = 2B(B - 4E)^{-1}$.

又因为 $B - 4E = \begin{pmatrix} -3 & -2 & 0 \\ 1 & -2 & 0 \\ 0 & 0 & -2 \end{pmatrix}$，所以

$$\begin{pmatrix} -3 & -2 & \vdots & 0 \\ 1 & -2 & \vdots & 0 \\ \cdots & \cdots & \vdots & \cdots \\ 0 & 0 & \vdots & -2 \end{pmatrix}^{-1} = \begin{pmatrix} -\dfrac{1}{4} & \dfrac{1}{4} & \vdots & 0 \\ -\dfrac{1}{8} & -\dfrac{3}{8} & \vdots & 0 \\ \cdots & \cdots & \vdots & \cdots \\ 0 & 0 & \vdots & -\dfrac{1}{2} \end{pmatrix},$$

$$
故\ A = 2\begin{pmatrix} 1 & -2 & 0 \\ 1 & 2 & 0 \\ 0 & 0 & 2 \end{pmatrix}\begin{pmatrix} -\dfrac{1}{4} & \dfrac{1}{4} & 0 \\ -\dfrac{1}{8} & -\dfrac{3}{8} & 0 \\ 0 & 0 & -\dfrac{1}{2} \end{pmatrix} = \begin{pmatrix} 0 & 2 & 0 \\ -1 & -1 & 0 \\ 0 & 0 & -2 \end{pmatrix},应选\ D.
$$

题组 B · 强化通关题

549. 【答案】E

【解析】根据公式 $(k\boldsymbol{A})^* = k^{n-1}\boldsymbol{A}^*$，可化简

$$
\left[(-2\boldsymbol{A})^*\right]^{-1} = \left[4\boldsymbol{A}^*\right]^{-1} = \frac{1}{4}(\boldsymbol{A}^*)^{-1} = \frac{1}{4}(\boldsymbol{A}^{-1})^*,
$$

又因为 $(\boldsymbol{A}^{-1})^* = \dfrac{\boldsymbol{A}}{|\boldsymbol{A}|}$，且

$$
|\boldsymbol{A}| = \begin{vmatrix} 1 & -1 & 2 \\ -2 & -1 & -2 \\ 4 & 3 & 3 \end{vmatrix} = \begin{vmatrix} 1 & -1 & 2 \\ 0 & -3 & 2 \\ 0 & 7 & -5 \end{vmatrix} = 1,
$$

所以 $(\boldsymbol{A}^{-1})^* = \boldsymbol{A}$，进而 $\left[(-2\boldsymbol{A})^*\right]^{-1} = \dfrac{1}{4}\boldsymbol{A}$，应选 E.

550. 【答案】E

【解析】由于 $\boldsymbol{A}^2 = \begin{pmatrix} 1 & 2 \\ 2 & 3 \end{pmatrix}\begin{pmatrix} 1 & 2 \\ 2 & 3 \end{pmatrix} = \begin{pmatrix} 5 & 8 \\ 8 & 13 \end{pmatrix}$，所以

$$
\begin{aligned}
\boldsymbol{A}^4 - 2\boldsymbol{A}^3 - 9\boldsymbol{A}^2 &= \boldsymbol{A}(\boldsymbol{A}^3 - 2\boldsymbol{A}^2 - 9\boldsymbol{A}) \\
&= \boldsymbol{A}\left[\boldsymbol{A}^2(\boldsymbol{A}-2\boldsymbol{E}) - 9\boldsymbol{A}\right] \\
&= \boldsymbol{A}\left[\begin{pmatrix} 5 & 8 \\ 8 & 13 \end{pmatrix}\begin{pmatrix} -1 & 2 \\ 2 & 1 \end{pmatrix} - 9\begin{pmatrix} 1 & 2 \\ 2 & 3 \end{pmatrix}\right] \\
&= \boldsymbol{A}\begin{pmatrix} 2 & 0 \\ 0 & 2 \end{pmatrix} = 2\boldsymbol{A},
\end{aligned}
$$

应选 E.

551. 【答案】A

【解析】$(\boldsymbol{A}^*\boldsymbol{B}^{-1}\boldsymbol{A})^{-1} = \boldsymbol{A}^{-1}(\boldsymbol{B}^{-1})^{-1}(\boldsymbol{A}^*)^{-1} = \boldsymbol{A}^{-1}\boldsymbol{B}(\boldsymbol{A}^{-1})^*$，又因为 $\boldsymbol{A}^{-1}(\boldsymbol{A}^{-1})^* = |\boldsymbol{A}^{-1}|\boldsymbol{E}$，所以

$$
(\boldsymbol{A}^{-1})^* = \frac{1}{|\boldsymbol{A}|}\boldsymbol{A} = \frac{1}{2}\boldsymbol{A},
$$

于是 $(\boldsymbol{A}^*\boldsymbol{B}^{-1}\boldsymbol{A})^{-1} = \dfrac{1}{2}\boldsymbol{A}^{-1}\boldsymbol{B}\boldsymbol{A}$，应选 A.

552.【答案】A

【解析】根据拉普拉斯行列式,知 $|A| = \begin{vmatrix} 2 & 3 \\ 1 & 1 \end{vmatrix} \cdot \begin{vmatrix} 2 & 0 \\ 0 & 1 \end{vmatrix} = (-1) \cdot 2 = -2$,于是

$$\left(\frac{1}{4}A^*A^2\right)^{-1} = \left(\frac{1}{4}|A|A\right)^{-1} = \left(-\frac{1}{2}A\right)^{-1} = -2A^{-1}$$

$$= -2\begin{pmatrix} \begin{pmatrix} 2 & 3 \\ 1 & 1 \end{pmatrix}^{-1} & 0 & 0 \\ 0 & 0 & \begin{pmatrix} 2 & 0 \\ 0 & 1 \end{pmatrix}^{-1} \end{pmatrix} = -2\begin{pmatrix} -1 & 3 & 0 & 0 \\ 1 & -2 & 0 & 0 \\ 0 & 0 & \frac{1}{2} & 0 \\ 0 & 0 & 0 & 1 \end{pmatrix}$$

$$= \begin{pmatrix} 2 & -6 & 0 & 0 \\ -2 & 4 & 0 & 0 \\ 0 & 0 & -1 & 0 \\ 0 & 0 & 0 & -2 \end{pmatrix},$$

应选 A.

553.【答案】A

【解析】由于 $|A| = -4 \neq 0$,所以 A 可逆. 又因为 $AA^* = |A|E$,所以

$$A^* = |A|A^{-1} = -4A^{-1},$$

于是

$$(A+2E)^{-1}(A^*-2E) = (A+2E)^{-1}(-4A^{-1}-2E)$$

$$= -2(A+2E)^{-1}(2A^{-1}+E)$$

$$= -2(A+2E)^{-1}(2E+A)A^{-1}$$

$$= -2A^{-1} = -2\frac{1}{|A|} \cdot A^*$$

$$= -2 \cdot \frac{1}{-4} \cdot \begin{pmatrix} 1 & -2 \\ -4 & 4 \end{pmatrix} = \begin{pmatrix} \frac{1}{2} & -1 \\ -2 & 2 \end{pmatrix},$$

应选 A.

554.【答案】B

【解析】因为 A 可逆的充分必要条件为 $|A| \neq 0$,且

$$|A| = \begin{vmatrix} 1 & 4 & 0 & 2 \\ 0 & 1 & -1 & x \\ 3 & 10 & y & 4 \\ 2 & 7 & 1 & 3 \end{vmatrix} = \begin{vmatrix} 1 & 4 & 0 & 2 \\ 0 & 1 & -1 & x \\ 0 & -2 & y & -2 \\ 0 & -1 & 1 & -1 \end{vmatrix}$$

$$= \begin{vmatrix} 1 & 4 & 0 & 2 \\ 0 & 1 & -1 & x \\ 0 & 0 & y-2 & 2x-2 \\ 0 & 0 & 0 & x-1 \end{vmatrix} = (y-2)(x-1),$$

所以 $y \neq 2$ 且 $x \neq 1$ 时，A 可逆，故应选 B.

555. 【答案】D

【解析】对于①，因为 $AB = E$，所以 $|AB| = |A||B| = 1$，于是 $|A|$，$|B|$ 均不为 0，进而知 A，B 均可逆，①正确.

对于②，因为 $(AB)^2 = ABAB = A(BAB) = E$，所以 A 与 BAB 互为逆矩阵，即 $A^{-1} = BAB$，于是 $(BAB)A = E$，即 $(BA)^2 = E$，②正确.

对于③，因为矩阵 A 或 B 不可逆，所以 A 或 B 至少有一个行列式等于 0，进而知 $|AB| = |A||B| = 0$，故 AB 必不可逆，③正确.

对于④，可举反例 $A = \begin{pmatrix} 1 & & \\ & 0 & \\ & & 0 \end{pmatrix}$，$B = \begin{pmatrix} 0 & & \\ & 1 & \\ & & 1 \end{pmatrix}$，显然 A，B 均不可逆，但是 $A + B = \begin{pmatrix} 1 & & \\ & 1 & \\ & & 1 \end{pmatrix}$，此时 $A + B$ 可逆，故④错误.

应选 D.

556. 【答案】D

【解析】**方法一**：因为

$$A^2 = A(BC)A = (AB)(CA) = E,$$
$$B^2 = B(CA)B = (BC)(AB) = E,$$
$$C^2 = C(AB)C = (CA)(BC) = E,$$

所以 $A^2 + B^2 + C^2 = 3E$，应选 D.

方法二：因为 $AB = CA = E$，所以 $A = B^{-1} = C^{-1}$，故

$$A^2 = A \cdot A = C^{-1}B^{-1} = (BC)^{-1} = E^{-1} = E,$$

同理 $B^2 = E$，$C^2 = E$，因此 $A^2 + B^2 + C^2 = 3E$，应选 D.

方法三：特例法.

不妨取 $A = B = C = E$，满足 $AB = BC = CA = E$，故 $A^2 + B^2 + C^2 = 3E$，应选 D.

557. 【答案】D

【解析】由于

$$(A+B)(A-B) = A^2 - AB + BA - B^2 = A^2 - AB + AB - B^2 = A^2 - B^2,$$
$$(A-B)^2 = A^2 - AB - BA + B^2 = A^2 - 2AB + B^2,$$
$$AB^{-1} = EAB^{-1} = (B^{-1}B)AB^{-1} = B^{-1}(BA)B^{-1} = B^{-1}(AB)B^{-1} = B^{-1}A,$$
$$A^{-1}B = A^{-1}BE = A^{-1}B(AA^{-1}) = A^{-1}(BA)A^{-1} = A^{-1}(AB)A^{-1} = BA^{-1},$$

$$A^{-1}B^{-1}=(BA)^{-1}=(AB)^{-1}=B^{-1}A^{-1},$$

故选项 A、B、C、E 均正确,D 错误,应选 D.

558.【答案】D

【解析】因为 $A^2=\begin{pmatrix}1&-2&2\\-2&1&2\\2&2&1\end{pmatrix}\begin{pmatrix}1&-2&2\\-2&1&2\\2&2&1\end{pmatrix}=\begin{pmatrix}9&&\\&9&\\&&9\end{pmatrix}=9E,$

所以 $A^{2024}=(A^2)^{1012}=9^{1012}E,$故应选 D.

559.【答案】E

【解析】因为 $|P|=-1\neq0$,即 P 为可逆矩阵,所以

$$PA=BP\Rightarrow A=P^{-1}BP,$$

故 $A^{2024}=P^{-1}B^{2024}P.$

又 $r(B)=r\begin{pmatrix}1&-1\\-1&1\end{pmatrix}=1$,所以 $B^{2024}=[tr(B)]^{2023}B=2^{2023}B,$故

$$A^{2024}=2^{2023}P^{-1}BP=2^{2023}(E_{12})^{-1}BE_{12}$$
$$=2^{2023}E_{12}BE_{12}$$
$$=2^{2023}\begin{pmatrix}1&-1\\-1&1\end{pmatrix},$$

故应选 E.

560.【答案】B

【解析】$\frac{1}{2}(A^*)^*BA^*=AB+A$ 两边左乘 A^*,得

$$\frac{1}{2}A^*(A^*)^*BA^*=A^*AB+A^*A,$$

$$\frac{1}{2}|A^*|BA^*=|A|B+|A|E,$$

上式两边再右乘 A,得

$$\frac{1}{2}|A^*|BA^*A=|A|BA+|A|A,$$

$$\frac{1}{2}|A^*|\cdot|A|B=|A|BA+|A|A,$$

由于 $|A|=2$,即 A 可逆,进而 $|A^*|=|A|^{2-1}=|A|=2$,于是

$$2B=2BA+2A,即 B=BA+A,B(E-A)=A$$

故

$$B=A(E-A)^{-1}=\begin{pmatrix}2&1\\2&2\end{pmatrix}\cdot\begin{pmatrix}-1&-1\\-2&-1\end{pmatrix}^{-1}$$

$$= \begin{pmatrix} 2 & 1 \\ 2 & 2 \end{pmatrix} \cdot \frac{1}{\begin{vmatrix} -1 & -1 \\ -2 & -1 \end{vmatrix}} \cdot \begin{pmatrix} -1 & -1 \\ -2 & -1 \end{pmatrix}^*$$

$$= -\begin{pmatrix} 2 & 1 \\ 2 & 2 \end{pmatrix} \cdot \begin{pmatrix} -1 & 1 \\ 2 & -1 \end{pmatrix} = \begin{pmatrix} 0 & -1 \\ -2 & 0 \end{pmatrix},$$

应选 B.

1.3 初等变换与初等矩阵

题组 A · 基础通关题

561. 【答案】B

【解析】由题意可知，矩阵 $\begin{pmatrix} a_{11} & a_{12} & a_{13} \\ a_{21} & a_{22} & a_{23} \\ a_{31} & a_{32} & a_{33} \end{pmatrix}$ 将其第三行乘以 (-3) 倍加到第一行得到

$\begin{pmatrix} a_{11}-3a_{31} & a_{12}-3a_{32} & a_{13}-3a_{33} \\ a_{21} & a_{22} & a_{23} \\ a_{31} & a_{32} & a_{33} \end{pmatrix}$，所以 $A = E_{13}(-3) = \begin{pmatrix} 1 & 0 & -3 \\ 0 & 1 & 0 \\ 0 & 0 & 1 \end{pmatrix}$，应选 B.

562. 【答案】D

【解析】根据初等矩阵的性质，矩阵 A 每左乘一个 $P_1 = \begin{pmatrix} 0 & 1 & 0 \\ 1 & 0 & 0 \\ 0 & 0 & 1 \end{pmatrix}$，会使得矩阵 A 的第 1

行与第 2 行交换一次；矩阵 A 每右乘一个 $P_2 = \begin{pmatrix} 0 & 0 & 1 \\ 0 & 1 & 0 \\ 1 & 0 & 0 \end{pmatrix}$，会使得矩阵 A 的第 1 列与第 3 列

交换一次.

显然矩阵 $A = \begin{pmatrix} a_{11} & a_{12} & a_{13} \\ a_{21} & a_{22} & a_{23} \\ a_{31} & a_{32} & a_{33} \end{pmatrix}$ 通过交换第 1 行与第 2 行奇数次，再交换第 1 列与第 3 列

奇数次得到 $\begin{pmatrix} a_{23} & a_{22} & a_{21} \\ a_{13} & a_{12} & a_{11} \\ a_{33} & a_{32} & a_{31} \end{pmatrix}$，所以 m, n 必须均为奇数.

应选 D.

线性代数篇

563.【答案】C

【解析】由题意可知，$P_1 = \begin{pmatrix} 0 & 1 & 0 \\ 1 & 0 & 0 \\ 0 & 0 & 1 \end{pmatrix} = E_{12}$，$P_2 = \begin{pmatrix} 1 & 0 & 0 \\ 0 & 1 & 0 \\ 1 & 0 & 1 \end{pmatrix} = E_{31}(1)$.

矩阵 A 通过初等变换变为 B，有以下两种可能：

（1）先交换矩阵 A 的第 1 行与第 2 行得到 A_1，再将 A_1 的第 2 行加至第 3 行得到 B，于是根据初等矩阵与初等变换的关系，知 $E_{32}(1)E_{12}A = B$.

（2）先将矩阵 A 的第 1 行加至第 3 行得到 A_2，再交换 A_2 的第 1 行与第 2 行得到 B，于是根据初等矩阵与初等变换的关系，知 $E_{12}E_{31}(1)A = B$，即 $P_1 P_2 A = B$.

应选 C.

564.【答案】B

【解析】由矩阵 A 的第 2 行加到第 1 行得 B，知 $E_{12}(1)A = B$.

由矩阵 B 的第 1 列的 (-1) 倍加到第 2 列得 C，知 $BE_{12}(-1) = C$.

综上可得，$E_{12}(1)AE_{12}(-1) = C$.

又因为 $P = \begin{pmatrix} 1 & 1 & 0 \\ 0 & 1 & 0 \\ 0 & 0 & 1 \end{pmatrix} = E_{12}(1)$，$P^{-1} = E_{12}(-1)$，所以 $PAP^{-1} = C$，应选 B.

565.【答案】C

【解析】由将 A 第一行的 2 倍加到第二行上得到矩阵 B，知 $E_{21}(2)A = B$，于是

$$B^{-1} = (E_{21}(2)A)^{-1} = A^{-1}E_{21}^{-1}(2) = A^{-1}E_{21}(-2)$$

$$= \begin{pmatrix} a_{11} & a_{12} \\ a_{21} & a_{22} \end{pmatrix} E_{21}(-2) = \begin{pmatrix} a_{11}-2a_{12} & a_{12} \\ a_{21}-2a_{22} & a_{22} \end{pmatrix},$$

应选 C.

566.【解析】(1) $\begin{pmatrix} 1 & -8 & 10 & 2 \\ 2 & 4 & 5 & -1 \\ 3 & 8 & 6 & -2 \end{pmatrix} \xrightarrow[r_1 \cdot (-3)+r_3]{r_1 \cdot (-2)+r_2} \begin{pmatrix} 1 & -8 & 10 & 2 \\ 0 & 20 & -15 & -5 \\ 0 & 32 & -24 & -8 \end{pmatrix} \xrightarrow[r_3 \cdot \frac{1}{8}]{r_2 \cdot \frac{1}{5}}$

$\begin{pmatrix} 1 & -8 & 10 & 2 \\ 0 & 4 & -3 & -1 \\ 0 & 4 & -3 & -1 \end{pmatrix} \xrightarrow{r_2 \cdot (-1)+r_3} \begin{pmatrix} 1 & -8 & 10 & 2 \\ 0 & 4 & -3 & -1 \\ 0 & 0 & 0 & 0 \end{pmatrix}$.

(2) $\begin{pmatrix} 0 & 1 & -1 & 1 & 3 \\ 1 & 1 & 0 & 2 & 2 \\ 1 & 0 & 1 & 1 & -1 \end{pmatrix} \xrightarrow{r_1 \leftrightarrow r_2} \begin{pmatrix} 1 & 1 & 0 & 2 & 2 \\ 0 & 1 & -1 & 1 & 3 \\ 1 & 0 & 1 & 1 & -1 \end{pmatrix} \xrightarrow{r_1(-1)+r_3} \begin{pmatrix} 1 & 1 & 0 & 2 & 2 \\ 0 & 1 & -1 & 1 & 3 \\ 0 & -1 & 1 & -1 & -3 \end{pmatrix} \xrightarrow{r_2+r_3}$

$$\begin{pmatrix} 1 & 1 & 0 & 2 & 2 \\ 0 & 1 & -1 & 1 & 3 \\ 0 & 0 & 0 & 0 & 0 \end{pmatrix}.$$

$(3)\ \begin{pmatrix} 1 & -1 & -1 & 2 \\ 2 & -1 & -3 & 1 \\ 3 & 2 & -5 & 0 \end{pmatrix} \xrightarrow[r_1 \cdot (-3)+r_3]{r_1 \cdot (-2)+r_2} \begin{pmatrix} 1 & -1 & -1 & 2 \\ 0 & 1 & -1 & -3 \\ 0 & 5 & -2 & -6 \end{pmatrix} \xrightarrow{r_2 \cdot (-5)+r_3} \begin{pmatrix} 1 & -1 & -1 & 2 \\ 0 & 1 & -1 & -3 \\ 0 & 0 & 3 & 9 \end{pmatrix}.$

$(4)\ \begin{pmatrix} 1 & -2 & 2 & -1 & 1 \\ 2 & -4 & 8 & 0 & 2 \\ -2 & 4 & -2 & 3 & 3 \\ 3 & -6 & 0 & -6 & 4 \end{pmatrix} \xrightarrow[\substack{r_1 \cdot 2+r_3 \\ r_1 \cdot (-3)+r_4}]{r_1 \cdot (-2)+r_2} \begin{pmatrix} 1 & -2 & 2 & -1 & 1 \\ 0 & 0 & 4 & 2 & 0 \\ 0 & 0 & 2 & 1 & 5 \\ 0 & 0 & -6 & -3 & 1 \end{pmatrix} \xrightarrow{r_2 \cdot \frac{1}{2}}$

$\begin{pmatrix} 1 & -2 & 2 & -1 & 1 \\ 0 & 0 & 2 & 1 & 0 \\ 0 & 0 & 2 & 1 & 5 \\ 0 & 0 & -6 & -3 & 1 \end{pmatrix} \xrightarrow[r_2 \cdot 3+r_4]{r_2 \cdot (-1)+r_3} \begin{pmatrix} 1 & -2 & 2 & -1 & 1 \\ 0 & 0 & 2 & 1 & 0 \\ 0 & 0 & 0 & 0 & 5 \\ 0 & 0 & 0 & 0 & 1 \end{pmatrix} \xrightarrow{r_3 \cdot \left(-\frac{1}{5}\right)+r_4}$

$\begin{pmatrix} 1 & -2 & 2 & -1 & 1 \\ 0 & 0 & 2 & 1 & 0 \\ 0 & 0 & 0 & 0 & 5 \\ 0 & 0 & 0 & 0 & 0 \end{pmatrix}.$

$(5)\ \begin{pmatrix} 1 & 1 & -3 & -1 & 1 \\ 3 & -1 & -3 & 4 & 4 \\ 1 & 5 & -9 & -8 & 0 \end{pmatrix} \xrightarrow[r_1 \cdot (-1)+r_3]{r_1 \cdot (-3)+r_2} \begin{pmatrix} 1 & 1 & -3 & -1 & 1 \\ 0 & -4 & 6 & 7 & 1 \\ 0 & 4 & -6 & -7 & -1 \end{pmatrix} \xrightarrow{r_2+r_3}$

$\begin{pmatrix} 1 & 1 & -3 & -1 & 1 \\ 0 & -4 & 6 & 7 & 1 \\ 0 & 0 & 0 & 0 & 0 \end{pmatrix}.$

$(6)\ \begin{pmatrix} -2 & 1 & 1 & 0 \\ 1 & -2 & 1 & 3 \\ 1 & 1 & -2 & -3 \end{pmatrix} \xrightarrow{r_1 \leftrightarrow r_2} \begin{pmatrix} 1 & -2 & 1 & 3 \\ -2 & 1 & 1 & 0 \\ 1 & 1 & -2 & -3 \end{pmatrix} \xrightarrow[r_1 \cdot (-1)+r_3]{r_1 \cdot 2+r_2} \begin{pmatrix} 1 & -2 & 1 & 3 \\ 0 & -3 & 3 & 6 \\ 0 & 3 & -3 & -6 \end{pmatrix} \xrightarrow{r_2+r_3}$

$\begin{pmatrix} 1 & -2 & 1 & 3 \\ 0 & -3 & 3 & 6 \\ 0 & 0 & 0 & 0 \end{pmatrix}.$

题组 B · 强化通关题

567.【答案】C

【解析】由交换 A 的第 1 行与第 2 行得矩阵 B，知 $E_{12}A = B$，于是

$$A^{*}\left(E_{12}\right)^{*} = B^{*}.$$

又因为 $(E_{12})^* = |E_{12}|(E_{12})^{-1} = -E_{12}$，所以 $A^* \cdot (-E_{12}) = B^*$，即 $A^* E_{12} = -B^*$，因此，根据初等矩阵与初等变换得关系，知交换 A^* 的第 1 列与第 2 列得 $-B^*$，应选 C.

568.【答案】B

【解析】由于 $Q = (\alpha, \beta, \gamma) \begin{pmatrix} 1 & 0 & 0 \\ 0 & 2 & 0 \\ 0 & 0 & 1 \end{pmatrix} = P \cdot E_2(2)$，则

$$Q^{-1}AQ = E_2^{-1}(2)P^{-1}APE_2(2) = E_2^{-1}(2) \cdot (P^{-1}AP) \cdot E_2(2)$$

$$= E_2\left(\frac{1}{2}\right)\begin{pmatrix} 1 & 0 & 0 \\ 0 & 2 & 0 \\ 0 & 0 & 3 \end{pmatrix}E_2(2)$$

$$= \begin{pmatrix} 1 & 0 & 0 \\ 0 & 2 & 0 \\ 0 & 0 & 3 \end{pmatrix},$$

应选 B.

569.【答案】A

【解析】由题意可知，$\begin{pmatrix} 0 & 1 & 0 \\ 1 & 0 & 0 \\ 0 & 0 & 1 \end{pmatrix} = E_{12}$，$\begin{pmatrix} 1 & 0 & 0 \\ 0 & 1 & 0 \\ 2 & 0 & 1 \end{pmatrix} = E_{31}(2)$，故

$$A = E_{12}\begin{pmatrix} 0 & 0 & \frac{1}{2} \\ 0 & \frac{1}{3} & 0 \\ \frac{1}{4} & 0 & 0 \end{pmatrix}E_{31}(2).$$

进而

$$A^{-1} = E_{31}^{-1}(2) \cdot \begin{pmatrix} 0 & 0 & \frac{1}{2} \\ 0 & \frac{1}{3} & 0 \\ \frac{1}{4} & 0 & 0 \end{pmatrix}^{-1} E_{12}^{-1} = E_{31}(-2)\begin{pmatrix} 0 & 0 & 4 \\ 0 & 3 & 0 \\ 2 & 0 & 0 \end{pmatrix}E_{12}$$

$$= \begin{pmatrix} 0 & 0 & 4 \\ 0 & 3 & 0 \\ 2 & 0 & -8 \end{pmatrix}E_{12} = \begin{pmatrix} 0 & 0 & 4 \\ 3 & 0 & 0 \\ 0 & 2 & -8 \end{pmatrix},$$

故应选 A.

570.【答案】B

【解析】由将矩阵 A 的第 3 行加到第 2 行得到 C，知 $E_{23}(1)A = C$，于是
$$A = E_{23}^{-1}(1) \cdot C = E_{23}(-1) \cdot C.$$

由将矩阵 B 的第 1 列乘以 2 倍加至第 2 列得到 D，知 $BE_{12}(2) = D$，于是
$$B = D \cdot E_{12}^{-1}(2) = D \cdot E_{12}(-2).$$

因此，
$$AB = E_{23}(-1) \cdot CD \cdot E_{12}(-2)$$

$$= E_{23}(-1) \cdot \begin{pmatrix} 1 & 4 & 2 \\ 2 & 12 & 7 \\ 0 & 7 & 0 \end{pmatrix} \cdot E_{12}(-2).$$

$$= \begin{pmatrix} 1 & 4 & 2 \\ 2 & 5 & 7 \\ 0 & 7 & 0 \end{pmatrix} \cdot E_{12}(-2)$$

$$= \begin{pmatrix} 1 & 2 & 2 \\ 2 & 1 & 7 \\ 0 & 7 & 0 \end{pmatrix},$$

应选 B.

571.【答案】D

【解析】显然，P_1 与 P_2 均为初等矩阵，且 $P_1 = E_{14}$，$P_2 = E_{23}$.

由题意可知，矩阵 A 先交换第 2 列与第 3 列，再交换第 1 列与第 4 列得到 B，故 $B = AE_{23}E_{14}$，即 $B = AP_2P_1$，于是
$$B^{-1} = (AP_2P_1)^{-1} = P_1^{-1}P_2^{-1}A^{-1}.$$
又因为 $P_1^{-1} = E_{14} = P_1$，$P_2^{-1} = E_{23} = P_2$，所以
$$B^{-1} = P_1^{-1}P_2^{-1}A^{-1} = P_1P_2A^{-1},$$
应选 D.

572.【答案】E

【解析】由题意可知，$AE_{21(1)} = B$，$E_{23}B = E$，于是
$$E_{23}AE_{21(1)} = E,$$
故
$$A = E_{23}^{-1}E_{21(1)}^{-1} = E_{23}E_{21(-1)},$$

$$= E_{23}\begin{pmatrix} 1 & 0 & 0 \\ -1 & 1 & 0 \\ 0 & 0 & 1 \end{pmatrix} = \begin{pmatrix} 1 & 0 & 0 \\ 0 & 0 & 1 \\ -1 & 1 & 0 \end{pmatrix}.$$

应选 E.

1.4　矩 阵 的 秩

题组 A·基础通关题

573.【答案】A

【解析】对矩阵 $2E-A$ 施以初等行变换,得

$$2E-A = \begin{pmatrix} 1 & 0 & -1 \\ 2 & 0 & -a \\ -1 & 0 & 1 \end{pmatrix} \rightarrow \begin{pmatrix} 1 & 0 & -1 \\ 0 & 0 & -a+2 \\ 0 & 0 & 0 \end{pmatrix},$$

由于 $r(2E-A)=1$,所以 $a=2$,应选 A.

574.【答案】D

【解析】$r(A)=r(A^{\mathrm{T}})=2$. 对矩阵 A 施以初等行变换,得

$$A = \begin{pmatrix} 1 & 0 & 1 \\ 0 & 1 & 1 \\ -1 & 0 & a \\ 0 & a & -1 \end{pmatrix} \rightarrow \begin{pmatrix} 1 & 0 & 1 \\ 0 & 1 & 1 \\ 0 & 0 & 1+a \\ 0 & 0 & 0 \end{pmatrix},$$

于是 $1+a=0$,解得 $a=-1$,应选 D.

575.【答案】C

【解析】由于 $r(A)=3<4$,则 $|A|=0$,于是

$$|A| = \begin{vmatrix} k+3 & 1 & 1 & 1 \\ k+3 & k & 1 & 1 \\ k+3 & 1 & k & 1 \\ k+3 & 1 & 1 & k \end{vmatrix} = (k+3) \begin{vmatrix} 1 & 1 & 1 & 1 \\ 1 & k & 1 & 1 \\ 1 & 1 & k & 1 \\ 1 & 1 & 1 & k \end{vmatrix}$$

$$= (k+3) \begin{vmatrix} 1 & 1 & 1 & 1 \\ 0 & k-1 & 0 & 0 \\ 0 & 0 & k-1 & 0 \\ 0 & 0 & 0 & k-1 \end{vmatrix} = (k+3)(k-1)^3 = 0,$$

解得 $k=1$ 或 $k=-3$.

当 $k=1$ 时,$r(A)=r \begin{pmatrix} 1 & 1 & 1 & 1 \\ 1 & 1 & 1 & 1 \\ 1 & 1 & 1 & 1 \\ 1 & 1 & 1 & 1 \end{pmatrix} = 1$,不符题意,舍去.

因此,$k=-3$,应选 C.

576.【答案】A

【解析】对增广矩阵 (A,b) 施以初等行变换,得

$$(A,b)=\begin{pmatrix} 1 & 1 & 1 & 1 & \vdots & -1 \\ 4 & 3 & 5 & -1 & \vdots & -1 \\ a & 1 & 3 & b & \vdots & 1 \end{pmatrix} \rightarrow \begin{pmatrix} 1 & 1 & 1 & 1 & \vdots & -1 \\ 0 & -1 & 1 & -5 & \vdots & 3 \\ 0 & 1-a & 3-a & b-a & \vdots & 1+a \end{pmatrix} \rightarrow$$

$$\begin{pmatrix} 1 & 1 & 1 & 1 & \vdots & -1 \\ 0 & -1 & 1 & -5 & \vdots & 3 \\ 0 & 0 & 4-2a & -5+b+4a & \vdots & 4-2a \end{pmatrix},$$

由于 $r(A)=r(A,b)<3$，则 $\begin{cases} 4-2a=0, \\ -5+b+4a=0, \end{cases}$ 解得 $\begin{cases} a=2, \\ b=-3, \end{cases}$ 应选 A.

577. 【答案】A

【解析】对矩阵 A 施以初等行变换，得

$$A=\begin{pmatrix} 1 & 1 & 2 & k & 3 \\ 2 & 3 & 5 & 5 & 4 \\ 2 & 2 & 3 & 1 & 4 \\ 1 & 0 & 1 & 1 & 5 \end{pmatrix} \rightarrow \begin{pmatrix} 1 & 0 & 1 & 1 & 5 \\ 2 & 2 & 3 & 1 & 4 \\ 0 & 1 & 2 & 4 & 0 \\ 1 & 1 & 2 & k & 3 \end{pmatrix} \rightarrow \begin{pmatrix} 1 & 0 & 1 & 1 & 5 \\ 0 & 1 & 2 & 4 & 0 \\ 0 & 2 & 1 & -1 & -6 \\ 0 & 1 & 1 & k-1 & -2 \end{pmatrix} \rightarrow$$

$$\begin{pmatrix} 1 & 0 & 1 & 1 & 5 \\ 0 & 1 & 2 & 4 & 0 \\ 0 & 0 & -3 & -9 & -6 \\ 0 & 0 & -1 & k-5 & -2 \end{pmatrix} \rightarrow \begin{pmatrix} 1 & 0 & 1 & 1 & 5 \\ 0 & 1 & 2 & 4 & 0 \\ 0 & 0 & 1 & 3 & 2 \\ 0 & 0 & 1 & 5-k & 2 \end{pmatrix} \rightarrow$$

$$\begin{pmatrix} 1 & 0 & 1 & 1 & 5 \\ 0 & 1 & 2 & 4 & 0 \\ 0 & 0 & 1 & 3 & 2 \\ 0 & 0 & 0 & 2-k & 0 \end{pmatrix},$$

由于 $r(A)=3$，于是 $2-k=0$，解得 $k=2$，应选 A.

578. 【答案】C

【解析】由题意可知，ABC 为 m 阶方阵. 又 $ABC=E$，于是

$$r(ABC)=r(E)=m.$$

根据矩阵秩的性质知，$r(ABC)\leqslant r(C)$，即 $r(C)\geqslant m$.

又 C 为 m 阶矩阵，于是 $r(C)\leqslant m$，因此 $r(C)=m$，应选 C.

579. 【答案】A

【解析】由题意可知，$r(AB)=r(E)=m$.

根据秩的性质，知 $r(AB)\leqslant r(A)$，$r(AB)\leqslant r(B)$，即 $r(A)\geqslant m$，$r(B)\geqslant m$.

又因为 A 为 $m\times n$ 矩阵，B 为 $n\times m$ 矩阵，所以 $r(A)\leqslant m$，$r(B)\leqslant m$.

因此，$r(A)=m$，$r(B)=m$，应选 A.

580. 【答案】B

【解析】由 A，B 都是非零矩阵知，$r(A)\geqslant 1$，$r(B)\geqslant 1$.

又因为 $AB=O$，所以 $r(A)+r(B)\leqslant n$，于是 $r(A)\leqslant n-1$，$r(B)\leqslant n-1$，应选 B.

线性代数篇

581. 【答案】B

【解析】由伴随矩阵秩的性质知，$r(A^*)=1$，$r(A)=2$.

因为 $AB=O$，所以 $r(A)+r(B)\le 3$，于是 $r(B)\le 1$.

又因为 B 为非零矩阵，所以 $r(B)\ge 1$，于是 $r(B)=1$，应选 B.

582. 【答案】E

【解析】对矩阵 $(\boldsymbol{\alpha}_1,\boldsymbol{\alpha}_2,\boldsymbol{\alpha}_3,\boldsymbol{\alpha}_5-\boldsymbol{\alpha}_4)$ 施以初等列变换，得

$$(\boldsymbol{\alpha}_1,\boldsymbol{\alpha}_2,\boldsymbol{\alpha}_3,\boldsymbol{\alpha}_5-\boldsymbol{\alpha}_4)=(\boldsymbol{\alpha}_1,\boldsymbol{\alpha}_2,\boldsymbol{\alpha}_3,\boldsymbol{\alpha}_5-2\boldsymbol{\alpha}_1-\boldsymbol{\alpha}_3)\rightarrow(\boldsymbol{\alpha}_1,\boldsymbol{\alpha}_2,\boldsymbol{\alpha}_3,\boldsymbol{\alpha}_5),$$

所以 $r(\boldsymbol{\alpha}_1,\boldsymbol{\alpha}_2,\boldsymbol{\alpha}_3,\boldsymbol{\alpha}_5-\boldsymbol{\alpha}_4)=r(\boldsymbol{\alpha}_1,\boldsymbol{\alpha}_2,\boldsymbol{\alpha}_3,\boldsymbol{\alpha}_5)=4$，应选 E.

583. 【答案】C

【解析】由 A 经初等变换化为矩阵 B 知，$r(A)=r(B)$.

对矩阵 A 施以初等行变换，得 $A=\begin{pmatrix}1&2&a\\1&3&0\\2&7&-a\end{pmatrix}\rightarrow\begin{pmatrix}1&2&a\\0&1&-a\\0&0&0\end{pmatrix}$，显然 $r(A)=2$，于是

$r(B)=2$.

再对矩阵 B 施以初等行变换，得

$$B=\begin{pmatrix}1&a&2\\0&1&1\\-1&1&1\end{pmatrix}\rightarrow\begin{pmatrix}1&a&2\\0&1&1\\0&0&2-a\end{pmatrix},$$

因为 $r(B)=2$，所以 $2-a=0$，即 $a=2$，应选 C.

584. 【答案】D

【解析】由矩阵 A 与 B 等价，知 $r(A)=r(B)$. 于是当 $|A|=0$ 时，$r(A)<n$，此时 $r(B)<n$，进而 $|B|=0$，故 D 正确，E 错误.

对于 A、B、C，若取 $A=\begin{pmatrix}1&0\\0&2\end{pmatrix}$，$B=\begin{pmatrix}1&0\\0&4\end{pmatrix}$，显然 $r(A)=r(B)$，即 A 与 B 等价，但 $|A|=2$，$|B|=4$，故 A、B、C 均错误. 应选 D.

585. 【答案】C

【解析】由矩阵 A 与 B 等价，知 $r(A)=r(B)$.

对矩阵 B 施以初等行变换，得 $B\rightarrow\begin{pmatrix}1&1&0\\0&-1&1\\0&0&0\end{pmatrix}$，于是 $r(A)=r(B)=2$.

进而 $|A|=\begin{vmatrix}a&-1&-1\\-1&a&-1\\-1&-1&a\end{vmatrix}=(a-2)(a+1)^2=0$，解得 $a=2$ 或 -1.

当 $a=-1$ 时，$r\begin{pmatrix}a&-1&-1\\-1&a&-1\\-1&-1&a\end{pmatrix}=1\ne 2$，不符合题意，舍去.

因此，$a=2$，应选 C.

题组 B·强化通关题

586.【答案】C

　　【解析】因为 $PQ=O$，所以 $r(P)+r(Q)\leqslant 3$，又因为 P 为非零矩阵，所以 $r(P)\geqslant 1$.

当 $t=6$ 时，$r(Q)=1$，所以 $r(P)\leqslant 2$，故 $r(P)=1$ 或 $r(P)=2$；

当 $t\neq 6$ 时，$r(Q)=2$，所以 $r(P)\leqslant 1$，故 $r(P)=1$.

故应选 C.

587.【答案】D

　　【解析】因为 $AB=O$，所以 $r(A)+r(B)\leqslant 3$，又 $r(A)\geqslant 1$，且

$$B=\begin{pmatrix} 1 & -1 & 1 \\ 2a & 1-a & 2a \\ a & -a & a^2-2 \end{pmatrix}\rightarrow\begin{pmatrix} 1 & -1 & 1 \\ 0 & a+1 & 0 \\ 0 & 0 & (a+1)(a-2) \end{pmatrix}$$

故当 $a=-1$ 时，$r(B)=1$，则 $r(A)=1$ 或 $r(A)=2$；当 $a=2$ 时，$r(B)=2$，则 $r(A)=1$，故应选 D.

588.【答案】C

　　【解析】由 $r(A^*)=1$，知 $r(A)=3-1=2$，故 $|A|=0$，即

$$|A|=\begin{vmatrix} a & b & b \\ b & a & b \\ b & b & a \end{vmatrix}=(a+2b)(a-b)^2=0,$$

解得 $a=b$ 或 $a+2b=0$.

　　当 $a=b$ 时，$r(A)=1$，故舍去.

　　因此，$a\neq b$ 且 $a+2b=0$，应选 C.

589.【答案】D

　　【解析】由 $r(A)=3$，知 A 中存在 3 个列向量线性无关，且存在一个 3 阶子式不等于零，并不是任意的，因此选项 A，B 均不正确.

　　若 $r(A)=3$，A 中 2 阶子式即可能等于零，也可能不为零，例如 $\begin{pmatrix} 0 & 1 & 0 & 0 \\ 0 & 0 & 1 & 0 \\ 0 & 0 & 0 & 1 \end{pmatrix}$ 中二阶子式 $\begin{vmatrix} 0 & 1 \\ 0 & 0 \end{vmatrix}=0$，$\begin{vmatrix} 1 & 0 \\ 0 & 1 \end{vmatrix}\neq 0$，故 C 均不正确.

　　经初等变换可将把 A 化成标准形，一般既需要进行初等行变换也需要进行初等列变换，只有一种不一定能化为标准形，例如 $\begin{pmatrix} 0 & 1 & 0 & 0 \\ 0 & 0 & 1 & 0 \\ 0 & 0 & 0 & 1 \end{pmatrix}$ 就不能化成 (E_m,O) 的形式，故 E 均不正确.

　　对于 D，由 $BA=O$，知 $r(B)+r(A)\leqslant 3$，又 $r(A)=3$，从而 $r(B)\leqslant 0$，又因为对于任意矩

阵有 $r(B) \geqslant 0$，于是 $r(B) = 0$，即 $B = O$，故应选 D.

小课堂

一般地，若 $r(A_{m \times n}) = n$（列满秩），且 $AB = O$，则 $B = O$；若 $r(A_{m \times n}) = m$（行满秩），且 $BA = O$，则 $B = O$.

590.【答案】C

【解析】因为 $r(A+AB) = r[A(E+B)]$，其中

$$E+B = E + \begin{pmatrix} 1 \\ 3 \\ 0 \end{pmatrix}(2,3,4) = E + \begin{pmatrix} 2 & 3 & 4 \\ 6 & 9 & 12 \\ 0 & 0 & 0 \end{pmatrix} = \begin{pmatrix} 3 & 3 & 4 \\ 6 & 10 & 12 \\ 0 & 0 & 1 \end{pmatrix},$$

显然 $|E+B| \neq 0$，即 $E+B$ 为可逆矩阵，所以 $r(A+AB) = r(A) = 2$.

又 $A = \begin{pmatrix} 2 & 3 & 4 \\ 6 & k & 2 \\ 4 & 6 & 3 \end{pmatrix} \rightarrow \begin{pmatrix} 2 & 3 & 4 \\ 0 & k-9 & -10 \\ 0 & 0 & -5 \end{pmatrix}$，由 $r(A) = 2$，知 $k = 9$，应选 C.

591.【答案】B

【解析】由 $|CD| \neq 0$，知 $|C| \neq 0$ 且 $|D| \neq 0$，即 C 与 D 均为可逆矩阵，于是 $r(C) = r(D) = 4$.

又因为 $ABCD = O$，且 C 与 D 为可逆矩阵，所以 $AB = O$，于是 $r(A) + r(B) \leqslant 4$.

因此，$r(A) + r(B) + r(C) + r(D) \leqslant 12$，即 a 的最大值为 12，应选 B.

第二章 向量与线性方程组

2.1 线性相关与线性无关

题组 A · 基础通关题

592.【答案】C

【解析】向量组 $\boldsymbol{\alpha}_1,\boldsymbol{\alpha}_2,\cdots,\boldsymbol{\alpha}_s$ 线性无关 $\Leftrightarrow$ 若 $k_1\boldsymbol{\alpha}_1+k_2\boldsymbol{\alpha}_2+\cdots+k_s\boldsymbol{\alpha}_s=\mathbf{0}$ 当且仅当 $k_1=k_2=\cdots=k_s=0\Leftrightarrow\boldsymbol{\alpha}_1,\boldsymbol{\alpha}_2,\cdots,\boldsymbol{\alpha}_s$ 中任意一个向量均不能由其余 $s-1$ 个向量线性表示,显然选项 C 正确.

对于选项 A,例如向量组 $\begin{pmatrix}1\\0\end{pmatrix},\begin{pmatrix}2\\0\end{pmatrix}$ 均不为零向量,但线性相关,故选项 A 错误.

对于选项 B,例如向量组 $\begin{pmatrix}1\\0\end{pmatrix},\begin{pmatrix}0\\1\end{pmatrix},\begin{pmatrix}1\\1\end{pmatrix}$ 任意两个向量的分量不成比例,但线性相关,故选项 B 错误.

对于选项 D、E,例如向量组 $\begin{pmatrix}1\\0\end{pmatrix},\begin{pmatrix}0\\1\end{pmatrix},\begin{pmatrix}1\\1\end{pmatrix},\begin{pmatrix}2\\2\end{pmatrix}$ 中部分向量组 $\begin{pmatrix}1\\0\end{pmatrix},\begin{pmatrix}0\\1\end{pmatrix}$ 线性无关,但 $\begin{pmatrix}1\\0\end{pmatrix},\begin{pmatrix}0\\1\end{pmatrix},\begin{pmatrix}1\\1\end{pmatrix},\begin{pmatrix}2\\2\end{pmatrix}$ 线性相关;向量组 $\begin{pmatrix}1\\0\end{pmatrix},\begin{pmatrix}0\\1\end{pmatrix},\begin{pmatrix}1\\1\end{pmatrix},\begin{pmatrix}2\\2\end{pmatrix}$ 中部分向量组 $\begin{pmatrix}1\\1\end{pmatrix},\begin{pmatrix}2\\2\end{pmatrix}$ 线性相关,但 $\begin{pmatrix}1\\0\end{pmatrix},\begin{pmatrix}0\\1\end{pmatrix},\begin{pmatrix}1\\1\end{pmatrix},\begin{pmatrix}2\\2\end{pmatrix}$ 线性相关.故选项 D,E 错误,应选 C.

593.【答案】B

【解析】对于选项 A,由线性相关的定义知,$k_1,k_2,\cdots,k_m$ 需保证不全为零,于是 A 选项未必正确.

对于选项 B,由于 $k_1=k_2=\cdots=k_m=0$ 时,一定有 $k_1\boldsymbol{\alpha}_1+k_2\boldsymbol{\alpha}_2+\cdots+k_m\boldsymbol{\alpha}_m=\mathbf{0}$. 于是,题设中"对任意一组不全为零的数 $k_1,k_2,\cdots,k_m$,都有 $k_1\boldsymbol{\alpha}_1+k_2\boldsymbol{\alpha}_2+\cdots+k_m\boldsymbol{\alpha}_m\neq\mathbf{0}$"等价于"当且仅当 $k_1=k_2=\cdots=k_m=0$ 时,$k_1\boldsymbol{\alpha}_1+k_2\boldsymbol{\alpha}_2+\cdots+k_m\boldsymbol{\alpha}_m=\mathbf{0}$",故 $\boldsymbol{\alpha}_1,\boldsymbol{\alpha}_2,\cdots,\boldsymbol{\alpha}_m$ 线性无关,选项 B 正确.

对于选项 C,若 $\boldsymbol{\alpha}_1,\boldsymbol{\alpha}_2,\cdots,\boldsymbol{\alpha}_m$ 线性相关,则存在一组不全为零的数 $k_1,k_2,\cdots,k_m$,有 $k_1\boldsymbol{\alpha}_1+k_2\boldsymbol{\alpha}_2+\cdots+k_m\boldsymbol{\alpha}_m=\mathbf{0}$,并非题设中"任意",于是选项 C 错误.

对于选项 D,若取 $\begin{pmatrix}1\\0\end{pmatrix},\begin{pmatrix}2\\0\end{pmatrix}$,显然满足题意,但 $\begin{pmatrix}1\\0\end{pmatrix},\begin{pmatrix}2\\0\end{pmatrix}$ 线性相关,于是选项 D 错误.

对于选项 E,若取 $\begin{pmatrix}1\\0\end{pmatrix}$,$\begin{pmatrix}0\\1\end{pmatrix}$,$\begin{pmatrix}1\\1\end{pmatrix}$,显然该向量组线性相关,但其中 $\begin{pmatrix}1\\0\end{pmatrix}$,$\begin{pmatrix}0\\1\end{pmatrix}$ 线性无关,于是选项 E 错误.

应选 B.

594.【答案】C

【解析】方法一:利用线性相关性的定义.

对于选项 A,由于 $(\boldsymbol{\alpha}_1+\boldsymbol{\alpha}_2)-(\boldsymbol{\alpha}_2+\boldsymbol{\alpha}_3)+(\boldsymbol{\alpha}_3-\boldsymbol{\alpha}_1)=\mathbf{0}$,于是线性相关.

对于选项 B,由于 $(\boldsymbol{\alpha}_1+\boldsymbol{\alpha}_2)+(\boldsymbol{\alpha}_2+\boldsymbol{\alpha}_3)-(\boldsymbol{\alpha}_1+2\boldsymbol{\alpha}_2+\boldsymbol{\alpha}_3)=\mathbf{0}$,于是线性相关.

对于选项 D,由于 $(\boldsymbol{\alpha}_1+\boldsymbol{\alpha}_2+\boldsymbol{\alpha}_3)+(2\boldsymbol{\alpha}_1-3\boldsymbol{\alpha}_2-\boldsymbol{\alpha}_3)-(3\boldsymbol{\alpha}_1-2\boldsymbol{\alpha}_2)=\mathbf{0}$,于是线性相关.

对于选项 E,由于 $(\boldsymbol{\alpha}_1-\boldsymbol{\alpha}_2)+(\boldsymbol{\alpha}_2+\boldsymbol{\alpha}_3)+(-\boldsymbol{\alpha}_3-\boldsymbol{\alpha}_1)=\mathbf{0}$,于是线性相关.

故应选 C.

方法二:利用向量组的秩.

由于 $\boldsymbol{\alpha}_1,\boldsymbol{\alpha}_2,\boldsymbol{\alpha}_3$ 线性无关,于是 $r(\boldsymbol{\alpha}_1,\boldsymbol{\alpha}_2,\boldsymbol{\alpha}_3)=3$.

对于选项 A,因为 $(\boldsymbol{\alpha}_1+\boldsymbol{\alpha}_2,\boldsymbol{\alpha}_2+\boldsymbol{\alpha}_3,\boldsymbol{\alpha}_3-\boldsymbol{\alpha}_1)=(\boldsymbol{\alpha}_1,\boldsymbol{\alpha}_2,\boldsymbol{\alpha}_3)\begin{pmatrix}1&0&-1\\1&1&0\\0&1&1\end{pmatrix}$,且 $(\boldsymbol{\alpha}_1,\boldsymbol{\alpha}_2,\boldsymbol{\alpha}_3)$ 列满秩,所以

$$r(\boldsymbol{\alpha}_1+\boldsymbol{\alpha}_2,\boldsymbol{\alpha}_2+\boldsymbol{\alpha}_3,\boldsymbol{\alpha}_3-\boldsymbol{\alpha}_1)=r\begin{pmatrix}1&0&-1\\1&1&0\\0&1&1\end{pmatrix}=2,$$

于是 $\boldsymbol{\alpha}_1+\boldsymbol{\alpha}_2,\boldsymbol{\alpha}_2+\boldsymbol{\alpha}_3,\boldsymbol{\alpha}_3-\boldsymbol{\alpha}_1$ 线性相关,排除选项 A.

对于选项 B,因为 $(\boldsymbol{\alpha}_1+\boldsymbol{\alpha}_2,\boldsymbol{\alpha}_2+\boldsymbol{\alpha}_3,\boldsymbol{\alpha}_1+2\boldsymbol{\alpha}_2+\boldsymbol{\alpha}_3)=(\boldsymbol{\alpha}_1,\boldsymbol{\alpha}_2,\boldsymbol{\alpha}_3)\begin{pmatrix}1&0&1\\1&1&2\\0&1&1\end{pmatrix}$,所以

$$r(\boldsymbol{\alpha}_1+\boldsymbol{\alpha}_2,\boldsymbol{\alpha}_2+\boldsymbol{\alpha}_3,\boldsymbol{\alpha}_1+2\boldsymbol{\alpha}_2+\boldsymbol{\alpha}_3)=r\begin{pmatrix}1&0&1\\1&1&2\\0&1&1\end{pmatrix}=2,$$

于是 $\boldsymbol{\alpha}_1+\boldsymbol{\alpha}_2,\boldsymbol{\alpha}_2+\boldsymbol{\alpha}_3,\boldsymbol{\alpha}_1+2\boldsymbol{\alpha}_2+\boldsymbol{\alpha}_3$ 线性相关,排除选项 B.

同理,可判定选项 D、E 也线性相关.

对于选项 C,因为 $(\boldsymbol{\alpha}_1+2\boldsymbol{\alpha}_2,2\boldsymbol{\alpha}_2+3\boldsymbol{\alpha}_3,3\boldsymbol{\alpha}_3+\boldsymbol{\alpha}_1)=(\boldsymbol{\alpha}_1,\boldsymbol{\alpha}_2,\boldsymbol{\alpha}_3)\begin{pmatrix}1&0&1\\2&2&0\\0&3&3\end{pmatrix}$,所以

$$r(\boldsymbol{\alpha}_1+2\boldsymbol{\alpha}_2,2\boldsymbol{\alpha}_2+3\boldsymbol{\alpha}_3,3\boldsymbol{\alpha}_3+\boldsymbol{\alpha}_1)=r\begin{pmatrix}1&0&1\\2&2&0\\0&3&3\end{pmatrix}=3,$$

于是 $\boldsymbol{\alpha}_1+\boldsymbol{\alpha}_2,\boldsymbol{\alpha}_2+\boldsymbol{\alpha}_3,\boldsymbol{\alpha}_1+2\boldsymbol{\alpha}_2+\boldsymbol{\alpha}_3$ 线性无关,应选 C.

595.【答案】C

【解析】对于 A，因为 $(\boldsymbol{\alpha}_1+\boldsymbol{\alpha}_2)-(\boldsymbol{\alpha}_2+\boldsymbol{\alpha}_3)+(\boldsymbol{\alpha}_3+\boldsymbol{\alpha}_4)-(\boldsymbol{\alpha}_4+\boldsymbol{\alpha}_1)=\mathbf{0}$，所以线性相关.

对于选项 B，因为 $(\boldsymbol{\alpha}_1-\boldsymbol{\alpha}_2)+(\boldsymbol{\alpha}_2-\boldsymbol{\alpha}_3)+(\boldsymbol{\alpha}_3-\boldsymbol{\alpha}_4)+(\boldsymbol{\alpha}_4-\boldsymbol{\alpha}_1)=\mathbf{0}$，所以线性相关.

对于选项 D，因为 $(\boldsymbol{\alpha}_1+\boldsymbol{\alpha}_2)-(\boldsymbol{\alpha}_2+\boldsymbol{\alpha}_3)+(\boldsymbol{\alpha}_3-\boldsymbol{\alpha}_4)+(\boldsymbol{\alpha}_4-\boldsymbol{\alpha}_1)=\mathbf{0}$，所以线性相关.

对于选项 E，因为 $(\boldsymbol{\alpha}_1-\boldsymbol{\alpha}_2)+(\boldsymbol{\alpha}_2+\boldsymbol{\alpha}_3)+(-\boldsymbol{\alpha}_3+\boldsymbol{\alpha}_4)+(-\boldsymbol{\alpha}_4-\boldsymbol{\alpha}_1)=\mathbf{0}$，所以线性相关.

对于选项 C，因为

$$(\boldsymbol{\alpha}_1+\boldsymbol{\alpha}_2,\boldsymbol{\alpha}_2+\boldsymbol{\alpha}_3,\boldsymbol{\alpha}_3+\boldsymbol{\alpha}_4,\boldsymbol{\alpha}_4-\boldsymbol{\alpha}_1)=(\boldsymbol{\alpha}_1,\boldsymbol{\alpha}_2,\boldsymbol{\alpha}_3,\boldsymbol{\alpha}_4)\begin{pmatrix}1&0&0&-1\\1&1&0&0\\0&1&1&0\\0&0&1&1\end{pmatrix},$$

且 $\begin{vmatrix}1&0&0&-1\\1&1&0&0\\0&1&1&0\\0&0&1&1\end{vmatrix}=2\neq0$，所以 $\boldsymbol{\alpha}_1+\boldsymbol{\alpha}_2,\boldsymbol{\alpha}_2+\boldsymbol{\alpha}_3,\boldsymbol{\alpha}_3-\boldsymbol{\alpha}_4,\boldsymbol{\alpha}_4-\boldsymbol{\alpha}_1$ 线性无关.

应选 C.

596. 【答案】A

【解析】因为 $\boldsymbol{\alpha}_1,\boldsymbol{\alpha}_2,\boldsymbol{\alpha}_3$ 线性相关，所以 $r(\boldsymbol{\alpha}_1,\boldsymbol{\alpha}_2,\boldsymbol{\alpha}_3)<3$.

对矩阵 $(\boldsymbol{\alpha}_1,\boldsymbol{\alpha}_2,\boldsymbol{\alpha}_3)$ 施以初等行变换，得

$$(\boldsymbol{\alpha}_1,\boldsymbol{\alpha}_2,\boldsymbol{\alpha}_3)=\begin{pmatrix}1&1&1\\1&2&3\\1&3&t\end{pmatrix}\rightarrow\begin{pmatrix}1&1&1\\0&1&2\\0&2&t-1\end{pmatrix}\rightarrow\begin{pmatrix}1&1&1\\0&1&2\\0&0&t-5\end{pmatrix},$$

于是 $t=5$，应选 A.

597. 【答案】D

【解析】$A\boldsymbol{\alpha}=\begin{pmatrix}1&2&-2\\2&1&2\\3&0&4\end{pmatrix}\begin{pmatrix}a\\1\\1\end{pmatrix}=\begin{pmatrix}a\\2a+3\\3a+4\end{pmatrix}$. 由于 $A\boldsymbol{\alpha}$ 与 $\boldsymbol{\alpha}$ 线性相关，于是向量 $A\boldsymbol{\alpha}$ 与 $\boldsymbol{\alpha}$ 对应

分量成比例，即 $\dfrac{a}{a}=\dfrac{2a+3}{1}=\dfrac{3a+4}{1}$，解得 $a=-1$，应选 D.

598. 【答案】A

【解析】由于 $\boldsymbol{\alpha}_1,\boldsymbol{\alpha}_2,\boldsymbol{\alpha}_3,\boldsymbol{\alpha}_4$ 线性相关，于是 $r(\boldsymbol{\alpha}_1,\boldsymbol{\alpha}_2,\boldsymbol{\alpha}_3,\boldsymbol{\alpha}_4)<4$，进而

$$|\boldsymbol{\alpha}_1,\boldsymbol{\alpha}_2,\boldsymbol{\alpha}_3,\boldsymbol{\alpha}_4|=\begin{vmatrix}1+k&2&3&4\\1&2+k&3&4\\1&2&3+k&4\\1&2&3&4+k\end{vmatrix}=\begin{vmatrix}10+k&2&3&4\\10+k&2+k&3&4\\10+k&2&3+k&4\\10+k&2&3&4+k\end{vmatrix}$$

$$=(10+k)\begin{vmatrix}1&2&3&4\\1&2+k&3&4\\1&2&3+k&4\\1&2&3&4+k\end{vmatrix}$$

线性代数篇

$$= (10+k) \begin{vmatrix} 1 & 0 & 0 & 0 \\ 1 & k & 0 & 0 \\ 1 & 0 & k & 0 \\ 1 & 0 & 0 & k \end{vmatrix} = (10+k)k^3 = 0$$

解得 $k=0$ 或 $k=-10$, 应选 A.

599.【答案】E

【解析】将 $\boldsymbol{\alpha}_1, \boldsymbol{\alpha}_2, \boldsymbol{\alpha}_3$ 按列排成矩阵 $(\boldsymbol{\alpha}_1^{\mathrm{T}}, \boldsymbol{\alpha}_2^{\mathrm{T}}, \boldsymbol{\alpha}_3^{\mathrm{T}})$.

由于 $\boldsymbol{\alpha}_1, \boldsymbol{\alpha}_2, \boldsymbol{\alpha}_3$ 线性无关, 所以 $r(\boldsymbol{\alpha}_1^{\mathrm{T}}, \boldsymbol{\alpha}_2^{\mathrm{T}}, \boldsymbol{\alpha}_3^{\mathrm{T}})=3$, 进而

$$(\boldsymbol{\alpha}_1^{\mathrm{T}}, \boldsymbol{\alpha}_2^{\mathrm{T}}, \boldsymbol{\alpha}_3^{\mathrm{T}}) = \begin{vmatrix} a & b & 0 \\ 0 & c & a \\ c & 0 & b \end{vmatrix} = acb+bac = 2abc \neq 0,$$

即 $abc \neq 0$, 应选 E.

600.【答案】B

【解析】将 $\boldsymbol{\alpha}_1, \boldsymbol{\alpha}_2, \boldsymbol{\alpha}_3, \boldsymbol{\alpha}_4$ 按列排成矩阵 $(\boldsymbol{\alpha}_1^{\mathrm{T}}, \boldsymbol{\alpha}_2^{\mathrm{T}}, \boldsymbol{\alpha}_3^{\mathrm{T}}, \boldsymbol{\alpha}_4^{\mathrm{T}})$.

由于 $\boldsymbol{\alpha}_1, \boldsymbol{\alpha}_2, \boldsymbol{\alpha}_3, \boldsymbol{\alpha}_4$ 线性相关, 于是 $r(\boldsymbol{\alpha}_1^{\mathrm{T}}, \boldsymbol{\alpha}_2^{\mathrm{T}}, \boldsymbol{\alpha}_3^{\mathrm{T}}, \boldsymbol{\alpha}_4^{\mathrm{T}})<4$, 进而

$$(\boldsymbol{\alpha}_1^{\mathrm{T}}, \boldsymbol{\alpha}_2^{\mathrm{T}}, \boldsymbol{\alpha}_3^{\mathrm{T}}, \boldsymbol{\alpha}_4^{\mathrm{T}}) = \begin{vmatrix} 2 & 2 & 3 & 4 \\ 1 & 1 & 2 & 3 \\ 1 & a & 1 & 2 \\ 1 & a & a & 1 \end{vmatrix} = \begin{vmatrix} 0 & 0 & -1 & -2 \\ 1 & 1 & 2 & 3 \\ 1 & a & 1 & 2 \\ 1 & a & a & 1 \end{vmatrix} = \begin{vmatrix} 0 & 0 & -1 & 0 \\ 1 & 1 & 2 & -1 \\ 1 & a & 1 & 0 \\ 1 & a & a & 1-2a \end{vmatrix}$$

$$= (-1) \begin{vmatrix} 1 & 1 & -1 \\ 1 & a & 0 \\ 1 & a & 1-2a \end{vmatrix} = (-1) \begin{vmatrix} 1 & 1 & -1 \\ 1 & a & 0 \\ 0 & 0 & 1-2a \end{vmatrix}$$

$$= (-1)(1-2a)(a-1) = (a-1)(2a-1) = 0,$$

解得 $a=1$ 或 $a=\dfrac{1}{2}$, 应选 B.

601.【答案】B

【解析】由于 $\boldsymbol{\alpha}_1, \boldsymbol{\alpha}_2, \boldsymbol{\alpha}_3$ 线性无关, 于是 $r(\boldsymbol{\alpha}_1, \boldsymbol{\alpha}_2, \boldsymbol{\alpha}_3)=3$, 即矩阵 $(\boldsymbol{\alpha}_1, \boldsymbol{\alpha}_2, \boldsymbol{\alpha}_3)$ 可逆.

于是 $r(\boldsymbol{A}\boldsymbol{\alpha}_1, \boldsymbol{A}\boldsymbol{\alpha}_2, \boldsymbol{A}\boldsymbol{\alpha}_3) = r[\boldsymbol{A}(\boldsymbol{\alpha}_1, \boldsymbol{\alpha}_2, \boldsymbol{\alpha}_3)] = r(\boldsymbol{A})<3$, 又

$$\boldsymbol{A} \to \begin{pmatrix} 1 & 2 & 1 \\ 2 & 2 & 0 \\ 1 & 3 & 2 \\ 0 & t & 1 \end{pmatrix} \to \begin{pmatrix} 1 & 2 & 1 \\ 0 & -2 & -2 \\ 0 & 1 & 1 \\ 0 & t & 1 \end{pmatrix} \to \begin{pmatrix} 1 & 2 & 1 \\ 0 & 1 & 1 \\ 0 & t & 1 \\ 0 & 0 & 0 \end{pmatrix} \to \begin{pmatrix} 1 & 2 & 1 \\ 0 & 1 & 1 \\ 0 & 0 & 1-t \\ 0 & 0 & 0 \end{pmatrix},$$

所以 $t=1$, 应选 B.

题组 B·强化通关题

602.【答案】C

【解析】由于 $\boldsymbol{\alpha}_1, \boldsymbol{\alpha}_2, \boldsymbol{\alpha}_3$ 线性无关, 则 $r(\boldsymbol{\alpha}_1, \boldsymbol{\alpha}_2, \boldsymbol{\alpha}_3)=3$.

又因为

$$(\boldsymbol{\beta}_1,\boldsymbol{\beta}_2,\boldsymbol{\beta}_3) = (\boldsymbol{\alpha}_1,\boldsymbol{\alpha}_2,\boldsymbol{\alpha}_3)\begin{pmatrix} 1 & 0 & k \\ -1 & 1 & 0 \\ 0 & -1 & 1 \end{pmatrix}$$

所以 $r(\boldsymbol{\beta}_1,\boldsymbol{\beta}_2,\boldsymbol{\beta}_3) = r\begin{pmatrix} 1 & 0 & k \\ -1 & 1 & 0 \\ 0 & -1 & 1 \end{pmatrix}$. 由于 $\boldsymbol{\beta}_1,\boldsymbol{\beta}_2,\boldsymbol{\beta}_3$ 线性相关，则 $r(\boldsymbol{\beta}_1,\boldsymbol{\beta}_2,\boldsymbol{\beta}_3)<3$，于是

$$\begin{vmatrix} 1 & 0 & k \\ -1 & 1 & 0 \\ 0 & -1 & 1 \end{vmatrix} = \begin{vmatrix} 1 & 0 & k \\ 0 & 1 & k \\ 0 & -1 & 1 \end{vmatrix} = 1+k = 0,$$

解得 $k=-1$，应选 C.

603.【答案】D

【解析】将向量组 $\boldsymbol{\alpha}_1\boldsymbol{\alpha}_2\boldsymbol{\alpha}_3\boldsymbol{\alpha}_4\boldsymbol{\alpha}_5$ 按列组成矩阵，并施以初等行变换，得

$$(\boldsymbol{\alpha}_1^{\mathrm{T}},\boldsymbol{\alpha}_2^{\mathrm{T}},\boldsymbol{\alpha}_3^{\mathrm{T}},\boldsymbol{\alpha}_4^{\mathrm{T}},\boldsymbol{\alpha}_5^{\mathrm{T}}) = \begin{pmatrix} 1 & 0 & 3 & 1 & 2 \\ -1 & 3 & 0 & -2 & 1 \\ 2 & 1 & 7 & 2 & 5 \\ 4 & 2 & 14 & 0 & 10 \end{pmatrix} \rightarrow \begin{pmatrix} 1 & 0 & 3 & 1 & 2 \\ 0 & 3 & 3 & -1 & 3 \\ 0 & 1 & 1 & 0 & 1 \\ 0 & 2 & 2 & -4 & 2 \end{pmatrix} \rightarrow$$

$$\begin{pmatrix} 1 & 0 & 3 & 1 & 2 \\ 0 & 1 & 1 & 0 & 1 \\ 0 & 3 & 3 & -1 & 3 \\ 0 & 1 & 1 & -2 & 1 \end{pmatrix} \rightarrow \begin{pmatrix} 1 & 0 & 3 & 1 & 2 \\ 0 & 1 & 1 & 0 & 1 \\ 0 & 0 & 0 & -1 & 0 \\ 0 & 0 & 0 & -2 & 0 \end{pmatrix} \rightarrow \begin{pmatrix} 1 & 0 & 3 & 1 & 2 \\ 0 & 1 & 1 & 0 & 1 \\ 0 & 0 & 0 & 1 & 0 \\ 0 & 0 & 0 & 0 & 0 \end{pmatrix}.$$

由于 3 阶子式

$$\begin{vmatrix} 1 & 0 & 1 \\ 0 & 1 & 0 \\ 0 & 0 & 1 \end{vmatrix} \neq 0, \quad \begin{vmatrix} 1 & 3 & 1 \\ 0 & 1 & 0 \\ 0 & 0 & 1 \end{vmatrix} \neq 0, \quad \begin{vmatrix} 0 & 3 & 1 \\ 1 & 1 & 0 \\ 0 & 0 & 1 \end{vmatrix} \neq 0, \quad \begin{vmatrix} 3 & 1 & 2 \\ 1 & 0 & 1 \\ 0 & 1 & 0 \end{vmatrix} \neq 0,$$

所以向量组 $\boldsymbol{\alpha}_1\boldsymbol{\alpha}_2\boldsymbol{\alpha}_4$，$\boldsymbol{\alpha}_1\boldsymbol{\alpha}_3\boldsymbol{\alpha}_4$，$\boldsymbol{\alpha}_2\boldsymbol{\alpha}_3\boldsymbol{\alpha}_4$，$\boldsymbol{\alpha}_3\boldsymbol{\alpha}_4\boldsymbol{\alpha}_5$ 均线性无关. 又 $r(\boldsymbol{\alpha}_2,\boldsymbol{\alpha}_3,\boldsymbol{\alpha}_5)=2$，所以向量组 $\boldsymbol{\alpha}_2\boldsymbol{\alpha}_3\boldsymbol{\alpha}_5$ 线性相关，应选 D.

604.【答案】A

【解析】将 $\boldsymbol{\alpha}_1,\boldsymbol{\alpha}_2,\boldsymbol{\alpha}_3,k\boldsymbol{\alpha}_4+\boldsymbol{\alpha}_5$ 按列排成矩阵，并施以初等行变换，得

$$(\boldsymbol{\alpha}_1,\boldsymbol{\alpha}_2,\boldsymbol{\alpha}_3,k\boldsymbol{\alpha}_4+\boldsymbol{\alpha}_5) = \begin{pmatrix} 1 & -1 & 2 & 5 \\ -1 & 2 & -1 & k-7 \\ 3 & 2 & 0 & 3k-4 \\ 0 & 1 & 3 & -2k+3 \end{pmatrix} \rightarrow \begin{pmatrix} 1 & -1 & 2 & 5 \\ 0 & 1 & 1 & k-2 \\ 0 & 5 & -6 & 3k-19 \\ 0 & 1 & 3 & -2k+3 \end{pmatrix} \rightarrow$$

$$\begin{pmatrix} 1 & -1 & 2 & 5 \\ 0 & 1 & 1 & k-2 \\ 0 & 0 & -11 & -2k-9 \\ 0 & 0 & 2 & -3k+5 \end{pmatrix} \rightarrow \begin{pmatrix} 1 & -1 & 2 & 5 \\ 0 & 1 & 1 & k-2 \\ 0 & 0 & -1 & -17k+16 \\ 0 & 0 & 2 & -3k+5 \end{pmatrix} \rightarrow$$

$$\begin{pmatrix} 1 & -1 & 2 & 5 \\ 0 & 1 & 1 & k-2 \\ 0 & 0 & -1 & -17k+16 \\ 0 & 0 & 0 & -37k+37 \end{pmatrix},$$

因为 $\boldsymbol{\alpha}_1,\boldsymbol{\alpha}_2,\boldsymbol{\alpha}_3$ 线性无关,$\boldsymbol{\alpha}_1,\boldsymbol{\alpha}_2,\boldsymbol{\alpha}_3,k\boldsymbol{\alpha}_4+\boldsymbol{\alpha}_5$ 线性相关,所以

$$r(\boldsymbol{\alpha}_1,\boldsymbol{\alpha}_2,\boldsymbol{\alpha}_3)=3,r(\boldsymbol{\alpha}_1,\boldsymbol{\alpha}_2,\boldsymbol{\alpha}_3,k\boldsymbol{\alpha}_4+\boldsymbol{\alpha}_5)<4$$

故 $k=1$ 时,应选 A.

605.【答案】 D

【解析】方法一: 由于向量组 $\boldsymbol{\alpha}_1+\boldsymbol{\alpha}_2,\boldsymbol{\alpha}_2+\boldsymbol{\alpha}_3,\boldsymbol{\alpha}_3+\boldsymbol{\alpha}_4$ 线性无关,则 $r(\boldsymbol{\alpha}_1+\boldsymbol{\alpha}_2,\boldsymbol{\alpha}_2+\boldsymbol{\alpha}_3,\boldsymbol{\alpha}_3+\boldsymbol{\alpha}_4)=3$.

因为 $(\boldsymbol{\alpha}_1+\boldsymbol{\alpha}_2,\boldsymbol{\alpha}_2+\boldsymbol{\alpha}_3,\boldsymbol{\alpha}_3+\boldsymbol{\alpha}_4)=(\boldsymbol{\alpha}_1,\boldsymbol{\alpha}_2,\boldsymbol{\alpha}_3,\boldsymbol{\alpha}_4)\begin{pmatrix} 1 & 0 & 0 \\ 1 & 1 & 0 \\ 0 & 1 & 1 \\ 0 & 0 & 1 \end{pmatrix}$,所以

$$r(\boldsymbol{\alpha}_1+\boldsymbol{\alpha}_2,\boldsymbol{\alpha}_2+\boldsymbol{\alpha}_3,\boldsymbol{\alpha}_3+\boldsymbol{\alpha}_4) \leqslant r(\boldsymbol{\alpha}_1,\boldsymbol{\alpha}_2,\boldsymbol{\alpha}_3,\boldsymbol{\alpha}_4),$$

即 $r(\boldsymbol{\alpha}_1,\boldsymbol{\alpha}_2,\boldsymbol{\alpha}_3,\boldsymbol{\alpha}_4)\geqslant3$.又 $\boldsymbol{\alpha}_1,\boldsymbol{\alpha}_2,\boldsymbol{\alpha}_3,\boldsymbol{\alpha}_4$ 均为 3 维向量组,于是 $r(\boldsymbol{\alpha}_1,\boldsymbol{\alpha}_2,\boldsymbol{\alpha}_3,\boldsymbol{\alpha}_4) \leqslant 3$,故 $r(\boldsymbol{\alpha}_1,\boldsymbol{\alpha}_2,\boldsymbol{\alpha}_3,\boldsymbol{\alpha}_4)=3$,应选 D.

方法二: 由于向量组 $\boldsymbol{\alpha}_1+\boldsymbol{\alpha}_2,\boldsymbol{\alpha}_2+\boldsymbol{\alpha}_3,\boldsymbol{\alpha}_3+\boldsymbol{\alpha}_4$ 线性无关,则 $r(\boldsymbol{\alpha}_1+\boldsymbol{\alpha}_2,\boldsymbol{\alpha}_2+\boldsymbol{\alpha}_3,\boldsymbol{\alpha}_3+\boldsymbol{\alpha}_4)=3$.

显然向量组 $\boldsymbol{\alpha}_1+\boldsymbol{\alpha}_2,\boldsymbol{\alpha}_2+\boldsymbol{\alpha}_3,\boldsymbol{\alpha}_3+\boldsymbol{\alpha}_4$ 的列均能由向量组 $\boldsymbol{\alpha}_1,\boldsymbol{\alpha}_2,\boldsymbol{\alpha}_3,\boldsymbol{\alpha}_4$ 线性表出,于是 $r(\boldsymbol{\alpha}_1+\boldsymbol{\alpha}_2,\boldsymbol{\alpha}_2+\boldsymbol{\alpha}_3,\boldsymbol{\alpha}_3+\boldsymbol{\alpha}_4) \leqslant r(\boldsymbol{\alpha}_1,\boldsymbol{\alpha}_2,\boldsymbol{\alpha}_3,\boldsymbol{\alpha}_4)$,即 $r(\boldsymbol{\alpha}_1,\boldsymbol{\alpha}_2,\boldsymbol{\alpha}_3,\boldsymbol{\alpha}_4)\geqslant3$.

又 $\boldsymbol{\alpha}_1,\boldsymbol{\alpha}_2,\boldsymbol{\alpha}_3,\boldsymbol{\alpha}_4$ 均为 3 维向量组,于是 $r(\boldsymbol{\alpha}_1,\boldsymbol{\alpha}_2,\boldsymbol{\alpha}_3,\boldsymbol{\alpha}_4) \leqslant 3$,故 $r(\boldsymbol{\alpha}_1,\boldsymbol{\alpha}_2,\boldsymbol{\alpha}_3,\boldsymbol{\alpha}_4)=3$,应选 D.

方法三: 由于向量组 $\boldsymbol{\alpha}_1+\boldsymbol{\alpha}_2,\boldsymbol{\alpha}_2+\boldsymbol{\alpha}_3,\boldsymbol{\alpha}_3+\boldsymbol{\alpha}_4$ 线性无关,则 $r(\boldsymbol{\alpha}_1+\boldsymbol{\alpha}_2,\boldsymbol{\alpha}_2+\boldsymbol{\alpha}_3,\boldsymbol{\alpha}_3+\boldsymbol{\alpha}_4)=3$.

对 $(\boldsymbol{\alpha}_1,\boldsymbol{\alpha}_2,\boldsymbol{\alpha}_3,\boldsymbol{\alpha}_4)$ 施以初等列变换,依次将第 3 列加至第 4 列,第 2 列加至第 3 列,第 1 列加至第 2 列,得 $(\boldsymbol{\alpha}_1,\boldsymbol{\alpha}_2,\boldsymbol{\alpha}_3,\boldsymbol{\alpha}_4) \rightarrow (\boldsymbol{\alpha}_1,\boldsymbol{\alpha}_1+\boldsymbol{\alpha}_2,\boldsymbol{\alpha}_2+\boldsymbol{\alpha}_3,\boldsymbol{\alpha}_3+\boldsymbol{\alpha}_4)$,于是

$$r(\boldsymbol{\alpha}_1+\boldsymbol{\alpha}_2,\boldsymbol{\alpha}_2+\boldsymbol{\alpha}_3,\boldsymbol{\alpha}_3+\boldsymbol{\alpha}_4) \leqslant r(\boldsymbol{\alpha}_1,\boldsymbol{\alpha}_2,\boldsymbol{\alpha}_3,\boldsymbol{\alpha}_4),$$

即 $r(\boldsymbol{\alpha}_1,\boldsymbol{\alpha}_2,\boldsymbol{\alpha}_3,\boldsymbol{\alpha}_4)\geqslant3$.

又 $\boldsymbol{\alpha}_1,\boldsymbol{\alpha}_2,\boldsymbol{\alpha}_3,\boldsymbol{\alpha}_4$ 均为 3 维向量组,于是 $r(\boldsymbol{\alpha}_1,\boldsymbol{\alpha}_2,\boldsymbol{\alpha}_3,\boldsymbol{\alpha}_4) \leqslant 3$,故 $r(\boldsymbol{\alpha}_1,\boldsymbol{\alpha}_2,\boldsymbol{\alpha}_3,\boldsymbol{\alpha}_4)=3$,应选 D.

606.【答案】 A

【解析】 由于向量组 $\boldsymbol{\alpha}_1,\boldsymbol{\alpha}_2,\boldsymbol{\alpha}_3$ 线性无关,所以 $r(\boldsymbol{\alpha}_1,\boldsymbol{\alpha}_2,\boldsymbol{\alpha}_3)=3$.

由于向量 $\boldsymbol{\beta}_1,\boldsymbol{\beta}_2,\boldsymbol{\beta}_3$ 线性相关,则 $r(\boldsymbol{\beta}_1,\boldsymbol{\beta}_2,\boldsymbol{\beta}_3)<3$.又 $\boldsymbol{\beta}_1,\boldsymbol{\beta}_2,\boldsymbol{\beta}_3$ 相互不成比例,所以

线性代数篇

$r(\boldsymbol{\beta}_1, \boldsymbol{\beta}_2, \boldsymbol{\beta}_3) \geqslant 2$，于是 $r(\boldsymbol{\beta}_1, \boldsymbol{\beta}_2, \boldsymbol{\beta}_3) = 2$.

又因为

$$(\boldsymbol{\beta}_1, \boldsymbol{\beta}_2, \boldsymbol{\beta}_3) = (\boldsymbol{\alpha}_1, \boldsymbol{\alpha}_2, \boldsymbol{\alpha}_3) \begin{pmatrix} k & 1 & 1 \\ 1 & k & 1 \\ 1 & 1 & k \end{pmatrix},$$

所以 $r(\boldsymbol{\beta}_1, \boldsymbol{\beta}_2, \boldsymbol{\beta}_3) = r \begin{pmatrix} k & 1 & 1 \\ 1 & k & 1 \\ 1 & 1 & k \end{pmatrix} = 2$，进而

$$\begin{vmatrix} k & 1 & 1 \\ 1 & k & 1 \\ 1 & 1 & k \end{vmatrix} = (k+2)(k-1)^2 = 0,$$

解得 $k=1$ 或 $k=-2$. 显然当 $k=1$ 时，$r(\boldsymbol{\beta}_1, \boldsymbol{\beta}_2, \boldsymbol{\beta}_3) = 1$，不符合题意，因此 $k=-2$，故应选 A.

2.2　向量组的秩与极大无关组

题组 A · 基础通关题

607.【答案】C

　　【解析】将 $\boldsymbol{\alpha}_1, \boldsymbol{\alpha}_2, \boldsymbol{\alpha}_3, \boldsymbol{\alpha}_4$ 按列排成矩阵 $(\boldsymbol{\alpha}_1^{\mathrm{T}}, \boldsymbol{\alpha}_2^{\mathrm{T}}, \boldsymbol{\alpha}_3^{\mathrm{T}}, \boldsymbol{\alpha}_4^{\mathrm{T}})$，显然向量组的秩与矩阵 $(\boldsymbol{\alpha}_1^{\mathrm{T}}, \boldsymbol{\alpha}_2^{\mathrm{T}}, \boldsymbol{\alpha}_3^{\mathrm{T}}, \boldsymbol{\alpha}_4^{\mathrm{T}})$ 的秩相等.

　　对矩阵 $(\boldsymbol{\alpha}_1^{\mathrm{T}}, \boldsymbol{\alpha}_2^{\mathrm{T}}, \boldsymbol{\alpha}_3^{\mathrm{T}}, \boldsymbol{\alpha}_4^{\mathrm{T}})$ 施以初等行变换，得

$$(\boldsymbol{\alpha}_1^{\mathrm{T}}, \boldsymbol{\alpha}_2^{\mathrm{T}}, \boldsymbol{\alpha}_3^{\mathrm{T}}, \boldsymbol{\alpha}_4^{\mathrm{T}}) = \begin{pmatrix} 1 & 2 & 3 & 4 \\ 2 & 3 & 4 & 5 \\ 3 & 4 & 5 & 6 \\ 4 & 5 & 6 & 7 \end{pmatrix} \rightarrow \begin{pmatrix} 1 & 2 & 3 & 4 \\ 0 & -1 & -2 & -3 \\ 0 & 0 & 0 & 0 \\ 0 & 0 & 0 & 0 \end{pmatrix},$$

即 $r(\boldsymbol{\alpha}_1^{\mathrm{T}}, \boldsymbol{\alpha}_2^{\mathrm{T}}, \boldsymbol{\alpha}_3^{\mathrm{T}}, \boldsymbol{\alpha}_4^{\mathrm{T}}) = 2$，于是可知该向量组的秩为 2，应选 C.

608.【答案】D

　　【解析】将 $\boldsymbol{\alpha}_1, \boldsymbol{\alpha}_2, \boldsymbol{\alpha}_3$ 按列排成矩阵 $(\boldsymbol{\alpha}_1^{\mathrm{T}}, \boldsymbol{\alpha}_2^{\mathrm{T}}, \boldsymbol{\alpha}_3^{\mathrm{T}})$，显然向量组的秩与矩阵 $(\boldsymbol{\alpha}_1^{\mathrm{T}}, \boldsymbol{\alpha}_2^{\mathrm{T}}, \boldsymbol{\alpha}_3^{\mathrm{T}})$ 的秩相等，即 $r(\boldsymbol{\alpha}_1^{\mathrm{T}}, \boldsymbol{\alpha}_2^{\mathrm{T}}, \boldsymbol{\alpha}_3^{\mathrm{T}}) = 2$.

　　对矩阵 $(\boldsymbol{\alpha}_1^{\mathrm{T}}, \boldsymbol{\alpha}_2^{\mathrm{T}}, \boldsymbol{\alpha}_3^{\mathrm{T}})$ 施以初等行变换，得

$$(\boldsymbol{\alpha}_1^{\mathrm{T}}, \boldsymbol{\alpha}_2^{\mathrm{T}}, \boldsymbol{\alpha}_3^{\mathrm{T}}) = \begin{pmatrix} 1 & 2 & 0 \\ 2 & 0 & -4 \\ -1 & t & 5 \\ 1 & 0 & -2 \end{pmatrix} \rightarrow \begin{pmatrix} 1 & 2 & 0 \\ 0 & -4 & -4 \\ 0 & t+2 & 5 \\ 0 & -2 & -2 \end{pmatrix} \rightarrow \begin{pmatrix} 1 & 2 & 0 \\ 0 & 1 & 1 \\ 0 & 0 & 3-t \\ 0 & 1 & 1 \end{pmatrix},$$

所以 $t=3$，应选 D.

609.【答案】B

【解析】对矩阵$(\boldsymbol{\alpha}_1,\boldsymbol{\alpha}_2,\boldsymbol{\alpha}_3,\boldsymbol{\alpha}_4,\boldsymbol{\alpha}_5)$施以初等行变换,得

$$(\boldsymbol{\alpha}_1,\boldsymbol{\alpha}_2,\boldsymbol{\alpha}_3,\boldsymbol{\alpha}_4,\boldsymbol{\alpha}_5)=\begin{pmatrix}1&0&3&1&2\\-1&3&0&-2&1\\2&1&7&2&5\\4&2&14&4&10\end{pmatrix}\rightarrow\begin{pmatrix}1&0&3&1&2\\0&3&3&-1&3\\0&1&1&0&1\\0&2&2&0&2\end{pmatrix}\rightarrow$$

$$\begin{pmatrix}1&0&3&1&2\\0&1&1&0&1\\0&3&3&-1&3\\0&2&2&0&2\end{pmatrix}\rightarrow\begin{pmatrix}1&0&3&1&2\\0&1&1&0&1\\0&0&0&-1&0\\0&0&0&0&0\end{pmatrix},$$

于是$\boldsymbol{\alpha}_1,\boldsymbol{\alpha}_2,\boldsymbol{\alpha}_4$是该向量组的一个极大无关组,应选 B.

610.【答案】D

【解析】对矩阵$(\boldsymbol{\alpha}_1,\boldsymbol{\alpha}_2,\boldsymbol{\alpha}_3,\boldsymbol{\alpha}_4)$施以初等行变换,得

$$(\boldsymbol{\alpha}_1,\boldsymbol{\alpha}_2,\boldsymbol{\alpha}_3,\boldsymbol{\alpha}_4)\rightarrow\begin{pmatrix}1&-1&3&-2\\0&-2&-1&-4\\0&0&1&0\\0&0&0&p-2\end{pmatrix}.$$

当$p\neq2$时,$r(\boldsymbol{\alpha}_1,\boldsymbol{\alpha}_2,\boldsymbol{\alpha}_3,\boldsymbol{\alpha}_4)=4$,$\boldsymbol{\alpha}_1,\boldsymbol{\alpha}_2,\boldsymbol{\alpha}_3,\boldsymbol{\alpha}_4$线性无关.

当$p=2$时,$r(\boldsymbol{\alpha}_1,\boldsymbol{\alpha}_2,\boldsymbol{\alpha}_3,\boldsymbol{\alpha}_4)=3<4$,$\boldsymbol{\alpha}_1,\boldsymbol{\alpha}_2,\boldsymbol{\alpha}_3,\boldsymbol{\alpha}_4$线性相关,且$\boldsymbol{\alpha}_1,\boldsymbol{\alpha}_2,\boldsymbol{\alpha}_3$是极大无关组,故应选 D.

题组 B·强化通关题

611.【答案】D

【解析】对矩阵$(\boldsymbol{\alpha}_1,\boldsymbol{\alpha}_2,\boldsymbol{\alpha}_3,\boldsymbol{\alpha}_4,\boldsymbol{\alpha}_5)$施以初等行变换,得

$$(\boldsymbol{\alpha}_1,\boldsymbol{\alpha}_2,\boldsymbol{\alpha}_3,\boldsymbol{\alpha}_4,\boldsymbol{\alpha}_5)=\begin{pmatrix}1&0&3&1&2\\-1&3&0&-2&1\\2&1&7&2&5\\4&2&14&0&10\end{pmatrix}\rightarrow\begin{pmatrix}1&0&3&1&2\\0&1&1&0&1\\0&0&0&-2&0\\0&0&0&0&0\end{pmatrix}.$$

由于$r(\boldsymbol{A})=r(\boldsymbol{\alpha}_1,\boldsymbol{\alpha}_2,\boldsymbol{\alpha}_3,\boldsymbol{\alpha}_4,\boldsymbol{\alpha}_5)=3$,所以该向量组的极大无关组中含有 3 个线性无关的向量.又$\begin{vmatrix}0&3&1\\1&1&0\\0&0&-2\end{vmatrix}\neq0$,所以$\boldsymbol{\alpha}_2,\boldsymbol{\alpha}_3,\boldsymbol{\alpha}_4$线性无关,于是$\boldsymbol{\alpha}_2,\boldsymbol{\alpha}_3,\boldsymbol{\alpha}_4$可作为该向量组的一个极大无关组,应选 D.

612.【答案】A

【解析】将向量组$\boldsymbol{\alpha}_1,\boldsymbol{\alpha}_2,\boldsymbol{\alpha}_3,\boldsymbol{\alpha}_4,\boldsymbol{\alpha}_5$按列形成矩阵,并进行初等行变换得

线性代数篇

$$
(\boldsymbol{\alpha}_1,\boldsymbol{\alpha}_2,\boldsymbol{\alpha}_3,\boldsymbol{\alpha}_4,\boldsymbol{\alpha}_5)=\begin{pmatrix} 1 & 0 & 3 & 1 & 2 \\ -1 & 3 & 0 & -2 & 1 \\ 2 & 1 & 7 & 2 & 5 \\ 4 & 2 & 14 & 0 & 10 \end{pmatrix}\rightarrow\begin{pmatrix} 1 & 0 & 3 & 1 & 2 \\ 0 & 1 & 1 & 0 & 1 \\ 0 & 0 & 0 & 1 & 0 \\ 0 & 0 & 0 & 0 & 0 \end{pmatrix},
$$

显然 $r(\boldsymbol{\alpha}_1,\boldsymbol{\alpha}_2,\boldsymbol{\alpha}_3,\boldsymbol{\alpha}_4,\boldsymbol{\alpha}_5)=3$，但 $r(\boldsymbol{\alpha}_1,\boldsymbol{\alpha}_2,\boldsymbol{\alpha}_3)=2$，故 $\boldsymbol{\alpha}_1,\boldsymbol{\alpha}_2,\boldsymbol{\alpha}_3$ 不是极大无关组，应选 A.

613.【答案】A

【解析】记 $A=(\boldsymbol{\alpha}_1,\boldsymbol{\alpha}_2,\boldsymbol{\alpha}_3,\boldsymbol{\alpha}_4)$，则

$$
A=\begin{pmatrix} 1 & 0 & 0 & 2 \\ 0 & 1 & b & -1 \\ 0 & a & 1 & 2 \\ 1 & -1 & -1 & 3 \end{pmatrix}\rightarrow\begin{pmatrix} 1 & 0 & 0 & 2 \\ 0 & 1 & b & -1 \\ 0 & a & 1 & 2 \\ 0 & -1 & -1 & 1 \end{pmatrix}\rightarrow
$$

$$
\begin{pmatrix} 1 & 0 & 0 & 2 \\ 0 & 1 & b & -1 \\ 0 & 0 & 1-ab & 2+a \\ 0 & 0 & b-1 & 0 \end{pmatrix}\rightarrow\begin{pmatrix} 1 & 0 & 0 & 2 \\ 0 & 1 & b & -1 \\ 0 & 0 & b-1 & 0 \\ 0 & 0 & 1-ab & 2+a \end{pmatrix},
$$

当 $b\neq 1, a=-2$ 时，$\boldsymbol{\alpha}_1,\boldsymbol{\alpha}_2,\boldsymbol{\alpha}_3,\boldsymbol{\alpha}_4$ 线性相关，但此时 $\boldsymbol{\alpha}_1,\boldsymbol{\alpha}_2,\boldsymbol{\alpha}_3$ 却是极大无关组，故不满足题意，舍去.

当 $b=1, 1-ab=0$ 时，$\boldsymbol{\alpha}_1,\boldsymbol{\alpha}_2,\boldsymbol{\alpha}_3,\boldsymbol{\alpha}_4$ 线性相关，且 $\boldsymbol{\alpha}_1,\boldsymbol{\alpha}_2,\boldsymbol{\alpha}_3$ 不是极大无关组，故满足，因此 $a=1, b=1$，应选 A.

614.【答案】E

【解析】由 $\boldsymbol{\alpha}_1,\boldsymbol{\alpha}_2,\boldsymbol{\alpha}_3,\boldsymbol{\beta}$ 线性无关知 $r(\boldsymbol{\alpha}_1,\boldsymbol{\alpha}_2,\boldsymbol{\alpha}_3,\boldsymbol{\beta})=4$，且 $\boldsymbol{\alpha}_1,\boldsymbol{\alpha}_2,\boldsymbol{\alpha}_3$ 也线性无关. 又 $\boldsymbol{\alpha}_1,\boldsymbol{\alpha}_2,\boldsymbol{\alpha}_3,\boldsymbol{\gamma}$ 线性相关，故 $\boldsymbol{\gamma}$ 可由 $\boldsymbol{\alpha}_1,\boldsymbol{\alpha}_2,\boldsymbol{\alpha}_3$ 线性表示，于是

$$
(\boldsymbol{\alpha}_1,\boldsymbol{\alpha}_2,\boldsymbol{\alpha}_3,k\boldsymbol{\beta}+\boldsymbol{\gamma})\xrightarrow{\text{列}}(\boldsymbol{\alpha}_1,\boldsymbol{\alpha}_2,\boldsymbol{\alpha}_3,k\boldsymbol{\beta}),
$$

$$
(\boldsymbol{\alpha}_1,\boldsymbol{\alpha}_2,\boldsymbol{\alpha}_3,\boldsymbol{\beta}+k\boldsymbol{\gamma})\xrightarrow{\text{列}}(\boldsymbol{\alpha}_1,\boldsymbol{\alpha}_2,\boldsymbol{\alpha}_3,\boldsymbol{\beta}),
$$

故 $r(\boldsymbol{\alpha}_1,\boldsymbol{\alpha}_2,\boldsymbol{\alpha}_3,\boldsymbol{\beta}+k\boldsymbol{\gamma})=r(\boldsymbol{\alpha}_1,\boldsymbol{\alpha}_2,\boldsymbol{\alpha}_3,\boldsymbol{\beta})=4$，应选 E.

注意，$r(\boldsymbol{\alpha}_1,\boldsymbol{\alpha}_2,\boldsymbol{\alpha}_3,k\boldsymbol{\beta}+\boldsymbol{\gamma})$ 依赖于 k，当 $k\neq 0$ 时，$r(\boldsymbol{\alpha}_1,\boldsymbol{\alpha}_2,\boldsymbol{\alpha}_3,k\boldsymbol{\beta}+\boldsymbol{\gamma})=4$；当 $k=0$ 时，$r(\boldsymbol{\alpha}_1,\boldsymbol{\alpha}_2,\boldsymbol{\alpha}_3,k\boldsymbol{\beta}+\boldsymbol{\gamma})=3$.

615.【答案】C

【解析】由题意可得，$(\boldsymbol{\beta}_1,\boldsymbol{\beta}_2,\boldsymbol{\beta}_3)=(\boldsymbol{\alpha}_1,\boldsymbol{\alpha}_2,\boldsymbol{\alpha}_3)\begin{pmatrix} 0 & 2 & 1 \\ 1 & 1 & 0 \\ 1 & 3 & 1 \end{pmatrix}$.

因为 $r(\boldsymbol{\alpha}_1,\boldsymbol{\alpha}_2,\boldsymbol{\alpha}_3)=3$，所以 $r(\boldsymbol{\beta}_1,\boldsymbol{\beta}_2,\boldsymbol{\beta}_3)=r\begin{pmatrix} 0 & 2 & 1 \\ 1 & 1 & 0 \\ 1 & 3 & 1 \end{pmatrix}$，又 $r\begin{pmatrix} 0 & 2 & 1 \\ 1 & 1 & 0 \\ 1 & 3 & 1 \end{pmatrix}=2$，所以 $r(\boldsymbol{\beta}_1,$

$\boldsymbol{\beta}_2,\boldsymbol{\beta}_3)=2$，故应选 C.

线性代数篇

2.3　齐次线性方程组

题组 A·基础通关题

616.【解析】(1) 对齐次线性方程组系数矩阵施以初等行变换,得

$$\boldsymbol{A}=\begin{pmatrix} 1 & -1 & -1 \\ -1 & 1 & 1 \\ 0 & -4 & -2 \end{pmatrix} \rightarrow \begin{pmatrix} 2 & 0 & -1 \\ 0 & 2 & 1 \\ 0 & 0 & 0 \end{pmatrix},$$

因为 $r(\boldsymbol{A})=2<3$,所以 $\boldsymbol{A}x=\boldsymbol{0}$ 有无穷多解,且基础解系为 $(1,-1,2)^{\mathrm{T}}$,于是该方程组的通解为 $\boldsymbol{x}=k\left(\dfrac{1}{2},-\dfrac{1}{2},1\right)^{\mathrm{T}}$,其中 k 为任意常数.

(2) 对齐次线性方程组系数矩阵施以初等行变换,得

$$\boldsymbol{A}=\begin{pmatrix} 0 & -2 & -2 \\ 1 & 2 & 2 \\ 1 & 1 & 3 \end{pmatrix} \rightarrow \begin{pmatrix} 1 & 2 & 2 \\ 0 & -1 & 1 \\ 0 & 0 & -4 \end{pmatrix},$$

因为 $r(\boldsymbol{A})=3$,所以方程仅有零解,即通解为 $\boldsymbol{x}=\boldsymbol{0}$.

(3) 对齐次线性方程组系数矩阵施以初等行变换,得

$$\boldsymbol{A}=\begin{pmatrix} 1 & 2 & 2 & 1 \\ 2 & 1 & -2 & -2 \\ 1 & -1 & -4 & -3 \end{pmatrix} \rightarrow \begin{pmatrix} 3 & 0 & -6 & -5 \\ 0 & 3 & 6 & 4 \\ 0 & 0 & 0 & 0 \end{pmatrix},$$

因为 $r(\boldsymbol{A})=2<4$,所以 $\boldsymbol{A}x=\boldsymbol{0}$ 有无穷多解,且基础解系为 $(2,-2,1,0)^{\mathrm{T}}$,$(5,-4,0,3)^{\mathrm{T}}$,于是该方程组的通解为 $\boldsymbol{x}=k_1(2,-2,1,0)^{\mathrm{T}}+k_2(5,-4,0,3)^{\mathrm{T}}$,其中 k_1,k_2 为任意常数.

(4) 对齐次线性方程组系数矩阵施以初等行变换,得

$$\boldsymbol{A}=\begin{pmatrix} 1 & -8 & 10 & 2 \\ 2 & 4 & 5 & -1 \\ 3 & 8 & 6 & -2 \end{pmatrix} \rightarrow \begin{pmatrix} 1 & 0 & 4 & 0 \\ 0 & 4 & -3 & -1 \\ 0 & 0 & 0 & 0 \end{pmatrix},$$

因为 $r(\boldsymbol{A})=2<4$,所以 $\boldsymbol{A}x=\boldsymbol{0}$ 有无穷多解,且基础解系为 $(-16,3,4,0)^{\mathrm{T}}$,$(0,1,0,4)^{\mathrm{T}}$,于是该方程组的通解为 $\boldsymbol{x}=k_1(-16,3,4,0)^{\mathrm{T}}+k_2(0,1,0,4)^{\mathrm{T}}$,其中 k_1,k_2 为任意常数.

617.【答案】D

【解析】记系数矩阵 $\boldsymbol{A}=\begin{pmatrix} \lambda & 1 & 1 \\ 1 & \lambda & 1 \\ 1 & 1 & \lambda \end{pmatrix}$.由题意可知,$r(\boldsymbol{A})=3$,于是

$$\begin{vmatrix} \lambda & 1 & 1 \\ 1 & \lambda & 1 \\ 1 & 1 & \lambda \end{vmatrix} = \begin{vmatrix} \lambda+2 & 1 & 1 \\ \lambda+2 & \lambda & 1 \\ \lambda+2 & 1 & \lambda \end{vmatrix} = (\lambda+2)\begin{vmatrix} 1 & 1 & 1 \\ 1 & \lambda & 1 \\ 1 & 1 & \lambda \end{vmatrix}$$

$$=(\lambda+2)\begin{vmatrix} 1 & 1 & 1 \\ 0 & \lambda-1 & 0 \\ 0 & 0 & \lambda-1 \end{vmatrix}=(\lambda+2)(\lambda-1)^2\neq 0,$$

解得 $\lambda\neq 1$ 且 $\lambda\neq -2$，应选 D.

618.【答案】A

【解析】$Ax=0$ 仅有零解 $\Leftrightarrow r(A)=n$（列数）$\Leftrightarrow A$ 的列向量线性无关，故应选 A.

619.【答案】D

【解析】**方法一**：由 $AB=O$，知 $r(A)+r(B)\leqslant n$.

当 $B\neq O$ 时，$r(B)\geqslant 1$，所以 $r(A)\leqslant n-1 < n$，故 $Ax=0$ 必有非零解，应选 D.

方法二：由 $AB=O$，知 B 的列向量均是方程 $Ax=0$ 的解.

当 $B\neq O$ 时，B 至少有一个非零列向量，即 $Ax=0$ 至少有一个非零解，故应选 D.

620.【答案】B

【解析】由 $AB=O$ 知，B 的列向量均是 $Ax=0$ 的解. 又 $B\neq O$，则 B 至少有一个非零列向量，于是 $Ax=0$ 必有非零解，进而

$$|A|=\begin{vmatrix} 1 & 2 & -2 \\ 2 & -1 & \lambda \\ 3 & 1 & -1 \end{vmatrix}=\begin{vmatrix} 1 & 0 & 0 \\ 2 & -5 & \lambda+4 \\ 3 & -5 & 5 \end{vmatrix}=-25+5(\lambda+4)=0,$$

解得 $\lambda=1$，应选 B.

621.【答案】D

【解析】将齐次线性方程组系数矩阵施以初等行变换，得

$$A=\begin{pmatrix} 1 & 3 & 2 & 1 \\ 0 & 1 & a & -a \\ 1 & 2 & 0 & 3 \end{pmatrix}\rightarrow\begin{pmatrix} 1 & 3 & 2 & 1 \\ 0 & 1 & a & -a \\ 0 & 0 & a-2 & 2-a \end{pmatrix}.$$

当 $a=2$ 时，$r(A)=2$，$S=4-r(A)=2$，于是基础解系中含有 2 个向量，即方程组至多有 2 个线性无关的解向量.

当 $a\neq 2$ 时，$r(A)=3$，此时 $S=4-r(A)=1$，于是基础解系中含有 1 个向量，即方程组至多有 1 个线性无关的解向量，应选 D.

622.【答案】E

【解析】令

$$|A|=\begin{vmatrix} a & -1 & -1 \\ -1 & a & -1 \\ -1 & -1 & a \end{vmatrix}=\begin{vmatrix} a-2 & -1 & -1 \\ a-2 & a & -1 \\ a-2 & -1 & a \end{vmatrix}=(a-2)\begin{vmatrix} 1 & -1 & -1 \\ 1 & a & -1 \\ 1 & -1 & a \end{vmatrix}$$

$$=(a-2)\begin{vmatrix} 1 & -1 & -1 \\ 0 & a+1 & 0 \\ 0 & 0 & a+1 \end{vmatrix}=(a-2)(a+1)^2=0,$$

解得 $a=2$ 或 -1.

当 $a=-1$ 时,显然 $r(A)=1$,于是 $r(A^*)=0$,则 $Ax=0$ 最多有 $S_A=3-r(A)=2$ 个线性无关的解向量,$A^*x=0$ 最多有 $S_{A^*}=3-r(A^*)=3$ 个线性无关的解向量.

当 $a=2$ 时,对 A 施以初等行变换,得

$$A=\begin{pmatrix} 2 & -1 & -1 \\ -1 & 2 & -1 \\ -1 & -1 & 2 \end{pmatrix} \rightarrow \begin{pmatrix} -1 & -1 & 2 \\ -1 & 2 & -1 \\ 0 & 0 & 0 \end{pmatrix} \rightarrow \begin{pmatrix} -1 & -1 & 2 \\ 0 & 3 & -3 \\ 0 & 0 & 0 \end{pmatrix},$$

知 $r(A)=2$,则 $r(A^*)=1$,故 $Ax=0$ 最多有 $S_A=3-r(A)=1$ 个线性无关的解向量,$A^*x=0$ 最多有 $S_{A^*}=3-r(A^*)=2$ 个线性无关的解向量,应选 E.

623.【答案】A

【解析】由 $\boldsymbol{\alpha}_1,\boldsymbol{\alpha}_2$ 线性无关,知 $r(\boldsymbol{\alpha}_1,\boldsymbol{\alpha}_2)=2$,进而 $r(A) \geqslant r(\boldsymbol{\alpha}_1,\boldsymbol{\alpha}_2)=2$.

由 $\boldsymbol{\alpha}_3=-\boldsymbol{\alpha}_1+2\boldsymbol{\alpha}_2$,知 $\boldsymbol{\alpha}_1,\boldsymbol{\alpha}_2,\boldsymbol{\alpha}_3$ 线性相关,所以 $r(A)<3$,于是 $r(A)=2$,故方程组 $Ax=0$ 的基础解系含有 $n-r(A)=3-2=1$ 个线性无关的解向量.

由于 $\boldsymbol{\alpha}_1-2\boldsymbol{\alpha}_2+\boldsymbol{\alpha}_3=\boldsymbol{0}$,于是 $(1,-2,1)^{\mathrm{T}}$ 为 $Ax=0$ 的一个非零解,故可取 $(1,-2,1)^{\mathrm{T}}$ 作为 $Ax=0$ 的基础解系,应选 A.

题组 B·强化通关题

624.【答案】B

【解析】记系数矩阵 $A=\begin{pmatrix} 1 & 1 & \lambda \\ 1 & \lambda & 1 \\ \lambda & 1 & 1 \end{pmatrix}$,由于齐次线性方程组有非零解,于是 $r(A)<3$,

进而

$$|A|=\begin{vmatrix} 1 & 1 & \lambda \\ 1 & \lambda & 1 \\ \lambda & 1 & 1 \end{vmatrix} \xlongequal[r_3-\lambda r_1]{r_2-r_1} \begin{vmatrix} 1 & 1 & \lambda \\ 0 & \lambda-1 & 1-\lambda \\ 0 & 1-\lambda & 1-\lambda^2 \end{vmatrix} \xlongequal{r_3+r_2} \begin{vmatrix} 1 & 1 & \lambda \\ 0 & \lambda-1 & 1-\lambda \\ 0 & 0 & -(\lambda-1)(\lambda+2) \end{vmatrix}$$

$$= -(\lambda-1)^2(\lambda+2)=0.$$

解得 $\lambda=1$ 或 $\lambda=-2$,应选 B.

625.【答案】E

【解析】记系数矩阵 $A=\begin{pmatrix} 1 & k & 1 \\ 2 & 1 & 1 \\ 0 & k & 3 \end{pmatrix}$,由于齐次线性方程组只有零解,于是 $r(A)=3$,进而

$$\begin{vmatrix} 1 & k & 1 \\ 2 & 1 & 1 \\ 0 & k & 3 \end{vmatrix} = 3-5k \neq 0,解得 k \neq \frac{3}{5},应选 E.$$

626.【答案】A

【解析】由 $r(B_{s \times m})=m$ 知,矩阵 B 列向量组满秩,于是 $r(BA)=r(A)=r$.

又因为 BA 是 $s \times n$ 的矩阵，于是方程组 $BAx = 0$ 的基础解系包含线性无关解向量的个数为 $s = n - r$，应选 A．

627.【答案】B

【解析】因为 $A^* x = 0$ 有非零解，所以 $r(A^*) < 3$．

由 $A^* \neq O$ 知，$r(A^*) \geq 1$，于是 $1 \leq r(A^*) < 3$．

根据伴随矩阵秩的性质，$r(A^*)$ 只能在 $3, 1, 0$ 这三个数中取值，于是 $r(A^*) = 1$，进而知 $r(A) = 2$，$|A| = 0$．

又因为

$$|A| = \begin{vmatrix} 2 & a & 2 \\ 2 & 2 & a \\ a & 2 & 2 \end{vmatrix} = (a+4) \begin{vmatrix} 1 & a & 2 \\ 1 & 2 & a \\ 1 & 2 & 2 \end{vmatrix}$$

$$= (a+4) \begin{vmatrix} 1 & a-2 & 0 \\ 1 & 0 & a-2 \\ 1 & 0 & 0 \end{vmatrix} = (a+4)(a-2)^2 = 0,$$

所以解得 $a = -4$ 或 2．

当 $a = 2$ 时，$r(A) = 1$，故舍去．

因此，$a = -4$，应选 B．

628.【答案】E

【解析】因为 $r(A) = n - 3$，所以 $Ax = 0$ 的基础解系中含有 $S = n - r(A) = 3$ 个线性无关的解向量．

由题意可知，$A\alpha_1 = 0, A\alpha_2 = 0, A\alpha_3 = 0$，所以选项中的向量均为 $Ax = 0$ 的解向量，且每一组中向量个数均为 3，于是仅需找确定哪一组是线性无关的向量组，即可作为 $Ax = 0$ 的基础解系．

方法一：排除法．

对于选项 A，B，C，D 分别有

$$1 \cdot (\alpha_1 - \alpha_2) + 1 \cdot (\alpha_2 - \alpha_3) + 1 \cdot (\alpha_3 - \alpha_1) = 0,$$

$$1 \cdot (\alpha_1 + \alpha_2) + 1 \cdot (\alpha_2 + \alpha_3) + (-1) \cdot (\alpha_1 + 2\alpha_2 + \alpha_3) = 0,$$

$$1 \cdot (\alpha_1 - \alpha_2) + 1 \cdot (3\alpha_2 + \alpha_3) + 1 \cdot (-\alpha_1 - 2\alpha_2 - \alpha_3) = 0,$$

$$1 \cdot (\alpha_1 + \alpha_2) - 1 \cdot (\alpha_2 + \alpha_3) + 1 \cdot (-\alpha_1 + \alpha_3) = 0,$$

于是可知选项 A，B，C，D 中三组向量均线性相关，应选 E．

方法二：直接法．

对于 E，因为

$$(\alpha_1 + 2\alpha_2, 2\alpha_2 + 3\alpha_3, 3\alpha_3 + \alpha_1) = (\alpha_1, \alpha_2, \alpha_3) \cdot \begin{pmatrix} 1 & 0 & 1 \\ 2 & 2 & 0 \\ 0 & 3 & 3 \end{pmatrix},$$

且 $\begin{vmatrix} 1 & 0 & 1 \\ 2 & 2 & 0 \\ 0 & 3 & 3 \end{vmatrix} \neq 0$，所以 $r(\boldsymbol{\alpha}_1+2\boldsymbol{\alpha}_2,2\boldsymbol{\alpha}_2+3\boldsymbol{\alpha}_3,3\boldsymbol{\alpha}_3+\boldsymbol{\alpha}_1)=r(\boldsymbol{\alpha}_1,\boldsymbol{\alpha}_2,\boldsymbol{\alpha}_3)=3$，于是向量组 $\boldsymbol{\alpha}_1+2\boldsymbol{\alpha}_2,$

$2\boldsymbol{\alpha}_2+3\boldsymbol{\alpha}_3,3\boldsymbol{\alpha}_3+\boldsymbol{\alpha}_1$ 线性无关，应选 E.

2.4 非齐次线性方程组

题组 A·基础通关题

629.【解析】（1）对非齐次线性方程组增广矩阵施以初等行变换，得

$$(\boldsymbol{A},\boldsymbol{b})=\begin{pmatrix} 1 & -1 & -1 & -1 \\ -1 & 1 & 1 & 1 \\ 0 & -4 & -2 & -2 \end{pmatrix} \rightarrow \begin{pmatrix} 2 & 0 & -1 & -1 \\ 0 & 2 & 1 & 1 \\ 0 & 0 & 0 & 0 \end{pmatrix},$$

由于 $r(\boldsymbol{A},\boldsymbol{b})=r(\boldsymbol{A})=2<3$，所以方程 $\boldsymbol{Ax}=\boldsymbol{b}$ 有无穷多解，且通解为 $k\begin{pmatrix} 1 \\ -1 \\ 2 \end{pmatrix}+\begin{pmatrix} -\dfrac{1}{2} \\ \dfrac{1}{2} \\ 0 \end{pmatrix}$，其中 k 为

任意常数.

（2）对非齐次线性方程组增广矩阵施以初等行变换，得

$$(\boldsymbol{A},\boldsymbol{b})=\begin{pmatrix} 1 & -2 & 2 & -1 & 1 \\ 2 & -4 & 8 & 0 & 2 \\ -2 & 4 & -2 & 3 & 3 \\ 3 & -6 & 0 & -6 & 4 \end{pmatrix} \rightarrow \begin{pmatrix} 1 & -2 & 2 & -1 & 1 \\ 0 & 0 & 2 & 1 & 0 \\ 0 & 0 & 0 & 0 & 5 \\ 0 & 0 & 0 & 0 & 1 \end{pmatrix},$$

因为 $r(\boldsymbol{A},\boldsymbol{b})\neq r(\boldsymbol{A})$，所以该方程组无解.

（3）对非齐次线性方程组增广矩阵施以初等行变换，得

$$(\boldsymbol{A},\boldsymbol{b})=\begin{pmatrix} 1 & -1 & -1 & 2 \\ 2 & -1 & -3 & 1 \\ 3 & 2 & -5 & 0 \end{pmatrix} \rightarrow \begin{pmatrix} 1 & -1 & -1 & 2 \\ 0 & 1 & -1 & -3 \\ 0 & 0 & 1 & 3 \end{pmatrix} \rightarrow \begin{pmatrix} 1 & 0 & 0 & 5 \\ 0 & 1 & 0 & 0 \\ 0 & 0 & 1 & 3 \end{pmatrix},$$

因为 $r(\boldsymbol{A},\boldsymbol{b})=r(\boldsymbol{A})=3$，所以方程 $\boldsymbol{Ax}=\boldsymbol{b}$ 有唯一解，且 $\boldsymbol{x}=\begin{pmatrix} x_1 \\ x_2 \\ x_3 \end{pmatrix}=\begin{pmatrix} 5 \\ 0 \\ 3 \end{pmatrix}$.

（4）对非齐次线性方程组增广矩阵施以初等行变换，得

$$(\boldsymbol{A},\boldsymbol{b})=\begin{pmatrix} 1 & 1 & 0 & 0 & 5 \\ 2 & 1 & 1 & 2 & 1 \\ 5 & 3 & 2 & 2 & 3 \end{pmatrix} \rightarrow \begin{pmatrix} 1 & 0 & 1 & 0 & -8 \\ 0 & 1 & -1 & 0 & 13 \\ 0 & 0 & 0 & 1 & 2 \end{pmatrix},$$

因为 $r(\boldsymbol{A},\boldsymbol{b})=r(\boldsymbol{A})=3<4$，所以方程 $\boldsymbol{Ax}=\boldsymbol{b}$ 有无穷多解，且通解为 $k\begin{pmatrix}-1\\1\\1\\0\end{pmatrix}+\begin{pmatrix}-8\\13\\0\\2\end{pmatrix}$，其中 k 为

任意常数．

（5）对非齐次线性方程组增广矩阵施以初等行变换，得

$$(\boldsymbol{A},\boldsymbol{b})=\begin{pmatrix}1&-1&-1&1&\vdots&0\\1&-1&1&-3&\vdots&1\\1&-1&-2&3&\vdots&-\dfrac{1}{2}\end{pmatrix}\rightarrow\begin{pmatrix}1&-1&0&-1&\vdots&\dfrac{1}{2}\\0&0&1&-2&\vdots&\dfrac{1}{2}\\0&0&0&0&\vdots&0\end{pmatrix},$$

因为 $r(\boldsymbol{A},\boldsymbol{b})=r(\boldsymbol{A})=2<4$，所以方程 $\boldsymbol{Ax}=\boldsymbol{b}$ 有无穷多解，且非齐次线性方程组的通解为 $\boldsymbol{x}=$

$k_1\begin{pmatrix}1\\1\\0\\0\end{pmatrix}+k_2\begin{pmatrix}1\\0\\2\\1\end{pmatrix}+\begin{pmatrix}\dfrac{1}{2}\\0\\\dfrac{1}{2}\\0\end{pmatrix}$，其中 k_1,k_2 为任意常数．

630.【答案】E

【解析】对于选项 A、C，若 $\boldsymbol{Ax}=\boldsymbol{0}$ 仅有零解，则 $r(\boldsymbol{A})=n$，但无法保证 $r(\boldsymbol{A})=r(\boldsymbol{A},\boldsymbol{b})$，于是 $\boldsymbol{Ax}=\boldsymbol{b}$ 可能无解，故选项 A、C 错误．

对于选项 B，若 $\boldsymbol{Ax}=\boldsymbol{0}$ 有非零解，则 $r(\boldsymbol{A})<n$，但无法保证 $r(\boldsymbol{A})=r(\boldsymbol{A},\boldsymbol{b})$，于是 $\boldsymbol{Ax}=\boldsymbol{b}$ 可能无解，故选项 B 错误．

对于选项 D、E，若 $\boldsymbol{Ax}=\boldsymbol{b}$ 有无穷多个解，则 $r(\boldsymbol{A})=r(\boldsymbol{A},\boldsymbol{b})<n$，此时 $\boldsymbol{Ax}=\boldsymbol{0}$ 必有非零解，故选项 D 错误，选项 E 正确，应选 E．

631.【答案】B

【解析】因为 $\boldsymbol{Ax}=\boldsymbol{b}$ 方程组有唯一解，由克拉默法则知，系数矩阵行列式 $|\boldsymbol{A}|\neq0$．

又 $|\boldsymbol{A}|=\begin{vmatrix}1&2&1\\2&3&a+2\\1&a&-2\end{vmatrix}=\begin{vmatrix}1&2&1\\0&-1&a\\0&a-2&-3\end{vmatrix}=\begin{vmatrix}1&2&1\\0&-1&a\\0&0&a^2-2a-3\end{vmatrix}\neq0$，解得 $a\neq-1$ 且 $a\neq3$，

应选 B．

632.【答案】C.

【解析】因为 $\boldsymbol{Ax}=\boldsymbol{b}$ 有无穷多个解，所以 $r(\boldsymbol{A})=r(\boldsymbol{A},\boldsymbol{b})<3$．

对非齐次线性方程组增广矩阵 $(\boldsymbol{A},\boldsymbol{b})$ 施以初等行变换，得

$$(\boldsymbol{A},\boldsymbol{b})=\begin{pmatrix}1&0&-1&\vdots&0\\1&1&-1&\vdots&1\\0&1&a^2-1&\vdots&a\end{pmatrix}\rightarrow\begin{pmatrix}1&0&-1&\vdots&0\\0&1&0&\vdots&1\\0&0&a^2-1&\vdots&a-1\end{pmatrix},$$

于是当 $a=1$ 时,$r(A)=r(\overline{A})=2<3$,此时方程组 $Ax=b$ 有无穷多个解,应选 C.

633.【答案】D

【解析】**方法一**:对非齐次线性方程组增广矩阵 (A,b) 施以初等行变换,得

$$(A,b)=\begin{pmatrix} 1 & 2 & 1 & \vdots & 1 \\ 2 & 3 & a+2 & \vdots & 3 \\ 1 & a & -2 & \vdots & 0 \end{pmatrix} \rightarrow \begin{pmatrix} 1 & 2 & 1 & \vdots & 1 \\ 0 & -1 & a & \vdots & 1 \\ 0 & a-2 & -3 & \vdots & -1 \end{pmatrix} \rightarrow$$

$$\begin{pmatrix} 1 & 2 & 1 & \vdots & 1 \\ 0 & -1 & a & \vdots & 1 \\ 0 & 0 & (a-3)(a+1) & \vdots & a-3 \end{pmatrix}.$$

当 $a=3$ 时,$r(A)=r(A,b)=2$,$Ax=b$ 有无穷多解,不符题意.

当 $a=-1$ 时,$r(A)\neq r(A,b)$,$Ax=b$ 无解,符合题意.

当 $a\neq 3$ 且 $a\neq -1$ 时,$r(A)=r(A,b)=3$,$Ax=b$ 有唯一解,不符题意.

综上所述,$a=-1$,故应选 D.

方法二:因为 $Ax=b$ 无解,所以 $|A|=0$,即 $\begin{vmatrix} 1 & 2 & 1 \\ 2 & 3 & a+2 \\ 1 & a & -2 \end{vmatrix}=0$,解得 $a=3$ 或 $a=-1$.

当 $a=3$ 时,对非齐次线性方程组增广矩阵 (A,b) 施以初等行变换,得

$$(A,b)=\begin{pmatrix} 1 & 2 & 1 & \vdots & 1 \\ 2 & 3 & 5 & \vdots & 3 \\ 1 & 5 & -2 & \vdots & 0 \end{pmatrix} \rightarrow \begin{pmatrix} 1 & 2 & 1 & \vdots & 1 \\ 0 & -1 & 3 & \vdots & 1 \\ 0 & 0 & 0 & \vdots & 0 \end{pmatrix},$$

此时 $r(A)=r(A,b)=2$,$Ax=b$ 有无穷多解,不符题意.

因此,$a=-1$,应选 D.

634.【答案】E

【解析】因为 $Ax=b$ 有无穷多解,所以 $|A|=0$,即

$$|A|=\begin{vmatrix} a & 1 & 1 \\ 1 & a & 1 \\ 1 & 1 & a \end{vmatrix}=(a+2)(a-1)^2=0,$$

解得 $a=1$ 或 $a=-2$.

当 $a=1$ 时,对非齐次线性方程组增广矩阵 (A,b) 施以初等行变换,得

$$(A,b)=\begin{pmatrix} 1 & 1 & 1 & \vdots & 1 \\ 1 & 1 & 1 & \vdots & 1 \\ 1 & 1 & 1 & \vdots & -2 \end{pmatrix} \rightarrow \begin{pmatrix} 1 & 1 & 1 & \vdots & 1 \\ 0 & 0 & 0 & \vdots & 0 \\ 0 & 0 & 0 & \vdots & -3 \end{pmatrix},$$

此时 $r(A)\neq r(A,b)$,方程组 $Ax=b$ 无解,不符合题意.

因此,$a=-2$,应选 E.

635.【答案】D

【解析】由于 $k\boldsymbol{\beta}_1+\boldsymbol{\beta}_2=\begin{pmatrix}2k+1\\k+3\\3k-1\end{pmatrix}$，故对方程组 $\boldsymbol{A}\boldsymbol{x}=k\boldsymbol{\beta}_1+\boldsymbol{\beta}_2$ 的增广矩阵施以初等行变

换，得

$$(\boldsymbol{A},k\boldsymbol{\beta}_1+\boldsymbol{\beta}_2)=\begin{pmatrix}1&1&-1&\vdots&2k+1\\-1&-2&1&\vdots&k+3\\1&-1&-1&\vdots&3k-1\end{pmatrix}\rightarrow\begin{pmatrix}1&1&-1&\vdots&2k+1\\0&-1&0&\vdots&3k+4\\0&-2&0&\vdots&k-2\end{pmatrix}\rightarrow$$

$$\begin{pmatrix}1&1&-1&\vdots&2k+1\\0&-1&0&\vdots&3k+4\\0&0&0&\vdots&-5k-10\end{pmatrix},$$

因为 $\boldsymbol{A}\boldsymbol{x}=k\boldsymbol{\beta}_1+\boldsymbol{\beta}_2$ 有解，所以 $r(\boldsymbol{A})=r(\boldsymbol{A},k\boldsymbol{\beta}_1+\boldsymbol{\beta}_2)$，于是 $k=-2$，应选 D.

636.【答案】E

【解析】因为

$$|\boldsymbol{A}|=\begin{vmatrix}1&1&1\\1&2&a\\1&4&a^2\end{vmatrix}=(2-1)(a-1)(a-2)=(a-1)(a-2),$$

所以由克拉默法则知，当 $|\boldsymbol{A}|=(2-1)(a-1)(a-2)\neq0$ 时，即当 $a\neq1$ 且 $a\neq2$ 时，方程组 $\boldsymbol{A}\boldsymbol{x}=\boldsymbol{b}$ 有唯一解，且

$$x_1=\frac{\begin{vmatrix}1&1&1\\d&2&a\\d^2&4&a^2\end{vmatrix}}{(a-1)(a-2)}=\frac{(2-d)(a-d)(a-2)}{(a-1)(a-2)}=\frac{(2-d)(a-d)}{a-1},$$

应选 E.

637.【答案】E

【解析】由范德蒙行列式，知 $|\boldsymbol{A}|=\begin{vmatrix}1&1&1&1&1\\a_1&a_2&a_3&a_4&a_5\\a_1^2&a_2^2&a_3^2&a_4^2&a_5^2\\a_1^3&a_2^3&a_3^3&a_4^3&a_5^3\\a_1^{n-1}&a_2^{n-1}&a_3^{n-1}&a_4^4&a_5^4\end{vmatrix}=\prod_{1\le i<j\le5}(a_i-a_j)\neq0.$

于是 $|\boldsymbol{A}^\mathrm{T}|=|\boldsymbol{A}|$，由根据克莱姆法则，知方程组 $\boldsymbol{A}^\mathrm{T}\boldsymbol{x}=\boldsymbol{b}$ 有唯一解，且

$$x_1=\frac{|\boldsymbol{A}^\mathrm{T}|}{|\boldsymbol{A}^\mathrm{T}|}=1,x_2=x_3=x_4=x_5=0,$$

即 $\boldsymbol{x}=(1,0,0,0,0)^\mathrm{T}$，应选 E.

题组 B·强化通关题

638.【答案】A.

【解析】当 $r=m$ 时，$r(A)=r(A\:\vdots\:b)=m$，故 $Ax=b$ 有解.

当 $r=n$ 时，若取 $(A\:\vdots\:b)=\begin{pmatrix}1 & 2 & \vdots & 1\\ 1 & 3 & \vdots & 2\\ 0 & 0 & \vdots & 3\end{pmatrix}$，满足题意，但 $Ax=b$ 无解.

当 $m=n$ 时，仅可判定出 A 为方阵，但 $Ax=b$ 有解与否却无法判定.

当 $r<n$ 时，若取 $(A\:\vdots\:b)=\begin{pmatrix}1 & 2 & \vdots & 1\\ 0 & 0 & \vdots & 2\\ 0 & 0 & \vdots & 3\end{pmatrix}$，满足题意，但 $Ax=b$ 无解.

应选 A.

639.【答案】C

【解析】对于①，当 $Ax=b$ 有唯一解时，$r(A,b)=r(A)=n$，此时 $r(A)=n$，①正确.

对于②，当 $Ax=b$ 有无穷多解时，$r(A,b)=r(A)<n$，但未必有 $r(A)<m$，②错误.

对于③，当 $Ax=b$ 有无穷多解时，$r(A,b)=r(A)<n$，此时 $r(A)<n$，进而知 A 的列向量组线性相关，③正确.

对于④，取 $A=\begin{pmatrix}1 & 0 & 0\\ 0 & 1 & 0\\ 0 & 0 & 0\end{pmatrix}$，$b=\begin{pmatrix}0\\ 0\\ 1\end{pmatrix}$，此时 $Ax=b$ 无解，但 A 列向量组线性相关，④错误.

故应选 C.

640.【答案】B

【解析】对非齐次线性方程组增广矩阵 (A,b) 施以初等行变换，得

$$(A\:\vdots\:b)=\begin{pmatrix}1 & 0 & 1 & \vdots & \lambda\\ 4 & 1 & 2 & \vdots & \lambda+2\\ 6 & 1 & 4 & \vdots & 2\lambda+3\end{pmatrix}\rightarrow\begin{pmatrix}1 & 0 & 1 & \vdots & \lambda\\ 0 & 1 & -2 & \vdots & -3\lambda+2\\ 0 & 1 & -2 & \vdots & -4\lambda+3\end{pmatrix}\rightarrow$$

$$\begin{pmatrix}1 & 0 & 1 & \vdots & \lambda\\ 0 & 1 & -2 & \vdots & -3\lambda+2\\ 0 & 0 & 0 & \vdots & -\lambda+1\end{pmatrix},$$

由于方程组有解，于是 $r(A)=r(A,b)$，显然 $\lambda=1$，应选 B.

641.【答案】A

【解析】由题意可知，方程组的系数矩阵与增广矩阵分别为

$$A=\begin{pmatrix}1 & a_1 & a_1^2\\ 1 & a_2 & a_2^2\\ 1 & a_3 & a_3^2\\ 1 & a_4 & a_4^2\end{pmatrix},\overline{A}=\begin{pmatrix}1 & a_1 & a_1^2 & a_1^3\\ 1 & a_2 & a_2^2 & a_2^3\\ 1 & a_3 & a_3^2 & a_3^3\\ 1 & a_4 & a_4^2 & a_4^3\end{pmatrix}.$$

线性代数篇

根据范德蒙行列式知

$$\begin{vmatrix} 1 & a_1 & a_1^2 \\ 1 & a_2 & a_2^2 \\ 1 & a_3 & a_3^2 \end{vmatrix} = (a_3-a_1)(a_2-a_1)(a_3-a_2) \neq 0,$$

$$\begin{vmatrix} 1 & a_1 & a_1^2 & a_1^3 \\ 1 & a_2 & a_2^2 & a_2^3 \\ 1 & a_3 & a_3^2 & a_3^3 \\ 1 & a_4 & a_4^2 & a_4^3 \end{vmatrix} = (a_2-a_1)(a_3-a_1)(a_4-a_1)(a_3-a_2)(a_4-a_2)(a_4-a_3) \neq 0,$$

所以 $r(\boldsymbol{A})=3$，$r(\bar{\boldsymbol{A}})=4$，所以方程组无解，应选 A.

642.【答案】C

【解析】因为 $\begin{vmatrix} 1 & 1 & 1 \\ a & b & c \\ a^2 & b^2 & c^2 \end{vmatrix} = (b-a)(c-a)(c-b) \neq 0$，所以 $r(\boldsymbol{A})=3$，进而根据秩的公式，

知 $r(\boldsymbol{A}\boldsymbol{A}^{\mathrm{T}})=r(\boldsymbol{A}^{\mathrm{T}})=r(\boldsymbol{A})=3$.

由 $r(\boldsymbol{A}_{3\times4})<4$，知 $\boldsymbol{A}\boldsymbol{x}=\boldsymbol{0}$ 有非零解；

由 $r[(\boldsymbol{A}^{\mathrm{T}})_{4\times3}]=3$，知 $\boldsymbol{A}^{\mathrm{T}}\boldsymbol{x}=\boldsymbol{0}$ 只有零解；

由 $r[(\boldsymbol{A}\boldsymbol{A}^{\mathrm{T}})_{3\times3}]=3$，知 $\boldsymbol{A}\boldsymbol{A}^{\mathrm{T}}\boldsymbol{x}=\boldsymbol{0}$ 只有零解；

由 $r[(\boldsymbol{A}^{\mathrm{T}}\boldsymbol{A})_{4\times4}]<4$，知 $\boldsymbol{A}^{\mathrm{T}}\boldsymbol{A}\boldsymbol{x}=\boldsymbol{0}$ 有非零解，

故应选 C.

643.【答案】C

【解析】由 $\boldsymbol{\alpha}_1,\boldsymbol{\alpha}_2,\boldsymbol{\alpha}_3$ 均为 $\boldsymbol{A}\boldsymbol{x}=\boldsymbol{b}$ 的解向量，知 $\boldsymbol{A}\boldsymbol{\alpha}_1=\boldsymbol{b},\boldsymbol{A}\boldsymbol{\alpha}_2=\boldsymbol{b},\boldsymbol{A}\boldsymbol{\alpha}_3=\boldsymbol{b}$.

若 $\boldsymbol{\eta}_1,\boldsymbol{\eta}_2,\boldsymbol{\eta}_3$ 也均是 $\boldsymbol{A}\boldsymbol{x}=\boldsymbol{b}$ 的解向量，则

$$\boldsymbol{A}\boldsymbol{\eta}_1 = \boldsymbol{A}(2\boldsymbol{\alpha}_1-a\boldsymbol{\alpha}_2+3b\boldsymbol{\alpha}_3) = (2-a+3b)\boldsymbol{b} = \boldsymbol{b},$$

$$\boldsymbol{A}\boldsymbol{\eta}_2 = \boldsymbol{A}(2a\boldsymbol{\alpha}_1-b\boldsymbol{\alpha}_2-\boldsymbol{\alpha}_3) = (2a-b-1)\boldsymbol{b} = \boldsymbol{b},$$

$$\boldsymbol{A}\boldsymbol{\eta}_3 = \boldsymbol{A}(3b\boldsymbol{\alpha}_1-3a\boldsymbol{\alpha}_2+4\boldsymbol{\alpha}_3) = (3b-3a+4)\boldsymbol{b} = \boldsymbol{b},$$

故 $\begin{cases} 2-a+3b=1, \\ 2a-b-1=1, \\ 3b-3a+4=1, \end{cases}$ 解得 $a=1,b=0$，应选 C.

644.【答案】D

【解析】由题意可知，方程组的通解为 $\begin{pmatrix} x_1 \\ x_2 \\ x_3 \\ x_4 \end{pmatrix} = \begin{pmatrix} k_1+4k_2+1 \\ 2k_1-k_2 \\ k_2-1 \\ -2k_1-k_2+1 \end{pmatrix}.$

由 $x_1 = x_2 , x_3 = x_4$，得 $\begin{cases} k_1 + 4k_2 + 1 = 2k_1 - k_2 \\ -k_2 - 1 = -2k_1 - k_2 + 1 \end{cases}$，则 $k_1 = 1 , k_2 = 0$.

因此满足条件 $x_1 = x_2 , x_3 = x_4$ 的解为 $\begin{pmatrix} 1 \\ 2 \\ 0 \\ -2 \end{pmatrix} + \begin{pmatrix} 1 \\ 0 \\ -1 \\ 1 \end{pmatrix} = \begin{pmatrix} 2 \\ 2 \\ -1 \\ -1 \end{pmatrix}$，故应选 D.

645.【答案】C

【解析】非齐次线性方程组最多有 $s + 1 = n - r(A) + 1$ 个线性无关的解向量.

因为 $\boldsymbol{\alpha}_1 = (0, 1, 0)^T , \boldsymbol{\alpha}_2 = (-3, 2, 2)^T$ 线性无关，即 $\boldsymbol{\alpha}_1 = (0, 1, 0)^T , \boldsymbol{\alpha}_2 = (-3, 2, 2)^T$ 是线性方程组的两个线性无关的解向量，所以

$$s + 1 = 3 - r(A) + 1 \geqslant 2,$$

解得 $r(A) \leqslant 2$.

又因为系数矩阵 A 的前两行不成比例，所以 $r(A) \geqslant 2$，故 $r(A) = 2$，应选 C.

小课堂

关于线性方程组方程组解向量组的性质，可总结如下：

① 齐次线性方程组 $A_{m \times n} x = 0$ 基础解系中的向量个数为 $s = n - r(A)$，同时也可以说明齐次线性方程组 $A_{m \times n} x = 0$ 最多有 $s = n - r(A)$ 个线性无关的解向量.

② 非齐次线性方程组 $A_{m \times n} x = \beta$ 最多有 $s + 1 = n - r(A) + 1$ 个线性无关的解向量.

646.【答案】C

【解析】非齐次线性方程组 $Ax = b$ 最多有 $s + 1 = 3 - r(A) + 1$ 个线性无关的解向量.

对 $(\boldsymbol{\alpha}_1, \boldsymbol{\alpha}_2, \boldsymbol{\alpha}_3)$ 施以初等行变换，得 $(\boldsymbol{\alpha}_1, \boldsymbol{\alpha}_2, \boldsymbol{\alpha}_3) = \begin{pmatrix} 1 & 0 & 0 \\ 2 & 2 & t \\ 3 & 1 & 1 \end{pmatrix} \to \begin{pmatrix} 1 & 0 & 0 \\ 0 & 2 & t \\ 0 & 0 & 2-t \end{pmatrix}$.

当 $t = 2$ 时，$r(\boldsymbol{\alpha}_1, \boldsymbol{\alpha}_2, \boldsymbol{\alpha}_3) = 2$，则 $s + 1 = 3 - r(A) + 1 \geqslant 2$，即 $r(A) \leqslant 2$. 又因为 A 为非零矩阵，所以 $r(A) \geqslant 1$，于是 $r(A) = 1$ 或 2.

当 $t \neq 2$ 时，$r(\boldsymbol{\alpha}_1, \boldsymbol{\alpha}_2, \boldsymbol{\alpha}_3) = 3$，则 $s + 1 = 3 - r(A) + 1 \geqslant 3$，即 $r(A) \leqslant 1$. 又因为 A 为非零矩阵，所以 $r(A) \geqslant 1$，于是 $r(A) = 1$.

应选 C.

647.【答案】A

【解析】由 $r(A) = 3$ 知，知对应的齐次线性方程组 $Ax = 0$ 的基础解系中向量个数为

$$s = n - r(A) = 4 - 3 = 1.$$

又因为 $A\boldsymbol{\alpha}_1 = b , A\boldsymbol{\alpha}_2 = b , A\boldsymbol{\alpha}_3 = b$，所以

$$A(\boldsymbol{\alpha}_1 + \boldsymbol{\alpha}_2) = 2\boldsymbol{b}, A(\boldsymbol{\alpha}_1 + 2\boldsymbol{\alpha}_3) = 3\boldsymbol{b},$$

故

$$A\left(\frac{\boldsymbol{\alpha}_1 + \boldsymbol{\alpha}_2}{2}\right) = \boldsymbol{b}, A\left(\frac{\boldsymbol{\alpha}_1 + 2\boldsymbol{\alpha}_3}{3}\right) = \boldsymbol{b}$$

即 $\dfrac{\boldsymbol{\alpha}_1 + \boldsymbol{\alpha}_2}{2} = (1,1,2,3)^{\mathrm{T}}, \dfrac{\boldsymbol{\alpha}_1 + 2\boldsymbol{\alpha}_3}{3} = (0,1,0,2)^{\mathrm{T}}$ 均为 $A\boldsymbol{x} = \boldsymbol{b}$ 的解，于是

$$\frac{\boldsymbol{\alpha}_1 + \boldsymbol{\alpha}_2}{2} - \frac{\boldsymbol{\alpha}_1 + 2\boldsymbol{\alpha}_3}{3} = (1,0,2,1)^{\mathrm{T}}$$

是齐次线性方程组 $A\boldsymbol{x} = \boldsymbol{0}$ 的解.

因此，$A\boldsymbol{x} = \boldsymbol{b}$ 的通解为 $k_1(1,0,2,1)^{\mathrm{T}} + (1,1,2,3)^{\mathrm{T}}$ 或 $k_1(1,0,2,1)^{\mathrm{T}} + (0,1,0,2)^{\mathrm{T}}$，应选 A.

648. 【答案】C

【解析】矩阵方程 $A\boldsymbol{X} = \boldsymbol{B}$ 有解的充要条件是 $r(\boldsymbol{A}) = r(\boldsymbol{A},\boldsymbol{B})$，而

$$(\boldsymbol{A},\boldsymbol{B}) = \begin{pmatrix} 2 & 2 & 4 & b \\ 2 & a & 3 & 1 \end{pmatrix},$$

其中存在 2 阶子式 $\begin{vmatrix} 2 & 4 \\ 2 & 3 \end{vmatrix} = -2 \neq 0$，故 $r(\boldsymbol{A},\boldsymbol{B}) = 2$，于是 $r(\boldsymbol{A}) = 2$，则 $a \neq 2$.

又矩阵方程 $\boldsymbol{BY} = \boldsymbol{A}$ 无解的充要条件是 $r(\boldsymbol{B}) \neq r(\boldsymbol{B},\boldsymbol{A})$，因为

$$r(\boldsymbol{B},\boldsymbol{A}) = r(\boldsymbol{A},\boldsymbol{B}) = 2$$

所以故 $r(\boldsymbol{B}) < 2$，于是 $|\boldsymbol{B}| = \begin{vmatrix} 4 & b \\ 3 & 1 \end{vmatrix} = 0$，解得 $b = \dfrac{4}{3}$.

应选 C.

小课堂

矩阵方程 $A\boldsymbol{X} = \boldsymbol{B}$ 解的判定常用以下两种方法：

方法一：利用矩阵的秩

（1）$r(\boldsymbol{A}) \neq r(\boldsymbol{A},\boldsymbol{B}) \Leftrightarrow A_{m \times n}\boldsymbol{X} = \boldsymbol{B}$ 无解；

（2）$r(\boldsymbol{A}) = r(\boldsymbol{A},\boldsymbol{B}) < n \Leftrightarrow A_{m \times n}\boldsymbol{X} = \boldsymbol{B}$ 有无穷多解；

（3）$r(\boldsymbol{A}) = r(\boldsymbol{A},\boldsymbol{B}) = n \Leftrightarrow A_{m \times n}\boldsymbol{X} = \boldsymbol{B}$ 有唯一解.

方法二：利用系数矩阵的行列式（当系数矩阵为方阵时）

（1）$|\boldsymbol{A}| \neq 0 \Leftrightarrow A_{n \times n}\boldsymbol{X} = \boldsymbol{B}$ 有唯一解；

（2）$|\boldsymbol{A}| = 0 \Leftrightarrow A_{n \times n}\boldsymbol{X} = \boldsymbol{B}$ 无解或有无穷多解.

649. 【答案】E

【解析】由题意可知，$A\boldsymbol{X} = \boldsymbol{B}$ 有解，所以 $r(\boldsymbol{A}) = r(\boldsymbol{A},\boldsymbol{B})$，又

$$(A,B)=\begin{pmatrix} 1 & 1 & 2 & 4 & -1 & 3 \\ -1 & 2 & 1 & 2 & n & 0 \\ 0 & 1 & 1 & m & -1 & p \end{pmatrix} \rightarrow \begin{pmatrix} 1 & 1 & 2 & 4 & -1 & 3 \\ 0 & 3 & 3 & 6 & n-1 & 3 \\ 0 & 1 & 1 & m & -1 & p \end{pmatrix} \rightarrow$$

$$\begin{pmatrix} 1 & 1 & 2 & 4 & -1 & 3 \\ 0 & 1 & 1 & m & -1 & p \\ 0 & 3 & 3 & 6 & n-1 & 3 \end{pmatrix} \rightarrow$$

$$\begin{pmatrix} 1 & 1 & 2 & 4 & -1 & 3 \\ 0 & 1 & 1 & m & -1 & p \\ 0 & 0 & 0 & 6-3m & n+2 & 3-3p \end{pmatrix}$$

故 $\begin{cases} 6-3m=0, \\ n+2=0, \\ 3-3p=0, \end{cases}$ 解得 $\begin{cases} m=2, \\ n=-2, \\ p=1, \end{cases}$ 应选 E.

650.【答案】A

【解析】对方程组（Ⅰ）的增广矩阵施以初等行变换

$$\begin{pmatrix} 1 & 2 & 1 & \vdots & 0 \\ 2 & 3 & 1 & \vdots & -1 \end{pmatrix} \rightarrow \begin{pmatrix} 1 & 0 & -1 & \vdots & -2 \\ 0 & 1 & 1 & \vdots & 1 \end{pmatrix},$$

所以（Ⅰ）的通解为 $\boldsymbol{x}=\begin{pmatrix} -2 \\ 1 \\ 0 \end{pmatrix}+k\begin{pmatrix} 1 \\ -1 \\ 1 \end{pmatrix}=\begin{pmatrix} -2+k \\ 1-k \\ k \end{pmatrix}$，$k$ 任意常数.

因为（Ⅰ）的解为（Ⅱ）的解，即 $\boldsymbol{x}=\begin{pmatrix} -2+k \\ 1-k \\ k \end{pmatrix}$ 满足（Ⅱ）：$ax_1+bx_2+2x_3=2$，所以 $a(-2+k)+$

$b(1-k)+2k=2$，即

$$(-2a+b-2)+k(a-b+2)=0.$$

由 k 的任意性，得 $\begin{cases} -2a+b-2=0, \\ a-b+2=0. \end{cases}$ 解得 $a=0,b=2$，应选 A.

651.【答案】B

【解析】由题意可知 $\begin{cases} x_1+x_2+x_3+x_4=0, \\ 2x_3+x_4=0, \\ x_1+x_2+3x_3+2x_4=-1, \\ 2x_1+2x_2+x_4=1, \end{cases}$ 有解，所以 $r(A)=r(A,b)$.

对非齐次线性方程组增广矩阵 (A,b) 施以初等行变换，得

$$(A,b)=\begin{pmatrix} 1 & 1 & 1 & 1 & 0 \\ 0 & 0 & 2 & 1 & 0 \\ 1 & 1 & 3 & 2 & -1 \\ 2 & 2 & 0 & 1 & 1 \end{pmatrix} \rightarrow \begin{pmatrix} 1 & 1 & 1 & 1 & 0 \\ 0 & 0 & 2 & 1 & 0 \\ 0 & 0 & 2 & 1 & -1 \\ 0 & 0 & -2 & -1 & 1 \end{pmatrix} \rightarrow \begin{pmatrix} 1 & 1 & 1 & 1 & 0 \\ 0 & 0 & 2 & 1 & -1 \\ 0 & 0 & 0 & 0 & a+1 \\ 0 & 0 & 0 & 0 & 0 \end{pmatrix}$$

线性代数篇

所以 $a = -1$，应选 B.

652.【答案】D

【解析】由题意可知，联立后所得方程组 $\begin{cases} x_1 - 2x_2 + x_3 = k, \\ -2x_1 + x_2 + x_3 = -2, \\ x_1 + x_2 - 2x_3 = k^2, \end{cases}$ 有解，于是 $r(\boldsymbol{A}) = r(\boldsymbol{A}, \boldsymbol{b})$.

又所有公共解中最多有两个线性无关的解向量，于是 $s + 1 = 3 - r(\boldsymbol{A}) + 1 \leqslant 2$，因此 $r(\boldsymbol{A}) = r(\boldsymbol{A}, \boldsymbol{b}) \geqslant 2$.

对该方程组的增广矩阵施以初等行变换，得

$$\begin{pmatrix} 1 & -2 & 1 & k \\ -2 & 1 & 1 & -2 \\ 1 & 1 & -2 & k^2 \end{pmatrix} \xrightarrow{r} \begin{pmatrix} 1 & -2 & 1 & k \\ 0 & -3 & 3 & 2k-2 \\ 0 & 0 & 0 & (k-1)(k+2) \end{pmatrix},$$

显然，当 $k = 1$ 或 $k = -2$ 时，满足要求，应选 D.

2.5 向量的线性表示

题组 A · 基础通关题

653.【答案】C

【解析】对于选项 A、B，可取 $\boldsymbol{A} = \begin{pmatrix} 1 & 2 & 2 & 2 \\ 0 & 1 & 2 & 2 \\ 0 & 0 & 1 & 2 \\ 0 & 0 & 0 & 0 \end{pmatrix}$，此时 $|\boldsymbol{A}| = 0$，显然 $\boldsymbol{A}$ 中没有一列元素全

为 0，且没有两列元素对应成比例，故选项 A、B 错误.

由于 $|\boldsymbol{A}| = 0$，则 $r(\boldsymbol{A}) < 4$，于是可知 $\boldsymbol{A}$ 的列向量组线性相关，因此在 $\boldsymbol{A}$ 中必存在一列向量是其余列向量的线性组合，故选项 C 正确，选项 D、E 错误，应选 C.

654.【答案】D

【解析】由 $\boldsymbol{\beta}$ 不能由 $\boldsymbol{\alpha}_1, \boldsymbol{\alpha}_2, \boldsymbol{\alpha}_3$ 线性表出，知 $r(\boldsymbol{\alpha}_1, \boldsymbol{\alpha}_2, \boldsymbol{\alpha}_3) \neq r(\boldsymbol{\alpha}_1, \boldsymbol{\alpha}_2, \boldsymbol{\alpha}_3, \boldsymbol{\beta})$.

对矩阵 $(\boldsymbol{\alpha}_1, \boldsymbol{\alpha}_2, \boldsymbol{\alpha}_3, \boldsymbol{\beta})$ 施以初等行变换，得

$$(\boldsymbol{\alpha}_1, \boldsymbol{\alpha}_2, \boldsymbol{\alpha}_3, \boldsymbol{\beta}) = \begin{pmatrix} 1 & 3 & 0 & 4 \\ 4 & 1 & -1 & b \\ 0 & 7 & 1 & 10 \\ 2 & 2 & 0 & 3 \end{pmatrix} \rightarrow \begin{pmatrix} 1 & 3 & 0 & 4 \\ 0 & -1 & 1 & 0 \\ 0 & 0 & -4 & -5 \\ 0 & 0 & 0 & b-1 \end{pmatrix},$$

显然当 $b - 1 \neq 0$ 时，$r(\boldsymbol{\alpha}_1, \boldsymbol{\alpha}_2, \boldsymbol{\alpha}_3) \neq r(\boldsymbol{\alpha}_1, \boldsymbol{\alpha}_2, \boldsymbol{\alpha}_3, \boldsymbol{\beta})$，此时 $\boldsymbol{\beta}$ 不能由 $\boldsymbol{\alpha}_1, \boldsymbol{\alpha}_2, \boldsymbol{\alpha}_3$ 线性表出，应选 D.

655.【答案】C

【解析】由 $\boldsymbol{\beta}$ 不能由 $\boldsymbol{\alpha}_1, \boldsymbol{\alpha}_2, \boldsymbol{\alpha}_3$ 线性表出，知 $r(\boldsymbol{\alpha}_1, \boldsymbol{\alpha}_2, \boldsymbol{\alpha}_3) \neq r(\boldsymbol{\alpha}_1, \boldsymbol{\alpha}_2, \boldsymbol{\alpha}_3, \boldsymbol{\beta})$.

对矩阵 $(\boldsymbol{\alpha}_1, \boldsymbol{\alpha}_2, \boldsymbol{\alpha}_3, \boldsymbol{\beta})$ 施以初等行变换，得

$$(\boldsymbol{\alpha}_1,\boldsymbol{\alpha}_2,\boldsymbol{\alpha}_3,\boldsymbol{\beta}) \rightarrow \begin{pmatrix} 1 & -3a & a & \vdots & -3 \\ 0 & 1 & -1 & \vdots & 1 \\ 0 & 0 & 5a & \vdots & -7a+7 \end{pmatrix}.$$

当 $a \neq 0$ 时,$r(\boldsymbol{\alpha}_1,\boldsymbol{\alpha}_2,\boldsymbol{\alpha}_3)=3=r(\boldsymbol{\alpha}_1,\boldsymbol{\alpha}_2,\boldsymbol{\alpha}_3,\boldsymbol{\beta})=3$,不符合题意,舍去.

当 $a=0$ 时,$r(\boldsymbol{\alpha}_1,\boldsymbol{\alpha}_2,\boldsymbol{\alpha}_3)=2 \neq r(\boldsymbol{\alpha}_1,\boldsymbol{\alpha}_2,\boldsymbol{\alpha}_3,\boldsymbol{\beta})=3$,符合题意.

因此,$a=0$,应选 C.

656.【答案】E

【解析】由 $\boldsymbol{\beta}$ 能由 $\boldsymbol{\alpha}_1,\boldsymbol{\alpha}_2,\boldsymbol{\alpha}_3$ 线性表示,知 $r(\boldsymbol{\alpha}_1,\boldsymbol{\alpha}_2,\boldsymbol{\alpha}_3)=r(\boldsymbol{\alpha}_1,\boldsymbol{\alpha}_2,\boldsymbol{\alpha}_3,\boldsymbol{\beta})$,

对矩阵 $(\boldsymbol{\alpha}_1,\boldsymbol{\alpha}_2,\boldsymbol{\alpha}_3,\boldsymbol{\beta})$ 施以初等行变换,得

$$(\boldsymbol{\alpha}_1,\boldsymbol{\alpha}_2,\boldsymbol{\alpha}_3,\boldsymbol{\beta}) \rightarrow \begin{pmatrix} 1 & 1 & -1 & \vdots & 1 \\ 0 & 1 & -b & \vdots & 1 \\ 0 & 0 & 1-b & \vdots & 0 \end{pmatrix}.$$

当 $b=1$ 时,$r(\boldsymbol{\alpha}_1,\boldsymbol{\alpha}_2,\boldsymbol{\alpha}_3)=r(\boldsymbol{\alpha}_1,\boldsymbol{\alpha}_2,\boldsymbol{\alpha}_3,\boldsymbol{\beta})=2$,符合题意.

当 $b \neq 1$ 时,$r(\boldsymbol{\alpha}_1,\boldsymbol{\alpha}_2,\boldsymbol{\alpha}_3)=r(\boldsymbol{\alpha}_1,\boldsymbol{\alpha}_2,\boldsymbol{\alpha}_3,\boldsymbol{\beta})=3$,符合题意.

因此,b 为任意常数时,$\boldsymbol{\beta}$ 均可由 $\boldsymbol{\alpha}_1,\boldsymbol{\alpha}_2,\boldsymbol{\alpha}_3$ 线性表示,应选 E.

657.【答案】B

【解析】由题意可知,$r(\boldsymbol{\alpha}_1,\boldsymbol{\alpha}_2,\boldsymbol{\alpha}_3,\boldsymbol{\alpha}_4)=r(\boldsymbol{\alpha}_1,\boldsymbol{\alpha}_2,\boldsymbol{\alpha}_3,\boldsymbol{\alpha}_4,\boldsymbol{\beta})$.

对矩阵 $(\boldsymbol{\alpha}_1,\boldsymbol{\alpha}_2,\boldsymbol{\alpha}_3,\boldsymbol{\alpha}_4,\boldsymbol{\beta})$ 施以初等行变换,得

$$(\boldsymbol{\alpha}_1,\boldsymbol{\alpha}_2,\boldsymbol{\alpha}_3,\boldsymbol{\alpha}_4,\boldsymbol{\beta}) = \begin{pmatrix} 1 & -1 & 3 & -2 & \vdots & 4 \\ 1 & -3 & 2 & -6 & \vdots & 1 \\ 1 & 5 & -1 & 10 & \vdots & 6 \\ 3 & 1 & p+2 & p & \vdots & 10 \end{pmatrix} \rightarrow \begin{pmatrix} 1 & -1 & 3 & -2 & \vdots & 4 \\ 0 & -2 & -1 & -4 & \vdots & -3 \\ 0 & 0 & 1 & 0 & \vdots & 1 \\ 0 & 0 & 0 & p-2 & \vdots & 1-p \end{pmatrix},$$

于是当 $p-2 \neq 0$,即当 $p \neq 2$ 时,$r(\boldsymbol{\alpha}_1,\boldsymbol{\alpha}_2,\boldsymbol{\alpha}_3,\boldsymbol{\alpha}_4)=r(\boldsymbol{\alpha}_1,\boldsymbol{\alpha}_2,\boldsymbol{\alpha}_3,\boldsymbol{\alpha}_4,\boldsymbol{\beta})$,此时 $\boldsymbol{\beta}$ 可由 $\boldsymbol{\alpha}_1,\boldsymbol{\alpha}_2,\boldsymbol{\alpha}_3,$ $\boldsymbol{\alpha}_4$ 线性表示,应选 B.

题组 B·强化通关题

658.【答案】B

【解析】因为向量组 $\boldsymbol{\beta}_1,\boldsymbol{\beta}_2,\cdots,\boldsymbol{\beta}_t$ 可由 $\boldsymbol{\alpha}_1,\boldsymbol{\alpha}_2,\cdots,\boldsymbol{\alpha}_s$ 线性表示,所以

$$r(\boldsymbol{\alpha}_1,\boldsymbol{\alpha}_2,\cdots,\boldsymbol{\alpha}_s,\boldsymbol{\beta}_1,\boldsymbol{\beta}_2,\cdots,\boldsymbol{\beta}_t)=r(\boldsymbol{\alpha}_1,\boldsymbol{\alpha}_2,\cdots,\boldsymbol{\alpha}_s)=q,$$

故应选 B.

659.【答案】E

【解析】**方法一:**由题意可知,方程组 $(\boldsymbol{\beta}_1,\boldsymbol{\beta}_2,\boldsymbol{\beta}_3)x=(\boldsymbol{\alpha}_1,\boldsymbol{\alpha}_2,\boldsymbol{\alpha}_3)$ 无解,又

$$(\boldsymbol{\beta}_1,\boldsymbol{\beta}_2,\boldsymbol{\beta}_3,\boldsymbol{\alpha}_1,\boldsymbol{\alpha}_2,\boldsymbol{\alpha}_3) = \begin{pmatrix} 1 & 1 & 2 & 1 & 0 & 1 \\ 1 & 2 & 3 & 0 & 1 & 3 \\ 1 & 3 & a & 1 & 1 & 5 \end{pmatrix} \rightarrow \begin{pmatrix} 1 & 1 & 2 & 1 & 0 & 1 \\ 0 & 1 & 1 & -1 & 1 & 2 \\ 0 & 0 & a-4 & 2 & -1 & 0 \end{pmatrix},$$

所以 $a = 4$，应选 E.

方法二：方程组 $(\boldsymbol{\beta}_1, \boldsymbol{\beta}_2, \boldsymbol{\beta}_3)\boldsymbol{x} = (\boldsymbol{\alpha}_1, \boldsymbol{\alpha}_2, \boldsymbol{\alpha}_3)$ 无解，所以

$$|\boldsymbol{\beta}_1, \boldsymbol{\beta}_2, \boldsymbol{\beta}_3| = \begin{vmatrix} 1 & 1 & 2 \\ 1 & 2 & 3 \\ 1 & 3 & a \end{vmatrix} = 0,$$

解得 $a = 4$，应选 E.

660. 【答案】C

【解析】由题意可知，$r(\boldsymbol{\alpha}_1, \boldsymbol{\alpha}_2, \boldsymbol{\alpha}_3) = r(\boldsymbol{\beta}_1, \boldsymbol{\beta}_2, \boldsymbol{\beta}_3) = r(\boldsymbol{\alpha}_1, \boldsymbol{\alpha}_2, \boldsymbol{\alpha}_3, \boldsymbol{\beta}_1, \boldsymbol{\beta}_2, \boldsymbol{\beta}_3)$.

将向量组 $\boldsymbol{\alpha}_1, \boldsymbol{\alpha}_2, \boldsymbol{\alpha}_3, \boldsymbol{\beta}_1, \boldsymbol{\beta}_2, \boldsymbol{\beta}_3$ 按列组成矩阵，并施以初等行变换，得

$$(\boldsymbol{\alpha}_1, \boldsymbol{\alpha}_2, \boldsymbol{\alpha}_3, \boldsymbol{\beta}_1, \boldsymbol{\beta}_2, \boldsymbol{\beta}_3) = \begin{pmatrix} 1 & 0 & 3 & \vdots & 1 & 2 & x \\ -1 & 3 & 0 & \vdots & -2 & 1 & 3 \\ 2 & 1 & y & \vdots & 2 & 5 & 3 \end{pmatrix} \rightarrow$$

$$\begin{pmatrix} 1 & 0 & 3 & 1 & 2 & x \\ 0 & 3 & 3 & -1 & 3 & 3+x \\ 0 & 1 & y-6 & 0 & 1 & 3-2x \end{pmatrix} \rightarrow$$

$$\begin{pmatrix} 1 & 0 & 3 & 1 & 2 & x \\ 0 & 1 & y-6 & 0 & 1 & 3-2x \\ 0 & 3 & 3 & -1 & 3 & 3+x \end{pmatrix} \rightarrow$$

$$\begin{pmatrix} 1 & 0 & 3 & 1 & 2 & x \\ 0 & 1 & y-6 & 0 & 1 & 3-2x \\ 0 & 0 & 21-3y & -1 & 0 & 7x-6 \end{pmatrix}.$$

当 $y = 7$ 时，$r(\boldsymbol{\alpha}_1, \boldsymbol{\alpha}_2, \boldsymbol{\alpha}_3) = 2$，$r(\boldsymbol{\alpha}_1, \boldsymbol{\alpha}_2, \boldsymbol{\alpha}_3, \boldsymbol{\beta}_1, \boldsymbol{\beta}_2, \boldsymbol{\beta}_3) = 3$，故不成立.

若 $y \neq 7$ 时，$r(\boldsymbol{\alpha}_1, \boldsymbol{\alpha}_2, \boldsymbol{\alpha}_3) = r(\boldsymbol{\alpha}_1, \boldsymbol{\alpha}_2, \boldsymbol{\alpha}_3, \boldsymbol{\beta}_1, \boldsymbol{\beta}_2, \boldsymbol{\beta}_3) = 3$，进而仅需 $r(\boldsymbol{\beta}_1, \boldsymbol{\beta}_2, \boldsymbol{\beta}_3) = 3$，又

$$(\boldsymbol{\beta}_1, \boldsymbol{\beta}_2, \boldsymbol{\beta}_3) \rightarrow \begin{pmatrix} 1 & 2 & x \\ 0 & 1 & 3-2x \\ 0 & 0 & 6-6x \end{pmatrix},$$

所以再当 $x \neq 1$ 时，$r(\boldsymbol{\alpha}_1, \boldsymbol{\alpha}_2, \boldsymbol{\alpha}_3) = r(\boldsymbol{\beta}_1, \boldsymbol{\beta}_2, \boldsymbol{\beta}_3) = r(\boldsymbol{\alpha}_1, \boldsymbol{\alpha}_2, \boldsymbol{\alpha}_3, \boldsymbol{\beta}_1, \boldsymbol{\beta}_2, \boldsymbol{\beta}_3) = 3$，满足要求，即 $x \neq 1, y \neq 7$，应选 C.

小课堂

向量组 Ⅰ：$\boldsymbol{\alpha}_1, \boldsymbol{\alpha}_2, \cdots, \boldsymbol{\alpha}_s$ 与 Ⅱ：$\boldsymbol{\beta}_1, \boldsymbol{\beta}_2, \cdots, \boldsymbol{\beta}_t$ 等价的充分必要条件是

$$r(\boldsymbol{\alpha}_1, \boldsymbol{\alpha}_2, \cdots, \boldsymbol{\alpha}_s) = r(\boldsymbol{\beta}_1, \boldsymbol{\beta}_2, \cdots, \boldsymbol{\beta}_t) = r(\boldsymbol{\alpha}_1, \cdots, \boldsymbol{\alpha}_s, \boldsymbol{\beta}_1, \cdots, \boldsymbol{\beta}_t).$$

线性代数篇

661.【答案】C

　　【解析】对于①，向量组 $\mathrm{I}:\boldsymbol{\alpha}_1,\boldsymbol{\alpha}_2,\cdots,\boldsymbol{\alpha}_s$ 和 $\mathrm{II}:\boldsymbol{\beta}_1,\boldsymbol{\beta}_2,\cdots,\boldsymbol{\beta}_t$ 等价的充分必要条件为

$$r(\boldsymbol{\alpha}_1,\boldsymbol{\alpha}_2,\cdots,\boldsymbol{\alpha}_s)=r(\boldsymbol{\beta}_1,\boldsymbol{\beta}_2,\cdots,\boldsymbol{\beta}_t)=r(\boldsymbol{\alpha}_1,\boldsymbol{\alpha}_2,\cdots,\boldsymbol{\alpha}_s,\boldsymbol{\beta}_1,\boldsymbol{\beta}_2,\cdots,\boldsymbol{\beta}_t).$$

显然只满足 $r(\boldsymbol{\alpha}_1,\boldsymbol{\alpha}_2,\cdots,\boldsymbol{\alpha}_s)=r(\boldsymbol{\beta}_1,\boldsymbol{\beta}_2,\cdots,\boldsymbol{\beta}_t)$ 时，两个向量组未必等价，故①错误.

　　对于②，若向量组 I 与 II 等价，则

$$r(\boldsymbol{\alpha}_1,\boldsymbol{\alpha}_2,\cdots,\boldsymbol{\alpha}_s)=r(\boldsymbol{\beta}_1,\boldsymbol{\beta}_2,\cdots,\boldsymbol{\beta}_t)=r(\boldsymbol{\alpha}_1,\boldsymbol{\alpha}_2,\cdots,\boldsymbol{\alpha}_s,\boldsymbol{\beta}_1,\boldsymbol{\beta}_2,\cdots,\boldsymbol{\beta}_t).$$

又向量组 I 与 II 都线性无关，则 $r(\boldsymbol{\alpha}_1,\boldsymbol{\alpha}_2,\cdots,\boldsymbol{\alpha}_s)=s,r(\boldsymbol{\beta}_1,\boldsymbol{\beta}_2,\cdots,\boldsymbol{\beta}_t)=t$，于是 $s=t$，故② 正确.

　　对于③，若向量组 I 可由 II 线性表示，则 $r(\boldsymbol{\alpha}_1,\boldsymbol{\alpha}_2,\cdots,\boldsymbol{\alpha}_s)\leqslant r(\boldsymbol{\beta}_1,\boldsymbol{\beta}_2,\cdots,\boldsymbol{\beta}_t)$. 又

$$r(\boldsymbol{\alpha}_1,\boldsymbol{\alpha}_2,\cdots,\boldsymbol{\alpha}_s)\leqslant s,r(\boldsymbol{\beta}_1,\boldsymbol{\beta}_2,\cdots,\boldsymbol{\beta}_t)\leqslant t,$$

显然根据上述条件无法判断 s、t 的大小关系，故③错误.

　　对于④，若向量组 I 可由 II 线性表示，则 $r(\boldsymbol{\alpha}_1,\boldsymbol{\alpha}_2,\cdots,\boldsymbol{\alpha}_s)\leqslant r(\boldsymbol{\beta}_1,\boldsymbol{\beta}_2,\cdots,\boldsymbol{\beta}_t)$. 又 $s>t$，且 $r(\boldsymbol{\beta}_1,\boldsymbol{\beta}_2,\cdots,\boldsymbol{\beta}_t)\leqslant t$，于是 $r(\boldsymbol{\alpha}_1,\boldsymbol{\alpha}_2,\cdots,\boldsymbol{\alpha}_s)<s$，故向量组 I 线性相关，④正确.

　　应选 C.

662.【答案】D

　　【解析】由于 $\boldsymbol{\alpha}_1,\boldsymbol{\alpha}_2,\boldsymbol{\alpha}_3,\boldsymbol{\alpha}_4$ 线性无关，知 $r(\boldsymbol{\alpha}_1,\boldsymbol{\alpha}_2,\boldsymbol{\alpha}_3,\boldsymbol{\alpha}_4)=4$.

　　对于选项 A，因为

$$(\boldsymbol{\alpha}_1+\boldsymbol{\alpha}_2)-(\boldsymbol{\alpha}_2+\boldsymbol{\alpha}_3)+(\boldsymbol{\alpha}_3+\boldsymbol{\alpha}_4)-(\boldsymbol{\alpha}_4+\boldsymbol{\alpha}_1)=\mathbf{0},$$

所以 $\boldsymbol{\alpha}_1+\boldsymbol{\alpha}_2,\boldsymbol{\alpha}_2+\boldsymbol{\alpha}_3,\boldsymbol{\alpha}_3+\boldsymbol{\alpha}_4,\boldsymbol{\alpha}_4+\boldsymbol{\alpha}_1$ 线性相关，故 $r(\boldsymbol{\alpha}_1+\boldsymbol{\alpha}_2,\boldsymbol{\alpha}_2+\boldsymbol{\alpha}_3,\boldsymbol{\alpha}_3+\boldsymbol{\alpha}_4,\boldsymbol{\alpha}_4+\boldsymbol{\alpha}_1)<4$，则一定与 I 向量组不等价.

　　同理，因为

$$(\boldsymbol{\alpha}_1-\boldsymbol{\alpha}_2)+(\boldsymbol{\alpha}_2-\boldsymbol{\alpha}_3)+(\boldsymbol{\alpha}_3-\boldsymbol{\alpha}_4)+(\boldsymbol{\alpha}_4-\boldsymbol{\alpha}_1)=\mathbf{0},$$
$$(\boldsymbol{\alpha}_1+\boldsymbol{\alpha}_2)-(\boldsymbol{\alpha}_2-\boldsymbol{\alpha}_3)-(\boldsymbol{\alpha}_3+\boldsymbol{\alpha}_4)+(\boldsymbol{\alpha}_4-\boldsymbol{\alpha}_1)=\mathbf{0},$$
$$(\boldsymbol{\alpha}_1-2\boldsymbol{\alpha}_2)+(2\boldsymbol{\alpha}_2-3\boldsymbol{\alpha}_3)+(3\boldsymbol{\alpha}_3-4\boldsymbol{\alpha}_4)+(4\boldsymbol{\alpha}_4-\boldsymbol{\alpha}_1)=\mathbf{0},$$

可判定选项 B、C、E 与 I 向量组也不等价.

　　应选 D.

　　对于选项 D，因为

$$(\boldsymbol{\alpha}_1+\boldsymbol{\alpha}_2,\boldsymbol{\alpha}_2-\boldsymbol{\alpha}_3,\boldsymbol{\alpha}_3-\boldsymbol{\alpha}_4,\boldsymbol{\alpha}_4-\boldsymbol{\alpha}_1)=(\boldsymbol{\alpha}_1,\boldsymbol{\alpha}_2,\boldsymbol{\alpha}_3,\boldsymbol{\alpha}_4)\begin{pmatrix}1&0&0&-1\\1&1&0&0\\0&-1&1&0\\0&0&-1&1\end{pmatrix},$$

其中

$$\begin{vmatrix}1&0&0&-1\\1&1&0&0\\0&-1&1&0\\0&0&-1&1\end{vmatrix}=(-1)A_{14}+A_{44}=1+1=2\neq0,$$

所以 $r(\boldsymbol{\alpha}_1+\boldsymbol{\alpha}_2, \boldsymbol{\alpha}_2-\boldsymbol{\alpha}_3, \boldsymbol{\alpha}_3-\boldsymbol{\alpha}_4, \boldsymbol{\alpha}_4-\boldsymbol{\alpha}_1) = r(\boldsymbol{\alpha}_1, \boldsymbol{\alpha}_2, \boldsymbol{\alpha}_3, \boldsymbol{\alpha}_4) = 4$. 又因为向量组 $\boldsymbol{\alpha}_1+\boldsymbol{\alpha}_2, \boldsymbol{\alpha}_2-\boldsymbol{\alpha}_3, \boldsymbol{\alpha}_3-\boldsymbol{\alpha}_4, \boldsymbol{\alpha}_4-\boldsymbol{\alpha}_1$ 可由 $\boldsymbol{\alpha}_1, \boldsymbol{\alpha}_2, \boldsymbol{\alpha}_3, \boldsymbol{\alpha}_4$ 线性表出，于是

$$(\boldsymbol{\alpha}_1, \boldsymbol{\alpha}_2, \boldsymbol{\alpha}_3, \boldsymbol{\alpha}_4, \boldsymbol{\alpha}_1+\boldsymbol{\alpha}_2, \boldsymbol{\alpha}_2-\boldsymbol{\alpha}_3, \boldsymbol{\alpha}_3-\boldsymbol{\alpha}_4, \boldsymbol{\alpha}_4-\boldsymbol{\alpha}_1) \xrightarrow{\text{列}} (\boldsymbol{\alpha}_1, \boldsymbol{\alpha}_2, \boldsymbol{\alpha}_3, \boldsymbol{\alpha}_4, \boldsymbol{0}, \boldsymbol{0}, \boldsymbol{0}, \boldsymbol{0}),$$

则 $r(\boldsymbol{\alpha}_1, \boldsymbol{\alpha}_2, \boldsymbol{\alpha}_3, \boldsymbol{\alpha}_4, \boldsymbol{\alpha}_1+\boldsymbol{\alpha}_2, \boldsymbol{\alpha}_2-\boldsymbol{\alpha}_3, \boldsymbol{\alpha}_3-\boldsymbol{\alpha}_4, \boldsymbol{\alpha}_4-\boldsymbol{\alpha}_1) = r(\boldsymbol{\alpha}_1, \boldsymbol{\alpha}_2, \boldsymbol{\alpha}_3, \boldsymbol{\alpha}_4) = 4$, 故 $\boldsymbol{\alpha}_1+\boldsymbol{\alpha}_2, \boldsymbol{\alpha}_2-\boldsymbol{\alpha}_3, \boldsymbol{\alpha}_3-\boldsymbol{\alpha}_4, \boldsymbol{\alpha}_4-\boldsymbol{\alpha}_1$ 与 Ⅰ 向量组等价.

线性代数篇

概率论篇

第一章　随机事件及其概率

1.1　随机事件的关系与概率计算

题组 A·基础通关题

663.【答案】 D

【解析】 设事件 B 表示"甲种产品畅销",事件 C 表示"乙种产品滞销",则 $A = BC$,进而 $\overline{A} = \overline{BC} = \overline{B} \cup \overline{C}$,即表示"甲种产品滞销或乙种产品畅销",应选 D.

664.【答案】 A

【解析】 若 $AB = \varnothing$,则 $P(AB) = 0$,但反之不一定成立. 于是由 $P(AB) = 0$,无法得出 $AB = \varnothing$,即无法得出 A 和 B 互不相容,或 AB 是不可能发生事件,故选项①②错误.

有因为本题中 $P(A)$,$P(B)$ 的信息未知,所以无法确定 $P(AB) = P(A)P(B)$ 是否成立,同时也无法由 $P(AB) = 0$ 得出 $P(A) = 0$ 或 $P(B) = 0$,于是选项③④错误.

应选 A.

> **小课堂**
>
> 若 $A = \varnothing$,则 $P(A) = 0$,但反之却不一定成立;若 $A = \Omega$,则 $P(A) = 1$,但反之却不一定成立.一般地,从概率无法得出事件相应的结论.

665.【答案】 D

【解析】 由 $A \cup B = B$,知 $A \subset B$,如右图所示,根据韦恩图不难看出 $AB = A$,$\overline{B} \subset \overline{A}$,$A\overline{B} = \varnothing$,于是①②④正确,选项③错误,应选 D.

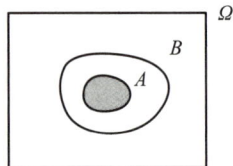

666.【答案】 C

【解析】 对于①,若取 $\Omega = \{1,2,3\}$,且 $A = \{1\}$,$B = \{2\}$,显然满足题设条件,但是 $\overline{A}$ 与 $\overline{B}$ 相容,于是①错误.

对于②,若取 $\Omega = \{1,2,3\}$,且 $A = \{1,2\}$,$B = \{3\}$,显然满足题设条件,但是 $\overline{A}$ 与 $\overline{B}$ 互不相容,于是②错误.

对于③,由于 A 和 B 互不相容,于是 $AB=\varnothing$,故 $P(AB)=0$. 又 $P(A)>0,P(B)>0$,所以 $P(AB)\neq P(A)P(B)$,因此 A 和 B 一定不独立,故③正确.

对于④,由于 A 和 B 互不相容,于是 $AB=\varnothing$,故 $P(AB)=0$. 又由减法公式知,$P(A-B)=P(A)-P(AB)=P(A)$,故④正确.

应选 C.

小课堂

若 $P(A)>0,P(B)>0$ 时,则"随机事件 A 和 B 互不相容"与"随机事件 A 和 B 相互独立"不能同时成立.

667.【答案】A

【解析】由 $B\subset A$,知 $AB=B$,所以

$$P(AB)=P(B),P(A+B)=P(A)+P(B)-P(AB)=P(A),$$

$$P(B-A)=P(B)-P(AB)=P(B)-P(B)=0,$$

$$P(B\,|\,A)=\frac{P(AB)}{P(A)}=\frac{P(B)}{P(A)},$$

故应选 A.

668.【答案】B

【解析】由于随机事件 A 与 B 相互独立,所以 $P(AB)=P(A)P(B)$,于是

$$P(A-B)=P(A)-P(AB)=P(A)-P(A)P(B)$$

$$=P(A)-0.5P(A)=0.5P(A)=0.3,$$

解得 $P(A)=0.6$,进而 $P(B-A)=P(B)-P(AB)=P(B)-P(A)P(B)=0.5-0.3=0.2$,

应选 B.

669.【答案】C

【解析】由 $P(A\,|\,B)=\dfrac{P(AB)}{P(B)}=1$,知 $P(AB)=P(B)$,所以

$$P(A\cup B)=P(A)+P(B)-P(AB)=P(A),$$

应选 C.

一般地,$B\subset(A\cup B)$,于是 $P(B)\leqslant P(A\cup B)$,所以选项 B、D 无法确定.

670.【答案】C

【解析】因为 $P(AB)=P(A)P(B\,|\,A)=0.5\cdot0.8=0.4$,所以

$$P(A\cup B)=P(A)+P(B)-P(AB)=0.5+0.6-0.4=0.7,$$

应选 C.

671.【答案】A

【解析】由 $P(AB)=P(\overline{AB})$,知

$$P(\overline{A}\ \overline{B})=P(\overline{A\cup B})=1-P(A\cup B)=1-\left[P(A)+P(B)-P(AB)\right]$$

$$= 1 - P(A) - P(B) + P(AB)$$
$$= P(AB),$$

所以 $P(A) + P(B) = 1$，进而知 $P(B) = 1 - P(A) = 1 - p$，应选 A.

672.【答案】B

【解析】因为 $P(A - B) = P(A) - P(AB)$，所以 $P(AB) = 0.4$，于是

$$P(\overline{AB}) = 1 - P(AB) = 1 - (P(A) - P(A - B)) = 0.6,$$

应选 B.

673.【答案】A

【解析】由于 A 与 B 相互独立，则 $P(AB) = P(A)P(B)$，于是

$P(A \cup B) = P(A) + P(B) - P(AB) = P(A) + P(B) - P(A)P(B) = 0.7$，又 $P(A) = 0.4$，则

$0.4 + P(B) - 0.4P(B) = 0.7$，解得 $P(B) = 0.5$，应选 A.

674.【答案】A

【解析】由 $BC = \varnothing$ 知，$ABC = \varnothing$，进而 $P(ABC) = 0$.

又因为 A 与 B 相互独立，A 与 C 相互独立，所以

$$P(AB) = P(A)P(B), P(AC) = P(A)P(C).$$

于是

$$P(AC \mid AB \cup C) = \frac{P[AC \cap (AB \cup C)]}{P(AB \cup C)} = \frac{P(ABC \cup AC)}{P(AB) + P(C) - P(ABC)}$$

$$= \frac{P(AC)}{P(AB) + P(C)} = \frac{P(A)P(C)}{P(A)P(B) + P(C)} = \frac{1}{4},$$

代入 $P(A) = P(B) = \dfrac{1}{2}$，解得 $P(C) = \dfrac{1}{4}$，应选 A.

675.【答案】B

【解析】由题意可知，$P(\overline{AB}) = \dfrac{1}{9}$，$P(A\overline{B}) = P(\overline{A}B)$.

因为 A 和 B 相互独立，所以 A 与 $\overline{B}$，$\overline{A}$ 与 B 也独立，于是根据 $P(A\overline{B}) = P(\overline{A}B)$，有

$$P(A)P(\overline{B}) = P(\overline{A})P(B),$$

即 $P(A)[1 - P(B)] = [1 - P(A)]P(B)$，解得 $P(A) = P(B)$.

又因为 $P(\overline{AB}) = P(\overline{A})P(\overline{B}) = [1 - P(A)]^2 = \dfrac{1}{9}$，于是解得 $P(A) = \dfrac{2}{3}$，应选 B.

676.【答案】E

【解析】因为 $P(A \mid B) = \dfrac{P(AB)}{P(B)} = 0.5$，所以 $P(AB) = 0.5P(B) = 0.2$.

进而

$$P(A \cup B) = P(A) + P(B) - P(AB) = 0.3 + 0.4 - 0.2 = 0.5,$$

$$P(B \mid A \cup B) = \frac{P(B(A \cup B))}{P(A \cup B)} = \frac{P(AB \cup B)}{P(A \cup B)} = \frac{P(B)}{P(A \cup B)} = \frac{4}{5},$$

应选 E.

677.【答案】C

　　【解析】对于选项 A,由 $P(A \cup B)=P(A)+P(B)-P(AB)=P(A)+P(B)$,知 $P(AB)=0$,但无法得出 $P(A)=P(B)$,故选项 A 错误.

　　对于选项 B,$P(AB)=P(A)P(B)$ 表示"A 和 B 相互独立",并不能得出 $P(A)=P(B)$,故选项 B 错误.

　　对于选项 C,由于

$$P(A\bar{B})=P(A)-P(AB), P(B\bar{A})=P(B)-P(AB),$$

若 $P(A\bar{B})=P(B\bar{A})$,则 $P(A)-P(AB)=P(B)-P(AB)$,于是 $P(A)=P(B)$,故选项 C 正确.

　　对于选项 D,若取 $B=\bar{A}$,则 $P(AB)=P(A\bar{B})=0$,但是 $P(A)=P(B)$ 未必成立,故选项 D 错误.

　　对于选项 E,由 $P(A-B)=P(A)-P(AB)=P(A)$,知 $P(AB)=0$,但是无法得出 $P(A)=P(B)$,故选项 E 错误.

题组 B·强化通关题

678.【答案】C

　　【解析】A,B 中恰有一个事件发生,即 $A\bar{B} \cup \bar{A}B$,由

$$P(A\bar{B})=P(A-B)=P(A)-P(AB)=\frac{1}{3}-\frac{1}{6}=\frac{1}{6};$$

$$P(\bar{A}B)=P(B-A)=P(B)-P(AB)=\frac{1}{3}-\frac{1}{6}=\frac{1}{6},$$

所以 A,B 中恰有一个事件发生的概率为 $\frac{1}{6}+\frac{1}{6}=\frac{1}{3}$,应选 C.

679.【答案】C

　　【解析】由 A,B,C 两两独立,知

$$P(AB)=P(A)P(B), P(AC)=P(A)P(C), P(BC)=P(B)P(C),$$

又 $ABC=\varnothing$,所以 $P(ABC)=0$,故

$$P(A \cup B \cup C)=P(A)+P(B)+P(C)-P(AB)-P(AC)-P(BC)+P(ABC)$$

$$=P(A)+P(B)+P(C)-P(A)P(B)-P(A)P(C)-P(B)P(C)$$

$$=\frac{1}{3}+\frac{1}{4}+P(C)-\frac{1}{3}\cdot\frac{1}{4}-\frac{1}{3}P(C)-\frac{1}{4}P(C)=\frac{7}{12},$$

解得 $P(C)=\frac{1}{5}$,应选 C.

680.【答案】C

　　【解析】由 A 与 $B \cup C$ 互不相容,知 $A(B \cup C)=\varnothing$,进而有 $P(A(B \cup C))=0$,即

$$P(A(B \cup C))=P((AB) \cup (AC))=P(AB)+P(AC)-P(ABC)=0,$$

因此，事件 A,B,C 都不发生的概率为

$$P(\bar{A}\bar{B}\bar{C}) = P(\overline{A\cup B\cup C}) = 1 - P(A\cup B\cup C)$$

$$= 1 - \left[P(A) + P(B) + P(C) - P(AB) - P(BC) - P(CA) + P(ABC) \right]$$

$$= 1 - P(A) - P(B) - P(C) + P(BC)$$

$$= \frac{3}{8},$$

应选 C.

681.【答案】D

【解析】记事件 A 表示"取出的两件中至少有一件一等品"，事件 B 表示"取出的两件中两件均为一等品"，则

$$P(A) = P\{两件均为一等品\} + P\{一件一等品一件二等品\}$$

$$= \frac{C_4^2}{C_{10}^2} + \frac{C_4^1 C_6^1}{C_{10}^2} = \frac{2}{3},$$

$$P(B) = \frac{C_4^2}{C_{10}^2} = \frac{2}{15},$$

因此，在至少有一件一等品的条件下，两件都是一等品的概率为

$$P(B|A) = \frac{P(AB)}{P(A)} = \frac{P(B)}{P(A)} = \frac{\dfrac{2}{15}}{\dfrac{2}{3}} = \frac{1}{5},$$

应选 D.

682.【答案】C

【解析】由 $ABC = \varnothing$，知 $P(ABC) = 0$.

又因为随机事件 A,B,C 两两独立，所以

$$P(A\cup B\cup C) = P(A) + P(B) + P(C) - P(AB) - P(AC) - P(BC) + P(ABC)$$

$$= P(A) + P(B) + P(C) - P(A)P(B) - P(A)P(C) - P(B)P(C) +$$

$$P(A)P(B)P(C)$$

$$= 3a - 3a^2.$$

设函数 $g(a) = 3(a - a^2)$，$0 \le a \le 1$，则 $g'(a) = 3(1 - 2a)$.

令 $g'(a) = 3(1 - 2a) = 0$，解得驻点 $a = \dfrac{1}{2}$. 又 $g''\left(\dfrac{1}{2}\right) < 0$，则 $a = \dfrac{1}{2}$ 为 $g(x)$ 唯一极大值点，

于是当 $a = \dfrac{1}{2}$ 时，$P(A\cup B\cup C)$ 最大，故应选 C.

683.【答案】C

【解析】设 A_i 表示第 i 次投丢篮球，则

$$P(A_i) = p_i = \frac{1}{i+1}(i = 1,2,3),$$

于是

$$P\{X=2\}=P(A_1\bar{A}_2\bar{A}_3)+P(\bar{A}_1A_2\bar{A}_3)+P(\bar{A}_1\bar{A}_2A_3)$$

$$=P(A_1)P(\bar{A}_2)P(\bar{A}_3)+P(\bar{A}_1)P(A_2)P(\bar{A}_3)+P(\bar{A}_1)P(\bar{A}_2)P(A_3)$$

$$=\frac{1}{2}\times\left(1-\frac{1}{3}\right)\times\left(1-\frac{1}{4}\right)+\frac{1}{2}\times\frac{1}{3}\times\left(1-\frac{1}{4}\right)+\frac{1}{2}\times\left(1-\frac{1}{3}\right)\times\frac{1}{4}$$

$$=\frac{11}{24},$$

应选 C.

684.【答案】E

【解析】由 $P(A\mid B)=\dfrac{P(AB)}{P(B)}=\dfrac{1}{2}$，知 $P(B)=2P(AB)$.

又因为

$$P(A\mid\bar{B})=\frac{P(A\bar{B})}{P(\bar{B})}=\frac{P(A)-P(AB)}{1-P(B)}=\frac{\dfrac{1}{3}-P(AB)}{1-2P(AB)}=\frac{1}{5},$$

解得 $P(AB)=\dfrac{2}{9}$，于是

$$P(B\mid A)=\frac{P(AB)}{P(A)}=\frac{\dfrac{2}{9}}{\dfrac{1}{3}}=\frac{2}{3},$$

应选 E.

685.【答案】B

【解析】由于

$$\frac{3}{8}=P(A\cup B\cup C)=P(A)+P(B)+P(C)-P(AB)-P(BC)-P(AC)+P(ABC)$$

$$=\frac{1}{4}+\frac{1}{4}+\frac{1}{4}-\frac{1}{6}-\frac{1}{6}-\frac{1}{6}+P(ABC),$$

解得 $P(ABC)=\dfrac{1}{8}$. 于是

$$P(\bar{C}\mid AB)=\frac{P(AB\bar{C})}{P(AB)}=\frac{P(AB)-P(ABC)}{P(AB)}=\frac{\dfrac{1}{6}-\dfrac{1}{8}}{\dfrac{1}{6}}=\frac{1}{4},$$

应选 B.

686.【答案】D

【解析】由 $P(A\mid B)=\dfrac{P(AB)}{P(B)}=1$，知 $P(AB)=P(B)$，于是

$$P(A \cup B) = P(A) + P(B) - P(AB) = P(A),$$

$$P(A \mid A \cup B) = \frac{P[A(A \cup B)]}{P(A \cup B)} = \frac{P(A \cup AB)}{P(A \cup B)} = \frac{P(A)}{P(A \cup B)} = 1,$$

故应选 D.

对于选项 C、E，因为 $B \subset A \cup B$，所以 $P(B) \leqslant P(A \cup B)$，故选项 C、E 均不一定正确.

1.2 三大概型、全概率公式及贝叶斯公式

题组 A·基础通关题

687.【答案】A

【解析】记 A_i 表示取的是第 i 个箱子，$i = 1,2,3$，则 A_1, A_2, A_3 是一个完备事件组.

记 B 表示从箱子中取出的是白球，则

$$P(B) = P(A_1 B) + P(A_2 B) + P(A_3 B)$$
$$= P(A_1) \cdot P(B \mid A_1) + P(A_2) \cdot P(B \mid A_2) + P(A_3) \cdot P(B \mid A_3)$$
$$= \frac{1}{3} \cdot \frac{1}{5} + \frac{1}{3} \cdot \frac{1}{2} + \frac{1}{3} \cdot \frac{5}{8} = \frac{53}{120},$$

故应选 A.

688.【答案】E

【解析】记 A_i 表示取的是第 i 个箱子，$i = 1,2,3$，则 A_1, A_2, A_3 是一个完备事件组.

记 B 表示从箱子中取出的是白球，则

$$P(B) = P(A_1 B) + P(A_2 B) + P(A_3 B)$$
$$= P(A_1) \cdot P(B \mid A_1) + P(A_2) \cdot P(B \mid A_2) + P(A_3) \cdot P(B \mid A_3)$$
$$= \frac{1}{3} \cdot \frac{1}{5} + \frac{1}{3} \cdot \frac{1}{2} + \frac{1}{3} \cdot \frac{5}{8} = \frac{53}{120}.$$

所以 $P(A_2 \mid B) = \dfrac{P(A_2 B)}{P(B)} = \dfrac{P(A_2) \cdot P(B \mid A_2)}{P(B)} = \dfrac{\frac{1}{3} \cdot \frac{1}{2}}{\frac{53}{120}} = \dfrac{20}{53}$，故应选 E.

689.【答案】A

【解析】设事件 A_1 表示第一次抽出的产品是正品，事件 A_2 表示第一次抽出的产品是次品，记事件 B 表示第二次抽出的是次品，由全概率公式得

$$P(B) = P(A_1)P(B \mid A_1) + P(A_2)P(B \mid A_2) = \frac{10}{12} \times \frac{2}{11} + \frac{2}{12} \times \frac{1}{11} = \frac{1}{6},$$

故应选 A.

690.【答案】B

【解析】设事件 A 表示第 1 个人取得黄球，则 $A, \bar{A}$ 是一个完备事件组，事件 B 表示第

2个人取得黄球,故

$$P(B)=P(A)P(B|A)+P(\bar{A})P(B|\bar{A})=\frac{2}{5}\cdot\frac{19}{49}+\frac{3}{5}\cdot\frac{20}{49}=\frac{2}{5},$$

应选 B.

691.【答案】E

【解析】设事件 A 表示"在箱子中取到的是白球",B 表示"在袋子中取到的是白球",所以根据全概率公式,得

$$P(B)=P(A)P(B|A)+P(\bar{A})P(B|\bar{A})=\frac{2}{3}\times\frac{2}{4}+\frac{1}{3}\times\frac{1}{4}=\frac{5}{12},$$

故应选 E.

692.【答案】E

【解析】显然 $X=1,X=2,X=3,X=4$ 是一个完备事件组,且

$$P\{X=1\}=P\{X=2\}=P\{X=3\}=P\{X=4\}=\frac{1}{4},$$

$$P\{Y=2|X=1\}=0,P\{Y=2|X=2\}=\frac{1}{2},$$

$$P\{Y=2|X=3\}=\frac{1}{3},P\{Y=2|X=4\}=\frac{1}{4},$$

于是根据全概率公式,得

$$P\{Y=2\}=P\{X=1\}P\{Y=2|X=1\}+\cdots+P\{X=4\}P\{Y=2|X=4\}$$

$$=\frac{1}{4}\times0+\frac{1}{4}\times\frac{1}{2}+\frac{1}{4}\times\frac{1}{3}+\frac{1}{4}\times\frac{1}{4}=\frac{13}{48},$$

应选 E.

693.【答案】C

【解析】设 A_1,A_2,A_3,A_4 表示"乘火车、轮船、汽车、飞机",B 表示"参加会议迟到",显然 A_1,A_2,A_3,A_4 构成一个完备事件组,于是由全概率公式知

$$P(B)=\sum_{i=1}^{4}P(A_i)P(B|A_i)=0.3\times\frac{1}{4}+0.2\times\frac{1}{3}+0.1\times\frac{1}{12}+0.4\times0=0.15,$$

因此,所求概率为 $P(A_1|B)=\dfrac{P(A_1)P(B|A_1)}{P(B)}=\dfrac{0.3\times\dfrac{1}{4}}{0.15}=0.5$,应选 C.

694.【答案】D

【解析】显然事件 A 出现的次数是一个二项概率事件问题,若记 X 表示在三次独立试验中事件 A 出现的次数,设每次试验事件 A 出现的概率为 p,则有

$$P\{X=k\}=C_3^k p^k(1-p)^{3-k},k=0,1,2,3.$$

又"A 至少出现一次"的对立事件为"A 一次都没有出现",于是"A 至少出现一次"的概率为 $P\{X\geq1\}=1-P\{X=0\}=1-(1-p)^3=\dfrac{19}{27}$,解得 $p=\dfrac{1}{3}$,应选 D.

695. 【答案】C

【解析】显然"4 次射击中命中次数"是一个二项概率事件问题,若记 X 表示"4 次射击中命中次数",设每次试验射手的命中率为 p,则有

$$P\{X=k\}=C_4^k p^k(1-p)^{4-k},k=0,1,2,3,4.$$

又"4 次射击中至少命中一次"的对立事件为"4 次射击中一次都没命中",于是"4 次射击中至少命中一次"的概率为 $P\{X\geqslant 1\}=1-P\{X=0\}=1-(1-p)^4=\dfrac{80}{81}$,解得 $p=\dfrac{2}{3}$,应选 C.

696. 【答案】A

【解析】设随机事件 A 表示"掷的点和原点的连线与 x 轴的夹角小于 $\dfrac{\pi}{4}$",如右图所示,阴影部分的面积为 $\dfrac{1}{2}a^2+\dfrac{1}{4}\pi a^2$,整个半圆面积为 $\dfrac{1}{2}\pi a^2$.这是一个几何概型问题,于是随机事件 A 的概率为 $P(A)=\dfrac{\dfrac{1}{2}a^2+\dfrac{1}{4}\pi a^2}{\dfrac{1}{2}\pi a^2}=\dfrac{1}{2}+\dfrac{1}{\pi}$,应选 A.

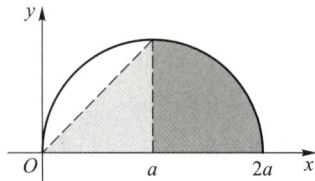

题组 B·强化通关题

697. 【答案】E

【解析】记事件 A 为"取 5 次球既摸到红球也摸到白球",则 A 的对立事件 $\bar{A}$ 为"5 次全为白球(记为事件 B),或 5 次全为红球(记为事件 C)",故

$$P(A)=1-P(\bar{A})=1-P(B)-P(C)=1-\left(\dfrac{1}{2}\right)^5-\left(\dfrac{1}{2}\right)^5=\dfrac{15}{16}.$$

698. 【答案】E

【解析】由题意可知,所求概率为

$$P(A\cup B\cup C)=P(A)+P(B)+P(C)-P(AB)-P(AC)-P(BC)+P(ABC)$$
$$=P(A)+P(B)+P(C)-P(A)P(B)-P(A)P(C)-P(B)P(C)+P(A)P(B)P(C)$$
$$=\dfrac{1}{5}+\dfrac{1}{3}+\dfrac{1}{4}-\dfrac{1}{5}\times\dfrac{1}{3}-\dfrac{1}{5}\times\dfrac{1}{4}-\dfrac{1}{3}\times\dfrac{1}{4}+\dfrac{1}{5}\times\dfrac{1}{3}\times\dfrac{1}{4}=0.6,$$

应选 E.

699. 【答案】D

【解析】令 A 表示事件"顾客买下所查看的一箱玻璃杯",B_i 表示事件"箱中恰有 i 件残次品",$i=0,1,2,$ 且

$$P(B_0)=0.8,\quad P(B_1)=P(B_2)=0.1$$

$$P(A\mid B_0)=1,P(A\mid B_1)=\dfrac{C_{19}^4}{C_{20}^4}=\dfrac{4}{5},\quad P(A\mid B_2)=\dfrac{C_{18}^4}{C_{20}^4}=\dfrac{12}{19},$$

由全概率公式,所求概率为 $P = \sum_{i=0}^{2} P(A \mid B_i) P(B_i) = 0.8 \times 1 + 0.1 \times \dfrac{4}{5} + 0.1 \times \dfrac{12}{19} = 0.94$,

应选 D.

700. 【答案】D

【解析】令 A_i 表示事件"第 i 次取出的是女生的报名表", $i = 1, 2$, B_j 表示事件"报名表来自第 j 个地区的考生", $j = 1, 2, 3$,根据题意

$$P(B_1) = \frac{1}{3}, \quad P(B_2) = \frac{1}{3}, \quad P(B_3) = \frac{1}{3},$$

$$P(A_1 \mid B_1) = \frac{3}{10}, \quad P(A_1 \mid B_2) = \frac{7}{15}, \quad P(A_1 \mid B_3) = \frac{5}{25}$$

由全概率公式, $p = P(A_1) = \sum_{i=1}^{3} P(B_i) P(A_1 \mid B_i) = \dfrac{1}{3} \left(\dfrac{3}{10} + \dfrac{7}{15} + \dfrac{5}{25} \right) = \dfrac{29}{90}$,应选 D.

701. 【答案】B

【解析】由题意可知, $\Omega = \{ (x, y) \mid 0 \leqslant x \leqslant \pi, 0 \leqslant y \leqslant \pi \}$,且事件" $\cos(x+y) < 0$ "的充要条件为 $\dfrac{\pi}{2} < x + y < \dfrac{3}{2} \pi$,所求概率为

$$P = \frac{\pi^2 - 2 \cdot \dfrac{1}{2} \cdot \dfrac{\pi}{2} \cdot \dfrac{\pi}{2}}{\pi^2} = \frac{3}{4},$$

应选 B.

702. 【答案】C

【解析】设折成三段长度分别为 x, y 和 $l - x - y$,故样本空间

$\Omega = \{ (x, y) \mid 0 \leqslant x \leqslant l, 0 \leqslant y \leqslant l, 0 \leqslant x + y \leqslant l \}$,

而随机事件"三段构成三角形"相应的子空间为

$$\begin{cases} l - x - y < x + y, \\ x < (l - x - y) + y, \\ y < (l - x - y) + x \end{cases}$$

如右图所述,所求概率 $P = \dfrac{1}{4}$.应选 C.

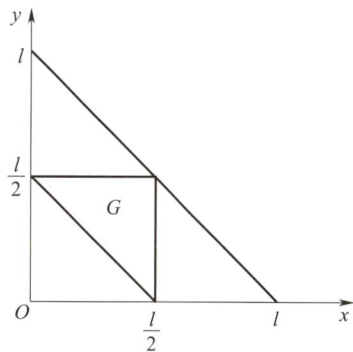

703. 【答案】C

【解析】"在取到 2 个次品之前已经取到 3 个正品",即"前 4 次抽取中抽到 3 个正品和 1 个次品,且第 5 次抽到次品",因此所求概率为 $C_4^1 p (1-p)^3 p = 4 p^2 (1-p)^3$,应选 C.

257

第二章 随机变量的分布及数字特征

2.1 分布函数、分布律与概率密度函数

题组 A · 基础通关题

704.【答案】E

【解析】可以检验选项中的四个函数均满足:$0 \leqslant F(x) \leqslant 1$;$F(+\infty) = 1$,$F(-\infty) = 0$;右连续;单调不减,于是这四个函数均可作为随机变量的分布函数,应选 E.

705.【答案】D

【解析】可以检验 $F_1(x)$,$F_2(x)$,$F_3(x)$ 三个函数均满足:$0 \leqslant F(x) \leqslant 1$;$F(+\infty) = 1$,$F(-\infty) = 0$;右连续;单调不减,于是 $F_1(x)$,$F_2(x)$,$F_3(x)$ 这三个函数均可作为随机变量的分布函数.

但对于④,因为 $\lim\limits_{x \to +\infty} F_4(x) = \lim\limits_{x \to +\infty} \dfrac{\ln(1+x)}{x+1} = \lim\limits_{x \to +\infty} \dfrac{1}{1+x} = 0 \neq 1$,于是 $F_4(x)$ 不可作为随机变量的分布函数.

故应选 D.

706.【答案】A

【解析】由于分布函数需满足 $\lim\limits_{x \to -\infty} F(x) = 0$,于是 $\lim\limits_{x \to -\infty} F(x) = B - 1 = 0$,解得 $B = 1$.

又分布函数在 $x = 2$ 处右连续的,于是 $\lim\limits_{x \to 2^+} F(x) = F(2)$,即 $1 = 2 - A$,解得 $A = 1$.

应选 A.

707.【答案】B

【解析】因为 $F_1(x)$ 和 $F_2(x)$ 均为分布函数,所以 $F_1(x)$ 和 $F_2(x)$ 均满足:

① $0 \leqslant F_1(x) \leqslant 1$,$0 \leqslant F_2(x) \leqslant 1$;

② $F_1(+\infty) = 1$,$F_1(-\infty) = 0$,$F_2(+\infty) = 1$,$F_2(-\infty) = 0$;

③ 右连续;

④ 单调不减.

由于

$$\lim_{x \to +\infty} [F_1(x) + F_2(x)] = 1 + 1 = 2, \quad \lim_{x \to +\infty} [F_1(x) - F_2(x)] = 1 - 1 = 0,$$

$$\lim_{x \to +\infty}\left[F_1(x)+2F_2(x)\right]=1+2=3,\ \lim_{x \to +\infty}\left[F_1(x)-2F_2(x)\right]=1-2=-1,$$

于是选项 A、C、D、E 对应的函数均不是某随机变量的分布函数.只有选项 B 满足

$$\lim_{x \to +\infty}\left[\frac{1}{2}F_1(x)+\frac{1}{2}F_2(x)\right]=\frac{1}{2}+\frac{1}{2}=1,$$

同时可检验函数还满足 $0\leqslant\dfrac{1}{2}F_1(x)+\dfrac{1}{2}F_2(x)\leqslant1$；$\lim\limits_{x \to -\infty}\left[\dfrac{1}{2}F_1(x)+\dfrac{1}{2}F_2(x)\right]=0$；右连续；单

调不减,于是 $\dfrac{1}{2}F_1(x)+\dfrac{1}{2}F_2(x)$ 是某随机变量的分布函数,应选 B.

708.【答案】C

　　【解析】根据分布函数与概率之间的关系,知

$$P\{1\leqslant X<2\}=P\{x<2\}-P\{x<1\}=\lim_{x \to 2^-}F(x)-\lim_{x \to 1^-}F(x)=1-e^{-2}-\frac{1}{2}=\frac{1}{2}-e^{-2},$$

$$P\{X=1\}=F(1)-\lim_{x \to 1^-}F(x)=1-e^{-1}-\frac{1}{2}=\frac{1}{2}-e^{-1},$$

应选 C.

709.【答案】A

　　【解析】由于分布函数 $F(x)$ 在点 $x=\dfrac{\pi}{2}$ 处右连续,于是 $\lim\limits_{x \to \frac{\pi}{2}^+}F(x)=F\left(\dfrac{\pi}{2}\right)$,即 $A=1$,因此

根据分布函数与概率之间的关系,知

$$P\left\{|x|<\frac{\pi}{6}\right\}=P\left\{-\frac{\pi}{6}<x<\frac{\pi}{6}\right\}=F\left(\frac{\pi}{6}-0\right)-F\left(-\frac{\pi}{6}\right)=\frac{1}{2}-0=\frac{1}{2},$$

应选 A.

710.【答案】D

　　【解析】由概率分布的归一性,知

$$\sum_{k=1}^{\infty}P\{X=k\}=\sum_{k=1}^{\infty}2a^k=2\lim_{n \to \infty}(a+a^2+\cdots+a^n)=2\lim_{n \to \infty}\frac{a(1-a^n)}{1-a}=\frac{2a}{1-a}=1,$$

解得 $a=\dfrac{1}{3}$,于是 $P\{X\geqslant3\}=1-P\{X=1\}-P\{X=2\}=1-2\left(\dfrac{1}{3}\right)^1-2\left(\dfrac{1}{3}\right)^2=\dfrac{1}{9}$,应选 D.

711.【答案】D

　　【解析】由概率密度函数的归一性,知 $\displaystyle\int_{-\infty}^{+\infty}f(x)\mathrm{d}x=1$,即

$$\int_0^1 x\mathrm{d}x+\int_1^0(2-x)\mathrm{d}x=\frac{1}{2}+2(a-1)-\frac{a^2}{2}+\frac{1}{2}=1,$$

解得 $a=2$,于是 $P\left\{\dfrac{1}{2}<X<3\right\}=\displaystyle\int_{\frac{1}{2}}^1 x\mathrm{d}x+\int_1^2(2-x)\mathrm{d}x=\dfrac{7}{8}$,应选 D.

712.【答案】D

　　【解析】显然,当 $k>6$ 时,$P\{X\geqslant k\}=0$,矛盾,于是 $k\leqslant6$.

　　又因为当 $k=3$ 时,$P\{X\geqslant k\}=\displaystyle\int_3^{+\infty}f(x)\mathrm{d}x=\int_3^6\frac{2}{9}\mathrm{d}x=\frac{2}{3}$,恰好成立.

若 $k<3$ 时，$P\{X\geqslant k\}>\dfrac{2}{3}$，因此 $1\leqslant k\leqslant 3$，应选 D.

713.【答案】E

【解析】根据概率密度函数的归一性，知

$$1 = \int_{-\infty}^{+\infty} f(x)\,\mathrm{d}x = \int_{a}^{+\infty} c\lambda\,\mathrm{e}^{-\lambda x}\,\mathrm{d}x = -c\,\mathrm{e}^{-\lambda x}\Big|_{a}^{+\infty} = c\,\mathrm{e}^{-\lambda a},$$

解得 $c=\mathrm{e}^{\lambda a}$，所以

$$\begin{aligned}
P\{a-1<X\leqslant a+1\} &= \int_{a-1}^{a+1} f(x)\,\mathrm{d}x = \int_{a-1}^{a} f(x)\,\mathrm{d}x + \int_{a}^{a+1} f(x)\,\mathrm{d}x \\
&= \int_{a-1}^{a} 0\,\mathrm{d}x + \int_{a}^{a+1} \lambda\,\mathrm{e}^{\lambda a}\,\mathrm{e}^{-\lambda x}\,\mathrm{d}x = \int_{a}^{a+1} \lambda\,\mathrm{e}^{\lambda a}\,\mathrm{e}^{-\lambda x}\,\mathrm{d}x \\
&= -\mathrm{e}^{\lambda a}\,\mathrm{e}^{-\lambda x}\Big|_{a}^{a+1} = 1-\mathrm{e}^{-\lambda},
\end{aligned}$$

应选 E.

714.【答案】D

【解析】由概率密度函数的归一性，知 $\displaystyle\int_{-\infty}^{+\infty} f(x)\,\mathrm{d}x = \int_{0}^{1} x\,\mathrm{d}x + \int_{1}^{a}(2-x)\,\mathrm{d}x = 1$，解得 $a=2$，

于是 $F\left(\dfrac{3}{2}\right) = \displaystyle\int_{-\infty}^{\frac{3}{2}} f(x)\,\mathrm{d}x = 0 + \int_{0}^{1} x\,\mathrm{d}x + \int_{1}^{\frac{3}{2}}(2-x)\,\mathrm{d}x = \dfrac{7}{8}$，应选 D.

715.【答案】A

【解析】因为连续型随机变量的分布函数是连续函数，所以 $F(x)$ 在 $x=-1$ 与 $x=1$ 处均连续，于是

$$\lim_{x\to -1^-} F(x) = \lim_{x\to -1^+} F(x) = F(-1), \quad \lim_{x\to 1^-} F(x) = \lim_{x\to 1^+} F(x) = F(1),$$

即 $a+b\cdot\left(-\dfrac{\pi}{2}\right)=0, a+\dfrac{\pi}{2}b=1$，解得 $a=\dfrac{1}{2}, b=\dfrac{1}{\pi}$，应选 A.

716.【答案】C

【解析】根据概率密度函数的归一性，知

$$\int_{-\infty}^{+\infty} f(x)\,\mathrm{d}x = \int_{-\infty}^{+\infty}\big[af_1(x)-bf_2(x)\big]\,\mathrm{d}x = a\int_{-\infty}^{+\infty} f_1(x)\,\mathrm{d}x - b\int_{-\infty}^{+\infty} f_2(x)\,\mathrm{d}x = a-b = 1,$$

显然选项 B、D、E 不满足，故排除选项 B、D、E.

又因为当 $a=\dfrac{3}{2}, b=\dfrac{1}{2}$ 时，无法保证 $\dfrac{3}{2}f_1(x)-\dfrac{1}{2}f_2(x)\geqslant 0$，即无法保证概率密度函数的非负性，故排除选项 A.

717.【答案】B

【解析】由 $\varphi(-x)=\varphi(x)$，知 $\varphi(x)$ 为偶函数，可画出草图如右图所示，显然

$$F(-a) = \int_{-\infty}^{-a} \varphi(x)\,\mathrm{d}x = A_1,$$

$$\int_{-a}^{0} \varphi(x)\,\mathrm{d}x = A_2,$$

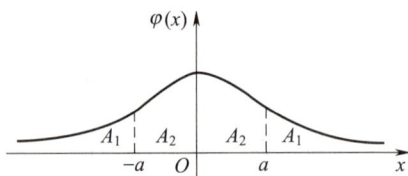

所以 $F(-a) = \dfrac{1}{2} - \displaystyle\int_0^a \varphi(x) \, \mathrm{d}x$，应选 B.

718.【答案】D

【解析】显然 $f(x) = \dfrac{1}{2} \mathrm{e}^{-|x|} = \begin{cases} \dfrac{1}{2} \mathrm{e}^x, & x < 0, \\[2mm] \dfrac{1}{2} \mathrm{e}^{-x}, & x \geqslant 0, \end{cases}$ 由分布函数的定义 $F(x) = \displaystyle\int_{-\infty}^x f(t) \, \mathrm{d}t$ 知

当 $x < 0$ 时，$F(x) = \displaystyle\int_{-\infty}^x f(t) \, \mathrm{d}t = \int_{-\infty}^x \dfrac{1}{2} \mathrm{e}^t \, \mathrm{d}t = \dfrac{1}{2} \mathrm{e}^x$；

当 $x \geqslant 0$ 时，$F(x) = \displaystyle\int_{-\infty}^0 f(t) \, \mathrm{d}t + \int_0^x \dfrac{1}{2} \mathrm{e}^t \, \mathrm{d}t = \int_{-\infty}^0 \dfrac{1}{2} \mathrm{e}^t \, \mathrm{d}t + \int_0^x \dfrac{1}{2} \mathrm{e}^{-t} \, \mathrm{d}t = 1 - \dfrac{1}{2} \mathrm{e}^{-x}$，

因此，分布函数为 $F(x) = \begin{cases} \dfrac{1}{2} \mathrm{e}^x, & x < 0, \\[2mm] 1 - \dfrac{1}{2} \mathrm{e}^{-x}, & x \geqslant 0. \end{cases}$ 应选 D.

题组 B·强化通关题

719.【答案】E

【解析】由题意可知，随机变量 X 的取值范围为 $[0, 2]$. 根据分布函数的定义，可知 X 的分布函数为 $F(x) = P\{X \leqslant x\}$，故

当 $x \geqslant 2$ 时，$F(x) = 1$；

当 $x < 0$ 时，$F(x) = 0$；

当 $0 \leqslant x < 2$ 时，$F(x) = P\{X \leqslant x\} = \dfrac{\pi x^2}{\pi \cdot 2^2} = \dfrac{1}{4} x^2$，

因此，$F(x) = \begin{cases} 1, & x \geqslant 2, \\[2mm] \dfrac{1}{4} x^2, & 0 \leqslant x < 2, \\[2mm] 0, & x < 0, \end{cases}$ 应选 E.

720.【答案】C

【解析】由分布函数的规范性知

$$\lim_{x \to -\infty} F(x) = \lim_{x \to -\infty} a = a = 0, \quad \lim_{x \to +\infty} F(x) = \lim_{x \to +\infty} d = d = 1,$$

即 $a = 0, d = 1$.

又因为分布函数具有右连续的性质，所以

$$\lim_{x \to 1^+} F(x) = F(1), \text{即 } c + d = a,$$

$$\lim_{x \to \mathrm{e}^+} F(x) = F(\mathrm{e}), \text{即 } d = (b+c)\mathrm{e} + d,$$

解得 $b = 1, c = -1$，因此 $a^2 + b^2 + c^2 + d^2 = 1 + 1 + 1 = 3$，应选 C.

721.【答案】A

【解析】根据分布函数的右连续性，有 $F(-1+0)=b-a=F(-1)=\dfrac{1}{8}$，　　　　　　　　①

又　　　$P\{X=1\}=P\{X\leqslant 1\}-P\{X<1\}=F(1)-F(1-0)=1-(a+b)=\dfrac{1}{4}$，　　　②

联立①②两式，解得 $a=\dfrac{5}{16},b=\dfrac{7}{16}$，应选 A.

722.【答案】A

【解析】由于 $F(-\infty)=0,F(+\infty)=1$，可知 $\begin{cases}A+B\left(-\dfrac{\pi}{2}\right)=0,\\[2mm]A+B\left(\dfrac{\pi}{2}\right)=1,\end{cases}$ 解得 $A=\dfrac{1}{2},B=\dfrac{1}{\pi}$.

故　　　$P\{-1<\xi<1\}=F(1-0)-F(-1)=\left(\dfrac{1}{2}+\dfrac{1}{\pi}\arctan 1\right)-\left[\dfrac{1}{2}+\dfrac{1}{\pi}\arctan(-1)\right]$

$$=\dfrac{1}{2}+\dfrac{1}{\pi}\times\dfrac{\pi}{4}-\dfrac{1}{2}-\dfrac{1}{\pi}\left(-\dfrac{\pi}{4}\right)=\dfrac{1}{2},$$

应选 A.

723.【答案】C

【解析】根据概率密度函数的归一性，知

$$\int_{-\infty}^{+\infty}f(x)\,\mathrm{d}x=\int_{2}^{3}b\,\mathrm{d}x+\int_{1}^{2}ax\,\mathrm{d}x=b+\dfrac{3}{2}a=1,$$

又

$$F(2)=\int_{-\infty}^{2}f(x)\,\mathrm{d}x=\int_{1}^{2}ax\,\mathrm{d}x=\dfrac{3}{2}a,\ F(2)=P\{2<X<3\}=\int_{2}^{3}b\,\mathrm{d}x=b,$$

即 $\dfrac{3}{2}a=b$，解得 $a=\dfrac{1}{3},b=\dfrac{1}{2}$，故应选 C.

724.【答案】A

【解析】由 $F(x)=\displaystyle\int_{-\infty}^{x}f(x)\,\mathrm{d}x$，知

$$F(x)=\begin{cases}0,&x<0,\\[2mm]\displaystyle\int_{0}^{x}\dfrac{t}{2}\mathrm{d}x,&0\leqslant x<2,=\\[3mm]1,&x\geqslant 2,\end{cases}\begin{cases}0,&x<0,\\[2mm]\dfrac{x^2}{4},&0\leqslant x<2,\\[3mm]1,&x\geqslant 2.\end{cases}$$

因为 $EX=\displaystyle\int_{0}^{2}x\cdot\dfrac{x}{2}=\dfrac{4}{3}$，如右图所示，若 $F(X)>$

$EX-1$，则

$$F(X)>EX-1\Rightarrow F(X)>\dfrac{1}{3}\Rightarrow X>\dfrac{2}{\sqrt{3}},$$

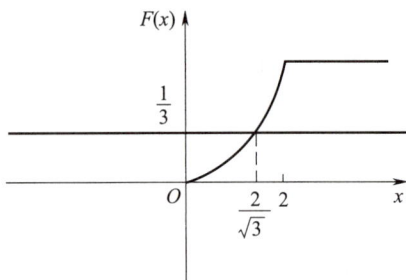

故应选 A.

725.【答案】A

【解析】显然 Y 为离散型随机变量,且

$$P\{Y=-1\}=P\{X<1\}=\Phi(1),P\{Y=1\}=P\{X\geqslant 1\}=1-\Phi(1),$$

故 Y 的分布律为 $Y\sim\begin{bmatrix}-1 & 1\\ \Phi(1) & 1-\Phi(1)\end{bmatrix}$,因此 Y 的分布函数

$$F(y)=P\{Y\leqslant y\}=\begin{cases}0, & y<-1,\\ \Phi(1), & -1\leqslant y<1,\\ 1, & y\geqslant 1.\end{cases}$$

故应选 A.

726.【答案】D

【解析】如右图所示,显然 $F(x)$ 满足非负性,$\lim\limits_{x\to+\infty}F(x)=1$,$\lim\limits_{x\to-\infty}F(x)=0$,右连续,单调不减性,故 $F(x)$ 是某随机变量 X 的分布函数. 又因为 $F(x)$ 存在间断点,所以 $F(x)$ 是既非离散型也非连续型随机变量的分布函数. 于是

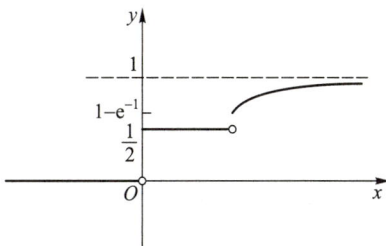

$$P\{0\leqslant X\leqslant 1\}=P\{X\leqslant 1\}-P\{X<0\}$$
$$=F(1)-\lim\limits_{x\to 0^-}F(x)=1-e^{-1}-0=1-e^{-1},$$

应选 D.

2.2 常见分布

题组 A·基础通关题

727.【答案】A

【解析】由 $X\sim P(1)$,知 X 的分布律为

$$P\{X=k\}=\frac{1}{k!}e^{-1},k=0,1,2,3,\cdots.$$

由 $y^2+y+X=0$ 无实根,知 $\Delta=1-4X<0$,即 $X>\frac{1}{4}$,所以二次方程无实根的概率为

$$P\left\{X>\frac{1}{4}\right\}=1-P\left\{X\leqslant\frac{1}{4}\right\}=1-P\{X=0\}=1-\frac{1^0}{0!}e^{-1}=1-e^{-1},$$

应选 A.

728.【答案】D

【解析】由方程 $x^2+\xi x+1=0$ 有实根,知 $\Delta=\xi^2-4\geqslant 0$,所以方程有实根的概率为

$$P\{\xi^2-4\geqslant 0\}=1-P\{-2<\xi<2\}=1-\frac{2-1}{6-1}=\frac{4}{5},$$

应选 D.

729.【答案】B

【解析】根据泊松分布可加性，知 $X+Y \sim P(3\lambda)$，则随机变量的分布律为

$$P\{X+T=k\} = \frac{(3\lambda)^k}{k!} e^{-3\lambda}, k=0,1,2,\cdots$$

所以

$$P\{X+Y \geq 1\} = 1 - P\{X+Y=0\}$$
$$= 1 - e^{-3\lambda}$$
$$= 1 - e^{-1},$$

故 $3\lambda=1$，解得 $\lambda = \frac{1}{3}$，故应选 B.

小课堂

泊松分布具有可加性，即

若 $X \sim P(\lambda_1)$，$Y \sim P(\lambda_2)$，且相互独立，则 $X+Y \sim P(\lambda_1+\lambda_2)$.

730.【答案】D

【解析】由

$$P\{X \geq 1\} = 1 - P\{X<1\} = 1 - P\{X=0\} = 1 - (1-p)^2 = \frac{5}{9},$$

解得 $p = \frac{1}{3}$，所以

$$P\{Y \geq 1\} = 1 - P\{Y<1\} = 1 - P\{Y=0\} = 1 - \left(1-\frac{1}{3}\right)^3 = \frac{19}{27},$$

故应选 D.

731.【答案】E

【解析】由 $X \sim U[2,5]$，知 X 的观测值大于 3 的概率为

$$P\{X>3\} = \frac{5-3}{5-2} = \frac{2}{3}.$$

记 Y 为"三次独立观测中观测值大于 3 的次数"，显然 $Y \sim B\left(3, \frac{2}{3}\right)$，所以

$$P\{Y \geq 2\} = P\{Y=2\} + P\{Y=3\} = C_3^2 \left(\frac{2}{3}\right)^2 \left(\frac{1}{3}\right) + \left(\frac{2}{3}\right)^3 = \frac{20}{27},$$

应选 E.

732.【答案】A

【解析】由题意可知，X 服从参数为 6 的指数分布，根据指数分布无记忆性，知

$$p_1 = P\{X>20 \mid X>10\} = P\{X>10\},$$
$$p_2 = P\{X>60 \mid X>50\} = P\{X>10\},$$
$$p_3 = P\{X>100 \mid X>90\} = P\{X>10\},$$

故 $p_1 = p_2 = p_3$,应选 A.

小课堂

指数分布具有无记忆性,无记忆性是指:

若随机变量 $X \sim E(\lambda)$,则对于任意的 m, n,均有

$$P\{X>m+n \mid X>m\} = P\{X>n\}, P\{X<m+n \mid X>m\} = P\{X<n\}.$$

733.【答案】D

【解析】因为 $X \sim N(1, \sigma^2)$,所以 X 的概率密度函数关于 $x=1$ 对称,如右图所示,设图中三块区域的面积分别为 S_1, S_2, S_3,则

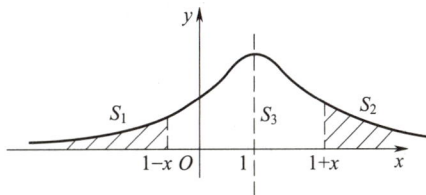

$$F(1-x) = P\{X \leqslant 1-x\} = S_1,$$
$$F(1+x) = P\{X \leqslant 1+x\} = S_1 + S_3,$$

又 $S_1 = S_2, S_1 + S_2 + S_3 = 1$,所以 $F(1+x) + F(1-x) = 1$,应选 D.

734.【答案】A

【解析】因为 $X \sim N(2, \sigma^2)$,所以概率密度关于 $x=2$ 对称,如右图所示.

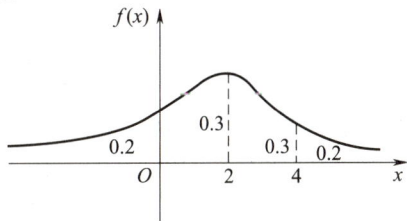

由 $P\{2<x<4\} = 0.3$,知 $P\{X<0\} = 0.2$,故应选 A.

735.【答案】B

【解析】根据正态分布概率密度函数曲线性质,如右图所示,则

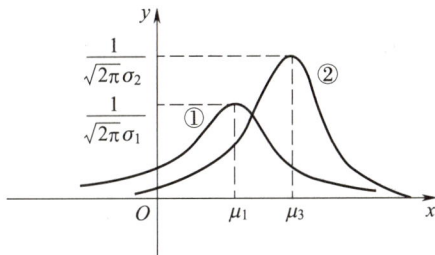

$$\mu_1 < \mu_2, \frac{1}{\sqrt{2\pi}\,\sigma_1} < \frac{1}{\sqrt{2\pi}\,\sigma_2},$$

故 $\mu_1 < \mu_2, \sigma_1 > \sigma_2$,应选 B.

小课堂

若随机变量 $X \sim N(\mu, \sigma^2)$,则 X 的概率密度函数为

$$f(x) = \frac{1}{\sqrt{2\pi}\,\sigma} \mathrm{e}^{-\frac{(x-\mu)^2}{2\sigma^2}}, x \in \mathbf{R},$$

且概率密度函数曲线如下图所示,其概率密度函数曲线对称轴处横坐标为 μ,且此

时概率密度函数取最大值 $f(\mu) = \dfrac{1}{\sqrt{2\pi}\,\sigma}$.

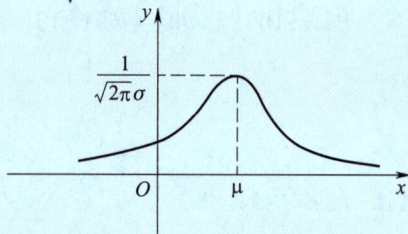

736. 【答案】C

【解析】由 $X \sim N(\mu, \sigma^2)$，知 $\dfrac{X-\mu}{\sigma} \sim N(0,1)$，所以

$$P\{|X-\mu| < \sigma\} = P\left\{\left|\dfrac{X-\mu}{\sigma}\right| < 1\right\} = 2\Phi(1) - 1,$$

即 $P\{|X-\mu| < \sigma\}$ 的值与 σ 大小无关，应选 C.

737. 【答案】A

【解析】由 $X \sim N(\mu_1, \sigma_1^2)$，$Y \sim N(\mu_2, \sigma_2^2)$，知

$$\dfrac{X-\mu_1}{\sigma_1} \sim N(0,1), \quad \dfrac{Y-\mu_2}{\sigma_2} \sim N(0,1),$$

又因为 $P\{|X-\mu_1| < 1\} > P\{|X-\mu_2| < 1\}$，所以

$$P\left\{\left|\dfrac{X-\mu_1}{\sigma_1}\right| < \dfrac{1}{\sigma_1}\right\} > P\left\{\left|\dfrac{Y-\mu_2}{\sigma_2}\right| < \dfrac{1}{\sigma_2}\right\},$$

进而知 $2\Phi\left(\dfrac{1}{\sigma_1}\right) - 1 > 2\Phi\left(\dfrac{1}{\sigma_2}\right) - 1$，即 $\Phi\left(\dfrac{1}{\sigma_1}\right) > \Phi\left(\dfrac{1}{\sigma_2}\right)$，所以 $\sigma_1 < \sigma_2$，故应选 A.

738. 【答案】A

【解析】由 $X \sim N(\mu, 4^2)$，$Y \sim N(\mu, 5^2)$，知

$$\dfrac{X-\mu}{4} \sim N(0,1), \quad \dfrac{Y-\mu}{5} \sim N(0,1),$$

进而可得

$$p_1 = P\{X \leqslant \mu - 4\} = P\left\{\dfrac{X-\mu}{4} \leqslant -1\right\},$$

$$p_2 = P\{Y \geqslant \mu + 5\} = P\left\{\dfrac{Y-\mu}{5} \geqslant 1\right\},$$

根据标准正态分布性质，可知对任何实数 μ，都有 $p_1 = p_2$，应选 A.

739. 【答案】A

【解析】由题意可知，随机变量 X, Y 与 Z 标准正态化，得

$$\frac{X-1}{\sigma} \sim N(0,1), \frac{Y+1}{\sigma} \sim N(0,1), \frac{Z-2}{\sigma} \sim N(0,1),$$

且记标注正态分布的分布函数为 $\Phi(x)$,故

$$P_1 = P\{X \leqslant -1\} = P\left\{\frac{X-1}{\sigma} \leqslant -\frac{2}{\sigma}\right\} = \Phi\left(-\frac{2}{\sigma}\right);$$

$$P_2 = P\{Y \geqslant 1\} = 1 - P\{Y < 1\} = 1 - P\left\{\frac{Y+1}{\sigma} < \frac{2}{\sigma}\right\} = 1 - \Phi\left(\frac{2}{\sigma}\right) = \Phi\left(-\frac{2}{\sigma}\right);$$

$$p_3 = P\{Z \leqslant 0\} = p\left\{\frac{Z-2}{\sigma} \leqslant -\frac{2}{\sigma}\right\} = \Phi\left(-\frac{2}{\sigma}\right),$$

即 $p_1 = p_2 = p_3$,应选 A.

题组 B·强化通关题

740.【答案】C

【解析】由题意可知,分布律为 $P\{X=k\} = \dfrac{\lambda^k \mathrm{e}^{-\lambda}}{k!}, k = 0, 1, 2, \cdots$.

由于 $P\{X=8\} = 2.5 P\{X=10\}$,所以 $\dfrac{\lambda^8 \mathrm{e}^{-\lambda}}{8!} = 2.5 \cdot \dfrac{\lambda^{10} \mathrm{e}^{-\lambda}}{10!}$,解得 $\lambda^2 = 36$,即 $\lambda = 6$.

因此 $P\{X \geqslant 1\} = 1 - P\{X=0\} = 1 - \mathrm{e}^{-6}$,应选 C.

741.【答案】A

【解析】由题意可知,数学期望为 $E(X) = \dfrac{1}{\lambda} = \dfrac{1}{2}$,即 $\lambda = 2$,故随机变量 X 的概率密度函数为

$$f(x) = \begin{cases} 2\mathrm{e}^{-2x}, & x \geqslant 0, \\ 0, & x < 0, \end{cases}$$

所以事件 $\left\{X > \dfrac{1}{2}\right\}$ 出现的概率为 $p = P\left\{X > \dfrac{1}{2}\right\} = \displaystyle\int_{\frac{1}{2}}^{+\infty} 2\mathrm{e}^{-2x}\mathrm{d}x = \dfrac{1}{\mathrm{e}}$,因此所求概率为

$$C_2^1 p^1 (1-p)^1 p = 2p^2(1-p) = \frac{2}{\mathrm{e}^2}\left(1 - \frac{1}{\mathrm{e}}\right),$$

应选 A.

742.【答案】B

【解析】根据概率密度函数归一性,知 $\displaystyle\int_{-\infty}^{+\infty} f(x)\mathrm{d}x = 1$,即

$$\int_{-\infty}^{+\infty} \frac{a}{\mathrm{e}^x + \mathrm{e}^{-x}}\mathrm{d}x = a\int_{-\infty}^{+\infty} \frac{\mathrm{e}^x}{\mathrm{e}^{2x}+1}\mathrm{d}x = a \cdot \arctan \mathrm{e}^x \Big|_{-\infty}^{+\infty} = \frac{\pi}{2}a = 1,$$

解得 $a = \dfrac{2}{\pi}$,所以 X 的概率密度为 $f(x) = \dfrac{2}{\pi} \cdot \dfrac{1}{\mathrm{e}^x + \mathrm{e}^{-x}}$.

因此所求概率为

$$P\{X_1 > 0, X_2 < 0\} = P\{X_1 > 0\} \cdot P\{x_2 < 0\}$$

$$= \int_0^{+\infty} \frac{2}{\pi} \frac{1}{e^x + e^{-x}} dx \cdot \int_{-\infty}^0 \frac{2}{\pi} \frac{1}{e^x + e^{-x}} dx$$

$$= \frac{4}{\pi^2} \cdot \frac{\pi}{4} \cdot \frac{\pi}{4} = \frac{1}{4},$$

应选 B.

743.【答案】 B

【解析】设 $p = P(A)$，所以 $P(\overline{B}) = P\{Y \leqslant a\} = P(A) = p$，且 $P(B) = 1-p$，故

$$P(A \cup B) = P(A) + P(B) - P(A)P(B) = p + (1-p) - p(1-p) = p^2 - p + 1 = \frac{7}{9},$$

解得 $p_1 = \frac{1}{3}, p_2 = \frac{2}{3}$.

又 $p = P(A) = \frac{a-1}{2}$，即 $a = 1 + 2p$，于是解得 $a_1 = 1 + 2p_1 = \frac{5}{3}, a_2 = 1 + 2p_2 = \frac{7}{3}$，应选 B.

744.【答案】 C

【解析】由 $X \sim U[a,b]$ 知，$EX = \frac{a+b}{2}, DX = \frac{(b-a)^2}{12}$，故

$$\begin{cases} a+b = 5 \\ (b-a)^2 = 25 \end{cases},$$

解得 $a = 0, b = 5$.

若使方程有实根，必须保证判别式 $\Delta = (4X)^2 - 4 \times 4 \times (X+2) \geqslant 0$，解得 $X \geqslant 2$ 或 $X \leqslant -1$，于是所求概率为

$$P\{X \geqslant 2\} + P\{X \leqslant -1\} = \frac{3}{5} + 0 = 0.6,$$

应选 C.

745.【答案】 D

【解析】若 $X \sim N(\mu, \sigma^2)$，则 X 的概率密度函数 $f(x)$ 在 $x = \mu$ 处取最大值 $\frac{1}{\sqrt{2\pi}\sigma}$，故 $\mu = 1$，

$\frac{1}{\sqrt{2\pi}\sigma} = \frac{1}{\sqrt{\pi}}$，因此 $\mu = 1, \sigma = \frac{1}{\sqrt{2}}$，即 $X \sim N\left(1, \frac{1}{2}\right)$，进而 $\frac{|X-1|}{\frac{1}{\sqrt{2}}} \sim N(0,1)$，故

$$P\{1-\sqrt{2} < X < 1+\sqrt{2}\} = P\{|X-1| < \sqrt{2}\} = P\left\{\frac{|X-1|}{\frac{1}{\sqrt{2}}} < 2\right\} = 2\Phi(2) - 1,$$

应选 D.

746.【答案】 A

【解析】因为 $\frac{X-1}{3} \sim N(0,1), \frac{Y-2}{2} \sim N(0,1)$，所以

$$p_1 = P\{X>4\} = P\left\{\frac{X-1}{3}>1\right\} = 1-\Phi(1) = \Phi(-1)$$

$$p_2 = P\{Y>4\} = P\left\{\frac{Y-2}{2}>1\right\} = 1-\Phi(1) = \Phi(-1)$$

$$p_3 = P\{X<0\} = P\left\{\frac{X-1}{3}<-\frac{1}{3}\right\} = \Phi\left(-\frac{1}{3}\right)$$

$$p_4 = P\{Y<0\} = P\left\{\frac{Y-2}{2}<-1\right\} = \Phi(-1)$$

故 $p_1 = p_2 = p_4 < p_3$，应选 A.

747.【答案】C

【解析】由概率密度函数归一性，知

$$\int_{-\infty}^{+\infty} f(x)\,\mathrm{d}x = \int_{-\infty}^{+\infty} c\mathrm{e}^{-\left(x-\frac{1}{2}\right)^2}\mathrm{e}^{\frac{1}{4}}\,\mathrm{d}x$$

$$\xlongequal{\diamondsuit x-\frac{1}{2}=t} c\mathrm{e}^{\frac{1}{4}}\int_{-\infty}^{+\infty}\mathrm{e}^{-t^2}\,\mathrm{d}t$$

$$= c\mathrm{e}^{\frac{1}{4}}\sqrt{\pi} = 1,$$

解得 $c = \frac{1}{\sqrt{\pi}}\mathrm{e}^{-\frac{1}{4}}$，故 $f(x) = \frac{1}{\sqrt{\pi}}\mathrm{e}^{-x^2+x-\frac{1}{4}}$. 又

$$f(x) = \frac{1}{\sqrt{\pi}}\mathrm{e}^{-x^2+x-\frac{1}{4}} = \frac{1}{\sqrt{2\pi}\frac{1}{\sqrt{2}}}\mathrm{e}^{-\frac{\left(x-\frac{1}{2}\right)^2}{2\left(\frac{1}{\sqrt{2}}\right)^2}},$$

所以 $X \sim N\left(\frac{1}{2}, \frac{1}{2}\right)$，于是 $P\left\{X>\frac{1}{2}\right\} = \frac{1}{2}$，应选 C.

2.3　随机变量函数的分布

题组 A · 基础通关题

748.【答案】A

【解析】由题意可知，$Y \sim \begin{pmatrix} \mathrm{e}^2 & \mathrm{e} & \mathrm{e}^2 & \mathrm{e}^5 \\ \dfrac{1}{3} & \dfrac{1}{4} & \dfrac{1}{4} & \dfrac{1}{6} \end{pmatrix}$，合并得 $Y \sim \begin{pmatrix} \mathrm{e} & \mathrm{e}^2 & \mathrm{e}^5 \\ \dfrac{1}{4} & \dfrac{7}{12} & \dfrac{1}{6} \end{pmatrix}$，应选 A.

749.【答案】E

【解析】由分布函数的定义，知 $F_Y(y) = P\{Y \leqslant y\} = P\{X^2 \leqslant y\}$.

当 $y<0$ 时，如下页图 1 所示，$F_Y(y) = 0$.

当 $y \geqslant 4$ 时，如下页图 2 所示，$F_Y(y) = 1$.

当 $0 \leqslant y < 4$ 时，如图 3 所示，$F_Y(y) = P\{Y \leqslant y\} = P\{-\sqrt{y} \leqslant X \leqslant \sqrt{y}\} = \dfrac{\sqrt{y}}{2}$.

综上所述，$F_Y(y) = \begin{cases} 0, & y < 0, \\ \dfrac{\sqrt{y}}{2}, & 0 \leqslant y < 4, \\ 1, & y \geqslant 4. \end{cases}$ 于是 $f_Y(y) = \begin{cases} \dfrac{1}{4\sqrt{y}}, & 0 < y < 4, \\ 0, & \text{其他}, \end{cases}$ 应选 E.

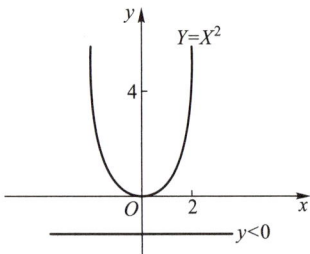

图 1

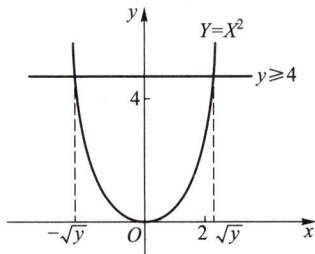

图 2

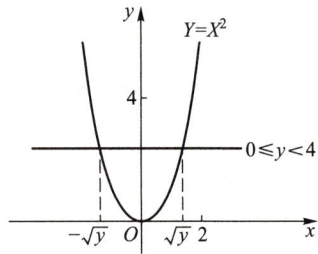

图 3

750.【答案】C

【解析】由分布函数的定义，知 $F_Y(y) = P\{Y \leqslant y\} = P\{e^{2X} \leqslant y\}$.

当 $y < e^2$ 时，$F_Y(y) = 0$.

当 $y \geqslant e^4$ 时，$F_Y(y) = 1$；

当 $e^2 \leqslant y < e^4$ 时，如右图所示，则 $F_Y(y) = P\left\{X \leqslant \dfrac{\ln y}{2}\right\} = \dfrac{\ln y}{2} - 1$.

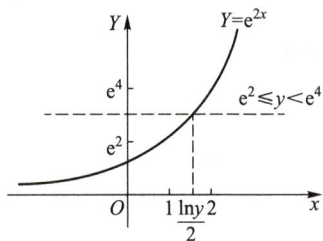

综上所述，$F_Y(y) = \begin{cases} 0, & y < e^2, \\ \dfrac{\ln y}{2} - 1, & e^2 \leqslant y < e^4, \\ 1, & y \geqslant e^4. \end{cases}$ 于是

$f_Y(y) = \begin{cases} \dfrac{1}{2y}, & e^2 < y < e^4, \\ 0, & \text{其他}, \end{cases}$ 应选 C.

751.【答案】B

【解析】根据分布函数的定义，知 $F_Y(y) = P\{Y \leqslant y\} = P\{X^2 + 1 \leqslant y\}$.

当 $y \geqslant 2$ 时，$F_Y(y) = 1$.

当 $y < 1$ 时，$F_Y(y) = 0$.

当 $1 \leqslant y < 2$ 时，$F_Y(y) = \displaystyle\int_{-\sqrt{y-1}}^{0} (1 + x)\,\mathrm{d}x + \int_{0}^{\sqrt{y-1}} (1 - x)\,\mathrm{d}x = 2\sqrt{y-1} - y + 1$，

故随机变量 Y 的概率密度函数 $f_Y(y) = \begin{cases} \dfrac{1}{\sqrt{y-1}} - 1, & 1 < y < 2, \\ 0, & \text{其他}, \end{cases}$ 应选 B.

题组 B·强化通关题

752.【答案】C

【解析】因为 $\alpha_1 、 \alpha_2 、 \alpha_3$ 线性无关,且 $\alpha_1 + \alpha_2 , \alpha_2 + 2\alpha_3 , X\alpha_3 + Y\alpha_1$ 线性相关,所以

$$\begin{vmatrix} 1 & 1 & 0 \\ 0 & 1 & 2 \\ Y & 0 & X \end{vmatrix} = X + 2Y = 0,$$

故

$$P\{X + 2Y = 0\} = P\left\{X + 2Y = 0, Y = -\frac{1}{2}\right\} = P\left\{X = 1, Y = -\frac{1}{2}\right\} = P\{X = 1\} = \frac{3}{4},$$

应选 C.

753.【答案】D

【解析】记 Y 的分布函数为 $G(y)$,

当 $y < 0$ 时, $G(y) = 0$;

当 $y \geqslant 1$ 时, $G(y) = 1$;

当 $0 \leqslant y < 1$ 时, $G(y) = P\{\sin X \leqslant y\}$

$$= P\{X \leqslant \arcsin y\}$$

$$= \int_0^{\arcsin y} \cos u \, du$$

$$= y.$$

因此 Y 的分布函数为 $G(y) = \begin{cases} 0, & y < 0, \\ y, & 0 \leqslant y < 1, \\ 1, & y \geqslant 1, \end{cases}$ 故 Y 的概率密度函数为

$$g(y) = \begin{cases} 1, & 0 < y < 1, \\ 0, & 其他. \end{cases}$$

应选 D.

小课堂

　　实际上 $Y = F(X)$ 的分布与连续型随机变量 X 服从什么分布无关,有重要结论:
若连续型随机变量 X 的分布函数为 $F(x)$,则 $Y = F(X)$ 服从 $(0,1)$ 上的均匀分布.

754.【答案】C

【解析】由分布函数的定义,知 $F_Y(y) = P\{Y \leqslant y\}$,故

当 $y \geqslant 3$ 时, $F_Y(y) = 1$.

当 $y < 0$ 时, $F_Y(y) = 0$.

当 $0 \leqslant y < 3$ 时,如右图所示,有

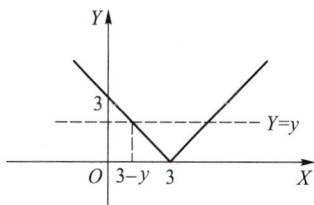

概率论篇

$$F_Y(y) = P\{Y \le y\} = P\{3-y \le X \le 3\} = \frac{3-(3-y)}{3} = \frac{1}{3}y.$$

故随机变量 Y 的概率密度函数为 $f_Y(y) = \begin{cases} \dfrac{1}{3}, & 0 < y < 3, \\ 0, & \text{其他}. \end{cases}$ 即 Y 服从区间 $[0,3]$ 的均匀分布，应选 C.

2.4 二维离散型随机变量及其分布

题组 A · 基础通关题

755.【答案】E

【解析】二维随机变量 (X,Y) 的联合概率分布为

\(X\)	\(Y\)		
	-1	0	1
0	0	$\dfrac{1}{3}$	0
1	$\dfrac{1}{3}$	0	$\dfrac{1}{3}$

所以

$$P\{X+Y=0\} = P\{X=0, Y=0\} + P\{X=1, Y=-1\} = \frac{1}{3} + \frac{1}{3} = \frac{2}{3},$$

应选 E.

756.【答案】C

【解析】由于 X 与 Y 相互独立，则 X 与 Y 联合分布律为

\(X\)	\(Y\)			\(p_{\cdot j}\)
	-1	0	1	
0	$\dfrac{1}{6}$	$\dfrac{1}{6}$	$\dfrac{1}{6}$	$\dfrac{1}{2}$
1	$\dfrac{1}{12}$	$\dfrac{1}{12}$	$\dfrac{1}{12}$	$\dfrac{1}{4}$
2	$\dfrac{1}{24}$	$\dfrac{1}{24}$	$\dfrac{1}{24}$	$\dfrac{1}{8}$
3	$\dfrac{1}{24}$	$\dfrac{1}{24}$	$\dfrac{1}{24}$	$\dfrac{1}{8}$
$p_{i \cdot}$	$\dfrac{1}{3}$	$\dfrac{1}{3}$	$\dfrac{1}{3}$	

所以

$$P\{X+Y=2\}=P\{X=1,Y=1\}+P\{X=2,Y=0\}+P\{X=3,Y=-1\}$$

$$=\frac{1}{12}+\frac{1}{24}+\frac{1}{24}=\frac{1}{6},$$

故应选 C.

757.【答案】A

【解析】因为 X 与 Y 相互独立且同分布,则 X 与 Y 联合分布律为

X	Y		$p_{\cdot j}$
	-1	1	
-1	$\dfrac{1}{4}$	$\dfrac{1}{4}$	$\dfrac{1}{2}$
1	$\dfrac{1}{4}$	$\dfrac{1}{4}$	$\dfrac{1}{2}$
$p_{i\cdot}$	$\dfrac{1}{2}$	$\dfrac{1}{2}$	

所以

$$P\{X=Y\}=P\{X=-1,Y=-1\}+P\{X=1,Y=1\}=\frac{1}{2},$$

$$P\{X+Y=0\}=P\{X=-1,Y=1\}+P\{X=1,Y=-1\}=\frac{1}{2},$$

$$P\{XY=1\}=P\{X=-1,Y=-1\}+P\{X=1,Y=1\}=\frac{1}{2},$$

故应选 A.

758.【答案】B

【解析】根据归一性,可知 $0.4+a+b+0.1=1$,即 $a+b=0.5$.

因为事件 $\{X=0\}$ 与 $\{X+Y=1\}$ 相互独立,所以

$$P\{X=0,X+Y=1\}=P\{X=0\}\cdot P\{X+Y=1\}.$$

其中

$$P\{X=0,X+Y=1\}=P\{X=0,Y=1\}=a,$$

$$P\{X=0\}=P\{X=0,Y=0\}+P\{X=0,Y=1\}=0.4+a,$$

$$P\{X+Y=1\}=P\{X=0,Y=1\}+P\{X=1,Y=0\}=a+b=0.5,$$

即 $a=(0.4+a)\cdot 0.5$,解得 $a=0.4,b=0.1$,故应选 B.

759.【答案】D

【解析】由 $P\{Y=1\}=0.5$,知 $0.2+b=0.5$,所以 $b=0.3$.

又 $P\{X=1|Y=2\}=0.5$,知 $\dfrac{P\{X=1,Y=2\}}{P\{Y=2\}}=\dfrac{0.1}{0.1+c}=0.5$,所以 $c=0.1$.

再由概率分布的性质,知 $a+b+c+0.4=1$,所以 $a=0.2$.

故 $P\{X\geqslant Y\}=P\{X=1,Y=1\}+P\{X=2,Y=1\}+P\{X=2,Y=2\}=0.6$,应选 D.

题组 B·强化通关题

760.【答案】C

【解析】由 $P\{X_1 X_2 = 0\} = 1$，知 $P\{X_1 X_2 \neq 0\} = 0$，即

$$P\{X_1 = -1, X_2 = -1\} + P\{X_1 = -1, X_2 = 1\} + P\{X_1 = 1, X_2 = -1\} + P\{X_1 = 1, X_2 = 1\} = 0.$$

由概率的非负性可知

$$P\{X_1 = -1, X_2 = -1\} = P\{X_1 = -1, X_2 = 1\} = P\{X_1 = 1, X_2 = -1\} = P\{X_1 = 1, X_2 = 1\} = 0,$$

故有 X_1 与 X_2 的联合分布律为

X_1	X_2		
	-1	0	1
-1	0	$\frac{1}{4}$	0
0	$\frac{1}{4}$	0	$\frac{1}{4}$
1	0	$\frac{1}{4}$	0

因此，所求概率为

$$P\{X_1 < X_2\} = P\{X_1 = -1, X_2 = 0\} + P\{X_1 = -1, X_2 = 1\} + P\{X_1 = 0, X_2 = 1\}$$
$$= \frac{1}{4} + 0 + \frac{1}{4} = \frac{1}{2},$$

应选 C.

761.【答案】D

【解析】由分布律的归一性，知

$$a + b + c = \frac{1}{2}. \qquad ①$$

由 $P\{Y = 1 \mid X = 0\} = \frac{1}{2}$，得

$$\frac{P\{X = 0, Y = 1\}}{P\{X = 0\}} = \frac{1}{2}，即 \frac{b}{a+b} = \frac{1}{2}. \qquad ②$$

由 $P\{X = 1 \mid Y = 0\} = \frac{1}{3}$，得

$$\frac{P\{X = 1, Y = 0\}}{P\{Y = 0\}} = \frac{1}{3}，即 \frac{c}{a+c} = \frac{1}{3}. \qquad ③$$

联立①，②，③，解得 $a = \frac{1}{5}, b = \frac{1}{5}, c = \frac{1}{10}$，于是 $a - b + c = \frac{1}{10}$，应选 D.

762.【答案】D

【解析】由题意可知，可求得概率

$$P\{X = 0\} = \frac{1}{2}, P\{X = 1\} = \frac{1}{2},$$

$$P\{Y=0\}=C_2^0\left(\frac{1}{2}\right)^0\left(\frac{1}{2}\right)^2=\frac{1}{4},$$

$$P\{Y=1\}=C_2^1\left(\frac{1}{2}\right)^1\left(\frac{1}{2}\right)^1=\frac{1}{2},$$

$$P\{Y=0\}=C_2^2\left(\frac{1}{2}\right)^2\left(\frac{1}{2}\right)^0=\frac{1}{4}.$$

故 X 与 Y 的联合分布律为

X	Y			
	0	1	2	
0	$\frac{1}{8}$	$\frac{1}{4}$	$\frac{1}{8}$	$\frac{1}{2}$
1	$\frac{1}{8}$	$\frac{1}{4}$	$\frac{1}{8}$	$\frac{1}{2}$
	$\frac{1}{4}$	$\frac{1}{2}$	$\frac{1}{4}$	

所以 $P\{X=Y\}=P\{X=0,Y=0\}+P\{X=1,Y=1\}=\frac{1}{8}+\frac{1}{4}=\frac{3}{8}$，应选 D.

763.【答案】 D

【解析】 由题意可知，X 与 Y 联合分布律为

X	Y		
	0	1	
0	P_1	P_2	$\frac{1}{4}$
1	P_3	P_4	$\frac{3}{4}$
	$\frac{1}{4}$	$\frac{3}{4}$	

则 $EXY=P_4=\frac{5}{8}$，故

X	Y		
	0	1	
0	$\frac{1}{8}$	$\frac{1}{8}$	$\frac{1}{4}$
1	$\frac{1}{8}$	$\frac{5}{8}$	$\frac{3}{4}$
	$\frac{1}{4}$	$\frac{3}{4}$	

则 $P\{X=Y\}=\frac{3}{4}$，应选 D.

764.【答案】C

【解析】由题意可知，X 与 Y 的联合分布律为

X	Y		$p_{i\cdot}$
	0	1	
0	p_1	p_2	$\dfrac{3}{4}$
1	p_3	p_4	$\dfrac{1}{4}$
$p_{\cdot j}$	$\dfrac{3}{4}$	$\dfrac{1}{4}$	

由于 $EXY=1\cdot P_4=0$，解得 $P_4=0$，故

X	Y		p_i
	0	1	
0	$\dfrac{1}{2}$	$\dfrac{1}{4}$	$\dfrac{3}{4}$
1	$\dfrac{1}{4}$	0	$\dfrac{1}{4}$
p_j	$\dfrac{3}{4}$	$\dfrac{1}{4}$	

因此，$P(X+Y=1)=P(X=0,Y=1)+P(X=1,Y=0)=\dfrac{1}{4}+\dfrac{1}{4}=\dfrac{1}{2}$，应选 C.

765.【答案】E

【解析】因为 $Y\sim E(1)$，所以 Y 的分布函数为 $F(x)=\begin{cases}1-e^{-1},&x>0\\0,&x\leqslant0\end{cases}$.

又因为

$$P\{X_1=0,X_2=0\}=P\{Y\leqslant1,Y\leqslant2\}=P\{Y\leqslant1\}=F(1)=1-e^{-1},$$
$$P\{X_1=0,X_2=1\}=P\{Y\leqslant1,Y>2\}=0,$$
$$P\{X_1=1,X_2=0\}=P\{Y>1,Y\leqslant2\}=P\{1<Y\leqslant2\}=F(2)-F(1)=e^{-1}-e^{-2},$$
$$P\{X_1=1,X_2=1\}=P\{Y>1,Y>2\}=P\{Y>2\}=1-F(2)=e^{-2},$$

所以 (X_1,X_2) 的联合分布律为

X_1	X_2	
	0	1
0	$1-e^{-1}$	0
1	$e^{-1}-e^{-2}$	e^{-2}

则 $P\{X_1\leqslant X_2\}=1-e^{-1}-e^{-2}$，应选 E.

2.5 随机变量的期望与方差

题组 A · 基础通关题

766. 【答案】A

【解析】$E(X) = \int_{-\infty}^{+\infty} xf(x)\,\mathrm{d}x = \int_0^1 x^2\,\mathrm{d}x + \int_1^2 x(2-x)\,\mathrm{d}x = \frac{1}{3}x^3 \Big|_0^1 + \left(x^2 - \frac{1}{3}x^3\right)\Big|_1^2 = 1$,

应选 A.

767. 【答案】B

【解析】由题意可知,随机变量 X 的概率密度函数为

$$f(x) = \begin{cases} \dfrac{1}{4}, & 0 < x \leqslant 4, \\ 0, & \text{其他}, \end{cases}$$

所以 $E(X) = \int_{-\infty}^{+\infty} xf(x)\,\mathrm{d}x = \int_0^4 \frac{1}{4}x\,\mathrm{d}x = \frac{1}{8}x^2 \Big|_0^4 = 2$, 故应选 B.

768. 【答案】E

【解析】由题意可知,概率密度函数为

$$f(x) = \begin{cases} \dfrac{1}{4}, & 1 < x < 5, \\ 0, & \text{其他}, \end{cases}$$

所以

$$D(X) = E(X^2) - [E(X)]^2 = \int_{-\infty}^{+\infty} x^2 f(x)\,\mathrm{d}x - \left(\int_{-\infty}^{+\infty} xf(x)\,\mathrm{d}x\right)^2$$

$$= \frac{1}{4}\int_1^5 x^2\,\mathrm{d}x - \left(\frac{1}{4}\int_1^5 x\,\mathrm{d}x\right)^2 = \frac{1}{12}x^3\Big|_1^5 - \left(\frac{1}{8}x^2\Big|_1^5\right)^2 = \frac{4}{3},$$

应选 E.

769. 【答案】D

【解析】根据概率密度函数的归一性,知 $\int_{-\infty}^{+\infty} f(x)\,\mathrm{d}x = 1$, 即

$$\int_{-\infty}^{+\infty} f(x)\,\mathrm{d}x = \int_0^{+\infty} a\mathrm{e}^{-x}\,\mathrm{d}x = a = 1,$$

故 $E(\mathrm{e}^{-2X}) = \int_{-\infty}^{+\infty} \mathrm{e}^{-2x} f(x)\,\mathrm{d}x = \int_0^{+\infty} \mathrm{e}^{-2x} \cdot \mathrm{e}^{-x}\,\mathrm{d}x = \int_0^{+\infty} \mathrm{e}^{-3x}\,\mathrm{d}x = \frac{1}{3}$, 应选 D.

770. 【答案】D

【解析】由

$$E(X) = 0 \times 0.6 + 1 \times 0.2 + (-1) \times 0.2 = 0 + 0.2 - 0.2 = 0,$$

$$E(X^2) = 0^2 \times 0.6 + 1^2 \times 0.2 + (-1)^2 \times 0.2 = 0 + 0.2 + 0.2 = 0.4.$$

概率论篇

知 $D(X)=E(X^2)-[E(X)]^2=0.4-0^2=0.4$，应选 D.

771.【答案】D

【解析】由分布律的归一性，知 $a+b+\dfrac{1}{2}=1$，且

$$E(X)=-2\times\frac{1}{2}+1\times a+3\times b=a+3b-1=0,$$

解得 $a=\dfrac{1}{4}$，$b=\dfrac{1}{4}$，故

$$E(X^2)=(-2)^2\times\frac{1}{2}+1\times a+3^2\times b=\frac{9}{2},$$

因此 $D(X)=E(X^2)-[E(X)]^2=\dfrac{9}{2}$，应选 D.

772.【答案】D

【解析】由 $X\sim B(10,0.4)$，知 $E(X)=np=4$，$D(X)=np(1-p)=2.4$，
因此 $E(X^2)=D(X)+[E(X)]^2=18.4$，故应选 D.

773.【答案】E

【解析】由题意可知，摸球次数 X 的分布律为

$$P\{X=k\}=\left(\frac{2}{7}\right)^{k-1}\frac{5}{7},\quad k=1,2,\cdots.$$

即随机变量 X 服从参数 $p=\dfrac{5}{7}$ 的几何分布，所以 $D(X)=\dfrac{1-p}{p^2}=\dfrac{14}{25}$，应选 E.

774.【答案】C

【解析】由于 X 服从参数为 λ 的泊松分布，故 $E(X)=\lambda$，$D(X)=\lambda$，进而

$$\begin{aligned}E[(X-1)(X-2)]&=E(X^2-3X+2)\\&=E(X^2)-3EX+2=\lambda+\lambda^2-3\lambda+2=1,\end{aligned}$$

解得 $\lambda=1$，故应选 C.

775.【答案】C

【解析】因为 X 服从参数为 1 的泊松分布，所以 $E(X)=1$，$D(X)=1$，且

$$P\{X=k\}=\frac{1}{k!}e^{-1},\quad k=0,1,2,\cdots,$$

因此

$$\begin{aligned}P\{X>DX\}=P\{X>1\}&=1-P\{X\leqslant 1\}\\&=1-P\{X=1\}-P\{X=0\}\\&=1-\frac{1^1}{1!}e^{-1}-\frac{1^0}{0!}e^{-1}=1-2e^{-1},\end{aligned}$$

故应选 C.

776.【答案】D

概率论篇

【解析】因为 X_1, X_2, X_3 相互独立，所以

$$DY = D(X_1 - 2X_2 + 3X_3) = D(X_1) + D(-2X_2) + D(3X_3)$$
$$= D(X_1) + 4D(X_2) + 9D(X_3)$$
$$= \frac{(6-0)^2}{12} + 4 \times 4 + 9 \times 3 = 46$$

故应选 D.

777.【答案】C

【解析】由 $X \sim E(1)$ 知，X 的概率密度函数为 $f(x) = \begin{cases} e^{-x}, & x > 0, \\ 0, & x \leqslant 0, \end{cases}$ 故

$$E(X + e^{-2X}) = EX + E(e^{-2X}) = 1 + \int_{-\infty}^{+\infty} e^{-2x} f(x) \, dx$$

$$= 1 + \int_0^{+\infty} e^{-2x} \cdot e^{-x} \, dx$$

$$= 1 - \frac{1}{3} e^{-3x} \Big|_0^{+\infty} = 1 + \frac{1}{3} = \frac{4}{3},$$

故应选 C.

778.【答案】A

【解析】由 $X \sim E(\lambda)$，知 $DX = \dfrac{1}{\lambda^2}$，于是

$$P\left\{X > \sqrt{DX}\right\} = P\left\{X > \frac{1}{\lambda}\right\} = \int_{\frac{1}{\lambda}}^{+\infty} \lambda e^{-\lambda x} \, dx = \frac{1}{e},$$

故应选 A.

779.【答案】E

【解析】由题意可知，$EX = 2, DX = 4$，且随机变量 X 的分布函数为

$$F(x) = \begin{cases} 1 - e^{-\frac{1}{2}x}, & x > 0 \\ 0, & x \leqslant 0 \end{cases},$$

所以

$$P\{EX < X < DX\} = P\{2 < X < 4\} = F(4) - F(2)$$
$$= (1 - e^{-2}) - (1 - e^{-1}) = e^{-1} - e^{-2},$$

应选 E.

780.【答案】C

【解析】由题意可知，$X \sim U[1, 2]$，所以 X 的概率密度函数为

$$f(x) = \begin{cases} 1, & 1 < x < 2 \\ 0, & \text{其他.} \end{cases}$$

设圆的面积为 Y，则 $Y = \dfrac{1}{4} \pi X^2$，故

$$EY = \int_{-\infty}^{+\infty} \frac{1}{4}\pi x^2 \cdot f(x)\,dx = \int_{1}^{2} \frac{1}{4}\pi x^2 \cdot 1\,dx = \frac{7}{12}\pi,$$

应选 C.

781.【答案】B

【解析】由

$$f(x) = \frac{1}{\sqrt{\pi}}e^{-x^2+2x-1} = \frac{1}{\sqrt{\pi}}e^{-(x-1)^2} = \frac{1}{\sqrt{2\pi}\frac{1}{\sqrt{2}}}e^{-\frac{(x-1)^2}{2\left(\frac{1}{\sqrt{2}}\right)^2}},$$

知 $X \sim N\left(1, \frac{1}{2}\right)$，故 $EX = 1, DX = \frac{1}{2}$，应选 B.

782.【答案】E

【解析】由题意可知，小王一共购买了 16 张彩票.

记随机变量 X 表示"购买了 16 张彩票，中奖的彩票张数"，于是 $X \sim B(16, 0.1)$.

记随机变量 Y 表示"购买彩票的收益"，则 $Y = 8X$，则小王收益的期望为

$$EY = E(8X) = 8EX = 8 \cdot 16 \cdot 0.1 = 12.8.$$

记随机变量 Z 表示"购买彩票的利润"，则 $Z = 8X - 16$，则小王利润的期望为

$$EZ = E(8X - 16) = 8EX - 16 = 8 \cdot 16 \cdot 0.1 - 16 = -3.2.$$

应选 E.

题组 B·强化通关题

783.【答案】E

【解析】由 $X \sim E(1)$，知 $EX = 1, DX = 1$，于是 $E(X^2) = [E(X)]^2 + DX = 1 + 1 = 2$.

由 $Y \sim N(2, 4)$ 知，$EY = 2, DY = 4$，于是 $E(Y^2) = [E(Y)]^2 + DY = 4 + 4 = 8$.

又因为随机变量 X 与 Y 相互独立，所以

$$E(XY) = E(X) \cdot E(Y), E(X^2Y^2) = E(X^2) \cdot E(Y^2),$$

于是

$$
\begin{aligned}
D(XY+1) &= D(XY) = E[(XY)^2] - [E(XY)]^2 \\
&= E(X^2Y^2) - [E(XY)]^2 \\
&= E(X^2) \cdot E(Y^2) - [E(X) \cdot E(Y)]^2 \\
&= 2 \times 8 - (1 \times 2)^2 = 12,
\end{aligned}
$$

应选 E.

784.【答案】C

【解析】因为分布函数 $F(x)$ 在 $x = 0$ 处右连续，所以 $\lim\limits_{x \to 0^+} f(x) = f(0)$，即 $1 - a = 0$，解得 $a = 1$，于是随机变量 X 的概率密度函数为

$$f(x) = \begin{cases} 2xe^{-x^2}, & x > 0, \\ 0, & x \leq 0, \end{cases}$$

因此，$EX = \int_{-\infty}^{+\infty} xf(x)\,\mathrm{d}x = \int_0^{+\infty} 2x^2 \mathrm{e}^{-x^2}\,\mathrm{d}x = 2 \cdot \dfrac{\sqrt{\pi}}{4} = \dfrac{\sqrt{\pi}}{2}$，应选 C.

小课堂

概率论中常用到以下三个公式：

(1) $\int_{-\infty}^{+\infty} \mathrm{e}^{-x^2}\,\mathrm{d}x = 2\int_0^{+\infty} \mathrm{e}^{-x^2}\,\mathrm{d}x = \sqrt{\pi}$；

(2) $\int_{-\infty}^{+\infty} x^2 \mathrm{e}^{-x^2}\,\mathrm{d}x = 2\int_0^{+\infty} x^2 \mathrm{e}^{-x^2}\,\mathrm{d}x = \dfrac{\sqrt{\pi}}{2}$；

(3) $\int_0^{+\infty} x^n \mathrm{e}^{-x}\,\mathrm{d}x = n!$ $(n \in \mathbf{N}^+)$.

785.【答案】C

【解析】根据概率密度函数的归一性，知

$$\int_{-\infty}^{+\infty} f(x)\,\mathrm{d}x = \int_{-2}^{-1} a\,\mathrm{d}x + \int_0^1 (bx+1)\,\mathrm{d}x = \frac{1}{2}b + a + 1 = 1,$$

又

$$EX = \int_{-\infty}^{+\infty} xf(x)\,\mathrm{d}x = \int_{-2}^{-1} ax\,\mathrm{d}x + \int_0^1 x(bx+1)\,\mathrm{d}x$$

$$= \frac{1}{2}ax^2 \Big|_{-2}^{-1} + \left(\frac{1}{3}bx^3 + \frac{1}{2}x^2\right)\Big|_0^1 = -\frac{3}{2}a + \frac{1}{3}b + \frac{1}{2}.$$

所以 $\begin{cases} -\dfrac{3}{2}a + \dfrac{1}{3}b + \dfrac{1}{2} = -\dfrac{7}{12}, \\[2mm] \dfrac{1}{2}b + a + 1 = 1, \end{cases}$ 解得 $\begin{cases} a = \dfrac{1}{2}, \\[2mm] b = -1, \end{cases}$ 故应选 C.

786.【答案】A

【解析】根据概率密度函数的正则性，知

$$\int_{-\infty}^{+\infty} f(x)\,\mathrm{d}x = \int_{-\frac{\pi}{2}}^{\frac{\pi}{2}} a\cos^2 x\,\mathrm{d}x = 2a \cdot \int_0^{\frac{\pi}{2}} \cos^2 x\,\mathrm{d}x = 2a \cdot \frac{1}{2} \cdot \frac{\pi}{2} = \frac{\pi}{2}a = 1$$

解得 $a = \dfrac{2}{\pi}$，进而

$$E(X) = \int_{-\infty}^{+\infty} xf(x)\,\mathrm{d}x = \int_{-\frac{\pi}{2}}^{\frac{\pi}{2}} x \cdot \frac{2}{\pi}\cos^2 x\,\mathrm{d}x = 0,$$

$$E(X^2) = \int_{-\infty}^{+\infty} x^2 f(x)\,\mathrm{d}x = \int_{-\frac{\pi}{2}}^{\frac{\pi}{2}} x^2 \frac{2}{\pi}\cos^2 x\,\mathrm{d}x = \frac{4}{\pi}\int_0^{\frac{\pi}{2}} x^2 \cos^2 x\,\mathrm{d}x$$

$$= \frac{4}{\pi}\int_0^{\frac{\pi}{2}} x^2 \cdot \frac{1+\cos 2x}{2}\,\mathrm{d}x = \frac{2}{\pi}\int_0^{\frac{\pi}{2}} x^2\,\mathrm{d}x + \frac{2}{\pi}\int_0^{\frac{\pi}{2}} x^2 \cos 2x\,\mathrm{d}x$$

$$= \frac{2}{\pi} \cdot \frac{1}{3} \cdot \left(\frac{\pi}{2}\right)^3 + \frac{1}{\pi} \int_0^{\frac{\pi}{2}} x^2 \mathrm{d} \sin 2x$$

$$= \frac{1}{12} \pi^2 + \frac{1}{\pi} x^2 \sin 2x \Big|_0^{\frac{\pi}{2}} - \frac{1}{\pi} \int_0^{\frac{\pi}{2}} \sin 2x \cdot 2x \mathrm{d}x$$

$$= \frac{1}{12} \pi^2 + \frac{1}{\pi} \int_0^{\frac{\pi}{2}} x \mathrm{d} \cos 2x$$

$$= \frac{1}{12} \pi^2 + \frac{1}{\pi} x \cos 2x \Big|_0^{\frac{\pi}{2}} - \frac{1}{\pi} \int_0^{\frac{\pi}{2}} \cos 2x \mathrm{d}x$$

$$= \frac{1}{12} \pi^2 + \frac{1}{\pi} \cdot \frac{\pi}{2} \cdot (-1) - \frac{1}{2\pi} \sin 2x \Big|_0^{\frac{\pi}{2}}$$

$$= \frac{1}{12} \pi^2 - \frac{1}{2},$$

于是 $D(X) = E(X^2) - [E(X)]^2 = \dfrac{\pi^2}{12} - \dfrac{1}{2}$，应选 A.

787.【答案】E

【解析】因为 X 为连续型随机变量，所以

$$P\{Y = -1\} = P\{X < 0\} = F(0) = \frac{1}{2},$$

$$P\{Y = 0\} = P\{X = 0\} = 0,$$

故 X 的分布律为 $X \sim \begin{pmatrix} -1 & 0 & 1 \\ \dfrac{1}{2} & 0 & \dfrac{1}{2} \end{pmatrix}$，进而

$$E(Y) = E(Y^3) = 0, \quad E(Y^2) = E(Y^4) = E(Y^6) = 1,$$

$$D(Y) = E(Y^2) - [E(Y)]^2 = 1,$$

故应选 E.

788.【答案】D

【解析】由分布函数，知 X 为离散型随机变量，且分布律为

$$X \sim \begin{pmatrix} -1 & 0 & 1 \\ \dfrac{1}{4} & \dfrac{1}{2} & \dfrac{1}{4} \end{pmatrix}.$$

故 $E\left(\dfrac{X}{1+X^2}\right) = -\dfrac{1}{2} \cdot \dfrac{1}{4} + \dfrac{1}{2} \cdot \dfrac{1}{4} = 0$，$E\left(\dfrac{X}{1+X^2}\right)^2 = \dfrac{1}{4} \cdot \dfrac{1}{4} + \dfrac{1}{4} \cdot \dfrac{1}{4} = \dfrac{1}{8}.$

因此，$D\left(\dfrac{X}{1+X^2}\right) = E\left(\dfrac{X}{1+X^2}\right)^2 = \dfrac{1}{8}$，应选 D.

789.【答案】D

【解析】根据概率密度函数的归一性，知

$$1 = \int_{-\infty}^{+\infty} f(x)\,dx = \int_{-\infty}^{+\infty} ae^{x(4-x)}\,dx = a\int_{-\infty}^{+\infty} e^{-(x^2-4x)}\,dx$$

$$= a\int_{-\infty}^{+\infty} e^{-(x-2)^2+4}\,dx = ae^4\int_{-\infty}^{+\infty} e^{-(x-2)^2}\,dx$$

$$\xlongequal{令 x-2=t} ae^4\int_{-\infty}^{+\infty} e^{-t^2}\,dt$$

$$= ae^4\sqrt{\pi},$$

解得 $a = \dfrac{1}{e^4\sqrt{\pi}}$，故 X 的概率密度函数为

$$f(x) = \frac{1}{e^4\sqrt{\pi}}e^{x(4-x)} = \frac{1}{\sqrt{\pi}}e^{-(x-2)^2} = \frac{1}{\sqrt{2\pi}\cdot\frac{1}{\sqrt{2}}}e^{-\frac{(x-2)^2}{2\cdot\left(\frac{1}{\sqrt{2}}\right)}},$$

即 $X \sim N\left(2, \dfrac{1}{2}\right)$，因此 $EX = 2, DX = \dfrac{1}{2}$，即 $EX = 4DX$，应选 D.

790.【答案】C

【解析】因为随机变量 X 和 Y 相互独立，所以 $E(XY) = E(X)E(Y)$，又

$$E(X) = \int_{-\infty}^{+\infty} xf_X(x)\,dx = \int_0^1 x\cdot x\,dx + \int_1^2 x(2-x)\,dx = \frac{1}{3} + \frac{2}{3} = 1,$$

$$E(Y) = \int_{-\infty}^{+\infty} yf_Y(y)\,dy = \int_5^{+\infty} ye^{-(y-5)}\,dy$$

$$\xlongequal{令 y-5=t} \int_0^{+\infty} (5+t)e^{-t}\,dt$$

$$= \int_0^{+\infty} 5e^{-t}\,dt + \int_0^{+\infty} te^{-t}\,dt$$

$$= 5+1 = 6,$$

因此 $E(XY) = E(X)E(Y) = 6$，应选 C.

791.【答案】B

【解析】根据方差公式，知

$$D(XY) = E(X^2Y^2) - [E(XY)]^2,$$

因为 X 与 Y 相互独立，所以 $E(X^2Y^2) = EX^2\cdot EY^2, E(XY) = EX\cdot EY$，故

$$D(XY) = EX^2\cdot EY^2 - (EX\cdot EY)^2.$$

因为 $Y \sim B\left(1, \dfrac{1}{2}\right)$，则 $E(Y) = \dfrac{1}{2}, D(Y) = \dfrac{1}{4}$，且

$$E(Y^2) = [E(Y)]^2 + D(Y) = \left(\frac{1}{2}\right)^2 + \frac{1}{4} = \frac{1}{2},$$

又因为 X 的概率密度函数为 $f(x) = \dfrac{1}{2}e^{-|x|}$，所以

$$E(X) = \int_{-\infty}^{+\infty} xf(x)\,dx = \int_{-\infty}^{+\infty} x\frac{1}{2}e^{-|x|}\,dx = 0,$$

$$E(X^2) = \int_{-\infty}^{+\infty} x^2 f(x)\,\mathrm{d}x = \int_{-\infty}^{+\infty} x^2 \frac{1}{2}\mathrm{e}^{-|x|}\,\mathrm{d}x = \int_0^{+\infty} x^2 \mathrm{e}^{-x}\,\mathrm{d}x = 2! = 2,$$

故 $D(XY) = EX^2 \cdot EY^2 - (EX \cdot EY)^2 = 1$，应选 B.

792.【答案】B

【解析】$D(2X-1) = 4DX$，而 $DX = E(X^2) - (EX)^2$，其中

$$EX = \int_0^{+\infty} 4x^2 \mathrm{e}^{-2x}\,\mathrm{d}x = \int_0^{+\infty} 2x^2 \mathrm{e}^{-2x}\,\mathrm{d}(2x) \xrightarrow{\ \diamondsuit\, 2x = t\ } \frac{1}{2}\int_0^{+\infty} t^2 \mathrm{e}^{-t}\,\mathrm{d}t = \frac{1}{2}\cdot 2! = 1,$$

$$E(X^2) = \int_0^{+\infty} 4x^3 \mathrm{e}^{-2x}\,\mathrm{d}x = \int_0^{+\infty} 2x^3 \mathrm{e}^{-2x}\,\mathrm{d}(2x) \xrightarrow{\ \diamondsuit\, 2x = t\ } \frac{1}{4}\int_0^{+\infty} t^3 \mathrm{e}^{-t}\,\mathrm{d}t = \frac{1}{4}\cdot 3! = \frac{3}{2},$$

从而 $D(2X-1) = 4\left(\dfrac{3}{2} - 1\right) = 2$，应选 B.

小课堂

本题的计算中利用到了一个重要公式：$\displaystyle\int_0^{+\infty} x^n \mathrm{e}^{-x}\,\mathrm{d}x = n!\ (n \in \mathbf{N}^*)$.

793.【答案】D

【考点】本题考查离散型随机变量分布律的求解及数学期望的计算.

【解析】由题意可知，X 的所有可能取值为 $1, 2, 3$，且

$$P\{X=1\} = \frac{3}{5},\ P\{X=2\} = \frac{2}{5}\times\frac{4}{5} = \frac{8}{25},$$

$$P\{X=3\} = \frac{2}{5}\times\frac{1}{5}\times 1 = \frac{2}{25},$$

故随机变量 X 的分布律为

$$X \sim \begin{pmatrix} 1 & 2 & 3 \\ \dfrac{3}{5} & \dfrac{8}{25} & \dfrac{2}{25} \end{pmatrix},$$

于是

$$Ef(X) = E(X^2 - X + 1) = E(X^2 - X) + 1 = 0\times\frac{3}{5} + 2\times\frac{8}{25} + 6\times\frac{2}{25} + 1 = \frac{53}{25},$$

应选 D.

794.【答案】E

【解析】由题意可知，X 的概率密度函数为

$$f(x) = \begin{cases} \dfrac{1}{3}, & -1 \leqslant x \leqslant 2, \\ 0, & \text{其他}, \end{cases}$$

所以 $E(Y) = \displaystyle\int_{-\infty}^0 xf(x)\,\mathrm{d}x + \int_0^{+\infty}\left(-\frac{1}{2}x\right)f(x)\,\mathrm{d}x = \int_{-1}^0 \frac{1}{3}x\,\mathrm{d}x - \frac{1}{2}\int_0^2 \frac{1}{3}x\,\mathrm{d}x = -\frac{1}{2},$

$$E(Y^2) = \int_{-1}^{0} x^2 \frac{1}{3} \mathrm{d}x + \int_{0}^{2} \frac{1}{4} x^2 \frac{1}{3} \mathrm{d}x = \frac{1}{3},$$

于是 $D(Y) = \frac{1}{3} - \left(-\frac{1}{2} \right)^2 = \frac{1}{12}$，故应选 E.

795.【答案】B

【解析】根据泊松分布可加性，知 $X_1 + X_2 \sim P(\lambda_1 + \lambda_2)$，则随机变量 $X_1 + X_2$ 的分布律为

$$P\{X_1 + X_2 = k\} = \frac{(\lambda_1 + \lambda_2)^k}{k!} \mathrm{e}^{-(\lambda_1 + \lambda_2)}, k = 0, 1, 2, \cdots$$

又　　　　$P\{X_1 + X_2 > 0\} = 1 - P\{X_1 + X_2 = 0\} = 1 - \mathrm{e}^{-(\lambda_1 + \lambda_2)} = 1 - \mathrm{e}^{-1}$，

所以 $\lambda_1 + \lambda_2 = 1$，即 $X_1 + X_2 \sim P(1)$，则 $E(X_1 + X_2) = 1, D(X_1 + X_2) = 1$，因此

$$E(X_1 + X_2)^2 = D(X_1 + X_2) + [E(X_1 + X_2)]^2 = 2,$$

故应选 B.

796.【答案】C

【解析】由 $X \sim U[a, b]$，知 $EX = \frac{a+b}{2}, DX = \frac{(b-a)^2}{12}$.

由于 $DX = \frac{4}{3}$，即

$$DX = \frac{(b-a)^2}{12} = \frac{4}{3},$$

整理得 $b - a - 4$.

又 $P\{0 \leqslant X \leqslant EX\} = \frac{1}{4}$，即

$$P\{0 \leqslant X \leqslant EX\} = P\left\{ 0 \leqslant X \leqslant \frac{a+b}{2} \right\} = \frac{\frac{a+b}{2}}{b-a} = \frac{1}{4},$$

整理得 $b = -3a$.

综上，解得 $a = -1, b = 3$，故 $EX = 1, DX = \frac{4}{3}$，于是 $EX^2 = (EX)^2 + DX = 1 + \frac{4}{3} = \frac{7}{3}$，应选 C.

797.【答案】E

【解析】设 $X \sim N(\mu_1, \sigma_1^2)$，$Y \sim N(\mu_2, \sigma_2^2)$.

由 X 与 Y 的概率密度曲线的对称轴分别为 1 和 2，知 $\mu_1 = 1, \mu_2 = 2$.

由 X 与 Y 的概率密度曲线的拐点的横坐标分别为 3 和 5，知 $\mu_1 + \sigma_1 = 3, \mu_2 + \sigma_2 = 5$，解得 $\sigma_1 = 2, \sigma_2 = 3$.

于是，$X \sim N(1, 4)$，$Y \sim N(2, 9)$，故 $E(X) = 1, D(X) = 4, E(Y) = 2, D(Y) = 9$，进而

$$E(2X + 3Y - 4) = 2E(X) + 3E(Y) - 4 = 2 \times 1 + 3 \times 2 - 4 = 4,$$

$$D(2X + 3Y - 4) = 4E(X) + 9E(Y) = 4 \times 4 + 9 \times 9 = 97,$$

应选 E.

若 $X \sim N(\mu, \sigma^2)$，则 X 的概率密度函数为

$$f(x) = \frac{1}{\sqrt{2\pi}\,\sigma} e^{-\frac{(x-\mu)^2}{2\sigma^2}}, x \in R,$$

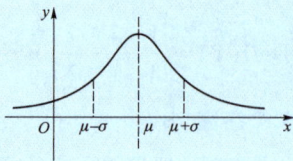

如右图所示，曲线 $y = f(x)$ 的对称轴为 $x = \mu$，拐点横坐标为

$\mu \pm \sigma$.

798. 【答案】B

【解析】X 的可能取值为 $0, 1, 2$，Y 的可能取值为 $0, 1, 2$. 因为

$$P\{X=0, Y=0\} = \frac{1}{4}, P\{X=0, Y=1\} = \frac{1}{3}, P\{X=0, Y=2\} = \frac{1}{9},$$

$$P\{X=1, Y=0\} = \frac{1}{6}, P\{X=1, Y=1\} = \frac{1}{9}, P\{X=1, Y=2\} = 0,$$

$$P\{X=2, Y=0\} = \frac{1}{36}, P\{X=2, Y=1\} = 0, P\{X=2, Y=2\} = 0$$

所以随机变量 (X, Y) 的联合分布律为

X	Y		
	0	1	2
0	$\frac{1}{4}$	$\frac{1}{3}$	$\frac{1}{9}$
1	$\frac{1}{6}$	$\frac{1}{9}$	0
2	$\frac{1}{36}$	0	0

进而 $E(XY) = 1 \times 1 \times \frac{1}{9} = \frac{1}{9}$，应选 B.

799. 【答案】E

【解析】由 $X \sim P(1)$，$Y \sim N(1, 4)$，知 $EX = DX = 1$，$EY = 1$，$DY = 4$.

由 $D(Y) = D(aX + b) = a^2 DX$，知 $a^2 = 4$，解得 $a = 2$，$a = -2$（舍去），

由 $E(Y) = E(aX + b) = aEX + b$，知 $1 = a + b$，解得 $b = -1$.

应选 E.

800. 【答案】B

【解析】因为 X 服从参数为 1 的指数分布，所以概率密度函数为

$$f_X(x) = \begin{cases} e^{-x}, & x > 0, \\ 0, & x \leqslant 0. \end{cases}$$

故根据期望计算公式，得

$$E(Y) = \int_{-\infty}^{+\infty} \max(x,1)f(x)\,\mathrm{d}x = \int_{-\infty}^{1} f(x)\,\mathrm{d}x + \int_{1}^{+\infty} xf(x)\,\mathrm{d}x$$

$$= \int_{0}^{1} \mathrm{e}^{-x}\mathrm{d}x + \int_{1}^{+\infty} x\mathrm{e}^{-x}\mathrm{d}x$$

$$= 1 + \mathrm{e}^{-1},$$

应选 B.

小课堂

本题需注意以下错误解法：

由题意可知，X 服从参数为 1 的指数分布，所以 $f_X(x) = \begin{cases} \mathrm{e}^{-x}, & x > 0, \\ 0, & x \leqslant 0. \end{cases}$

由分布函数定义，知

$$F_Y(y) = P(Y \leqslant y) = P(g(X) \leqslant y),$$

即 $F_Y(y)$ 为曲线 $Y = g(X)$ 在 $Y = y$ 下方的概率，故

① 当 $y < 1$ 时，$F_Y(y) = 0$.

② 当 $y \geqslant 1$ 时，如右图所示，有

$$F_Y(y) = \int_{0}^{y} \mathrm{e}^{-x}\mathrm{d}x = 1 - \mathrm{e}^{-y},$$

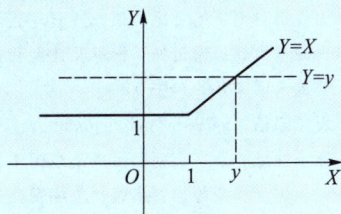

故 $f_Y(y) = \begin{cases} \mathrm{e}^{-y}, & y > 1, \\ 0, & y \leqslant 1, \end{cases}$ 进而 $E(Y) = \int_{-\infty}^{+\infty} yf_Y(y)\,\mathrm{d}y = \int_{1}^{+\infty} y\mathrm{e}^{-y}\mathrm{d}y = 2\mathrm{e}^{-1}$，选 D.

注意，这种解法是错误的！因为 $F_Y(y)$ 不连续，所以 Y 并不是连续型随机变量，并不能求出其概率密度函数.

读者意见反馈

为收集读者对本书的意见建议,进一步完善本书编写并做好服务工作,读者可将对本书的意见建议通过如下渠道反馈至我社。

咨询电话　400-810-0598
反馈邮箱　gjdzfwb@pub.hep.cn
通信地址　北京市朝阳区惠新东街4号富盛大厦1座
　　　　　高等教育出版社总编辑办公室
邮政编码　100029

防伪查询说明

用户购书后刮开封底防伪涂层,使用手机微信等软件扫描二维码,会跳转至防伪查询网页,获得所购图书详细信息。

防伪客服电话　(010)58582300